The Physics of Low-Dimensional Semiconductors

低次元半導体
の物理

● J.H. デイヴィス ［著］
● 樺沢宇紀 ［訳］

丸善出版

Translation from the English language edition:
The Physics of Low-dimensional Semiconductors **by John H. Davies**
© **Cambridge University Press 1998**
All Rights Reserved

本書は，書籍からスキャナによる読み取りを行い，印刷・製本を行っています．一部，装丁が異なったり，印刷が不明瞭な場合がございます．

目 次

はじめに		vii
序 章		ix
第1章	**量子力学と量子統計**	**1**
1.1	波動力学とSchrödinger方程式	1
1.2	自由粒子	3
1.3	量子井戸に閉じ込められた粒子	4
1.4	電荷と電流密度	10
1.5	演算子と測定	14
1.6	固有状態の数学的性質	21
1.7	状態密度	23
1.8	状態の占有：統計分布関数	32
*	参考文献の手引き	43
*	練習問題	44
第2章	**結晶中の電子とフォノン**	**47**
2.1	1次元系のバンド構造	47
2.2	バンド内の電子の運動	53
2.3	状態密度	57
2.4	2次元系と3次元系のバンド構造	58
2.5	半導体の結晶構造	60
2.6	半導体のバンド構造	65
2.7	バンドギャップの光学的測定	74
2.8	フォノン	75
*	参考文献の手引き	82
*	練習問題	82

第3章　ヘテロ構造　　85
- 3.1　ヘテロ構造の一般的な性質 86
- 3.2　ヘテロ構造の作製 87
- 3.3　バンドエンジニアリング 91
- 3.4　層状構造：量子井戸と量子障壁 95
- 3.5　ドープしたヘテロ構造 99
- 3.6　歪み層 104
- 3.7　Si − Ge ヘテロ構造 108
- 3.8　量子細線と量子ドット 111
- 3.9　光の閉じ込め 114
- 3.10　有効質量近似 116
- 3.11　ヘテロ構造における有効質量理論 122
- ＊　参考文献の手引き 124
- ＊　練習問題 125

第4章　量子井戸と低次元系　　129
- 4.1　無限に深い矩形井戸 129
- 4.2　有限の深さの矩形井戸 130
- 4.3　放物線井戸 136
- 4.4　三角井戸 140
- 4.5　擬2次元系 142
- 4.6　サブバンドの占有 145
- 4.7　2次元・3次元のポテンシャル井戸 147
- 4.8　1次元以下の低次元系 153
- 4.9　ヘテロ構造の量子井戸 154
- ＊　参考文献の手引き 158
- ＊　練習問題 158

第5章　トンネル輸送　　163
- 5.1　ポテンシャル段差 163
- 5.2　T行列 166
- 5.3　T行列の他の性質 172
- 5.4　電流とコンダクタンス 176
- 5.5　共鳴トンネル 182
- 5.6　超格子とミニバンド 192
- 5.7　多チャネル系のコヒーレント輸送 199
- 5.8　ヘテロ構造におけるトンネル輸送 212

5.9	本章で省いた諸問題	215
∗	参考文献の手引き	217
∗	練習問題	218

第6章 電場と磁場 　　221

6.1	電磁場を含む Schrödinger 方程式	221
6.2	一様な電場	224
6.3	導電率テンソルと抵抗率テンソル	231
6.4	一様な磁場	235
6.5	狭いチャネルと磁場	251
6.6	量子 Hall 効果	257
∗	参考文献の手引き	264
∗	練習問題	264

第7章 近似法 　　267

7.1	行列形式による量子力学の定式化	268
7.2	時間に依存しない摂動論	271
7.3	$\mathbf{k}\cdot\mathbf{p}$ 理論	280
7.4	WKB理論	282
7.5	変分法	289
7.6	縮退系の摂動論	292
7.7	バンド構造：強く束縛された電子のモデル	295
7.8	バンド構造：ほとんど自由な電子のモデル	300
∗	参考文献の手引き	304
∗	練習問題	304

第8章 散乱過程：黄金律 　　309

8.1	静的ポテンシャルに対する黄金律	310
8.2	不純物散乱	314
8.3	振動ポテンシャルに対する黄金律	321
8.4	フォノン散乱	322
8.5	光吸収	328
8.6	バンド間の光吸収	333
8.7	量子井戸の光吸収	336
8.8	ダイヤグラムと自己エネルギー	341
∗	参考文献の手引き	344
∗	練習問題	344

第9章　2次元電子気体　　349
- 9.1　変調ドープ層のバンドダイヤグラム ... 349
- 9.2　単純なモデルの諸問題 ... 357
- 9.3　2DEGの電子構造 ... 363
- 9.4　電子気体による遮蔽 ... 371
- 9.5　導電面の外にある不純物による散乱 ... 378
- 9.6　他の散乱機構 ... 384
- ∗　参考文献の手引き ... 388
- ∗　練習問題 ... 389

第10章　量子井戸の光学特性　　393
- 10.1　光学的な応答の一般論 ... 393
- 10.2　価電子帯の構造：Kaneモデル ... 399
- 10.3　量子井戸のバンド ... 407
- 10.4　量子井戸におけるバンド間遷移 ... 410
- 10.5　量子井戸におけるサブバンド間遷移 ... 416
- 10.6　光学利得とレーザー ... 418
- 10.7　励起子 ... 420
- ∗　参考文献の手引き ... 430
- ∗　練習問題 ... 430

付録　　433
- A　物理定数表 ... 433
- B　重要な半導体材料の特性値 ... 434
- C　室温におけるGaAs−AlGaAs混晶の性質 ... 436
- D　Hermiteの微分方程式：調和振動子 ... 437
- E　Airy関数：三角井戸 ... 439
- F　Kramers-Kronigの関係式と応答関数 ... 441
- G　場の勾配・発散・回転（訳者補遺）... 448
- H　直交曲線座標とラプラシアン（訳者補遺）... 449
- I　ギリシャ文字（訳者補遺）... 450

参考文献　　451

訳者あとがき　　455

索引　　458

はじめに

　私は十年ほど前に Glasgow 大学 Electronics and Electrical Engineering Department の一員となり，電気的および光学的応用のための最先端半導体デバイスを研究するグループの中で仕事を始めた．ほどなく私は大学院の学生の教育が，物理学とテクノロジーの著しい進歩のために難しい局面を迎えていることに気がついた．そこには物理と工学の両分野にわたり，さまざまな素養を持つ学生たちが集まっていた．量子力学と固体物理の高度な教育を受けてきた者もいるが，古典的なトランジスタ動作の説明に必要な半導体の物理を，ほんの少しかじった程度という者もいた．このグループの中で取り上げられるテーマもさまざまで，量子ドット，光変調器，Bloch（ブロッホ）オシレーターから超高速電界効果トランジスタまで多岐にわたっている．これらの題材に関する良質のレビューは存在するが，大抵は学生たちにとってレベルが高すぎる．夏期学校の講義録などを見ても，その点は同様である．このため私は John Baker とともにナノエレクトロニクスに関する初等的な講義を始めたが，この講義はすぐに熱心な聴講生を集めるようになった．本書は数年に渡って続けてきたこの講義の内容をまとめたものである．

　講義全体の長さを適当に調節するのは難しく，またそれを1冊の本にまとめる際にも同様の困難がある．ヘテロ構造と低次元半導体の応用は，物理としても工学としても着々と進展を続けている．本書はヘテロ構造の性質を利用するあらゆる方法を満遍なく紹介するべきなのか，あるいは物理的な基礎に重きをおくべきなのか？　低次元系を扱う前提となる量子力学や半導体物理の教科書と，実際の電子デバイスの特性解析に関する文献の水準との間には，大きなギャップがあるように思われる．私は教科書的な取り扱いを指向し，低次元系の物理的基礎の説明を重視することにしたが，最近は各種の応用を解説する優れた本がいろいろ現れてきているので，これは幸運な選択であったと思う．2年間の夏期学校における私の教育経験も，基礎的な物理を重視した入門的な本が有用であることを私に確信させた．本書はこのような要求に答えるものである．

謝辞

　本書のもとになった講義には，私の同僚たちも貢献している．John Baker, Andrew Long, Clivia Sotomayor-Torres は何回も講義を代行し，また講義概要の作成作業を手

伝ってくれた．学生とポストドクターの助手たちは，私がコースを続けることを促し，私にとって目新しいトピックスを教えてくれた．特に Andrew Jennings, Michael and Frances Laughton, Alistair Meney, John Nixon に謝意を表する．Andrew Long と私の妻に対しては，原稿に対して有益なコメントをくれたことに感謝したい．

多くの同僚たちが，データを容易に扱える形で提供してくれた．未出版の実験結果や計算結果を提供してくれた方々，そして有効質量の理論について助言してくれた Mike Burt には特に感謝を申し上げたい．

本書を完成するまでに予想外に長い時間を要した．私は大量の講義ノートを，まとまった原稿に仕立てるために必要な労力を過小評価していたのだが，このような過ちは，この種の本の著者には有りがちなことではないかと思う．執筆の大部分は，娘を寝かし着けた後の就寝前の時間を利用して行った．小さい子供を持つ親なら同意してくれると思うが，このような時間は非常に限られており，思うように時間が取れないこともしばしばあった．私は執筆期間中の家族の忍耐と協力に感謝している．なかなか完成しない原稿を寛大に待ち続けてくれた出版社にも感謝したい．最終的な校正は California 大学 Santa Barbara 校の Center for Quantized Electronic Structures (QUEST) で行われた．QUEST および Leverhulme Trust の財政的援助にも謝意を表明しておきたい．

最後に F. Reif の本 "Fundamentals of statistical and thermal physics" の序文の一部の引用でこの小文を終えることにする．これは多くの著者が，自分の本の出版が近づく時に感じる気持ちを代弁していると思う．

> "著者が本を完成させることは決してない．原稿を手放してしまうだけのことだ"という言葉があるが，私はこの言葉の正当性を切実に感じるようになってきた．やがて印刷された本を手にする時には，よりよく記述できたはずの箇所，もっと明快な説明があるはずだという箇所が随所に目につき，辛い思いをすることになると思う．それでもあえて私が原稿を手放すのは，本稿が多くの欠陥を持つとしても，読者の助けになる面も多少はあるだろうという一縷の望みにすがってのことである．

John Davies
Milngavie, September 1996

序章

　低次元半導体の出現は，半導体の物理に大きな変革をもたらした．これは半導体の組成を厚さ方向にナノメートルの尺度で変えることを可能にしたヘテロ構造作製技術によっている．たとえば GaAs 層を 2 つの $Al_xGa_{1-x}As$ 層で挟んだサンドイッチ構造は，量子井戸として振舞う．井戸の幅が狭ければ (GaAs 層が薄ければ)，エネルギー準位の間隔は大きく隔たり，電子は最低の準位だけに捕獲される．層に平行な面内方向の運動に制約はなく，電子はこの方向には自由に動ける．この結果として 2 次元電子気体が生じる．正孔も同様に 2 次元気体にすることができる．

　光学的な測定によって量子井戸内の電子や正孔が 2 次元的に振舞っていることの直接の証拠が得られる．状態密度は 3 次元系の滑らかな 2 次曲線から，擬 2 次元系に特有の階段状の関数に変わる．光の吸収によってこの違いを検出することが可能であり，また状態密度の段差は，ある種の光学特性を強める．この現象は量子井戸レーザーに応用されており，3 次元デバイスよりも低い閾値電流を持つデバイスが実現されている．

　低次元系をキャリヤ (carrier) の輸送に利用するには，更に進んだ試料作製技術が必要である．電子と正孔はドーピング (doping: 不純物原子の添加) によって導入することになるが，キャリヤと同時に導入される不純物イオンは，キャリヤの平均自由行程を短くしてしまう．この問題を解決するのは変調ドーピングと呼ばれる技術で，キャリヤはそれらを発生させる不純物原子から離れた領域へと分離される．この変調ドーピングの技術により，2 次元電子気体の平均自由行程は，低温で 0.1 mm 程度にも達するようになった．今や電子が干渉性を保ち，粒子というよりも波として扱える領域の中に人工的な構造を作製することが可能となってきた．このようなアプローチは干渉性の観測実験として成功を収めている．低次元系のキャリヤ輸送は衛星放送の受信機用の電界効果トランジスタなどに実際に応用されている．

　これらの例が示しているように，低次元系の実験は高度な試料作製技術に支えられている．しかしそこで用いられている物理の大半は，比較的単純な概念によって理解することができる．本書の目的は，多くの半導体低次元系の基礎となる物理を，輸送特性と光学特性の両方を視野に入れて説明することである．本書で述べる種々の方法，たとえば摂動論などは，それ自身標準的なものであるが，直接的な応用例が伴っている．たとえば量子的に閉じ込められた電子の Stark(シュタルク) 効果は，摂動論を説明する恰好の

例であると同時に，実際の光学変調器の基本原理ともなっている．本書で利用する最もレベルの高い法則はFermi(フェルミ)の黄金律であるが，これは伝統的に"初等"量子力学と"上級"量子力学を分ける目安となっている．

　このようなアプローチの欠点は，多くの応用例のうちで，取り上げることのできるものが，基礎的な理論に直結したごくわずかの部分に限られてしまうことである．微小共振孔(マイクロキャビティ)の中の電子のカオス的な振舞いや，自己形成した量子ドットの光学特性など，現在研究の進められている多くのトピックスを省略しなければならなかった．幸い低次元半導体の詳しい種々の応用についても，より高度な理論的記述についても，他に文献が現れてきた．本書はそれらの本が依って立つ基礎知識を提供するものである．

本書の構成

　第1章と第2章は，本書全体の記述の基本となる量子力学と固体物理の基礎を扱う．この部分は履修済みの知識を思い起こしてもらうことを意図しており，ここで扱っている話題に馴染めない読者には，他のテキストを推奨したい．第3章でヘテロ構造について概観し，第4章で低次元系の基本的な理論を説明する．これらの章では量子井戸の単純な解を用い，もともと3次元系にある電子が，量子井戸層に閉じ込められて2次元的に振舞う様子を見る．第5章では電子のトンネル現象を扱い，共鳴トンネルダイオードへの応用を説明する．電場と磁場の印加は系の挙動を調べる重要な手段となるが，これを第6章で扱う．おそらく最も劇的な現象と言えるのは量子ホール効果である．これは電気抵抗の基準値を与える重要な現象で，その理論的な取り扱いに関する検討は，なお現在も続けられている．第7章は定常状態の系に対する広範な近似法の記述を含む．それらの方法は広範囲の応用例を持つが，バンド構造の解析への応用は特に重要である．もうひとつの例はWKB法と呼ばれるもので，量子井戸の中の許容されるエネルギー準位を見いだしたり，ポテンシャル障壁を透過するトンネル確率を求めたりする際に用いられる．Fermiの黄金律を第8章で導出し，不純物原子やフォノンによる電子の散乱の計算に適用する．またもうひとつの主要な適用対象は光吸収である．最後の2つの章では，低次元系の主要な応用を紹介する．第9章の2次元電子気体は，主としてその輸送特性を利用するために用いられる．第10章に述べる量子井戸の光学的性質は，半導体レーザーなどの光エレクトロニクスデバイスに応用されている．

　本書の内容は大学院の初年，もしくは大学学部上級のレベルに合わせてある．本書の中で用いた基本的な技法は，導出法を示したごく少数の例外を除き，学部学生の物理のコースで履修されているものである．読者がある程度，量子力学と固体物理学の知識を持っていることを想定したが，その必要な予備知識は"現代物理"といった概説の講義で扱われる程度のものでよい．この程度の知識も持ち合わせない学生にとって，初めの2つの章を読みこなすのは難しいであろう．私の経験の範囲から言えば，物理

学を修めた学生は基本的な理論にある程度馴染んではいるが，その応用を学ぶことで，基礎への理解も深まる．電気電子工学出身の学生があらかじめ持ち合わせている物理の知識の程度はさまざまであるが，本書はそのような学生達も読者として想定しており，本書で設定したレベルは適切なものであると考えている．高度な理論は注意深く避けておいたので，上級の理論を知らなくとも，それは本書を読む妨げにはならないはずである．

練習問題

各章に 20 ほどの練習問題を用意した．難易度は問題ごとに異なっており，ごく簡単に解ける問題から，ある程度の数値計算を必要とする問題まである．私は本書のための計算をほとんどすべて旧式のスプレッドシート (Trapeze, 1988 年) を用いて行ったので，計算上さほど面倒なものはないはずである．Maple や Mathematica のような数式処理ソフトを用いれば，これらの仕事はもっと簡単になるであろう．特別な積分や特殊関数などを用いるものも少しあるが，そのような場合には参考文献を揚げておいた．

単位系

本書全体にわたり SI 単位系を用いたが，電子ボルト (eV) だけは便利で捨て難いので例外として残した．CGS 単位系を用いる読者の主たる問題は，電場と磁場に関する数式において発生する．静電的な問題では SI 単位系に現れる $4\pi\epsilon_0$ を除くと CGS 単位系の表式になる．磁場もしくは磁束密度を表す $\mathbf{B}$ は SI 単位系ではテスラ (T) で測られるが，式中に $\mathbf{B}$ もしくはベクトルポテンシャル $\mathbf{A}$ が現れるところで，光速 c による割り算を施すと CGS 単位系の式になる．微視的な長さについてはオングストロームではなくナノメートルを用いた．1 nm = 10 Å である．

ベクトルの表記

低次元系を扱う場合，特に位置ベクトルと波数ベクトルについて，2 次元ベクトルと 3 次元ベクトルを明確に区別する必要がしばしば生じる．私は本書では一貫して以下の表記を用いるようにした．これによって読者が既によく馴染んでいるはずの式が，多少見慣れない形になる場合もあり得る．

多くの低次元構造は層状構造として作製されるが，層に垂直な膜の成長方向を z 軸とする．層に平行な xy 面内のベクトルは小文字の太字で記す．たとえば面内の位置は $\mathbf{r} = (x, y)$ と表す．大文字の太字はこれに対応する 3 次元ベクトルを表すことにするので，位置は $\mathbf{R} = (\mathbf{r}, z) = (x, y, z)$ である．波数についても $\mathbf{K} = (\mathbf{k}, k_z) = (k_x, k_y, k_z)$ である．同様に 2 次元と 3 次元を区別する必要があるベクトルとしては，散乱過程で現れる波数ベクトル $\mathbf{Q}$ がある．

この表記を一貫して採用することにより，いくつかのよく知られた関係式の文字を大

文字に直す必要が生じる．たとえば3次元における自由電子のエネルギーは $\varepsilon_0(K) = \hbar^2 K^2/2m_0$ となる．一貫した取り扱いによって生じる見通しのよさは，この小さな欠点を充分相殺するものであると考えている．

参考文献

　教科書の中で詳細に原論文を揚げることは適当ではない．その代わりに上級レベルの書籍やレビュー論文を参考文献として挙げ，適当なレビューを見いだすことのできない1, 2例についてのみ原論文を挙げた．低次元半導体を題材とした夏期学校の講義録もいくつか出版されており，私自身が編集した講義録も挙げてある．

　本書の題材を更に発展させて扱っている本もいくつかある．中でも Bastard (1988) はヘテロ構造の電子構造について，Kane モデルとその電気的，光学的性質を含めて明快な説明を与えている．Weisbuch and Vinter の本 (1991) は初期の Willardson and Beer のレビュー (1966−) の内容を拡張したものである．彼らはヘテロ構造の物理と応用を両方扱っており，特に量子井戸レーザーの解説の部分は優れている．彼らは600を超える参考文献のリストを挙げており，この分野の活発さがそこに反映されている．Kelly の本 (1995) は扱っている範囲の広さにおいて注目すべき本である．彼はヘテロ構造を用いたデバイスの作製技術から膨大な応用例までを，物理と工学の観点から記述している．この本で触れられているトピックスに目を通した者は，この分野が21世紀に向けて活発に発展していくことを確信できると思う．

第1章　量子力学と量子統計

　本書は低次元半導体，すなわち電子の自由な動きが2次元以下に制約されているような構造に関する本である．大抵の場合，このような構造は，2種類以上の材料から成る"ヘテロ構造"(heterostructure)によって実現される．ヘテロ構造の性質を研究する前に，我々は一様な半導体の中の電子の振舞いを理解する必要がある．このような知識は量子力学，統計力学，および固体結晶のバンド理論に立脚している．本書の最初の2つの章では，これらの基礎知識を復習する．残念ながら限られた頁数で完全な解説はできないので，もし読者が，取り上げてある内容の多くに馴染めない場合は，章末に挙げた本を参照してもらわなければならない．

　この第1章では，量子力学と統計力学の初歩を概説する．角運動量の理論などは，完全な量子力学のコースでは不可欠なものであるが，ここでは割愛した．多くの量子力学の教科書において一定の分量を占めている，歴史的背景に関する記述も省略した．量子力学の正当性に関する議論もあまり含んでいないが，本書の残りの部分が，ある意味で，この点を補っていると言える．本章で示す基礎理論を用いて，後から多くの実験結果が説明されることになる．

1.1　波動力学とSchrödinger方程式

　話を簡単にするために，1次元方向だけに動くことのできる単一の粒子，たとえば電子を考えよう．基礎的な古典力学は，質点の概念に立脚しており，運動方程式において，質点の位置 x と運動量 p (もしくは速度 $v = p/m$，m は質量) を扱っている．これらの量はNewton(ニュートン)の法則から直接に得ることもできるし，さらに進んだ形式としてはLagrange(ラグランジュ)関数やHamilton(ハミルトン)関数から計算することもできる．

　波動力学は量子論の基本的な形式のひとつであり，その名の通り"波動関数"(wave function) $\Psi(x,t)$ が重要な役割を果たす．位置や運動量のような量は，直接には与えられず，Ψ から決まる．Newtonの法則の代わりに，まず先見的に $\Psi(x,t)$ の時間発展を支配する波動方程式が与えられる．これは1次元では，次のように表わされる．

$$-\frac{\hbar^2}{2m}\frac{\partial^2}{\partial x^2}\Psi(x,t) + V(x)\Psi(x,t) = i\hbar\frac{\partial}{\partial t}\Psi(x,t) \tag{1.1}$$

これは"時間に依存するSchrödinger方程式"(time-dependent Schrödinger equation) と呼ばれる式である．この式の正当性を，少し後から部分的に調べることにする．この方程式はポテンシャルエネルギー分布 $V(x)$ を背景とした粒子の挙動を記述する．力は直接には扱われていない．ポテンシャルエネルギーは，たとえばスカラーポテンシャル (scalar potential) として表現された電場と考えることができる．磁場がある場合の式は，これよりも少し複雑になるが，これは第6章まで措いておく．

位置 x と時刻 t に関する依存性を分けた，変数分離型の解 $\Psi(x,t) = \psi(x)T(t)$ を探すことにより，式の単純化が可能である．ここでは大文字の Ψ を時間に依存する波動関数にあて，小文字の ψ を時間に依存しない関数に用いることにする．変数分離した関数の積を，時間に依存するSchrödinger方程式(1.1)に代入して ψT で割ると，次式が得られる．

$$\frac{1}{T}i\hbar\frac{dT(t)}{dt} = \frac{1}{\psi}\left[-\frac{\hbar^2}{2m}\frac{d^2\psi(x)}{dx^2} + V(x)\psi(x)\right] \qquad (1.2)$$

左辺は t だけの関数，右辺は x だけの関数になったので，変数分離は成功した．このような式は，両辺が定数に等しい場合にのみ意味を持つ．この定数を，例えば E と書くと，左辺から次式が得られる．

$$T(t) \propto \exp\left(-\frac{iEt}{\hbar}\right) \equiv \exp(-i\omega t) \qquad (1.3)$$

$E = \hbar\omega$ である．これは時間に関する定常的な調和変動を表わす．この複素指数関数の部分について，他に選択の余地はない．実数の正弦関数や余弦関数に置き換えることはできないし，$\exp(+i\omega t)$ も解にはならない．時間に依存するSchrödinger方程式は，時間因子として必ず $\exp(-i\omega t)$ を必要としており，この規約は量子力学全般を通じて採用される．このような制約は，$\exp(+i\omega t)$ を振動現象の時間依存に用いるような他の物理の分野や，$\exp(+j\omega t)$ が常套的に用いられる工学などの慣例とは異なっている．残念ながら，この符号の制約は広範囲の影響を持ち，たとえば複素誘電関数 $\epsilon_r(\omega)$ の虚部の符号のような意外なところにも影響を及ぼしている (8.5.1項, p.328~)．

変数分離したSchrödinger方程式の空間部分の方は，次のようになる．

$$-\frac{\hbar^2}{2m}\frac{d^2\psi}{dx^2} + V(x)\psi(x) = E\psi(x) \qquad (1.4)$$

これは"時間に依存しない (time-independent) Schrödinger方程式"と呼ばれる．この式は，3次元空間を扱う場合には，$\partial^2/\partial x^2$ をラプラシアン (Laplacian. Laplace演算子とも言う) $\nabla^2 = \partial^2/\partial x^2 + \partial^2/\partial y^2 + \partial^2/\partial z^2$ に置き換えた形になる．時間に依存するSchrödinger方程式の解は，次の形で与えられる．

$$\Psi(x,t) = \psi(x)\exp\left(-\frac{iEt}{\hbar}\right) \qquad (1.5)$$

後から，定数 E を粒子のエネルギーと見なしてよいことを示す．時間に依存する Schrödinger 方程式の，このような解は，確定したエネルギーを持つ粒子の状態，すなわち "定常状態" (stationary state) を記述する．この言葉の正当性も後から示すが，まず単純でかつ重要な Schrödinger 方程式の解を，いくつか見てみることにする．

1.2　自由粒子

最も単純な例は，1 次元自由 "空間" の粒子，すなわち全領域で $V(x) = 0$ の場合の粒子 (たとえば電子) である．時間に依存しない Schrödinger 方程式は，次のようになる．

$$-\frac{\hbar^2}{2m}\frac{d^2\psi}{dx^2} = E\psi(x) \tag{1.6}$$

これは標準的な (Helmholtz の) 波動方程式であり，解を容易に推測できる．基本解の選び方としては，まず複素波 $\psi = \exp(+ikx)$ と $\exp(-ikx)$ がある．あるいは三角関数を用いて $\psi(x) = \sin kx$ や $\cos kx$ と置くこともできる．実数関数を選ぶか，複素関数を選ぶかによって，結果に重要な違いが生じることになる．これらの基本解を式(1.6)に代入すると，いずれも次のようになる．

$$E = \frac{\hbar^2 k^2}{2m} \equiv \varepsilon_0(k) \tag{1.7}$$

古典的な運動エネルギーは $E = p^2/2m$ と書けるので，運動量を $p = \hbar k$ と置くことができる．これを式(1.3)のところで得たエネルギーと振動数の関係と結びつけると，前期量子論で中心的な位置を占める関係式が与えられる．

$$E = \hbar\omega = h\nu \quad (\text{Einstein の関係式}) \tag{1.8}$$

$$p = \hbar k = \frac{h}{\lambda} \quad (\text{de Broglie の関係式}) \tag{1.9}$$

エネルギーの表式(1.7)を $\hbar$ で割ると，振動数[†]と波数の分散関係 (dispersion relation) が $\omega = (\hbar/2m)k^2$ と与えられる．これは線形ではないので，粒子波の速度は振動数の関数であり，注意深く決めてやらなければならない．標準的な 2 種類の速度が，次のように与えられる．

$$(\text{位相速度 phase velocity}) \quad v_{\text{ph}} = \frac{\omega}{k} = \frac{\hbar k}{2m} = \frac{p}{2m} \tag{1.10}$$

$$(\text{群速度 group velocity}) \quad v_{\text{g}} = \frac{d\omega}{dk} = \frac{\hbar k}{m} = \frac{p}{m} = v_{\text{cl}} \tag{1.11}$$

[†] (訳註) $2\pi\nu = \omega$ で ν は振動数，ω は "角振動数" であるが，錯誤の恐れがない限り，後者も単に振動数 (frequency) と呼ぶ．

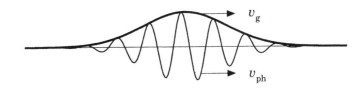

図1.1　波束．包絡線は v_g で移動し，包絡線内部の波は v_{ph} で移動する．

v_{cl} は古典論的な速度である．図1.1に示したような波束 (wave packet) の挙動から，これら2種類の速度の意味を理解できる．波束の中の波は，位相速度 v_{ph} で移動するが，波束の包絡線は群速度 v_g で移動する．この波束が電子のような粒子を表わしているとするなら，通常は波束内部の挙動よりも，波束全体の挙動の方に関心が持たれる．波束全体の挙動に対応するのは群速度であり，これが古典論における粒子の速度に対応している．

波束が電子を表わしているとしても，それは古典力学のように完全に一点に局在せずに拡がりを持つ．この性質は，波動の描像において不可避のものであり，粒子の位置が正確には決められないことを意味している．このことは1.5.3項 (p.17〜) で詳しく見ることにする．

最後に $E = \hbar^2 k^2/2m$ の関係を見てみると，k が実数ならば $E \geq 0$ である．$E < 0$ の場合には，波数が虚数 $k \to i\kappa$ となる．$E = -\hbar^2\kappa^2/2m$ であれば，$\psi(x) \propto \exp(\kappa x), \exp(-\kappa x), \sinh \kappa x, \cosh \kappa x$ である．これらの波動関数は全域で実数であり，少なくとも1次元において $x \to \pm\infty$ のときに発散する．発散する波動関数は物理的に許容できないので，これらの解は，空間領域を限定した場合だけに用いられる．

1.3　量子井戸に閉じ込められた粒子

前節では1次元の全"空間"を自由に移動できる電子を考察したが，本節では，電子が"空間"内の有限の領域に閉じ込められた場合に何が起こるか見てみる．これは"量子井戸" (quantum well) もしくは"箱の中の粒子" (a particle in a box) の問題と呼ばれている．最も単純な例は，図1.2に示したような，無限の深さを持つ"矩形"ポテンシャルで表される"井戸"である．電子のポテンシャルエネルギーは，$0 < x < a$ の領域ではゼロであり，これ以外の領域は無限の高さを持つポテンシャル障壁 (potential barrier) になっていて，電子は井戸の外に出ていくことができない．ここでは井戸の幅そのものを a と置いているが，場合によっては井戸の幅の"半分"を a と置くこともあるので注意されたい．

井戸内のポテンシャルはゼロなので，この領域の電子の運動を表わす Schrödinger

1.3 量子井戸に閉じ込められた粒子

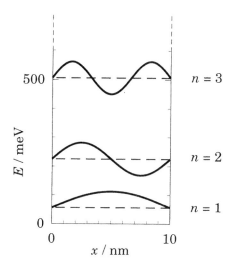

図1.2 GaAs の無限に深い矩形井戸．井戸の幅 (層の厚さ) は x 方向に 10 nm．初めの 3 つのエネルギー準位と波動関数を示す．

方程式は，自由空間における Schrödinger 方程式 (1.6) と同じである．したがって解も同じで，$E = \hbar^2 k^2 / 2m$ の下で $\exp(+ikx)$, $\exp(-ikx)$, $\sin kx$, $\cos kx$ のようになる．しかし E が正でなければならないという制約はないので，E を負として k を虚数，波動関数を実指数関数もしくは双曲線関数に置き換えることもできる．しかし境界条件を決めてやると，この不定性は無くなる．

井戸の左右両端は，ポテンシャルエネルギーが無限大の障壁になっている．井戸の外で Schrödinger 方程式を成立させるためには，唯一 $\psi(x) = 0$ と置くことによってポテンシャル項 $V(x)\psi(x)$ を有限に抑えることができる．波動関数は不連続性を持ってはならないので，$\psi(x)$ は井戸の両端でゼロでなければならない．したがって境界条件は $\psi(x = 0) = 0$, $\psi(x = a) = 0$ となる．前者の条件は，任意の k もしくは κ を用いた $\psi(x) = \sin kx$ もしくは $\sinh \kappa x$ によって満足することができる．しかし後者の条件は $\sinh \kappa x$ では満足できないので，$\sin kx$ を選ぶ．関数は $x = a$ においてゼロにならなければならないので，$\sin ka = 0 = \sin n\pi$ である．したがって $k = n\pi/a$ で，波動関数とエネルギーは次のようになる．

$$\phi_n(x) = A_n \sin \frac{n\pi x}{a}, \quad \varepsilon_n = \varepsilon_0(k_n) = \frac{\hbar^2 k_n^2}{2m} = \frac{\hbar^2 \pi^2 n^2}{2ma^2} \quad (1.12)$$

整数 $n = 1, 2, 3, \ldots$ は，各状態を識別するための "量子数" (quantum number) である．エネルギー準位の量子化，すなわち許容されるエネルギー値の制約は，粒子の運動を制限する境界条件から生じている．全空間を自由に移動することのできる粒子は，連続したエネルギー準位を持ち，ある空間領域に閉じ込められた粒子は離散的な準位

を持つ．あるエネルギー範囲では粒子が束縛されていて，それ以外のエネルギーでは自由に動ける場合もしばしばあるが，このときにはエネルギー準位が離散的になる範囲と連続的になる範囲が生じる．

最低エネルギーの状態 (基底状態) においても，エネルギーは有限[‡]で $\varepsilon_1 > 0$ である．これは古典力学で考えられる基底状態，すなわち井戸の底の任意の場所で粒子が静止している，運動エネルギー $E = 0$ の状態とは異なっている．このような静止状態は，1.5節で述べる量子力学の不確定性原理を破ってしまうので，量子力学的には基底状態も，有限の"ゼロ点エネルギー"(zero-point energy) を持たねばならない．

矩形井戸における波動関数は，対称性に関して重要な性質を持つ．量子数 n が奇数の状態は，井戸の中心位置を基準にして見ると，x の偶関数になっており，n が偶数の状態は奇関数になる (この意味では，状態の番号を 1 でなく 0 から付け始めるほうが適切かもしれない)．このような波動関数の対称性の性質は，左右対称な任意の偶関数ポテンシャル $V(x)$ を持つ井戸にあてはまる．波動関数の対称性は，光吸収のような多くの過程の"選択則"(selection rule) を決める重要な役割を持つ．ここで示した量子井戸は非常に単純な例である．結晶場のような複雑な対称性を記述するには，群論の手法が必要となる．

量子井戸におけるエネルギー準位が計算できたところで，次の必然的な疑問は，実験的にこの準位をどのように測るのか，ということになるだろう．光学的な方法が最も直接的な手段なので，次に量子井戸の光吸収を見てみる．

1.3.1 量子井戸の光吸収

量子井戸は，一見，教科書的な単なる仮想モデルで，現実の世界における応用にはほとんど関わりがなさそうに見える．確かに無限に深い井戸を作ることはできない．しかし今日では，有限の深さを持つ理想的な量子井戸に近い構造を，半導体で作製することができる．4.2節において，有限の深さを持つ量子井戸のエネルギー準位を計算するが，無限に深い井戸の結果は扱い易いものなので，実際にも有用な近似として，しばしば用いられる．

厚い AlGaAs 層によって薄い GaAs 層を挟んだサンドイッチ状のヘテロ構造は，層に垂直な方向には，図1.3(a) に示すような単純な量子井戸を形成する ("AlGaAs"は $Al_{0.3}Ga_{0.7}As$ のような混晶を意味するが，この省略記法が一般的に用いられている)．このことの正当性を理解するために，後から詳しく説明するいくつかの概念を，ここで先取りして紹介しておかなければならない．

第1に，電子の振舞いを見てみよう．自由電子のエネルギーは $\varepsilon_0(k) = \hbar^2 k^2/2m_0$ である．半導体中の可動電子は"伝導帯"(conduction band) に入っているが，この

[‡](訳註) 物理の術語としての"有限"は慣用的に，無限でなく，かつゼロでもないという意味で用いられる．この術語は便利なので，必ずしも原書で finite という単語による表現ではない箇所にも用いた．

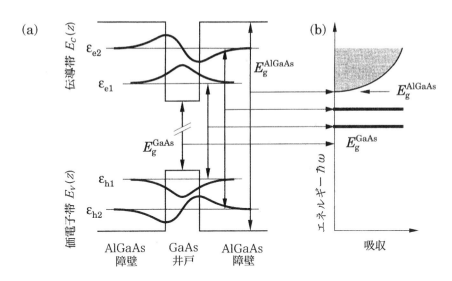

図1.3 GaAs層をAlGaAs層で挟んだ量子井戸における光吸収.(a) 伝導帯と価電子帯のポテンシャル.それぞれ2つの束縛状態を持つ.GaAsの実際のエネルギーギャップは,図で示しているよりもはるかに大きい.(b) 量子井戸間の遷移によって,GaAsのエネルギーギャップ値とAlGaAsのエネルギーギャップ値との間のところに吸収線が発生する.

伝導帯にある電子のエネルギーは,2つの点で自由電子と異なる.第1にエネルギーの基準がゼロでなく,伝導帯の底の準位 E_c となる.第2に,伝導帯の電子は,質量が電子質量 m_0 そのものではなく,あたかもこれに定係数 m_e を掛けた $m_0 m_e$ という"有効質量"(effective mass)を持つかのように振舞う.GaAsの伝導帯の有効質量係数は $m_e = 0.067$ である[†].伝導帯の電子のエネルギーは $\varepsilon_c(k) = E_c + \hbar^2 k^2/2m_0 m_e$ と表わされる.E_c はGaAsよりAlGaAsのほうが高く,その界面における差 ΔE_c は電子を閉じ込める障壁となるので,GaAsを挟んだサンドイッチ構造を量子井戸と見なせる.典型的な界面障壁は $\Delta E_c \approx 0.2 - 0.3$ eV 程度であり,さほど高いものではない.しかしこれを無限の高さを持つ障壁で置き換えて,幅(層の厚さ)が a の井戸におけるエネルギー準位の近似値を見いだしてみよう.式(1.12)を援用し,量子数を n_e とおくと,量子井戸に閉じ込められた電子のエネルギーは次式で与えられる.

$$\varepsilon_{en_e} \approx E_c^{\text{GaAs}} + \frac{\hbar^2 \pi^2 n_e^2}{2m_0 m_e a^2} \tag{1.13}$$

試料に光を照射し,どの振動数の光が吸収されるかを調べることによって,これら

[†](訳註) 本書では,半導体中(伝導帯)の電子質量の補正係数を m_e と書き,原書ではこれを effective mass と呼んでいる.この流儀は便利ではあるが,次元のことを考えると,誤解を生じやすい面もある.訳稿でも記号は原書の通りに用いるが,次元に関する錯誤を避けるために,無次元の m_e を "有効質量係数",質量の次元を持つ $m_0 m_e$ を "有効質量" と呼ぶことにする.正孔に関しても同様とする (有効質量係数:m_h, 有効質量:$m_0 m_h$).

のエネルギー準位を調べることができる．ひとつの電子が低い準位から高い準位へと励起されるときに，ひとつの光子 (photon) が吸収されるが，この光子のエネルギーは，電子のエネルギー準位の差に一致する．したがって，たとえば $\hbar\omega = \varepsilon_{e2} - \varepsilon_{e1}$ と与えられる振動数での光吸収が予想される．残念ながら，このような実験は難しいので，通常は，これと異なる方法が用いられる．

半導体は，それぞれのエネルギーバンド (エネルギー帯 energy band) に，エネルギー準位を持っている．電子が詰まっているバンドの中で最も重要なのは"価電子帯" (valence band) で，これは伝導帯のすぐ下にある．価電子帯の上端の準位は E_v で，価電子帯は波数 k の関数として"下側に"湾曲しており，もうひとつの有効質量係数 m_h によって，$\varepsilon_v(k) = E_v - \hbar^2 k^2/2m_0 m_h$ と表わされる (GaAs では $m_h = 0.5$)．伝導帯と価電子帯は，"バンドギャップ" (band gap) と呼ばれるエネルギー禁制帯で分離されており，ギャップ幅は $E_g = E_c - E_v$ と与えられる．GaAs と AlGaAs では E_v が異なるので，ヘテロ構造において，価電子帯にも量子井戸が形成される．束縛状態のエネルギーは次のようになる．

$$\varepsilon_{hn_h} \approx E_v^{\text{GaAs}} - \frac{\hbar^2 \pi^2 n_h^2}{2m_0 m_h a^2} \tag{1.14}$$

図1.3(a) に示したように，価電子帯では，伝導帯と比べてエネルギーの"上下"が完全に逆転している．

不純物を含まない半導体は，絶対零度では，価電子帯に電子が完全に詰まっており，伝導帯は全く空の状態である．光吸収によって価電子帯の電子が，伝導帯へと励起されることになる．GaAs の結晶試料では，光子のエネルギーがバンドギャップを超える $\hbar\omega > E_g^{\text{GaAs}}$ の場合に光吸収が起こる．同様に AlGaAs では $\hbar\omega > E_g^{\text{AlGaAs}}$ のときに光吸収が起こる．この光吸収の後に，価電子帯には空の準位，正孔 (hole) が残るので，h を価電子帯を意味する添字として用いる．

量子井戸を見てみよう．井戸は GaAs で形成されているが，井戸内の状態は量子化されているため，光吸収が $\hbar\omega = E_g^{\text{GaAs}}$ から始まるわけではない．光吸収が起こる最小エネルギーは，伝導帯井戸の基底準位と，価電子帯井戸の"基底"準位との隔たり $\varepsilon_{e1} - \varepsilon_{h1}$ である†．光吸収は他の状態の組み合わせにより，もっと高いエネルギーでも起こる．後から見るように，伝導帯と価電子帯における対応する準位の間で，特に強い遷移が起こるので，$n_e = n_h = n$ と置く．強い吸収は，次の振動数において生じる．

$$\hbar\omega_n = \varepsilon_{en} - \varepsilon_{hn} = \left(E_c^{\text{GaAs}} + \frac{\hbar^2 \pi^2 n^2}{2m_0 m_e a^2} \right) - \left(E_v^{\text{GaAs}} - \frac{\hbar^2 \pi^2 n^2}{2m_0 m_h a^2} \right)$$

---

† (訳註) "正孔のエネルギー"は，価電子帯の電子を1個抜き取ったときの系のエネルギー変化量として定義されるので，ε_h ではなく $-\varepsilon_h$ である．正孔の"基底"準位は，電子のエネルギーを上向きにとる図1.3のような通常のバンド図では，価電子帯の最上に位置する ε_{h1} (正孔エネルギーとしては $-\varepsilon_{h1}$) になる．本書の (1.14) のような式は，添字 h を付けてあるけれども，価電子帯における"電子の"エネルギーであって，正孔のエネルギーではない．

$$= E_{\mathrm{g}}^{\mathrm{GaAs}} + \frac{\hbar^2 \pi^2 n^2}{2 m_0 a^2}\left(\frac{1}{m_{\mathrm{e}}} + \frac{1}{m_{\mathrm{h}}}\right) \tag{1.15}$$

この強い吸収が起こるエネルギーは，有効質量係数 m_{eh} が $1/m_{\mathrm{eh}} = 1/m_{\mathrm{e}} + 1/m_{\mathrm{h}}$ と与えられる量子井戸のエネルギーのように見える．これは光学的有効質量係数と呼ばれる．ほとんどの光吸収過程において，その過程に固有の有効質量がある．

もし井戸が無限に深ければ，式(1.15) で与えられる無数の吸収線が生じるはずである．しかし現実の半導体中の障壁は有限であり，井戸の外の AlGaAs 障壁のところでも，$\hbar\omega > E_{\mathrm{g}}^{\mathrm{AlGaAs}}$ のすべての振動数で吸収が起こる．井戸の部分で伝導帯にも価電子帯にも 2 つずつ束縛状態 (bound state) が生じているとすると，吸収スペクトルは図1.3(b) のようになる．$\hbar\omega < E_{\mathrm{g}}^{\mathrm{GaAs}}$ の領域に吸収はなく，$\hbar\omega > E_{\mathrm{g}}^{\mathrm{GaAs}}$ の領域は連続吸収帯になる．これらの振動数の間に，量子井戸間の状態間遷移によって生じる 2 つの離散的な吸収線が現れ，これらのエネルギーの近似値が式(1.15) で与えられる．有効質量が分かっていれば，離散的な吸収線のエネルギーから，井戸の幅 (GaAs 層の厚さ) を推定することができる．これは層構造が正しく形成されているかを調べるための常套的な手段となる．

現実には，吸収スペクトルの測定とは少々違った，フォトルミネッセンス (photo-

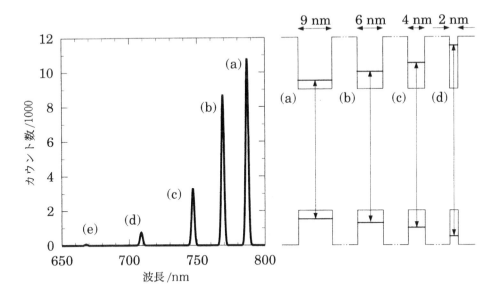

図1.4　幅 (井戸層の厚さ) の異なる 4 つの量子井戸を持つ試料のフォトルミネッセンスのスペクトルを，波長 (wavelength) の関数として示したもの．各量子井戸における電導体と価電子帯の準位を右側に示す．量子井戸間の障壁は，図に示してあるよりもはるかに厚い．[データはカリフォルニア大学サンタ・バーバラ校 E. L. Hu 教授提供.]

luminescence：PL) という実験が行われることが多い．$\hbar\omega > E_\mathrm{g}^{\mathrm{AlGaAs}}$ の光を試料に照射すると，光は至るところで多くの電子を価電子帯から伝導帯へ励起する．これらの電子の一部は量子井戸に閉じ込められ，同時に生じた正孔の一部も同様にして価電子帯側の量子井戸に閉じ込められる．そうすると，伝導帯側の量子井戸内の電子が，価電子帯側の正孔へと落ち込んで，そのエネルギー差を光として放出することができる．このルミネッセンスは，光吸収の逆過程であり，全く同じエネルギーで起こる．通常は基底準位だけが観測にかかるので，PLスペクトルには $\hbar\omega_1$ に1本の線が現れる．フォトルミネッセンスのスペクトルの例を図1.4に示す．試料には異なる幅を持つ4つの量子井戸が形成されており，それぞれの井戸がPLピークを1本ずつ生じている．このスペクトルの詳しい解析は，練習問題に充てることにする．

残念ながら，真の描像はもう少し複雑である．ひとつの問題は，価電子帯が，ここで仮定したほど単純ではないことである．改良したモデルにおいては，正孔が重いものと軽いものの2種類あることを想定する．それぞれに対応する2組のスペクトル線が現れるが，重い正孔によるスペクトルの方が強く現れる．さらに複雑な問題は，電子と正孔が互いに束縛し合って，水素原子に似た"励起子"(exciton) を形成し，エネルギーを若干変えることである．この問題は 10.7 節において扱う．

1.4 電荷と電流密度

Schrödinger 方程式は，波動関数 $\Psi(x,t)$ を決定するが，次に波動関数から，関心の対象となる諸量を導く方法を考察しなければならない．まずは粒子の位置を知りたいが，これに関する情報は，波動関数の絶対値の自乗によって与えられる．

$$|\Psi(x,t)|^2 \propto [粒子を位置 x において見いだす確率密度] \tag{1.16}$$

この空間分布は厳密には，粒子自体の拡がりという意味ではなく，対象とする点粒子に関して我々が把握している確率的な位置情報と解釈すべきものである．しかしこの区別は，本書で扱う話題において，さほど重要ではないので，空間分布する電荷密度の概念を用いて，この関係を，もっと物理的に解りやすい形に直すことができる．対象とする粒子が電荷 q を持つならば，

$$q|\Psi(x,t)|^2 \propto ["粒子"に付随する局所電荷密度] \tag{1.17}$$

もしくは，

$$q|\Psi(x,t)|^2 dx \propto [位置 x の近傍 dx の領域が含む電荷量] \tag{1.18}$$

となる．電子が有限体積の領域に閉じ込められているならば，その体積に含まれる総電荷量は q でなければならない．したがって，上の比例関係を等式に書き替えること

ができる．

$$q|\Psi(x,t)|^2 = \rho(x) = [\text{“粒子”に付随する局所電荷密度}] \tag{1.19}$$

局所電荷密度を，全空間にわたって積分すれば，粒子が持つ電荷量となる．

$$\int \rho(x)dx = \int q|\Psi(x,t)|^2 dx = q \tag{1.20}$$

この式を，電荷 q で割ると，次のようになる．

$$\int |\Psi(x,t)|^2 dx = 1 \tag{1.21}$$

これが波動関数を規格化するときに標準的に採用される条件であり，$|\Psi(x,t)|^2$ は位置 x において粒子を見いだす確率密度を表わす．

 但し，どのような波動関数にも，この規格化条件が適用できるわけではない．自由電子はその明白な例で，全空間にわたる積分は発散してしまう．このような場合には，我々は"相対的な"確率しか扱えない．実際的な手法としては，大きいけれども有限の体積を持つ箱の中に電子が閉じ込められている状態について議論を始め，計算の最後に，箱の体積を無限大に移行させるという方法で，この困難を回避できる場合もある．1.7節で状態密度を計算する際に，この手法を用いることになる．

 規格化によって，波動関数の物理的な次元が決まる．例として無限に深い量子井戸を考えよう．波動関数は $\phi_n(x) = A_n \sin(n\pi x/a)$ で，規格化条件は次のようになる．

$$1 = \int_0^a |A_n|^2 \sin^2 \frac{n\pi x}{a} dx = \frac{a|A_n|^2}{2} \tag{1.22}$$

したがって，A_n を実数とすると，規格化された波動関数は，

$$\phi_n(x) = \sqrt{\frac{2}{a}} \sin \frac{n\pi x}{a} \tag{1.23}$$

となる．規格化された1次元の波動関数は $(長さ)^{-1/2}$ の次元を持つ．このことは，計算結果の確認の手段として有用である．

 無限大の体積に拡がっている $\phi_k(x) = Ae^{ikx}$ のような平面波[†](plane wave) は，少し違った方法で規格化される．この場合は，密度 $|\phi_k(x)|^2 = |A|^2$ を，粒子の密度として扱うことができる．

 電荷密度分布に挙動があれば，それに付随して電流密度 J (1次元なら電流) が発生する．これらは電荷と粒子の保存を保証するために，連続の方程式 (continuity equation),

$$\frac{\partial J}{\partial x} + \frac{\partial \rho}{\partial t} = 0 \tag{1.24}$$

[†](訳註) この術語は，本来は波面 (同位相面) が平面の3次元波 $\exp(i\mathbf{K}\cdot\mathbf{R})$ の意味だが，このように低次元の単純進行波 ($\exp(ikx)$, $\exp(i(k_x x + k_y y))$ など) を指す場合もある．

を満たす．$\partial J/\partial x$ は，3次元では div**J** に置き換わる．

電流密度の式を導いてみよう．時間に依存する Schrödinger 方程式から始める．

$$-\frac{\hbar^2}{2m}\frac{\partial^2}{\partial x^2}\Psi(x,t) + V(x,t)\Psi(x,t) = i\hbar\frac{\partial}{\partial t}\Psi(x,t) \tag{1.25}$$

両辺に左から波動関数の複素共役 Ψ^* を掛ける．

$$-\frac{\hbar^2}{2m}\Psi^*\frac{\partial^2}{\partial x^2}\Psi + \Psi^*V\Psi = i\hbar\Psi^*\frac{\partial}{\partial t}\Psi \tag{1.26}$$

また，Schrödinger 方程式の複素共役を取り，両辺に左から Ψ を掛けると，もうひとつの式が得られる．

$$-\frac{\hbar^2}{2m}\Psi\frac{\partial^2}{\partial x^2}\Psi^* + \Psi V^*\Psi^* = -i\hbar\Psi\frac{\partial}{\partial t}\Psi^* \tag{1.27}$$

式(1.26) から式(1.27) を引く．$V(x,t)$ が実数ならば，ポテンシャル項は消去される．右辺の引き算は，積の時間微分の形になるので，結果は次のように表わされる．

$$-\frac{\hbar^2}{2m}\left(\Psi^*\frac{\partial^2}{\partial x^2}\Psi - \Psi\frac{\partial^2}{\partial x^2}\Psi^*\right) = i\hbar\frac{\partial}{\partial t}|\Psi|^2 \tag{1.28}$$

左辺も簡単にするために，積の微分則を次のように用いる．

$$\frac{\partial}{\partial x}\left(\Psi^*\frac{\partial}{\partial x}\Psi\right) = \left(\frac{\partial \Psi^*}{\partial x}\right)\left(\frac{\partial \Psi}{\partial x}\right) + \Psi^*\frac{\partial^2}{\partial x^2}\Psi \tag{1.29}$$

これを式(1.28) に適用すると，1次微分の積の項は相殺し，次のようになる．

$$-\frac{\hbar^2}{2m}\frac{\partial}{\partial x}\left(\Psi^*\frac{\partial}{\partial x}\Psi - \Psi\frac{\partial}{\partial x}\Psi^*\right) = i\hbar\frac{\partial}{\partial t}|\Psi|^2 \tag{1.30}$$

最後に $i\hbar$ を左辺に移し，確率密度を電荷密度に変換するために q を両辺に掛ける．

$$-\frac{\partial}{\partial x}\left[\frac{\hbar q}{2im}\left(\Psi^*\frac{\partial}{\partial x}\Psi - \Psi\frac{\partial}{\partial x}\Psi^*\right)\right] = \frac{\partial}{\partial t}\left(q|\Psi(x,t)|^2\right) = \frac{\partial \rho}{\partial t} \tag{1.31}$$

これを連続の方程式(1.24) と比較すると，電流密度は次式のように与えられることが分かる．

$$J(x,t) = \frac{\hbar q}{2im}\left(\Psi^*\frac{\partial}{\partial x}\Psi - \Psi\frac{\partial}{\partial x}\Psi^*\right) \tag{1.32}$$

3次元の場合には，微分 $\partial\Psi/\partial x$ が，勾配 $\nabla\Psi = \frac{\partial\Psi}{\partial x}\mathbf{e}_x + \frac{\partial\Psi}{\partial y}\mathbf{e}_y + \frac{\partial\Psi}{\partial z}\mathbf{e}_z$ に置き換わる（$\mathbf{e}_x$ は x 方向の単位ベクトル．$\mathbf{e}_y$, $\mathbf{e}_z$ も同様）．

定常状態(エネルギーすなわち ω が確定している状態) においては，Ψ と Ψ^* による $\exp(-i\omega t)$ と $\exp(+i\omega t)$ の因子が相殺し合うので，ρ も J も時間に依存しない．このことが"定常(stationary)"という言葉が使われる理由のひとつであるが，時間変動

1.4 電荷と電流密度

しない一定の電流を運ぶ状態も"定常状態"と呼ぶことになるので，この術語は少々まぎらわしい‡．しかし定常状態のうち，$\psi(x)$ が完全に実数で表わされるようなものは，電流を伝達しない．このような状況は，箱の中の粒子や，静的ポテンシャルに束縛されている粒子全般にあてはまる．電流を生じるためには，束縛状態の重ね合せが必要である．この性質は，量子力学の波動関数が"本質的に"複素量であることを明確に示している．これは電気回路や，ばねの付いたボールなどの振動現象に適用される複素振動因子とは全く異なっている．これらの場合には，応答は実数的であり，複素数の形式は単に便宜的に用いられているに過ぎない．

ひとつの例として，$+x$ 方向に進む平面波 $\Psi(x,t) = A\exp\bigl(i(kx-\omega t)\bigr)$ を考察しよう．電荷密度は全空間にわたって一様に $\rho = q|A|^2$ という値を持ち，電流も全空間で一様に $J = q(\hbar k/m)|A|^2$ である．$\hbar k/m = p/m = v$ なので，$J = \rho v$ と表わされるが，これは ($J = nev$ などと同様の) 予想通りの結果である．

Schrödinger 方程式は線形であり，基本解を重ね合せて任意の解を構築することができる．たとえば，

$$\Psi(x,t) = \bigl[A_+\exp(ikx) + A_-\exp(-ikx)\bigr]\exp(-i\omega t) \tag{1.33}$$

は，反対方向に向かう波の重ね合せである．量子力学的な電流の式は，容易に予想される形になる．

$$J = \frac{\hbar q k}{m}\bigl(|A_+|^2 - |A_-|^2\bigr) \tag{1.34}$$

反対方向を向いた"減衰状態"を重ね合せると，興味深い結果が得られる．

$$\Psi(x,t) = \bigl[B_+\exp(\kappa x) + B_-\exp(-\kappa x)\bigr]\exp(-i\omega t) \tag{1.35}$$

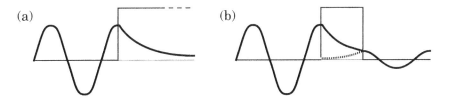

図1.5 対向する減衰状態の重ね合せによる電流の移送．(a) 無限に厚い障壁内部の状態は，単一の減衰成分だけを含み，電流を運ばない．(b) 有限の厚さの障壁内部の状態は，減衰する指数関数だけでなく増加する指数関数成分も含んでおり，電流を流す．(波動関数は複素数なので，この図はおおまかな概念図にすぎない．)

---

‡(訳註) stationary は"静止している"という意味合いが強いので，英語の"stationary state"では，粒子の動きや流れが全く無いような誤ったイメージが生じやすいということを述べてある．しかし stationary を"定常"と訳してしまえば，"定常的な流れ"という概念も，英語の場合ほどの違和感はない．

どちらの成分も，それぞれ実数なので，単独では電流を運ばない．しかし重ね合せの状態は，

$$J = \frac{\hbar q \kappa}{im}(B_+ B_-^* - B_+^* B_-) = \frac{2\hbar q \kappa}{m}\text{Im}(B_+ B_-^*) \tag{1.36}$$

という電流を生じる．この状態が電流を運ぶためには，"両方の方向"に減衰する成分をそれぞれ持ち，それらの位相がずれていなければならない．障壁に突入する波のこのような効果を図1.5に示してある．我々は第5章において，振動する波が高い障壁に突入すると，減衰に転じる様子を見ることになる．障壁が無限に厚ければ，障壁内部の状態は単一の減衰関数によって支配され，正味の電流は無い．一方，厚さが有限の障壁は(微小な)電流を通し，障壁内部の状態は，対向する2つの減衰成分を含む．障壁の反対側から返ってくる"波"($\exp \kappa x$)は，障壁の厚さが有限で，電流が透過し得るという情報を運んで戻ってくる．

1.5 演算子と測定

ここで量子力学の理論に戻り，もう少し深く踏み込んで，波動関数からどのように物理量が導かれるかを見てみることにしよう．

1.5.1 演算子

量子力学では，観測し得る物理量が，波動関数に作用する演算子 (operator) によって表わされることを仮定している (波動関数自身が観測可能な量では"ない"ことも仮定してある)．演算子の表記には，ハット記号が用いられる．粒子の位置，運動量，全エネルギーなどは，$\Psi(x,t)$ に作用する次のような演算子で表わされる．

$$x \rightarrow \hat{x} = x \tag{1.37}$$

$$p \rightarrow \hat{p} = -i\hbar \frac{\partial}{\partial x} \tag{1.38}$$

$$E \rightarrow \hat{E} = i\hbar \frac{\partial}{\partial t} \tag{1.39}$$

重要な特徴は，運動量 $\hat{p}$ が，波動関数の"空間的勾配"として表わされることである．

もっと複雑な演算子も，これらの要素から構築できる．たとえばHamilton関数 $H = p^2/2m + V(x)$ は，我々がすでに見てきたような，エネルギーが保存する系における，古典的な粒子の総エネルギーを与える．これは量子力学では，次のようなHamilton演算子 $\hat{H}$ となる．

$$\hat{H} = H(\hat{x}, \hat{p}) = -\frac{\hbar^2}{2m}\frac{\partial^2}{\partial x^2} + V(x) \tag{1.40}$$

この演算子の作用が，エネルギー演算子の作用と等しいという関係式は $\hat{H}\Psi = \hat{E}\Psi$，

すなわち，

$$\left[-\frac{\hbar^2}{2m}\frac{\partial^2}{\partial x^2}+V(x)\right]\Psi(x,t)=i\hbar\frac{\partial}{\partial t}\Psi(x,t) \tag{1.41}$$

となる．これは時間に依存する Schrödinger 方程式 (1.1) そのものである．

時間に依存しない Schrödinger 方程式のほうは $\hat{H}\psi(x)=E\psi(x)$ と書ける．右辺の E は演算子ではなく，ただの数である．この式は，行列の固有値方程式に似ている．左辺では波動関数に演算子が掛かり，右辺では定数が掛かっている．固有ベクトル (eigenvector) と固有値 (eigenvalue) の概念は，行列に関しても微分演算子に関しても，同じように成立し，類似した語法が適用できる．ψ は固有関数 (eigenfunction) もしくは固有状態 (eigenstate) と呼ばれ，E は，その状態に付随する固有値と呼ばれる．これらのことは 1.6 節において，さらに詳しく調べる．

運動量演算子を用いて，電流密度を書き直すことができる．

$$J(x,t)=\frac{q}{2}\left[\Psi^*\left(\frac{\hat{p}}{m}\Psi\right)+\left(\frac{\hat{p}}{m}\Psi\right)^*\Psi\right] \tag{1.42}$$

この式は，電流と速度 p/m の関係を示している．ただし磁場がある場合には，運動量と速度の関係が複雑になるために，もっと手の込んだ表式が必要となる．これについては第 6 章で考察する．

運動量演算子の波動関数への作用を具体的に見てみよう．平面波 $\psi(x)=A\exp(ikx)$ に作用させると，

$$\hat{p}\psi=\left(-i\hbar\frac{d}{dx}\right)(Ae^{ikx})=\hbar k Ae^{ikx}=(\hbar k)\psi \tag{1.43}$$

となる．これは固有値方程式になっている．我々はこのことを，この平面波で表わされる状態が，確定した運動量の値 $p=\hbar k$ を持つものと解釈する．これは前に古典力学から類推した通りの結果である．

さらに量子力学が仮定するところによると，物理的な観測量が取り得る値は，対応する演算子の固有値である．ここで示した平面波と運動量演算子の場合のように，波動関数が演算子の固有関数であれば，観測量は確定した値を持つ．一般にはこのように観測量が確定するわけではない．運動量演算子を，箱の中の粒子に作用させてみよう．

$$\hat{p}\phi_n(x)=-i\hbar\frac{d}{dx}A_n\sin\frac{n\pi x}{a}=\frac{-i\hbar n\pi A_n}{a}\cos\frac{n\pi x}{a} \tag{1.44}$$

箱の粒子の波動関数は $\hat{p}$ の固有関数ではないので，確定した運動量の値を持たない．運動量の測定結果は拡がりを持ち，その分布の平均値 (この場合はゼロ) と拡がり方が決まる．もう一度微分を施すと，もとの ϕ_n に比例する関数に戻るので，$\phi_n(x)$ は $\hat{p}^2$ の固有関数であることが分かる．運動エネルギーの演算子は $\hat{T}=\hat{p}^2/2m$ なので，箱の粒子は確定した運動エネルギーの値を持っている．

粒子の位置を測定するときにも，同様の問題がある．次にこれを見てみる．

1.5.2 期待値

ある粒子の状態 $\Psi(x,t)$ が与えられているものとしよう.我々が知りたい2つの最も単純な情報は,粒子の平均位置と,粒子がその位置のあたりにどの程度局在しているか,ということである.波動の描像に立脚しているので,古典力学とは異なり,通常は粒子が特定の位置にあるとは言えない.

すでに我々は,粒子を位置 x において見いだす確率密度が $P(x,t) \propto |\Psi(x,t)|^2$ であることを知っているが,これを観測量の平均値を表わす標準的な式の形で与え直すことができる.その式は,

$$\langle x(t) \rangle = \int x P(x,t) dx \tag{1.45}$$

である.括弧 $\langle \ \rangle$ は期待値を表わす.規格化された波動関数を用いると,上式を次のように書き直せる.

$$\langle x(t) \rangle = \int x |\Psi(x,t)|^2 dx = \int \Psi^*(x,t) \, x \, \Psi(x,t) dx \tag{1.46}$$

粒子がどのくらい局在しているかという問題に答えるための標準的な評価値は,次のように定義される標準偏差 Δx で与えられる.

$$(\Delta x)^2 = \langle x^2 \rangle - \langle x \rangle^2 \tag{1.47}$$

$\langle x^2 \rangle$ は x^2 の期待値で,$\langle x \rangle$ と同じように算出される.

$$\langle x^2 \rangle = \int x^2 P(x) dx = \int \Psi^*(x,t) \, x^2 \Psi(x,t) dx \tag{1.48}$$

例として,1次元の"箱"の中の粒子の基底状態を見てみよう.対称性から明らかなように,位置の期待値は,

$$\langle x \rangle = \frac{2}{a} \int_0^a x \sin^2 \frac{\pi x}{a} dx = \frac{a}{2} \tag{1.49}$$

となる.そして,

$$\langle x^2 \rangle = \frac{2}{a} \int_0^a x^2 \sin^2 \frac{\pi x}{a} dx = a^2 \left(\frac{1}{3} - \frac{1}{2\pi^2} \right) \tag{1.50}$$

なので,標準偏差は,

$$\Delta x = a \sqrt{\frac{1}{12} - \frac{1}{2\pi^2}} \approx 0.18 a \tag{1.51}$$

である.粒子は井戸のちょうど中央で最も見出されやすいが,位置はある程度の範囲で確率的な拡がりを持つ(高いエネルギー準位ほど広範囲に拡がる).

運動量演算子を用いて,粒子の運動量についても,同じ問題を考えることができる.何らかの物理的な観測量 q の期待値 $\langle q \rangle$ は,一般に次の式で与えられる.

$$\langle q \rangle = \int \Psi^*(x,t) \, \hat{q} \, \Psi(x,t) dx \tag{1.52}$$

$\hat{q}$ は q に対応する演算子である．たとえば運動量の平均値は，次式で与えられる．

$$\langle p \rangle = \int \Psi^*(x,t) \hat{p} \Psi(x,t) dx = \int \Psi^*(x,t) \left[-i\hbar \frac{\partial \Psi(x,t)}{\partial x} \right] dx \tag{1.53}$$

x の場合と同様に，さらに波動関数から $\langle p^2 \rangle$ や Δp を求めることもできる．

これらの期待値を表わす式が与える結果は物理量なので，実数になる必要がある．このため物理量に対応する演算子は，Hermite演算子でなければならない．Hermite演算子は実数の固有値を持つので，波動関数に対する"測定"結果が実数となることを保証する*．Hermite演算子の性質は1.6節で簡単に復習する．Hermiteでない演算子も，他の応用では，特に場の理論における生成演算子や消滅演算子として重要であるが，本書でこのような演算子は使用しない．

定常状態に関する物理量の期待値は，時間に依存しない定数である．これは Ψ と Ψ^* で時間依存性を相殺し合うからである．たとえば束縛された粒子の定常状態において，$\langle x \rangle$ は一定なので，粒子は"静止して"いるように見える．$\langle x \rangle$ が時間に依存して変化するという意味で，粒子に"動き"を持たせるためには，異なるエネルギーを持つ定常状態の重ね合せが必要である．1次元井戸を再び取り上げるなら，たとえば最初の2つの状態を重ね合せることで，動いている波動関数をつくることができる．

$$\Psi(x, t=0) = A_1 \phi_1(x) + A_2 \phi_2(x) \tag{1.54}$$

この波動関数は時間の経過に伴って変化するので，平均位置は次のような時刻の関数になる．

$$\langle x(t) \rangle = \frac{a}{2} - \frac{32a A_1 A_2}{9\pi^2} \cos\left(\frac{(\varepsilon_2 - \varepsilon_1)t}{\hbar} \right) \tag{1.55}$$

粒子の平均位置は，井戸の中を左右に振動し，その角振動数は2つの準位差から $(\varepsilon_2 - \varepsilon_1)/\hbar$ のように決まる．詳しいことは練習問題で扱うことにする．

1.5.3 波束の運動

初等的な古典力学は質点(点粒子)の概念に立脚しており，粒子の位置と運動量が正確に特定できるが，波動力学は，このような性質を持たない．点粒子に相当するものとして，波動が包絡線によって有限の領域内に限定されている，図1.1 (p.4)のような波束を考えるのが自然である．波束も，期待値の挙動を把握するための恰好の例とな

---

*(訳註) $\hat{A}^\dagger = \hat{A}$ を満たすような演算子 $\hat{A}$ を Hermite演算子と呼ぶ (C. Hermite, 1822–1901 に因む)．"†" は Hermite共役を表すが，これは複素共役の概念を演算子へと一般化したもので，$\hat{A}$ と $\hat{A}^\dagger$ は任意の関数 $\psi_1(x)$, $\psi_2(x)$ に関して $\int (\hat{A}\psi_1)^* \psi_2 dx = \int \psi_1^* (\hat{A}^\dagger \psi_2) dx$ の関係を成立させる．このように定義されたHermite演算子は，その固有値が必ず実数になるということを証明できる．"Hermite演算子としての性質を持つ"という意味の形容詞として"hermitian"という術語も派生しているが，訳語としては(あまり感心しない措置だが)"Hermiteだ"(ダ型活用形容動詞)である．"Hermiteな"性質というのは，実数の性質を演算子へと一般化したものと見ることができる．

る．時刻 $t = 0$ における状態として，平面波 $\exp(ip_0 x/\hbar)$ が Gauss 関数によって変調されている状態を考えよう．

$$\Psi(x, t = 0) = \frac{1}{(2\pi d^2)^{1/4}} \exp\left(\frac{ip_0 x}{\hbar}\right) \exp\left(-\frac{(x - x_0)^2}{4d^2}\right) \tag{1.56}$$

このときの粒子位置の確率密度は，平均位置 x_0，標準偏差 d の規格化された Gauss 関数になる．

$$\left|\Psi(x, t = 0)\right|^2 = \frac{1}{(2\pi d^2)^{1/2}} \exp\left(-\frac{(x - x_0)^2}{2d^2}\right) \tag{1.57}$$

よって時刻 $t = 0$ において $\langle x \rangle = x_0$，$\Delta x = d$ であることは明らかである．d を選ぶことで，波束を任意の大きさに局在させることができる．

単純な平面波は，確定した運動量 p_0 を持つが，波束をつくるためには異なる波長成分を重ね合せなければならないので，波動関数の持つ運動量の値は拡がりを持つ．$\langle p \rangle$ と Δp を求める方法は 2 通りある．第 1 の方法は，前に示した期待値の定義式 (1.53) を使う方法である．もうひとつの方法は，波動関数を位置の関数でなく，運動量の関数に書き直す方法である．我々は平面波 $\exp(ipx/\hbar)$ が確定した運動量 p を持つことを知っているので，Ψ が含む運動量の分布は，平面波への分解――Fourier 変換によって得られる．したがって運動量空間における波動関数 $\Phi(p, t)$ は，実空間の波動関数と，次のように関係づけられる．

$$\Psi(x, t) = \int \Phi(p, t) \exp\left(+\frac{ipx}{\hbar}\right) \frac{dp}{\sqrt{2\pi\hbar}} \tag{1.58}$$

$$\Phi(p, t) = \int \Psi(x, t) \exp\left(-\frac{ipx}{\hbar}\right) \frac{dx}{\sqrt{2\pi\hbar}} \tag{1.59}$$

因子 $\sqrt{2\pi\hbar}$ は，Φ に Ψ と同じ規格化が適用できるように導入したものである．

Gauss 波束 (1.56) の Fourier 変換をとると，

$$\Phi(p, t = 0) = \frac{1}{\left[2\pi(\hbar/2d)^2\right]^{1/4}} \exp\left(\frac{-i(p - p_0)x_0}{\hbar}\right) \exp\left(-\frac{(p - p_0)^2}{4(\hbar/2d)^2}\right) \tag{1.60}$$

となり，運動量の確率密度分布は，次のようになる．

$$\left|\Phi(p, t = 0)\right|^2 = \frac{1}{\left[2\pi(\hbar/2d)^2\right]^{1/2}} \exp\left(-\frac{(p - p_0)^2}{2(\hbar/2d)^2}\right) \tag{1.61}$$

これは運動量の平均 (期待値) $\langle p \rangle = p_0$，標準偏差 $\Delta p = \hbar/2d$ の規格化された Gauss 分布関数になっている．

実空間 (位置空間) と運動量空間における標準偏差の積は，重要な結果を与える．

$$\Delta x \, \Delta p = d \frac{\hbar}{2d} = \frac{1}{2}\hbar \tag{1.62}$$

実空間において，粒子を狭い領域に局在させようとすればするほど，必然的に運動量の値の拡がり方が大きくなる．これが有名な"Heisenberg(ハイゼンベルク)の不確定性原理"である．量子力学によると，我々は粒子の位置と運動量の両方を，任意の精度で測定することはできない．これは古典力学において x と p をどちらも正確に知ることができる状況とは異なっている．Gauss 波束は，たまたま最小の不確定性を与えているが，一般の量子状態においては，

$$\Delta x \Delta p \geq \frac{1}{2}\hbar \tag{1.63}$$

である．実例をひとつ見るなら，たとえば平面波 $\exp(ip_0 x/\hbar)$ は，確定した運動量 p_0 を持っているので $\Delta p = 0$ だが，全実空間に拡がっているので $\Delta x = \infty$ である．

不確定性原理によって，量子井戸内の基底状態も，ゼロではない運動エネルギーを持たなければならないが，これも粒子が静止した状態が許容される古典力学の場合と著しく異なっている．粒子が静止しているならば，運動量 p は正確にゼロに確定して $\Delta p = 0$ であるが，一方で粒子が井戸内のどこかにあるならば Δx は有限である．したがって"静止した井戸内の粒子"を想定すると $\Delta x \Delta p = 0$ となってしまい，不確定性原理を満足しないので，粒子がこのような状態をとることは許されない．不確定性原理の下では，これに最も近い状態として，粒子が有限の"ゼロ点エネルギー"を持ち，Δx と Δp がゼロでない基底状態が与えられる．

不確定性原理によって，ゼロ点エネルギーを見積もることができる．例として，幅が a の，無限に深いポテンシャル井戸を考えよう．井戸の中に粒子があると考えるので，大雑把には $\Delta x \approx a/4$ である．よって，運動量の不確定性の下限は $\Delta p \approx \hbar/2\Delta x \approx 2\hbar/a$ になる．この基底状態の運動エネルギー $(\Delta p)^2/2m$ を見積もると $(\hbar^2/2m)(2/a)^2$ である．正確な結果は，2 を π に置き換えた形になる．このことによって，基底エネルギーの井戸幅 a に対する依存性が説明される．井戸幅を狭くすると，実空間における粒子位置の拡がりが抑制されるが，それに伴って運動量の不確定性の幅が拡大し，エネルギーが上がる．この原理に基づき，任意の井戸におけるゼロ点エネルギーを，平均ポテンシャルエネルギーを加えて見積もることもできる．

Gauss 波束は $t = 0$ において最小の不確定性 (最小の $\Delta x \Delta p$ の値) を持っているが，これは時間が経過すると変化する．我々は平面波 $\exp(ipx/\hbar)$ が $\exp(-i\omega t)$ のように時間に依存し，この振動数が $\hbar\omega = p^2/2m$ と与えられることを知っている．各々の Fourier 成分に，この因子が適用されるので，$t > 0$ における Fourier 空間の波動関数は，次のように与えられる．

$$\Phi(p,t) = \frac{1}{[2\pi(\hbar/2d)^2]^{1/4}} \exp\left(\frac{-i(p-p_0)x_0}{\hbar}\right) \exp\left(-\frac{(p-p_0)^2}{4(\hbar/2d)^2}\right) \exp\left(\frac{-ip^2 t}{2\hbar m}\right) \tag{1.64}$$

これを実空間の波動関数 $\Psi(x,t)$ に戻す必要がある．少し計算をすると，次の結果が得

られる.

$$\Psi(x,t) = \frac{1}{\left[2\pi(\hbar/2d)^2\right]^{1/4}} \exp\left(\frac{ip_0(x - p_0 t/2m)}{\hbar}\right)$$
$$\times \int_{-\infty}^{\infty} \exp\left(\frac{i(p - p_0)(x - x_0 - p_0 t/m)}{\hbar}\right)$$
$$\times \exp\left(-\frac{(p - p_0)^2}{4(\hbar/2d)^2}\left(1 + \frac{i\hbar t}{2md^2}\right)\right)\frac{dp}{\sqrt{2\pi\hbar}} \quad (1.65)$$

先頭の係数因子は，運動量 p_0，位相速度 $v_{\rm ph} = p_0/2m$ で動く波動を表わしている．積分の中の最初の指数関数は，波束の中心が $x_0 + p_0 t/m$ にあり，群速度 $v_{\rm g} = p_0/m$ で動くことを示す．積分の中の第2の指数関数は，波束の幅を決める因子であるが，これも時間に依存する．積分を評価すると，位置の不確定性は，次のようになる．

$$\Delta x(t) = \sqrt{d^2 + \left(\frac{\hbar t}{2md}\right)^2} \quad (1.66)$$

パルス状の波は，時間の経過とともに拡がっていく．粒子に外力が働かないかぎり，運動量は不変なので，積 $\Delta x \Delta p$ も時間とともに増大し，粒子に関する情報は乏しくなっていく．これは通信の分野などでも見られる，典型的な分散 (dispersion) の効果である．

波束は必ず，ある範囲に及ぶ運動量成分を含んでおり，それぞれの運動量成分は異なる速度で伝搬するので，分散の効果が現れ，波束は拡がり続ける．速度の範囲は $(\Delta p)/m$ なので，時間が経つと $\Delta x \approx (\Delta p)t/m = \hbar t/2md$ になると予想されるが，この推定は，式(1.66)の長時間での挙動と整合する．短いパルスほど広範囲の運動量成分を含んでいるので，時間が経過すると，初めは短かったパルスの方が，より急速に長く伸びていく．

1.5.4 演算子の交換関係

不確定性関係は，演算子が含んでいる性質に，その起源を求めることができる．波動関数によって状態を記述されている粒子の位置と運動量を測ろうとする場合，演算子を作用させる順序が問題となる．まず運動量演算子を作用させ，それから位置演算子を作用させることを考えてみよう．波動関数へのこれらの作用は，次のようになる．

$$\hat{x}\hat{p}\Psi = x\left(-i\hbar\frac{\partial}{\partial x}\right)\Psi = -i\hbar x\frac{\partial \Psi}{\partial x} \quad (1.67)$$

演算子の順序を逆にすると，次のようになる．

$$\hat{p}\hat{x}\Psi = \left(-i\hbar\frac{\partial}{\partial x}\right)(x\Psi) = -i\hbar\left(x\frac{\partial \Psi}{\partial x} + \Psi\right) \quad (1.68)$$

最後の式は，積の微分の結果である．両者は明らかに異なっており，演算子の順序が重要であることが分かる．両者の差をとると，

$$\hat{x}\hat{p}\Psi - \hat{p}\hat{x}\Psi = i\hbar\Psi \quad (1.69)$$

であるが，この式は任意の Ψ に関して成立するので，この関係は演算子だけで，

$$[\hat{x}, \hat{p}] \equiv \hat{x}\hat{p} - \hat{p}\hat{x} = i\hbar \tag{1.70}$$

と書き表される．$[\hat{x}, \hat{p}]$ は $\hat{x}$ と $\hat{p}$ の"交換子"(commutator) と呼ばれる．もし $[\hat{A}, \hat{B}] = 0$ なら，$\hat{A}$ と $\hat{B}$ の順序の違いを気にする必要はないので，$\hat{A}$ と $\hat{B}$ は "交換可能である" (commute) と言う．演算子同士が互いに交換可能な場合に限り，それらに対応する物理量を，同時に任意の精度で測定することが可能である．x と p が，交換可能な組み合わせでないことは明らかである．x と p の正確さは，不確定性原理による制約を受けている．

同様の不確定性関係が，他の座標軸と，その方向の運動量の間にも成立する．たとえば $[\hat{y}, \hat{p}_y] = i\hbar$ である．一方，$[\hat{y}, \hat{p}_x] = 0$ なので，y と p_x は同時に正確に測定できる．練習問題で，他の例をいくつか扱うことにする．

Hamilton 演算子と交換可能な演算子に対応する物理量は，時間に依存しないので"運動の定数"(保存量) と呼ばれる．たとえば自由粒子では $[\hat{p}, \hat{H}] = 0$ なので，自由粒子の運動量は時間に依らない定数である．このような運動の定数は，大抵は系の対称性を反映したものであり，運動量の保存は系の並進対称性に起因している．

我々は，$\hat{x}$ と $\hat{p}$ のような演算子において，その順序が重要であり，通常の数のように勝手に順序を入れ替えられないことを見てきた．この性質は行列にもあてはまる．演算子は，ここで用いた微分演算子の代わりに，行列の形でも表記できることを，後から見ることにする．また，演算子の決め方は，波動関数の表示方法にも依存する．前項で波束の波動関数を運動量表示で示したが，この場合には，次のような演算子を用いることになる．

$$\hat{p} = p, \quad \hat{x} = i\hbar \frac{\partial}{\partial p} \tag{1.71}$$

これらの演算子は，x 表示における演算子 (1.37) – (1.38) の場合と同様に，交換関係 $[\hat{x}, \hat{p}] = i\hbar$ に従うので，これも全く妥当な演算子の決め方である．

1.6 固有状態の数学的性質

本節では固有状態の形式的な性質を簡単に紹介する．この知識は，後から摂動論を構築するときに必要となる．数学的な方法の物理学への応用を，さらに詳しく知りたい人は，Mathews and Walker (1970) のような本を参照してもらいたい．

我々は，無限に深い矩形井戸の中の波動関数が規格化可能であることを，すでに見てきた．ここでも有限系を仮定し，平面波のような無限の拡がりを持つ状態は除いて考える．Hamilton 演算子の各固有状態 (波動関数) を $\phi_n(x)$，それに対応する固有値

(エネルギー) を ε_n と書く．各固有関数を次のように規格化しておく．

$$\int |\phi_n(x)|^2 dx = 1 \tag{1.72}$$

粒子が動ける範囲を積分範囲とする．1.3節で扱ったような無限に深い量子井戸の場合は $0 < x < a$ である．

異なる固有値に属する固有状態は"直交"している (orthogonal)．すなわち，

$$\int \phi_m^*(x) \phi_n(x) dx = 0 \quad \text{if} \quad \varepsilon_m \neq \varepsilon_n \tag{1.73}$$

である．これはベクトルの直交の概念を一般化したものであり，この積分計算はスカラー積 (内積) に相当する．量子井戸の場合は，

$$\frac{2}{a} \int_0^a \sin \frac{m\pi x}{a} \sin \frac{n\pi x}{a} dx = 0 \quad \text{if} \quad m \neq n \tag{1.74}$$

となるが，これは Fourier 級数の理論で，よく知られている関係式である．

同じ固有値に異なる状態が属している場合，それらの状態は"縮退"(degenerate) していると言う (この言葉は他にもいろいろな意味で用いられる)．縮退がある場合には $\varepsilon_m = \varepsilon_n$ であっても互いに直交する第 m 状態と第 n 状態 $(m \neq n)$ を選ぶことができる．このように状態を選択した場合，式(1.72) と式(1.73) を組み合わせて，正規直交系 (orthonormal set) を定義することができる．

$$\int \phi_m^*(x) \phi_n(x) dx = \delta_{m,n} \tag{1.75}$$

右辺にある "Kronecker の δ" は，$m = n$ のときに $\delta_{m,n} = 1$，その他の場合は $\delta_{m,n} = 0$ と定義されている．関数系 ϕ_m が，量子井戸の中の各状態 (1.23) のように，正規直交系を成しているものと仮定しよう．

Hamilton 演算子の全固有状態は，完全系 (complete set) をなす基底となることを示すこともできる．これは同じ境界条件を満たす任意の波動関数 $\psi(x)$ が，重みを付けた ϕ_n の重ね合せへ，必ず展開できるという意味である．

$$\psi(x) = \sum_{n=1}^{\infty} a_n \phi_n(x) \tag{1.76}$$

両辺に $\phi_m^*(x)$ を掛けて，積分を施すと，係数 a_m を求めることができる．

$$\int \phi_m^*(x) \psi(x) dx = \int \phi_m^*(x) \sum_{n=1}^{\infty} a_n \phi_n(x) dx = \sum_{n=1}^{\infty} a_n \int \phi_m^*(x) \phi_n(x) dx \tag{1.77}$$

正規直交条件 (1.75) によって，右辺の和の各項は $m = n$ の場合を除いてすべてゼロになる．したがって，

$$a_m = \int \phi_m^*(x) \psi(x) dx \tag{1.78}$$

である．この係数を求める方法も，Fourier級数の技法において，よく知られている．

最後の関係式は，関数の展開の整合性から見いだされる．式(1.78)で与えられる係数を，関数の展開式(1.76)に代入してやると，最初に与えた任意の関数が再現されなければならない．ここから次のような関係式が要請される．

$$\sum_{n=1}^{\infty} \phi_n(x)\phi_n^*(x') = \delta(x-x') \tag{1.79}$$

これは"完全性の関係式"(completeness relation)として知られている．

波動関数の完全正規直交系への展開は，任意に与えた初期状態 $\Psi(x,t=0)$ が，どのように時間発展するかを見いだすのに便利である．まずは $\Psi(x,t=0)$ を，時間に依存しない Schödinger 方程式の固有状態系 $\phi_n(x)$ へと展開する．

$$\Psi(x,t=0) = \sum_{n=1}^{\infty} a_n \phi_n \tag{1.80}$$

我々はすでに，それぞれの固有状態が $\phi_n(x)\exp(-i\varepsilon_n t/\hbar)$ のように時間変化することを知っているので，与えられた状態は，次のように時間発展する．

$$\Psi(x,t) = \sum_{n=1}^{\infty} a_n \phi_n(x) \exp\left(-\frac{i\varepsilon_n t}{\hbar}\right) \tag{1.81}$$

これは1.5.3項(p.17〜)で，波束の時間発展を調べた方法と同じである．

1.7 状態密度

系を完全に記述するためには，可能な全状態のエネルギーと波動関数を知らなければならない．明らかにこれは，例外的に単純な系だけについて可能なことであり，大抵の場合，必要でない情報が大半を占める．そこで代わりに状態密度(density of states)が，多くの応用に役立つ系の情報として用いられることになる．状態密度 $N(E)$ の定義は，E から $E+\delta E$ のエネルギー範囲にある量子状態の数が $N(E)\delta E$ 個と与えられるというものである．状態密度は，波動関数に関する情報を持たず，ただ状態のエネルギー分布だけを表わしている．我々はまず1次元系の状態密度を調べ，その後で，もっと一般的な結果を見ることにする．

1.7.1 1次元系

状態数を調べるときに直ちに問題となるのは，前節で見たように，粒子が全空間を動ける場合，その波動関数 $\exp(ikx)$ は規格化ができないということである．この問題を回避する最も単純な方法は，まず粒子を有限の大きさ(長さ) L の"箱"に閉じ込め，

計算の最後に $L \to \infty$ とすることである．粒子を仮想的な"箱"に閉じ込めるときに，境界条件を指定しなければならない．2種類の境界条件が，よく用いられる．

(i) 固定境界条件 (箱の境界条件)：波動関数を境界でゼロにする．

$$\psi(0) = \psi(L) = 0 \tag{1.82}$$

(ii) 周期境界条件 (Born-von Karman境界条件)：同じ系が無限に並んでいて，波動関数が周期的に同じ形を持つものとする．すなわち波動関数は $x = L$ から $x = 0$ へ，滑らかに接続しなければならない．

$$\psi(0) = \psi(L), \quad \left.\frac{\partial \psi}{\partial x}\right|_{x=0} = \left.\frac{\partial \psi}{\partial x}\right|_{x=L} \tag{1.83}$$

固定境界条件 (fixed boundary condition) が，1.3節で調べた箱の中の粒子と同じ結果を与えることは明らかである．エネルギー準位は $\varepsilon_0(k) = \hbar^2 k^2 / 2m$ と与えられ，許容される k の値は，

$$k_n = \frac{\pi n}{L}, \quad n = 1, 2, 3, \ldots \tag{1.84}$$

である．この場合，波動関数は定在波となる．各状態は電流を運ばず，許容される k の値はすべて正である．

周期境界条件 (periodic boundary condition) の下では，許容される k の値が異なる．定在する正弦波でなく，伝搬する複素波を用いることができて，条件 $\exp(ikL) = \exp(ik0) = 1 = \exp(2\pi n i)$ が課される．この関数は勾配に関する接続条件も満たし，規格化した状態は $\phi_n(x) = L^{-1/2} \exp(ik_n x)$ と書かれる．許容される k の値は，

$$k_n = \frac{2\pi n}{L}, \quad n = 0, \pm 1, \pm 2, \ldots \tag{1.85}$$

である．k の値の間隔は，固定境界条件の場合の倍になっているが，正負の両符号が許容されるので，各エネルギー準位には，k の符号が異なり，反対向きの速度を持つ2つの状態が縮退している ($k = 0$ だけは例外で，エネルギー縮退がない)．

上記のことは，次の非常に重要な問題を提起する．算出しようとしている状態密度は，仮想的に導入した"箱"に課する境界条件によって違ってくるのだろうか．幸い $L \to \infty$ とすると，境界条件の影響はほとんど無視できる．自由電子を対象とする場合は，定在波よりも伝搬する波として扱うほうが適切なので，一般に周期境界条件が用いられる．

許容される k と ε の値から状態密度を導くために，図1.6のように，直線上に許容される k の値をプロットしてみる．これは"k空間"の単純な1次元版にあたる．許容される値は $2\pi/L$ ずつ離れて等間隔で並んでいる．L を大きくしていくと，この間隔

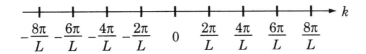

図1.6 長さLの1次元系に周期境界条件を課した場合の波数kの許容値を，直線上にプロットしたもの．"k空間"の最も単純な例である．

は狭まり，連続的に値が許容される状態に近づいていく．この場合，δk の範囲にある k の許容値の数は，単純に δk を許容値の間隔 $2\pi/L$ で割った値となる．

　ここで示した k の許容値の点は，それぞれ"箱"の中の粒子の運動状態を表わしているが，粒子の"内部運動"も考慮しておく必要がある．古典的な物体の運動は，質量中心の並進運動成分と中心のまわりの回転運動成分に分けることができるが，電子も並進運動量以外に"スピン"(spin) と呼ばれる角運動量を持つ．この角運動量を量子力学的に扱うと，スピン状態の基底としては，2通りの状態が必要とされる．これらは慣例によって，スピンが"上向き"(up) の状態，"下向き"(down) の状態と呼ばれる．それぞれの空間的な波動関数は，2通りのスピン値を持つことができるので，電子がとり得る量子状態の数は，許容される波数で数えた結果の2倍になる．

　本書で扱う大半のトピックスに関しては，スピンの効果は，状態密度を2倍にするだけであるが，次の2つの点については注意が必要である．第1は，有限の磁場 $\mathbf{B}$ が存在する場合の効果である．スピンに付随する磁気能率は，$-\boldsymbol{\mu}\cdot\mathbf{B}$ の形でエネルギーに寄与する．これは6.4.3項 (p.239～) で議論する．第2に，速度とスピンを分けて考えることが可能なのは，非相対論的な量子力学の範疇だけである．特殊相対論が重要となるような条件は，通常の半導体とは無縁のように思えるかも知れないが，電子が原子核の近くを通るときには，光速に比べて無視できない速さを持つのである．これはスピン-軌道結合 (spin-orbit coupling) と呼ばれる効果を引き起こし，価電子帯の上端の性質を変えて，正孔の振舞いに重大な影響を及ぼす．このことは2.6.3項 (p.68～) で述べる．

　当面の問題に戻ると，1次元 k 空間における状態密度 $N_{1\mathrm{D}}(k)$ を，波数範囲 $k \sim k+\delta k$ における状態数が $N_{1\mathrm{D}}(k)\delta k$ で与えられるという形で定義できる．これは次のようになる．

$$N_{1\mathrm{D}}(k)\delta k = 2\frac{L}{2\pi}\delta k \tag{1.86}$$

因子2は，スピンに依るもので，$L/2\pi$ は1次元 k 空間における許容点の密度である．両辺の δk を省くと，$N_{1\mathrm{D}}(k) = L/\pi$ である．状態密度は系の体積(長さ)に比例するが，これは理解しやすい結果である．つまり系の体積(長さ)が倍になれば，状態密度も倍になる．通常は，このように体積因子を除いた，単位体積あたりの状態密度が用いられる．1次元自由空間における電子の，単位長さあたりの状態密度は $n_{1\mathrm{D}}(k) = N_{1\mathrm{D}}(k)/L = 1/\pi$

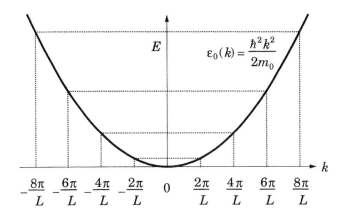

図1.7 自由電子の分散関係 $\varepsilon_0(k)$ を通じて，k の許容値から ε の許容値が決まる様子．

である．

次の仕事は，波数を引き数とする状態密度を，エネルギーに対する状態密度に直すことである．図1.7に，1次元 k 空間における等間隔の許容値が，分散関係 $E = \varepsilon(k)$ を通じて，エネルギー許容値に対応する様子を示してある．これらのエネルギー値は，巨視的な系では $E \geq 0$ の連続的なエネルギーバンドを構成する．図では2次関数の分散の例を示してあるが，もっと一般的な分散関係の場合も，このような方法が適用できる．一般に k が大きくなるほど，エネルギーが急速に増加していくので，エネルギーの関数としての状態密度は，1次元系では一般に減少関数である．波数領域 δk に対応するのは，エネルギー領域 $\delta E = (dE/dk)\delta k$ である．この範囲における状態数を $n_{1D}(k)$ を用いて表わすことも，単位体積のエネルギー状態密度 $n_{1D}(E)$ を用いて表わすこともできる．両者は同じ状態数を与えなければならないので，次の関係が成立する．

$$n_{1D}(E)\delta E = n_{1D}(E)\frac{dE}{dk}\delta k = 2n_{1D}(k)\delta k \tag{1.87}$$

$n_{1D}(k)$ の前の因子2は，運動の方向が左右2方向あることに起因する．δE に対応する範囲 δk は，$k > 0$ に1箇所，$k < 0$ にも1箇所ある．同じ n_{1D} という記号で，k に対する状態密度を表わす場合も，E に対する状態密度を表わす場合もある．これは数学的には不適切であるが，物理ではよくやることである．頻繁に用いられる n や E などの表記に，引き数の違いに応じていちいち手を加えようとしても，すぐに記号が足りなくなる．引き数の k や E を常に明記すれば，同じ記号 n_{1D} をあてても錯誤は生じない．そういうわけで式(1.87)に $n_{1D}(k) = 1/\pi$ を代入すると $n_{1D}(E) = (2/\pi)/(d\varepsilon/dk)$ となる．これは群速度 $v = d\omega/dk = (1/\hbar)(d\varepsilon/dk)$ を用いると，

$$n_{1D}(E) = \frac{2}{\pi\hbar v(E)} \tag{1.88}$$

と簡単に書ける．我々は5.7.1項 (p.199〜) で，電流が速度と状態密度の積によって決まることを見る．従って式(1.88)は，1次元系においては，電流が一定であることを示している．この事実が，コンダクタンスの量子化に結び付くことになる．

速度として，自由電子の式を適用すると，

$$n_{1\mathrm{D}}(E) = \frac{1}{\pi\hbar}\sqrt{\frac{2m}{E}} \tag{1.89}$$

となる．状態密度は$E \to 0$のところで$E^{-1/2}$のように発散するが，これは1次元系に見られる典型的な特徴である．

1.7.2　3次元系

3次元系の場合は，電子を$\Omega = L_x \times L_y \times L_z$の体積の"箱"に入れる．定常状態として許容される波動関数は，それぞれの次元方向に関して，1次元の場合と同様に周期境界条件を満たす複素波であり，各方向の複素波の積は次のようになる．

$$\phi_{lmn}(\mathbf{R}) = \frac{1}{\sqrt{L_xL_yL_z}}\exp(i(k_xx + k_yy + k_zz)) = \frac{1}{\sqrt{\Omega}}\exp(i\mathbf{K}\cdot\mathbf{R}) \tag{1.90}$$

位置ベクトルと波数ベクトルに関して，3次元の場合に大文字で表記するという，序章で述べた約束を思い出してもらいたい．3方向の複素波の積は，指数がスカラー積の3次元複素平面波の形になる．同様に波数Kの許容値も，各方向の許容値を組み合わせて，3次元波数ベクトルの許容値の形で示すことができる．

$$\mathbf{K} = \left(\frac{2\pi l}{L_x}, \frac{2\pi m}{L_y}, \frac{2\pi n}{L_z}\right), \quad l, m, n = 0, \pm1, \pm2, \ldots \tag{1.91}$$

これらの許容値は，(k_x, k_y, k_z)を軸とする3次元$\mathbf{K}$空間内で，等間隔で3次元的に配した直方格子点としてプロットされる．単位胞 (unit cell) の体積は，$(2\pi/L_x)(2\pi/L_y)(2\pi/L_z) = (2\pi)^3/\Omega$である．したがって$\mathbf{K}$空間の状態密度は，スピン因子2を含めると$N_{3\mathrm{D}}(\mathbf{K}) = 2\Omega/(2\pi)^3$である．これを系の体積で割ると，$\mathbf{K}$空間における実空間単位体積あたりの状態密度が$n_{3\mathrm{D}}(\mathbf{K}) = 2/(2\pi)^3$と与えられる．3次元においても，この量は定数であり，この結果はd次元系において$n_d(\mathbf{K}) = 2/(2\pi)^d$と一般化できる．

次に，状態密度をエネルギーの関数として導かなければならない．一般の分散関係$\varepsilon(\mathbf{K})$の下では話が複雑になるので，自由電子の場合を考える．図1.8には$\mathbf{K}$空間で，原点を中心とし，半径がKおよび$K + \delta K$の2つの球面を示してある．これらの球面に挟まれた球殻の体積は$4\pi K^2 \delta K$である．球殻が含む状態の数は，球殻の体積と，波数空間における状態密度$n_{3\mathrm{D}}(\mathbf{K})$の積によって$(K^2/\pi^2)\delta K$と与えられる．$\delta K$はエネルギー範囲$\delta E$と次のように対応する．

$$\delta E = \frac{dE}{dK}\delta K = \frac{\hbar^2 K}{m}\delta K \tag{1.92}$$

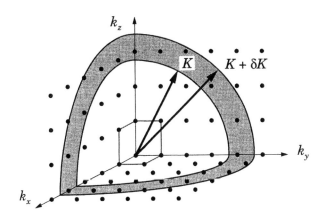

図1.8 3次元空間における自由電子の **K** 空間における許容状態の分布の様子. 状態密度の計算に用いる殻の内半径は K, 外半径は $K + \delta K$ である. これらはエネルギー ε および $\varepsilon + \delta \varepsilon$ に対応する.

球殻に含まれる状態数は, エネルギー状態密度を用いて $n(E)\delta E$ と表わすこともできる. 2通りの表式が等しくなければならないので $n_{3D}(E)\delta E = n_{3D}(E)(\hbar^2 K/m)\delta K = (K^2/\pi^2)\delta K$ であり, したがって,

$$n_{3D}(E) = \frac{mK}{\pi^2 \hbar^2} = \frac{m}{\pi^2 \hbar^3}\sqrt{2mE} \tag{1.93}$$

である. エネルギーの平方根の形は, 3次元系の特徴である. 1次元系の $E^{-1/2}$ と比べて, エネルギーバンドの底における特異性は弱い. 一般に次元が低いほど, バンドの底に強い特徴が現れる. 光吸収などの光学的な性質は, 状態密度に強く影響を受けるが, 低次元系はバンドの底で状態密度が高くなるので, 光エレクトロニクスデバイス (optoelectronic device) に適している. 1次元, 2次元, 3次元の自由電子の状態密度を図1.9に示す. どの場合も質量が小さいと, 状態密度が低くなる.

3次元結晶における状態密度は, **K** 空間における等エネルギー面が球面にならないので更に複雑である. バンド内にも $n(E)$ の特異点が生じて, 光スペクトルに豊富な情報が現れる. しかし, もしエネルギーが **K** の大きさだけに依存し, 方向に依らなければ, 問題はかなり単純になる. この場合は **K** 空間における等エネルギー面が球面になるので, $\varepsilon(K)$ の形だけを変えて, 自由電子のときと同じ方法で $n(E)$ の導出ができる. たとえば GaAs の伝導帯のエネルギーは, しばしば次式のようなモデルで扱われる.

$$\varepsilon(K)[1 + \alpha \varepsilon(K)] = \frac{\hbar^2 K^2}{2m_0 m_e} \tag{1.94}$$

これはエネルギーが大きいところでバンドの形が2次関数から外れることを考慮したモデルであり, $\alpha \approx 0.6\,\mathrm{eV}^{-1}$ である.

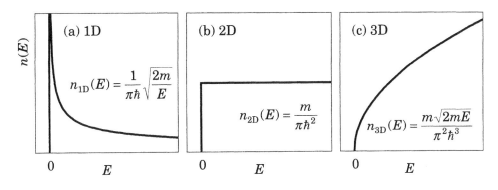

図1.9　1次元 (1D), 2次元 (2D), 3次元 (3D) の自由電子系の状態密度.

1.7.3　一般的な状態密度の定義

一般的な状態密度の定義式が有用となることもしばしばある．系の第 n 状態がエネルギー ε_n を持つものとしよう．状態密度は次のように書ける．

$$N(E) = \sum_n \delta(E - \varepsilon_n) \tag{1.95}$$

$\delta(E)$ は Dirac の δ 関数である[†]．上式は全状態密度を表わしており，単位体積の状態密度ではない．この定義の正当性と，ここまで行った状態密度の計算との関係を，これから示すことにする．

第1に，式(1.95) は δ 関数を含んでいるので，被積分関数の中で用いなければ意味を持たない．この定義式の積分を考えよう．

$$\int_{E_1}^{E_2} N(E) dE = \int_{E_1}^{E_2} \sum_n \delta(E - \varepsilon_n) dE = \sum_n \int_{E_1}^{E_2} \delta(E - \varepsilon_n) dE \tag{1.96}$$

この積分の様子を図1.10に示す．積分範囲 $E_1 \sim E_2$ に第 n 状態があれば，$\delta(E - \varepsilon_n)$ の積分は，δ 関数の定義に基づき1の寄与を持つ．他方 ε_n が積分範囲の外にあれば，δ 関数は $E = \varepsilon_n$ 以外ではゼロなので，寄与が生じない．したがって，この積分は $E_1 \leq \varepsilon_n \leq E_2$ の範囲にあるすべての状態に1を与え，その範囲外の状態にゼロを与える．これを足し合わせると，E_1 から E_2 の範囲にある状態の数になる．これはまさに $N(E)$ の積分で求めたいものであり，式(1.95) は状態密度の定義式として妥当であることが解る．

[†](訳註) δ 関数 $\delta(x)$ は，$x = 0$ のところで ∞, $x \neq 0$ では 0 で，$x = 0$ を含む領域で積分を施すと $\int \delta(x) dx = 1$ となるような性質を仮定した "超関数" である．任意の連続関数 $f(x)$ に関して $\int f(x) \delta(x) dx = f(0)$ が成立する．

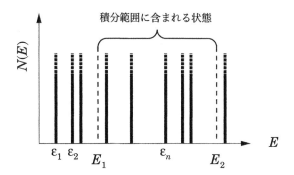

図1.10 δ関数によって定義された状態密度．エネルギー E_1 から E_2 の範囲で積分すると，この範囲の状態数が求まる．

この定義式が使えることを確認するために，1次元の自由電子を再び考えよう．この場合，波数 k によって状態を指定することができ，定義式(1.95)は次のようになる．

$$N(E) = 2\sum_{k=-\infty}^{\infty} \delta(E - \varepsilon_0(k)) \tag{1.97}$$

因子2はスピンを考慮したものである．次に系が充分大きいと仮定して，これを積分式に直す．我々はすでに，この方法を見ている．k 空間における状態密度は $L/2\pi$ なので，次式が得られる．

$$N(E) = \frac{L}{\pi}\int_{-\infty}^{\infty} \delta(E - \varepsilon_0(k))dk \tag{1.98}$$

δ関数の中に，まだ扱いにくい関数が残っているので，積分変数を k から $z = \varepsilon_0(k) = \hbar^2 k^2/2m$ へと変えよう．このとき，

$$dk = \frac{dk}{dz}dz = \frac{1}{\hbar}\sqrt{\frac{m}{2z}}\,dz \tag{1.99}$$

となり，積分は次のようになる．

$$N(E) = \frac{2L}{\pi\hbar}\int_0^{\infty} \sqrt{\frac{m}{2z}}\,\delta(E-z)dz \tag{1.100}$$

係数因子の中の2は，それぞれのエネルギー値 z に，符号の異なる2通りの k が対応することによって生じている．こうなると積分は簡単で，$E > 0$ のときに，$z = E$ のところの寄与だけを考えればよい．最終的な状態密度の式は，

$$N(E) = \frac{2L}{\pi\hbar}\sqrt{\frac{m}{2E}} = \frac{L}{\pi\hbar}\sqrt{\frac{2m}{E}} \tag{1.101}$$

となる．これは1.7.1項(p.23〜)で得た結果と一致している．

1.7.4 局所状態密度

"δ関数を用いた状態密度"の定義は,任意の系に適用できるという点で重要である.これまでに取り上げた例は,すべて連続並進不変な系であり,任意の位置で状態密度が同じであった.これは明らかに特殊な状況である.並進対称性を欠いた単純な例として,自由電子が $x > 0$ の領域だけに存在可能で,$x = 0$ に侵入不可能な壁がある1次元系を考えよう.波動関数は $x = 0$ でゼロでなければならないので $\sin kx$ のようになる.波動関数がゼロになるところで状態密度もゼロになると考えることは,論理的に妥当のように思われる.

"局所状態密度" (local density of states) は,このような状況を扱うために定義されるものであり,各状態からの寄与が,着目する位置における波動関数の密度によって重み付けされる.式(1.95)は,次のように変更される.

$$n(E, x) = \sum_n |\phi_n(x)|^2 \delta(E - \varepsilon_n) \tag{1.102}$$

この式を系全体にわたって積分すると,すでに定義した系の状態密度になる.

$$\int n(E, x) dx = \sum_n \delta(E - \varepsilon_n) \int |\phi_n(x)|^2 dx = \sum_n \delta(E - \varepsilon_n) = N(E) \tag{1.103}$$

因子 $|\phi_n(x)|^2$ は,各状態が,主に確率密度の高い領域で局所状態密度に寄与することを意味している.局所状態密度は不均一な系において有用であり,$n(E, x)$ は $n(E)$ よりも豊富な情報を含んでいる.

壁がある1次元系の正弦波状態に付随する局所状態密度は,次のように与えられる.

$$n_{1\mathrm{D}}(E, x) = \frac{2}{\pi \hbar} \sqrt{\frac{2m}{E}} \sin^2 kx \tag{1.104}$$

$k = \sqrt{2mE}/\hbar$ である.x に関する平均をとると,通常の $n_{1\mathrm{D}}(E)$ の式 (1.89) と一致するが,壁から距離が離れたところでも,一様に位置に依存した振動が発生している.同様に電子の可動領域を $x > 0$ に制限した3次元系での結果は $n_{3\mathrm{D}}(E, x) = (1 - \mathrm{sinc}\, 2kx) n_{3\mathrm{D}}(E)$ となる ($\mathrm{sinc}\,\theta = (\sin \theta)/\theta$).GaAs中の電子のこのような局所状態密度の様子を図1.11に示す.$x = 20\,\mathrm{nm}$ のところでは,局所状態密度のエネルギー依存が,無限に拡がった系で成立する $\sqrt{E}$ の特性に近づいているが,x が小さいところでは強い振動があり,$x = 0$ において状態密度はエネルギーによらずゼロになる.

局所状態密度を,さらに一般化して,

$$n(E, x, x') = \sum_n \phi_n(x) \phi_n^*(x') \delta(E - \varepsilon_n) \tag{1.105}$$

のように,波動関数の引き数を2つ独立に与える関数を考えることもできる.これを"スペクトル関数" (spectral function) と呼ぶ.これは上級の理論において Green 関

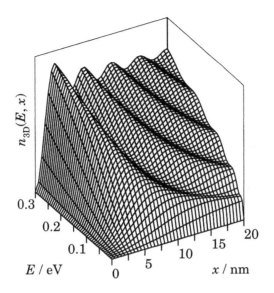

図1.11 GaAs中で$x=0$に侵入不可能な壁がある場合の局所状態密度．エネルギーと壁からの距離に依存する関数である．

数の議論へと自然に繋がっていくものである．またスペクトル関数から，我々が後から導出する光吸収の特性などを与えることもできるが，スペクトル関数については深入りしないことにする．

1.8 状態の占有：統計分布関数

　状態密度は，系が持つすべてのエネルギー準位に関する情報を与えるが，次の仕事としては，これらのエネルギー準位に，電子やその他の粒子を占有させてゆく方法を決めなければならない．

　熱平衡状態において各状態を粒子が占有する平均数は，その状態のエネルギーに依存して決まり，その数は，そこに関わる粒子の性質から決まる統計分布関数[†]によって与えられる．電子や陽子など，半整数スピンを持つ粒子はFermi粒子 (fermion) と呼ばれている．Fermi粒子はPauli(パウリ)の排他律 (Pauli exclusion principle) に従い，ひとつの状態にひとつの粒子しか入れない．半導体を扱う際にはFermi粒子の分布関数が最も重要なので，まずはこれを取り上げる．別の統計分布関数については1.8.5項 (p.41〜) で言及する．

[†](訳註) 原書では occupation function だが distribution function という術語のほうが慣用的である．

1.8.1 Fermi-Dirac分布関数

Fermi粒子に課せられるPauliの排他律は，各状態に入る粒子の数を0か1だけに制限する．平均の占有粒子数はFermi-Dirac分布関数 $f(E, E_F, T)$ (簡単に $f(E)$ と書くこともある) によって決まる．これは次式で与えられる[‡]．

$$f(E, E_F, T) = \left[\exp\left(\frac{E - E_F(T)}{k_B T}\right) + 1\right]^{-1} \quad (1.106)$$

k_B はBoltzmann定数である．温度の代わりに $\beta = 1/k_B T$ という変数が用いられることもよくある．$E_F(T)$ は"Fermi準位"(Fermi level)と呼ばれる．図1.12では E_F を変えずに，温度だけを変えた分布関数の比較を示したが，Fermi準位は一般には温度 T に依存するので注意が必要である．

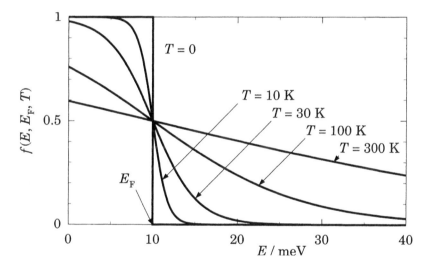

図1.12　Fermi-Dirac分布関数．Fermi準位を $E_F = 10\,\mathrm{meV}$ と一定にして，異なる温度における分布の比較を示した．

Fermi-Dirac分布の第1の重要な性質は，排他律から予想されるように，その値が0から1の間にあることである．$E = E_F$ のところで，この関数の値は0.5になる．各状態に入っている粒子数は0か1なので，$f(E)$ を各状態がFermi粒子によって占められている"確率"と解釈することもできる．分布関数はエネルギーに関する減少関

[‡](訳註) ここでは統計分布関数が天下りで与えられているが，これは統計力学の基本的な仮定である"等確率の原理"から導かれる．系が含む粒子数が莫大なものであり，平衡状態の熱的孤立系において同じ総エネルギーを持つあらゆる状態が等しい確率で許容されるなら，平衡系(孤立系でも熱浴に接した系でもよい)の構成粒子のエネルギー分布は極めて高い確率で統計分布関数に従うこと(同時に分布関数のパラメーターである"温度"が定義できること)を証明できる．統計力学の教科書を参照されたい．

数だが，このことは，熱平衡状態において，エネルギーが低い状態のほうが粒子に占有されやすいことを表わしている．E_F 前後で占有確率が 1 から 0 へと変わる様子は，系の温度が低いほど急峻になり，絶対零度の極限では，分布関数を Heaviside のステップ関数 Θ で表わすことができる．

$$f(E, E_F, T=0) = \Theta(E_F^0 - E) \tag{1.107}$$

$\Theta(x)$ は $x<0$ のときに $\Theta(x)=0$，$x>0$ のときに $\Theta(x)=1$ である．つまり絶対零度では，E_F^0 以下の状態が完全に埋め尽くされ，E_F^0 以上の状態は空いている．E_F^0 の上付き添字 0 は，これが絶対零度における Fermi 準位の値であることを表わしている．これに関係してよく使われるもうひとつの量は，Fermi 温度 $T_F = E_F^0/k_B$ である．

本当は $E_F(T)$ の絶対零度の極限 E_F^0 こそが，厳密な Fermi 準位であって，有限温度の $E_F(T)$ は化学ポテンシャル (chemical potential) と呼ぶべきものである．しかし半導体物理の慣例では，残念ながら両方とも Fermi 準位と呼んでしまうことが多い．

Fermi 準位付近で占有確率 f が 1 から 0 へ移行するエネルギー領域は，温度が上がると拡がり，その遷移幅はおおよそ $8k_B T$ ほどである．因みに室温 (300 K) では $k_B T \approx 25\,\mathrm{meV}$ である．温度によって占有率の遷移幅が決まるが，遷移幅は温度に相当するエネルギー $k_B T$ より何倍も大きいということも，注意すべき点である．

E_F より充分高いエネルギー，つまり $E - E_F \gg k_B T$ のところでは，指数関数因子が大きいので $+1$ を無視することができて，次のようになる．

$$f(E, E_F, T) \sim \exp\left(-\frac{E-E_F}{k_B T}\right) \tag{1.108}$$

これは古典的な"Boltzmann 分布"で，f が飽和値 1 より充分小さいところでは，この近似が成立する．通常の半導体中の可動電子は，この近似で扱うことができる．これについては 1.8.3 項 (p.37〜) で詳しく議論する．

Fermi 粒子の場合，ひとつの状態を占める粒子数は 0 か 1 しかないので，電子の代わりに"正孔"(hole) によって系を記述することもできる．"正孔"は"電子の欠如"として定義される．正孔の分布 $\bar{f}(E)$ は，次のように与えられる．

$$\bar{f}(E, E_F, T) = 1 - f(E, E_F, T) = \left[\exp\left(\frac{E_F(T) - E}{k_B T}\right) + 1\right]^{-1} \tag{1.109}$$

エネルギーの引き算が逆転していることに注意されたい．指数関数因子は，エネルギーが負の $E - E_F \ll -k_B T$ のところで大きくなり，

$$\bar{f}(E, E_F, T) \sim \exp\left(-\frac{E_F - E}{k_B T}\right) \tag{1.110}$$

となる．この条件下では正孔が Boltzmann 分布に従う．通常の半導体の価電子帯に生じる正孔は，Boltzmann 分布によって扱える (1.8.3 項，p.37〜)．

1.8.2 状態の占有

ここまでで我々は，許容される状態の密度 $N(E)$ と，各状態を占有する Fermi 粒子の平均数 $f(E, E_\text{F}, T)$ の式を得た．これらの積は，系における"占有された"状態の密度を与える．これを用いて，系が含む電子の総数 N を表わすことができる．

$$N = \int_{-\infty}^{\infty} N(E) f(E, E_\text{F}, T) dE \tag{1.111}$$

絶対零度では，Fermi 分布関数が E_F^0 以下で 1 の単純なステップ関数になるので，

$$N(T=0) = \int_{-\infty}^{\infty} N(E) \Theta(E_\text{F}^0 - E) dE = \int_{-\infty}^{E_\text{F}^0} N(E) dE \tag{1.112}$$

のように単純になる．有限温度では式(1.111)の積分を実行しなければならないが，多くの場合，解析的な計算はできない．

幸い 2 次元電子気体は，状態密度が $E > 0$ では定数 $m/\pi\hbar^2$ なので (図 1.9, p.29) 解析的な計算が可能である．単位面積あたりの電子密度は，次式で与えられる．

$$n_\text{2D} = \int n(E) f(E, E_\text{F}, T) dE = \int_0^\infty \frac{m}{\pi\hbar^2} \left[\exp\left(\frac{E - E_\text{F}}{k_\text{B} T}\right) + 1 \right]^{-1} dE \tag{1.113}$$

まずは仮に E_F を定数と仮定して，この式の帰結を見てみることにする．この仮定の下で不都合な結果が導かれるので，それを踏まえて理に適った $E_\text{F}(T)$ の振舞いを調べることにする．

E_F を定数と考えると，被積分関数は図 1.12 (p.33) に示したような Fermi 分布関数に比例する．電子密度は $T \to 0$ の極限で，式(1.112)のように単純化してしまい，2 次元電子系の密度は $n_\text{2D}(T=0) = (m/\pi\hbar^2) E_\text{F}^0$ となる．有限温度では $z = \exp(-(E - E_\text{F})/k_\text{B} T)$ と置いて，積分を簡単にできる．

$$n_\text{2D} = \frac{m k_\text{B} T}{\pi\hbar^2} \int_0^{\exp(E_\text{F}/k_\text{B} T)} \frac{dz}{1+z} = \frac{m k_\text{B} T}{\pi\hbar^2} \ln\left(1 + e^{E_\text{F}/k_\text{B} T}\right) \tag{1.114}$$

この式を見ると，E_F を定数として扱うならば，電子密度は温度に依存してしまうことが分かる．理由は図 1.12 (p.33) から明らかなように，温度が高いほど Fermi 分布の高エネルギー側の裾野が拡がって，高エネルギー状態に電子をたくさん占有させてしまうからである．積分の下限はバンドの下限 $E = 0$ に固定されていて，それ以下のエネルギーは関係ないので，低エネルギー側での f の減少によって，高エネルギーにおける電子の占有数の増加を打ち消すことができない．

我々は普通，系の電子密度を温度によらない定数と考える．したがって n_2D を定数に保つために，温度の上昇に伴って $E_\text{F}(T)$ を低下させなければならない．すなわち Fermi 準位は，系の電子密度を一定に保つために調整されるべき量と見なされる．こ

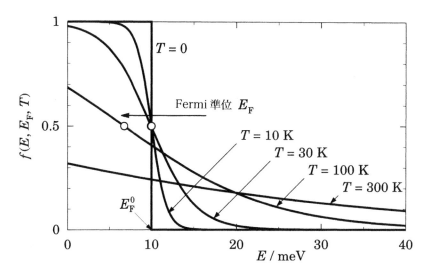

図1.13 一定の電子面密度 $n_{2D} \approx 3 \times 10^{15}\,\mathrm{m}^{-2}$ を持つ GaAs 中の 2 次元電子気体の Fermi 分布関数. 図中のマーカーで示したように, Fermi 準位 E_F は, 温度が上がると $E_F^0 = 10\,\mathrm{meV}$ から低下してゆく.

れは適正な定義である. $E_F^0 = n_{2D}/(m/\pi\hbar^2)$ の関係を用いて, 式(1.114)を n_{2D} の代わりに E_F^0 で書き直すことができる.

$$E_F^0 = k_B T \ln\bigl(1 + e^{E_F/k_B T}\bigr) \tag{1.115}$$

ここから $E_F(T)$ の表式が得られる.

$$E_F(T) = k_B T \ln\bigl(e^{E_F^0/k_B T} - 1\bigr) = k_B T \ln\bigl(e^{T_F/T} - 1\bigr) \tag{1.116}$$

予想通り, 温度が上がると E_F は低下し, $T > T_F/\ln 2$ では負になる. このように Fermi 準位の変動を考慮した Fermi 分布関数を図1.13に示した. この図から, いくつかの要点が見いだされる.

低温 $T \ll T_F$ における分布は $T = 0$ のときのステップ関数に近く, E_F も E_F^0 に近い. E_F 近辺の $k_B T$ の数倍の範囲を除くと, 低エネルギー側ではほとんどの準位がほぼ完全に満たされており, 高エネルギー側ではほぼ完全に準位が空いている. このような分布を持つことを, "縮退している" (degenerate: この術語のもうひとつの用法である) と言う. Al や Cu のような金属中の電子は, 室温において縮退している (金属が固体状態を保つ任意の温度において, 縮退は保たれる). Ohmの法則で扱える電流輸送のような低エネルギー現象に関しては, E_F 付近の部分的に満たされた状態だけが重要な役割を果たす. E_F より充分低いところにある, 完全に電子で満たされた深い準位

1.8 状態の占有：統計分布関数

は，電流のような応答現象にほとんど寄与しない．応答のためには占有状態が変わる必要があるが，深い準位のところはエネルギー値の近い状態がすべて占有されていて，電子が容易に別の状態に移れないからである．したがって導電率 (conductivity) のような多くの量は，Fermi 準位のところでピークを持つ $-\partial f/\partial E$ という因子を含む．この式の形を導くことができる[†]．

$$-\frac{\partial f}{\partial E} = \frac{1}{4k_\mathrm{B}T}\mathrm{sech}^2\left(\frac{E-E_\mathrm{F}}{2k_\mathrm{B}T}\right) \tag{1.117}$$

低温の極限では $f(E)$ がステップ関数になるので，その微分は δ 関数となり，$-\partial f/\partial E \to \delta(E-E_\mathrm{F}^0)$ である．このとき，すべての現象は Fermi 準位のところで起こる．このような描像は，金属にはおおよそ当てはまるが，通常の半導体では成立しない．

温度が T_F 程度よりも高くなると E_F は負になる．この場合，Fermi 分布関数の分母にある指数因子は，それが最小となるバンドの底 $E=0$ においてさえ，充分に 1 より大きい．すなわちバンド全体が分布関数の裾野の領域に入ってしまうので，分布関数の分母の $+1$ を省いて，式 (1.108) のように近似できる．このような状況が非縮退の極限 (non-degenerate limit) である．このときバンド全体にわたって Boltzmann 分布が成立し，$E_\mathrm{F} \ll 0$ である．ドープ量 (不純物添加量) の少ない通常の半導体は，一般にこの極限の状態にあり，伝導帯のすべての電子が電気伝導のような過程に寄与する．この極限で，2 次元電子気体の電子密度の式は，単純な形になる．

$$n_\mathrm{2D} \approx \frac{m}{\pi\hbar^2}\int_0^\infty \exp\left(-\frac{E-E_\mathrm{F}}{k_\mathrm{B}T}\right)dE = \frac{mk_\mathrm{B}T}{\pi\hbar^2}\exp\left(\frac{E_\mathrm{F}}{k_\mathrm{B}T}\right) \tag{1.118}$$

($E_\mathrm{F} \ll 0$ であることに注意) これを $N_\mathrm{c}^{(2\mathrm{D})} = mk_\mathrm{B}T/\pi\hbar^2$ という量を使って簡単に表わすこともできる．これは "伝導帯の有効状態密度" (effective density of states in the conduction band) と呼ばれるが，この理由は少し後で説明する．

残念ながら，多くの低次元電子系は，縮退極限にも非縮退極限にも当てはまらない．両者の境界は，Fermi 温度 T_F がおおよその目安となるが，典型的な 2 次元電子気体の Fermi 温度は 50 K 程度なので，液体ヘリウムで冷却すると電子気体は縮退するが，室温では非縮退状態になる．

1.8.3 ドープ量の少ない通常の半導体

我々が導いた電子密度の式は，通常の半導体物理で用いられている電子密度の式に近いものである．ここで通常の半導体における電子の統計に手短に言及し，多くの結果が低次元系に適用 "できない" ことを見てみる．ここでの議論の大部分は，一様な 3 次元系に限定される．電子密度 n は，式 (1.118) と同様に与えられるが，有効状態密度の部分が，次のように変更される．

[†](訳註) $\mathrm{sech}\,x = 2/(e^x + e^{-x})$．

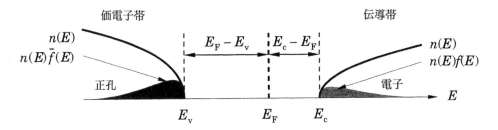

図1.14 ドープ量の少ない半導体における伝導帯と価電子帯．バンドギャップ中にFermi準位があり，両方のバンドにキャリヤがある．

$$N_c^{(3D)} = 2\left(\frac{m_0 m_e k_B T}{2\pi\hbar^2}\right)^{3/2} \quad (1.119)$$

通常の半導体では，伝導帯と価電子帯を両方とも考慮する必要があり，それらの状態密度 $n(E)$ は図1.14のようになっている．伝導帯の底の準位はゼロでなく E_c であり，電子密度の表式は，次のようになる．

$$n = N_c^{(3D)} \exp\left(-\frac{E_c - E_F}{k_B T}\right) \quad (1.120)$$

価電子帯の上端は E_v にあり，伝導帯の底から有限のバンドギャップ $E_g = E_c - E_v$ で隔てられている．ドープ (dope：不純物添加) していない半導体では，価電子帯が完全に埋まるだけの電子があるので，価電子帯では電子よりも正孔の密度 p を考えて，式(1.110) の分布を用いるのが適切である．同様の議論を経て，

$$p = N_v^{(3D)} \exp\left(-\frac{E_F - E_v}{k_B T}\right) \quad (1.121)$$

と書くことができる．$N_v^{(3D)}$ は価電子帯の有効状態密度である．

普通，半導体中の電子密度 n や正孔密度 p の値は，半導体に低濃度の不純物を添加して，あらかじめ調整されている．ドナー (donor) と呼ばれるタイプの不純物は伝導帯に電子を供給する．アクセプター (acceptor) と呼ばれる不純物は，価電子帯から電子を奪って，価電子帯に正孔をつくる．この他に，価電子帯から伝導帯へ電子が熱励起されることによってもキャリヤが生成されるが，これは温度に強く依存する．不純物半導体においては，大抵の場合は外的なドープによって生成したキャリヤが大多数を占め，単位体積あたりの添加ドナー数が N_D のn型半導体では $n \approx N_D$ である．同様にアクセプター濃度が N_A のp型半導体では $p \approx N_A$ である．このとき式(1.120) と式(1.121) が，逆にFermi準位を決める式になる．一方，ドープしていない真性半導体の場合は，電子密度と正孔密度が等しく $n = p = n_i$ となっている．

式(1.120) と式(1.121) の積をとると，一般に，

$$np = N_c^{(3D)} N_v^{(3D)} \exp\left(-\frac{E_c - E_v}{k_B T}\right) = N_c^{(3D)} N_v^{(3D)} \exp\left(-\frac{E_g}{k_B T}\right) \quad (1.122)$$

となる．$E_g = E_c - E_v$ はバンドギャップである．注目すべき点は，E_F が相殺してしまい，np が温度だけの関数になることである．積 np はドープ量にも Fermi 準位の位置にも依存しない．この関係はドープのない $n = p = n_i$ の場合にも当てはまるので，簡単に $np = n_i^2$ と書くこともできる．この関係式は従来の半導体デバイスにおいて非常に重要なもので，"半導体方程式"(semiconductor equation) と呼ばれている．たとえば n 型にドープした半導体の多数キャリヤは電子であり，その密度は $n \approx N_D$ である．そうすると半導体方程式により，少数キャリヤである正孔の密度は $p = n_i^2/n \approx n_i^2/N_D$ である．しかし半導体方程式には重要な制約条件があって，半導体が非縮退の極限になければ，この関係は成立しない．非縮退の条件は，低次元系 (もしくは本当に高濃度にドープした半導体) では滅多に成立しないのである．

正確に n と p を決めるためには，別の式が必要である．巨視的な試料は電気的に中性であり，全体として正電荷の総量と負電荷の総量が等しくなければならない．したがって $p + N_D = n + N_A$ であり，これと半導体方程式を組み合わせると，$(N_D - N_A)$ から n と p を導く 2 次方程式が与えられる．しかし残念ながら，この単純な描像は，全空間にわたって不純物濃度とキャリヤ密度が一様な系でしか成立しない．大抵の低次元系では，選択的にドープが行われたり，キャリヤをドナーの分布とは別の部位に集中させたりしてある．このような場合に，キャリヤの密度を決めるのは，もっと困難な仕事になるが，これについては第 9 章で扱う．

状態の占有に関する上記の結果は，すべて熱平衡状態の系だけで成立する．非平衡状態にある系では，これらの結果が適用できない．たとえば p-n ダイオードに順方向バイアスを印加したときには，空乏領域で $np > n_i^2$ となる．このような系を記述するには，輸送理論が必要となる．これは非常に難しい問題なので，我々はこれに立ち入らないことにする．しかしここで，後から使うことになる非平衡系の量を定義しておく．n と p が既知であるとしよう．そうすると式(1.120) と式(1.121) を逆に使って，非平衡状態にある系の "Fermi 準位" に相当するものを，形式的に求めることができる．たとえば，

$$E_F^{(n)} = E_c + k_B T \ln \frac{n}{N_c^{(3D)}} \quad (1.123)$$

である．系が熱平衡状態にないのだから，これは本当の Fermi 準位ではなく，"擬 Fermi 準位"(quasi-Fermi level) もしくは "イムレフ"(imref：" Fermi " を逆に綴った語である──本当に！) と呼ばれる．電子の擬 Fermi 準位と，正孔の擬 Fermi 準位は違っている．これは $np \neq n_i^2$ の別の表現になっている．たとえば p-n ダイオードに順方向バイアスをかけた場合には $E_F^{(n)} > E_F^{(p)}$ になる．擬 Fermi 準位による記述は，非平衡状

態でも，Fermi準位が平衡値からずれる以外は，キャリヤのエネルギー分布の様子が熱平衡状態とあまり違わないような錯覚を与えかねない．現実には，エネルギー分布の様子が熱平衡状態と著しく異なることもしばしばあるのだが，この擬Fermi準位の表記法も，それなりに便利で捨て難いものである．

1.8.4　電子気体

通常の半導体における非縮退状態のキャリヤ統計をまとめて見てきたので，次に，縮退した自由電子気体と，そのFermi面 (Fermi surface) を考えてみよう．

系が絶対零度にあり，$f(E)$ が $E = E_F^0 = k_B T_F$ のところで段差を持つステップ関数になっているものとする．エネルギー値によって切断が決められているが，自由電子のエネルギーと波数には $E = \hbar^2 k^2/2m$ の関係がある．したがって E_F^0 に対応する"Fermi波数"(Fermi wave number) を，$k_F = (2mE_F^0)^{1/2}/\hbar$ と定義できる．よって3次元の**K**空間では，球面状の"Fermi面"が決まる．$T=0$ においてFermi面内の状態はすべて完全に満たされており，Fermi面の外側の状態は空である．2次元では球面の代わりに円となり，1次元では一対の点になる．エネルギーバンドの底を基準としたエネルギー E_F^0 は"Fermiエネルギー"(Fermi energy) と呼ばれる．Fermiエネルギーは電子密度によって決まる．

Fermi波数を，k空間における一様な状態分布から，もっと直接的に求めることもできる．2次元系の**k**の状態密度は $2/(2\pi)^2$ であり，Fermi円 (Fermi circle) の面積は πk_F^2 なので，電子密度は，

$$n_{2D} = \frac{2}{(2\pi)^2} \times \pi k_F^2 = \frac{k_F^2}{2\pi} \tag{1.124}$$

である．よって $k_F = (2\pi n_{2D})^{1/2}$ と与えられる．これが k_F と E_F^0 を求める最も簡単な方法である．また，他の"Fermi量"が用いられることもある．たとえば自由電子のFermi速度 (Fermi velocity：一般に k_F における群速度である) は $v_F = \hbar k_F/m$ である．電子気体における電子の密度と有効質量が与えられれば，上記の式から T_F を求め，与えられた温度の下で，電子気体が縮退しているかどうかを知ることができる．

物質中の電子系の $\varepsilon(\mathbf{K})$ が球対称でない場合，Fermi面の形は球形ではない複雑な形を持つ．Fermi面は等エネルギー面で，かつその内部に含むことのできる電子密度が，然るべき値を持つように定義される．球対称の近似は，GaAsの伝導帯のような特別な例で成立するが，半導体において一般に適用できるものではないことを次章で見る．

1.8.5 他の統計分布関数

Fermi粒子以外の粒子に対する別の分布関数もある．古典的な粒子は，次のBoltzmann分布に従う．

$$f_{\mathrm{cl}}(E,\mu,T) = \exp\left(-\frac{E-\mu}{k_{\mathrm{B}}T}\right) \tag{1.125}$$

μは化学ポテンシャルである (Fermi-Dirac分布におけるE_{F}の代わりに現れる)．これはすでに見たFermi分布の非縮退極限と同じ形の分布であり，通常の半導体のキャリヤに対して広く用いられている．

もうひとつの粒子の種類としては，Bose粒子 (boson) がある．これは次のBose-Einstein分布に従う[†]．

$$f_{\mathrm{BE}}(E,\mu,T) = \left[\exp\left(\frac{E-\mu}{k_{\mathrm{B}}T}\right) - 1\right]^{-1} \tag{1.126}$$

これはFermi-Dirac分布と，1の符号のところしか違わない．Fermi粒子が$\hbar$単位で半整数の角運動量 (スピン) 量子数を持つのに対し，Bose粒子はゼロもしくは整数の角運動量量子数を持つことが知られている[‡]．Bose粒子のひとつの例は^{4}He原子であるが，多くのBose粒子は，伝統的な"粒子"という語感には合わない．フォノン (phonon) や光子も重要なBose粒子の例である．

1.8.2項 (p.35〜) で，粒子数を一定に保つために，温度が変わると化学ポテンシャルも変わることを見た．同様の議論は^{4}Heにも成立するが，フォノンや光子は容易に生成したり消滅したりするので，粒子数を保つための化学ポテンシャルは必要ない．たとえば振動数ω_qのモードにあるフォノンの数は，

$$N_q = \left[\exp\left(\frac{\hbar\omega_q}{k_{\mathrm{B}}T} - 1\right)\right]^{-1} \tag{1.127}$$

と与えられる．キャリヤの散乱頻度は各モードのフォノン数に依存するため，これは8.4節で散乱を考察するときに重要となる．高温では$N_q \sim k_{\mathrm{B}}T/\hbar\omega_q$，すなわち単純に温度のエネルギーを，そのモードのフォノンエネルギーで割った値になる．

Bose分布は，低エネルギーにおいてFermi分布と著しく異なる．Bose分布は$E > \mu$だけで定義されており，$E \to \mu$ (フォノンや光子では$E \to 0$) において無限大になる．粒子数が決まっている^{4}HeのようなBose粒子の系は，温度が絶対零度に近づくと，粒子の総数を保つために基底状態に多くの粒子が入らざるを得なくなり，Bose凝縮 (Bose

---

[†](訳註) Bose粒子も"古典的な粒子"も，同じ1粒子状態に任意の数の粒子が入れるが，量子統計では同種粒子の識別が不可能であるのに対し，古典統計では粒子の識別が可能という扱いになる．このためBose統計よりも古典統計のほうが，異なる1粒子状態へ粒子を分配するような系の状態が，識別性の分だけ多く考えられ，同じ1粒子状態に多くの粒子が集中する確率は相対的に低下する．

[‡](訳註) 角運動量量子数については p.403 訳註参照．

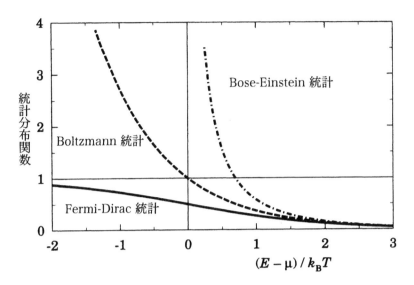

図1.15 共通の $(E-\mu)/k_BT$ に対して Fermi-Dirac分布，Boltzmann分布，Bose-Einstein分布関数を描いた図.

condensation) を起こす．低温の極限では，Fermi粒子とBose粒子の振舞い方は正反対である．Bose粒子系では，できるだけ沢山の粒子が基底準位に入って，すし詰めになろうとするが，Fermi粒子系では，各粒子ができるだけ別々の状態に散らばって入ろうとする．図1.15にFermi分布，Boltzmann分布，Bose分布の比較を示す．

これらの統計分布関数を適用するときの条件がある．第1に，対象とする系は，大きな系であるか，小さい系の場合は粒子やエネルギーを供給できる熱浴 (reservoir) に接しているものに限られる．たとえば量子ドット (quantum dot) などは，孤立した人工的な原子のように振舞うので，統計分布関数は，量子ドット内の電子系には適用できない．第2の条件は，粒子は互いに強い相互作用を持たず，ある1粒子状態を占める電子の占有確率は，他の1粒子状態を占有する電子によってほとんど影響を受けな

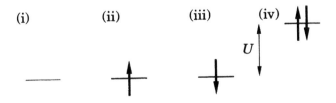

図1.16 2つまで電子を捕獲できる不純物準位における4つの可能な状態.

いことである．電子は負の電荷を持っており，互いに反発するので，この条件は近似的にか成立せず，近似が破綻する場合もある．

統計分布の近似が成立しない代表的な例は，半導体の中の不純物準位である．ひとつの不純物準位はスピンの向きが上向きと下向きの2つの電子を捕獲できる．したがって図1.16に示したような4つの可能な状態がある．

(i) 準位が空で，エネルギーは0.

(ii) 上向きのスピンを持つ電子がひとつ入っており，エネルギーはε.

(iii) 下向きのスピンを持つ電子がひとつ入っており，エネルギーは同じくε.

(iv) 上向きと下向きの電子が両方入っており，エネルギーは$2\varepsilon + U$.

状態(iv)における余分のエネルギーUは，"Hubbard のU"と呼ばれるもので，電子間のCoulomb反発の効果を表わす．つまり第2の電子は，第1の電子ほど強く束縛されない．典型的に半導体中のドナー原子に束縛される第2の電子の束縛エネルギーは，第1の電子の束縛エネルギーの5％程度に過ぎない．

系がエネルギーE，電子数nの状態にある確率は$\exp(-(E-n\mu)/k_BT)$に比例することを示せる．不純物に捕獲される電子数の平均は，

$$\langle n \rangle = \frac{1 + e^{-(\varepsilon - \mu + U)/k_B T}}{1 + \frac{1}{2}e^{(\varepsilon - \mu)/k_B T} + \frac{1}{2}e^{-(\varepsilon - \mu + U)/k_B T}} \tag{1.128}$$

である．この式を検証するために，電子間のUを無視してみよう．そうすると，相互作用のない電子系のFermi分布関数fを用いて，$\langle n \rangle = 2f(\varepsilon, \mu, T)$になる．しばしば，これとは逆の極限で，反発$U$が非常に大きいために，不純物が2つめの電子を捕獲する確率を無視できる場合がある．このときの不純物準位の平均粒子数は，次のようになる．

$$\langle n \rangle = \frac{1}{1 + \frac{1}{2}e^{(\varepsilon - \mu)/k_B T}} = \frac{1}{e^{(\varepsilon - \mu - k_B T \ln 2)/k_B T} + 1} \tag{1.129}$$

不純物準位には1つだけ電子が入れることになるが，可能なスピン値が2通りあるために，占有確率はFermi分布関数と異なっている．式(1.129)の2番目の形は，化学ポテンシャルに$k_B T \ln 2$を加えたFermi分布にあたる．これは不純物を含む計算で，しばしば用いられる式である．

＊　参考文献の手引き

本章で記述した方法は，すべて標準的なものであり，詳細については量子力学の教科書を参照すればよい．工学的見地から数学的見地まで，非常に広いアプローチの方

法がある．Merzbacher (1970) と Gasiorowicz (1974) は，長い間，定評を保っている教科書である．最近の本では Bransden and Joachain (1989) がある．

Reif (1965) は優れた統計物理の教科書であり，本章よりもはるかに詳しい内容に触れることができる．

＊ 練習問題

1.1 典型的な固体中の電子が持つ波数はどのくらいか ($\lambda = 2\pi/k$ を用いる)．たとえば Al ($E = 1.17$ eV；自由電子質量 m_0 を用いること)，高濃度ドープした n-GaAs ($E = 50$ meV, $m = 0.067m_0$)，GaAs 中の 2 次元電子気体 ($E = 10$ meV)．これらの長さは，我々が電子波を操作したい場合に，作製すべき試料構造の寸法を決めるためのパラメーターとして重要である．電子顕微鏡 ($E = 100$ keV) の電子の波長は，究極的な解像度を決めるパラメーターであるが，実際の解像度はレンズの収差によって著しく低下する．最後に非常に古典的な対象として，Clapham バス (時速 50 km で動く 10 トンの物体) の波数を求めよ．

1.2 GaAs の幅 10 nm および 4 nm の量子井戸について，無限に深い量子井戸のモデルを用いて，最初の数個の状態のエネルギー準位を求めよ．波動方程式の中の質量 m は $m_0 m_e$ となり，$m_e = 0.067$ である．これは GaAs の伝導帯の底にある電子の有効質量である．現実の GaAs/AlGaAs 構造による井戸の深さは約 0.3 eV であるが，無限に深い井戸のモデルで導いた準位は，どのくらい正確だと予想されるか？

井戸の深さが 0.2 eV の正孔についても計算せよ．正孔には重い正孔と軽い正孔の 2 種類がある．有効質量係数はそれぞれ $m_{hh} = 0.5$, $m_{lh} = 0.082$ である．

1.3 図 1.4 (p.9) は，幅の異なる量子井戸のエネルギー準位を測定した結果である．井戸幅 a を変えた GaAs 量子井戸を厚い $Al_{0.35}Ga_{0.65}As$ 層の間に形成してある．グラフの曲線は 1.3.1 項 (p.6〜) に記したフォトルミネッセンス (PL) の強度を示している．放出される光子のエネルギーは，井戸の電子と正孔のところの準位の差である．狭い井戸ほど束縛状態のエネルギーが高く，高い振動数の (つまり短い波長の) 光を放出するので，井戸幅 (井戸層の厚さ) の違いに応じて PL 曲線に 4 本のピークが現れている．箱の中の粒子のモデルを適用すると，井戸の幅から PL のエネルギーはどのくらい正しく算出されるか？電子と正孔の有効質量係数はそれぞれ $m_e = 0.067$, $m_{hh} = 0.5$ (重い正孔) とする．ピーク (e) は何によるものか？

1.4 1.4 節で導いた電流と電荷密度は，$V(x,t)$ が実数であれば電荷保存を保証する．仮に V を複素数とすると，粒子が生成したり消滅したりすることを示せ．この技法は，粒子の発生源や吸収口をモデルに導入したいときに用いられることがある．

1.5 $+x$ 方向に 10^5 m s^{-1} の速さで移動し，-1 A mm^{-2} の電流密度を担う電子の波動関数を作れ．

1.6 式 (1.34) と式 (1.36) のような，反対向きに伝搬もしくは減衰する波動成分を重ね合せた状態の電流密度を導け．

1.7 幅 a の無限に深い矩形量子井戸内にある電子の，第 n 状態に関する位置の標準偏差 Δx は，次式で与えられることを示せ．

$$(\Delta x)^2 = \frac{a^2}{12}\left(1 - \frac{6}{n^2\pi^2}\right) \qquad (\text{ex1.1})$$

古典論では，粒子を見いだす確率は (粒子が静止していない限り) 井戸の中の何処でも等しい．この場合は $\Delta x = a/\sqrt{12}$ であるが，量子力学の結果も高エネルギー (大きい n) で，この値に近づく．

1.8 初めに $d = 25$ nm および $d = 50$ nm の長さを持つ GaAs 中の電子波 ($m = 0.067m_0$) の波束の時間発展を考察せよ．2 つの波束に関して $\Delta x(t)$ を描け，それらは長さが倍になるまでに，どのくらいの時間を要するか？

1.9 $[\hat{x}, \hat{p}] = i\hbar$ を用いて，$[\hat{x}, \hat{p}^2] = 2i\hbar\hat{p}$ となることを示せ (ヒント：$\hat{p}\hat{x}\hat{p}$ を加えて引く)．また通常の Hamilton 演算子 $\hat{H} = \hat{p}^2/2m + V(\hat{x})$ に関して，$[\hat{x}, \hat{H}] = (i\hbar/m)\hat{p}$ となることを示せ．この結果は，第 8 章で扱う光学的応答を調べる際に有用である．

1.10 古典力学において，軌道角運動量は $\mathbf{L} = \mathbf{r} \times \mathbf{p}$ と定義されている．同様に量子力学においても，角運動量演算子の成分は $\hat{L}_x = \hat{y}\hat{p}_z - \hat{z}\hat{p}_y$ のように与えられる．$\hat{\mathbf{L}}$ の各成分は互いに交換可能ではなく，$[\hat{L}_x, \hat{L}_y] = i\hbar\hat{L}_z$ のようになることを示せ．

全角運動量は $\hat{L}^2 = \hat{L}_x^2 + \hat{L}_y^2 + \hat{L}_z^2$ によって定義される．そこで $[\hat{L}_x, \hat{L}^2] = 0$ という関係，すなわち角運動量の 1 成分と全角運動量は，同時に正確に知り得ることを示せ．

1.11 2 次関数ポテンシャル (4.3 節) の下で，エネルギーが低いほうの 3 つの準位は，$\phi_n(x) \propto H_{n-1}(x)\exp\left(-\frac{1}{2}x^2\right)$ と書ける．$H_n(x)$ は Hermite 多項式で，$H_0(x) = 1$, $H_1(x) = 2x$, $H_2(x) = 4x^2 - 2$, ... である．これらの状態は直交していることを (対称性を考慮して) 証明せよ．

1.12 波動関数 $\phi_1(x) \propto x\exp\left(-\frac{1}{2}bx\right)$ は，$x > 0$ における三角ポテンシャル (7.5.2 項, p.291～) 中の基底固有状態の近似としてよく使われる．2 番目の状態にも近似関数が必要となる場合がある．これを $x(c - bx)\exp\left(-\frac{1}{2}bx\right)$ と置き，これが基底状態の近似式と直交するように c を決めよ．

1.13 量子井戸の 2 つの状態を混合した波動関数 (1.54) の x の期待値を導け．まず波動関数の規格化条件から，A_1 と A_2 が $|A_1|^2 + |A_2|^2 = 1$ を満たさなければならないことを示せ ($\phi_n(x)$ は正規直交系をなす)．これらの係数を実数としておく (複素値にしても，振動の位相が変わるだけである)．$t > 0$ の波動関数は，

$$\Psi(x,t) = A_1\phi_1(x)e^{-i\varepsilon_1 t/\hbar} + A_2\phi_2(x)e^{-i\varepsilon_2 t/\hbar} \qquad \text{(ex1.2)}$$

である．次式を用いて $x(t)$ の期待値を計算せよ．

$$\langle x(t) \rangle = \int_0^a \Psi^*(x,t)x\Psi(x,t)dx \qquad \text{(ex1.3)}$$

式 (ex1.2) を代入すると，上式から 4 つの項が与えられる．その中で，同じ ϕ を含む項は，対称性によって $a/2$ になる．違う ϕ を含む項が残るが，これらは次の積分公式によって評価できる．

$$\frac{2}{a}\int_0^a x\sin\frac{\pi x}{a}\sin\frac{2\pi x}{a}dx = -\frac{16a}{9\pi^2} \qquad \text{(ex1.4)}$$

結果は本文中に示してある (式 (1.55))．

1.14 GaAs の伝導帯の非 2 次モデルとして用いられる分散関係 (1.94) を考察せよ．エネルギーが小さい極限，大きい極限それぞれについて状態密度を求めよ．これらの 2 つの極限において，速度に何が起こるか？

1.15 2次元自由電子系の状態密度 (最も簡単な場合である) は,

$$n_{2D}(E) = \frac{m}{\pi\hbar^2}\Theta(E) \qquad (\text{ex1.5})$$

となることを示せ (現実の分散関係の下では，結果はもっと複雑になり，バンド内にも特異点が現れる).

1.16 3次元系の有効状態密度 (式(1.119)) を導出せよ．積分公式 $\int_0^\infty x^{1/2}e^{-x}dx = \Gamma(3/2) = \frac{1}{2}\sqrt{\pi}$ を用いること．

1.17 半導体方程式を電荷中性の条件式を組み合わせて，通常の半導体の電子密度が，

$$n = \frac{1}{2}\left[(N_D - N_A) + \sqrt{(N_D - N_A)^2 + 4n_i^2}\right] \qquad (\text{ex1.6})$$

と与えられることを示せ．また正孔密度 p の式はどのようになるか？

1.18 3次元電子気体の Fermi 波数が $K_F = (3\pi^2 n_{3D})^{1/3}$ であることを示せ．1次元系の Fermi 波数を求めよ．

1.19 以下に示す例について，Fermi 温度を計算し，室温，液体窒素温度 (77 K)，液体ヘリウム温度 (4.2 K) それぞれにおいて，電子系が縮退しているかどうか調べよ．

(a) Al の電子密度は $18.1 \times 10^{28}\,\text{m}^{-3}$ で，金属材料の中では最も高い電子密度を持つ部類に入る．有効質量係数は，ほぼ 1 である．Cs の電子密度は $0.91 \times 10^{28}\,\text{m}^{-3}$ とかなり低い.

(b) 高濃度にドープした n-GaAs の電子密度は $5 \times 10^{24}\,\text{m}^{-3}$ 程度になる．$m_e = 0.067$ である．p 型にドープすることもできるが，正孔の有効質量は大きく，重い正孔の有効質量係数は $m_h = 0.5$ である．ドープ量の少ない半導体のキャリヤ密度は $10^{21}\,\text{m}^{-3}$ 程度である．

(c) GaAs の中の 2 次元電子気体の電子密度は $(1 - 10) \times 10^{15}\,\text{m}^{-2}$ である (次元に注意！).

1.20 絶対零度における 3 次元電子気体の電子の平均エネルギーは $\bar{E}_{3D} = \frac{3}{5}E_F^0$，2 次元電子気体の電子の平均エネルギーは $\bar{E}_{2D} = \frac{1}{2}E_F^0$ であることを示せ．また高温で非縮退の場合の平均エネルギーは 3 次元で $\frac{3}{2}k_BT$，2 次元で k_BT となることも示せ．

1.21 式(1.129)で記述されているドナー準位の占有確率を，μ の関数として，Hubbard の U のエネルギー範囲について描け．この例では U が正でなければならないことは明白に見えるが，U が負のように振舞う別の例もある．この違いは $\langle n \rangle$ にどのように影響するか？

第 2 章 結晶中の電子とフォノン

　周期構造を持つ低次元系は少ないが(超格子は明白な例外),あらゆる低次元系の試料は,バルク(bulk:巨視的結晶)の上に重ねて形成された,比較的大きい層構造から成る.それはGaAsのような本当の結晶の場合もあるし,(Al, Ga)Asのような,乱雑さを含む混晶の場合もある.我々は混晶に特有の複雑な問題を無視して,これらを"概ね"結晶として扱う.層構造を扱う前に,我々はバルクの性質を理解しておかなければならない.

　本章では,最初に1次元結晶を扱い,その後で3次元結晶を扱う.最後の節ではフォノン,すなわち電子波の代わりに格子波を取り上げる.格子波も,結晶の周期性に起因するバンド構造を持つ.光子は,我々が関わりを持つ第3の波であるが,最近になって,光がバンド構造を示すような実験が行われた.光子のバンド構造も,同様の理論で扱うことができるが,本書では取り上げない.

2.1　1次元系のバンド構造

　現実の結晶中のポテンシャルエネルギーは,我々が前章で学んだ例よりも,はるかに複雑である.5.6節で,単純な矩形周期ポテンシャルの問題を,厳密に解く予定であるが,ポテンシャルが"周期的"であるということから,定性的に重要な性質が現れる.周期的とは,1次元系では$V(x+a) = V(x)$を意味する.aは格子定数(lattice constant),すなわち結晶の単位胞(unit cell)の大きさである.仮想的な周期ポテンシャルの一例を,図2.1に示す.任意の周期関数は,Fourier級数によって表すことができる.

$$V(x) = \sum_{n=-\infty}^{\infty} V_n \exp\left(\frac{2\pi i n x}{a}\right) \equiv \sum_{n=-\infty}^{\infty} V_n \exp(iG_n x) \qquad (2.1)$$

すぐ後から,逆格子ベクトル(reciprocal lattice vector) $G_n = (2\pi/a)n$の重要性を見ることになる(より高次元の系を扱うほうが,この名前の適切さが明らかになる).

　波動関数にとって,ポテンシャルの周期性は,どういう意味を持つのだろう?我々は一様なポテンシャルを持つ無限大の系における波動関数が,規格化係数を1として,平面波$\phi_k(x) = \exp(ikx)$で与えられることを知っている.その密度は$|\phi_k(x)|^2 = 1$で,位置によらず一定である.ポテンシャルの値がどこでも同じなので,電子がある位

図2.1 格子定数 a の結晶における周期ポテンシャルの例.

置よりも別の位置を好む理由はない．術語で言えば，系は連続並進不変性を持っている．周期ポテンシャルを導入すると，この条件は成立しなくなるが，それぞれの単位胞の中の密度分布が同じになると考えることは，理に適うように思われる．言い換えると，密度 $|\psi(x)|^2$ も，ポテンシャルと同様に周期関数となり，$|\psi(x+a)|^2 = |\psi(x)|^2$ を満たす．このような関数は，自由空間における平面波に，周期関数 $u_k(x)$ を掛ければ得られる．周期ポテンシャル中の，このような形の波動関数は"Bloch関数"と呼ばれる．

$$\psi_k(x) = u_k(x)\exp(ikx), \quad u_k(x+a) = u_k(x) \tag{2.2}$$

密度 $|u_k(x)|^2$ は，要請通りに周期的であるが，周期因子 $u_k(x)$ は k の値によって異なる．

式 (2.2) は結晶中の波動関数に関する"Blochの定理"(Bloch's theorem) を表している．これと等価な内容を，次式のように表すこともできる．

$$\psi_k(x+a) = \exp(ika)\psi_k(x) \tag{2.3}$$

添字 k は"Bloch波数"(Bloch wave number) と呼ばれるもので，このBlochの定理の第 2 の表現は，隣接する単位胞間の位相の違いが ka であることを表している．k は"普通の"波数ではなく，粒子の力学的運動量は $\hbar k$ ではないことに注意されたい．$u_k(x)$ の因子が加わっているために，波動関数は多くの運動量成分を含む．$\hbar k$ は"結晶運動量"(crystal momentum) と呼ばれているが，これが多くの面で，通常の運動量と似たものになることを 2.2 節で見る．

k の定義は，いくらか曖昧なものになった．k が $\pi/a < k < 3\pi/a$ の範囲にあるものと仮定しよう．これを $k = (2\pi/a) + k'$ とおくと，$|k'| < \pi/a$ であり，Bloch関数は，

$$\psi_k(x) = u_k(x)\exp(ikx) = u_k(x)\exp\left(\frac{2\pi ix}{a}\right)\exp(ik'x) \tag{2.4}$$

となる．因子 $\exp(2\pi ix/a)$ も，$u_k(x)$ と同様に a を周期とする周期関数なので，これらをまとめて新たな周期関数をつくり，Bloch関数を次のように書き直せる．

$$\psi_k(x) = \left[u_k(x)\exp\left(\frac{2\pi ix}{a}\right)\right]\exp(ik'x) = u'_k(x)\exp(ik'x) \tag{2.5}$$

Bloch波数 k を $-\pi/a < k' < \pi/a$ の範囲へ還元することができたが，この範囲は"第1 Brillouinゾーン"(first Brillouin zone) と呼ばれる．この還元過程は情報理論の別名化 (aliasing) に関係している．任意の k に関して，適切に $2\pi/a$ の整数倍を差し引くことで，同じようにBloch波数の第1 Brillouinゾーンへの還元が可能である．言い換えると，k に適切な逆格子ベクトル G_n を加えてBloch波数を還元できる．よって k を2つの添字 n と k' に置き換えることも可能である．Bloch関数は，次のように表される．

$$\psi_{nk'}(x) = u_{nk'}(x)\exp(ik'x) \tag{2.6}$$

k' の範囲は $(-\pi/a, \pi/a)$ に制約されている．Bloch波数 k が任意の値をとる最初の形式を"拡張ゾーン形式"(extended zone scheme) と呼び，n と $|k'| < \pi/a$ を用いる第2の形式を"還元ゾーン形式"(reduced zone scheme) と呼ぶ．第3の"反復ゾーン形式"(repeated zone scheme) は，k に関する周期性を利用し，それぞれの $2\pi/a$ の区間で同じ関数を繰り返す形式である．これらの形式を用いてエネルギーバンドを描いた比較を図2.2に示す．

2.1.1 バンドギャップの形成

我々は定性的に，周期ポテンシャルの波動関数への影響を見たが，次にエネルギーについて考える．波動関数と同様に，エネルギー値も第1 Brillouinゾーン内の波数 ($|k| < \pi/a$，プライム「$'$」を省く) と，バンド番号 n によって識別され，$\varepsilon_n(k)$ のように書かれる．弱い周期ポテンシャルの下でのエネルギーの様子を，拡張ゾーン形式，還元ゾーン形式，反復ゾーン形式で図2.2に示してある．まず拡張ゾーン形式を見てみよう．大部分の波数に関して $\varepsilon_n(k) \approx \varepsilon_0(k)$ のように，自由電子のエネルギーで近似できる．例外となるのは，ゾーンの境界となる $k = \frac{1}{2}G_n = n\pi/a$ 付近である．境界近辺の $\varepsilon_n(k)$ は，自由電子のエネルギーを表す放物線から離れ，ちょうどゾーン境界での傾きはゼロになる．エネルギーの傾きは $\varepsilon_0(\frac{1}{2}G_n)$ の上側でも下側でもゼロになり，伝播のないこれらの状態間に，エネルギーギャップが発生する．このようなバンドギャップによって，$\varepsilon_n(k)$ は，いくつものエネルギーバンドに分割される．これは周期系において特徴的な性質であり，いくつかの異なる方法で，このような性質の起源を見ることができる．

バンド構造は，大抵は還元ゾーン形式で示される．この形式は，拡張ゾーンの各部を，逆格子ベクトル G_n で適切に移動させることで得られる．まず自由電子のエネルギーについて考えると，放物線の中央の $|k| < \pi/a$ の部分は，そのまま残る．$-3\pi/a$ と $-\pi/a$ の間の部分は $G_1 = 2\pi/a$ だけずらして第1 Brillouinゾーンに移され，また π/a から $3\pi/a$ の間の領域は G_{-1} だけ移動する．さらにエネルギーの高い領域も，同じように扱われ，図2.2(b) に細線で示したように，交差した構造を与える．周期性に

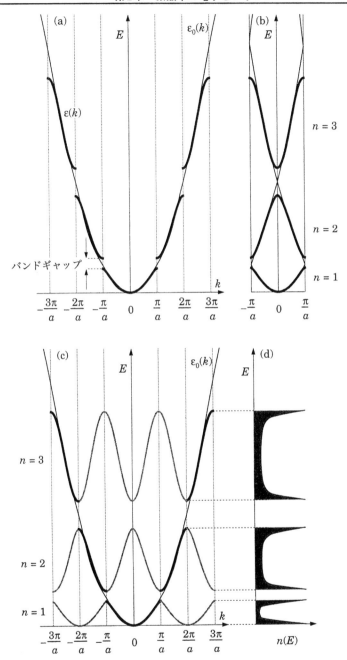

図2.2　1次元結晶中のバンド構造を (a) 拡張ゾーン形式，(b) 還元ゾーン形式，(c) 反復ゾーン形式で描いた．(d) はエネルギーに対する状態密度を表したものである．太線は弱い周期ポテンシャルの下での $\varepsilon(k)$ を表したもので，n はバンドを識別する番号である．細線で示した放物線は，自由電子に関する $\varepsilon_0(k)$ である．灰色の線は，周期的反復を示している．

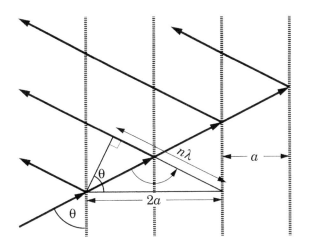

図2.3 波長 λ の波が，格子面間隔 a の結晶に角度 θ で入射したときの Bragg 反射の条件．

よるゾーンの重なりのために，エネルギー構造は複雑に見える．結晶中の電子エネルギー $\varepsilon_n(k)$ も同様に扱われる．k の符号の異なる2つの部分が滑らかに接続して，ゾーン全体に及ぶ新たな曲線が形成され，ゾーンの中心とゾーンの境界でエネルギーギャップが生じる．

最後に，還元ゾーン形式を繰り返して表示すると，図2.2(c) のような反復ゾーン形式が得られる．この形式が用いられることは多くないが，ゾーンの境界の効果を含む輸送の性質を調べる際に有用である．

バンドギャップの成因の問題に戻ろう．波が結晶内を伝搬するとき，原子によって，あらゆる方向に散乱される．一般に異なる原子による散乱の効果は，互いに相殺し合う傾向にあるが，限られた角度条件で，それぞれの散乱が強め合う干渉が起こり，強いビーム散乱が生じる．これが結晶格子の周期性に起因する Bragg 反射である．Bragg 反射の様子を図2.3 に示した．1本のビームが入射し，各格子面によってビームが散乱されて，複数のビームが発生する．発生したビーム同士が強め合うように干渉するためには，隣り合うビームが経てきた径路長の差が，ビームの波長の整数倍でなければならない．図2.3 の中に三角形で示したように，この径路長の差は $2a\sin\theta$ である．したがって Bragg 反射の条件は，

$$n\lambda = 2a\sin\theta \tag{2.7}$$

となる．$\lambda = 2\pi/k$ である．1次元結晶の中では，電子は"格子面"に垂直に伝搬するので，$\theta = \pi/2$ (後方散乱) の $\sin\theta = 1$ の条件だけが考慮の対象となる．よって Bragg の条件は $k = n\pi/a = \frac{1}{2}G_n$ である．この条件が満たされる場合には，極めて強い後方散乱が起こるので，電子波は結晶中を進むことができず，定在波を生じる．

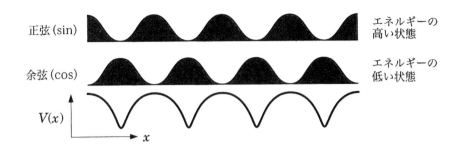

図2.4 周期ポテンシャルと，第1ゾーンの境界 $k = \pm\pi/a$ の2つの波動関数からつくられる密度分布．

格子による散乱は，あらゆる波数で起こるが，Bragg条件を満たすときの散乱だけが特別に強い．波数 k，エネルギー $\varepsilon_0(k)$ の平面波が格子を通る状況を考えてみよう．散乱によって，あらゆる n の値に付随する $k + G_n$ の成分が付け加わり，元の波と混ざることになる．ここに逆格子ベクトルが関与してくるのである．付け加わった成分は，一般には元の平面波とは異なるエネルギーを持つので，混合効果は弱い．混合が強まるのは，加わった成分も同じエネルギーを持つ場合だけであり，波数の大きさが等しいという条件によって k の値が決まる．

$$\varepsilon_0(k + G_n) = \varepsilon_0(k), \quad |k + G_n| = |k|, \quad k = -\frac{1}{2}G_n \tag{2.8}$$

再び逆格子ベクトルは重要な役割を果たし，強い反射が起こりバンドギャップが開くBragg条件が $k = \frac{1}{2}G_n$ と与えられる．この平面波の混合の描像は，7.8節で議論する，ほとんど自由な電子の理論の基礎となる．

バンドギャップの成因を見る，もうひとつの等価な方法としては，自由電子には常に縮退した状態の対 $\exp(\pm ikx)$ があって，それらはどちらも一様な密度を持つことに注目すればよい．これらを組み合わせて，密度が空間的に振動する $\sin(kx)$ と $\cos(kx)$ をつくることができる．密度の空間振動は，ポテンシャルが一様な自由空間では重要ではないが，周期ポテンシャルの中で重要になる．この様子を図2.4に示す．この場合"余弦 (cosine) の"密度のほうが，ポテンシャルの低い部分に重みのついた分布になっており，"正弦 (sine) の"密度は，ポテンシャルの谷でなく山のほうに重みがついている．したがって余弦波の状態のほうがエネルギーが低くなり，2つの状態の縮退が解けて，バンドギャップが生じる．この議論は，ポテンシャルの周期と同調する周期が密度にもあって，全体が同じようにポテンシャルの影響を受ける場合だけに可能であり，やはり条件 $k = \frac{1}{2}G_n$ が必要である．

2.2 バンド内の電子の運動

自由電子は，古典力学と整合する群速度 $v(k) = p/m_0 = \hbar k/m_0$ を持つ．しかし結晶中の電子には，注目すべき新たな性質が現れる．バンドの形として，余弦関数を用いた単純な近似形を用いて考察してみよう (バンド番号の添字 n は省く)．

$$\varepsilon(k) = \frac{1}{2}W(1-\cos ka) = W\sin^2\frac{ka}{2} \tag{2.9}$$

W を正とすると，一般の基底バンド $n=1$ もしくは奇数番目のバンドの近似となる．n が偶数番目のバンドを近似する場合は W を負とする．図2.5(a) に示すように，エネルギーはゼロから始まり，エネルギー幅は $|W|$ である．ここで示す例は，典型的な半導体に関する概数を念頭において $W = 5$ eV, $a = 0.5$ nm としている．k が小さいところで余弦関数を展開すると，$\varepsilon(k) \approx \frac{1}{4}a^2Wk^2$ となる．これは放物線であり，有効質量近似 $\hbar^2 k^2/2m_0 m^*$ にあてはめると，この余弦関数のバンドの有効質量係数は $m^* = 2\hbar^2/m_0 a^2 W$ である．バンド幅を拡大すると，有効質量は小さくなる．$k = \pm\pi/a$ 付近のバンド上端部分でも，同様の近似が可能である．

通常通りの微分によって，群速度が与えられる．

$$v(k) = \frac{1}{\hbar}\frac{d\varepsilon(k)}{dk} = \frac{aW}{2\hbar}\sin ka \tag{2.10}$$

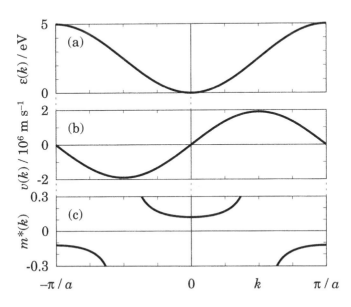

図2.5 余弦関数バンド (バンド幅 $W = 5$ eV, 格子定数 $a = 0.5$ nm) の (a) エネルギー，(b) 速度，および (c) 有効質量係数の波数依存性．

放物線近似が成立する k の小さな領域では，この式は $\hbar k/m_0 m^*$ に還元するが，全体的な性質のほうが，もっと興味深い．図2.5(b) で示したように，速度はバンドの下端でも上端でもゼロになる．これらの部分に対応する波動関数は，図2.4 (p.52) で示したような定在波であり，電流を運ばない．

我々は，更に高階の微分を用いることによって，$k = 0$ 近傍だけでなく，バンド全体にわたって有効質量を定義できる．自由電子では $dv/dk = \hbar/m_0$ なので，有効質量係数は，次式のように定義できる．

$$m^*(k) = \frac{\frac{\hbar}{m_0}}{\frac{dv}{dk}} = \frac{\frac{\hbar^2}{m_0}}{\frac{d^2\varepsilon(k)}{dk^2}} \tag{2.11}$$

$$= \frac{2\hbar^2}{m_0 a^2 W} \sec ka \tag{2.12}$$

このエネルギーと速度と有効質量係数[†]を図2.5 に描いてある．有効質量はバンド端では概ね一定になるので，有効質量近似はバンド端で最も有用である．

バンドの上端が特に興味深い．有効質量は"負"となるが，これは k が増加すると，v は減少するという $v(k)$ の挙動に伴う結果である．これは自由電子とは全く異なる性質で，奇妙な振舞いが予想されるが，我々はまず，このような電子の運動方程式を知る必要がある．Newtonの法則によると「力は運動量の時間変化率に等しい」のだが，運動量はどのように定義されるのだろう？ たとえば $mv(k)$，あるいは $\hbar k$ だろうか？この両者は自由電子においては同じものだが，k が Bloch 波数を表すバンド内の電子では，両者は違ってくるのである．理由の説明は，第6章で行うが，正しい結晶運動量は $\hbar k$ である．電荷 q の粒子が，電場 $\mathbf{F}$ および磁場 $\mathbf{B}$ の下にあるときの運動方程式は，

$$\hbar \frac{d\mathbf{K}}{dt} = q[\mathbf{F} + \mathbf{v}(\mathbf{K}) \times \mathbf{B}] \tag{2.13}$$

となる．磁場は1次元系では意味をなさないので，3次元系の式にしてある．エネルギーとの混同を避けるために，電場を $\mathbf{F}$ と書く．3次元系での群速度は $\mathbf{v}(\mathbf{K}) = \mathrm{grad}_\mathbf{K} \varepsilon(\mathbf{K})/\hbar$ である[‡]．

バンドの上端と下端では，電子の速度はゼロである．バンド下端の電子は，電場が印加されると，電場から受けた力の方向に動くが，バンド上端の電子は，それとは"反対向き"に動く．これが，バンド上端で有効質量が負だということの意味である．しかしバンド上端で，"反対符号の電荷"を持つ粒子が，完全に普通の振舞いをする (正の質量を持つ) という，別の見方も可能である．バンド上端部の寄与は，負の電荷と負

[†](訳註) $\sec x = 1/\cos x$．
[‡](訳註) 勾配 grad の定義は，$\mathrm{grad}\, f = \frac{\partial f}{\partial x}\mathbf{e}_x + \frac{\partial f}{\partial y}\mathbf{e}_y + \frac{\partial f}{\partial z}\mathbf{e}_z$．$\mathbf{e}_x$ は x 方向の単位ベクトル．他も同様である．$\mathrm{grad}_\mathbf{K}$ は $\mathbf{K}$ 空間内での同様の演算を意味する．

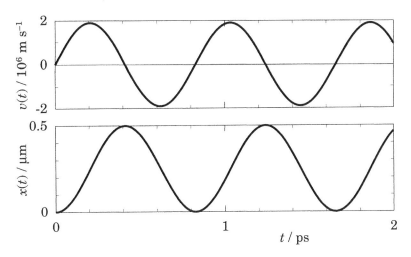

図 2.6　$F = 10^7\,\mathrm{V\,m^{-1}}$ の定常電場の下で，エネルギー幅 5 eV の余弦バンド中の電子に生じる Bloch 振動の時間依存性．

の有効質量を持つ電子の描像の代わりに，正の電荷と正の有効質量を持つ "正孔" によっても記述できる．この驚くべき結果は，あらゆる半導体の "第 2 の天性" である．

空のバンドの中にある，$k=0$ のひとつの電子を，定常電場 $-F$ (負号は電荷の負号と相殺する) で加速する場合にも，奇妙なことが起こる．この結果を図 2.6 に示す．運動方程式によると，結晶波数は $k(t) = (eF/\hbar)t$ のように，時間の経過とともに定常的な増加を続ける．しかし速度は図 2.5(b) (p.53) に示すように，最初は増加するが，波数が $k = \pi/2a$ のときに最大値に達し，その後は "減少" して，$k = \pi/a$ になると速度はゼロになる．結晶の k 空間の周期性，もしくは反復ゾーン形式を利用すると，この波数は $k = -\pi/a$ と等価である．したがって速度はそこから負になり，k がゼロに戻るところで速度もゼロに戻る．定常電場の下で，このような周期変化が繰り返されることになる．この電子の挙動を式にすると，次のようになる．

$$v(t) = \frac{aW}{2\hbar}\sin\left(\frac{eFat}{\hbar}\right), \quad x(t) = \frac{W}{2eF}\left[1 - \cos\left(\frac{eFat}{\hbar}\right)\right] \qquad (2.14)$$

この結果は，周期ポテンシャル中の電子が，k 空間においても実空間においても振動することを示しているが，これは周期ポテンシャルが無い場合の一様加速とは全く違った挙動である．古典的な粒子ならば，徐々に限りなく運動エネルギーを増していくはずだが，結晶中ではバンド間に有限のエネルギーギャップが生じているので，電子が古典的に加速を続けることは不可能である．一様電場の下にある結晶で見られる，このような運動の振動現象を "Bloch 振動" (Bloch oscillation) と呼ぶ．この現象を観測し，マイクロ波の放射源として利用しようとする多くの試みがなされてきた．振動数 $\omega = eFa/\hbar$ はバンド幅には依存せず，電子が隣の単位胞へ移るときに，電場によって

失うエネルギーから決まる.

　Bloch振動から帰結される重要な結果は,完全に電子が充満したバンドにおける電子の振舞いである.バンド内のすべての状態が占有されているので,バンド内の電子は,散乱を受けてバンド内の別の状態に遷移することができない.すべての電子が一斉にBloch振動をすると考えても,バンド全体として正味の電流輸送は生じない.

　次に,バンドの一部を占有する電子が,なぜ電場の下でBloch振動をせずに,電流を運べるのかを説明しなければならない.その答えは,現実の結晶中の電子は(不純物やフォノンや他の電子などによって)散乱を受け,1周期の振動を完遂することなく,そのはるか手前の段階で,振動の中断を余儀なくされるからである.電子は散乱後も再び運動を始めるが,繰り返し散乱を受けるので,振動は生じない.バンドの底付近では$v \approx \hbar k/m$であるが,電場中の運動方程式は,次のように書ける.

$$\frac{dv}{dt} = \frac{eF}{m} - \frac{v}{\tau} \tag{2.15}$$

$-v/\tau$は,散乱効果を単純な緩和時間近似で表した項であり,このモデルは"Drudeモデル"(ドルーデ)と呼ばれる.電子の速度は時間の経過とともに,定常値$v = eF\tau/m = \mu F$に近づく.μは移動度(mobility)と呼ばれるパラメーターで,$\mu = e\tau/m$である.これを,よく知られている導電率の式$\sigma = ne^2\tau/m$に直すこともできる.nはキャリヤ(ここでは電子)の密度である.τは"運動量の"緩和時間でもあるはずだが,これは8.2節で計算をする.

　バンドギャップは,しばしば"禁制帯"(forbidden gap)と呼ばれるが,そこにはどのくらいの"禁制"が働くのだろう?実は,強い電場や強い磁場によって,電子がバンドギャップを"トンネル"して次のバンドに移ることが可能である.このような現象は"Zener破壊[†]"(ツェナー)(Zener breakdown)や磁気貫通(magnetic breakdown)と呼ばれている.電場によるZenerトンネルの様子を図2.7に示す.電場に伴うポテンシャルエネルギー$-eFx$のために,バンド端は水平ではなく傾いている.一定エネルギーを持つ電子は,同じバンドの中に留まる限り,そのバンドの上端と下端の間を往復し続ける.このとき電子が往復する距離はW/eFで,ちょうど式(2.14)に示したBloch振動で電子が往復する距離である.しかし電子が許容された範囲の端に来たときに,バンド端で"反射"される代わりに,ギャップをトンネルして次のバンドへ移ることも可能である.

　トンネル確率の大まかな見積りのために,ポテンシャル障壁の高さをE_g,幅を$d = E_g/eF$と置いてみよう.ギャップにおける減衰波数は$\kappa \approx (2m_0 m^* E_g/\hbar^2)^{1/2}$である.通常の公式(後に式(5.25)として導出する)から,Bloch振動の各周期でのトンネル確

[†](訳註) 電流が堰(せき)を切ったように流れ始める現象を比喩的に"破壊"(breakdown)と呼んでいる.試料が壊れるわけではない.

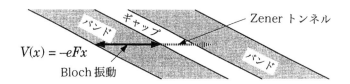

図2.7 一様な電場中にある1次元系のエネルギーバンドを，実空間内で描いたもの．Bloch振動とZenerトンネルを図中に示してある．

率は，

$$T \approx \exp(-2\kappa d) = \exp\left(-\frac{(8m_0 m^* E_g^3)^{1/2}}{eF\hbar}\right) \tag{2.16}$$

と与えられる．より精度の高い近似は，WKB法 (7.4節) によって得られる．電場が弱ければトンネル確率はゼロに近いが，電場が強い場合やバンドギャップが狭い場合には，トンネル確率が重要になる．この現象のよく知られている応用例はZenerダイオードで，これは高濃度にドープしたp-nダイオードに逆方向バイアスを印加し，バンドギャップを介したトンネル破壊を起こすものである (世間で言うところのZenerダイオードには，なだれ破壊 avalanche breakdown を起こすものも多いが)．

2.3 状態密度

バンド構造は状態密度にも影響を与える．定性的な式を，ここまで得た結果から導くことができる．我々はバンドの両端付近において，$\varepsilon_n(k)$ は自由電子のように放物線で近似できるが，有効質量の符号がバンドの上端と下端で異なることを見てきた．1次元の自由電子の状態密度は $E^{-1/2}$ なので，周期ポテンシャル中でのバンドの下端と上端における状態密度も，これと同じ形になると予想される．$n(E)$ と速度の関係を示した式 (1.88) から，1次元余弦バンドの状態密度は，

$$n(E) = \frac{2}{\pi\hbar v(E)} = \frac{2}{\pi a}\frac{1}{\left[\left(\frac{1}{2}W\right)^2 - \left(\frac{1}{2}W - E\right)^2\right]^{1/2}} \tag{2.17}$$

と与えられる．予想された平方根の逆数による発散が，バンドの下端と上端に現れている．この結果は1次元結晶中の各バンドに適用できるので，1次元結晶の状態密度は図2.2(d) (p.50) に示したようになる．余弦バンドの (単位長さあたりの) 状態密度の積分は，

$$\int_0^W n(E)dE = \frac{2}{a} \tag{2.18}$$

となる．因子2はスピンによるもので，$1/a$ は，各バンドで単位胞あたりに状態が1個あることを表している．これは一般的な結果である．

上に示したバンド内の状態密度に基づいて，1次元系が金属(良導体)になるか絶縁体になるかを，予言できる．単位胞内の原子が奇数個の電子を供出する場合は，最上のバンドが半分満された状態になる．Fermi準位のところに自由電子があるので，1次元系は金属として振舞う．他方，各原子が偶数個の電子を供出する場合は，いくつかのバンドが完全に満たされ，その上のバンドは完全に空になる．Fermi準位は満たされたバンドの上端と，その上の空のバンドの下端の間に位置し，その1次元系は絶縁体もしくは半導体として振舞う．

この描像は，多くの1次元材料，特に高分子に適用可能である．有名な例はポリアセチレン $(CH)_n$ である．これは単位胞 CH あたりに奇数個の電子を持つので，金属となる．化学的な術語で言えば，炭素原子は1個の電子を水素原子とのボンド(bond：結合手)へ供出し，残りの3つの電子は，両隣の CH 格子へ繋がるボンドへ配分される．従ってこのモデルから，隣接格子間に $1\frac{1}{2}$ 本のボンドの形成が予言される $(-\overset{...}{CH}-\overset{...}{CH}-)$．

実際には，この構造は安定でない．一様な鎖構造は，一重結合と二重結合が交互に繰り返すような $-CH=CH-$ という構造へと歪む．単位胞の長さは2倍，Brillouin ゾーンは半分になり，今度は単位胞あたりの電子が偶数個なので半導体になる．この Peierls 歪み (Peierls distortion) として知られる変形によって，系のエネルギーは低下するが，このことは1次元金属に共通する一般的な性質である．3次元系の格子歪みは，それほど一般的な問題にならない．

ポリアセチレンに，例えば沃素をドープして，導電性を与えることができる．現在では，高分子や，強い異方性を持つ有機塩を母体とした1次元導電材料が，いろいろと知られている．これらの材料はドープして電子デバイスに利用することができる．発光ダイオードなどが，その好例である．

次に，ここまでに見てきた周期系の取り扱いを，高次元へと展開してみよう．

2.4　2次元系と3次元系のバンド構造

2次元系や3次元系のバンド構造の決まり方も，その原理は1次元系と同じだが，結果は不可避的に，さらに複雑なものになる．逆格子も2次元もしくは3次元の波数空間内で定義され，分散関係もベクトル $\mathbf{k}$ の関数として定義される．再び $\mathbf{k}$ に適切な逆格子ベクトルを加えることで，$\mathbf{k}$ を第1 Brillouin ゾーンへ還元することができる．

x, y 方向の格子間隔がそれぞれ a, b の，直交格子から成る2次元系から話を始めよう．周期ポテンシャル $V(x, y)$ は Fourier 級数に展開できる．

$$V(x,y) = \sum_{m,n=-\infty}^{\infty} V_{m,n} \exp\left(\frac{2\pi i m x}{a} + \frac{2\pi i n y}{b}\right)$$

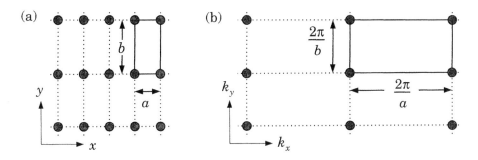

図2.8　2次元の直交格子．(a) 実空間の格子．(b) 逆格子．

$$= \sum_{m,n} V_{m,n} \exp(i\mathbf{G}_{m,n} \cdot \mathbf{r}) \tag{2.19}$$

$\mathbf{G}_{m,n} = (2\pi m/a, 2\pi n/b)$ は，逆格子ベクトルである．これらは図2.8に示すように，$\mathbf{k}$空間 (もしくは逆格子空間 reciprocal space) において，実空間の格子と同様に，格子点としてプロットされる (逆格子 reciprocal lattice)．実空間格子も逆格子も直交格子であるが，x方向とy方向の格子間隔比は逆になっている (一方の格子が縦長ならば，もう一方は横長になる)．

ここでも周期ポテンシャルによってバンドギャップが形成され，$\mathbf{k}$空間がBrillouinゾーンに分割される．エネルギーギャップの形成を説明する最も簡単な方法は，波動関数の混合の観点に基づくものである．波数ベクトルが$\mathbf{k}$の波動関数は，ポテンシャルに含まれる各々の$-\mathbf{G}$のFourier成分の作用によって，$\mathbf{k}-\mathbf{G}$の成分を獲得する．一般にそのような成分は，元の波動関数と異なるエネルギーを持ち，混合効果は弱い．バンドギャップを形成するような強い混合は，エネルギーが等しくなる場合，すなわち$|\mathbf{k}| = |\mathbf{k}-\mathbf{G}|$のときに起こる．左辺は，波数空間における原点から$\mathbf{k}$点までの距離であり，右辺は$\mathbf{G}$点から$\mathbf{k}$点までの距離なので，この条件式は，原点から$\mathbf{G}$点までの線分を垂直に2等分する平面 (2次元の場合は直線) を定義することになる．これを図2.9

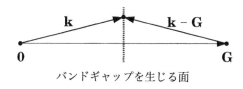

図2.9　逆格子ベクトル$\mathbf{G}$によるバンドギャップの形成．ギャップは$|\mathbf{k}| = |\mathbf{k}-\mathbf{G}|$の平面 (2次元の場合は直線) のところに形成される．

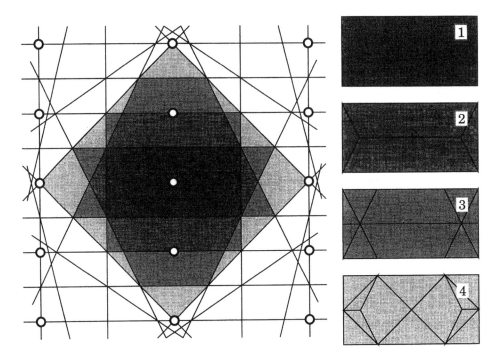

図2.10　直交格子の第1 Brillouinゾーンから第4 Brillouinゾーンまでを，逆格子内に影をつけて示した．周囲の各部はそれぞれ適切な逆格子ベクトルによって第1 Brillouinゾーンの領域に移され，右側に示すように，次々に長方形を形成してゆく．

に示す．

　周期ポテンシャルは，このような各々の面のところにバンドギャップを開き，$\mathbf{k}$空間はBrillouinゾーンに分割される．逆格子の各点から，境界を形成する平面がひとつずつ生じる．直交格子の場合の例を図2.10に示す．第1 Brillouinゾーンは，予想通りの単純な長方形になる．その外側の$\mathbf{k}$空間は，どんどん複雑な断片へと分割されてゆく．還元ゾーン形式では，これらの断片が，それぞれ適切な逆格子ベクトルの移動によって，第1ゾーンに移される．4番目までのゾーンを図中に示した．周期ポテンシャルが弱い場合には，自由電子のエネルギーを表す放物型2次曲面の各部を，第1ゾーンに移すことによって，エネルギーバンドの概形を推測することができる．

2.5　半導体の結晶構造

　3次元結晶のバンド構造が複雑になることは明らかであり，この取扱いを簡素化する手段は有用である．幸いなことに，通常用いられる半導体の結晶構造は，高い対称性

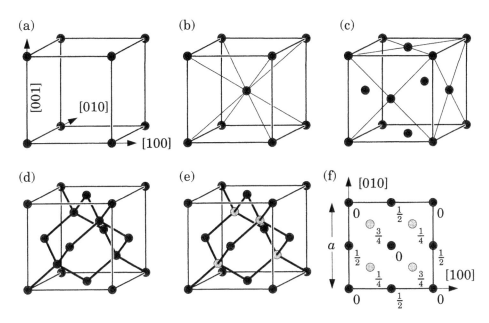

図2.11 立方格子構造：(a) 単純立方格子，(b) 体心立方格子，(c) 面心立方格子．通常の半導体の結晶構造は，(d) ダイヤモンド構造，もしくは化合物半導体の (e) 閃亜鉛鉱構造である．(f) は閃亜鉛鉱構造の平面図であり，格子定数を単位として各原子位置の座標を示してある．

を持っており，そのような対称性の扱い方は，上級理論では基本的な要素となっている．たとえばバンド構造や波動関数を詳しく調べなくとも，結晶の対称性を考慮するだけで，どのような光学的過程が許容され，どのような光学的過程が禁じられるかを示せる場合が多い．対称性を系統的に解析するための数学的な枠組みは群論であるが，これは本書が扱う範囲外の事項である．

通常の半導体は，立方体の結晶構造を持っている．3種類の立方格子を図2.11(a) – (c) に示してある．単純立方格子 (simple cubic lattice) は，最も基本的な構造で，体積 a^3 の単位胞が原子を1個だけ含んでいる．各々の格子の中心に，さらに1個ずつ原子を加えた構造は，体心立方格子 (body-centered cubic lattice：BCC lattice) と呼ばれ，単位胞が2個の原子を含む．また，単純立方格子のそれぞれの面の中心に原子を加えた構造は，面心立方格子 (face-centered cubic lattice：FCC lattice) と呼ばれ，単位胞が4個の原子を含む．

結晶構造によらず，原子を1個だけ含む単位胞を選んだ方が，都合がよい場合もある．Wigner-Seitz胞 (Wigner-Seitz cell) は，周囲の隣接原子の中心よりも，注目している原子の中心に近い点の集合域として定義される．これは図2.10の波数空間で，第1 Brillouin ゾーンを定義した方法と同じである．体心立方格子の，立方体の中心に原

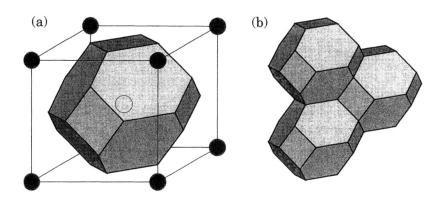

図 2.12　(a) 体心立方格子の Wigner-Seitz 胞と，(b) それが空間を埋める様子．

子をひとつ含む Wigner-Seitz 胞を図 2.12(a) に示す．八面体の 6 つの角を削ったような形状，あるいは見方を変えると，立方体の 8 つの角を削ったような形状である．14 の境界面は，中心にある原子と，周囲の各原子との中間にある面である．8 つの六角形の面は，立方体の頂点の原子との中間に位置する面，6 つの小さい正方形の面は，隣接する立方体の中心にある原子との中間の面である．図 2.12(b) は，この Wigner-Seitz 胞によって空間が埋まる様子を示している．

通常の半導体の結晶構造は，ある意味で FCC 構造が基調となっていると言えるが，立方体の中に FCC の 2 倍の数の原子を含んでいる．Si のような基本的な半導体の結晶構造は，図 2.11(d) に示したようなもので，"ダイヤモンド格子" として知られている．これは FCC 構造を構成する各原子に対して $\left(\frac{1}{4}, \frac{1}{4}, \frac{1}{4}\right)a$ だけずれたところに，余分の原子が 1 個ずつ加わった構造である．もうひとつの見方としては，FCC 構造において $(0,0,0)$，$\left(\frac{1}{2}a, \frac{1}{2}a, 0\right)$，$\left(0, \frac{1}{2}a, \frac{1}{2}a\right)$，$\left(\frac{1}{2}a, 0, \frac{1}{2}a\right)$ の 4 原子を頂点とする四面体の中央に原子がひとつ加わり，この原子は四面体の各頂点にある原子との間でボンドを形成している．このような四面体状のボンド構造がネットワークを形成して，空間を埋めているのである．これは各原子が周囲の 4 つの原子との間に sp^3 ボンドを 1 本ずつ形成しているという化学的な見方と整合する．ダイヤモンド構造における立方体の単位胞は，8 つの原子を含む．

GaAs のような 2 元素化合物は，図 2.11(e) に示したような閃亜鉛鉱(zincblende)構造を持つ．原子の位置はダイヤモンド構造と同じであるが，2 種類の原子が交互に配置される．たとえば Ga 原子が元々の FCC 格子の位置を占め，As は四面体の中心位置を占めて，単位胞の立方体はそれぞれの原子を 4 個ずつ含む．単位胞の辺の長さ，すなわち格子定数は，GaAs の場合 300 K において $a \approx 0.565$ nm であり，全原子数の密度 (単位体積が含む原子数) は $8/a^3$ である (通常の半導体に関するデータを付録 B に

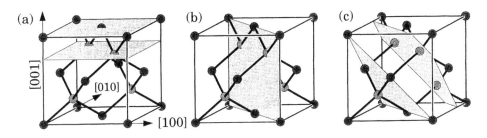

図2.13 閃亜鉛鉱構造における重要な面. (a) (001)面, (b) (110)面, (c) (111)面.

まとめておく). それぞれのボンドの長さは $a\sqrt{3}/4 \approx 0.24$ nm である.

結晶中の面と方向を記述するための標準的な表記法がある. 立方格子を持つ結晶では, 表記は簡単である. 方向はDescartes座標成分(整数)を, "コ"の字括弧の中にコンマを入れずに記述する. たとえば z 軸方向は [001] である. 負の方向は数の上に横線を付けて表すので, $-z$ 方向は $[00\bar{1}]$ である.

面も同様に, 法線ベクトルの成分を丸括弧の中に書いた"Miller指数"(Miller index) で記述する. たとえば xy 面は (001) である. {001} という表記は (001) および, 結晶の対称性によってこれと等価と見なされる $(00\bar{1})$, (100) などのすべての面を意味する.

この記法は, 実際には結晶中に等間隔で並ぶ面の一群を記述しようとするものなので, もう少し巧妙なものである. もし, そのような面のひとつが原点を通るなら, この面の一群は, 原点を通る面の隣の面の, 各座標軸上の切片を, 格子定数単位で表したものの逆数によって記述される. 例として図2.13(c)の左側の面を考えてみよう. 左下の隅を原点とする. この面は, 各座標軸と $(a,0,0)$, $(0,a,0)$, $(0,0,a)$ で交わるので (111) と記される. 原点からの面の距離が, この半分であれば, 切片はそれぞれ半分の $(\frac{1}{2}a,0,0)$ のようになり, Miller指数は (222) となる. このような面の一群の特定方法は面倒なものに見えるかもしれないが, 立方晶以外の結晶を扱う際に不可欠なものである.

この表記法を用いて, 結晶構造の中の重要な面を見てみよう. 図2.13(a)に示したような (001)面は, 格子の主軸方向に対して垂直なものである. それぞれの面内には, 同じ種類の原子が含まれるが, 閃亜鉛鉱構造の結晶で, これと $\frac{1}{4}a$ 離れた平行面は, もう一方の原子だけを含む. 結晶成長は普通, (001)面を順次付け加える形で進み, 異なる原子から成る隣接した面の一対は, この2元素化合物の単層 (monolayer) と呼ばれるので, 単位胞の厚さには, 2枚の単層が含まれる.

GaAsでは, 図2.13(b)に示した (110)面に沿った方向で劈開が起こる. この面は [001]軸に平行で, [100]軸および [010]軸と 45°で交わる. 劈開面は両方の種類の原子

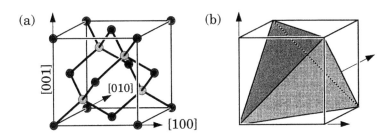

図2.14　化合物半導体の結晶構造と，同じ対称性を持つ正四面体．

を含む．しかし図2.13(b)は結晶内部の面を描いたものなので，注意が必要である．劈開後に外部に露出した表面は再構築されて，違った構造になる．

3番目の重要な面は(111)で，これは3つの主軸に対して等しく傾いている．(100)面と同様に，それぞれの面は1種類の原子だけを含む．この面を図2.13(c)に示す．図2.11(d)と図2.11(e)(p.61)を参照すると，化合物半導体では，たとえばGaからAsへのボンドが[111]方向に揃って並んでいる部分があり，おそらくこの方向に分極を持つことは明らかである．単元素結晶では，このような原子の区別がないので，結晶はさらに高い対称性を持つ．原点の原子と$\left(\frac{1}{4},\frac{1}{4},\frac{1}{4}\right)a$にある原子を繋ぐボンドの中点$\left(\frac{1}{8},\frac{1}{8},\frac{1}{8}\right)a$を考えてみよう．Si結晶中のすべての原子の位置を，この点を介して反転させても，結晶構造は元のままである．したがって，この点は点対称中心となる．しかし化合物半導体では，同じ反転によって，原子の種類が入れ替わってしまうので，この点は対称中心にはならない．

各種結晶の回転対称性や反転対称性は，結晶点群 (point group of the crystal) として数学的にまとめられている．基本的な単元素半導体は，最も高い立方対称性を持つが，この対称性は国際記号 (international notion) で$m3m$，Schönflies記号でO_hと記される．この対称性の簡単なイメージは，完全な立方体によって与えられる．化合物半導体では，上記のような対称点の欠如によって対称性が低下しており，これを表す点群は$\bar{4}3m$もしくはT_dと記される．この対称性は，図2.14に示したような正四面体が持つ対称性として把握できる．

化合物半導体における対称性の低さによって，いくつかの重要な性質が生じる．たとえば化合物半導体では，圧電効果 (piezoelectric effect)，すなわち結晶に応力が加わると電場が生じる現象が見られる．図2.13(c)の構造を，ボンドの分極が揃っている[111]方向に圧縮することを考えてみよう．圧縮によってGaを含む面とAsを含む面の距離が変わる．2種類の原子は電気的に完全に中性ではなくて反対符号の電荷を持ち，変位によって反対方向に電荷の移動が起こる．このような面間距離の変更によって，結晶全体に分極$\mathbf{P}$が生じ，巨視的な静電場が発生する．あらゆる応力によって，

この効果が現れるわけではない．たとえば [001] 方向に圧縮しても分極は生じない．化合物半導体の対称性が低くなっているために，単元素では禁じられている光学的な非線形性も現れる．[111] 方向の分極によって，外部に露出した (111) 面と ($\bar{1}\bar{1}\bar{1}$) 面は異なる性質を持つ．図 2.13(c) を見ると，面間距離は交互に異なっている．この方向の結晶成長は，近接した面の対が順次付け加わるように進む．したがって，(111) 面の上に GaAs を成長させると，最上面は Ga 原子で終端し，これは (111)A 面と呼ばれる．他方，($\bar{1}\bar{1}\bar{1}$) 面の上に GaAs を成長させると，最上面は (111)B 面と呼ばれる As 原子の面になる．このように表面の原子が違うと，化学エッチングの速度が異なる場合もしばしばあるので，このような面の区別は重要である．

2.6 半導体のバンド構造

本章のここまでの結果を踏まえて，3 次元の半導体のバンド構造を調べることができる．まず第 1 に我々は，逆格子と Brillouin ゾーンを知る必要がある．**K** のように大文字で表記したベクトルは，3 次元ベクトルを表すものと決めておいたことを思い出してもらいたい．

2.6.1 Brillouin ゾーン

格子定数 a の単純立方格子の逆格子は，格子間隔 $2\pi/a$ の単純立方格子である．実空間において，単純立方格子の各面に原子を加えて面心立方格子にすると，逆格子点の 4 分の 3 が消滅し，格子定数が $4\pi/a$ の体心立方格子になる．第 1 Brillouin ゾーンは，図 2.12 (p.62) と同じような Wigner-Seitz 胞として与えられる．図 2.15(a) に，この角の欠けた八面体構造と，高い対称性を持つ部位を指すのに用いられる標準的な記号を示した．一般にギリシャ文字はゾーン内部を，ローマン体の文字はゾーン表面の点を指す．重要な部位の記号を以下に挙げる．

- $\overset{\text{ガンマ}}{\Gamma}$ 点は **K** 空間の原点である．
- $\overset{\text{デルタ}}{\Delta}$ は [100] 方向などを表す．これが正方形のゾーン境界面の中央と交わる点が X 点で，X 点の座標は，例えば $(2\pi/a)(1,0,0)$ である．
- $\overset{\text{ラムダ}}{\Lambda}$ は [111] などの面心立方構造の最密面に垂直な方向を表す．これが六角形のゾーン境界面の中央と交わる点が L 点で，L 点の座標は例えば $(2\pi/a)\left(\frac{1}{2},\frac{1}{2},\frac{1}{2}\right)$ である．
- $\overset{\text{シグマ}}{\Sigma}$ は [110] 方向などを表し，ゾーン境界の 2 つの六角形が共有する辺の中央と K 点で交わる．K 点の座標は例えば $(2\pi/a)\left(\frac{3}{4},\frac{3}{4},0\right)$ である．

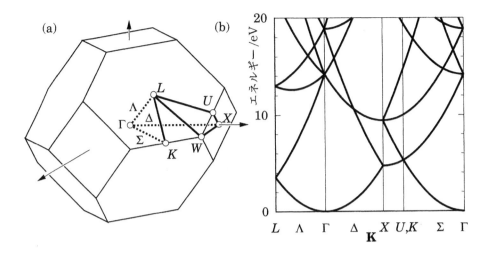

図 2.15 (a) 面心立方格子を持つ結晶の逆格子空間内に，Brillouin ゾーンと，特別の点や方向を表す記号を示した．実線はゾーン表面の線，破線はゾーン内部の線である．(b) 自由電子モデルのバンド構造を表示した図．2次関数の各部を還元ゾーン内に重ねて表示してある．

- U 点はゾーン境界の正方形と六角形が共有する辺の中点，S は U 点と X 点を結ぶ線分である．

- W 点はゾーン境界の 2 つの六角形と 1 つの正方形が接する頂点である．

これらの記号は，標準的なバンド構造の表示を理解する際に必要となる．

3次元のバンド構造を説明するのは，1次元の場合よりも難しい．バーチャル・リアリティーの手法を使えるならば理想的だが，書籍においては，もっと無難な方法を選ばなければならない．バンド構造を示す普通の方法は，$\varepsilon_n(\mathbf{K})$ を還元 Brillouin ゾーンの中の限定された方向に沿って描き，残りの部分は，見る人が想像で補うようになっている．GaAs 格子中での仮想的な自由電子の"バンド"構造の表示を図 2.15(b) に示した．一番左側の区画は，L 点と Γ 点の間の Λ 方向のバンド構造を示している．そこから Δ 方向に沿ったプロットが領域境界の X 点まで続く．その X 点からゾーン境界面に沿って U 点へと移行する．以下に簡単に触れるように，U 点は K 点と等価なので K 点に跳び，そこから Σ 方向に沿って最初の Γ 点へと戻る．

[111]方向の軸は，回転に関して 6 回軸ではなく，3 回軸にすぎないので，U 点と K 点の等価性は自明のことではない．これらの点は回転ではなく，並進によって関係づけられる．$U = (2\pi/a)(1, \frac{1}{4}, \frac{1}{4})$ として，ここから逆格子ベクトル $(2\pi/a)(1,1,1)$ を差し引くと，$(2\pi/a)(0, -\frac{3}{4}, -\frac{3}{4})$，すなわち K 点に移るのである．

この図は，自由電子のエネルギーを表す 2 次関数の各部が，逆格子ベクトル相当の移動によって第 1 Brillouin ゾーンに収まった様子を示している．曲線の各部を見ると，

1次元の場合 (図 2.2, p.50) と似た，放物線が折れ返ったり延長したりする様子が見て取れる．一般に 3 次元になると，自由度の増加に伴ってバンド構造が複雑になり，多くのバンドが縮退するようになる．しかしながら，通常用いられる半導体のバンド構造は，対称性を注意深く考慮しながら見れば，自由電子の性質から大きく逸脱しているわけではないことが解る．

2.6.2 一般的な性質

図 2.16 に Si, Ge, GaAs, AlAs のバンド構造を示す．これらは比較的簡単な方法で計算したものであって，スピン－軌道結合の効果は考慮していない．この効果は価電子帯の上部において重要となるが，後から改めて議論する．不純物を含まない場合に，$T = 0$ で完全に満たされる価電子帯と，その上にある空の伝導帯が，一般に有限のバンドギャップによって隔てられている．価電子帯上端のエネルギーをゼロとおくのが慣例になっている．

単純な化学的描像によって，価電子帯の形に関する説明が与えられる．Si は 4 個の価電子を持つ．そのうち 2 個は s 軌道を埋めており，残りの 2 個は，電子が 6 個まで入れる 3 つの p 軌道のところにある．これらの軌道が混成して sp^3 軌道を形成し，四面体の角にあたる方向に結合手を伸ばしてダイヤモンド格子を形成できる．価電子帯が sp^3 の結合軌道，伝導帯が反結合軌道から形成されていると見なし，この化学的な描像を Si 結晶のバンドと関係づけることができる．我々がこれから用いることになる重要な性質のひとつは，価電子帯の上端が p 的な対称性を持つことである．GaAs の伝導帯の下端は s 的であるが，伝導帯では軌道の描像が，うまく成立しない．波動関数が結晶中に拡がっており，原子に属する電子軌道の性質を，あまり強く保持していないからである．

化合物半導体の価電子帯は，単元素半導体よりも少し複雑になる．対称性が低いために，少し Ga から As へ電荷の移動が生じ，ボンドにイオン的な性質が加わるからである．これによって混成は弱まり，-8 eV のあたりで，価電子帯は s 軌道による単一バンドと，3 つの p 軌道による 3 重のバンドに分裂する．この傾向は ZnSe のような II-VI 族半導体では，さらに顕著となる．ボンドのイオン性が増し，価電子帯は更に平坦になって，その中のギャップも拡がる．

図 2.16 に示した 4 種類の半導体のバンド構造は，これらが共通した結晶構造を持ち，周期律表において近い位置を占める原子で構成されているため，定性的によく似た形をしている．しかしエネルギーのわずかな違いによって，特に伝導帯下部のバンドの順序が入れ替わる．このことに伴って，電気的性質に重要な違いが現れる．

バンドギャップを挟んだ伝導帯下部と価電子帯上部のごく狭い領域が，関心の対象となることが多いので，我々は，この部分を集中的に調べることにする．

2.6.3 価電子帯

図2.16に示されたバンドの価電子帯部分の構造は，図2.15(b) (p.66)に示した自由電子のエネルギー構造と対応がつくし，エネルギーの尺度もほぼ合っている．価電子帯の最上部を包絡する枝 (branch) は2重になっていて，価電子帯全体は4つの枝から構成され，電子が8個まで入れる．基本単位胞 (立方体ではない[†]) は2つの原子を含み，それらは合計8個の価電子を持つので，価電子帯はちょうど充満する．

価電子帯の構造は，材料間で，上端付近を除いて大きな違いはないが，このバンド上端こそが重要な領域である．我々はまず，価電子帯全体のおおまかな形について，簡単な描像を展開し，それから上端部分を詳しく見ることにする．

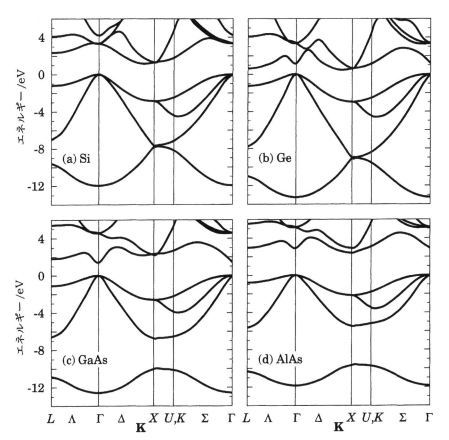

図2.16 代表的な半導体であるシリコン (Si)，ゲルマニウム (Ge)，ガリウム砒素 (GaAs)，アルミニウム砒素 (AlAs) のバンド構造．スピン－軌道結合の効果は考慮されていない．[Exeter大学 G. P. Srivastava 教授提供．]

[†](訳註) 基本単位胞は，基本並進ベクトル $(a/2, a/2, 0)$, $(0, a/2, a/2)$, $(a/2, 0, a/2)$ によって規定される"つぶれた6面体"である．

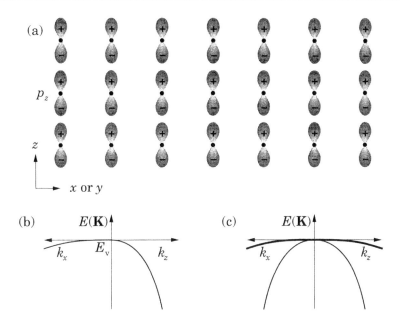

図2.17　p軌道によって形成される価電子帯．(a) p_z軌道の格子．(b) p_z軌道だけから形成されるバンドの構造．バンドは右側に示した k_z 方向には "軽く"，左側に示した k_x 方向 (もしくは k_y 方向) には "重い"．(c) 3つの p 軌道すべてによって形成されるバンド．2重に縮退した "重い" バンドと，縮退のない単一の "軽い" バンドが形成されている．

すでに価電子帯上部の波動関数は，p軌道の対称性を持つことに言及した．しかしこれは，Bloch波動関数が原子のp軌道のような形になっているという意味ではなく，その対称性だけが重要である．話を簡単にするために，単純な単純立方格子構造において，図2.17(a) に示すような p_z 軌道を考えよう．波動関数は顕著な異方性を持ち，z 方向に強く重なり合う．このことから，電子は z 方向に容易に移動することができて，この方向の有効質量は小さい．これに比べて xy 面方向の波動関数の重なり合いは弱いので，電子はこの方向には動きにくく，xy 方向の有効質量は大きい．したがって，p_z 軌道だけから成るバンドの構造は，図2.17(b) に示すように強い異方性を持つ．他の2つの軌道も，それぞれの分極軸方向に関して同様に振舞うが，3つの軌道を加え合わせると立方対称性が回復して，図2.17(c) のようなバンド構造が生じる．これはエネルギーが (正孔の観点では) K に対して急速に増加する単一の "軽い" バンド ('light' band) と，2重に縮退している "重い" バンド ('heavy' band) から成る．この描像は，7.7節で取り上げる強く束縛されたモデル (tight-binding model) を用いて定量的に表すことができる．強い束縛のモデルによって価電子帯全体の概形を説明できるが，細部では少々逃げ口上も必要になる．そのような点については，10.2節の Kane モデルによって改善が施されることになる．

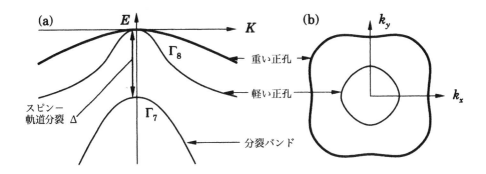

図2.18　(a) 価電子帯頂上付近の，重い正孔，軽い正孔，および分裂バンド．(b) GaAs 中の軽い正孔と重い正孔の"歪んだ"等エネルギー面．

残念ながら，この単純な描像は，バンド上端に非常に近いところのエネルギーを正しく与えない．この部分のバンド構造を図2.18(a) に示す．各バンド局部には群論の記法に基づき，対称性を表す記号が付けてある．Γ_8 と呼ばれる 2 つのバンドは，その頂点で互いに接触しており，これらのすぐ下に 3 番目の分裂バンド (split-off band) Γ_7 がある．これらはスピン－軌道分裂 (spin-orbit splitting) Δ の分だけエネルギーが隔たっている．この分裂は相対論的な効果によるものであるが，これについては 10.2.2 項 (p.403〜) で議論する．分裂は元素の原子番号の 4 乗に依存しており，Ge では 0.29 eV だが，Si ではわずか 0.044 eV である．極端な場合には，この分裂がバンドギャップより大きいこともある．分裂が強い場合には，分裂バンドを無視することができるが，Si のような軽い材料は，このような扱い方ができない．

互いに接している 2 つのバンドは，$\mathbf{K}$ の小さい領域において異なる有効質量を持ち，それぞれに生じた正孔は"軽い正孔"，"重い正孔"と呼ばれる．$\mathbf{K}$ が大きくなると，収斂がおこり，先に示したような単純な形の"重いバンド"だけになる．Γ点付近での"非常に粗雑な"近似として，それらの正孔のエネルギー分散は，

$$\varepsilon(\mathbf{K}) = E_v - \frac{\hbar^2 K^2}{2m_0 m_h} \tag{2.20}$$

と表される．重い正孔の場合は $m_h = m_{hh}$，軽い正孔の場合は $m_h = m_{lh}$ と置く．この近似は扱い易いので，広く使われているが，かなり粗雑なものであることを強調しておかなければならない．もっと精度の高い近似によると，どちらのバンドも 2 次関数ではないし等方的でもない．エネルギーは $\mathbf{K}$ の大きさだけでなく，方向にも依存する．図2.18(b) に等エネルギー面，すなわちある特定のエネルギーを与える $\mathbf{K}$ の位置の集合によって，異方性の様子を示してある．軽い正孔の等エネルギー面は，重い正孔の面の内側にある．どちらの面も，単純な近似 (2.20) で想定される球面にはなっていない．これらの面は"歪んだ球面"(warped sphere) と呼ばれているが，これにつ

いては 10.2.2 項 (p.403〜) で詳しく述べる.

価電子帯はもともと複雑であるが，立方対称性が破られると，さらに取り扱いが難しくなる．材料に応力が加わったり，量子井戸が形成されたりすると，Γ 点における軽い正孔と重い正孔の縮退が解けてしまうし，等方的な近似も適用できなくなる．これらの効果は 10.3 節で，もう少し考察する．しかし信頼性の高い記述は，取り扱いが難しすぎるので，われわれは多少の欠点には目をつぶり，全般的に簡単なモデル (2.20) を採用することにする.

2.6.4 伝導帯

価電子帯の定性的な性質は，普通に使われる半導体で共通しているが，伝導帯は半導体の種類によって，性質が大きく異なる．相対的なエネルギー構造の微妙な違いに伴って，最小エネルギーのところの性質が変わってくる．伝導帯の最小エネルギー点の位置が，Γ 点，X 点に向かう (Δ に沿った) 点，L 点という 3 種類の状況が一般に現れる．これらについて，以下それぞれ見てみよう.

2.6.4.1 Γ 最小点 — GaAs

GaAs における伝導帯の底は Γ 点にあり，Γ_6 と表記される．これは **K** 空間において価電子帯の頂上と同じ位置なので，GaAs は "直接ギャップ"(direct gap) を持ち，光は直接に最小バンドギャップを介して電子を励起することができる (2.7 節)．低エネルギーでの分散は，ほぼ 2 次関数の関係になっている.

$$\varepsilon(\mathbf{K}) = E_c + \frac{\hbar^2 K^2}{2m_0 m_e} \tag{2.21}$$

GaAs における電子の有効質量係数は $m_e \approx 0.067$ である．高いエネルギーのところでは，エネルギーの増加は 2 次関数よりも緩くなり，別の等方近似が用いられるが (式 (1.94))，最後には等方性も破綻する．GaAs は有効質量が小さく，$\mu = e\tau/m$ の関係により高い移動度が得られるという理由から，高周波トランジスタなどに用いられる.

2.6.4.2 X 最小点 — Si と AlAs

Si の伝導帯の最小点は [100] のような Δ 方向に沿って存在しており，原点から見て，ゾーン境界 (X) までの約 85 % のところにある．Brillouin ゾーン内で，これらの点は価電子帯の頂上のある Γ 点から大きく離れた位置にあり，バンドギャップは "間接ギャップ"(indirect gap) になっている (2.7 節).

Δ は 6 方向あり，伝導帯の中に 6 箇所の最小点があって，それぞれが等価な "谷"(valley) になっている．各々の谷に対して 2 次関数近似が適用できるが，等方的では

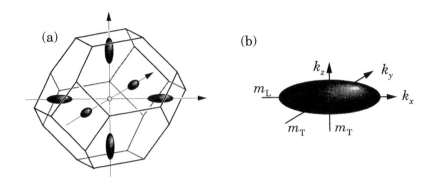

図2.19 (a) Si の Brillouin ゾーン内に，6つの等価な X 谷のまわりの等エネルギー面を示した図．(b) ひとつの谷のまわりの等エネルギー面を拡大した図．縦方向の有効質量係数は m_L，横方向の2重縮退した有効質量係数は m_T である．

なく，また中心が Γ 点でなく有限の k_0 のところにある．[100] の谷の近傍に関しては，次のように書ける．

$$\varepsilon(\mathbf{K}) = E_c + \frac{\hbar^2}{2m_0}\left[\frac{(k_x - k_0)^2}{m_L} + \frac{k_y^2}{m_T} + \frac{k_z^2}{m_T}\right] \tag{2.22}$$

結晶の対称性によって，横方向の y 方向と z 方向は等価でなければならないので，これらの方向には共通の有効質量係数 m_T を持つ．原点を向いた縦の x 方向の有効質量係数は，これと異なる m_L になる．Si の場合，$m_L \approx 0.98$, $m_T \approx 0.19$ なので，谷の異方性は強く，等エネルギー面は縦方向に長い形になる．図2.19(a) は，Brillouin ゾーン内で6つの谷の等エネルギー面を示したもの，図2.19(b) はそのひとつを拡大した図である．等エネルギー面は葉巻煙草のような形をしており，縦方向に長い．つまり縦方向の有効質量は大きい．

状態密度も2次関数的であるが，状態密度有効質量 (density of states effective mass) の係数として $(m_L m_T m_T)^{1/3} \approx 0.33$ を用いなければならない．通常の式に対して，互いに等価な谷の縮退を考慮して $g_v = 6$ を乗じなければならない．もちろん，スピンの縮退 $g_s = 2$ もある．

電子をひとつの谷だけに閉じ込めておけるならば，強い異方性を示すであろう．電子は，有効質量の小さい方向に高い移動度 $\mu = e\tau/m$ を持ち，有効質量が大きい方向の移動度は低い．結晶に特別に応力を与えて立方対称性を破り，このような振舞いが見られるようにすることも可能だが，通常の Si では，すべての谷が等しく伝導に寄与し，導電率は結晶の立方対称性を反映した，おおむね等方的なものとなっている．

AlAs の伝導帯も同様に，複数の最小点を X 点に持っている．これは GaAs と異なる性質なので，混晶 $Al_xGa_{1-x}As$ は，組成 x に依存して最小点の性質が変化する．このことは，GaAs と $Al_xGa_{1-x}As$ のヘテロ構造において興味深い効果をもたらす．

2.6.4.3 L 最小点 — Ge

Ge の伝導帯における最小点は，[111] などが各象限で Brillouin ゾーン境界と交わる六角形の境界面の中心，L 点にある．それぞれ反対側にある面上の点と等価なので，ゾーン内に4つの谷，もしくは8つの"半谷"(half-valley) があると言える．この場合もバンドギャップは間接ギャップである．それぞれの谷における等エネルギー面は，やはり図 2.19(b) のような形をしており，長軸が [111] 方向を向いている．Si の場合より有効質量の異方性は強く，縦方向には $m_L \approx 1.64$，横方向には $m_T \approx 0.082$ である．

2.6.4.4 他の極小点

GaAs の伝導帯の最小点は Γ 点にあるが，L 点や X 点も "衛星のような" 谷になっている．L 点は最小点の Γ_6 に比べて，わずか約 0.3 eV 高いだけであり，X 点はそれより約 0.2 eV 高い．つまり X 極小点は Γ 最小点より 0.5 eV ほど高い．これらのエネルギー差は小さいので，エネルギーを与えられた電子は，たとえば Γ 谷から L 谷へと容易に移ることができる．L 谷では，大きい有効質量と縮退の効果のために状態密度が高くなっており，移動度は低い．この $\mathbf{K}$ 空間における遷移によって，GaAs 中の電子速度—電場特性において，負の微分移動度を示す範囲が生じる．この現象は Gunn 効果 (マイクロ波の発振) に利用されている．

バンド構造に関する議論を終える前に，最後のコメントを述べよう．Bloch の定理は，厳密には無限大の結晶でしか成立しない．もちろん現実の結晶は有限の大きさを持つので，特に結晶表面付近では，このような近似が適用できるかどうか疑わしい．表面に関係した Bloch の定理に合わない余分の電子状態が出現し，それらは結晶内部のバンド構造とは，直接の関係を持たないだろう．特筆すべき点は，表面の余分な準位が，結晶のバンドギャップ範囲内のエネルギーでも生成し得ることである．そのような表面状態は，結晶表面の再構築 (reconstruction) 現象にも関係して決まるものであり，単純にバルクに切断面を導入したときの電子状態とは似ていない．また，表面状態が欠陥のために生じることあるし，表面状態の成因がはっきりしない場合もある．表面状態は，実際的な応用において注意すべきものであり，特に GaAs の (100) 面においてギャップ中央部に生じる高密度の表面状態は重要である．電界効果トランジスタ (field-effect transistor) などのデバイスの動作は，表面状態によって著しい影響を受けるが，これを 9.1 節で見ることにする．

2.7 バンドギャップの光学的測定

バンドギャップは，光吸収のような単純な光学的技法によって測定できる．光と結晶の相互作用は，光子と電子の弾性散乱過程として捉えることができる．散乱の前後で，エネルギーと (結晶) 運動量が保存されなければならない．電子の初期状態のエネルギーと運動量が $(E_i, \hbar \mathbf{K}_i)$ で，これが終状態では $(E_f, \hbar \mathbf{K}_f)$ になるものとする．波数ベクトル $\mathbf{Q}$ を持つ光子は，エネルギー $\hbar \omega = \hbar c Q$ と運動量 $\hbar \mathbf{Q}$ を持つ．c は物質内の光の速さである．エネルギーと運動量の保存によって，

$$E_f = E_i + \hbar c Q, \quad \mathbf{K}_f = \mathbf{K}_i + \mathbf{Q} \tag{2.23}$$

となる．半導体のバンドギャップに相当するエネルギーは，典型的に $\hbar \omega \approx 1$ eV ほどであり，この程度のエネルギーを持つ光子の波数は $Q \approx 10^7$ m^{-1} ほどである．Brillouin ゾーンの寸法は，おおまかには π/a で，$a \approx 0.5$ nm なので $\pi/a \approx 10^{10}$ m^{-1} である．このように Brillouin ゾーンの大きさに対して Q は非常に小さいので，通常は光学遷移の前後での電子の運動量変化を無視して $\mathbf{K}_f = \mathbf{K}_i$ と置く．このような遷移は，バンド構造 $\varepsilon(\mathbf{K})$ の図において，垂直な矢印で描かれることになるため，"垂直遷移" (vertical transition) と呼ばれる．

GaAs のような伝導帯を持つ半導体では，価電子帯の頂上から伝導帯の底への遷移は，Γ点における垂直遷移になる (図2.20(a))．したがって，このような遷移を，光によって直接起こすことができ，光子のエネルギーがバンドギャップを超えれば ($\hbar \omega > E_g$) すぐに遷移が起こる．これが直接ギャップの重要性である．図8.4 (p.333) に，実験結果の例を示してある．

この反対の過程も起こる．順方向にバイアスしたダイオードのようなデバイスの中では，伝導帯の底付近に過剰な電子が注入され，価電子帯の頂上付近に正孔が注入される．過剰電子は正孔に "落ちて" 再結合し，熱平衡状態へ戻ろうとする．この過程でエネルギーが生じ，しばしば不純物を介して格子へフォノンの形で放出されたり，光子の形で放出されたりする．直接ギャップを持つ半導体においては，後者の放射再結合 (radiative recombination) が支配的なので，これが効率的な光源になる．光エレクトロニクスデバイスや，特に半導体レーザーは，ほとんどが GaAs のような直接ギャップを持つ半導体を利用して造られている．

間接ギャップを持つ AlAs, Si, Ge などの半導体では，価電子帯と伝導帯の極値点が同じ $\mathbf{K}$ のところにない (図2.20(b))．このように $\mathbf{K}$ の異なる極間で遷移を起こすためには，エネルギー変化とともに運動量の大きな変化が必要で，光子だけでこのような遷移を起こすことはできない．垂直遷移は Brillouin ゾーン内のすべての点で可能だが，このような光学遷移の最低エネルギーは，最小バンドギャップよりも大きい．

間接ギャップを介した光学遷移は，運動量を変えるような他の過程が光学過程と組

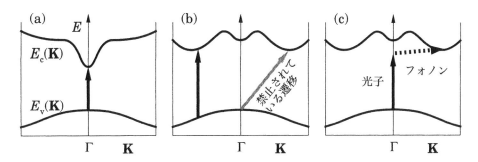

図2.20 異なるタイプの半導体における，バンドギャップを介した光吸収．(a) Γ点における直接ギャップにおける光吸収．(b) 間接バンドギャップを介した光吸収は禁じられているが，垂直遷移はすべての **K** の値で起こる．(c) 光子とフォノンを両方吸収して起こる，間接ギャップの遷移．

み合わされた場合に起こり得る．図2.20(c) に示したように，フォノンによる遷移は，ごく小さなエネルギーの下で，大きな運動量の変化を引き起こす．このような過程には，不純物が関わることもあり得る．これらの過程によって，間接ギャップエネルギーのところまで，光吸収に裾 (tail) が生じることになる．同じようにして，逆の放射再結合も起こり得るが，直接ギャップを持つ半導体に比べて，はるかに効率が悪い．したがって一般に Si や Ge やそれらの混晶は，効率的な光源にならない．しかし GaP は間接ギャップを持つが，不純物を介した放射再結合を利用する形で，発光ダイオード (light-emitting diode：LED) に用いられる場合もある．

2.8 フォノン

フォノンは，結晶格子を構成するイオンが，最小エネルギー位置から振動する運動を量子化したものである．格子が周期性を持つことから，フォノンは結晶内電子と同様に，バンド構造を持つ．フォノンは分極を伴うので，ある意味でフォノンのバンド構造は，電子のバンドよりも複雑である．格子定数よりはるかに波長の長い振動を考えてみよう．格子振動は古典的な音波として扱うことができ，決められた伝播方向において，3種類の音波モードが生じ得る．立方格子において単純に [100] 方向に注目すると，1つのモードは縦方向 (longitudinal) モード，残りの2つのモードは横方向 (transverse) モードである．1次元結晶におけるこれらのモードを図2.21に示す．縦方向のモードは空気中の音波と似たものである．各イオンは波の伝播の際に，伝播方向 **q** と同じ方向で前後に振動するので，変位 **u** は **q** と平行である．縦波の変位に伴って，局部的に圧縮された領域と引き伸ばされた領域が交互に生じる．他方，横方向のモードでは，波の伝播方向と垂直な平面内でイオンが振動し，自由空間の電磁波と同様に，**u** は **q** に

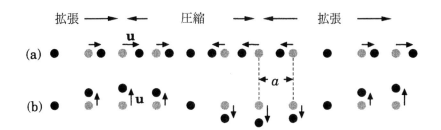

図2.21　1次元単原子連鎖結晶における波長 $8a$ の，(a) 縦方向モード，(b) 横方向モードの音波．薄い灰色の丸は平衡状態における原子の位置を示し，黒い丸は変位 **u** が生じたときの原子位置を示している．

対して垂直である．

　他の面では，フォノンは電子よりも単純である．例えばバンドの数は，単位胞あたりの原子数に，分極モードの種類の数 3 を掛けた数に決まっており，電子のような無数のバンドは生じない．我々はまず，単純な 1 次元モデルを解くことによって，フォノンの主要な特徴を調べてから，簡単に半導体中のフォノンについて見てみることにする．

2.8.1　1次元系のフォノン

　フォノンを考察するための最も簡単なモデルは，図2.22に示したような，x 方向に間隔 a で並べられた質量 m の原子から構成される 1 次元の列である．隣接原子は，それぞれ弾性定数 K のばねで繋がっているものと考える．振動は x 方向だけに起こるものとして，縦方向モード†だけを考える．j 番目の原子位置の変位を u_j とする．Newtonの法則により，

$$m\frac{d^2 u_j}{dt^2} = K\left[(u_{j-1} - u_j) - (u_j - u_{j+1})\right] \tag{2.24}$$

である．丸括弧で括ってある 2 つの項は，j 番目と $j\pm 1$ 番目の原子の間のボンド長さの縮み量である．波動の解を想定して，$u_j = U_0 \cos(qx - \omega_q t) = U_0 \mathrm{Re}\{\exp(i(qx-\omega_q t))\}$ と置いてみることにする．j 番目の原子の平衡位置は $x = ja$ である．複素数を用いた表示によって，取り扱いが簡単になるが，Schrödinger方程式を扱う場合と異なり，複素数が本質的に不可欠というわけではない．これを運動方程式に代入すると，次式を得る．

$$-m\omega_q^2 U_0 e^{i(qja - \omega_q t)} = U_0 K\left[\left(e^{iq(j-1)a} - e^{iqja}\right) - \left(e^{iqja} - e^{iq(j+1)a}\right)\right]e^{-i\omega_q t} \tag{2.25}$$

---

†(訳註) "縦 (longitudinal)" は，波の伝播方向と一致する方向を意味するので，図2.22 では列に沿った横向きの方向が "縦方向" になる．

2.8 フォノン

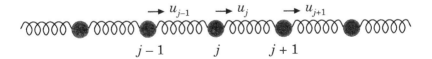

図2.22 質点 (原子を表す) とばねの1次元列モデル. 原子には番号 j が付けられており, 列に沿った方向の変位 u_j が振動する.

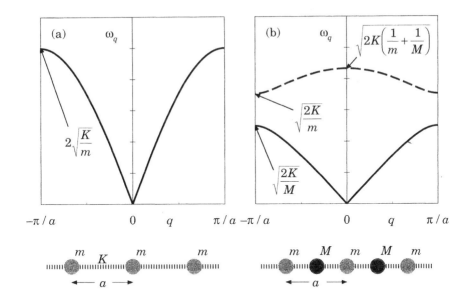

図2.23 縦方向に振動する1次元結晶の分散関係 ω_q. (a) 質量 m を持つ原子から成る単原子連鎖結晶の場合. (b) 質量 m と $M = 2m$ の原子が交互に並ぶ2原子連鎖結晶の場合. 音響分枝 (実線) と光学分枝 (破線). 軸の目盛は両者に共通である. 原子の配置を下に示す. どちらの原子鎖も, 格子定数は a で, すべてのばねが同じ弾性定数 K を持つ.

位置 j と時刻 t に依存する因子は両辺で整合するので，これを消去して得られる次の条件の下で，波動解が成立する．

$$m\omega_q^2 = -K\left[\left(e^{-iqa}-1\right)-\left(1-e^{iqa}\right)\right] = 4K\sin^2\frac{qa}{2} \tag{2.26}$$

Bloch の定理を $u_{j+1} = e^{iqa}u_j$ の形で用いると，もっと簡単に同じ結果を得ることもできる．分散関係は，次のように与えられる．

$$\omega_q = 2\sqrt{\frac{K}{m}}\left|\sin\frac{qa}{2}\right| \tag{2.27}$$

電子の場合と同様に，波数は第 1 Brillouin ゾーン $|q| < \pi/a$ の中に制限される．分散の様子を図 2.23(a) に示す．q が小さいところでは，分散は線形で $\omega_q = v_s q$ と書けるが，これは電子の場合の 2 次関数とは全く違っている．比例係数として現れる音波速度は $v_s = a\sqrt{K/m}$ である．図 2.21(a) (p.76) に示してあるように，q が小さい場合，すなわち波長が長い場合には，隣同士の原子が同じような動きをする．q が大きくなると ω_q の傾きは緩くなり，ゾーン境界 $q = \pm\pi/a$ に達すると水平になって，ここで電子の場合と同様に，群速度がゼロになる．またゾーン境界の条件下で，隣接する原子 (単位胞) の振動は，逆位相になる．原子間を結ぶそれぞれのばねが，最も圧縮された状態と最も伸びた状態を互い違いに繰り返すときに，最大の振動数が得られるのである．

2.8.2 振動の強度

この解析を完了するために，我々は振動の振幅 U_0 を知る必要がある．残念ながら我々は，ここで根本的な問題につき当たる．運動方程式は変位に関して線形なので，古典力学の範疇では振幅は任意である．しかし量子力学では，振動は量子化されて，フォノンとなる．これは原子群の運動を，各基準振動モード (normal mode) へと分解する標準的な手続きによって実行できる．各モードは調和振動子 (harmonic oscillator) に似た性質を持つが，調和振動子の問題は 4.3 節で扱う．残念ながら，基準振動への分解の正規の手続きは，本書の扱う範囲を超えるものになるので，手短な説明で間に合わせることにする．

ひとつのフォノンに対応する振幅 U_0 は，振動の全エネルギーを計算し，それがエネルギー量子化の基本値 $\hbar\omega_q$ に等しいものと置けば求まる．単原子連鎖結晶 (monatomic chain) の j 番目の原子の速度は，次のように与えられる．

$$\frac{du_j}{dt} = U_0\omega_q\sin(qaj - \omega_q t) \tag{2.28}$$

運動エネルギーは $\frac{1}{2}mU_0^2\omega_q^2\sin^2(qaj-\omega_q t)$ と与えられ，その平均値は $\frac{1}{4}mU_0^2\omega_q^2$ となる．調和振動の平均ポテンシャルエネルギーもこれと等しいので，1 原子あたりの平均エネルギーは $\frac{1}{2}mU_0^2\omega_q^2$ である．原子数 N_atoms を掛けると，系の全エネルギーが求

まり，これをエネルギー量子 $\hbar\omega_q$ に等しいと置けば U_0 が決まる．N_{atoms} と"体積" Ω (実際には長さ)，質量密度 ρ，各原子の質量 m が $N_{\text{atoms}} = \Omega\rho/m$ のように関係することを用いると，次のようになる．

$$U_0 = \sqrt{\frac{2\hbar}{N_{\text{atoms}}m\omega_q}} = \sqrt{\frac{2\hbar}{\Omega\rho\omega_q}} \tag{2.29}$$

波数ベクトルが小さいところで $\omega_q = v_\text{s} q$ なので，$U_0 = \sqrt{2\hbar/\Omega\rho v_\text{s} q}$ とも書ける．結局，原子1個の運動は，

$$u_j(t) = \sqrt{\frac{2\hbar}{\Omega\rho\omega_q}} \cos(qaj - \omega_q t) \tag{2.30}$$

と表される．結晶の体積 Ω が現れていることに注意されたい．結晶が大きいほど，フォノンは"弱く"なるが，この効果は，全状態密度の増加の効果と相殺する．Ω は散乱レートのような物理的な結果に影響しないことを，これから見ることになる．

2.8.3　2原子連鎖結晶

普通の半導体を含め，結晶の単位胞の中に2個以上の原子が含まれる場合が多い．図2.23(b) (p.77) に示した鎖を考えよう．鎖の長さ方向に，重い質量 M と軽い質量 m が交互に並んでおり，単位胞は2つの原子を含む．格子定数とばね定数は，単原子連鎖の場合と同じく a, K とする．分散関係は，

$$\omega_q^2 = K\left(\frac{1}{m} + \frac{1}{M}\right) \pm K\sqrt{\left(\frac{1}{m} + \frac{1}{M}\right)^2 - \frac{4}{mM}\sin^2\frac{qa}{2}} \tag{2.31}$$

となり，2つのバンドが現れる．下のほうの音響分枝 (acoustic branch) のバンドは，原子の質量が大きいために振動数 (エネルギー) が低下している点を除けば，単原子連鎖におけるバンドとよく似ている．しかし上のほうの光学分枝 (optic branch) のバンドは，性質が全く異なる．最大値は $q = 0$ のところにあり，ゾーン境界に向けて振動数が低下するが，境界においても音響分枝との間にバンドギャップがある[†]．2原子連鎖結晶 (diatomic chain) の各単位胞にある2つの原子の振動振幅も，単原子連鎖と同様に計算することができる．

$q = 0$ 付近における2種類の分枝の振動の様子を図2.24に示した．音響分枝による変位は，その名前が意味する通り，音波と似ている．各単位胞の中の2つの原子は同

[†](訳註) 他の文献では"分枝"(branch) という語を使わず，"音響モード"，"光学モード"とする流儀も見受けられるが，その場合，音響／光学の区別も縦／横の分極方向の区別も"モード"になってしまうので紛らわしい．図2.23(b) だけを見ても"分枝"という語感は把握し難いが，$M \to m$ の極限を考えると，ゾーン境界の振動数が両バンドで一致すると同時に，格子定数が半分になるので，ゾーン範囲は2倍に拡張し，2つのバンドは図2.23(a) のようなひとつのバンド (但し境界波数は2倍) に統合される．これを逆に見て，原子の質量を互い違いに変えたことにより，単原子連鎖のひとつのバンドが，2つの部分に分かれたというニュアンスで"分枝"という言葉を使ってある．

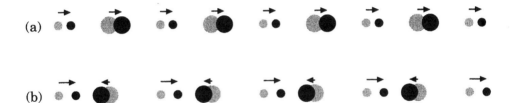

図2.24 軽い原子と重い原子が交互に並ぶ1次元鎖において，振動の波長が非常に長い場合の(a) 音響分枝と (b) 光学分枝の各原子の動き．薄い色の丸は，各原子の平衡位置を示している．

じ方向にほとんど同じくらい動き，結晶中の小さな領域を見ると，単純に圧縮されたり引き伸ばされたりしているだけである．我々は8.4.1項(p.322〜)で電子と音響フォノンの相互作用を計算するときに，この描像を用いることになる．振幅を決めておいて $q \to 0$ とすると，原子間の各ボンドの伸縮は少なくなり，$\omega_q \to 0$ となる．

光学分枝の場合は，重い原子と軽い原子が，図2.24(b)に示すように反対向きに動く．これは単原子連鎖のバンド頂上における振舞いと似ている．このとき原子間のばねの伸縮量が最大になるので，振動数も最大値になる．

化合物では異なる種類の原子のあいだで電荷の移行もあるので，別の特徴も現れる．別種類の原子の相対的な変位は，電気分極 $\mathbf{p}$ を発生させる．これによって分極場 $\mathbf{P}$ と電場が発生し，電磁波との相互作用を起こすことも可能であるため，"光学"分枝と呼ばれるのである．電子のような荷電粒子も，この電場の影響を受け，分極を伴う縦方向光学フォノン (longitudinal optic phonon：LOフォノン) がすばやく電子を散乱することを8.4.2項(p.325〜)において見る予定である．単原子連鎖結晶の場合には，全部の原子が同じであり，電荷の移行が起こらないので，このような分極性は現れない．

どちらの分枝でも，ゾーン境界では1種類の原子だけが動き，もう一方は止まった状態になる．たとえば光学分枝では，軽いほうの原子だけが，隣の単位胞の原子と逆位相で振動する．したがって，このときの ω_q の式には m だけが現れ，単原子連鎖の最高振動数とほぼ同じ形である．ただし軽い原子間を繋ぐばねが2つずつあることを反映して，実効的な K の値は半分となっている．このような振舞いは，図2.4 (p.52)で示したゾーン境界における電子の挙動と似ている．

2.8.4　3次元系のフォノン

フォノンのバンド構造も，電子のバンド構造と全く同じ方法で描くことができる．SiとGaAsの分散関係の一部を図2.25に示した．これらの半導体は基本単位胞に2個の原子を含むので，全体のバンド構造は，図2.23(b) (p.77)のような2原子連鎖のバンド構造に近い．Siのほうが振動数が高いが，これは原子質量が軽いためで，Siの質量数は28，GaAsの平均質量数は72である．1次元の場合との主要な違いは，方向を違

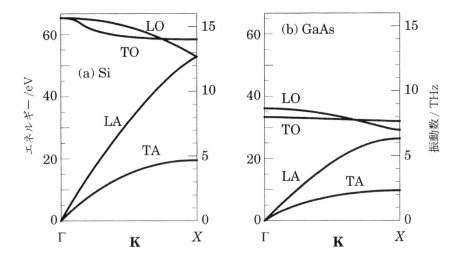

図2.25 SiとGaAsのΓ点からX点までのフォノンの分散関係．この方向では横方向モードが2重に縮退して重なっている．

えた3種類の分極モードが現れることである．2つの横方向モードは[100]方向では縮退して重なるが，一般には3種類の音響分枝と3種類の光学分枝が生じる．音響分枝はqが小さいところでは，縦モードでも横モードでも線形になり，速度は縦方向モードのほうが速い．

分極を持つ化合物半導体の横方向光学フォノン(transverse optic phonon：TOフォノン)と縦方向光学フォノン(LOフォノン)は，Γ点におけるエネルギーが少し違う．このずれは，LOフォノンに伴って生じる電場によるもので，Lyddane-Sachs-Teller(ライデン サックス テラー)の関係(8.60)から与えられる．GaAsのLOフォノンのエネルギーは36 meVである．このLOフォノンのエネルギーは比較的高いので，低温(77 K程度以下)ではこの分枝を無視できるが，高温では電子とフォノンの間でエネルギーが移行する重要な機構を担う．AlAsはGaAsより平均原子量が軽く，LOフォノンのエネルギーは50 meVまで上がるが，$Al_xGa_{1-x}As$のLOフォノンエネルギーは，単純なxの関数として滑らかに変化するわけではない．

これで半導体の結晶に関する概説を終わる．次章では，これらの構成要素によって，どのようにヘテロ構造が形成されるかを見た上で，ヘテロ構造に現れる諸性質を調べることにする．

＊　参考文献の手引き

　固体電子のバンド構造は，すべての固体物理の教科書において解説されているが，定評のあるものは Kittel (1995) と Ashcroft and Mermin (1976) である．しかしこれらの教科書の記述は，半導体よりも金属を重視する傾向にある．新しい包括的な入門書である Myers (1990) や Bube (1992) は，もっと半導体に比重を置いた構成になっている．

　Seeger (1991) は古典的な半導体物理を広範に概説してあり，非2次関数的な価電子帯の効果も論じてある．Wolfe, Holonyak and Stillman (1989) は，半導体の物性を明快に説明している．半導体を指向した徹底したバンド構造と群論の記述は Yu and Cardona (1996) において与えられている．この本はフォノンや電気的，光学的な性質も扱っており，ヘテロ構造に関する章もある．

　半導体の豊富なデータは，Madelung (1996) のデータ表にまとめられている．

＊　練習問題

2.1 Bloch の定理の2通りの表現である式 (2.2) と式 (2.3) が等価であることを示せ．

2.2 図 2.5 (p.53) は，典型的な半導体のバンドの特性を描いたものである．格子定数 $a = 10$ nm，バンド幅 $W = 50$ meV の超格子の特性を同じように求めてみよ．有効質量と最大速度として，どのような値が推定されるか？

2.3 多くの半導体が 10^5 ms^{-1} あたりで電子の飽和速度を持つ．この速度は，Brillouin ゾーン内のどの辺の波数に相当するか？ 飽和速度には 10^6 V m^{-1} 程度の電場の下で到達するが，緩和時間を概算すると，どの程度になるか？

2.4 半導体において破壊が起こらない許容範囲で最大の電場の下で，Bloch 振動の周波数と，その振動の空間範囲を計算せよ．図 2.5 (p.53) のパラメーターを使うこと．これを散乱過程による典型的なキャリヤ寿命 (たとえば移動度 $\mu = e\tau/m$ から推定される) と比較せよ．この計算を超格子に関しても繰り返すこと．Bloch 振動を観測するには，どちらの系がよい候補となるか？

2.5 前問で扱ったような Bloch オシレーター系における Zener トンネルの確率を推定せよ．結晶中のエネルギーギャップも，超格子の各バンド幅も 1 eV とする．Zener トンネルが支配的になる前に，Bloch 振動を観測できるような，充分に広い電場強度の範囲を得ることができるか．

2.6 直交格子の第 1 Brillouin ゾーンの描画 (図 2.10, p.60) を，正方格子に関して繰り返せ．

2.7 2 次元正方格子結晶は，単位胞あたりに2個の電子を含む．電子を自由電子として扱えるならば，それらは Brillouin ゾーンと等面積の Fermi 円の内部を占有する．逆格子面の上に，この円を描き，初めの2つのゾーンがどのように電子に占有されるかを示せ．原点を囲む正方形に還元されているそれらのゾーンにおいて，Fermi 準位の線を描いてみよ．

　この作業を，単位胞あたり4つの電子を持つ場合についても繰り返し，4番面までの Brillouin ゾーンにおける電子の占有状況を示せ．このような考察は，電子がほとんど自由電子のモデルで記述されるような，一部の金属の性質を説明するために用いられる．

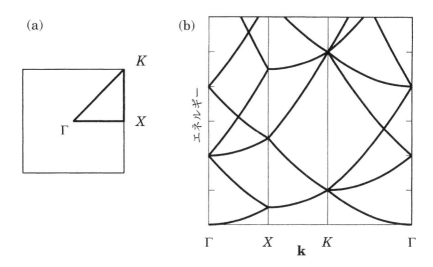

図2.26 正方格子内の自由電子の (a) Brillouinゾーンと (b) エネルギーバンド.

2.8 正方格子内の自由電子のエネルギーバンドを，下からいくつか計算してみよ．対称性の高い方向の結果を図2.26に描いてある．

2.9 格子定数 a の単純立方格子の逆格子は，格子定数 $2\pi/a$ の単純立方格子になる．したがって逆格子の座標は $\mathbf{G}_{lmn}(2\pi/a)(l,m,n)$ と表される．この結果は1次元の場合 (式 (2.1)) と同様に，周期ポテンシャルのFourier変換から得られる．これと等価な定義の方法として，逆格子点は，実空間における任意の格子点 $\mathbf{R}$ に関して $\exp(i\mathbf{G}\cdot\mathbf{R})=1$ を満たすような波数ベクトル $\mathbf{G}$ であると言うこともできる．単純立方格子の単位胞の各面に格子点を付け加えて面心立方格子にすると，逆格子の一部が消滅する．逆格子点の構造因子 (structure factor) は，

$$S(\mathbf{G}) = \sum_j^{\text{cell}} \exp(i\mathbf{G}\cdot\mathbf{R}_j) \qquad (\text{ex2.1})$$

と定義されるが，これは単位胞内のすべての原子に関して足し合わされる位相因子である．面心立方格子では，原子が原点と，$(\frac{1}{2},\frac{1}{2},0)a$ およびこれと等価な各点に配置されている．$\mathbf{G}_{lmn}$ における構造因子は，l と m と n がすべて偶数であるか，もしくはすべて奇数でなければゼロになることを示せ．さらに構造因子が消滅せずに残る逆格子点は，2.6.1項 (p.65~) で述べたように，格子定数 $4\pi/a$ の体心立方格子を形成することを示せ．

2.10 面心立方格子の第1 Brillouinゾーンは，各原子の各スピン方向あたり1状態を持つことを確認せよ．

2.11 ダイヤモンド格子を構成する原子のボンド間の角度が $\arccos\left(-\frac{1}{3}\right) \approx 109°$ であることを示せ．

2.12 面心立方格子のBrillouinゾーン境界の六角形の面は，正六角形であることを示せ．2.6.1項 (p.65~) で指摘したように，面心立方格子は[111]軸に関して3回対称に過ぎないので，これは自明のことではない．このことはゾーンのすべての辺が同じ長さを持つことも意味している．

2.13 Si の x 方向にある [100] 谷に対して，45° 方向に電場が印加されているものとする．この谷だけが単独で電流に寄与するものと仮定して，縦方向と横方向にかかる力を求め，電子の加速方向を算出せよ．

2.14 図 2.22 (p.77) のようなボールとばねによる 1 次元結晶モデルにおいて，他より軽い質量 m' を持つボールとして，軽い不純物原子を導入することができる．この不純物原子がバンド頂上の上に振動数の高い局所的なモードを生じることを示せ．

2.15 2 原子連鎖結晶の分散関係の式 (2.31) を導出せよ．2 種類の原子の変位を別々に扱わなければならないので，まず j 番目の単位胞の両方の原子位置 u_j，v_j の運動方程式を書くこと．これらは隣接する単位胞における原子の変位に依存するが，この条件を Bloch の定理に置き換えることができる．すべての原子が時間に関して $e^{-i\omega t}$ のように振動すると仮定せよ．u_j と v_j に関する 2×2 本の連立 1 次方程式から，通常の方法で振動数と振幅の関係が求まる．

2.16 単原子連鎖結晶のモデルを，最近接原子間だけでなく，ひとつ原子を挟んだ次の原子との間にもばねがあるモデルへと拡張せよ．最近接原子間のばね定数を K_1，間にひとつ原子を挟んだばね定数を K_2 とする．次式を示せ．

$$m\omega_q^2 = 2K_1(1 - \cos qa) + 2K_2(1 - \cos 2qa) \qquad (\text{ex2.2})$$

この結果は ω_q^2 の Fourier 級数へと一般化できる．

2.17 2.8.3 項 (p.79〜) で考察した 2 原子連鎖結晶は，ばね定数がすべて同じで，原子質量の違いが導入されていた．Si のような単元素結晶に関しては，各原子の質量が同じで，ばね定数のほうが交互に違っているモデルのほうが適切である．このような連鎖結晶モデルの分散関係を計算し，図 2.23(b) (p.77) に示されているような特徴が一般的に現れることを示せ．

2.18 2 原子連鎖結晶は，$M \to m$ の極限で単原子連鎖結晶になる．これは分散関係にどのように反映するか．

2.19 GaAs の Young率は $8.5 \times 10^{10}\,\mathrm{N\,m^{-2}}$ である．これを用いて，ばね定数とフォノンの分散曲線を推定せよ．図 2.25 (p.81) に示されている実際の分散関係と，どの程度合致するか？

第3章　ヘテロ構造

　本章では，2種類以上の半導体から構成される"ヘテロ構造"の一般的な性質を概説する．"バンドエンジニアリング"(band engineering) を通じて，半導体の組成の違いを，電子と正孔の挙動の調節のために用いることができる．2種類の材料が接するヘテロ接合 (heterojunction) のバンド接続に関する知識は，基本的に重要なものであるが，最もよく研究が進んでいる $GaAs-Al_xGa_{1-x}As$ 接合でさえ，これを厳密に把握することは難しいことが分かっている．初期の研究は，互いにほとんど同じ格子定数を持つ材料同士のヘテロ接合に集中していたが，現在の応用には，格子定数のミスマッチが大きい"歪み層"(strained layer) に特有の性質も必要となっている．

　電気的な応用や，光学的な応用のために，ヘテロ構造を用いた多様なデバイスが造られている．後の章でこれらのデバイスを詳しく論じる予定であるが，本章では概説を与える．章末では簡単に有効質量近似に触れることにする．これは複雑なバンド構造に煩わされずに，固体電子を有効質量が本来の電子質量とは異なるという点以外は全く自由電子のように扱う標準的な単純化の手法である．このような近似が成立するということは，たとえばGaAs層を $Al_{0.3}Ga_{0.7}As$ で挟んだサンドイッチ構造における電子の問題が，層に垂直な方向に関しては，初等的なポテンシャル井戸の問題として扱えることを意味している．

　我々は $Al_xGa_{1-x}As$ のような混晶[†]における乱雑さの要因を無視し，混晶全体の格子にわたり Ga と Al の特別な秩序化はないものと考えることにする．混晶は，単位胞間の並進対称性を失っているので，原理的には Bloch の定理が適用できない．しかし幸いなことに，そのような混晶を，GaAs と AlAs の性質を補間したような性質を持つ結晶のように扱えることが分かっている．この手法は，仰々しく"仮想結晶近似" (virtual-crystal approximation) と名付けられている．完全な周期性を損なっていることの影響は，合金散乱 (alloy scattering)，すなわち電子と正孔の平均自由行程の低下として現れる．普通，このような影響は少ないので，不純物による散乱 (8.2節) などと同様に，摂動論の範囲内で扱える．

[†](訳註) 原書では AlAs と GaAs が混ざった $Al_xGa_{1-x}As$ のような均一固溶体を"合金"(alloy) と呼んでいるが，化合物半導体同士やイオン結晶同士の固溶体は，むしろ"混晶"(mixed crystal) と呼ぶほうが (多分に訳語側の事情のため) 適切であり，訳稿ではそのようにした．ただし乱雑さの効果によるキャリヤの散乱は，一般に"合金散乱"と呼び，"混晶散乱"とはあまり言わないようである．

3.1 ヘテロ構造の一般的な性質

III-V族材料は，広範に半導体としての性質が研究されているが，ヘテロ構造の作製に適用されるものは多くない．多様な性質を得るために，別々の化合物の間の混晶，特に AlAs と GaAs の混晶 $Al_xGa_{1-x}As$ が広く用いられている．これは AlGaAs と略記されることも多いが，これを文字通りの化学式として読んではならない！異なる半導体の接合を形成する場合に重要な2つの特性値，最小バンドギャップと格子定数を図3.1に示した．バンドギャップ値に対応する光の波長の尺度も与えてある．III-V族半導体の多くの用途は，光エレクトロニクスに関係している．光ファイバーのような媒体を有効に利用するためには，特定の波長の光が必要になるので，これらの数値は応用面で重要である．

ヘテロ構造において活用される領域は，主として界面もしくはその近傍である．これは III-V 族半導体だけの事情ではない．おそらく産業的に最も重要な半導体デバイスである金属－酸化物－半導体電界効果トランジスタ (metal-oxide-semiconductor field-effect transistor：MOSFET) においても，電子は Si と SiO_2 の界面に沿って動く．この場合 Si は結晶であるが，SiO_2 は非晶質 (amorphous) である．2種類の材料を接続する場合，継ぎ目を残さないことは不可能であり，電子が界面付近で移動する時には，界面の不完全性のために散乱が生じる．この"界面粗さ散乱"(surface-roughness scattering) と，酸化物の荷電欠陥 (charged defect) による散乱のために，MOSFETにおける電子の移動度は，低温でも約 $4\ m^2V^{-1}s^{-1}$ 程度にしかならない．一方，III-V族半導体同士では，ほとんど欠陥のない界面を形成することも可能である．しかしこれを実現するためには，技術的に高度で費用もかかる．分子線エピタキシー法や有機金属気相反応堆積法といった方法が必要となる．これらの手法については次節で触れることにする．

原理的には，接合を形成する材料間の条件が整えば，異なる材料の間で理想的なヘテロ接合を形成できるはずである．そのための条件として，まずは両者が同じ結晶構造 (あるいは少なくとも同じ対称性) を持たなければならない．この点は通常のIII-V族半導体同士であれば問題ない．第2の条件としては，意図的に歪みを必要とする場合を除き，両者の格子定数がほとんど同じでなければならない．

混晶の格子定数は，大抵の場合は元の2種類の結晶の格子定数を線形補間して与えることができる．これは"Vegardの法則"と呼ばれており，たとえば $Al_xGa_{1-x}As$ の格子定数は $xa_{AlAs} + (1-x)a_{GaAs}$ となる．図3.1を見ると，この混晶がよく用いられる理由が分かる．組成 x を変えても，この混晶の格子定数の変化は 0.15％以下である．このことから，GaAs の上に AlAs 層を形成したり，組成の異なる $Al_xGa_{1-x}As$ 同士で多層構造を形成しても，"著しい"歪みを発生させずに済む．

残念ながら，歪み無しに GaAs 基板上に成長させることのできる材料は少ない．別の基

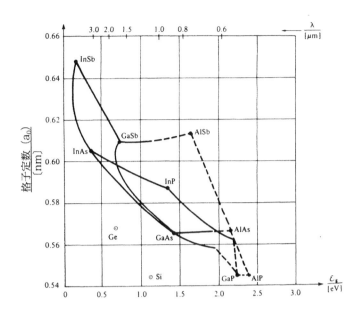

図3.1 いろいろな半導体の格子定数と最小バンドギャップ E_g の関係.バンドギャップは eV 単位であるが,それに対応する光の波長も示した.実線は直接バンドギャップを,破線は間接ギャップを表す.[Gowar (1993) による.]

板材料の候補としては InP が考えられる.2種類の混晶 $Al_{0.85}In_{0.52}As$ と $Ga_{0.47}In_{0.53}As$ は InP と格子定数が同じで,直接ギャップを持っているので,キャリヤを層構造内に効果的に閉じ込めることができる.したがってこれらの材料は高速動作が要求される電子デバイスによく用いられる.格子定数の整合に関する要請がゆるければ,もっと広範囲の材料選択が可能となる.歪み層の特別な性質は 3.6 節で考察する.

3.2 ヘテロ構造の作製

前節で見たように,ヘテロ構造をよく機能させるためには,高品質の界面が形成されていなければならない.2つの材料の結晶構造が互いによく整合することが必要で,界面に不純物汚染があったり,欠陥があったりしてはならない.さらには,各層が非常に薄くなければならないので,一連の層の形成の際に,組成をなるべく単原子層のレベルで素早く制御しなければならない.液相エピタキシー法 (liquid-phase epitaxy) のような,半導体を成長させるために古くから用いられている方法は,ある程度までこのような条件を満足するので,ダブルヘテロ構造のレーザーなど比較的単純な構造の形成に用いられる.しかし一般には,さらに特別な形成方法が必要とされる.最も広く普及している方法は,分子線エピタキシー法と有機金属気相反応堆積法である.

3.2.1　分子線エピタキシー法 (MBE)

　分子線エピタキシー法 (molecular-beam epitaxy：MBE) は原理的には単純な方法である．装置の概略 (非常に簡略化してある！) を図3.2に示す．典型的に 5×10^{-11} mbar 程度 (大気圧は約 1000 mbar) より圧力の低い超高真空 (ultrahigh vacuum：UHV) を保った蒸着室内で，ヘテロ構造を作製するための基板 (substrate) が加熱ホルダー上に固定されている．ヘテロ構造を構成する各元素——ここでは Ga, As および Al ——が，基板の方を向いた開口部を持つ蒸発炉 (furnace) の中で気化するが，開口部はシャッターで遮ることができるようになっている．超高真空下では分子同士が衝突するまでの平均自由行程が，蒸着室 (chamber) の大きさよりも，はるかに長くなる．これは気体の Knudsen 領域，もしくは分子流領域 (molecular-flow regime) と呼ばれており，この蒸発炉は Knudsen セル，もしくは K-セル (K-cell) と呼ばれている．K-セルから発せられた分子は，高圧の気体中のように拡散してゆくのではなく，分子線[†](molecular beam) を形成して，途中で散乱されることなく，基板へと直接ぶつかってゆく．K-セルのシャッターを開くと，基板上での結晶成長が始まる．各元素の分子流の流量は，それぞれの蒸発炉の温度によって調節される．

　ドーパント (dopant：添加不純物) は，さらに別のセルによって加えられる．ドナーとしては，普通 Si が用いられる．Si は周期律表において IV 族元素なので，III-V 族半導体の中でドナーとして振舞うのかアクセプターとして振舞うのか自明ではない．実際に Si はドナーとなることが多いけれども，通常の (100) 面とは異なる面上に結晶成長を行う場合には，アクセプターにもなり得る．非常に高濃度 (10^{25} m^{-3} 程度) にドープした場合には，ドナーとしてもアクセプターとしても働く両性 (amphoteric) のドーパントになる傾向がある．他方，アクセプターとしてよく用いられるのは Be である．

　MBE 法は原理は単純だが，少し考察すると，これを実際に行うのは簡単でないことが分かる．不純物汚染 (contamination) による材料特性の劣化を生じないように，極めて高純度で各層の結晶を成長させなければならない．このためには，まず材料となる物質の純度が高くなければならず，K-セルで汚染されてはならない．結晶成長時の不純物汚染を抑え，かつ Knudsen 領域の条件を保つように，蒸着室内の背景圧力 (background pressure) を低く保たなければならない．K-セルから基板に到達する分子線の流れは，基板のウエハー (wafer) 面全域で一様でなければならない．そうでないとウエハー内で組成の分布が生じてしまう (結晶成長を行う間，基板ホルダーを回転させることで，面内分布を最小限に抑える)．分子線の流量を一定に保つために，蒸発炉の温度を精度よく制御しなければならない．基板の温度も重要である．低温では熱の効果による結晶欠陥の除去が間に合わず，また基板温度が高すぎると，好ましからざる

[†](訳註) III 族や IV 族元素の場合は主として原子線が形成されるが，広義の "分子線" には原子線も含まれる．"線" (beam) と言ってもウエハー全面にあたるくらいの太さを持った流れである．

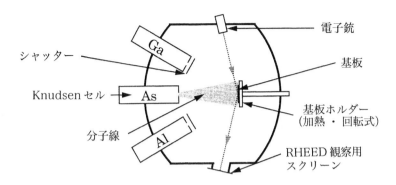

図3.2　MBE装置の概略図．3つのK-セルと，基板を装着して回転する加熱ホルダーと，表面の状態を調べるRHEEDを備えている．

拡散が起こって，層間の界面が急峻でなくなる．でき上がる表面の形態 (morphology) は温度に複雑に依存しており，最適成長温度はAlGaAsとGaAsとで異なる．

　MBE法は，結晶成長速度がおよそ1秒あたり単層 (monolayer) 程度，すなわち1時間あたり $1\,\mu\mathrm{m}$ 程度と非常に遅い．このことに関係した問題を練習問題として取り上げることにする．MBE法の利点は，異なる材料間で，非常に急峻な接合界面が形成できること，形成する層の厚さを高い精度で制御できること，理想的な再現性を実現できること等である．明白な欠点は，高コストであり，工業的な生産性の向上が難しいことである．

　MBE法の重要な特徴のひとつは，それが超高真空で行われることであり，このことは，多くの評価技術によって，結晶成長の過程をモニターできることを意味している．最もよく用いられるのは，図3.2にも示した反射高速電子線回折 (reflected high-energy electron diffraction：RHEED) である．電子線は，試料の表面にほとんど平行な角度で入射し，その回折パターンが蛍光スクリーンに写し出される．単層が形成される毎に，表面の状態は周期的に変化し，RHEED信号の強度とパターンによって，表面の周期変化をモニターすることができる．このようにして層の結晶成長を，単層ごとに正確に数えることができる．さらに回折パターンによって，表面の結晶構造も知ることができる．

　MBE法は，電気的応用のための最も理想的な試料を作製する方法と言えるかもしれない．このことを表すひとつの指標は，純粋なGaAsの電子移動度のピーク値であり，ここから正味のイオン化不純物濃度が $|N_\mathrm{D}-N_\mathrm{A}| < 5\times 10^{19}\,\mathrm{m}^{-3}$ であることが分かる．もうひとつの指標は2次元電子気体における電子の移動度が $1000\,\mathrm{m}^2\mathrm{V}^{-1}\mathrm{s}^{-1}$ を超えており，平均自由行程が0.1 mmほどもあることである．しかしMBEでも問題はいくつかある．たとえばGaAsの上にAlGaAsを形成することは比較的簡単だが，

"逆"にAlGaAs上のGaAsという構造を造る場合には，良好な界面を得るのが難しい．また他の系統の材料，たとえば$In_xGa_{1-x}As$のような広く用いられているものでも，さほど理想的な制御ができない．

3.2.2　有機金属気相反応堆積法 (MOCVD)

有機金属気相反応堆積法 (metal-organic chemical vapour deposition：MOCVD. 有機金属気相エピタキシー metal-organic vapour-phase epitaxy：MOVPEと呼ばれることもある) は，高品質のヘテロ構造を作製できる，もうひとつの方法である．図3.3に非常に簡略化した装置の模式図を示す．これはほとんど大気圧の下で稼働する装置である．基板は反応室内の加熱ホルダーの上に装着されている．キャリヤガスである水素の中に，原料となるガスを含めて反応室に流す．ガスの組成を素早く変えることによって，成長する層の組成を急峻に変更できる．金属アルキルとV族元素の水素化物の基本的な反応は，次のようなものである．

$$(CH_3)_3Ga + AsH_3 \stackrel{650°C}{\rightarrow} GaAs\downarrow + 3CH_4 \tag{3.1}$$

Si, S, Seといったドナーは水素化物の形で供給され，ZnやCdなどのアクセプターは，ジメチル亜鉛やジメチルカドミウムの形で供給される．多分に毒性の強いV族元素の水素化物を避けるという意図で，他のいろいろな化合物も用いられている．

MOCVD装置はMBE装置よりもはるかに簡単なものであるが，現実的には，毒性の強いガスの取り扱いの問題がある (このため全体のコストはMBE装置と似たようなレベルになってしまう)．また反応室内部において流体力学的に難しい問題がある．成膜中に基板全体を覆うガスのよどんだ境界層 (stagnant boundary layer) が形成される傾向がある．結晶成長の速度は，設定温度において反応分子が境界層を拡散によって通過する速度，もしくは試料表面における反応速度によって制限される．形成され

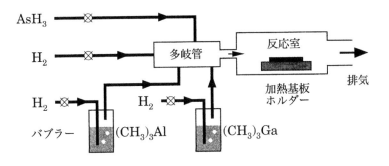

図3.3　MOCVD装置の概略．

る半導体層に急峻な界面を持たせることを可能にするためには，ガスの混合領域から基板までの系の体積をできるだけ小さくして，ガスの成分を素早く変えられるようにしなければならない．さらにガスの混合比を変更しても，反応室の気体の流れに影響があってはならない．

MOCVD法は，光エレクトロニクスデバイスの製造に関して，MBEよりも高い評価を受けてきた．MOCVD法のほうが速い結晶成長が可能であり，また容易にスケールアップし，同時に多数のウエハーを扱うようにして，工業生産に適用しやすい．結晶成長を中断し，基板上に何らかの方法でパターンを形成してから，さらに改めて結晶成長を続行するというプロセスも，特にMOCVD法で成功を収めている．結晶成長の速度は温度だけでなく結晶方位にも依存するので，異なる結晶面の小面を部分的に露出させたような基板を用いることにより，見た目にも興味深い構造を自生させることもでき，このような手法による"自己組織化デバイス"(self-organized device)がいろいろと作製されている．MOCVD法で問題となる点は，炭素汚染の問題や，現実的な装置の安全性の問題などである．

MBE法やMOCVD法を基本として，非常に多様な薄膜結晶の成長方法が考案されている．ひとつの例は化学分子線エピタキシー法 (chemical-beam epitaxy：CBE) もしくは有機金属分子線エピタキシー法 (metal-organic molecular-beam epitaxy：MOMBE) と呼ばれるもので，MBE法における単体元素の原料を，MOCVD法で用いられる原料と似たような化合物に置き換えたものである．もうひとつの例は原子層エピタキシー法 (atomic-layer epitaxy：ALE) で，反応物質がそれぞれ別々に供給されるようになっており，単層ごとの結晶成長を行うことができる．すべての試みは，結晶層の厚さと組成の制御性を向上させ，形成されるデバイスの性能を改善するという意図によるものである．これらと同様な結晶層の成長方法は，Si – Geヘテロ構造の形成にも応用されている．

3.3　バンドエンジニアリング

前節で見たように，ヘテロ構造の形成方法は，かなり複雑なものであるが，このような手法は"バンドエンジニアリング"(band engineering) を通じて，電子と正孔の性質を制御する手段を供することになる．図3.1 (p.87) は，異なる2種類の材料が，異なるバンドギャップを持つ様子を示している．伝導帯と価電子帯のバンド端 E_c と E_v に注目する必要がある．異なる材料 A と B が，異なるバンドギャップ $E_g^A < E_g^B$ を持つものとして，これらの材料を用いたヘテロ接合を考えてみよう．

最も単純な理論から"Andersonの規則"が導かれる．これは各半導体材料の電子親和力 (electron affinity) χ，すなわち電子を伝導帯の底 E_c から，結晶から脱出できる真空準位にまで持ち上げるのに必要なエネルギーを考慮したものである．仕事関数

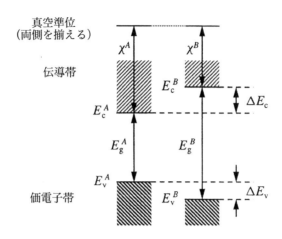

図3.4 Andersonの規則に従い真空準位を揃えた，半導体 A と半導体 B のヘテロ接合のバンド．（たとえば A は GaAs, B は AlGaAs.）

(work function) は Fermi 準位から真空準位までのエネルギーなので，不純物のドープ量に依存するが，電子親和力のほうは，ほとんど Fermi 準位の位置に依存しない．Anderson の規則は，ヘテロ接合を形成する 2 つの半導体の真空準位を，図3.4 に示すように揃えなければならないと規定している．図から明らかなように，伝導帯の底の差は $\Delta E_c \equiv E_c^B - E_c^A = \chi^A - \chi^B$ である．たとえば GaAs では $\chi = 4.07$ eV であり，$Al_{0.3}Ga_{0.7}As$ では $\chi = 3.74$ eV なので，この両者の間で $\Delta E_c = 0.33$ eV である．バンドギャップの差は $\Delta E_g = 0.37$ eV なので，価電子帯頂上の差は $\Delta E_v = 0.04$ eV である．このモデルによると，バンドギャップ変化のうち，伝導帯の変化の割合は $Q = \Delta E_c / \Delta E_g \approx 0.85$ である．

単純にバンドギャップの違いを測るのは簡単だが，バンドの不連続性の問題を扱うのは難しい．長いあいだ $Al_xGa_{1-x}As$ に関して，上に示した $Q = 0.85$ という値が用いられていたが，現在は，直接ギャップが維持される $x < 0.45$ の範囲で，それより小さな $Q = 0.62$ という値が受け入れられている．矩形量子井戸における光吸収のような実験は，Q の値に対してさほど敏感でないことが分かっている．むしろ放物線ポテンシャルを持つような量子井戸（図4.5, p.139）のほうが，精度のよい Q 値の検証が可能である．

GaAs－AlGaAs の場合，図3.4 に示すように，狭いほうのギャップが，広いほうのギャップの領域内に収まる．したがってサンドイッチのように 2 つの AlGaAs 層で挟んだ GaAs 層は，電子も正孔も閉じ込める．これは"I型接続"(type-I alignment), もしくは"拡がり接続"(straddling alignment) と呼ばれる．この他に，2 通りの可能性がある．図3.5 に，互いにほとんど格子整合している 3 種類の半導体の接合例で，バン

3.3 バンドエンジニアリング

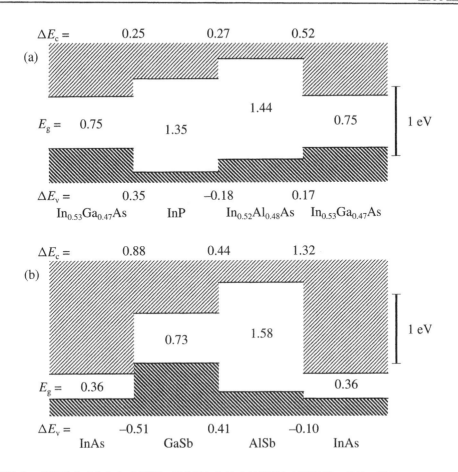

図3.5 格子整合のとれた2種類の接合系における伝導帯と価電子帯の接続の様子. $In_{0.53}Ga_{0.47}As - In_{0.52}Al_{0.48}As - InP$ は, 高速電子デバイスにおいて広く用いられている組み合わせである. $InAs-GaSb-AlSb$ はI型, II型, III型の接続をすべて含んでいる. I型に関して $\Delta E_c, \Delta E_v > 0$ とするのが慣例である. [Frensley (1994) から転載. データは Yu, McCaldin and McGill (1992) による.]

ドギャップが不連続な界面の様子を示してある. 普通, I型界面での伝導帯, 価電子帯の段差 (discontinuity) の符号を正とする. InP と $In_{0.52}Al_{0.48}As$ は "II型接続" もしくは "ずれ接続" (staggered alignment) と呼ばれる界面を形成する. この場合, 電子は InP のほうに捕獲され, 正孔は $In_{0.52}Al_{0.48}As$ 側に捕獲される. このような組み合わせのサンドイッチ構造は, 一方のキャリヤに対しては井戸となり, もう一方のキャリヤに対しては障壁となる.

3番目の可能性は, 2つのバンドギャップが全然重ならないというもので, これは "III型接続" もしくは "ギャップ破綻接続" (broken-gap alignment) と呼ばれる. 典型的

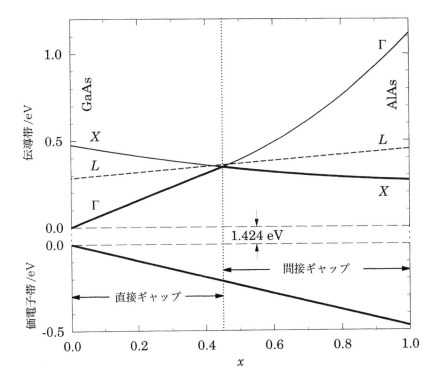

図3.6　$Al_xGa_{1-x}As$ の伝導帯の3つの極小点と，価電子帯頂上のエネルギーの，組成 x 依存性．[Yu, McCaldin, and McGill (1992) と Adachi (1985) による．]

な例は図3.5(b) に示した InAs－GaSb 接合である．この例では，一方の伝導帯が，もう一方の価電子帯と 0.15 eV ほど重なっている．電子と正孔は，p-n 接合の空乏層のように，電場による抑制が働いて釣り合いがとれるまで，自発的に移動する．

　この材料の組み合わせには，もうひとつの興味深い性質がある．InAs と GaSb の界面は，結晶成長を精密に制御すると，GaAs もしくは InSb の単層になる．"GaAs界面"における伝導帯と価電子帯の重なりは 0.125 eV，"InSb 界面"の重なりは 0.160 eV になると言われている．さほど精密でない結晶成長をすると，バンドの重なりは，これらの数値の平均となる．

　さらに複雑な問題は，ヘテロ構造を構成する半導体が，それぞれ Brillouin ゾーン内の異なるところでバンドのエネルギー最小点を持ち得ることである．たとえば GaAs の伝導帯の最小点は Γ 点にあるが，AlAs の伝導帯は X 点付近で最小となる．したがって $Al_xGa_{1-x}As$ 混晶の伝導帯の底の性質は，Al の組成量 x に依存して変わることになる．図3.6 に，各極小点エネルギーの組成 x 依存性を示す．伝導帯の最小値があるところは $x \approx 0.45$ において Γ 点 (直接ギャップ) から X 点 (間接ギャップ) へと入れ替

わり，この組成で ΔE_c は最大値 0.35 eV になる．有効質量と谷の縮退は，このクロスオーバー点で唐突に変わり，また直接ギャップから間接ギャップに移行するために，光学特性も著しく変わる．L 極小点はこのクロスオーバー点付近では，最小点のエネルギーに比べてさほど高くならないことに注意されたい．通常は $Al_xGa_{1-x}As$ の組成を $x < 0.4$ に設定し，伝導帯の底が確実に Γ 点になるようにする．間接ギャップを持つ $x > 0.45$ の組成での性質は，直接ギャップ組成の場合ほど詳しく究明されているわけではない．

3.4 層状構造：量子井戸と量子障壁

我々は，化合物半導体薄膜の伝導帯と価電子帯を，厚さ方向の 1 次元に関して工学的に設計する方法を見てきた．層状構造は，さらに複雑なデバイスを作製するための構成要素となる．後から詳しく調べることになる層状構造の性質を，まず，おおまかに見てみることにする．主として伝導帯の電子を議論する．正孔に関しても似たような議論が可能だが，価電子帯の複雑さに関して，注意が必要である．$Al_xGa_{1-x}As$ の組成が $x > 0.45$ になった場合には，伝導帯にも複雑な問題が生じるが，これは本節の最後の項で扱う．

3.4.1 トンネル障壁

トンネル障壁 (tunneling barrier) の単純な例は，GaAs 層で挟んだ AlGaAs によって与えられる (図 3.7(a))．矩形のポテンシャル障壁は，量子力学の教科書に出てくる基本的な説明のための題材のひとつであるが，それが実現されているのである！古典的には，電子が障壁を超えるのに充分なエネルギーを持たない限り，障壁を通過することはできない．しかし量子力学によると，エネルギーの低い電子も，障壁にトンネルがあるかのように通過してしまう確率を持つ．このような単純な障壁でさえ，現実的な使い道がある．たとえば，ある種のホットエレクトロントランジスタにおいて，電子の注入を制御する"しぼり弁"として用いられる場合もある．トンネル領域 (tunneling regime) のエネルギー範囲において，透過係数はエネルギーの増加に伴って急速に大きくなるので，障壁は選択的に高エネルギーの電子を通すことになる．

3.4.2 量子井戸

障壁とは反対のポテンシャル構造を持つ"量子井戸"(quantum well) は，たとえば薄い GaAs 層を厚い AlGaAs 層で挟んだサンドイッチ構造として与えられる (図 3.7(c))．我々は 4.2 節で，量子井戸内の束縛状態のエネルギーを，井戸の深さの関数として求める予定である．しかし 1.3 節に示したような，無限に深い井戸のモデルによる粗い見積

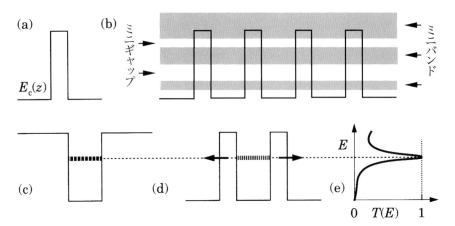

図3.7 いろいろな層構造の伝導帯の底 $E_c(z)$ の様子．(a) トンネル障壁．(b) ミニバンドを持つ超格子．(c) 束縛状態を形成している量子井戸．(d) 束縛状態でなく共鳴状態をつくる障壁対．(e) 障壁対の透過係数のエネルギー依存性．共鳴状態のところにピークが生じている．

りも，しばしば用いられる．

ヘテロ接合がI型であれば，伝導帯にも価電子帯にも井戸ができる．GaAs を AlGaAs で挟んだ構造はこれにあたる．この場合，電子も正孔も井戸のところに閉じ込められるので，1.3.1項 (p.6〜) で論じたような方法で，光学的にエネルギー準位を調べることができる．電子と正孔を利用したこのような過程が，多くの光エレクトロニクスデバイスの基礎となる．この種のデバイスの詳細は第10章で扱う．

現実の半導体は3次元系であり，図3.7(c) の井戸構造も，層の結晶成長方向（通常 z 方向とおく）だけの構造に過ぎないことを忘れてはならない．電子と正孔は，成長方向と垂直な面内方向には自由に動くことができる．すなわち，これらのキャリヤは3次元の自由度を失なっているが，2次元の自由度が残されている．光吸収の強さは状態密度によって支配されるが，バンド底の状態密度は3次元系より2次元系のほうが大きいので，光エレクトロニクスデバイスへの応用には有効となる．

3.4.3 二重障壁：共鳴トンネル

量子井戸は，両側に無限に厚い障壁を持つ．図3.7(d) のように，これらの障壁を薄くすると，新たな現象が生じる．障壁間の電子が外部に"漏れる"効果により，真の束縛状態ではない"準束縛状態"(quasi-bound state) もしくは"共鳴状態"(resonant state) が現れる．薄い障壁の二重構造は"共鳴トンネルダイオード"(resonant-tunneling diode) の活性領域として利用されるもので，光学的な Fabry-Pérot 反射鏡とよく似た作用を持つ．

左側から二重障壁に衝突してくる，エネルギー E の電子を考えよう．その電子が二

重障壁を通り抜ける確率は，透過係数 T によって与えられる．大抵の場合，粗い近似では個々の障壁の透過係数の積の形で $T \approx T_\mathrm{L} T_\mathrm{R}$ となる．典型的な障壁においては T_L も T_R も小さい．"共鳴トンネル"(resonant tunneling) に特徴的なのは，共鳴準位付近のエネルギーにおいて，図3.7(e) に示したように透過係数 T が大きくなり，$T_\mathrm{L} T_\mathrm{R}$ をはるかに超える値を持つことである．これは Fabry-Pérot 反射鏡において，多重反射の効果によって透過のピークが現れるのと同じ原理である．同じ構造を持つ障壁の二重構造においては，個々の T_L, T_R の値が小さくとも，共鳴中心のエネルギーにおいて完全な透過が実現される．この透過係数のピーク幅は $T_\mathrm{L} + T_\mathrm{R}$ に比例するので，その意味で，個々の障壁が透過性に乏しくなると，二重障壁の透過性も低下する．これらの計算は5.5節において詳しく扱うことにする．非常に高い周波数で用いることのできる共鳴トンネルダイオードが開発されている．

3.4.4　超格子

　二重障壁の次の論理展開として，図3.7(b) に示すように障壁の数を増やした，井戸と障壁が交互に繰り返す構造が考えられる．今度は，電子がトンネル過程によって井戸の外に漏れ出る代わりに，隣の井戸に移る．ここでも単一井戸に形成される束縛状態の鋭い準位は緩和され，"ミニバンド"(miniband) を形成する．超格子は周期ポテンシャルを持つので，1次元結晶の一般論 (2.1節) がそのまま当てはまる．層に垂直な方向のキャリヤの運動は，Blochの定理と，定理に従って形成されるバンド構造によって支配される．

　この構造が"超格子"(superlattice) と呼ばれる理由は，半導体が結晶として持つ格子の周期性を第1の水準の周期性とすると，多層構造によって第2の水準の周期性を導入しているからである．後者が前者と異なる点は，多層構造は1方向の運動にしか周期性の効果をもたらさないという点である．超格子が持つ周期は，もちろん結晶格子が持つ周期よりも長く，周期ポテンシャルの強度は弱い．したがって，より小さなエネルギー尺度でエネルギーバンドとエネルギーギャップが現れるので，前者はミニバンド (miniband) と名付けられている．超格子を構成する各層の組成や厚さを変えることにより，ミニバンドの構造を調節できる．超格子は電子のエネルギーにフィルターをかけてミニバンドの範囲内のエネルギーを持つ電子だけを透過させ，ミニギャップ (minigap) では電子を反射する．ミニバンド間の遷移による吸収は，赤外放射の検知に用いることができる．

　井戸間の障壁が厚くなるほどミニバンドは狭くなり，井戸間遷移の効果は全体の性質にあまり影響を及ぼさなくなる．各井戸が実質的に孤立した極限は，"多量子井戸"(multiquantum well：MQW) と呼ばれる．そのような構造は，光素子においてデバイスの有効体積を増大させるために広く用いられている．

　超格子構造は，その電子の性質とは無関係な応用にも広く用いられている．それは

結晶成長において清浄性を向上させるためのものである．元の基板上にまず超格子を形成し，その上にGaAsのバッファー層を介して必要な構造を形成するということが，普通に行われている．下地の超格子が含む多くの界面が，その下の基板上の欠陥や不純物が上部層の成長中にデバイス領域にまで拡がるのを妨げるので，デバイスの汚染を防ぐことができるのである．

3.4.5 伝導帯の性質

すでに図3.6 (p.94) で，$Al_xGa_{1-x}As$ の伝導帯の3種類の極小点エネルギーを，x の関数として示してある．$x < 0.45$ の範囲では，最小点 (伝導帯の底) は Γ 点であるが，x がこれより大きくなると X 点が最小点となる．図3.8の (a) と (b) に，GaAsで挟まれた $Al_{0.3}Ga_{0.7}As$ 層と AlAs 層の3種類の極小点のエネルギーの様子を示している．この図から，隣接する層の伝導帯の最小点が異なる場合の問題が分かる．

Γ 極小点は，$Al_{0.3}Ga_{0.7}As$ 層の中でも最小点になっているので，エネルギー障壁の高さに比べて充分低いエネルギーを持つ入射電子を想定する限り，伝導帯の他の部分を無視しても支障はない．しかし AlAs 層の障壁には，明らかに問題がある．障壁の外側において伝導帯のエネルギー最小点となっている Γ のエネルギー E_Γ だけを見ていけば，AlAs 層は障壁になっているが，障壁部分の伝導帯の底になっている X 点のエネルギー E_X に着目すると，AlAs 層は井戸になっている．単純に伝導帯の底だけを見れば AlAs 層は障壁として作用するはずだが，その障壁の高さをどう捉えるべきなのか？ これは簡単に答えが出せない問題で，詳しいバンド構造の計算が必要となる．入射電子が障壁部分に入るときに Γ 点から X 点へ移れば，障壁の高さは低くなるが，X 点における有効質量は Γ 点より大きいので，波動関数の減衰は速くなる．したがって

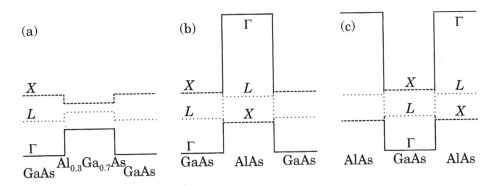

図3.8 $GaAs - Al_xGa_{1-x}As$ 系の障壁と井戸における，伝導帯の3種類の極小点の様子．(a) $Al_{0.3}Ga_{0.7}As$ の障壁．全体を通じて Γ 点が最小点 (伝導帯の底) になっている．(b) AlAs の障壁．障壁層内では X 点が最小点になる．(c) AlAs で挟まれた GaAs 層の井戸．

Γ点は伝導帯の底ではないけれども，透過係数はほとんど E_Γ によって決まる可能性がある．Γ点から X 点への遷移は $\mathbf{k}$ 空間における制約にも依っているのであるが，これは 5.8.1 項 (p.214~) で議論する．通常は $x < 0.4$ の組成の $\mathrm{Al}_x\mathrm{Ga}_{1-x}\mathrm{As}$ を用いることで，このような問題を回避するが，特別に共鳴トンネルにおける合金散乱を避けるために AlAs が障壁層に用いられることもある．

図 3.8(c) に示したような AlAs に挟まれた GaAs 層のような井戸構造にも，同様の問題がある．井戸内の伝導帯の最小点は Γ 点であるが，電子のエネルギーが $E > E_X^{\mathrm{AlAs}}$ であれば，界面での X 谷との混合効果によって，井戸の外に漏れ出すことができる．したがって，このエネルギーが，井戸内に真の束縛状態を形成できる上限のエネルギーとなる．

3.5　ドープしたヘテロ構造

前に議論した共鳴トンネルダイオードのようなデバイスは，電気伝導を担う電子や正孔の存在を必要としており，そのような半導体中のキャリヤは，ドーピング (doping：不純物添加) によって導入される．p-n 接合に量子井戸を埋め込んだ量子井戸レーザー (quantum-well laser) のような光エレクトロニクスデバイスでも事情は同じである．したがって我々は，ドーピングがバンドダイヤグラムに与える影響を知っておかなければならない．一般的な原理は単一の半導体におけるものと同じであるが，ヘテロ構造においては，不純物の位置と，それが放出するキャリヤの位置が，さらによく制御されることになる．

ここまですでに議論してきた構造は，電流方向を，結晶成長方向，すなわち界面に垂直な方向に想定しているという意味で "垂直 (vertical) な構造" であった．これと対極的な "水平 (horizontal) な構造" では，電流は界面に平行に流れる．これは MOSFET に似た構造であり，主要な応用例はヘテロ構造電界効果トランジスタである．これは 2 次元電子気体を利用するデバイスであり，2 次元電子系は，多くの電子デバイスの基礎となっている．

3.5.1　変調ドーピング

半導体デバイスにキャリヤを導入する伝統的な方法は，電子や正孔を必要とする部分にドーピングを施すことである．残念ながら，不純物原子が電子や正孔を放出した後に，帯電したドナーやアクセプターが残り，これらが Coulomb 相互作用によってキャリヤを散乱する (イオン化不純物散乱)．これは注意深く形成した構造内のキャリヤの伝播を妨げ，エネルギー準位をぼけさせ，共鳴トンネルなどに必要な電子の干渉性を乱してしまう．

この問題の解決策として，隔離ドーピング (remote doping) もしくは変調ドーピン

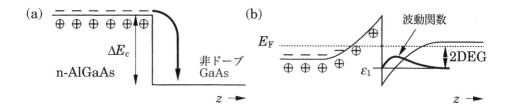

図3.9 n-AlGaAs とドープされていない GaAs のヘテロ接合の伝導帯.電子がドナーから離れて,2次元電子気体を形成する.

グ (modulation doping) と呼ばれる方法がある.これは,限定された領域にドーピングを施し,そこから生じるキャリヤが,すぐに別の領域に移動するようにしたものである.n-AlGaAs と,ドープしていない GaAs のヘテロ接合における変調ドーピングの様子を図3.9に示してある.仮に n-AlGaAs の中の電子が,それを供給したドナーのところにとどまり続けるならば,接合全体が電気的な中性を保ち,バンドは平坦である (図3.9(a)).しかし実際には,ドナーから放出された電子は運動し,その一部は GaAs 領域へと移動する.それらの電子はエネルギーを失い,伝導帯のエネルギー段差 (discontinuity) ΔE_c によって形成されている障壁を登ることができなくなるので,GaAs 側の領域に捕獲された状態になる.このような過程によって,負の電荷を持つ電子と,正の電荷を持つドナーが分離し,それ以上 AlGaAs 側の電子が GaAs 側に移動するのを抑制するような静電ポテンシャル $\phi(z)$ を発生する.

電子のエネルギーは,2つの項の和の形で与えられる.第1項の運動エネルギーはバンド構造によって与えられる.これはそれぞれの物質内では変化がないが,ヘテロ接合のところで変わり,主に段差 ΔE_c の影響が重要となる.第2項は静電ポテンシャルによって発生する,電子のポテンシャルエネルギー $-e\phi(z)$ である.運動エネルギーに,このポテンシャルエネルギーが加わって,電子の全エネルギーが決まるので,伝導帯の底にある電子のエネルギー $E_c(z)$ は,図3.9(b) のようになる.この議論は通常の p-n 接合におけるバンドダイヤグラムの議論と同様のものであるが,伝導帯の底が段差 ΔE_c を持つ点だけは全く異なっている.この段差による障壁のために,電場が電子をドナーの位置へと戻すことはできない.電場によって GaAs 側の電子は界面に押し付けられ,界面のところに形成される三角ポテンシャルのような井戸に閉じ込められている状態になる.そのようなエネルギーの電子にとって,井戸の幅は典型的に 10 nm ほどであり,z 方向の運動エネルギーは,矩形井戸の場合と同様に量子化される.大抵は電子気体が基底準位だけを占有する.すべての界面電子は z 方向の運動に関しては同じ準位を占めるが,x 方向と y 方向には自由に動ける.これが2次元電子気

体 (two-dimensional electron gas：2DEG) である．この2次元電子気体が，ヘテロ構造を持つ多くの電子デバイスの基礎となっており，光学的デバイスにおける量子井戸と並んで，最も重要な基礎構造と位置づけられている．

このような変調ドーピングによって，2つの利点が生じる．電子がドナーと分離しているために，電子はイオン化不純物散乱の影響をあまり被らない．そして電子は2次元電子気体を形成する．n-AlGaAs と GaAs の間に隔離層 (spacer layer．単に"スペーサー"とも言う) として，ドープしていない AlGaAs 層を挿入すると，電子とドナーの分離はさらに確実なものとなり，不純物散乱をいっそう低減することができるが，2DEG の電子密度も低くなる．物理実験においては電子密度よりも高い移動度が有効となることが多いため，実験では厚い隔離層が用いられることが多いが，工学的な要請としては，むしろ電子密度のほうが重要となる場合が多い．

3.5.2 バンドダイヤグラム

図3.9に示したようなバンドダイヤグラムの構成方法を，もう少し詳しく調べ，一般の接合系にどのように適用されるかを見てみよう．n-AlGaAs (物質 A) と p-GaAs (物質 B) の接合を考察する．バンドダイヤグラムを描くための手順を図3.10に示す．ダイヤグラムを描く方法は，不純物のドープだけが異なる同じ半導体の接合を扱う場合と似ているが，ここではバンド端の段差 ΔE_c と ΔE_v も考慮しなければならない．

(i) それぞれの物質に関する平坦なバンドを描く．自然な準位整合の規則 (Anderson の規則，もしくはそれを発展させたもの) に基づいて，両者の高さを揃えておき，それぞれのドーピングに応じた Fermi 準位を書き入れる．これによって，接合から充分離れたところの Fermi 準位とバンドの相対関係が決まる．バンド端の段差の効果を一時的に除いて考えるために，物質 A 側に $\bar{E}_\mathrm{c}^A = E_\mathrm{c}^A - \Delta E_\mathrm{c}$ と $\bar{E}_\mathrm{v}^A = E_\mathrm{v}^A + \Delta E_\mathrm{v}$ の線を加える．$\bar{E}_\mathrm{c}^A - \bar{E}_\mathrm{v}^A = E_\mathrm{c}^B - E_\mathrm{v}^B = E_\mathrm{g}^B$ となるので，両側の"有効バンドギャップ"は一致する．

(ii) Fermi 準位の関係を適正にする．接合から両側に充分離れた部分の Fermi 準位の差は，外部から印加したバイアス電圧にあたる．正のバイアス電圧 v が B にかかっているものと仮定すると，$E_\mathrm{F}^A - E_\mathrm{F}^B = ev$ である．

(iii) $\bar{E}_\mathrm{c}^A$ と E_c^B，$\bar{E}_\mathrm{v}^A$ と E_v^B を，静電ポテンシャルによって曲がっている，並行する曲線で結ぶ．これらの曲線の正確な形は，一般には数値計算によって求まる．定性的には，そこに存在する電荷の正負に対応した凸凹を持つS字型の曲線を描けばよい．一般に接合界面のところが変曲点になる．

(iv) A 側において，$\bar{E}_\mathrm{c}^A + \Delta E_\mathrm{c}$ のところに E_c^A，$\bar{E}_\mathrm{v}^A - \Delta E_\mathrm{v}$ のところに E_v^A を描き，接合部の E_c と E_v に段差を導入する．これでバンドダイヤグラムは完成する．

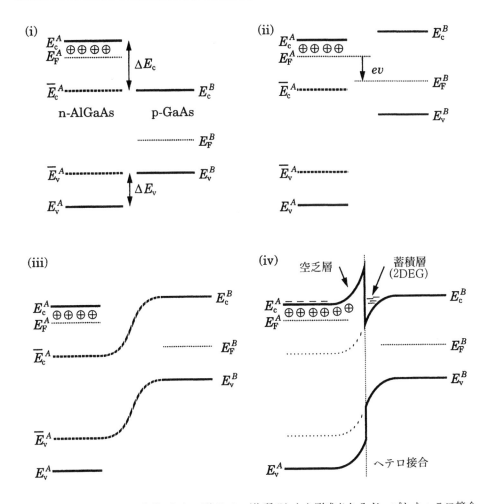

図3.10 n型AlGaAs (物質A) とp型GaAs (物質B) から形成されるドープしたヘテロ接合のバンドダイヤグラムを描く手順.

接合の近傍でバンドが曲がっている点は，普通のp-nダイオードと同様であるが，バンド端の段差によって別の性質が加わることになり，キャリヤは界面の脇にできるポテンシャル井戸に捕らえられる．普通のp-n接合の近傍は，接合の両側が空乏層になるが，ここで示した例では，p-GaAs側に電子の蓄積層 (accumulation layer) が現れる．

静電ポテンシャルの形状についても考察しておく必要がある．たとえば均一にドープした材料の空乏領域のポテンシャルは，急峻な界面を持つ通常のp-nダイオードの場合と同様に2次関数になる．一方ヘテロ構造では，ドープされていない隔離層が挿入されている場合も多い．隔離層内には電荷が無いものと考えてよいので，そこでは電場が一定で，p-i-nダイオードの絶縁層のところと同様に，バンド端は一定の傾斜を

持つ．問題を正確に取り扱うためには，静電ポテンシャルを決めるPoisson(ポワソン)方程式と，各波動関数とエネルギー準位を決めるSchrödinger方程式，および各準位の占有状態を決めるFermi-Dirac分布関数を数値計算により自己無撞着に解かなければならない．現在の一般的な目的に照らして，この問題は主要な関心事ではない．我々はこの問題を9.3節で詳しく考察するが，ここで示した定性的な手続きで，充分用が足りる場合が少なくない．

3.5.3 変調ドープ電界効果トランジスタ (MODFET)

2DEGの電子密度は，2DEGと金属ゲート電極(gate)から成るキャパシターを形成することにより，MOSFETチャネルの電子と同様に，印加電圧による制御が可能となる．このことは9.1節において詳しく復習する．この構造にソース電極(source)とドレイン電極(drain)をつけ加えると，ある種の電界効果トランジスタとなる．これを変調ドープ電界効果トランジスタ (modulation-doped field-effect transistor：MODFET) と呼ぶ．高速デバイスとして作製されるMODFETの簡略化した構造図を図3.11に示す．この構造図において，ゲート電極とチャネル (channel) の間の絶縁層 (insulator) にはAlGaAsをあててある．これはGaAsチャネル中の電子に対して，あまり高い障壁の役割を果たさないので，今では他の材料の組み合わせも用いられている．表面の薄いGaAs層は，その下のAlGaAs層が酸化されるのを防ぐ．チャネルのすぐ上にはドープされていないAlGaAsの隔離層があるが，チャネルの電子密度を高くするために，この層は非常に薄くしてある(移動度は二の次である)．ゲートの断面をT型にしてあるのは，チャネルとのコンタクト部分を短く保ったままゲート自身の電気抵抗を低くするための工夫であり，またゲートをチャネル層に接近させるように，チャネルの上の凹み (recess) の部分にゲートが形成してある．

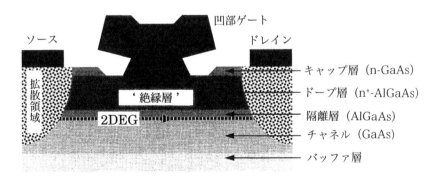

図3.11 高周波 GaAs − AlGaAs MODFET の断面構造の模式図．

現実のデバイスでは，種々の寄生効果を抑制し，製造を簡単にするために，多くの改善が施されているが，上に示した基本的な要素にかわりはない．MODFETは低雑音であり，衛星放送の受信機のような高周波応用に適している．難しい問題は，GaAs – AlGaAs界面のエネルギー障壁 ΔE_c が小さいことによって生じる．InP基板上の $In_{0.53}Ga_{0.47}As - In_{0.52}Al_{0.48}As$ によって，多少の改善をはかることができるが，むしろ格子整合の制約から離れることで，さらに高い性能を実現することができる．それゆえ次に我々は，次に半導体の歪み層を考察してみる．

3.6 歪み層

本書では，多くの例をGaAs – AlGaAs系から採っているが，これは多くの物理実験において，この系が最もよく研究されているからである．しかし残念ながら，この系の性質は，必ずしも各種の実際的な応用に適したものではない．たとえばGaAs中の電子に対するAlGaAsのエネルギー障壁は，わずか0.25 eVであり，微細なFETの中で高いエネルギーを持つ電子をチャネル層に閉じ込めておくためには低すぎる．光学的な応用を考えてみても，GaAsのバンドギャップ値1.4 eVは，光の波長としては，近赤外の約0.9 μmに相当するが，長距離の光ファイバーに適しているのは1.3 μmや1.55 μmといった波長なので，この系は光ファイバーへの応用にも適さない．

GaAs – AlGaAs系の特徴は，両方の材料がほとんど同じ格子定数を持っており，ヘテロ構造においても，微視的に見て物質構造が歪められていないことである．このような半導体の組み合わせは限られており，格子整合の要請を不可欠のものと考えるならば，我々の選択の余地は，そのような組み合わせの混晶を選ぶ程度になる．実際的なひとつの例は，InP基板上の $In_{0.53}Ga_{0.47}As$ と $In_{0.52}Al_{0.48}As$ であり，これらは互いに格子定数が整合している．もし格子整合の制約を外すことができるならば，非常に多くの半導体材料を扱えるようになる．たとえば $In_{0.53}Ga_{0.47}As$ と $In_{0.52}Al_{0.48}As$ を組み合わせることの利点は，ΔE_c が大きく，$In_{0.53}Ga_{0.47}As$ の電子の有効質量係数 m^* が小さいことである．Inの組成を0.53から更に増やすと，歪みが生じるけれども，これらの性質はさらに向上する．またInの組成量を変えることで，バンドギャップ値を，光ファイバーに適した波長に対応する値に合わせることもできる．さらに強い歪みを持つ系を $Si_{1-x}Ge_x$ 混晶を用いて構成することができるが，これはSiを含んでいる点で，産業上の有用性が高いことは明らかである．

歪み層 (strained layer) を用いる理由としては，主として次の3点が挙げられる．

- 使用できる半導体の種類・組成範囲が広がるので，バンドのオフセットやキャリヤの有効質量を調整しやすい．

- 歪みは価電子帯に強い影響を及ぼすので，バンドエンジニアリングの新たなひと

つの手法となる.

- 格子整合の制約を離れて,使いやすい基板を採用することができる.

多くのデバイスにおいて,これらすべての点が重要となる.長期にわたる歪み層の安定性の問題が指摘されたり,多くの材料に関して,まだ結晶成長における問題が付きまとっていたりするが,歪み層も広範囲で用いられるようになってきた.

3.6.1 歪み層の構造

下地と異なる格子定数を持つ材料を成長させる場合,たとえばGaAs上にInGaAs層を形成する場合に,2通りの結果が生じ得る.平衡状態ではInGaAsのほうが大きな格子定数を持っている(図3.12(a)).GaAs基板は充分に厚く,歪みが生じないものと仮定しよう.InGaAs層が薄ければ,図3.12(b)のようにGaAs表面の格子定数に順応するように歪むことができる.InGaAs層の面内方向の格子定数は,GaAsの格子定数まで縮み,これに伴う弾性応答として,層の厚さ方向の格子定数は伸びる.このようなInGaAs層は,強い歪みを持っており,弾性エネルギーを内在させている.歪み層の応力は,巨視的な試料において通常許容されるような応力に比べて,極めて大きいものである("格子整合"しているとみなされるGaAs – AlAs構造でさえ,通常の基準からすると,大きな応力がかかっている).このような大きな応力は薄膜においてのみ生じ得るもので,厚いInGaAs膜では応力が緩和されてしまい,正常な格子定数を持つようになる.我々が前に採用した,界面で原子レベルの完全な整合がとれているヘテロ接合という仮定は,厚膜では不可能となり,図3.12(c)のような不整合転位が生じて,格子定数の違いが許容される.

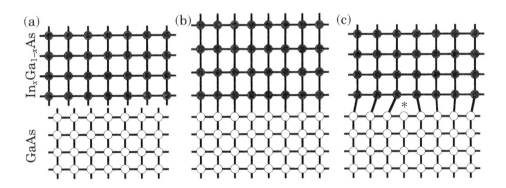

図3.12 GaAs基板上の$In_xGa_{1-x}As$層の成長.(a) それぞれの層の単独での平衡状態.(b) GaAs基板上の薄いInGaAs層.ヘテロ接合界面においてInGaAsの面内方向の格子定数がGaAsの格子定数と揃うように,InGaAs格子が歪みを持つ.(c) InGaAs層が厚い場合.ヘテロ界面に生じる不整合転位(図中*印)によって,歪みが解消する.

転位が生じると，多くのボンドが壊されるが，これには試料の面積に比例したエネルギーが必要である．一方，歪み層の弾性エネルギーは，おおよそ層の厚さに比例する．したがって，臨界厚さ (critical thickness) といったものがあって，それより厚い層では転位を生じたほうがエネルギー的に安定になる．このように応力と転位のエネルギーの相対関係に基づいて決まる歪み層の厚さの臨界値は，いわゆる "Matthews-Blakeslee 臨界膜厚" の簡略版にあたる．

図3.12(c)では，応力の緩和のために生じた欠陥が，界面のところに局在している．しかし現実には必ずしもそうならない．転位が一旦始まると，すぐに終端に至るとは限らず，上の方に "縫合転位" (threading dislocation) が繋がっていき，膜の上面側まで転位が続く可能性もある．このような転位がデバイスの活性領域を通るようであれば，デバイスの性能は著しく劣化する．現在では，安価で入手しやすいSiやGaAsのような基板上に，厚い緩和バッファー層を形成しておいて，その上に基板とは格子定数が異なるけれども目的に適う電気特性を持つ材料を用いたデバイスを作製する手法が関心を集めている．このような "メタモルフィック構造" (metamorphic structure) を形成する際に，縫合転位などの欠陥を抑制することが，主要な技術課題となっている．

3.6.2 バンド構造への歪みの影響

歪みによる最も明白な効果は，バンド端の移動である．この効果は "変形ポテンシャル" (deformation potential) の形で表現できるが，8.4.1項 (p.322〜) で電子－フォノン散乱の計算をする際に，このポテンシャルを用いることになる．歪みの利用の仕方は，電子に関しては主としてバンド端段差 ΔE_c の制御である．現実の電子デバイスの中では，キャリヤをチャネルに閉じ込めておくために，この段差はできるだけ大きいほうがよい．これはたとえば，GaAs基板の上に形成したInGaAsの歪みチャネル層を持つような "仮像結晶" 電界効果トランジスタ (*pseudomorphic* field-effect transistor) に利用されている．伝導帯が谷をいくつも含む場合には，取り扱いが複雑になるが，後からSi－Ge系においてこの問題を議論する．

歪みはΓ点付近の縮退価電子帯に対して，さらに劇的な効果をもたらし，バンドエンジニアリングに新たな道を開く．価電子帯のバンドについては，2.6.3項 (p.68〜) において p_x, p_y, p_z 軌道の描像に基づく簡単な説明を与えた．この描像を歪みのある場合にも応用することができる．歪みのない結晶では立方対称性によって，これらの軌道によって形成されるバンドが縮退している．図3.12(b) に示したような歪み層では，結晶の対称性が減じて正方晶 (tetragonal：結晶成長方向の軸に関して4回対称) になる．この歪みが及ぼす最も重要な効果は，結晶成長の方向を向いた p_z 軌道のエネルギー変化である．p_x と p_y は互いに縮退した状態を保つが，p_z はこれらとエネルギー値がずれて縮退が解ける．

接合面における格子圧縮の効果を図3.13(c) に示してある．p_z のエネルギーが低下

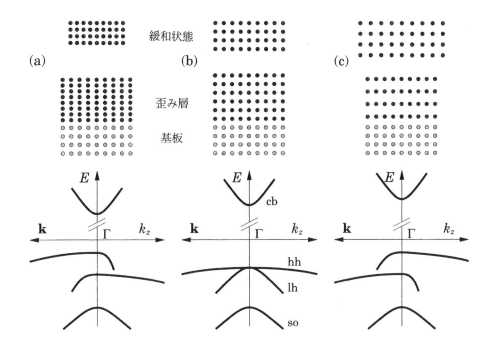

図 3.13 半導体の結晶格子の歪みがバンド構造に及ぼす影響．価電子帯の分裂が生じて，バンドギャップは小さくなる．(a) 活性層が本来，小さな格子定数を持つ場合．(b) 歪みの無い場合．通常のバンド構造．(c) 活性層が本来，大きな格子定数を持つ場合．たとえば GaAs 基板上の InGaAs．層の結晶成長方向を z とし，$\mathbf{k}$ は，これに垂直な面内方向の波数ベクトルとする．[O'Reilly (1989) より転載．]

するので，価電子帯の頂上は p_x と p_y によって形成される．この部分は k_z 成分に関しては重いが，xy 面内の $\mathbf{k}$ 方向に軽い成分を持つ ($\mathbf{K} = (\mathbf{k}, k_z)$ を思い出すこと)．したがってバンドは異方的で，接合面における正孔の運動は軽い有効質量に支配されることになり，正孔の移動度は向上する．p_z によって形成されるバンドの部分は，バンドギャップから大きく離れている．正孔は k_z 方向には軽く，$\mathbf{k}$ 方向には重い．残念なことに，スピン–軌道結合のために，バンドの描像はさらに複雑になっているが，この結合効果によって図 3.13 の主な特徴が説明される．これとは逆に，本来は小さい格子定数を持つ層が引き延ばされている場合のバンドの様子を図 3.13(a) に示してある．Si – Ge 基板上の Si 層が，このような例にあたる．

歪みを持つ量子井戸内のバンドは，歪みの効果と閉じ込め効果の両方から影響を受ける．どちらも同じように対称性を減じる作用を持つ．10.3 節で，閉じ込めの効果が図 3.13(c) に示したような歪みの効果と同様の効果を持つことを見る予定である．GaAs で挟まれて歪みを持った InGaAs 層では，これらの 2 つの効果が共に働いて，価電子帯の頂上は大きく分裂する．このため軽い有効質量を持つ $\mathbf{k}$ の範囲が拡張し，これが

支配的に働く．また高密度の正孔が，頂上のバンドだけを占有し，次のバンドに入らないということも起こる．このような歪み量子井戸の性質を利用することによって，半導体レーザーの性能は向上する．

歪みの最も明白な効果はバンドのエネルギー変化であるが，それだけではない．圧電効果(2.5節)も量子細線や量子ドットへの電子の閉じ込めや，量子井戸の成長方向に沿った内蔵電場(built-in field)の形成に利用される．

3.7　Si－Geヘテロ構造

材料としてのシリコンは，半導体産業において支配的な位置を占めているので，シリコンを用いたヘテロ構造も，その意味で重要なものとなり得る．室温におけるSiとGeの格子定数は0.543 nmと0.564 nmで，4％の違いがあるので，両者の接合において歪みは避けられない．それぞれのバンドギャップはSiが1.12 eV，Geが0.66 eVで，光の波長に換算すると1.1 μm，1.9 μmであり，単一モードファイバーにおいて有用な波長範囲に入っている．Ge上の歪みを持つSi層は，さらに小さいバンドギャップを持ち，利用できる波長領域が広がる．これは残念ながら間接ギャップを持つので，効率的な光放出は望めないが，光の検出は可能なので，集積された光エレクトロニクスデバイスの可能性を高めることになる．

基板$Si_{1-y}Ge_y$の組成によって面方向の格子定数を決め，その上に$Si_{1-x}Ge_x$活性層(active layer)を形成するという形で，広範囲の組成にわたる研究が行われてきた．$x=y$でない限り，活性層は歪みを持ち，面方向の引き延ばしも圧縮も可能である．

歪みがバンド構造に及ぼす影響は，さらに多様なものとなる．価電子帯は分裂を起こし，図3.13のような3種類の結果を得ることが可能である．SiもGeも伝導帯に複数の最小エネルギー点を持つが，それらは**K**空間の中での位置が違っており，SiではX点，GeではL点である．歪みのない$Si_{1-x}Ge_x$混晶では，$x \approx 0.85$付近で最小点が変わる．Siの多い歪んだ混晶では，対称性の低下のために，X谷の6重の縮退が解ける．結晶成長方向((001)基板を仮定)に沿った2つの谷が対$\Delta_\perp$となり，面内方向にある残りの4つの谷$\Delta_\parallel$と分離する．Geの多い混晶では，歪みがあっても4つのL谷は等価のままである．

図3.14に，$Si_{1-y}Ge_y$基板面に合わせて歪みを生じた$Si_{1-x}Ge_x$活性層の伝導帯底と価電子帯頂上の"エネルギーずれ"(offset[†])の計算結果を示す．エネルギーずれは$E_c(x) - E_c(y)$および$E_v(x) - E_v(y)$と定義してあるので，E_cのずれが正であれば，そのヘテロ構造は電子を基板側に閉じ込める傾向を持ち，E_vのずれが正であれば，正孔を活性層側に閉じ込める傾向を持つ．伝導帯の最小エネルギー点が変わるところで，

[†](訳註) 段差(discontinuity) $\Delta E_{c,v}$ と区別せよ (p.93 参照).

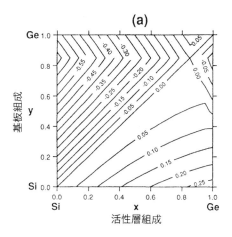
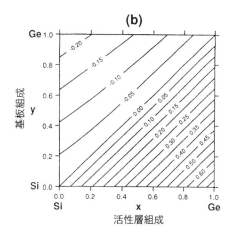

図3.14 $Si_{1-y}Ge_y$ 基板上に，基板面の格子定数に合わせるような歪みを伴った $Si_{1-x}Ge_x$ 活性層を形成した場合の (a) 伝導帯底のエネルギーずれと，(b) 価電子帯頂上のエネルギーずれ．エネルギーのずれは $E_c(x) - E_c(y)$ および $E_v(x) - E_v(y)$ と定義してある．[Rieger and Vogl (1993) による．]

ΔE_c の挙動に不連続な変化が生じている．活性層において，$x<y$ のときの最小点は $\Delta_\perp$ であり，$x>y$ のときの最小点は $\Delta_\parallel$ である．但し x と y が両方とも1に近いときには各 L 点の寄与が生じる．伝導帯と価電子帯のずれは，ほとんどの組成領域で同じ符号を持ち，II 型，すなわち，ずれ接続になっている．Si と $Si_{0.7}Ge_{0.3}$ のヘテロ接合におけるバンド接続の様子を図3.15に示した．これらをもう少し詳しく見てみよう．

図3.15(a) は Si 基板の上に $Si_{0.7}Ge_{0.3}$ 歪み層を形成した場合のバンドダイヤグラムである．段差は価電子帯のほうが大きく，II 型接合である．活性層の本来の格子定数は，基板面のそれより大きいので，歪みによって価電子帯は図3.13(c) (p.107) のように分裂する．このため面内方向の正孔の運動に関して，有効質量が軽くなる．このヘテロ接合に 2 次元正孔気体 (2DHG) を閉じ込めることができ，移動度を測定すると $2\ m^2V^{-1}s^{-1}$ にも達する．これは MOSFET 中の電子の移動度の最高値 $4\ m^2V^{-1}s^{-1}$ と比べても，さほど遜色がない．残念ながら ΔE_v は正孔を効果的に閉じ込められるほど大きくないが，通常の MOSFET 構造の中に $Si_{1-x}Ge_x$ 層を埋め込んで，高い正孔移動度を得ることができる．

これは実用上きわめて重要である．相補型金属－酸化物－半導体 (complementary metal-oxide-semiconductor：CMOS) 回路技術においては，n チャネル MOSFET と p チャネル MOSFET が両方とも必要とされるからである．Si 中の正孔の移動度が低いことは，従来型の CMOS 回路において，p チャネルデバイスの寸法を，対応する n チャネルデバイスと同等の電流を流すために，相対的に大きくしなければならないこ

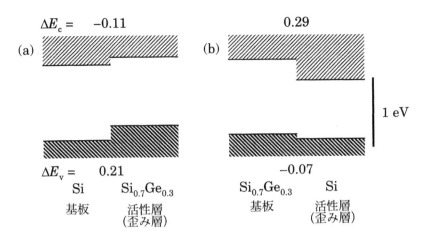

図3.15　Si と $Si_{0.7}Ge_{0.3}$ のヘテロ接合におけるバンド接続の様子．(a) Si 基板の上に歪みを持つ $Si_{0.7}Ge_{0.3}$ 活性層を形成した場合．(b) $Si_{0.7}Ge_{0.3}$ 基板の上に歪みを持つ Si 活性層を形成した場合．Si のバンドギャップが狭くなっていることに注意されたい．バンド端の段差 ΔE_c, ΔE_v によって，活性層側へのキャリヤの閉じ込めが起こる．

とを意味している．埋め込まれた $Si_{1-x}Ge_x$ の歪み層を p チャネルに用いれば，2 つの極性のトランジスタのバランスをとることができて，集積度と，おそらくは動作速度を向上させることができる．

図3.15(b) では，$Si_{0.7}Ge_{0.3}$ の"基板"上に形成されている Si 層が歪みを持ち，活性層となっている．実際の基板は Si であり，その上に図3.12(c) (p.105) のような緩和した混晶から成る厚いメタモルフィック層 (metamorphic layer) を形成したものを用いる．これもバンドの接続は II 型であるが，伝導帯の底の段差が大きいので，電子が活性層側に捕獲されて 2DEG を形成する．伝導帯で最もエネルギーの低い谷は $\Delta_\perp$ の対である．この谷は，結晶成長方向には縦方向の重い有効質量係数 $m_L \approx 0.98$，面内方向には軽い横方向の有効質量係数 $m_T \approx 0.19$ を持つ．2DEG 内の電子の運動は m_T に支配されるが，これは歪みのない Si における平均の有効質量係数 0.33 よりも小さい．有効質量が小さいことによって，このヘテロ接合界面における電子の移動度は $20\ m^2V^{-1}s^{-1}$ にまで達するが，これは $Si - SiO_2$ 界面の性質によって制約を受ける MOSFET の電子の移動度よりも高い．

Si – Ge ヘテロ構造のもうひとつの応用は，ヘテロ接合バイポーラトランジスタ (heterojunction bipolar transistor) である．これはエミッタ効率の改善のために，ベースよりエミッタのバンドギャップを広くしたものである (練習問題を参照)．これによってベース領域への高濃度ドープが可能となり，高周波動作の制約要因のひとつであるベース寄生抵抗の制約を除くことができる．Si – Ge 超格子も，かなり研究が進んでい

る．ひとつの目的は，伝導帯の構造をΓ点がエネルギー最小点になるように変更して，ギャップを直接ギャップにすることである．これがもし実現されれば，Si系デバイスで効率的な光放出が可能となり，III-V族化合物を実用デバイスから駆逐することになるかもしれない！

3.8　量子細線と量子ドット

　ここまで言及してきた構造は層状のもので，キャリヤを2次元領域に閉じ込めるか，もしくは基板面に垂直な方向に動くキャリヤに対して1次元ポテンシャルを形成するものであった．次の段階としては，もうひとつの方向にパターンを形成して，キャリヤの運動を1方向だけに制約する構造を取り上げなければならない．一般に2通りのアプローチの方法がある．まず層状構造を作製して，後からその層に加工を施す方法と，結晶成長のときにあらかじめ2次元パターンを形成してしまう方法である．前者は，特に電気的応用に関してよく用いられる方法であるが，原子レベルの構造形成には，制御された結晶成長のほうが適している．

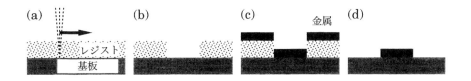

図3.16　電子線リソグラフィーとリフトオフを用いた金属ゲート電極の作製．(a) 電子線露光．(b) レジストの現像．(c) 金属の蒸着．(d) リフトオフによって金属ゲート電極を残す．

　層構造から2次元パターンを形成する作業は2つの工程から成る．まず層構造の上に塗布したレジスト (resist) 層に対して，必要となるパターンをリソグラフィー (lithography) によって形成し，それからそのパターンを，エッチング (etching) で半導体層の露出部分を除去することによって半導体層へ転写したり，金属などの別の層を上から形成して，上部にパターン層を形成したりする．電子線リソグラフィー (electron-beam lithography) とリフトオフ (lift-off) によって金属ゲート電極を形成する簡単な工程の例を図3.16に示す．レジストはメタクリル酸メチル重合体 (polymethylmethacrylate：PMMA．Perspex や Plexiglas といった商標がよく知られている) の薄い層である．走査型電子顕微鏡とよく似た装置で，レジストを除去したい領域だけに電子線を当てるように電子線を走査する．この電子線リソグラフィーの利点は，微細で多様なパターンを容易に形成できることであるが，重大な欠点は，1本の細いビームだけを用いた描画工程なので，非常に時間がかかることである．電子線はレジスト中の高分子鎖を破壊するので，電子線照射を受けたレジストは現像液によって容易に除去され，照射を

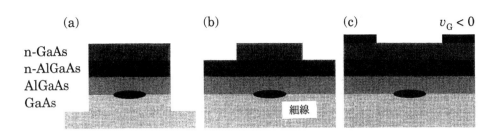

図3.17　2DEGを細線化する3つの方法．(a) 深いエッチング．(b) 浅いエッチング．(c) 並行するスプリットゲート電極に負の電圧を印加．

受けていない部分のレジストはそのまま残る．次に薄い金属膜が上から全体に蒸着形成される．最後に試料を溶剤に浸し，残っているレジストを溶かす．そのときレジスト上に載っていた金属も剥がれてゆき (リフトオフ)，半導体表面上に直接形成されていた金属層だけが残る．リフトオフ工程の信頼性を上げるためには，レジストパターンの端が垂直もしくは下すぼみ (undercut) になっていることが望ましく，これを実現するためにレジストを2層もしくは3層用いる場合も少なくない．

他にもデバイス作製に用いられているプロセスはたくさんある．レジストパターンは，エッチング工程における下層の保護マスクとしても用いられる．エッチングの方法としては，化学物質の溶液を用いたウエットエッチング (wet etching) と，気相プラズマを用いたドライエッチング (dry etching) がある．ウエットエッチングは試料に物理的ダメージを残すことがほとんどなく，試料の化学組成や結晶方位によってエッチングレートが異なるような，多様な選択エッチングの手法が開発されている．ドライエッチングではパターン端部の側壁 (sidewall) が垂直に近い，シャープな構造を形成できるが，エッチングによって削り出した表面に，イオン衝撃によるダメージを残す場合が多い．

図3.17に2DEGの電子を狭い線状の領域に閉じ込め，電子の運動を長さ方向だけに制限した"量子細線"(quantum wire) を形成する3つの方法を示した．これらの構造は明らかに電磁波の導波管 (wave guide) と関係づけることができる．おそらく最も分かりやすい方法は，2DEGから不要な部分を除き，線状の台地 (mesa) 部分を残すという方法である．9.1節で詳しく議論するが，GaAsの特徴として，表面状態が高密度で電子や正孔を吸収してしまい，表面付近に電子を含まない空乏層 (depletion layer) が形成されるという性質がある．したがって図3.17(a) に示したような断面構造を持つ細線の実効的な幅は，実際に残した台地部分の幅よりもはるかに狭い．この表面空乏化の性質は，図3.17(b) のように，ごく浅いエッチングだけで下層の2DEGを空乏化させることができるという利点に転じることもできる．エッチングの際に生じるダメージは，細線の活性領域から充分に離れている．第3の方法は，表面に並行するスプリッ

トゲート (split gate[†]) 電極を形成するというものである．これらのゲート電極に負の電圧 v_g を印加すると，その下の領域の電子が追いやられて無くなり，ゲート電極間のギャップ部の下に狭い電子チャネルが残され，これが細線として機能する．ゲートに印加するバイアス電圧を変更することで，実行的な細線幅を調整できるが，この性質は実験用デバイスには有用なものである．スプリットゲートの手法は応用範囲が広いことが実証されており，単純な細線以外の複雑な形状を持つチャネルの形成にも利用されている．この手法を用いた実験の一例としては，局部的にチャネルを狭めるような構造を用いた，1次元系におけるコンダクタンス量子化の実験 (5.7.1項, p.199〜) が挙げられる．

3つの方法すべてに共通する欠点は，電子のポテンシャルを精密に制御できないことである．横方向の寸法，たとえばゲート電極間のギャップの最小値は，プロセス手法による制約があり，大抵は 50 nm 以上である．また電子のチャネルは，典型的には表面から 50 nm 以上の深さのところにある．ゲートの端部における静電ポテンシャルが，急峻な階段状のポテンシャルであると仮定しても，下層の 2DEG に到達するまでに，ポテンシャル段差はゆるく拡がってしまう．層の厚さ方向だけでなく面内方向にもヘテロ接合によってキャリヤを閉じ込められるならば，もっと精密な細線領域の設定が可能となるはずである．直接的な細線形成のために，精力的に多くの試みがなされている．このような手法の大部分は，結晶成長の前に基板に何らかのパターンを形成しておくものである．図 3.18 に，このような手法の有効な一例を示す．

基板表面として意図的に，通常用いられる (001) 面から少しずれた面を準備する．原子の尺度で見ると，傾斜基板の表面には，ステップ (step：段差) で区切られたテラス (terrace：段丘) が並んでいる．MBE 装置で Al と As のビームを照射すると，これらの原子が基板表面に供給される．成膜条件を調整して，これらの原子が基板面上を動きまわり，拡散できるようにしておく．原子はエネルギー的に，テラスの部分よりも，ステップの部分に留まるほうが安定する．半単層 (half monolayer) を形成できる量の原子が供給され，表面が最低エネルギー状態をとるならば，図 3.18(c) のような構造ができる．さらに GaAs 半単層の成長を行うと，ステップは元の位置に戻るが，初めの基板面上に単層一枚が形成された状態になる．このような半単層の成長を交互に繰り返すと，理想的には図 3.18(e) のような構造ができ上がる．この構造を形成するためには，半単層成長の正確な制御が不可欠であるが，このような目新らしい構造が，特に MOCVD 法によって実際に作製できるようになっている．

ここまで述べてきた多くの手法は，電子を 3 次元すべての方向に閉じ込める，量子ドット (quantum dot) の形成にも応用できる．この場合にもリソグラフィーとエッチングを必要としないドットの成長方法に関心が持たれている．GaAs 上の薄い InAs 層

[†](訳註) 2DEG 層に近接させて上部に形成した細長い形状を持つ電極をこのように呼ぶ．単独のスプリットゲートに負電圧を印加することにより，2DEG をゲートの位置を境に分割 (split) することができる．

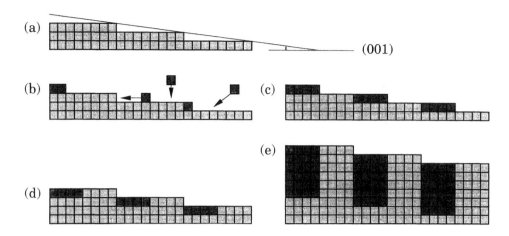

図3.18 傾斜基板上の細線の成長．(a) 結晶成長前の基板．傾斜面に原子ステップとテラス (段丘) が並ぶ．(b) AlとAsのビームが照射され，これらの原子はテラス上を動き，ステップに捕えられる．(c) AlAsの半単層の形成を完了．(d) GaAsの半単層を形成．(e) 半単層の形成を繰り返すと，面内方向の超格子が形成される．

は，自然に集まってドットを形成する傾向があり，現在このような"自己組織化構造" (self-organized structure) が多大な注目を集めている．

3.9 光の閉じ込め

前節では電子や正孔を閉じ込める問題だけを考察したが，光エレクトロニクスに応用するための構造は，光も閉じ込めなければならない．幸いこの問題は，原理的にはキャリヤの閉じ込めとよく似ているが，光のベクトル場としての性質のために，計算は少し複雑になる．粒子波の波数と振動数の関係は $k^2 = 2m(\hbar\omega - V)/\hbar^2$ であるが，光子の場合は $k^2 = \tilde{\epsilon}_r \epsilon_0 \mu_0 \omega^2 = (\tilde{n}_r \omega/c)^2$ である．$\tilde{\epsilon}_r$ は複素誘電率，$\tilde{n}_r = \tilde{\epsilon}_r^{1/2}$ は屈折率である．これらの光学的な定数については8.5.1項 (p.328〜) で詳しく扱う．波数と振動数の関係は，粒子と光子とで似ているが，重要な違いもある．差 $(\hbar\omega - V)$ は障壁部分で負となり，純虚数の波数を与えるが，$\tilde{\epsilon}_r$ が純虚数になることはほとんどない．しかし誘電率は一般に複素数なので，虚部が付随しており，これは普通エネルギー損失を表す．誘電率の虚部は，光子の吸収を記述するものだが，電子は数が保存するので，電子波の場が複素数の"誘電率"を持つことはあり得ない．

粒子がポテンシャルエネルギーの低い領域に閉じ込められるのと同様に，光は屈折率の高い領域だけを伝搬しようとする．この性質は，高い屈折率を持つ媒体内で，全反射が起こることからもよく分かる．大抵はバンドギャップが狭い材料ほど屈折率が

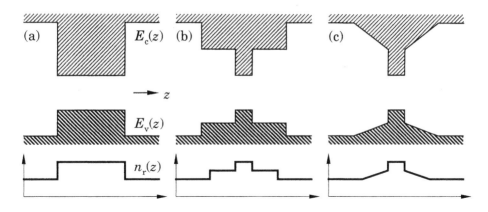

図3.19 光とキャリヤを両方閉じ込めるヘテロ構造の伝導帯と価電子帯の構造と屈折率．(a) ダブルヘテロ構造 (DH), (b) 分離閉じ込めヘテロ構造 (SCH), (c) 屈折率傾斜型分離閉じ込めヘテロ構造 (GRINSCH).

大きいので，AlGaAs で挟んだ GaAs層などは，キャリヤと光を両方閉じ込める性質を持つ．実際，導波路の理論は，有限深さのポテンシャル井戸中の粒子の理論と非常に似ている (4.2節)．しかし可視光の波長が 1 μm 程度であるのに対して，電子波の波長は 50 nm 程度なので，寸法の尺度は大きく異なる．したがって図3.19(a) のようなダブルヘテロ構造 (double heterostructure：DH) が，光を効果的に閉じ込めることができるのは，挟まれた層が充分に厚く，層内の電子状態の量子化が顕著でない場合に限られる．また逆にエネルギー準位間隔が広い狭い量子井戸は，光学モードの閉じ込め効果が弱い．この問題の解決法として，光とキャリヤの閉じ込めを別々に行うことが考えられる．すなわち内側の狭い井戸にキャリヤを閉じ込め，それより広い領域に光を閉じ込めるのである．代表的な2通りの構造として，図3.19 の (b) と (c) に示すように，狭い井戸の外側にも更にステップ状の組成の違いを設けた分離閉じ込めヘテロ構造 (separately confined heterostructure：SCH)，もしくは屈折率傾斜型分離閉じ込めヘテロ構造 (graded-index separately confined heterostructure：GRINSCH) がある．内部の井戸を単層の井戸でなく，多重量子井戸にする場合も多い．

電子を細線構造の中に閉じ込めることもできるのと同様に，光のほうもマイクロ波を金属導波管に閉じ込めるのと同じように，2次元方向に制約を課して1次元的に閉じ込めることができる．多くの技法が用いられているが，3つの例を図3.20に示す．埋め込みダブルヘテロ構造 (buried double heterostructure) は作製が難しい．活性領域を限定するために，まず台地状の領域を残すようなエッチングを施し，その後で光を閉じ込めるために，低い屈折率を持つ材料を成長させなければならないからである．この手法の利点は，強い閉じ込め効果が得られることである．図3.20(b) の棟型導波路

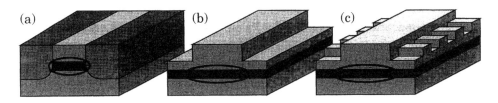

図3.20 横方向にも光を閉じ込める光導波路の断面構造の例. (a) 埋め込みヘテロ構造, (b) 棟型導波路, (c) 肋 (あばら) 構造を利用した分布Bragg反射器.

(ridge wave guide) は積層の表面にエッチングを施すだけのもので作製が容易だが, 光の閉じ込め効果は弱い. 最後の図3.20(c) には超格子の光学応用の一例を示してある. 棟型導波路に沿って進む光は, 最上層にエッチングで形成した横方向の肋構造によって, 周期的な摂動を受ける. 内部の光は Bragg 条件に従って反射するので, レーザー内に光学的な共振器を設けるために肋構造を利用できる. このような構造は, 分布帰還型 (distributed feedback : DFB) 構造, もしくは分布 Bragg 反射器 (distributed Bragg reflector : DBR) と呼ばれている. この構造を持つレーザーは, 通常の Fabry-Pèrot 共振器を用いたものよりも線幅を細くできる. 超格子構造は 3.4.4項 (p.97~) で述べたような結晶成長によって形成することもできるが, これは垂直方向の表面放出レーザーにおいて, 共振器の役割を担う分布 Bragg 反射器として利用できる.

単なる層状の超格子は, 垂直方向のバンドギャップを生成するだけで, 層に平行な方向の伝播に対する影響はない. さらにパターニングを施して, 結晶構造のように3次元的な周期ポテンシャルを形成できれば, どのような光のモードも伝搬しないような振動数領域, すなわち "光学的バンドギャップ" (photonic band gap) が形成されるかもしれない. このような構造は, いろいろな光学特性, 特に自発放出の制御を可能とし, 光エレクトロニクスデバイスを大きく改善する可能性があるため, 活発な研究の対象となっている.

ここまでで, 現在用いられている広範なヘテロ構造の概説を終わる. ヘテロ接合の電気的特性を学ぶ前に, 我々は少し寄り道をして, 半導体中のキャリヤの描像の背景にある有効質量近似を調べることにする.

3.10 有効質量近似

ここまでの概説において採用してきた議論の単純化の方法として, 半導体結晶におけるエネルギーバンド全体の構造を無視し, それぞれのバンド端のエネルギーと, バンド端における有効質量だけを考慮するという手法があった. この "有効質量近似" (effective-mass approximation) の理論を調べ, その適用限界を吟味し, この近似が安

3.10 有効質量近似

全に使える条件を検証しよう．最初に本書を読むときには，本節をとばしても差し支えない．

完全な結晶の中に，不純物原子のような摂動要因を導入することを考えよう．一般に摂動は，量子井戸形状でも，障壁や超格子の構造でも，パターン化されたゲート電極から2次元電子気体に与えられるようなポテンシャル分布でもよい．Schrödinger方程式は次の形になる．

$$[\hat{H}_{\mathrm{per}} + V_{\mathrm{imp}}(\mathbf{R})]\psi(\mathbf{R}) = E\psi(\mathbf{R}) \tag{3.2}$$

$\hat{H}_{\mathrm{per}}$ は完全結晶 (perfect crystal) のハミルトニアンであり，$V_{\mathrm{imp}}(\mathbf{R})$ は不純物 (impurity) によるポテンシャルへの付加的な寄与である．完全結晶の Schrödinger 方程式を解くことさえ困難な問題であり，式 (3.2) は普通の正攻法で手に負えるような方程式ではない．

一方，初等的な教科書では，半導体中のドナーとアクセプターについて，単純な結果が与えられている．電子を放出した後のドナーは，余分に加えられた正電荷イオンのように振舞い，その電荷に相当する電子を引き寄せる．アクセプターも電荷の符号が入れ替わるだけで同様に振舞い，正孔を引き寄せる．したがって不純物原子と，それに捕えられたキャリヤが水素原子のように振舞うわけだが，電子質量は結晶中の電子や正孔の有効質量に置き換わり，また母体となっている半導体の誘電率の効果によって，不純物の電荷はある程度まで遮蔽される．両方の効果によってイオン化エネルギーは著しく低下するので，水素原子のイオン化エネルギーが 13.6 eV であるのに対し，GaAs 中のドナーのイオン化エネルギーはわずか 5 meV 程度にすぎない．このような単純な議論は，有効質量理論 (effective-mass theory) もしくは有効ハミルトニアン理論 (effective-Hamiltonian theory) によって正当化できる．この理論は非常に分かりやすい結果を与えるので魅力的であるが，その適用限界を理解しておくことも重要である．

記述を簡単にするために，1次元系を考察する．完全結晶に関する次の Schrödinger 方程式の解が，すべて既に得られているものと仮定する．

$$\hat{H}_{\mathrm{per}}\phi_{nk}(x) = \varepsilon_n(k)\phi_{nk}(x) \tag{3.3}$$

解である関数は，完全系を構成している (1.6 節)．したがって不純物を含んだ系の波動関数 $\psi(x)$ も，$\phi_{nk}(x)$ によって次のように展開できるはずである．

$$\psi(x) = \sum_n \int_{-\pi/a}^{\pi/a} \tilde{\chi}_n(k)\phi_{nk}(x) \frac{dk}{2\pi} \tag{3.4}$$

$\tilde{\chi}_n(k)$ は展開係数である．すべての状態を含むように，すべてのバンド n に関する和と，Brillouin ゾーン内のすべての状態 k に関する積分が実行される．$\tilde{\chi}_n(k)$ を見いだ

すためには，展開式 (3.4) を Schrödinger 方程式 (3.2) に代入することになる．こうして求めた解も，もちろん厳密解であり，元の Schrödinger 方程式を直接解くのと原理的には同じことである．さらに話を進めるために，波動関数を単純化しなければならない．簡明な結果を得るために，ここから思い切った近似を導入し，後からそのような近似が，どの程度まで是認され得るかを見ることにする．

第1段階として，ひとつのバンドに属する状態からの成分だけが，重要な部分を占めているものと仮定し，n に関する和を省くことにする．たとえば GaAs 中のドナーであれば，電子の状態は主としてギャップ直上の伝導帯 (Γ_6) の状態によって記述できるものと考えられる．価電子帯や，伝導帯より高いエネルギーを持つバンドからの寄与は極めて小さい．この仮定は後から正当化されることになる．すなわち，結果として得られるドナーのエネルギーは，伝導帯の底に近く，他のバンドからは充分に離れているので，これは良い近似になっているのである．

第2段階としては，k 空間の積分において，重要な寄与を持つ領域が非常に狭いものと仮定する．GaAs 中のドナーの場合，伝導帯の底が Γ 点にあるので，k も 0 付近のところだけを考慮すればよい．Bloch 関数は，x の周期関数 $u_{nk}(x)$ を用いて $\phi_{nk}(x) = u_{nk}(x) \exp(ikx)$ と書かれる．$\phi_{nk}(x)$ の k 依存性は，主として平面波因子 $\exp(ikx)$ によるもので，$u_{nk}(x)$ は主要な領域において k にほとんど依存しないものと仮定する．そうすると小さい k に関して，

$$\phi_{nk}(x) = u_{nk}(x)e^{ikx} \approx u_{n0}(x)e^{ikx} = \phi_{n0}(x)e^{ikx} \tag{3.5}$$

と書ける．

以上の2つの仮定に基づく単純化によって，波動関数 (3.4) は次のように，展開係数の逆 Fourier 変換を用いた形に書き直すことができる．

$$\psi(x) \approx \phi_{n0}(x) \int_{-\pi/a}^{\pi/a} \tilde{\chi}(k) \exp(ikx) \frac{dk}{2\pi} = \phi_{n0}(x)\chi(x) \tag{3.6}$$

この式が，有効質量近似に基づく第1の主要な結果であるが，これを図3.21に示してみた．波動関数は近似的に，元々の半導体の主要なエネルギーバンドの極値点における Bloch 関数と，"包絡関数" (envelope function) $\chi(x)$ の積の形で表される．我々は $\tilde{\chi}(k)$ が，ごく狭い波数範囲だけを含むものと仮定しているので，$\chi(x)$ の実空間内での変化は緩やかである．この条件も後から確認が必要である．GaAs 中のドナーのところの電子軌道の半径は 10 nm ほどになるが，これは格子定数の 0.5 nm に比べて充分大きい．

これは議論を進めるのに都合のよい仮定であるが，次に，この包絡関数が満たすべき式が必要となる．展開式 (3.4) を Schödinger 方程式 (3.2) に代入する．主たる問題は，$\hat{H}_{\mathrm{per}}$ の効果である．バンドを単一に単純化して考えると，この演算子は次のよう

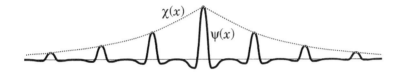

図3.21　不純物原子付近の波動関数 $\psi(x)$. Bloch関数が, 包絡関数 $\chi(x)$ によって変調された形をとる.

に作用する.

$$\hat{H}_{\mathrm{per}}\psi(x) = \hat{H}_{\mathrm{per}}\int_{-\pi/a}^{\pi/a}\tilde{\chi}(k)\phi_{nk}(x)\frac{dk}{2\pi} = \int_{-\pi/a}^{\pi/a}\tilde{\chi}(k)\varepsilon_n(k)\phi_{nk}(x)\frac{dk}{2\pi}$$
$$\approx \phi_{n0}(x)\int_{-\pi/a}^{\pi/a}\tilde{\chi}(k)\varepsilon_n(k)e^{ikx}\frac{dk}{2\pi} \quad (3.7)$$

ハミルトニアン $\hat{H}_{\mathrm{per}}$ は x に作用する演算子なので, $\phi_{nk}(x)$ だけに影響を及ぼす. この関数は純粋な結晶場における Schrödinger 方程式 (3.3) の解なので, 演算子を固有値 $\varepsilon_n(k)$ に置き換え, 最後に Bloch関数に関する近似 (3.5) を適用した.

次にエネルギーバンドを k の冪級数に展開して $\varepsilon_n(k) = \sum_m a_m k^m$ と置くと, 次のようになる.

$$\hat{H}_{\mathrm{per}}\psi(x) \approx \phi_{n0}(x)\sum_m a_m \int_{-\pi/a}^{\pi/a}\tilde{\chi}(k)k^m e^{ikx}\frac{dk}{2\pi} \quad (3.8)$$

ここで, 微分の Fourier 変換に関する次の公式 (部分積分から求まる) を用いることにする.

$$\int\frac{df(x)}{dx}e^{-ikx}dx = ik\int f(x)e^{-ikx}dx = ik\tilde{f}(k) \quad (3.9)$$

つまり $k\tilde{f}(k)$ の逆Fourier変換は $-i df(x)/dx$ である. これを一般化すると, $k^m \tilde{f}(k)$ の逆Fourier変換は $(-i d/dx)^m f(x)$ となる. これを適用すると, 式 (3.8) は次のようになる.

$$\hat{H}_{\mathrm{per}}\psi(x) \approx \phi_{n0}(x)\sum_m a_m\left(-i\frac{d}{dx}\right)^m\chi(x) \equiv \phi_{n0}(x)\varepsilon_n\left(-i\frac{d}{dx}\right)\chi(x) \quad (3.10)$$

最後の $\varepsilon_n(-id/dx)$ という奇妙な表記は, これに対応している左辺の級数因子の省略記法である. すなわち $\varepsilon_n(k)$ を k の冪級数に展開し, 各項の k を $-id/dx$ に置き換えたものである. これは一般に無限級数なので, この $\varepsilon(-id/dx)$ という表現は見かけは単純であるが, このままでは数学的に厄介なところがある.

Schrödinger方程式 (3.2) の残りの項 $V_{\mathrm{imp}}\psi$ と $E\psi$ は, 単に波動関数に係数が掛けてあるだけの項なので, これで方程式全体が非常に単純な形になる. 各項共通の因子

$\phi_{n0}(x)$ を省くと，次式が得られる．

$$\left[\varepsilon_n\left(-i\frac{d}{dx}\right) + V_{\text{imp}}(x)\right]\chi(x) = E\chi(x) \tag{3.11}$$

この最終的な方程式は，包絡関数に関する"有効ハミルトニアン"(effective Hamiltonian) で書かれた，ある種の Schrödinger 方程式になっている．Bloch 関数と，H_{per} が含んでいたはずの周期ポテンシャルは消え，バンド構造の情報を含む複雑な運動エネルギー演算子 $\varepsilon_n(-id/dx)$ が残されている (3 次元系では $\varepsilon_n(-i\nabla)$ となる)．波動関数は χ と ϕ_{n0} の積なので，包絡関数自体の規格化はそれほど重要ではないが，この問題は 10.4 節で扱う．

我々がバンド構造 $\varepsilon_n(\mathbf{K})$ として完全なものを充てるならば，有効ハミルトニアンは依然として非常に複雑である．しかしすでに我々は，波動関数が $\mathbf{K}$ 空間の非常に狭い領域内の状態から構成されることを仮定しているので，$\varepsilon_n(\mathbf{K})$ もこれに合わせて単純化してよい．たとえば GaAs の伝導帯の底付近のエネルギーは，近似的に，

$$\varepsilon_n(\mathbf{K}) \approx E_{\text{c}} + \frac{\hbar^2 K^2}{2m_0 m_{\text{e}}} \tag{3.12}$$

と表されるので，$\mathbf{K} \to -i\nabla$ のように置き換えると，

$$\varepsilon_n(-i\nabla) \approx E_{\text{c}} - \frac{\hbar^2}{2m_0 m_{\text{e}}}\nabla^2 \tag{3.13}$$

のようになる．これを包絡関数の有効 Schrödinger 方程式 (3.11) に代入し，E_{c} を右辺に移項すると，次式のようになる．

$$\left[-\frac{\hbar^2}{2m_0 m_{\text{e}}}\nabla^2 + V_{\text{imp}}(\mathbf{R})\right]\chi(\mathbf{R}) = (E - E_{\text{c}})\chi(\mathbf{R}) \tag{3.14}$$

これが，まさに我々が得ようとしていた結果である．自由電子の Schrödinger 方程式とよく似ているが，電子質量が有効質量に置き換わり，エネルギーの基準が伝導帯の底になっている．

ドナーの場合は電子に対して引力 Coulomb ポテンシャルを持ち，この Schrödinger 方程式は次のようになる．

$$\left(-\frac{\hbar^2}{2m_0 m_{\text{e}}}\nabla^2 - \frac{e^2}{4\pi\epsilon_0\epsilon_{\text{b}} R}\right)\chi(\mathbf{R}) = (E - E_{\text{c}})\chi(\mathbf{R}) \tag{3.15}$$

この式は，水素原子の Schödinger 方程式に正確に対応している．有効質量係数 m_{e} が加わり，エネルギーの基準が伝導帯の底 E_{c} となり，半導体の比誘電率 ϵ_{b} が導入されている (証明は省くが，ここに比誘電率が現れるのは自然であろう)．水素原子の結果に対して，単純にこれらの定数を導入すればよいことになるが，この結果は 4.7.5 項

(p.152〜) で与えることにする．ドナーに捕えられた電子の基底エネルギーは"有効Rydbergエネルギー"$\mathcal{R}$ (式 (4.66)) を用いて，$E = E_c - \mathcal{R}$ と与えられる．これに対応する波動関数は $\chi(R) = (\pi a_B^3)^{-1/2} \exp(-R/a_B)$ で，a_B は"有効Bohr半径"(式 (4.67)) である．半導体中の有効Rydbergエネルギーと有効Bohr半径は m_e と ϵ_b に依存し，GaAs中の電子に関しては $\mathcal{R} \approx 5.2$ meV，$a_B \approx 10$ nm となる．

ヘテロ構造における有効質量理論の考察に移る前に，この近似の際に失うものを確認しておかなければならない．式 (3.14) のような最も単純化した形のハミルトニアンには，エネルギーバンドを2次関数で近似したことによる制約がある．エネルギー段差が"小さい"GaAs – AlGaAs のような系でも，しばしばバンド端から ±0.3 eV ほどのエネルギー範囲を考慮しなければならない．このような広い範囲では，2次関数近似は疑わしいので，算出される数値を信用しすぎてはならない．

単一のバンドだけを考慮するという近似も，強い制約を伴う近似であり，そのまま適用できない例もいくつかある．実例を以下に示す．

(i) Si のような半導体は，伝導帯が互いに等価な複数の谷底を持つので，電子状態に関しては，これらの谷をすべて考慮しなければならない．

(ii) 価電子帯が，頂上で縮退している軽い正孔と重い正孔のバンド，およびそれらと弱いスピン－軌道分裂で隔てられている第3のバンドから成るならば，波動関数において，これらのバンドをすべて考慮しなければならない．

(iii) 量子井戸における光吸収 (図1.4, p.9) のようなバンド間の効果を扱う場合には，伝導帯と価電子帯を両方とも考慮しなければならない．このことは新たな問題を生む．半導体における基本ギャップ付近のバンドはKaneモデル (10.2節) によって記述されるが，このモデルによると $\mathbf{K}$ がゼロから離れて大きくなるにつれて，伝導帯と価電子帯の波動関数の混合が起こり，有効質量は低下する．式 (3.5) のような Bloch関数の振幅周期性を無視する近似が正当かどうか，注意深く調べなければならない．

複数のバンドを考慮する場合，有効ハミルトニアンは，各バンドの波動関数成分を含むベクトルに作用する，微分演算子から成る行列になる．このような例を10.3節で扱うことにする．

幸いなことに，現在までの研究によると，有効質量近似は一般に有用で，適用範囲が非常に広いことが分かっているが，光学的な行列要素を計算したい場合などには，特別に注意を払う必要がある．

3.11 ヘテロ構造における有効質量理論

有効質量理論をヘテロ構造に適用するには，もう少し注意が必要である．重要な点は，波動関数の Bloch 関数部分と，包絡関数の決まり方である．

波動関数は，緩やかに変化する包絡関数と，元々のバンド構造の極値のところの Bloch 関数との積であること (式 (3.6)) を思い起こそう．2 つの半導体のヘテロ接合において，Bloch 関数が有効質量近似の対象となり得るかどうか，注意して見ておく必要がある．同じ極値点で $\varepsilon_n(\mathbf{K})$ の有効質量を考えなければならないことは明白である．この条件は，GaAs と AlAs のヘテロ接合では，伝導帯の底が前者は Γ 点，後者は X 点と異なっているので成立しない．GaAs と $Al_{0.3}Ga_{0.7}As$ のような，同じところにバンドの底を持つ材料では，Bloch 関数がほとんど同じだと考えたくなるが，これにも疑わしいところがある．図 2.16 (p.68) に示したように，バンド内電子の運動エネルギーは 10 eV ほどにもなるので，Bloch 関数の違いが大局的には些細なものでも，我々が関心の対象とする 0.1 eV 程度のエネルギーに関しては，大きな誤差を生じる可能性がある．しかし詳しい計算によると Bloch 関数に違いがあっても，有効質量理論は，かなりよく成立することが分かっている．

次に考えなければならない点は，界面における包絡関数の接続方法である．半導体 A と半導体 B (たとえば GaAs と，$x < 0.45$ の $Al_xGa_{1-x}As$) のヘテロ接合界面が $z = 0$ にあるものとする．それぞれの領域における包絡関数の Schrödinger 方程式は，議論を簡単にするために 1 次元で考えると，

$$\left(E_c^A - \frac{\hbar^2}{2m_A m_0}\frac{d^2}{dz^2}\right)\chi(z) = E\chi(z) \tag{3.16}$$

$$\left(E_c^B - \frac{\hbar^2}{2m_B m_0}\frac{d^2}{dz^2}\right)\chi(z) = E\chi(z) \tag{3.17}$$

である．伝導帯の底のエネルギー差は，ステップ状のポテンシャル段差のように働く．ここでは B の方がエネルギーが高く，段差が $\Delta E_c = E_c^B - E_c^A$ であるとする．同じ半導体同士の場合であれば，通常通りに境界における波動関数の値と，その 1 次微分を一致させればよい．

$$\chi(0_A) = \chi(0_B), \quad \left.\frac{d\chi(z)}{dz}\right|_{z=0_A} = \left.\frac{d\chi(z)}{dz}\right|_{z=0_B} \tag{3.18}$$

0_A は界面の半導体 A 側を意味する．この単純な条件は，異なる有効質量を持つ材料の接合では不適切であり，式 (3.18) の条件では，後に 5.8 節で見るように，電流が保存されない．正しい接続条件は次のようになる．

$$\chi(0_A) = \chi(0_B), \quad \frac{1}{m_A}\left.\frac{d\chi(z)}{dz}\right|_{z=0_A} = \frac{1}{m_B}\left.\frac{d\chi(z)}{dz}\right|_{z=0_B} \tag{3.19}$$

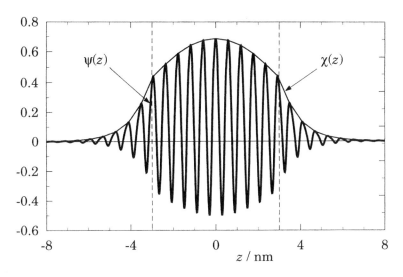

図3.22 ヘテロ構造で構成された幅 (層の厚さ) 6 nm の量子井戸における基底状態の波動関数 (Bloch関数因子も含む). 細線は波動関数のピークを繋いで描いた, 包絡関数の近似曲線である. [Burt (1994) より転載.]

今度は微分の接続条件に, 両半導体内の有効質量係数が含まれている. 波動関数の1次微分は本質的に運動量演算子なので, 式 (3.19) は, 界面の両側で電子の速度が等しく, 電流が保存されるという条件になっている. $m_A \neq m_B$ であれば, 界面において包絡関数の折れ曲がり (kink) が生じる.

少し数学的な議論をすると, 波動関数の誤った接続条件 (3.18) は, 暗に Schödinger 方程式として次の形を仮定したものである.

$$-\frac{\hbar^2}{2m_0 m(z)}\frac{d^2\chi}{dz^2} + V(z)\chi(z) = E\chi(z) \tag{3.20}$$

$m(z)$ が変化する場合, 上式の χ に対する演算は Hermite(エルミート)でなく (すなわち Sturm-Liouville(ステュルム-リゥヴィル)型の固有値問題ではなく), その結果として, 波動関数に不可欠な多くの性質が失われることになる. 方程式を少し修正して次のようにすると, Hermite性が回復し, 信頼性の高い式になる.

$$-\frac{\hbar^2}{2m_0}\frac{d}{dz}\left[\frac{1}{m(z)}\frac{d\chi}{dz}\right] + V(z)\chi(z) = E\chi(z) \tag{3.21}$$

どちらの式も, 一様な構造の下では通常の Schrödinger 方程式に還元するが, 後者は一般に, 波動関数同士の直交性や, 電流の保存, その他にも我々にとって好ましい諸条件を保証する. しかしその代償として, 波動関数の境界接続条件を, 式 (3.19) のように変更しなければならない.

ヘテロ界面において包絡関数が折れ曲がりを持つことが正当かどうか，疑問も生じ得る．"本当の"波動関数は，滑らかなはずだからである．幸い，詳しい計算によると，包絡関数の変化が原子レベルの尺度から見て緩やかであれば，有効質量近似は問題なく成立する．ポテンシャル関数の変化に関しては，このような制約は"不要"である．図3.22 に，幅 6 nm の量子井戸における波動関数の例 (Bloch関数因子を含んだもの) を示す．波動関数そのものは，界面で滑らかに接続しているが，各ピークを繋いだ包絡関数の概形は，ヘテロ界面の位置で急に傾きが変わる．このような接続条件 (3.19) に基づく包絡関数の折れ曲がりは，原子レベルの尺度で変化する波動関数の界面を境にした変調の様子を，適正に反映している．

これで一旦，ヘテロ接合に関する問題の概説を終えるが，この問題は 4.9 節で再び取り上げることになる．次に我々は，本章までに得た結果を踏まえて，電子が 2 次元，もしくはそれ以下の次元に閉じ込められたときの振舞いを，具体的に見てみることにする．

＊　参考文献の手引き

Stradling and Klipstein (1990) は，ヘテロ構造の形成と評価の方法を記述している．Adachi (1985) のレビューは GaAs と AlAs およびその混晶の便利なデータ源である．Blakemore (1987) はこのデータを採ると同時に，他の有用な文献のデータも掲載している．

Yu, McCaldin and McGill (1922) は，長いあいだ問題であり続けたヘテロ接合のバンド接続について，理論と実験からの両方のアプローチに関する広範なレビューを与えている．Wolfe, Holonyak and Stillman (1989) では，ヘテロ構造のバンドダイヤグラムに関して優れた議論がなされている．価電子帯のバンドエンジニアリングとしての歪みの活用については，O'Reilly (1989) においてレビューされている．

Weisbuch and Vinter (1991) および Kelly (1995) には，ヘテロ接合の多くの応用と，その現実的な課題が述べられている．Willardson and Beer (1996−) にも，有用なレビューが含まれている．光エレクトロニクスへの応用に関しても，いろいろな観点から書かれた文献がある．Chuang (1995) では理論に重点が置かれており，Gowar (1993) はエンジニアリングを指向した記述になっている．

ヘテロ接合における有効質量理論のさらに詳しい議論は Bastard (1988) に与えられている．包絡関数の定式化の詳細は Bastard, Brum and Ferreira (1991) に記されている．Datta (1989) には有効質量理論の直接的な導出と，複数のバンドへの応用が述べられている．有効質量理論の正当性に関しては Anderson (1963) による洞察に富んだ考察がある．バンド間の現象に有効質量理論を用いるときの問題は Burt (1995) で議論されている．この文献では，ヘテロ構造における有効質量理論の正当性について

も，詳しい考察が行われている．

＊　練習問題

3.1 MBE法は気体運動理論の興味深い応用の対象となる．ここで気体に関する標準的な公式をいくつか取り上げて，MBE法への応用を考えてみよう．

基板表面に当たる分子流束 (flux of molecules. 単位時間に基板上の単位面積に到達する分子の数) は $F = \frac{1}{4}n\bar{c}$ と表される．n は分子数密度 (単位体積中の数)，$\bar{c}$ はそれらの平均速度である．気体の圧力と密度と温度は，理想気体の法則で関係付けられるが，微視的な表現をすると，これは $p = nk_\text{B}T$ である．分子の平均速度と熱エネルギーは $\frac{1}{2}mc_\text{rms}^2 = \frac{3}{2}k_\text{B}T$ という関係を持つ．c_rms は速度の自乗平均の平方根 (root-mean-square) であるが，これと平均速度の関係は $\bar{c} = \sqrt{8/3\pi}\,c_\text{rms}$ である．これらの式から，よく知られた $p = \frac{1}{3}nmc_\text{rms}^2$ という結果が導かれる．

これらの結果を用いて，UHV (超高真空) の中で残留気体 (background gas) による汚染物質の単層が形成されるまでの，基板表面の清浄が保たれる目安となる時間を求めよ．まず残留気体が主として H_2 であると仮定して，残留気体の基板表面への分子流束 F_bg を計算せよ．入射する原子数に付着係数 (sticking coefficient) ξ を掛けた数の原子が基板表面に残る．表面に残留原子によって単層が形成される時間 t_bg を見積もれ．付着係数 $\xi = 1$ (極めて悲観的な仮定である)，残留気体圧力 5×10^{-11} mbar (5×10^{-9} Pa)，気体の温度は室温 $T_\text{bg} = 300$ K を仮定せよ．(参考：1 torr ≈ 132 Pa)

3.2 Ga の供給によって結晶成長が律速されているものと仮定して，成長速度 (growth rate) を求めよ．Ga の K-セル内は $T_\text{Ga} = 900°\text{C}$ で，圧力約 5×10^{-4} mbar (5×10^{-2} Pa) とせよ．前問で示した式を用いて K-セルの開口部 (半径 $A \approx 10$ mm) における Ga 原子の流束を求めよ．基板が K-セルから $R \approx 200$ mm 離れているならば，流束は面積 $2\pi R^2$ の領域に拡がるが，流束の中心では平均値の 2 倍程度の密度になる．このようにして単層の成長に要する時間 t_ML を求めよ．その値を 1 μm の層を形成するまでの時間に換算してみることも教育的に意義がある．

3.3 成長する結晶の汚染 (contamination) の程度を，単純に t_ML/t_bg の形で見積もれ (水素を汚染物質として考えるのは，必ずしも現実的ではないが)．よい材料には，不純物濃度が 10^{-6} 以下であることが求められるので，$\xi = 1$ という仮定はかなり悲観的なものである．

3.4 平均自由行程 L が装置の寸法よりもはるかに長いことを証明せよ．分子の半径を d とすると，その分子が距離 x を移動する間に，体積 $\pi d^2 x$ の領域内にある他のすべての分子に衝突する．平均的に分子が平均自由行程を進むと，他の分子と 1 回衝突するので $\pi d^2 L n = 1$ である (8.2節で見るように，固体中の電子の平均自由行程についても同様の議論が適用できる)．残留気体と分子線の両方について，ここまでに示した条件下での L を推定せよ．

3.5 付録 B のデータを用いて，InP 基板上に歪みを伴わずに成長させることができる $\text{In}_x\text{Ga}_{1-x}\text{As}$ と $\text{In}_x\text{Al}_{1-x}\text{As}$ の組成を見いだせ．

3.6 2 つの格子整合系 GaAs – AlAs と InAs – GaSb について，Anderson の規則を用いて，伝導帯と価電子帯の段差を求めよ．各半導体のバンドギャップと電子親和力は付録 B に与えられている．得られた結果は，図3.5 (p.93) に示した一般に受け入れられている数値と，どの程度合致するか？

3.7 図3.15 (p.110) に Si と $Si_{0.7}Ge_{0.3}$ の2通りのバンド接続の様子を示してある. これを Ge と $Si_{0.2}Ge_{0.8}$ についても描いてみよ. 接続の型はどのようになるか. またこのような接合の応用を提案することができるか？

3.8 p型 AlGaAs と n型 GaAs から成るヘテロ接合のバンドダイヤグラムを描け. この接合において, 界面に(2次元の)正孔気体が生じ得ることを示せ.

3.9 II型ヘテロ接合(ずれ接続. 図3.5 (p.93) 参照)によって, 興味深い結果が得られる. p-n 接合と n-p 接合のバンドダイヤグラムを描き, 電子もしくは正孔のどちらが界面に捕獲されるかを決定せよ.

またドープされていない InAs – GaSb のような III型ヘテロ接合では何が起こるか？

3.10 図3.5 (p.93) に示したように, InAs の伝導帯の底は, GaSb の価電子帯の頂上よりも低い. したがって電子は自発的に GaSb から InAs へと移動する. これらの薄い層が交互に繰り返して形成されている系を想定しよう. 各 InAs 層は電子の量子井戸として振舞うので, 電子の基底準位は本来の伝導帯の底よりも上がる. GaSb における正孔の基底準位も上がる. したがって各層を非常に薄くすると, 伝導帯と価電子帯のエネルギーが重ならなくなる. 各層が同じ厚さを持つものとし, 無限に深い井戸の扱いにより, エネルギーが重なるかどうかを分ける臨界厚さを推定せよ.

3.11 古典的な半導体中の量子統計 (1.8.3項, p.37〜) が適用できるものと仮定して, GaAs のホモ接合 n-p ダイオードのバンドダイヤグラムを描け. 左側で $N_D = 2 \times 10^{21}$ m^{-3}, 右側で $N_A = 10^{23}$ m^{-3} とせよ. それぞれの Fermi 準位を計算し, まず両者の平衡時のダイヤグラムを描け. 有効状態密度を $N_c = 4.7 \times 10^{23}$ m^{-3} および $N_v = 7.0 \times 10^{24}$ m^{-3} とする. バンドが平坦なときの, Fermi 準位差によって定義される内蔵電圧 (built-in voltage) $eV_{bi} = E_F^{(n)} - E_F^{(p)}$ も計算せよ.

3.12 前問のダイオードを, 今度は n-$Al_{0.3}Ga_{0.7}As$ と p-GaAs のヘテロ接合ダイオードに置き換えてみよ. Al の組成比は急峻に変わるのではなく勾配を持ち, ドーピングのほうは一定にしてあるものとする. 新たな Fermi 準位の位置を計算し (ほとんど手間はかからない！), バンドダイヤグラムを描き, 内蔵電圧を計算せよ. 次式を示せ.

$$eV_{bi} = E_g^{(p)} + \Delta E_c - \left[E_c^{(n)} - E_F^{(n)}\right] - \left[E_F^{(p)} - E_v^{(p)}\right] \qquad \text{(ex3.1)}$$

各括弧内のエネルギー差は, ドープ量から簡単に計算できる. ドープ量が同じで, 有効状態密度があまり違わないものと仮定して, n側を GaAs から AlGaAs に変えたことの効果として eV_{bi} が ΔE_c だけ増えることを導け. これはバンドダイヤグラムにおいて, どのように理解できるか？ ホモ接合では eV_{bi} を接合部における伝導帯もしくは価電子帯のエネルギー変化として定義できる. この定義はヘテロ接合ではどのように修正されるか？

3.13 バイポーラ接合トランジスタ (bipolar junction transistor) のエミッタ効率は, エミッタ・ベース接合を流れる電子電流密度と正孔電流密度の比によって決まっており, この数値を可能な限り大きくすることが必要となる. この比を決める支配的な因子は, 熱平衡状態における接合両側の"少数キャリヤ"(minority carrier) 密度の比である. これはホモ接合ではドーピングによって調節するしかないので, バイポーラトランジスタは高濃度にドープしたエミッタと, 低濃度にドープしたベースを持つ. 少数キャリヤの比 n_p/p_n を求めよ. n_p は p型半導体側の少数キャリヤである電子の密度, p_n は n型半導体側の正孔密度である.

バンドに段差を導入してエミッタのバンドギャップ幅を拡大できるならば, 新たな設計自由度が加わることを示せ. npn 型ヘテロ接合バイポーラトランジスタ (heterojunction bipolar transistor：HBT) のエミッタ・ベース接合にしばしば用いられる n-AlGaAs と

p-GaAs を再び考察せよ．他の条件は変えずに，エミッタを GaAs から AlGaAs に変更すると，少数キャリヤである正孔の密度が低下することを示せ．少数キャリヤの比 n_p/p_n はどうなるか？ 結果的に正孔が担う接合電流密度は低減されるが，電子による電流密度は影響を受けない．

3.14 電子が障壁層 (barrier) と有効質量が非常に異なる井戸 (well) に閉じ込められる．このときヘテロ接合における境界条件に何が生じるか？ $m_W \ll m_B$ および $m_W \gg m_B$ の両方の場合について考察せよ．

第 4 章　量子井戸と低次元系

　現実の電子は3次元系の中にあるが，3次元よりも低い次元の方向にしか自由に動けないようにすることも可能である．このようなことは，ある方向に狭い(薄い)ポテンシャル井戸を形成して，そこに電子を閉じ込め，その方向に関するエネルギー準位を離散的にしてしまうことによって実現できる．離散準位の間隔が充分に広いならば，電子はほとんど基底準位だけを占有することになり，この方向に運動することが事実上不可能になる．このようにして2次元電子気体 (2DEG) が形成される．さらには2次元方向に関する量子井戸，すなわち1次元方向だけに自由度を残した量子細線にも同じ原理が働く．

　本章の最初の部分で，我々は電子を閉じ込めるために用いられる単純な1次元ポテンシャル井戸について学ぶ．実際に作製される量子井戸は無限に深い矩形井戸ではあり得ないが，このモデルは簡明なので，しばしば用いられる．有限の深さを持つ井戸のモデルは，現実の量子井戸を，より正確に記述する．放物線井戸 (parabolic well) は，半導体の組成を連続的に変えながら成長を行うことによって形成することも可能だが，このポテンシャルモデルは磁場の効果に関して有用であることも，後から明らかになる．最後の例は三角井戸ポテンシャルであるが，これはドープしたヘテロ接合の界面2次元電子に対するポテンシャルの粗い近似となる．その次に，これらの井戸がどのようにして，あたかも電子を2次元系内にあるかのように振舞わせるのかを調べる．本章の最後の部分では，1次元やゼロ次元にまで電子を閉じ込めた系と，ヘテロ構造における有効質量の違いに関係する効果を扱う．

　我々は1次元系，2次元系，3次元系と，いろいろな系を扱うことになるので，方向の区別が明確な表記方法が重要となる．確認しておくと，z は層面に垂直な結晶成長方向であり，小文字のベクトル $\mathbf{r} = (x, y)$ は z に直交する2次元方向を表す．3次元ベクトルは大文字で表し，$\mathbf{R} = (\mathbf{r}, z) = (x, y, z)$ である．

4.1　無限に深い矩形井戸

　無限に深い矩形井戸は，最も単純な量子井戸のモデルである．これはすでに第1章で扱ったが，記憶の確認のために，もう一度結果を記しておくことにする．有限深さの井戸との比較に都合がよいように，原点を井戸の中央にとる．$-a/2 < z < a/2$ の

範囲で $V(z) = 0$ であり，この範囲の外には無限に高いポテンシャル障壁があって，粒子はこの範囲内に完全に閉じ込められる．本章では座標として x ではなく，ヘテロ構造の結晶成長方向を表す z を用いる．波動関数は，次のようになる．

$$\phi_n(z) = \begin{cases} \sqrt{\dfrac{2}{a}} \cos \dfrac{n\pi z}{a} & n \text{ odd} \\ \sqrt{\dfrac{2}{a}} \sin \dfrac{n\pi z}{a} & n \text{ even} \end{cases} \qquad (4.1)$$

エネルギーは，

$$\varepsilon_n = \frac{\hbar^2}{2m}\left(\frac{n\pi}{a}\right)^2, \quad n = 1, 2, 3, \ldots \qquad (4.2)$$

である．波動関数は n が奇数のときに z の偶関数 (パリティ parity は偶 even) で，n が偶数のときにはパリティは奇 (odd) である．基底状態のパリティは偶である．このモデルは非現実的な面もあるが，簡明な結果を与えるので，広く用いられる．

4.2　有限の深さの矩形井戸

　GaAs – AlGaAs 系で形成された量子井戸は，無限の深さを持つ理想的な井戸からは程遠いものである．電子に対する井戸は伝導帯の底の段差 ΔE_c によって形成されるが，これは AlGaAs における間接ギャップの問題を避けるために，通常はおおよそ 0.3 eV 以下に抑えてある．伝導帯頂上の段差 ΔE_v は，有効質量が大きいことによる補償の効果が加わるとはいえ，これよりさらに小さい．このような浅い井戸は，多くの応用，とりわけ室温における応用には適さないので，より大きな ΔE_c と ΔE_v を持つ他の接合を用いることも必要となる．

　有限の ΔE_c や ΔE_v に適用できるような，深さ V_0 が有限値を持つ矩形井戸を，図 4.1 に示した．これもまだ現実の系に比べると，かなり単純化されたものである．たとえばこの接合系が，完全に電気的中性を保っていない部分を含むならば，ポテンシャルが平坦ではない部分が生じる．無限に深い井戸のモデルとの比較を容易にするために，井戸の底を基準にしてエネルギー ε を測ることにする．$\varepsilon < V_0$ の電子は井戸内に閉じ込められ，$\varepsilon > V_0$ の電子は $z = -\infty$ から $z = +\infty$ までを伝搬する．束縛状態は，束縛を解くために必要なエネルギーで記述されることが多いが，ここでは井戸から出るのに必要なエネルギー $B = V_0 - \varepsilon$ が束縛エネルギーである．

　まず束縛状態を調べてみよう．井戸内の波動関数は，無限に深い井戸における波動関数とよく似ており，式 (4.1) と同じような偶／奇の対称性を持つ．$-a/2 < z < a/2$ の範囲内の波動関数を，

$$\psi(z) = C \begin{Bmatrix} \cos \\ \sin \end{Bmatrix} kz \qquad (4.3)$$

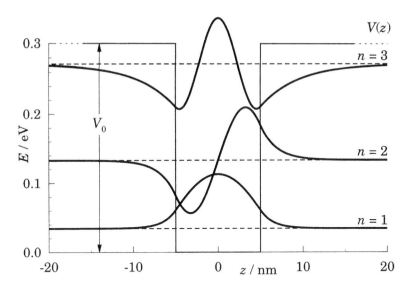

図4.1 GaAs層で形成された有限の深さを持つ矩形井戸のモデル．井戸の深さ $V_0 = 0.3$ eV, 井戸の幅 (GaAs層の厚さ) $a = 10$ nm．3つの束縛状態を示してある．

と書いておく (k は未定)．対応するエネルギーは $\varepsilon = \hbar^2 k^2/2m$ である．井戸の外で $\psi(z)$ は,

$$-\frac{\hbar^2}{2m}\frac{d^2}{dz^2}\psi(z) + V_0\psi(z) = \varepsilon\psi(z) \tag{4.4}$$

を満たす．ここでは $\varepsilon < V_0$ としておく．解は,

$$\psi(z) = D\exp(\pm\kappa z) \tag{4.5}$$

$$\frac{\hbar^2\kappa^2}{2m} = V_0 - \varepsilon = B \tag{4.6}$$

となる．波動関数は規格化できなければならないので，式 (4.5) の指数に付いている符号が正のものは $z < 0$ における解，負のものは $z > 0$ における解となる．波動関数は偶関数か奇関数になるので，指数に負の符号が付いた $z > 0$ 側の解だけに注目し，対称性によって，対応する $z < 0$ 側の $\psi(z)$ を見いだすことにする．

波動関数 (4.3) と (4.5) は $z = \frac{1}{2}a$ において接続しなければならない．$\psi(z)$ が連続関数になるためには,

$$\psi(a/2) = C\left\{\begin{array}{c}\cos\\ \sin\end{array}\right\}\left(\frac{ka}{2}\right) = D\exp\left(-\frac{\kappa a}{2}\right) \tag{4.7}$$

である．同様に，微分も一致しなければならないので,

$$\left.\frac{d\psi}{dz}\right|_{z=a/2} = Ck\left\{\begin{array}{c}-\sin\\ \cos\end{array}\right\}\left(\frac{ka}{2}\right) = -D\kappa\exp\left(-\frac{\kappa a}{2}\right) \tag{4.8}$$

となる．もし井戸の内外で有効質量が異なっていれば，この式に修正が必要となるが，これについては4.9節で扱う．

式(4.7)と式(4.8)には3つの未知数がある．規格化因子CとD，およびkとκを決めるエネルギーεである．式(4.8)を式(4.7)で割ると，CとDが消去されて，次式が与えられる．

$$k \left\{ \begin{array}{c} -\tan \\ \cot \end{array} \right\} \left(\frac{ka}{2} \right) = -\kappa \tag{4.9}$$

結局我々は，規格化因子を消去した対数微分(logarithmic derivative)，

$$\frac{1}{\psi}\frac{d\psi}{dz} = \frac{d\log\psi}{dz} \tag{4.10}$$

を一致させていることになる．式(4.9)から次式が導かれる．

$$\left\{ \begin{array}{c} \tan \\ -\cot \end{array} \right\} \left(\frac{ka}{2} \right) = \frac{\kappa}{k} = \frac{1}{k}\sqrt{\frac{2m}{\hbar^2}(V_0-\varepsilon)} = \sqrt{\frac{2mV_0}{\hbar^2 k^2}-1} \tag{4.11}$$

この超越的(transcendental)な方程式の厳密解は得られないが，数値計算は可能である．ポケットコンピューター上で，逐次代入(iteration)などの方法を用いて容易に計算プログラムを組むことができる．

グラフによって，扱う数値の大体の感じを摑むことは有用であるし，それは逐次代入の初期値を選ぶときの参考にもなる．無次元変数$\theta = ka/2$を用いると，式(4.11)は次のように書き直される．

$$\left\{ \begin{array}{c} \tan \\ -\cot \end{array} \right\} \theta = \sqrt{\frac{mV_0 a^2}{2\hbar^2}\frac{1}{\theta^2}-1} \equiv \sqrt{\frac{\theta_0^2}{\theta^2}-1} \tag{4.12}$$

$$\theta_0^2 = \frac{mV_0 a^2}{2\hbar^2} \tag{4.13}$$

物理的な条件を与える諸数値——粒子の質量，井戸の深さと井戸の幅——が，ひとつの無次元パラメーターθ_0^2に集約されている．このパラメーターによって，許容されるθの値が決まるが，数値計算をする場合でも，この無次元の形式を扱うほうが容易である．図4.2に，GaAs量子井戸の一例に関して，式(4.12)の両辺のθ依存性を描いてある．ここでは$m = m_0 m_e$，$m_e = 0.067$，$V_0 = 0.3$ eV，$a = 10$ nmとおいたので，$\theta_0^2 = 13.2$である．右辺は平方根の形で与えられていて常に正なので，左辺も正になるθの領域だけを考えればよい．$\tan\theta$が正になるのは$(0, \frac{1}{2}\pi), (\pi, \frac{3}{2}\pi), \ldots$であり，他方$-\cot\theta$が正になる$\theta$の範囲は$(\frac{1}{2}\pi, \pi), (\frac{3}{2}\pi, 2\pi), \ldots$で，互いに相補的な範囲を占める．式(4.12)を他の形に書き直す方法もある．たとえば，

$$\left\{ \begin{array}{c} |\cos\theta| \\ |\sin\theta| \end{array} \right\} = \frac{\theta}{\theta_0} \tag{4.14}$$

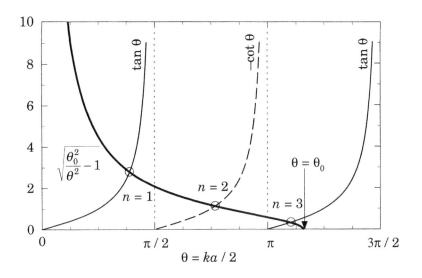

図4.2 $V_0 = 0.3$ eV, $a = 10$ nm の GaAs 矩形井戸を想定して ($\theta_0^2 = 13.2$), 式 (4.12) の両辺を描いたグラフ. 束縛状態の解が3つ見いだされる.

のような形にできるが, θ の各範囲において, 左辺を正しく選択するために注意が必要でわずらわしいので, 我々は元の式を用いることにする. 式 (4.12) の解は, 両辺を表す曲線が交わる点として表されるが, これらに番号 n を付ける. ここでは3つの解がある. このグラフから, 次のような重要な結果が見いだされる.

(i) 式 (4.12) の右辺の曲線は, $\theta = \theta_0$ において θ 軸 (横軸) に交わる. また左辺の $\tan\theta$ と $-\cot\theta$ は $\theta = n\pi/2$ ($n = 0, 1, 2, \ldots$) において θ 軸と交わる. したがって解の数は,

$$\frac{2}{\pi}\theta_0 = \frac{2}{\pi}\sqrt{\frac{mV_0 a^2}{2\hbar^2}} \tag{4.15}$$

を"超える"最初の整数値として与えられる. ここから式 (4.12) には, 最低でもひとつは解があることが分かる. つまり1次元矩形井戸には, それがいかに浅く狭い井戸であっても (束縛が非常に緩いものであっても), 必ずひとつ以上の束縛状態が存在する. この必ず束縛状態を持つという性質は (やはり狭い井戸による束縛は非常に弱いものになるが) 2次元井戸にも見られる. しかし3次元井戸になると, この性質は成立しない. 3次元では束縛状態が生じる条件として, 井戸半径や井戸深さに制約が生じる.

(ii) 非常に浅い井戸を考えよう. θ_0 が小さく, 束縛状態がひとつしかないものとす

る．式 (4.12) において $\tan\theta \approx \theta$ の近似をすると，

$$\theta \approx \sqrt{\frac{\theta_0^2}{\theta^2} - 1} \tag{4.16}$$

となる．これは 4 次方程式 $\theta^4 + \theta^2 - \theta_0^2 = 0$ へと書き換えられ，この解は，

$$\theta^2 = \frac{1}{2}\left(-1 \pm \sqrt{1 + 4\theta_0^2}\right) \tag{4.17}$$

と与えられる．θ は実数なので，複号の負号は省いてよい．平方根を二項定理によって 2 次まで展開すると，

$$\theta^2 \approx \theta_0^2 - \theta_0^4 = \frac{mV_0 a^2}{2\hbar^2} - \left(\frac{mV_0 a^2}{2\hbar^2}\right)^2 \tag{4.18}$$

となる．したがって，エネルギーは，

$$\varepsilon = \frac{\hbar^2}{2m}\frac{4}{a^2}\theta^2 \approx V_0 - \frac{ma^2 V_0^2}{2\hbar^2} \tag{4.19}$$

であるが，束縛エネルギーのほうが更に重要である．

$$B = V_0 - \varepsilon \approx \frac{ma^2 V_0^2}{2\hbar^2} \tag{4.20}$$

束縛エネルギーは V_0 の自乗で決まるので，浅い井戸による束縛は非常に弱い．

(iii) もし井戸が非常に深く $V_0 \to \infty$ とするなら，解は正接 (tangent) 曲線の絶壁の部分に生じ，各交点は $\theta = \frac{1}{2}n\pi$ ($n = 1, 2, 3, \ldots$) に近づく．そうなると $k = n\pi/a$，エネルギーは $(\hbar^2/2m)(n\pi/a)^2$ となり，無限に深い井戸の結果 (式 (4.2)) と一致する．

(iv) n を決めて，解を V_0 の関数として見てみよう．式 (4.15) によると，このような束縛状態は $\theta = \frac{1}{2}(n-1)\pi$ すなわち $k = (n-1)\pi/a$ で，井戸の深さが $(\hbar^2/2m)\bigl[(n-1)\pi/a\bigr]^2$ になったときに現れる．V_0 がこの数値を大きく超えない場合には，B は小さく束縛は弱い．井戸の外における波動関数 (4.5) の減衰係数 κ は小さく，波動関数は障壁部分へも浸透して大きく拡がっている．粒子を井戸内に見いだす確率は小さいものになるが，これは次のように与えられる．

$$\frac{\int_{-a/2}^{a/2} |\psi(z)|^2 dz}{\int_{-\infty}^{\infty} |\psi(z)|^2 dz} \tag{4.21}$$

井戸を深くすると，ε, B, κ がすべて増加し，束縛が強くなる．

(v) 束縛が強くなると，波動関数の性質が変わる．かろうじて井戸に束縛されていて $\theta \approx \frac{1}{2}(n-1)\pi$ のときには，井戸の端での波動関数の微分は，外側の障壁部分でゆっくりと減衰する関数に接続しているために，ほとんどゼロに近い．V_0 を増加させると，運動エネルギーが増えて $\theta \approx \frac{1}{2}n\pi$ となり，波動関数は井戸の境界においてほとんどゼロに近づき，指数関数的な井戸外への染み出しの振幅は小さくなる．

以上のような性質は，大抵どのような形のポテンシャル井戸でも見られるものである．$\varepsilon > V_0$ の状態は井戸に束縛されない．波動関数は z 方向に $-\infty$ から $+\infty$ まで拡がっており，任意のエネルギー値が許容され，それぞれのエネルギー値に属する解が 2 つずつある．しかしこれは波動関数が，どこでも同じ密度を持つ単純な平面波だということではない．波は井戸の上で歪みを持つが，特にエネルギーが V_0 より，それほど大きくない場合に歪みが大きい．これは 5.2.1 項 (p.168〜) で議論する矩形障壁の問題と同じ方法で計算できる．

この波動関数の歪みを示す方法のひとつとして "局所" 状態密度 $n(\varepsilon, z)$ を用いる方法がある．これは式 (1.102) で定義したもので，位置 z におけるエネルギー値に対する波動関数密度の粗密を表している．図 4.1 (p.131) の井戸の中央における局所状態密度を図 4.3 に示した．3 つの束縛状態からの寄与は，δ 関数の形になる．ただし 2 番目の束縛状態は $z = 0$ の位置が節 (node) となっており，局所状態密度はこの点でゼロになるので，このエネルギーのところには破線を入れた．$\varepsilon > V_0$ の状態は自由に伝搬す

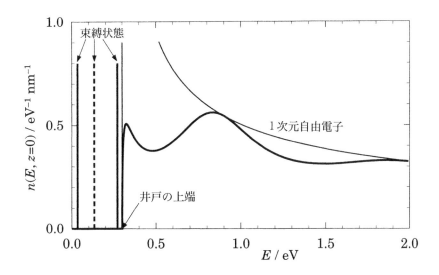

図 4.3　GaAs 矩形井戸 (幅 10 nm, 深さ 0.3 eV) の中央における局所状態密度 $n(E, z = 0)$. 比較のために自由電子の状態密度 ($E^{-1/2}$ に比例) も併せて示す．

る状態であるが，局所状態密度の関数はエネルギーの低いところで強く歪められており，井戸によって生じた平面波の歪みを反映している．特に $n(\varepsilon,0)$ のゼロからの立ち上がりは，自由電子のように発散的な $(\varepsilon-V_0)^{-1/2}$ ではなく，$(\varepsilon-V_0)^{1/2}$ である．このような平面波の歪みは，電子が束縛状態から井戸上端のすぐ上の準位まで励起されるような過程において重要で，"終状態効果"(final-state effect) を生じる．$n(\varepsilon,0)$ の性質を反映した光吸収の一例を，図10.7(p.418) に示してある．$\varepsilon > V_0$ における局所状態密度が，自由電子のそれより低くなっている部分があるのは，その部分の重みの一部が束縛状態へと移行しているためである．

矩形井戸を単純化して扱う手法として，δ 関数で近似して $V(z) = -S\delta(z)$ とおく方法がある．強度 S は (エネルギー)×(長さ) の次元を持つ．有限の深さの井戸に関する結果から，このモデルの結果を導くには，$S = V_0 a$ を一定に保ったまま $a \to 0$, $V_0 \to \infty$ とすればよい．$\theta_0 \to 0$ となり，浅い井戸に関する式 (4.20) を用いることができる．したがって δ 関数の井戸は，束縛状態をひとつだけ持ち，その束縛エネルギーは，

$$B = \frac{mS^2}{2\hbar^2} \tag{4.22}$$

である．このポテンシャルに対する直接の解法については，練習問題に残しておく．

4.3 放物線井戸

放物線井戸 (parabolic well) は，

$$V(z) = \frac{1}{2}Kz^2 \tag{4.23}$$

と表されるポテンシャルを持ち，調和振動子 (harmonic oscillator) を記述する．最も単純な物理的実例は，ばねの先端に質点を付けたもので，z は平衡位置からの変位，K はばね定数 (単位は Nm^{-1} もしくは Jm^{-2}) を表す．結晶格子の振動 (フォノン) も放物線ポテンシャルで記述できる．他の例としては，電荷が一様に分布する領域で，Poisson 方程式の解が 2 次関数になるような例もある．混晶の組成を連続的に変えて結晶成長を行い，層状の放物線井戸を形成することも可能である．第 6 章では，静磁場の効果も放物線井戸として扱えることを見る予定である．

質量 m を持つ古典的な粒子が，式 (4.23) で表されるポテンシャル場の中で運動する場合，調和振動 $z = z_0 \cos\omega_0 t$ を生じ，その振動数は，

$$\omega_0 = \sqrt{\frac{K}{m}} \tag{4.24}$$

と与えられる．重要な性質は，振動数が振幅 z_0 に依存しないことである (これは放物線ポテンシャルだけに特有の性質というわけではないが)．現実の系では，ポテンシャ

ル (4.23) は z が小さい範囲での近似に過ぎないので,振動数が振幅に依らないという性質も,成立する範囲が限られている.

量子力学的には,次の時間に依存しない Schrödinger 方程式を解かなければならない.

$$\left(-\frac{\hbar^2}{2m}\frac{d^2}{dz^2} + \frac{1}{2}m\omega_0^2 z^2\right)\psi(z) = \varepsilon\psi(z) \tag{4.25}$$

式 (4.24) を利用して,ばね定数 K の代わりに ω_0 を用いた.第 1 段階として,物理量 z と ε を,ただの数 (無次元量) に置き換えて,物理的な問題 (4.25) を純粋な数学の問題に還元する.方程式の形から,適当な"距離尺度"z_0 と"エネルギー尺度"ε_0 を定義できる.式 (4.25) に $(2m/\hbar^2)$ を掛けると,

$$\left[-\frac{d^2}{dz^2} + \left(\frac{m\omega_0}{\hbar}\right)^2 z^2\right]\psi(z) = \frac{2m\varepsilon}{\hbar^2}\psi(z) \tag{4.26}$$

となる.コの字括弧内の第 1 項は (長さ)$^{-2}$ の次元を持つが,第 2 項では因子 z^2 が (長さ)$^{+2}$ の次元を持つので,その係数因子のところが (長さ)$^{-4}$ の次元を持たなければならない.従って係数を除くために,距離尺度 z_0 を次のように導入して,無次元量をつくればよい.

$$\bar{z} = \frac{z}{z_0}, \quad z_0 = \sqrt{\frac{\hbar}{m\omega_0}} \tag{4.27}$$

これを用いると,式は次のようになる.

$$\left[-\frac{d^2}{d\bar{z}^2} + \bar{z}^2\right]\psi(\bar{z}) = 2\frac{\varepsilon}{\hbar\omega_0}\psi(\bar{z}) \tag{4.28}$$

更にエネルギー尺度 ε_0 を定義して,残った物理量であるエネルギーを除くのは簡単である.

$$\bar{\varepsilon} = \frac{\varepsilon}{\varepsilon_0}, \quad \varepsilon_0 = \hbar\omega_0 \tag{4.29}$$

この結果,無次元の Schrödinger 方程式が得られる.

$$\frac{d^2}{d\bar{z}^2}\psi(\bar{z}) + (2\bar{\varepsilon} - \bar{z}^2)\psi(\bar{z}) = 0 \tag{4.30}$$

$\bar{z}$ と $\bar{\varepsilon}$ は純粋な数 (無次元量) である.

我々はすでに,ある程度のことを把握したのである.波動関数の寸法は大体 z_0 程度になり,エネルギー準位の間隔は大体 ε_0 程度になるであろう.方程式を解かなければ正確な数字は得られないが,このような見積りも有用である.

式 (4.30) を解く必要がある.安易な方法としては,この方程式を Abramowitz and Stegun (1972, section 22) のような本で見つければよいが,解法は次のように与えられる.$\bar{z}$ が大きいときには,$\bar{z}^2$ に比べて $2\bar{\varepsilon}$ を無視してよく,$\psi'' \sim \bar{z}^2\psi$ となる.この因子は,

$$\psi(\bar{z}) = \exp\left(-\frac{1}{2}\bar{z}^2\right)u(\bar{z}) \tag{4.31}$$

を式 (4.30) に代入して除くことができる．指数の符号が正の指数関数も $\bar{z}^2$ を除くことができるが，そうすると波動関数の規格化ができなくなる．得られる式は $u(\bar{z})$ に関する Hermite の微分方程式になる．

$$u'' - 2\bar{z}u' + (2\bar{\varepsilon} - 1)u = 0 \tag{4.32}$$

これは $u(\bar{z})$ を冪級数に展開して解くことができる (付録 D)．$(2\bar{\varepsilon} - 1)$ が偶数の場合にのみ，許容できる多項式解 $u_n(\bar{z})$ が得られる．したがって $\bar{\varepsilon} = n - \frac{1}{2}$ と置くことができて，エネルギー準位は，

$$\varepsilon_n = \left(n - \frac{1}{2}\right)\hbar\omega_0, \quad n = 1, 2, 3, \ldots \tag{4.33}$$

のように与えられる．これが量子力学に基づく調和振動子のエネルギー準位である．いわゆるゼロ点エネルギー (zero-point energy) $\frac{1}{2}\hbar\omega_0$ の上に，等間隔 $\hbar\omega_0$ でエネルギー準位が並ぶ (調和振動子のエネルギー準位は 0 から数える場合が多いが，ここでは他のポテンシャル井戸の取り扱いと整合させるために 1 から数えることにする)．関数 $u_n(\bar{z})$ は規格化因子を除き，Hermite 多項式 $H_{n-1}(\bar{z})$ そのものである．最初の 4 つの式を示す．

$$H_0(t) = 1$$
$$H_1(t) = 2t$$
$$H_2(t) = 4t^2 - 2$$
$$H_3(t) = 8t^3 - 12t \tag{4.34}$$

ここでは Abramowitz and Stegun (1972, section 22) の表記に倣った．z に関する波動関数を，規格化因子を含めて書くと，次のようになる．

$$\phi_{n+1}(z) = \left(\frac{1}{2^n n! \sqrt{\pi}}\right)^{1/2} \left(\frac{m\omega_0}{\hbar}\right)^{1/4} \exp\left(-\frac{m\omega_0 z^2}{2\hbar}\right) H_n\left(\left(\frac{m\omega_0}{\hbar}\right)^{1/2} z\right) \tag{4.35}$$

4 番目までの波動関数を図 4.4 に描いた．矩形井戸の場合と同様に，偶関数と奇関数が交互に現れている．$n = 1$ の波動関数の確率密度分布は，単純な Gauss 分布関数になる．

$$|\phi_1(z)|^2 = \left(\frac{m\omega_0}{\pi\hbar}\right)^{1/2} \exp\left(-\frac{m\omega_0 z^2}{\hbar}\right) \tag{4.36}$$

この密度分布の標準偏差は，

$$\Delta z = \sqrt{\frac{\hbar}{2m\omega_0}} = \frac{z_0}{\sqrt{2}} \tag{4.37}$$

である．これらの結果は，広範囲の応用に関して非常に重要なものである．エネルギー準位が等間隔であることは，古典的な扱いにおいて振動数が振幅に依存しないことに

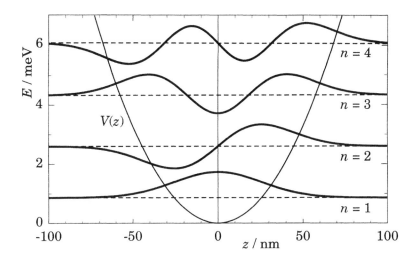

図4.4 調和振動子のポテンシャル $V(z)$，エネルギー準位および波動関数．これと等価なポテンシャルは，GaAs中の電子に1 Tの外部磁場を印加した場合に生じる．

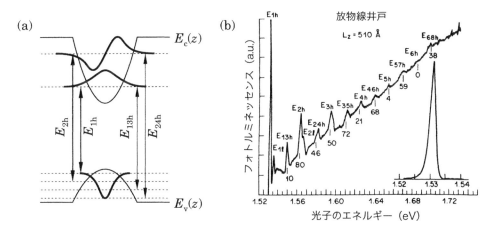

図4.5 (a) 組成分布を持つ $Al_xGa_{1-x}As$ 層によって伝導帯と価電子帯の両方に形成された放物線井戸．バンドギャップが分布を持っている．価電子帯側は重い正孔だけを示してある．(b) 放物線井戸からのフォトルミネッセンス．[Miller et al. (1984) による．]

対応している．準位間隔が等しく $\hbar\omega_0$ ならば，異なる状態を重ね合せた任意の波束は，同じ振動数 ω_0 で振動する (式 (1.55) 参照)．

　放物線井戸のひとつの例は，図4.5に示すような，組成を変化させながら成長させた $Al_xGa_{1-x}As$ 層である．伝導帯と価電子帯の井戸内状態間の光学的な遷移を利用して，エネルギー準位を測定できる．選択則 (selection rule. 10.4節) により，遷移前後の状

態は同じパリティを持たなければならない．遷移の種類は E_{mnh} のように表示されるが，添字の m は電子状態の番号，n は正孔状態の番号 (m と同じであれば省略する)，"h" は重い正孔を意味し，軽い正孔が関わる場合は代わりに "l" と書く．井戸の組成は，25.5 nm の間に GaAs から $Al_{0.3}Ga_{0.7}As$ へと連続的に変わっている．現在受け入れられている $Q = \Delta E_c/\Delta E_g$ の値を用いると，$\Delta E_c = 0.23$ eV, $\Delta E_v = 0.14$ eV である．伝導帯や価電子帯の井戸の湾曲と，その中のエネルギー準位は ΔE_c と ΔE_v に依存する．一方，矩形井戸の場合は，単純な無限に深い井戸のモデルを適用すると，準位は段差 ΔE_c や ΔE_v に全く依存しないし，有限の深さを持つ現実の矩形井戸でも，深い準位はほとんど段差の影響を受けない．したがって放物線井戸の実験は Q の値を決めるための感度の良いテストになるが，このことは長い間，議論の的になってきた (3.3節)．

4.4 三角井戸

図4.6 に示したような三角井戸 (triangular well) は，ドープしたヘテロ接合に形成されるポテンシャル井戸の簡単なモデルとして有用である．この応用については第9章で取り扱う．$z < 0$ の領域は無限に高い障壁になっており，$z > 0$ では直線のポテンシャル $V(z) = eFz$ があるものとする．このような $V(z)$ の書き方は，電荷 e が電場 F の中にあることを表していて便利である (eF を正と仮定する)．電場を表す記号に F を用いるのは，エネルギー E との混同を避けるためである．

Schrödinger 方程式，

$$\left[-\frac{\hbar^2}{2m}\frac{d^2}{dz^2} + eFz\right]\psi(z) = \varepsilon\psi(z), \quad z \geq 0 \tag{4.38}$$

を，左側の無限に高い障壁によって課せられる境界条件 $\psi(z=0) = 0$ の下で解かなければならない．ここでも再び無次元の変数を導入する．調和振動子の場合と同様の手順によって，距離とエネルギーの尺度は，

$$z_0 = \left(\frac{\hbar^2}{2meF}\right)^{1/3}, \quad \varepsilon_0 = \left[\frac{(eF\hbar)^2}{2m}\right]^{1/3} = eFz_0 \tag{4.39}$$

のように与えられ，Schrödinger 方程式は次のようになる．

$$\frac{d^2\psi}{d\bar{z}^2} = (\bar{z} - \bar{\varepsilon})\psi(\bar{z}) \tag{4.40}$$

この式は，新たな独立変数 $s = \bar{z} - \bar{\varepsilon}$ を定義することにより，更に簡単な Stokes(ストークス) もしくは Airy(エアリ) の微分方程式と呼ばれる形になる．

$$\frac{d^2\psi}{ds^2} = s\psi \tag{4.41}$$

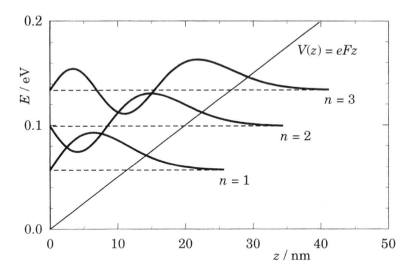

図4.6 三角ポテンシャル井戸 ($V(z) = eFz$) の中のエネルギー準位と波動関数. GaAs 中の電子に対する $5\,\mathrm{MV\,m^{-1}}$ の三角井戸電場を想定している.

この方程式については付録Eで詳しく議論する. 2つの独立な解である Airy 関数 $\mathrm{Ai}(s)$ と $\mathrm{Bi}(s)$ を図 E.1 (p.439) に示してある. 波動関数は $z \to +\infty$ においてゼロに収束しなければならないので, ここでは $s \to +\infty$ で発散する $\mathrm{Bi}(s)$ は考えなくてよい. $z = 0$ に無限に高い障壁があるので $\psi(z=0) = \psi(s=-\bar{\varepsilon}) = 0$ である. 図 E.1 を見ると, $\mathrm{Ai}(s) = 0$ となる s の値 a_n (負号を除くため $a_n = -c_n$ とおく) は無数にある. 波動関数が $z = 0$ でゼロになるように $\bar{\varepsilon} = c_n$ と置かなければならないので, 許容されるエネルギー値は次のように与えられる.

$$\varepsilon_n = c_n \left[\frac{(eF\hbar)^2}{2m}\right]^{1/3}, \quad n = 1, 2, 3, \ldots \tag{4.42}$$

基底準位は $c_1 = 2.338$ によって与えられる. c_n については, WKB理論 (7.4.2項, p.286~) から導かれる近似式 $c_n \sim \left[\frac{3}{2}\pi\left(n - \frac{1}{4}\right)\right]^{2/3}$ が有用である. これは n が大きいほど正確であるが, $n=1$ でも $c_1 \approx 2.320$ となり, すべての n に関して, かなり良い近似になっている. 近似式の形から, エネルギーが高いほど準位間隔が狭くなることが分かるが, これは高エネルギーになるほど実効的な井戸幅 (井戸層の厚さ) が広くなるためである. エネルギーによらず井戸幅が一定な無限に深い矩形井戸の場合には, 高エネルギーで準位間隔が広くなるのと対照的である. 放物線井戸は両者の中間の性質を持ち, 準位間隔が一定である.

規格化していない波動関数は次のように与えられる.

$$\phi_n(z) = \text{Ai}(s) = \text{Ai}(\bar{z} - \bar{\varepsilon}) = \text{Ai}\left(\frac{eFz - \varepsilon}{\varepsilon_0}\right) \tag{4.43}$$

すべての波動関数が同じ形をしており，エネルギーが変わると z 方向に平行移動する. ϕ_1 は半周期をひとつ含み，ϕ_2 は半周期を2つ含み，以下同様である. 矩形井戸は放物線井戸の場合と異なり，波動関数が偶関数や奇関数ではないが，これは三角ポテンシャル自体が z 方向の反転対称性を欠いているからである. 規格化については付録Eで言及する.

4.5 擬2次元系

ここまでの結果を用いて，どのようにして3次元系の電子を，あたかも2次元系の電子のように振る舞わせることができるのかを見てみる (擬2次元系：quasi-two-dimensional system).

出発点になるのは，時間に依存しない3次元の Schrödinger 方程式である.

$$\left[-\frac{\hbar^2}{2m}\nabla^2 + V(\mathbf{R})\right]\psi(\mathbf{R}) = E\psi(\mathbf{R}) \tag{4.44}$$

$V(\mathbf{R})$ が一般的なポテンシャルであれば，この方程式を簡単に解く方法はないが，$V(\mathbf{R})$ の形を限定すると，簡単になる場合もある. 層状構造においては，ポテンシャルエネルギーが層に垂直な方向の座標 z だけに依存する. たとえば GaAs 層と AlGaAs 層が交互に形成された多量子井戸や，電子を界面に捕獲しているドープしたヘテロ接合などでも，このような取り扱いが可能である. この場合，$V(\mathbf{R}) = V(z)$ と置けて，Schrödinger 方程式 (4.44) は，次のようになる.

$$\left[-\frac{\hbar^2}{2m}\left(\frac{\partial^2}{\partial x^2} + \frac{\partial^2}{\partial y^2} + \frac{\partial^2}{\partial z^2}\right) + V(z)\right]\psi(x,y,z) = E\psi(x,y,z) \tag{4.45}$$

ポテンシャルは，電子の x 方向と y 方向の運動には制約を課さないので，電子はこれらの方向に自由に動ける. ポテンシャルが無い場合，波動関数を平面波とすることが可能なので，x 方向と y 方向の運動を平面波で扱うことにして，波動関数を次のように書く.

$$\psi(x,y,z) = \exp(ik_x x)\exp(ik_y y)u(z) \tag{4.46}$$

これを Schrödinger 方程式に代入して，x や y に関して正しい解となることを確認し，未知の関数 $u(z)$ を見いだす. 式 (4.45) は次のようになる.

$$\left[-\frac{\hbar^2}{2m}\left(\frac{\partial^2}{\partial x^2} + \frac{\partial^2}{\partial y^2} + \frac{\partial^2}{\partial z^2}\right) + V(z)\right]\exp(ik_x x)\exp(ik_y y)u(z)$$

$$= \left[\frac{\hbar^2 k_x^2}{2m} + \frac{\hbar^2 k_y^2}{2m} - \frac{\hbar^2}{2m}\frac{\partial^2}{\partial z^2} + V(z)\right]\exp(ik_x x)\exp(ik_y y)u(z)$$
$$= E\exp(ik_x x)\exp(ik_y y)u(z) \tag{4.47}$$

上式の両辺の指数関数は相殺するので，解を (4.46) のように置いたのは正しかったことが分かる．そして z の関数だけに関する方程式が残る．

$$\left[\frac{\hbar^2 k_x^2}{2m} + \frac{\hbar^2 k_y^2}{2m} - \frac{\hbar^2}{2m}\frac{d^2}{dz^2} + V(z)\right]u(z) = Eu(z) \tag{4.48}$$

平面波のエネルギーを右辺に移項すると，次のようになる．

$$\left[-\frac{\hbar^2}{2m}\frac{d^2}{dz^2} + V(z)\right]u(z) = \left[E - \frac{\hbar^2 k_x^2}{2m} - \frac{\hbar^2 k_y^2}{2m}\right]u(z) \tag{4.49}$$

エネルギーを，

$$\varepsilon = E - \frac{\hbar^2 k_x^2}{2m} - \frac{\hbar^2 k_y^2}{2m} \tag{4.50}$$

と置き直すと，式 (4.49) は，

$$\left[-\frac{\hbar^2}{2m}\frac{d^2}{dz^2} + V(z)\right]u(z) = \varepsilon u(z) \tag{4.51}$$

のように，z 方向だけに関する単純な 1 次元 Schrödinger 方程式になり，他の 2 次元は消えてしまう．

　この 1 次元方程式の解が得られたものと仮定して——本章で扱った矩形井戸のように，解析的に解いたと考えてもよいし，数値計算で解いたと考えてもよい——波動関数を $u_n(z)$，そのエネルギーを ε_n とする．式 (4.46) と式 (4.50) から，元の 3 次元問題の解は次のように与えられる．

$$\psi_{k_x, k_y, n}(x, y, z) = \exp(ik_x x)\exp(ik_y y)u_n(z) \tag{4.52}$$
$$E_n(k_x, k_y) = \varepsilon_n + \frac{\hbar^2 k_x^2}{2m} + \frac{\hbar^2 k_y^2}{2m} \tag{4.53}$$

3 つの空間次元があるので，状態を指定するために 3 つの量子数 k_x, k_y, n が必要である．xy 面内の運動を記述する 2 次元ベクトル $\mathbf{r} = (x, y)$, $\mathbf{k} = (k_x, k_y)$ を導入すると，式 (4.52) と式 (4.53) は，もう少し簡単に書ける．

$$\psi_{\mathbf{k}, n}(\mathbf{r}, z) = \exp(i\mathbf{k} \cdot \mathbf{r})u_n(z) \tag{4.54}$$
$$E_n(\mathbf{k}) = \varepsilon_n + \frac{\hbar^2 \mathbf{k}^2}{2m} \tag{4.55}$$

この結果を図 4.7 に示す．左側にポテンシャル井戸 $V(z)$ と，許容されるエネルギー ε_n および波動関数 $u_n(z)$ を示している．分散関係 (4.55) を中央に描いてある．n の値

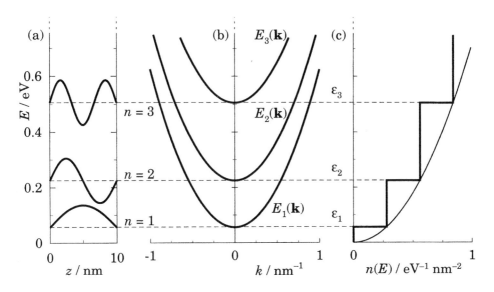

図4.7 (a) ポテンシャル井戸とエネルギー準位. (b) 各々のサブバンドの横方向エネルギーも含んだ全エネルギー. (c) 擬2次元系における段差を持つ状態密度. この例は厚さ (井戸幅) 10 nm の GaAs 層による無限に深い矩形井戸を想定したもの. (c) に示した細線は, 閉じ込めのない3次元電子を想定した放物線型の状態密度.

を決めると, 自由な2次元電子気体におけるエネルギーと波数の関係と同じ関係が現れるが, そのときのエネルギー底が ε_n に上がっている. 各々の n によって与えられる放物線は"サブバンド"(subband. 正確を期するならば"電気的サブバンド" electric subband) と呼ばれ, そのエネルギーを $|\mathbf{k}|$ に対して描くと, $E_n(\mathbf{k}=0)=\varepsilon_n$ が底になる. $0<E<\varepsilon_1$ のエネルギー領域にはサブバンドが存在しないが, もし z 方向の閉じ込めがなければ, ここにも状態が許容されるはずである. $\varepsilon_1<E<\varepsilon_2$ には, 基底サブバンドに属する状態だけがある. $\varepsilon_2<E<\varepsilon_3$ の範囲には, 下から2つの $n=1$ と $n=2$ のサブバンドに属する状態が含まれる.

2つのサブバンドにおいて, エネルギーの分配の仕方が異なっている. $n=2$ のサブバンドのほうが, z 方向に関して ε_1 より高い運動エネルギー ε_2 を持つので, $\mathbf{k}$ 面内方向の運動エネルギーと速度は小さい. このようにエネルギーを, ベクトルのように異なる"成分"へ分離できるのは, Schrödinger 方程式における運動エネルギー演算子の形が単純だからであり, 4.9節に示すように有効ハミルトニアンが複雑な場合には, このような扱いができなくなる. 全エネルギーが更に高いと, 関係するサブバンドの数も多くなり, 同じエネルギー値の下で, 多くの異なる面内波数ベクトル $\mathbf{k}$ が許容される. このことは4.6節で更に詳しく議論するが, 複数のモードが生じる電磁波の導波路の問題とよく似ている.

サブバンドの形成に伴って，状態密度 $n(E)$ の形も変わる．特定のサブバンド (n を指定する) におけるエネルギー (4.55) は，バンド底のエネルギーを ε_n とした2次元電子気体の電子エネルギーである．したがって状態密度も2次元電子気体に特有の高さ $m/\pi\hbar^2$ のステップ関数で，その段差は ε_n に位置する．各サブバンドから段差がひとつずつ生じるので，全状態密度 $n(E)$ は，各サブバンドが始まるところに段差を持つ階段状の関数になる．これは単位"面積"あたりの状態密度であり，単位体積あたりの状態密度ではないことに注意されたい．後から光吸収による $n(E)$ の測定について述べ，図8.4(b) (p.333) において量子井戸における階段状の状態密度の観測例を示す．

4.6　サブバンドの占有

我々は擬2次元電子系で許容されるエネルギー準位を計算したが，次に系を電子で満たしたときに何が起こるかを見る必要がある．何番めのサブバンドまで電子が入るかは，電子の密度と系の温度に依存する．単位面積あたりの電子密度 $n_{2\mathrm{D}}$ は，通常通りに状態密度 $n(E)$ と Fermi-Dirac 分布関数 $f(E, E_\mathrm{F})$ の積の積分によって与えられる (E_F は Fermi エネルギー)．

$$n_{2\mathrm{D}} = \int_{-\infty}^{\infty} n(E) f(E, E_\mathrm{F}) dE \tag{4.56}$$

これを，各サブバンドに分割すると便利である．

$$n_{2\mathrm{D}} = \sum_j n_j \tag{4.57}$$

n_j は ε_j から始まる2次元バンドの電子密度である．これは1.8節の式 (1.114) の通り，次のように与えられる．

$$n_j = \frac{m}{\pi\hbar^2} \int_{\varepsilon_j}^{\infty} f(E, E_\mathrm{F}) dE = \frac{mk_\mathrm{B}T}{\pi\hbar^2} \ln\left[1 + \exp\left(\frac{E_\mathrm{F} - \varepsilon_j}{k_\mathrm{B}T}\right)\right] \tag{4.58}$$

前にも示したように，この式は高温や低温の極限 ($(E_\mathrm{F} - \varepsilon_j)/k_\mathrm{B}$ と比べて) で簡単になる．

ここでは低温の極限を考え，電子系が縮退しているものとしよう．電子密度は次のようになる．

$$n_{2\mathrm{D}} = \sum_j n_j = \frac{m}{\pi\hbar^2} \sum_j (E_\mathrm{F} - \varepsilon_j) \Theta(E_\mathrm{F} - \varepsilon_j) \tag{4.59}$$

これを E_F の値を2通り考えて，図4.8に示した．低いほうの $E_\mathrm{F}^{(1)}$ は ε_2 よりも低く，基底サブバンドだけに重なる．$\varepsilon_2 - E_\mathrm{F}^{(1)} \gg k_\mathrm{B}T$ ならば，2番目以上のサブバンドに入る電子は無視してよい．電子系はあたかも，単一のステップ関数で表される状態密

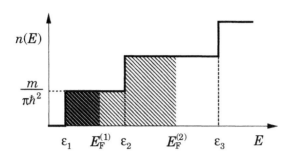

図4.8 擬2次元電子系における階段状の状態密度への電子の占有の様子. 低い Fermi エネルギー $E_F^{(1)}$ の下では,基底サブバンド (第1サブバンド) だけに電子が入る. これより高い $E_F^{(2)}$ の下では,第2サブバンドまで電子が入っている.

度を持った,本当の2次元電子系のように振舞う. ポテンシャル障壁面に垂直な方向の運動に関しては,すべての電子が同じ状態 $u_1(z)$ に入り, この状態を変えるような z 方向の運動は起こらない. このような擬2次元電子系の低温極限の状態は,実験的にも実現することができる. しかしこの2次元性は壊れやすい. 系の温度が上がったり, 電子が電場のような何らかの外源からエネルギーをもらって上のサブバンドに入るようになると, 理想的な2次元性は失われる.

電子密度を増していくと, やがて Fermi エネルギーは2番目のサブバンドとも重なって $E_F^{(2)}$ のようになる. 2つのサブバンドに Fermi 準位の電子があり, 面内方向に異なる速度を持つ. z 方向の運動も, 閉じ込めの制約を受けながらも, $u_1(z)$ と $u_2(z)$ の間の散乱という形で起こり得る. このように基底サブバンド以外のサブバンドにも電子が入るときには, 実験的な変化も現れる. すなわちサブバンド間散乱に伴って移動度の低下が起こるのである (図9.12, p.383). 系は3次元自由電子系の極限からはほど遠いものであるとしても, やはり擬2次元系であるに過ぎない. 最初のサブバンドだけに電子が入る場合の最大電子密度は $(m/\pi\hbar^2)(\varepsilon_2 - \varepsilon_1)$ である. z 方向のエネルギー準位間の離散を大きくすることにより, 単一サブバンド状態で許容される最大電子密度を増すことができる. このためには, エネルギー準位が井戸の深さに収まる範囲内で, できるだけ井戸幅を狭くすればよい.

有限の深さを持つポテンシャル井戸のエネルギー準位を描いてみると, 興味深い状況を見ることができる. 図4.9に井戸の中の3つの束縛状態を示してある. z 方向の運動エネルギーは, 井戸の上端より上では任意の値が許容される. そうすると, 同じ全エネルギーを持つ2つの電子同士が, z 方向と面内方向のエネルギー分配の仕方によって, 一方は大きな $\mathbf{k}$ を持つ束縛状態 (A), 一方は z 方向にも束縛されていない自由な状態 (B) になることもあり得る. このときの電子 A の束縛は不安定なもので, 電子にエネルギーを与えない弾性散乱でも, 電子を A から B へ遷移させ, 井戸の束縛から

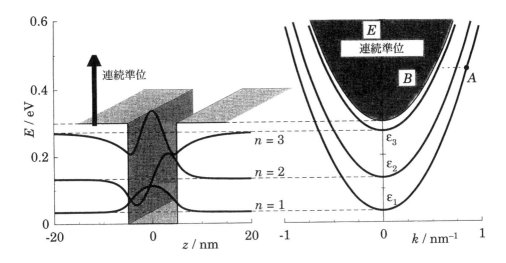

図4.9　有限の深さのポテンシャル井戸に生じる擬2次元系．同じエネルギーを持つ電子同士が，一方は井戸内に拘束され (A)，もう一方は自由に動き回れる (B) という状況も見られる．

解放することができる．これは強い電場の下で GaAs などの電子が Γ 谷から X 谷へ遷移する k 空間遷移と対比させて "実空間遷移"(real-space transfer) と呼ばれる．どちらの場合も，遷移に伴う移動度の低下によって，負性微分抵抗 (negative differential resistance) が生じる．

4.7　2次元・3次元のポテンシャル井戸

2次元井戸や3次元井戸として，いろいろなポテンシャル井戸のモデルが用いられている．最も単純なモデルは，無限に深い矩形井戸のポテンシャルを掛け合わせて，各方向にそのようなポテンシャルを持たせたものである．2次元の場合には，たとえば xy 面の断面を見ると，井戸の縁は長方形になる（辺の長さを a, b とする）．波動関数は x および y 方向の正弦波の積の形で与えられ，そのエネルギーは，

$$\varepsilon_{n_x,n_y} = \frac{\hbar^2 \pi^2}{2m}\left(\frac{n_x^2}{a^2} + \frac{n_y^2}{b^2}\right) \tag{4.60}$$

となる．$a = b$ の正方形の井戸では，エネルギー準位が縮退する．すなわち x と y の対称性によって必然的に $\varepsilon_{n_x,n_y} = \varepsilon_{n_y,n_x}$ となるし，また $\varepsilon_{8,1} = \varepsilon_{4,7}$ のような "偶発的な縮退" も生じる．3次元矩形井戸も同様に扱うことができる．

これらの結果は単純で扱いやすいが，現実の系は円筒形状や球面形状を持つ場合も多い．いくつかの例を簡単に見ていくことにする．

4.7.1 円筒井戸 (cylindrical well)

座標 $\mathbf{r}=(x,y)$ で記述される2次元系の自由電子から議論を始めよう.最も簡単な波動関数は x 方向も y 方向も単純な進行波成分で構成される平面波 $\phi(\mathbf{r})=\exp(i(k_x x+k_y y))=\exp(i\mathbf{k}\cdot\mathbf{r})$ である.この平面波は $\mathbf{k}$ の方向に伝搬し,エネルギー $\varepsilon_0(k)=\hbar^2 k^2/2m$ を持つ.これを極座標 $\mathbf{r}=(r,\theta)$ によって $\phi(\mathbf{r})=\exp(ikr\cos\theta)$ と書き直すこともできる.θ は $\mathbf{k}$ の方向を基準とした角度である.このように表記を変えても平面波であることにかわりはない.

次に平面波ではなく,ひとつの点源から発してすべての面内方向へ伝搬するような"円筒波"の記述を考えてみたい.このために,まず2次元自由電子に対する Schrödinger 方程式を,2次元極座標を用いて書き直さなければならない[†].

$$-\frac{\hbar^2}{2m}\left(\frac{\partial^2}{\partial r^2}+\frac{1}{r}\frac{\partial}{\partial r}+\frac{1}{r^2}\frac{\partial^2}{\partial \theta^2}\right)\psi(r,\theta)=E\psi(r,\theta) \tag{4.61}$$

角度 θ はひとつの微分演算子だけに現れているので,$\psi(r,\theta)=u(r)\exp(il\theta)$ のような変数分離型の解を想定できる.これは系の連続回転対称性を反映した θ に関する"平面波"のような式である.任意の l で解となり得るが,物理的な波動関数は空間内で1価関数でなければならないので,θ を 2π だけ増したときに同じ元の値に戻らなければならない.このことから角運動量量子数 l は整数 $l=0,\pm1,\pm2,\ldots$ に制約される.他の文献では,この量子数は2次元系で m と書かれることが多いが,そうすると質量との区別がつかず紛らわしい.

放射方向 (動径方向) の関数 $u(r)$ は,次の方程式に従う.

$$\left[-\frac{\hbar^2}{2m}\left(\frac{d^2}{dr^2}+\frac{1}{r}\frac{d}{dr}\right)+\frac{\hbar^2 l^2}{2mr^2}\right]u(r)=Eu(r) \tag{4.62}$$

角運動によってポテンシャルエネルギーの形の"遠心項" (centrifugal term) $\hbar^2 l^2/2mr^2$ を生じており,この項は角運動量が大きいほど電子を原点から遠ざける働きをする.$E>0$ として $k=\sqrt{2mE}/\hbar$ と置いて E を消去すると,

$$r^2\frac{d^2u}{dr^2}+r\frac{du}{dr}+[(kr)^2-l^2]u=0 \tag{4.63}$$

となる.これはいわゆる Bessel の微分方程式であり,第1種および第2種の l 次 Bessel 関数 $J_l(kr)$ と $Y_l(kr)$ を解として持つ (Abramowitz and Stegun 1972, chapter 9).第2種の Y_l は原点で発散するので,全空間にわたる解として用いることはできない.

[†](訳註) $\mathbf{k}$ が x 方向に一致している場合の2次元極座標 (r,θ) と直交座標 (x,y) の関係:

$$\begin{cases} x=r\cos\theta \\ y=r\sin\theta \end{cases} \quad \begin{cases} r=\sqrt{x^2+y^2} \\ \theta=\tan^{-1}(y/x) \end{cases}$$

ラプラシアン (Laplacian) の書き換えについては,付録 H 参照.

4.7 2次元・3次元のポテンシャル井戸　149

(a)
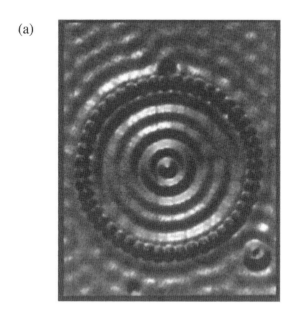

(b)
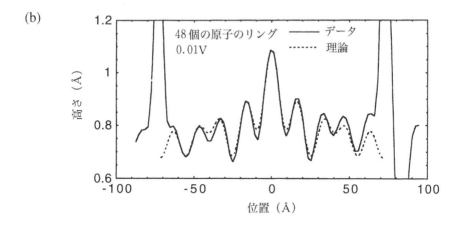

図4.10　(a) 銅の (111) 面上に 48 個の鉄原子を用いて形成した"量子円陣"(quantum corral) の中の固有状態の像. (b) 円陣内状態の断面の観測値と，円筒井戸モデルによるフィッティング. [Crommie, Lutz and Eigler (1993) より許可を得て転載. 著作権：1993 American Association for the Advancement of Science.]

これらの Bessel 関数は定在波を表しており，これらを重ね合せると伝搬する波を表すことができる．引き数が大きいときの漸近式を見ると，この関数が波の性質を持つことが分かる．

$$J_l(kr) \sim \sqrt{\frac{2}{\pi kr}} \cos\left(kr - \frac{1}{2}l\pi - \frac{1}{4}\pi\right) \tag{4.64}$$

Y_l の場合は余弦関数の代わりに正弦関数になる．波は予想通りに振動し，振幅は $r^{-1/2}$ に従って減衰する．密度は r^{-1} に従うが，これは平面内で波が拡がるのに伴って波紋の円周の長さが伸びる効果を反映している．$E<0$ の場合には，解は変形Bessel関数 $I_l(\kappa r)$ と $K_l(\kappa r)$ になる．これらの関数は実の指数関数に似ていて，原点から遠ざかると I_l は増大し，K_l は減衰する．

無限に深い円筒井戸内の解は，これらの結果に基づいて与えられる．井戸は $r<a$ で $V(r)=0$，$r>a$ は侵入できない障壁になっているものとする．波動関数は $r=a$ でゼロにならなければならないので $J_l(ka)=0$ である．Bessel関数をゼロにする引き数は $j_{l,n}$ $(n=1,2,\ldots)$ と記される．したがって許容される波数は $k=j_{l,n}/a$ であり，波動関数とエネルギーは次のように与えられる．

$$\phi_{nl}(\mathbf{r}) \propto J_l\left(\frac{j_{l,n}r}{a}\right)\exp(il\theta), \quad \varepsilon_{nl} = \frac{\hbar^2 j_{l,n}^2}{2ma^2} \tag{4.65}$$

基底状態は $l=0$，すなわち角運動量がゼロである．漸近式 (4.64) によれば $j_{l,n} \sim \left(n+\frac{1}{2}|l|-\frac{1}{4}\right)\pi$ である．これは $n\to\infty$ で正確な式であるが，$j_{0,1}\approx 2.405 = 0.765\pi$ も漸近式で推定すると $\frac{3}{4}\pi$ であり，悪くない近似になっている．

図4.10 に"量子円陣"(quantum corral) と呼ばれているものを示す．これは銅の表面にある鉄原子を走査型トンネル顕微鏡 (scanning tunneling microscope) の針で操作して円形に並べたものである．円陣を形成した後で，そのまま走査型トンネル顕微鏡で円陣内の状態を観察することができるが，これは円筒形ポテンシャルによる閉じ込め効果の検証実験になっている．観測結果は我々が扱ってきたような井戸内粒子のモデルを用いて解釈できるものであったが，最近の研究によると，鉄原子の列は，単純な硬い障壁のモデルよりも複雑な性質を持つことが示されている．

4.7.2　2次元の放物線井戸

2次元の放物線井戸 $V(r) = \frac{1}{2}Kr^2$ の問題を解くには，2通りのアプローチの方法がある．第1の方法は，2次元極座標表示のSchrödinger方程式 (4.62) に，このポテンシャル項を加えて，許容されるエネルギーと波動関数を見いだすというものである．得られる状態は確定した角運動量 l を持ち，後で 6.4.2項 (p.238〜) に完全な解を示すが，磁場を"対称ゲージ"(symmetric gauge) で扱うことが必要となる．振動子のエネルギー準位は $\varepsilon_{nl} = (2n+|l|-1)\hbar\omega_0$ と表される．前と同様に $\omega_0 = \sqrt{K/m}$ であり，$n=1,2,\ldots$ である．基底状態はゼロ点エネルギー $\varepsilon_{1,0} = \hbar\omega_0$ を持ち，またエネ

ルギー値 $N\hbar\omega_0$ は N 重に縮退している.1 次元調和振動子と同様にエネルギー準位は等間隔で続く.

第 2 の解法は,ポテンシャルを $\frac{1}{2}Kr^2 = \frac{1}{2}Kx^2 + \frac{1}{2}Ky^2$ のように分離できることに着目し,Descartes 座標 (直交直線座標) 表示の Schrödinger 方程式を,x と y それぞれに関する独立な方程式に還元する方法である.それぞれの式は,すでに 4.3 節で解いた 1 次元問題に過ぎない.したがって全エネルギーは $\varepsilon_{n_x,n_y} = \left[\left(n_x - \frac{1}{2}\right) + \left(n_y - \frac{1}{2}\right)\right]\hbar\omega_0$ であり,この場合も $\hbar\omega_0$ から始まる等間隔のエネルギー準位が得られる.全エネルギーが $N\hbar\omega_0$ の状態として,n_x と n_y の配分の異なる N 通りの違った状態が可能であり,縮退度は 2 次元極座標で解いた結果と整合している.この方法は,対称性が低い $\frac{1}{2}K_x x^2 + \frac{1}{2}K_y y^2$,$K_x \neq K_y$ のような放物線井戸への適用も容易であり,また 3 次元放物線井戸の問題も全く同じ方法で扱うことができる.

4.7.3 2 次元 Coulomb ポテンシャル

引力 Coulomb ポテンシャル $V(r) = -e^2/4\pi\epsilon r$ は,束縛状態を無数に持ち,そのエネルギーは $\varepsilon_n = -\mathcal{R}/\left(n - \frac{1}{2}\right)^2$ と与えられる.基底状態の波動関数は,単純な減衰指数関数 $\phi_1(r) \propto \exp(-2r/a_B)$ である.2 次元極座標表示の Schrödinger 方程式を,4.3 節で放物線井戸の問題を解いたのと同様の方法で解くことができるが,解法の説明は省略する.エネルギー尺度と距離尺度を与える有効 Rydberg エネルギー $\mathcal{R}$ と有効 Bohr 半径 a_B は次のようになる.

$$\mathcal{R} = \left(\frac{e^2}{4\pi\epsilon}\right)^2 \frac{m}{2\hbar^2} = \frac{\hbar^2}{2ma_B^2} = \frac{1}{2}\frac{e^2}{4\pi\epsilon a_B} \tag{4.66}$$

$$a_B = \frac{4\pi\epsilon\hbar^2}{me^2} \tag{4.67}$$

水素原子の場合は $m = m_0$,$\epsilon = \epsilon_0$ であり,$\mathcal{R} = 13.6$ eV,$a_B = 0.053$ nm となる.半導体の中では m がキャリヤの有効質量 $m_0 m^*$ (m^* は有効質量係数),ϵ は半導体の誘電率 $\epsilon_0 \epsilon_b$ (ϵ_b は比誘電率) に置き換わる.これらの定数の変更によって,エネルギーと距離の尺度は大きく変わり,GaAs 中の電子に関しては $\mathcal{R} \approx 5$ meV,$a_B \approx 10$ nm となる.これらの数字は半導体中で起こる多くの過程に関する自然な尺度を与えるので重要である.計算を簡単にするために,これらの定数を用いた無次元の原子単位や有効 Rydberg 単位がしばしば用いられる.

基底状態の束縛エネルギーは $4\mathcal{R}$ であり,3 次元の場合に比べて 4 倍大きい.このことは半導体中で電子と正孔が互いに Coulomb 引力で束縛し合った "励起子"(exciton) の考察において重要となるが,これについては 10.7.2 項 (p.424〜) で見る.

4.7.4 球状井戸 (spherical well)

出発点は 3 次元極座標表示での自由運動の解であるが, 今度は角運動量の量子数が 2 つ現れる. $l = 0, 1, 2, \ldots$ は全角運動量を表し, $m = 0, \pm 1, \pm 2, \ldots, \pm l$ は, 特定の軸方向 (外部磁場が無ければ任意だが, 普通 z 方向とする) の角運動量成分を表す. 放射方向の解 $u(R)$ は $w(R)/R$ と置くことができて, $w(R)$ は,

$$\left[-\frac{\hbar^2}{2m} \frac{d^2}{dR^2} + \frac{\hbar^2}{2m} \frac{l(l+1)}{R^2} + V(R) \right] w(R) = E w(R) \tag{4.68}$$

を満たすが, これは通常の 1 次元 Schrödinger 方程式によく似ている. 2 次元の場合と同様に, 遠心ポテンシャルが現れている. $V(R)$ はあらかじめ与えられている任意の球対称ポテンシャルである[†].

エネルギーは量子数 m に依存しない. 基底状態の解は $l = m = 0$ の球対称な関数なので, これについては $w(R)$ に関する 1 次元問題として扱える. しかし境界条件に注意が必要である. $u(R)$ は原点で発散してはならないので $w(R = 0) = 0$ である. これは原点対称な 1 次元井戸において奇関数の状態だけを許容し, 偶関数を禁じるのと同じ条件となる. したがって半径 a の無限に深い球状井戸の基底状態では $w(R) = \sin(\pi R/a)$ となり, 基底エネルギーは $\varepsilon_{100} = \hbar^2 \pi^2 / 2ma^2$ と与えられる.

半径 a, 有限の深さ V_0 を持つ球状井戸の問題も同様に, 幅 $2a$ の 1 次元井戸と関係づけて解くことができる. 球状井戸の基底準位は, 1 次元井戸における "2 番目" の状態, すなわち図 4.2 (p.133) で θ が $\pi/2$ から π の間の曲線によって与えられる状態に対応する. $\theta \leq \pi/2$ の領域は偶関数の状態を生じるので, ここでは禁じられる. したがって浅い球状井戸は "束縛状態を全然持たない" という重要な結果が得られるが, この点で球状井戸の性質は, 必ずひとつは束縛状態を持つ 1 次元井戸と著しく異なっている. 球状井戸が束縛状態を持つためには $\theta_0 > \pi/2$ すなわち $a^2 V_0 > \pi^2 \hbar^2 / 8m$ でなければならない. 解の他の性質は 1 次元井戸の結果に対応する.

4.7.5 3 次元 Coulomb ポテンシャル

3 次元 Coulomb 井戸 $V(R) = -e^2/4\pi\epsilon R$ は無数の束縛状態を持ち, それらのエネルギーは $\varepsilon_n = -\mathcal{R}/n^2$ である. 基底状態は, 次のような単純な指数関数である.

$$\phi(R) = (\pi a_B^3)^{-1/2} \exp(-R/a_B) \tag{4.69}$$

有効 Rydberg エネルギーと有効 Bohr 半径は式 (4.66) と式 (4.67) で定義されている. この結果に基づき, 水素原子と似た (通常の) ドナー近傍の電子の束縛状態 (3.10 節) や, 3 次元励起子 (10.7.1 項, p.421~) の性質が与えられる.

[†](訳註) 本書では記号 m によって, このように無次元の整数 (量子数) を表す場合と粒子質量を表す場合がある. 両者が紛らわしい形で混在する記述が随所にあるので, 注意して意味を判断してもらいたい. 式 (4.68) では l は量子数 (整数) だが m は質量である. 3 次元極座標については付録 H 参照.

4.8　1次元以下の低次元系

4.5節において，電子がz方向に閉じ込められて2次元的に振舞う様子を調べた．さらに閉じ込めを行い，有効次元を1次元もしくは0次元にすることも可能である．$\mathbf{r}=(x,y)$ の関数として表されるような2次元の閉じ込めポテンシャルを導入すれば，電子がz方向だけに自由に動く"量子細線"(quantum wire) が形成される．量子細線は，電磁波の導波管と似た役割を果たす．

これに関する解析の方法も，2次元電子気体の場合と似たものになる．閉じ込めポテンシャルに関する2次元Schrödinger方程式から始めよう．

$$\left[-\frac{\hbar^2}{2m}\left(\frac{\partial^2}{\partial x^2}+\frac{\partial^2}{\partial y^2}\right)+V(\mathbf{r})\right]u_{m,n}(\mathbf{r})=\varepsilon_{m,n}u_{m,n}(\mathbf{r}) \tag{4.70}$$

前節で考察したような単純なモデルをここで適用できるかもしれないし，あるいは数値計算が必要かもしれないが，とにかくこの2次元問題の解が得られているものとしよう．3次元の波動関数とエネルギーは，次のように与えられる．

$$\psi_{m,n,k_z}(\mathbf{R})=u_{m,n}(\mathbf{r})\exp(ik_z z) \tag{4.71}$$

$$E_{m,n}(k_z)=\varepsilon_{m,n}+\frac{\hbar^2 k_z^2}{2m} \tag{4.72}$$

これらの式は，擬2次元系における式 (4.52) および式 (4.53) に相当するもので，同様の解釈が可能である．$\varepsilon_{m,n}$ の各値が各1次元サブバンドの底となり，それぞれのサブバンドは $E^{-1/2}$ のような状態密度を持つ．全状態密度 (単位長さあたり) は次のようになる．

$$n(E)=\sum_{m,n}\frac{1}{\pi\hbar}\sqrt{\frac{2m}{E-\varepsilon_{m,n}}}\Theta(E-\varepsilon_{m,n}) \tag{4.73}$$

この状態密度を3次元自由電子の状態密度と併せて図4.11に示す．量子細線の状態密度には，擬2次元系の状態密度 (図4.7(c), p.144) よりも更に著しい変化が生じている．各サブバンドの底は，ここではステップではなく発散的な特異点になっている．光学的な効果には状態密度が強く反映されるので，この性質は光学的な性質を考える上で重要である．

更に次の段階として，電子や正孔を3次元全方向に閉じ込めることも可能である．典型的な方法としては，まず結晶の超薄膜化や，量子井戸構造や，ドープしたヘテロ構造などによって一方向の運動に制約を課し，そこで得られた2次元電子に対して，更にエッチングを施したり，静電ポテンシャル分布を与えたりして微小領域を残せばよい．このようにして"量子ドット"(quantum dot) が得られるが，これは本質的に，人工原子のようなものである．そこでは自由運動の許容される次元が残されていないので，状態密度は離散的なδ関数の組み合わせになる．

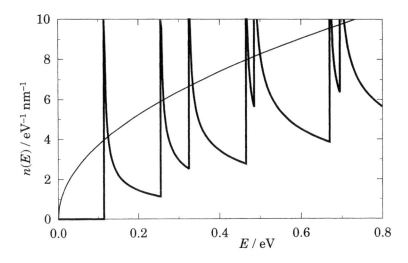

図4.11 擬1次元系の状態密度．断面が9×11 nm の GaAs の量子細線を想定し，ポテンシャルは無限に深いものとした．図中の細い線は，閉じ込めのない自由な3次元電子の状態密度を表している．

4.9 ヘテロ構造の量子井戸

前節で扱ったようなポテンシャル構造を形成するためにはヘテロ構造が必要となるが，ここまでこれらを単純なポテンシャル井戸の問題として扱い，3.11節で述べたような複雑な問題を無視してきた．関係するすべての材料において，伝導帯の底はk空間内の同じ位置(Γ)にあることにして，価電子帯に関する更に複雑な問題も先送りにした(10.3節)．残る問題は異なる材料間の有効質量の違いである．この違いは2つの影響を及ぼす．閉じ込めポテンシャルにおける波動関数を求めるときに有効質量の違う波動関数の接続が必要となり，また3次元問題の2次元もしくは1次元問題への還元作業が，少々見通しの悪いものになる．

両側を AlGaAs で挟まれた GaAs の量子井戸における電子の束縛を考えよう．まず4.2節で解いたような井戸幅(井戸層の厚さ)a，井戸深さV_0の1次元問題における有効質量の違いの影響を見てみる．井戸内と井戸外の波数は，次のようになる．

$$k = \frac{\sqrt{2m_0 m_\mathrm{W}(E - E_\mathrm{c}^\mathrm{W})}}{\hbar}, \quad \kappa = \frac{\sqrt{2m_0 m_\mathrm{B}(E_\mathrm{c}^\mathrm{B} - E)}}{\hbar} \quad (4.74)$$

m_W は井戸内の有効質量係数，E_c^W は井戸内の伝導帯の底であり，m_B および E_c^B はこれらに対応する井戸外の値である(添字 W は well，B は barrier の意)．井戸の深さは $V_0 = E_\mathrm{c}^\mathrm{B} - E_\mathrm{c}^\mathrm{W} \equiv \Delta E_\mathrm{c}$ である．3.11節で見たように，界面における波動関数の接

4.9 ヘテロ構造の量子井戸

続条件は修正され，式 (4.8) の単純な微分接続条件が，次の条件に置き換わる．

$$\frac{1}{m_\mathrm{W}}\frac{d\psi}{dz}\bigg|_{z=a/2_-} = \frac{1}{m_\mathrm{B}}\frac{d\psi}{dz}\bigg|_{z=a/2_+} \tag{4.75}$$

したがって両領域の波動関数の係数 C, D は次式に従う．

$$\frac{Ck}{m_\mathrm{W}}\begin{Bmatrix}-\sin\\ \cos\end{Bmatrix}\left(\frac{ka}{2}\right) = -\frac{D\kappa}{m_\mathrm{B}}\exp\left(\frac{\kappa a}{2}\right) \tag{4.76}$$

これを $\psi(a/2)$ の接続条件の式で割ると，次式が得られる．

$$\begin{Bmatrix}\tan\\ -\cot\end{Bmatrix}\left(\frac{ka}{2}\right) = \frac{m_\mathrm{W}}{m_\mathrm{B}}\frac{\kappa}{k} = \sqrt{\frac{m_\mathrm{W}}{m_\mathrm{B}}\left(\frac{2m_0 m_\mathrm{W} V_0}{\hbar^2 k^2} - 1\right)} \tag{4.77}$$

再び変数 $\theta = ka/2$ と，井戸内の質量だけに依存する定数，

$$\theta_0^2 = \frac{m_0 m_\mathrm{W} V_0 a^2}{2\hbar^2} \tag{4.78}$$

を導入すると，接続条件は次のように書き直される．

$$\begin{Bmatrix}\tan\\ -\cot\end{Bmatrix}\theta = \sqrt{\frac{m_\mathrm{W}}{m_\mathrm{B}}\left(\frac{\theta_0^2}{\theta^2} - 1\right)} \tag{4.79}$$

井戸内外で同じ有効質量を持つ場合と全く同様に，上式を解くことができる．図4.2 (p.133) のようなグラフから解を見いだすことができるが，右辺の平方根の曲線のほうに今度は $\sqrt{m_\mathrm{W}/m_\mathrm{B}}$ の因子が掛かる．m_W と V_0 の値を固定して，m_B を変えることを考えてみよう．m_B を増加させると，式 (4.79) の右辺は小さくなり，各束縛状態のエネルギーが低下する．一般に質量が大きいほうが低エネルギーになるので，これは容易に予想される結果である．束縛状態の数は，井戸内のパラメータだけで定義される θ_0 によって決まるので，井戸外の有効質量係数の違いによって，束縛状態の数が変わることはない．

ひとつの例として，厚さ 5 nm の GaAs を AlAs で挟んだサンドイッチ構造の井戸を考えよう．ただしここでは Γ 谷だけが関与し，バンドの形は単純な 2 次関数で与えられるという少々疑わしい仮定をする．有効質量係数は $m_\mathrm{W} = 0.067$, $m_\mathrm{B} = 0.15$ で，$V_0 \approx 1\,\mathrm{eV}$ である．これは有効質量の違いの効果をはっきりさせるために，よく用いられる $\mathrm{GaAs} - \mathrm{Al}_x\mathrm{Ga}_{1-x}\mathrm{As}$ ($x \approx 0.3$) よりも極端な例を，敢えて選んだものである．この井戸では $\theta_0 = 3.3$ なので，束縛状態が 3 つ生じる．それらのエネルギー値を表4.1 に示す．m_B を増やすと予想通りにエネルギーが低下しており，2 番目の準位は 50 meV もエネルギーを下げている．最上の状態は束縛が弱く，井戸境界における微分はゼロに近いので，井戸外の質量の違いはほとんど影響しない．$m_\mathrm{B} = 0.15$ のときの波動関

表4.1 幅5 nm, 深さ1 eV, 井戸内有効質量係数 $m_W = 0.067$ の井戸における, 障壁領域の有効質量係数 m_B の違いによる束縛された状態エネルギーの違い.

m_B	ε_1 (eV)	ε_2 (eV)	ε_3 (eV)
0.067	0.131	0.504	0.981
0.15	0.108	0.446	0.969

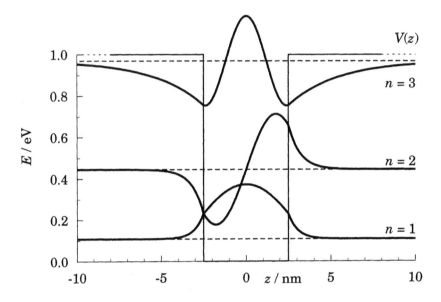

図4.12 深さ $V_0 = 1$ eV, 幅 $a = 5$ nm の z 方向井戸における束縛状態. 有効質量係数を井戸内で $m_W = 0.067$, 井戸外の障壁部分で $m_B = 0.15$ と置いた.

数を図4.12に示す. 接続条件 (4.75) によって導入された, 井戸境界における波動関数の折れ曲がりが見てとれる. 全波動関数は滑らかでなければならないが, 完全な計算によると, 包絡関数はこのような折れ曲がりを持ってよいのである (図3.22, p.123).

第2の問題は, 3次元 Schrödinger 方程式の1次元方程式への還元である. 2種類の半導体における Schrödinger 方程式は, それぞれ次のように与えられる.

$$\left[E_c^W - \frac{\hbar^2}{2m_0 m_W} \nabla^2 \right] \psi(\mathbf{r}) = E\psi(\mathbf{r}) \quad (井戸:\text{well}) \tag{4.80}$$

$$\left[E_c^B - \frac{\hbar^2}{2m_0 m_B} \nabla^2 \right] \psi(\mathbf{r}) = E\psi(\mathbf{r}) \quad (障壁:\text{barrier}) \tag{4.81}$$

実効的なポテンシャルは ΔE_c により z 方向だけの変化を持つので, 再び4.5節と同様

4.9 ヘテロ構造の量子井戸

に,波動関数を次のように置く.

$$\psi_{\mathbf{k},n}(\mathbf{r},z) = \exp(i\mathbf{k}\cdot\mathbf{r})u_n(z) \tag{4.82}$$

これを 2 つの Schrödinger 方程式に代入すると,次の一対の 1 次元 Schödinger 方程式が得られる.

$$\left[E_c^W - \frac{\hbar^2}{2m_0 m_W}\frac{d^2}{dz^2} + \frac{\hbar^2 \mathbf{k}^2}{2m_0 m_W}\right]u_n(z) = Eu_n(z) \tag{4.83}$$

$$\left[E_c^B - \frac{\hbar^2}{2m_0 m_B}\frac{d^2}{dz^2} + \frac{\hbar^2 \mathbf{k}^2}{2m_0 m_B}\right]u_n(z) = Eu_n(z) \tag{4.84}$$

井戸を形成する 2 種類の領域におけるエネルギーの違いは $k = |\mathbf{k}|$ に依存し,次のように与えられる.

$$\begin{aligned}V_0(k) &= \left(E_c^B + \frac{\hbar^2 k^2}{2m_0 m_B}\right) - \left(E_c^W + \frac{\hbar^2 k^2}{2m_0 m_W}\right) \\ &= \Delta E_c + \frac{\hbar^2 k^2}{2m_0}\left(\frac{1}{m_B} - \frac{1}{m_W}\right)\end{aligned} \tag{4.85}$$

GaAs – AlGaAs 井戸では $m_B > m_W$ なので,エネルギー差の補正は負であり,横方向 (面内方向) の運動エネルギーが大きいほどポテンシャル井戸は実効的に浅くなる.したがって束縛状態の全エネルギーは,次の形になる.

$$E_n(\mathbf{k}) = \frac{\hbar^2 k^2}{2m_0 m_W} + \varepsilon_n(k) \tag{4.86}$$

ここでは束縛状態のエネルギー ε_n も,実効井戸深さの変化を通じて k に依存する.

再び AlAs で挟んだ厚さ 5 nm の GaAs 井戸の例を取り上げ,$k = 0, 0.5, 1.0$ nm^{-1} の 3 通りの面内波数を想定してみよう.それぞれの場合の運動エネルギー,実効井戸

表4.2 井戸幅 (井戸層の厚さ) 5 nm,深さ 1 eV,井戸内外の有効質量係数がそれぞれ $m_W = 0.067$ および $m_B = 0.15$ の井戸における,束縛状態のエネルギーの面内方向波数 $k (= |\mathbf{k}_\perp|)$ 依存性.

k (nm^{-1})	$\frac{\hbar^2 k^2}{2m_0 m_W}$ (eV)	$\frac{\hbar^2 k^2}{2m_0 m_B}$ (eV)	$V_0(k)$ (eV)	ε_1 (eV)	ε_2 (eV)	ε_3 (eV)	m_{eff}
0.0	0.000	0.000	1.000	0.108	0.446	0.969	0.067
0.5	0.142	0.064	0.921	0.106	0.435	0.919	0.069
1.0	0.570	0.254	0.685	0.096	0.397	—	0.076

深さ，および束縛状態のエネルギーを表4.2に示す．井戸の深さは，最も大きな波数 $k = 1\,\mathrm{nm}^{-1}$ (かなり大きい値である) では大幅に浅くなっており，このとき3番目の状態は束縛が解けてしまっている．570 meV の運動エネルギーに伴い，2番目の状態のエネルギーは 49 meV 低下している．このことを近似的に新たな有効質量係数によって，$k = 0$ の上のエネルギーが $\hbar^2 k^2 / 2 m_0 m_\mathrm{eff}$ であるという具合に扱うこともできる．ここで k の増加に伴う面内運動エネルギーの増加だけでなく，z 方向の束縛準位の低下の効果も同時に考慮した有効質量係数を導入して，次のように置く．

$$E_n(\mathbf{k}) \approx \varepsilon_n(k=0) + \frac{\hbar^2 k^2}{2 m_0 m_\mathrm{eff}} \tag{4.87}$$

有効質量係数 m_eff は，束縛状態の番号 n ごとに決められるものである．この新たな有効質量の物理的な起源を説明するためには，電子は井戸外 (障壁部分) のところにも，有限の割合で存在確率を持ち，ある程度は障壁部分の性質を獲得することに着目すればよい．電子を井戸内で見いだす確率を P_W，井戸外 (障壁部分) で見いだす確率を P_B とすると，$m_\mathrm{eff} \approx m_\mathrm{W} P_\mathrm{W} + m_\mathrm{B} P_\mathrm{B}$ の関係が成り立つことを証明できる．

ヘテロ接合を構成する2種類の半導体のバンド構造が質的に異なる場合には，更に注意が必要である．このような例のひとつは GaAs – AlAs 接合で，伝導帯の底の位置は GaAs 側では Γ 点，AlAs 側では X 点である．この問題はトンネル過程との関係から，5.8.1項 (p.214~) で簡単に議論する．InAs と GaSb の接合のような III 型の接合では，価電子帯と伝導帯が重なるために，新たな問題が生じるが，この問題はここでは扱わない．

これで量子井戸に束縛された電子に関する議論を終わる．次章では，井戸とは逆の障壁を対象として，電子のトンネル輸送を考察する．

＊　参考文献の手引き

低次元構造の一般論は Bastard (1988), Weisbuch and Vinter (1991), および Kelly (1995) において論じてある．Bastard はヘテロ構造がエネルギー準位と有効質量に及ぼす効果の扱いにおいて優れている．

Landau, Lifshitz and Pitaevskii (1977) には，ポテンシャル井戸を含む様々な問題の解法が与えられている．これらはしばしば有用なモデルとして使えるものである．

＊　練習問題

4.1　厚さ 6 nm の GaAs 層を $\mathrm{Al}_{0.35}\mathrm{Ga}_{0.65}\mathrm{As}$ で挟んだ井戸における電子，軽い正孔，重い正孔の束縛状態の数と基底エネルギーを求めよ．無限に深い井戸のモデルは，どの程度良い

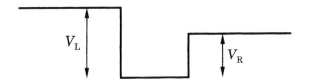

図4.13 非対称なポテンシャル井戸．左側の障壁の高さは V_L，右側の障壁は V_R である．

近似になるか？

それからこの 6 nm の井戸において，図1.4 (p.9) のフォトルミネッセンスのような光学遷移が起こるエネルギーを計算せよ．井戸の深さを有限に戻して計算し直すと，どの程度の違いが生じるか？ 有限深さの扱いによって実験結果との整合性は向上するか，それとも何かの問題の徴候 (モデルの問題あるいは結晶成長の問題) が現れるか？

井戸層の厚さに単層程度のゆらぎを持たせると，エネルギー準位はどの程度ずれるか？

4.2 式 (4.21) を用いて 4 nm の井戸における基底束縛状態の電子が井戸内領域に見いだされる確率を計算せよ．このためには ε (そして k および κ) が求まった後で，式 (4.7) や式 (4.8) から計算される井戸内外の波動関数の係数比 D/C が必要である．この比の井戸幅 (井戸層の厚さ) に対する依存の仕方を定性的に説明せよ．

4.3 深さ 0.3 eV の GaAs 井戸について，束縛準位の井戸幅依存性を 0 から 20 nm の範囲で描け．

4.4 図4.13 のような非対称井戸の束縛状態をどのように考えればよいか？ 厳密解を求めることは薦められない．本章で行ってきたような対称性に基づく簡単化の方法は使えないことに注意せよ！ しかし幸いなことに，現実に作製される井戸の大半が対称な構造を持っている．

V_L を無限に大きくして，井戸の左側を完全に硬い障壁にしてみよう．そうすると問題は単純になり，4.2節の結果を流用できるようになることを示せ．

4.5 δ 関数の井戸 $V(z) = -S\delta(z)$ の問題を直接解いてみよ．波動関数は全域で，有限井戸の外部と同様の減衰指数関数 $\phi(z) \propto \exp(-\kappa|z|)$ になる．δ 関数のポテンシャルによる特異性の効果として，$z=0$ のところに傾きの不連続な変化が現れる．Schrödinger方程式を z についてゼロのすぐ下からすぐ上まで積分すると，次の関係が得られる．

$$\left.\frac{d\phi}{dz}\right|_{z=0_+} - \left.\frac{d\phi}{dz}\right|_{z=0_-} = -\frac{2mS}{\hbar^2}\phi(0) \qquad \text{(ex4.1)}$$

(Schrödinger方程式の右辺は特異点を持たないのでゼロになる) これにより $\kappa = mS/\hbar^2$，束縛エネルギー $B = \hbar^2\kappa^2/2m$ と与えられ，式 (4.22) の結果と一致することを示せ．

4.6 磁場 B が実効的な放物線ポテンシャルを生じ，その"ばね定数"が $K = e^2B^2/m = m\omega_c^2$ と与えられることを第6章で見る予定である．e は粒子の電荷，m は質量であり，$\omega_c = eB/m$ はサイクロトロン振動数 (cyclotron frequency) と呼ばれている．GaAs中の電子に 1 T の磁場が印加された場合のサイクロトロンエネルギーと，サイクロトロン運動の距離尺度 z_0 (一般に磁気長 l_B と呼ばれる) を計算せよ．

4.7 $x > 0$ では放物線で $x = 0$ に硬い障壁を持つポテンシャルにおける束縛状態のエネルギーを求めよ．

4.8 図 4.5 (p.139) に示したような試料における電子および正孔 (重い正孔と軽い正孔それぞれ) の準位間隔と, 光学遷移エネルギーを見積もれ. ポテンシャルが両側の AlGaAs 層で一定値になるのではなく, 放物線井戸が続いているという近似を採用せよ. 基底準位に関しては, このような扱いでも問題はないであろう. 有効質量の分布を無視し, ヘテロ構造全域において有効質量が一定であると仮定せよ.

4.9 不確定性関係 (1.63) を用いて, 放物線井戸のゼロ点エネルギーを推定せよ. 波動関数の拡がりが Δx であれば, ポテンシャルエネルギーは $\frac{1}{2} K (\Delta x)^2$ と見積もられる. 不確定性関係から運動量の値の拡がりは $\Delta p \geq \hbar / (2 \Delta x)$, 運動エネルギーは $(\Delta p)^2 / 2m$ となる. 全エネルギー ε を Δx の関数として描き, それを最低にする Δx を見いだし, 正確に $\varepsilon = \frac{1}{2} \hbar \omega_0$ が得られることを示せ.

4.10 ドープしたヘテロ接合の近傍に電子系を閉じ込めている電場は, 典型的には $5\ \text{MVm}^{-1}$ 程度である (この計算は 9.3.1 項 (p.363〜) で扱う). この傾きを持つ三角井戸のエネルギー準位をいくつか計算してみよ. その結果は $z = 0$ における障壁の高さが, わずか約 $0.3\ \text{eV}$ の GaAs − AlGaAs 接合に適用できるか?

4.11 半導体中に面状にドナーを添加すると (δ ドーピング), 対称な三角井戸 $V(z) = |eFz|$ が形成される. すべてのドナーがイオン化しているならば, Gauss の法則により, 電場強度は $F = e N_\text{D}^{(2\text{D})} / 2 \epsilon_0 \epsilon_\text{b}$ となる. $N_\text{D}^{(2\text{D})}$ はドナーの面密度, ϵ_b は半導体の比誘電率である. $N_\text{D}^{(2\text{D})} = 5 \times 10^{15}\ \text{m}^{-2}$, $\epsilon_\text{b} = 13$ として, GaAs 中の準位をいくつか計算せよ. 付録 E に示した $\text{Ai}'(x)$ のゼロ点の値を参照すること.

4.12 幅 (厚さ) a の無限に深い井戸層の状態密度 $n(E)$ を計算し, それを 3 次元自由電子系の状態密度 (図 4.7(c), p.144) と比較せよ. この比較は, 井戸における階段状の状態密度が "単位面積" あたりの量であるのに対し, 自由電子の $E^{1/2}$ の状態密度は "単位体積" あたりの量なので少し注意が必要である. 3 次元自由電子系の状態密度の方に井戸幅 a を掛ければ, 単位面積あたりの状態密度に変換されて, 井戸内 2 次元電子系の状態密度と直接の比較ができるようになる (もちろん両者を 3 次元状態密度にそろえて比較することも可能である). 同じグラフに 3D 自由電子系の状態密度と, 10 nm および 20 nm の幅の GaAs 井戸の状態密度を描き, 井戸内状態密度の各段差の角 (かど) が 3 次元状態密度の放物線に内側から接する様子を示せ. 井戸幅を広げていくと, どうなるか?

2 次元電子系としては, 電子は可能な限り基底サブバンドに収まっていて, 2 番目以上のサブバンドにはほとんど電子が入らない状態が理想的である. 異なる有効質量を持つ材料を使うことで, このことに影響があるか? また有限の深さの井戸では, 結果に違いがあるか?

4.13 前の問題 (4.10) で扱ったヘテロ接合の三角ポテンシャルにおいて, 基底サブバンドだけが電子で満たされているものとすると, この接合に捕獲されている電子の密度はどれくらいか? 試料温度をどのくらい下げれば, 温度の効果によって基底サブバンドより上のサブバンドに存在する電子を無視できるか?

4.14 2 次元面内方向に半径 100 nm, 深さ 50 meV の 2 次関数ポテンシャルを持つ量子ドットを考える. 第 3 次元方向には, これよりはるかに強く閉じ込められており, すべての電子がこの方向に関して基底状態にあるものと仮定する. Fermi 準位がポテンシャルの底から 12 meV 上にあるとすると, いくつの状態が占有されるか? またポテンシャルモデルを半径 50 nm の硬い障壁に置き換えると, 結果はどのように変わるか?

4.15 周囲を AlGaAs に囲まれた GaAs の球状井戸において, 束縛状態が生じる条件は実現可能か? 井戸を有効質量が低い InAs に置き換えると, その結論は変わるか? 障壁の高さ

を 1 eV とせよ．GaAs や AlGaAs の上に成長させた InAs の "自己組織化" ドットに関心が持たれている．

4.16 11×9 nm の無限に深い 2 次元井戸に閉じ込められた電子系の状態密度を計算せよ．サブバンドのエネルギーは式 (4.60) で与えられる．これを 3 次元の結果 (単位長さあたりの密度に変換したもの) と比較せよ．

4.17 図 4.9 (p.147) にホモ構造井戸のサブバンドを示してあるが，ヘテロ構造において面内波数 $\mathbf{k}$ に依存して実効ポテンシャル深さが変わる場合に，異なるサブバンドへの電子の占有にどのような影響があるか？ GaAs – AlAs 系で考察してみよ．

4.18 GaAs の中の InAs の単層は，粗いモデル化をすると深さ 1 eV，幅 0.3 nm の量子井戸となり，有効質量係数は井戸内で 0.025，井戸外で 0.067 である．$\mathbf{k} = \mathbf{0}$ の束縛状態を計算せよ．波動関数はどの程度の拡がりを持つか？ δ 関数はこのポテンシャルに対する良い近似となるか？

第 5 章　トンネル輸送

　第4章では電子がさまざまなポテンシャル井戸に捕獲され，あたかも2次元系 (もしくはそれ以下の次元) の電子のように振舞う様子を見た．本章では自由電子が障壁や障害に遭遇するときの様子を見ることにする．ここでも多くのポテンシャル構造は1次元方向に関するもので，この方向に関するSchrödinger方程式を解けばよい．ただし電流を計算するときには，他の次元も考慮しなければならない．我々は一般的な T 行列を利用するが，これによってポテンシャル段差や障壁の連続した構造に関しても，それぞれの積による透過係数の算出が可能となる．2つの特別な応用例は，二重障壁における共鳴トンネルと，一定間隔で無限に続く連続障壁，すなわち超格子である．二重障壁は，入射電子のエネルギーが，障壁間の"共鳴状態"もしくは"準束縛状態"のエネルギーに一致するところで，透過係数の鋭いピークを持つ (5.5節)．超格子になると，このピークは拡がってバンドを形成するが，5.6節で，超格子においてバンド構造とBlochの定理が成立する様子を見ることにする．

　現実の多くの低次元構造は何本かの導線を伴っているので，純粋な1次元問題に還元できるわけではなく，導線自体もいくつもの伝播モードを持つ．この問題を5.7節で扱い，低次元系において最もよく知られた現象であるコンダクタンスの量子化を導出する．最後にヘテロ構造によって導入される他の詳細な性質，特にヘテロ接合の両側の有効質量の違いによる効果を扱う．

　本章に与えるほとんどの結果が成立するための重要な制約条件として，電子は"コヒーレント" (coherent：可干渉) な状態を保っていなければならない．言い換えると，我々は電子を，媒体中を吸収されることなく伝搬する電磁波のような純粋な波として扱う．この仮定は現実に即していない可能性があるが，これについても後から議論する．

5.1　ポテンシャル段差

　図5.1に示すように，エネルギー E を持ち，$+z$ 方向に伝搬する電子が，$z=0$ においてポテンシャル段差に衝突する状況を考える．$V(z)$ は $z<0$ では 0，$z>0$ では正の定数 V_0 となっている．古典的には，電子は $E<V_0$ ならば必ず反射し，$E>V_0$ ならば必ず段差を乗り越えて進む．しかしこの結果は，量子力学における電子の波動的な性質によって修正される．

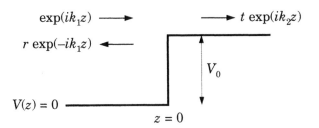

図5.1　$z = 0$ におけるポテンシャル段差．左側では $V = 0$，右側では $V = V_0$ である．左側から電子波が入射すると，左側へ反射波，右側に透過波が生じる．

$z < 0$ の領域 1 において，段差の左側から入射する波を $\exp(ik_1 z)$ とする．時間依存の因子 $\exp(-iEt/\hbar)$ は，すべての波に共通なので省略する．放出される波は 2 つある．領域 1 における反射波 $r \exp(-ik_1 z)$ と，領域 2 における透過波 $t \exp(ik_2 z)$ である．係数 r および t はそれぞれ "反射振幅" (reflection amplitude) および "透過振幅" (transmission amplitude) と呼ばれ，一般に複素数である．波数は $k_1^2 = 2mE/\hbar^2$ および $k_2^2 = 2m(E - V_0)/\hbar^2$ と与えられる．$E > V_0$ と仮定すると k_2 は実数であり，すべての波が伝播波となる．より一般的には，図5.2 のように右側から入射する波も想定しなければならないが，このような問題を解くのも，さほど難しいわけではない．A, B, C, D の中の 2 つの振幅を与えると，残りの 2 つが決まる．Schrödinger 方程式の解は次の形である．

$$\psi(z) = \begin{cases} A\exp(ik_1 z) + B\exp(-ik_1 z), & z < 0 \\ C\exp(ik_2 z) + D\exp(-ik_2 z), & z > 0 \end{cases} \tag{5.1}$$

いつものように波動関数の値と傾きは連続していなければならないので，$z = 0$ の段差における接続条件から，次の関係が与えられる．

$$A + B = C + D, \quad k_1(A - B) = k_2(C - D) \tag{5.2}$$

2 次微分 $d^2\psi/dz^2$ は $V(z)$ に比例するので，段差のところで連続にはならない．

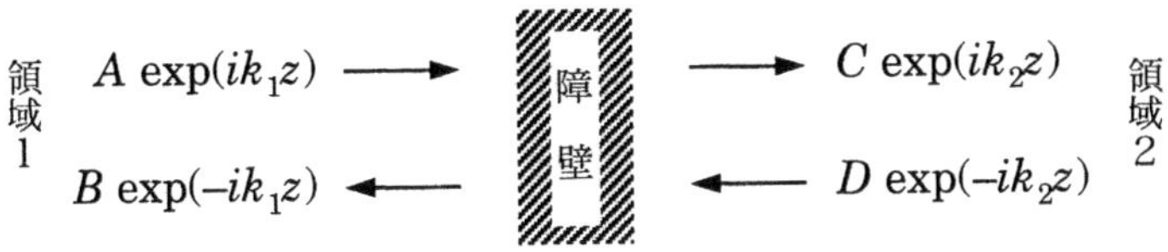

図5.2　左側の領域 1 と右側の領域 2 を分けている，形を特定していない "障壁" に関する一般的な透過の問題．両側に入射波と放出波の成分がある．障壁から離れたところのポテンシャルはそれぞれ一定なので，波動関数は平面波で構成されるが，波数 k_1 と k_2 が違う場合も考える．

左側の波が決められていれば，式 (5.2) を解いて右側の波の係数を求めることができる．

$$C = \frac{1}{2}(1 + k_1/k_2)A + \frac{1}{2}(1 - k_1/k_2)B$$
$$D = \frac{1}{2}(1 - k_1/k_2)A + \frac{1}{2}(1 + k_1/k_2)B \tag{5.3}$$

この結果を，単純な図5.1の状況に適用することもできる．$A = 1$, $B = r$, $C = t$, $D = 0$ と置くと，次の関係が得られる．

$$t = \frac{2k_1}{k_1 + k_2}, \quad r = \frac{k_1 - k_2}{k_1 + k_2} \tag{5.4}$$

普通，知る必要があるのは，波の振幅よりもむしろ電子の流れである．$F \exp(ikx)$ という波が運ぶ粒子流密度は $(\hbar k/m)|F|^2$ であり，振幅だけでなく波数にも依存する．したがって，流れの"透過係数"(transmission coefficient) および"反射係数"(reflection coefficient)，すなわち電流の透過率と反射率は次のよう与えられる．

$$T = \frac{(\hbar k_2/m)|t|^2}{(\hbar k_1/m)} = \frac{k_2}{k_1}|t|^2 = \frac{4k_1 k_2}{(k_1 + k_2)^2} \tag{5.5}$$

$$R = \frac{(\hbar k_1/m)|r|^2}{(\hbar k_1/m)} = |r|^2 = \left(\frac{k_1 - k_2}{k_1 + k_2}\right)^2 \tag{5.6}$$

これらの係数が粒子数の保存則を満たすかどうか，確認が必要であろう．入射した粒子は，反射するか透過するしか無いので，

$$R + T = 1 \tag{5.7}$$

でなければならない．この関係は，式 (5.5) と式 (5.6) から容易に確認できる．

$E < V_0$ の場合，段差の右側へ侵入した"波"は，すばやく消失する実数の減衰指数関数となり，波数 (減衰係数) κ_2 は $\kappa_2^2 = 2m(V_0 - E)/\hbar^2$ のように決まる．右側の放出波は $C \exp(ik_2 z)$ ではなく，減衰指数関数 $C \exp(-\kappa_2 z)$ となり，右側の入射波は増加指数関数 $D \exp(+\kappa_2 z)$ となる．つまり k_2 が $i\kappa_2$ に置き換わる．k_2 が $-i\kappa_2$ でなく $+i\kappa_2$ に置き換わるという点は重要であるが，この符号は，吸収性媒体 (ここでは吸収が起こるわけではないが) における減衰波と同じと覚えておくとよい．やはり $z = 0$ において波が接続するための条件が生じるが，これは $k_2 \to i\kappa_2$ の置き換えにより，次のように与えられる．

$$t = \frac{2k_1}{k_1 + i\kappa_2}, \quad r = \frac{k_1 - i\kappa_2}{k_1 + i\kappa_2} \tag{5.8}$$

これらの振幅は複素数である．純粋に減衰する波 $t \exp(-\kappa_2 z)$ は粒子流を伴わないので (式 (1.36)) $T = 0$, $R = |r|^2 = 1$ である．したがって古典論の結果と同様に，段差

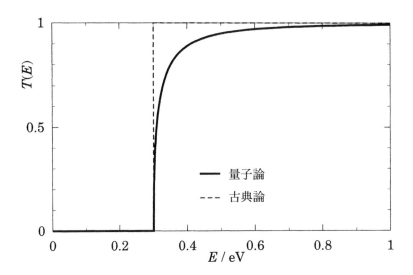

図5.3　GaAs中の電子が0.3 eVの段差に入射したときの，電子エネルギー E と透過係数 $T(E)$ の関係．破線は古典論の結果である．

において完全な反射が起こる．波動関数の指数関数的な裾が障壁内部に静的に侵入しているけれども，これが電流を運ぶことはない．

透過係数のエネルギー依存性 $T(E)$ は図5.3のようになる．古典的な扱いでは，電子のエネルギーが段差を少しでも上回れば透過係数は完全に $T=1$ となるが，量子力学的には充分な高エネルギーでも1に近くなるだけで完全な透過は起こらない．E を高エネルギー側から V_0 に近づけると，平方根関数のような挙動で $T \to 0$ になる．

段差は電子を閉じ込めるために重要であるが，更に有用な構造は，登りと下りの段差を組み合わせた障壁である．単独の段差と同じように，波動関数の接続を考えて，これを扱うことも可能だが，より一般的で興味深い T 行列を使う手法もある．

5.2　T 行列

段差における4つの波の成分の間に見いだした関係 (5.3) を，行列の式として表現する方法もいろいろある．最も基本的なものはS行列であるが，これは"何が入射するか"を"何を放出するか"に変換する行列である．

$$\begin{pmatrix} C \\ B \end{pmatrix} = \mathsf{S} \begin{pmatrix} A \\ D \end{pmatrix} \tag{5.9}$$

しかし我々は左側 (図5.2の領域1, p.164) の波から右側 (領域2) の波を与える遷移行

5.2 T行列

列 (transfer matrix) もしくはT行列 (T-matrix) と呼ばれる行列を扱う．

$$\begin{pmatrix} C \\ D \end{pmatrix} = \mathsf{T}^{(21)} \begin{pmatrix} A \\ B \end{pmatrix} = \begin{pmatrix} T_{11}^{(21)} & T_{12}^{(21)} \\ T_{21}^{(21)} & T_{22}^{(21)} \end{pmatrix} \begin{pmatrix} A \\ B \end{pmatrix} \tag{5.10}$$

$\mathsf{T}^{(21)}$ の上付き添字の順序に注意してもらいたい．この順序の理由はすぐに明らかになる．T行列を用いる理由は，1次元における複雑な障壁の組み合わせを，行列の積によって容易に扱えるからである．平坦なポテンシャルを持つ3つの領域が，2箇所の電子を散乱する構造によって仕切られている例を図5.4に示す．3つの領域の波の振幅は，それぞれの障壁におけるT行列によって関係づけられる．

$$\begin{pmatrix} C \\ D \end{pmatrix} = \mathsf{T}^{(21)} \begin{pmatrix} A \\ B \end{pmatrix}, \quad \begin{pmatrix} E \\ F \end{pmatrix} = \mathsf{T}^{(32)} \begin{pmatrix} C \\ D \end{pmatrix} \tag{5.11}$$

これらを組み合わせて，次の関係を得る．

$$\begin{pmatrix} E \\ F \end{pmatrix} = \mathsf{T}^{(32)} \mathsf{T}^{(21)} \begin{pmatrix} A \\ B \end{pmatrix} \equiv \mathsf{T}^{(31)} \begin{pmatrix} A \\ B \end{pmatrix} \tag{5.12}$$

$\mathsf{T}^{(31)} = \mathsf{T}^{(32)} \mathsf{T}^{(21)}$ である．この関係から上付き添字の順序の正当性が解る．また任意の数のポテンシャル構造を並べたものを同様に扱えることも明らかである．空間を分割した領域は通常，左から右へ番号が付けられるが，行列は，右端の波動関数の振幅に対して正しい順序で作用させるために，右から左の順に並ぶことになる．

Tの要素から反射振幅と透過振幅を求めることができる．障壁の左側と右側の波は次のように関係づけられる．

$$\begin{pmatrix} t \\ 0 \end{pmatrix} = \mathsf{T} \begin{pmatrix} 1 \\ r \end{pmatrix} = \begin{pmatrix} T_{11} & T_{12} \\ T_{21} & T_{22} \end{pmatrix} \begin{pmatrix} 1 \\ r \end{pmatrix} \tag{5.13}$$

$$r = -\frac{T_{21}}{T_{22}}, \quad t = \frac{T_{11} T_{22} - T_{12} T_{21}}{T_{22}} \tag{5.14}$$

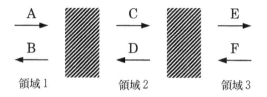

図5.4 2つの障壁によって分断されている，ポテンシャルが一定の3つの領域における波．それぞれのT行列の積が，全体の透過振幅を与えることを示すための例である．

我々は後から，多くの場合 t の式の分子は 1 となり，$t = 1/T_{22}$ と与えられることを見ることになる．

式 (5.3) から，ポテンシャル段差における T 行列は次のように与えられる．

$$\mathsf{T}^{(21)} = \frac{1}{2k_2} \begin{pmatrix} k_2 + k_1 & k_2 - k_1 \\ k_2 - k_1 & k_2 + k_1 \end{pmatrix} \equiv \mathsf{T}(k_2, k_1) \tag{5.15}$$

上式は $E > V_0$ の場合の式である．$E < V_0$ の場合は $k_2 = i\kappa_2$ と置き換わる．

この行列は原点位置にあるポテンシャル段差に関するものであるが，$z = d$ の位置にある段差への一般化は容易である．違いは段差のところの波の位相だけである．原点段差の $\mathsf{T}(0)$ から，3 段階の操作を経て，位相の違いを導入した新たな行列 $\mathsf{T}(d)$ を作ることができる．

(i) $z' = z - d$ と置いて段差を d から原点へと移動する．左側から入射する波 $\exp(ik_1 z)$ は $\exp(ik_1 z') \exp(ik_1 d)$ になる．すなわち対応する元の振幅に $\exp(ik_1 d)$ が掛かった形に置き換わる．同様にして，左側に放出される波の振幅には $\exp(-ik_1 d)$ が掛かる．これらの 2 つの因子は，元の振幅ベクトルに作用する対角行列の形で表現できる．

(ii) 原点の段差における T 行列 $\mathsf{T}(0)$ から右側の波の振幅を求めることができる．

(iii) $z = z' + d$ の変換で再び段差を位置 d に戻すことに伴い，再び位相因子が生じる．それらは (i) と反対符号の位相を持ち，k_1 の代わりに k_2 を含む．これらも対角行列の形で書くことができる．

このようにして，原点にある段差の T 行列を用いて，位置 d にある段差の $\mathsf{T}(d)$ を与えることができる．

$$\mathsf{T}(d) = \begin{pmatrix} e^{-ik_2 d} & 0 \\ 0 & e^{ik_2 d} \end{pmatrix} \mathsf{T}(0) \begin{pmatrix} e^{ik_1 d} & 0 \\ 0 & e^{-ik_1 d} \end{pmatrix} \tag{5.16}$$

この公式は，さらに複雑なポテンシャルの T 行列を構築する場合にも適用できるので，きわめて有用である．ポテンシャルと波数が障壁の左右で同じである場合 (たとえば段差ではなく，矩形障壁を考える) には，前後の位相変換行列が逆行列の関係になるので，式は更に簡単に，ひとつの位相因子行列 A を用いて $\mathsf{T}(d) = \mathsf{A}^{-1}(d)\mathsf{T}(0)\mathsf{A}(d)$ と与えられる．これは T の相似変換 (similarity transformation) であって，行列式などは変わらない．

5.2.1 矩形障壁

上記の結果を組み合わせて，矩形ポテンシャル障壁の T を構築できる．中心が原点に位置している図 5.5 のような障壁を考えよう．$|z| < a/2$ において $V(z) = V_0$，その

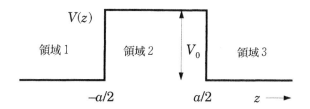

図5.5 $|z| < a/2$ において $V(z) = V_0$, その外側で $V(z) = 0$ の矩形ポテンシャル障壁.

外では $V(z) = 0$ とおき, $E > V_0$ を仮定する. 障壁の左右両方においてポテンシャルはゼロなので $k_3 = k_1$ である. 2段階の操作によってT行列が構築される. まず波数は k_1 から k_2 に変わるが, この部分のT行列は, 原点にある段差のT行列 (5.15) を, 式 (5.16) の変換式によって $z = -a/2$ へとずらしたものになる. 次に波数は逆に k_2 から $k_3 = k_1$ に変わるので, この部分に関しては, 式 (5.15) の k_1 と k_2 を入れ替えて, 式 (5.16) によって $z = a/2$ への変換を行えばよい. これらの2段階の操作により, 以下の式が得られる.

$$\mathsf{T}^{(31)} = \begin{pmatrix} e^{-ik_1 a/2} & 0 \\ 0 & e^{ik_1 a/2} \end{pmatrix} \mathsf{T}(k_1, k_2) \begin{pmatrix} e^{ik_2 a/2} & 0 \\ 0 & e^{-ik_2 a/2} \end{pmatrix}$$
$$\times \begin{pmatrix} e^{ik_2 a/2} & 0 \\ 0 & e^{-ik_2 a/2} \end{pmatrix} \mathsf{T}(k_2, k_1) \begin{pmatrix} e^{-ik_1 a/2} & 0 \\ 0 & e^{ik_1 a/2} \end{pmatrix} \quad (5.17)$$

右辺の真ん中の2つの行列を掛け合わせると, 対角要素 $\exp(\pm ik_2 a)$ を持つ対角行列になるが, これは波が段差と段差の間を伝搬するときに生じる位相の変化を表す. これを前後のT行列と掛け合わせると, 次のようになる.

$$\mathsf{T}^{(31)} = \frac{1}{2k_1 k_2} \begin{pmatrix} e^{-ik_1 a/2} & 0 \\ 0 & e^{ik_1 a/2} \end{pmatrix}$$
$$\times \begin{pmatrix} 2k_1 k_2 \cos k_2 a + i(k_1^2 + k_2^2) \sin k_2 a & -i(k_1^2 - k_2^2) \sin k_2 a \\ i(k_1^2 - k_2^2) \sin k_2 a & 2k_1 k_2 \cos k_2 a - i(k_1^2 + k_2^2) \sin k_2 a \end{pmatrix}$$
$$\times \begin{pmatrix} e^{-ik_1 a/2} & 0 \\ 0 & e^{ik_1 a/2} \end{pmatrix} \quad (5.18)$$

中央の行列は障壁の厚さ a の関数であるが, 障壁の位置には依存していない. 障壁の位置の情報は, 前後の位相因子行列に反映されており, たとえば障壁を 0 から a の区間へとずらせば, この部分だけが変わる. 最終的な計算の結果, $\mathsf{T}^{(31)}$ の下の行の要素は次のようになる.

$$T_{21}^{(31)} = \frac{i(k_1^2 - k_2^2) \sin k_2 a}{2k_1 k_2} \quad (5.19)$$

$$T_{22}^{(31)} = \frac{2k_1k_2\cos k_2a - i(k_1^2+k_2^2)\sin k_2a}{2k_1k_2}e^{ik_1a} \tag{5.20}$$

次の節で，残りの要素は一般に $T_{11} = T_{22}^*$, $T_{12} = T_{21}^*$ と与えられ，行列式が $\det|\mathsf{T}| = 1$ となることを証明する予定である．これを用いると結局，透過振幅は，

$$t = \frac{T_{11}T_{22} - T_{12}T_{21}}{T_{22}} = \frac{1}{T_{22}} = \frac{2k_1k_2 e^{-ik_1a}}{2k_1k_2\cos k_2a - i(k_1^2+k_2^2)\sin k_2a} \tag{5.21}$$

透過係数 $T = |t|^2$ は，

$$T = \frac{4k_1^2k_2^2}{4k_1^2k_2^2 + (k_1^2-k_2^2)^2\sin^2 k_2a} = \left[1 + \frac{V_0^2}{4E(E-V_0)}\sin^2 k_2a\right]^{-1} \tag{5.22}$$

と与えられる．$k_2 = [2m(E-V_0)/\hbar^2]^{1/2}$ であり，反射係数は $R = 1 - T$ である．$E < V_0$ の場合は，いつも通りに $k_2 \to i\kappa_2$ と置けばよい．その場合には $\sin k_2a = \sin i\kappa_2a = i\sinh\kappa_2a$ であり，透過係数は次のようになる．

$$T = \frac{4k_1^2\kappa_1^2}{4k_1^2\kappa_2^2 + (k_1^2+\kappa_2^2)^2\sinh^2\kappa_2a} = \left[1 + \frac{V_0^2}{4E(V_0-E)}\sinh^2\kappa_2a\right]^{-1} \tag{5.23}$$

$\kappa_2 = [2m(V_0-E)/\hbar^2]^{1/2}$ である．エネルギーがちょうど障壁の高さに一致する $E = V_0$ の場合には，次のようになる．

$$T(E = V_0) = \left[1 + \frac{ma^2V_0}{2\hbar^2}\right]^{-1} \tag{5.24}$$

透過係数のエネルギー依存性を図5.6に示してある．古典的には $E < V_0$ で $T = 0$，$E > V_0$ で $T = 1$ である．量子効果によって $E < V_0$ でも電子は障壁をトンネルするようになるが，そのときの透過率は小さい．κ_2a が大きい場合は，式(5.23)を次のように近似できる．

$$T \approx \frac{16E}{V_0}\exp(-2\kappa_2a) \tag{5.25}$$

このように透過率は指数関数的であり，因子 $\exp(-2\kappa_2a)$ だけでも，電子が障壁をトンネルする確率を大雑把に見積もることができる．

$E > V_0$ の場合，透過係数が1になるのは $\sin k_2a = 0$ を満たすところだけであり，この条件下では障壁領域に半波長の整数倍の波が収まっている．このような"障壁上の共鳴"は，マイクロ波などでも見られる一般的な現象である．

5.2.2 δ関数障壁

理論の中で矩形障壁を単純化して扱う際に有用で，我々も後から使うことになるモデルは，δ関数障壁である．これは $S = V_0a$ を一定に保ったまま障壁の高さ V_0 を無限

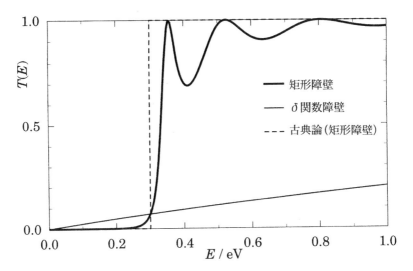

図5.6 GaAsにおける高さ $V_0 = 0.3$ eV,厚さ $a = 10$ nm の矩形ポテンシャル障壁の入射エネルギー E に対する透過係数 $T(E)$. 細線の方は同じ強度 $S = V_0 a$ を持つ δ 関数障壁の透過率である.破線は同じ高さの矩形障壁に関する古典的な結果を表す.

大,厚さ a をゼロにしたものである.この S という量は障壁の"強度"を表す指標になる. δ 関数障壁の極限では $\kappa_2 \to \infty$, $\kappa_2 a \to 0$ であり,T行列は次のようになる.

$$\mathsf{T} = \frac{1}{2k_1}\begin{pmatrix} 2k_1 - i\kappa_2^2 a & -i\kappa_2^2 a \\ i\kappa_2^2 a & 2k_1 + i\kappa_2^2 a \end{pmatrix} \equiv \begin{pmatrix} 1-iZ & -iZ \\ iZ & 1+iZ \end{pmatrix} \quad (5.26)$$

どの行列要素も,

$$Z = \frac{\kappa_2^2 a}{2k_1} = \frac{mS}{\hbar^2 k_1} = S\sqrt{\frac{m}{2\hbar^2 E}} \quad (5.27)$$

というひとつのパラメーターだけに依存して決まっている.流れの透過係数はエネルギーに関して単調増加関数であり,有限の障壁で見られるような構造は持たない.

$$T = \frac{1}{1+Z^2} = \left(1 + \frac{2m}{\hbar^2}\frac{S^2}{4E}\right)^{-1} \quad (5.28)$$

同じ S の値を持つ厚い障壁の透過係数との比較を図5.6に示してある.ここで採用した障壁パラメーターの比較例では両者の曲線が全く違って見えるが,障壁が薄くなると,両者の特性は近いものになる.

5.3 T 行列の他の性質

T 行列が有用であることは明らかだが，見た目には少々複雑である．波動関数は一般に複素数なので，T 行列の要素も一般に複素数であり，T 行列を特定するには 4 つの複素数，すなわち等価的に 8 つの実数を決める必要があるように見える．しかし初等的な扱いでは，我々は波動関数の接続条件だけに基づいて r と t という 2 つの複素数，すなわち 4 つの実数を導入し，さらに電流保存条件 $R + T = 1$ によって，自由度を実数 3 つ分に減らすことができた．T 行列の要素も，一般的な原理に基づいて 3 つの独立な実数量に還元できる．ここで役立つのは電流保存則と " 時間反転不変性 " (time-reversal invariance) であるが，この一般的で重要な性質をこれから導出することにする．

時間に依存する Schrödinger 方程式を満たす波動関数を考える．

$$\hat{H}\Psi(t) = i\hbar \frac{\partial}{\partial t}\Psi(t) \tag{5.29}$$

位置座標の引き数は，ここでは議論に関係ないので明示しない．まず $\hat{H}$ は時刻 t に依存せず，実 (real[†]) であることを仮定する——後から更に仮定を導入するが．最初に t の符号をすべて変えてみる．

$$\hat{H}\Psi(-t) = -i\hbar \frac{\partial}{\partial t}\Psi(-t) \tag{5.30}$$

そして，この式の複素共役をとる．

$$\hat{H}\Psi^*(-t) = i\hbar \frac{\partial}{\partial t}\Psi^*(-t) \tag{5.31}$$

最後の式 (5.31) は，初めの方程式 (5.29) と同じ形をしている．したがって $\Psi(t)$ が Schrödinger 方程式の解ならば，$\Psi^*(-t)$ も解である．これが時間反転不変性である．ハミルトニアン $\hat{H}$ が実であるという要請は必ずしも自明のものではなく，磁場 **B** があるときにはこの仮定が成立しない．磁場がある場合には，時間の符号反転に伴って **B** も反転させなければならない．

時間反転対称性は T 行列に重要な性質をもたらす．話を簡単にするために，障壁の高さはどちらから見ても同じであり，したがって伝播波の波数は障壁の両側で共通であると仮定しよう．あらゆる波動関数は次のような平面波によって構築される．

$$\Psi_k(z, t) = A \exp(i(kz - \omega t)) \tag{5.32}$$

これに時間反転操作を施すと，次のようになる．

$$\Psi_k^*(z, -t) = A^* \exp(i(-kz - \omega t)) \tag{5.33}$$

[†](訳註) 原書の表現のままにしておくが，Hermite という意味である．p.17 参照．

5.3 T行列の他の性質

時間反転の結果として当然予想されるように，k の符号，すなわち波の伝播方向が反転している．これより予想し難いのは，定係数が元の複素共役に置き代わる点である．時間依存性は $\exp(-i\omega t)$ のままなので定常状態のエネルギーに変更はなく，この因子を通常どおりに省略しても支障はない．図5.2 (p.164) の領域 1 の波が，

$$A\exp(ikz) + B\exp(-ikz) \tag{5.34}$$

であれば，時間反転対称性により，

$$B^*\exp(ikz) + A^*\exp(-ikz) \tag{5.35}$$

もまた Schrödinger 方程式の解である．

T行列は，式 (5.10) で定義されている．T の添字は自明なので，ここでは省略する．

$$\begin{pmatrix} C \\ D \end{pmatrix} = \mathsf{T}\begin{pmatrix} A \\ B \end{pmatrix} = \begin{pmatrix} T_{11} & T_{12} \\ T_{21} & T_{22} \end{pmatrix}\begin{pmatrix} A \\ B \end{pmatrix} = \begin{pmatrix} T_{11}A + T_{12}B \\ T_{21}C + T_{22}D \end{pmatrix} \tag{5.36}$$

時間反転対称性に基づくもう一方の関係式は，

$$\begin{pmatrix} D^* \\ C^* \end{pmatrix} = \mathsf{T}\begin{pmatrix} B^* \\ A^* \end{pmatrix} = \begin{pmatrix} T_{11}B^* + T_{12}A^* \\ T_{21}B^* + T_{22}A^* \end{pmatrix} \tag{5.37}$$

となる．物理系は変わっていないので，T も変わっていないはずである．これらの式の順序を入れ替えて複素共役をとると，次のようになる．

$$\begin{pmatrix} C \\ D \end{pmatrix} = \begin{pmatrix} T_{22}^*A + T_{21}^*B \\ T_{12}^*A + T_{11}^*B \end{pmatrix} = \begin{pmatrix} T_{22}^* & T_{21}^* \\ T_{12}^* & T_{11}^* \end{pmatrix}\begin{pmatrix} A \\ B \end{pmatrix} \tag{5.38}$$

式 (5.36) と式 (5.38) を比較すると，矛盾を生じないためには，

$$T_{22} = T_{11}^*, \quad T_{21} = T_{12}^* \tag{5.39}$$

でなければならない．したがって行列の 4 要素の中で，2 つだけが独立であり，T は次の形で書ける．

$$\mathsf{T} = \begin{pmatrix} T_{11} & T_{12} \\ T_{12}^* & T_{11}^* \end{pmatrix} \tag{5.40}$$

残った 2 つの要素について，電流 (粒子流) 保存によってさらなる関係が与えられる．これは障壁の両側で電流が等しくなければならないという要請である．我々は，両側の領域で波数が等しいことを仮定しているので，この要請は，

$$|A|^2 - |B|^2 = |C|^2 - |D|^2 \tag{5.41}$$

と表される．T行列を用いてCとDを消去し，すでに示した式(5.40)の要素間の関係を適用すると，次の条件が得られる．

$$|T_{11}|^2 - |T_{12}|^2 = 1 = \det |\mathsf{T}| \tag{5.42}$$

この制約によって，T行列を決定する独立な実数は，予想の通り3つになる．前に式(5.14)で示したrとtの表式も，これらの条件によって簡単になる．

$$r = -\frac{T_{12}^*}{T_{11}^*}, \quad t = \frac{1}{T_{11}^*} \tag{5.43}$$

Tをrとtによって書き直すこともできる．

$$\mathsf{T} = \begin{pmatrix} 1/t^* & -r^*/t^* \\ -r/t & 1/t \end{pmatrix} \tag{5.44}$$

電流保存の条件により$|r|^2 + |t|^2 = 1$である．

場合によっては，右側の波から左側の波を与えるT行列が便利になることもある．$\mathsf{T}^{(21)}$が通常の定義，すなわち式(5.36)で与えられるものとすると，"逆"行列$\mathsf{T}^{(12)}$は次のように与えられる．

$$\begin{pmatrix} B \\ A \end{pmatrix} = \mathsf{T}^{(12)} \begin{pmatrix} D \\ C \end{pmatrix} \tag{5.45}$$

$\mathsf{T}^{(12)}$は普通に言うところの$\mathsf{T}^{(21)}$の逆行列では"ない"ことに注意されたい．T行列は前向きの波を先に扱うように要素の配列を決めてあるが，両者の行列において，向きの扱いが逆になるからである．添字の繁雑さを避けるために$\mathsf{T}^{(21)} = \mathsf{T}$，$\mathsf{T}^{(12)} = \mathsf{T}'$とする．式(5.36)と式(5.45)を比較すると，T'はTと次のように関係づけられる．

$$\begin{aligned}
\mathsf{T}' &= \begin{pmatrix} T'_{11} & T'_{12} \\ T'^*_{12} & T'^*_{11} \end{pmatrix} = \begin{pmatrix} 1/t'^* & -r'^*/t'^* \\ -r'/t' & 1/t' \end{pmatrix} \\
&= \begin{pmatrix} T_{11} & -T_{12}^* \\ -T_{12} & T_{11}^* \end{pmatrix} = \begin{pmatrix} 1/t^* & r/t \\ r^*/t^* & 1/t \end{pmatrix}
\end{aligned} \tag{5.46}$$

したがって$T'_{11} = T_{11}$，$T'_{12} = -T_{12}^*$であり，逆方向から見た透過振幅および反射振幅の関係は，次の関係を持つ．

$$t' = t, \quad r' = -\frac{t}{t^*}r^* \tag{5.47}$$

両側から見た透過振幅は等しい．反射振幅も位相が異なるだけで，反射係数Rは等しい．これらの結果は，両側から見た障壁の高さが同じでさえあれば，非対称な障壁であっても適用できる．

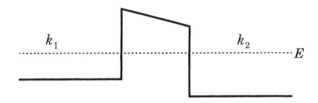

図5.7　両側のポテンシャル水準が異なる障壁．電子は障壁の左右で異なる波数 k_1, k_2 を持つ．

　原点対称な障壁では，両側から見た r と t が同じでなければならない (位置がずれると位相因子によって対称性が破られる)．これは T に対する更なる制約になる．式 (5.43) と式 (5.47) から T_{12} は純虚数になることが分かるが，実際に矩形障壁でそうなっている (式 (5.19))．

　我々は平面波を普通の方法で規格化したので，振幅係数を掛ける前の各平面波は等しい "密度" (density) を持っている．この取り扱いは左右両側のポテンシャル基底が同じである場合にのみ適正である．図5.7の障壁のように，左右のポテンシャル基底準位が異なる場合には，各伝播状態が同じ "流れ" (current) を運ぶように規格化しておく方が便利である．このためには，流れの因子 $\hbar k/m$ をそれぞれ相殺しておかなければならないので，左右の適正な波動関数は次のようになる．

$$A\sqrt{\frac{m}{\hbar k_1}}e^{ik_1 z} + B\sqrt{\frac{m}{\hbar k_1}}e^{-ik_1 z}, \quad C\sqrt{\frac{m}{\hbar k_2}}e^{ik_2 z} + D\sqrt{\frac{m}{\hbar k_2}}e^{-ik_2 z} \quad (5.48)$$

透過係数は $T = |C|^2/|A|^2$ のように k_1 や k_2 を含まない形で与えられる．先に示した両側の基底準位が等しい場合の結果は，これで両側のポテンシャルが異なる障壁にも適用できるが，T行列を計算する際には，式 (5.48) に示した各係数因子を用いなければならない．

　T行列の一般論は，任意の障壁に適用できる．我々は段差によって構成される障壁だけを扱ってきたが，滑らかなポテンシャル分布を持つような障壁も，段差を連ねて構築した障壁モデルによって近似的に扱うことが可能である．全T行列は，各段差におけるT行列を単純に掛け合わせることによって与えられる．しかしここで注意が必要である！任意の複雑な障壁を，各部のT行列の積によって扱うことは原理的に可能であるが，計算手法として安定ではない．問題はトンネル障壁の Schrödinger 方程式において増幅解と減衰解を扱う場合と同じである．通常必要とされるのは減衰解であるが，計算誤差によって不可避的に増幅解が生じてしまい，その成分が急速に波動関数を支配してしまう．もっと正確な方法も別にあるが，それらはT行列のような単純な解析上の性質を欠くものになる．

5.4 電流とコンダクタンス

前節で述べた理論によって，我々は透過係数 $T(E)$ をエネルギー E の関数として計算することができる．次の課題は，これを測定が容易な電流－電圧特性 $I(V)$ に直すことである．電子系の Fermi の海の中にある単純な障壁を図5.8 に示す．正のポテンシャルバイアス V が右側に印加されると，右側の電子エネルギーが $-eV$ だけ変化する．熱平衡状態における電子のエネルギー分布は Fermi 分布関数によって与えられるが，バイアスを印加した系の電子は，単純な Fermi 分布には従わない．左側では μ_L, 右側では μ_R といったように，異なる"Fermi 準位"が共存することになる．準位の差は，印加した電圧によって $\mu_\mathrm{L} - \mu_\mathrm{R} = eV$ のように決まる．本当の Fermi 準位は熱平衡状態においてのみ定義できるが，系があまり著しく平衡を乱されていなければ，擬 Fermi 準位を定義できる (1.8.3項, p.37〜)．

単純かつ有効な仮定として，両側から"入射する"電子の分布が，それぞれ適正な μ の値によって与えられる Fermi 分布関数に従うものとする．この仮定は電流の計算を容易な問題にするが，一方で障壁両側の導通部 (電極) に対して強い要請を課すものであることを後から見る．たとえば電子は障壁を透過した後で反射して戻ってはならない．さもなくば入射電子の分布が乱されるからである．まず我々は純粋に 1 次元の問題を扱い，高次元における横方向の積分は措いておく．左右両側の，ポテンシャルが平坦になっている領域を"導通部"と定義する．"障壁"はその間の部分を指す．したがって，いわゆる障壁本体だけでなく空乏層や蓄積層を"障壁"に含める場合もあ

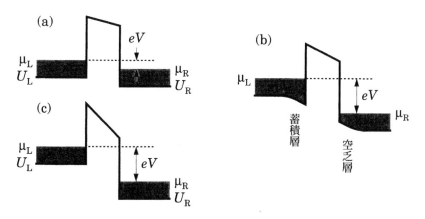

図5.8 電子系の Fermi の海にある障壁．右側に正のバイアスを印加してある．小さいバイアスでの理想的な場合を (a) に示す．障壁外のバンドは平坦である．より現実的なダイヤグラムでは (b) のように，左側では蓄積層，右側では空乏層が生じてバンドが曲がる．(c) では非常に大きいバイアスが印加されていて，右側の電子は電流に寄与しない．

り得る (図 5.8(b)). 導通部ではポテンシャルが一定なので，その部分の波動関数は平面波であり，電流の計算には都合がよい．

5.4.1　1 次元系のトンネル電流

計算方法としては，まず左側から障壁に衝突する電子による電流成分を計算し，それから右側から衝突する電子による成分を加える．両者の電流成分を表す式は，Fermi 準位の違いを除き，同じ形になる．

左側から来る電子による電流は，次式で与えられる．

$$I_\mathrm{L} = 2e \int_0^\infty f(\varepsilon(k), \mu_\mathrm{L}) v(k) T(k) \frac{dk}{2\pi} \tag{5.49}$$

この積分は，障壁の左側の導通部について実施される．各因子の意味は次の通りである．

(i) 因子 e は，粒子数の流れを電流へと変換する (電子の電荷 $-e$ の負号は，伝統的な電流の定義が右に正のバイアスを印加したとき右から左に流れるものと決められているために除かれる).

(ii) 左側から障壁に入射する電子だけを対象とするので，積分範囲を k が正の領域に限定する．$dk/2\pi$ という積分因子は，k 状態を数える際の普通の形である (1.7 節). また最初の因子 2 は，スピンの 2 状態を意味する．

(iii) Fermi 関数 $f(\varepsilon(k), \mu_\mathrm{L})$ は，左側導通部における Fermi 準位 μ_L の下での電子の状態占有確率を表す．

(iv) 速度因子 $v(k)$ によって，電荷密度が電流密度に変換される．電流密度の表式としてよく用いられる $J = nqv$ と同様である．

(v) 最後に，流れの透過係数 $T(k)$ は，入射電子が障壁を透過して電流に寄与する確率を表す．

大抵の場合，積分を波数に関して行うよりも，エネルギーに関して行う式の方が便利である．このためには，次のように積分変数を変更すればよい．

$$dk = \frac{dk}{dE} dE = \frac{1}{\hbar v} dE \tag{5.50}$$

これを式 (5.49) に代入して，左右の導通部のバンド底を $U_\mathrm{L}, U_\mathrm{R}$ と表記することにすると，

$$I_\mathrm{L} = 2e \int_{U_\mathrm{L}}^\infty f(E, \mu_\mathrm{L}) v T(E) \frac{dE}{2\pi \hbar v} = \frac{2e}{h} \int_{U_\mathrm{L}}^\infty f(E, \mu_\mathrm{L}) T(E) dE \tag{5.51}$$

となる.最後の式では速度が相殺して消えているが,これはコンダクタンスの量子化現象 (5.7.1項, p.199~) の背景となる重要な特徴である.高エネルギーの電子は速度が速く,電流を多く運ぶものと予想されるが,その効果は,高エネルギーほど状態密度が低くなるという効果と,ちょうど打ち消し合うのである.

右側から入射する電子による電流の式も,ほとんど同じ形で与えられる.異なる点は,電子の伝播方向が反対向きであることを表す負号,Fermi準位,およびエネルギー積分の下限である.

$$I_R = -\frac{2e}{h}\int_{U_R}^{\infty} f(E, \mu_R) T(E) dE \tag{5.52}$$

前に見た通り,障壁のどちら側から見ても透過係数は同じであり (式 (5.47)),I_L の式にも I_R の式にも同じ関数 $T(E)$ を適用する.U_R から U_L までのエネルギー範囲にある電子は,左側に入ることのできる状態がないので,電流に寄与しない.したがって両方のエネルギー積分の下限を U_L としてよい (一般には大きい方の U を採用する).正味の電流は,2つの式を足し合わせたものとして与えられる.

$$I = I_L + I_R = \frac{2e}{h}\int_{U_L}^{\infty} [f(E, \mu_L) - f(E, \mu_R)] T(E) dE \tag{5.53}$$

電流は単純にバイアスに比例しているわけではない.大抵これは複雑な関数になり,Ohmの法則が適用できない.式の正当性を確認する最も簡単な方法としては,$V = 0$ すなわち $\mu_L = \mu_R$ のときに $I = 0$ となることを見ればよい.

Tsu と Esaki (江崎) によるこの一般的な結果を,いろいろな極限を想定して単純化することができる.

(i) バイアスが大きいならば (図5.8(c), p.176),右側からの入射電子は"すべて"左側の最低準位 U_L よりも低いエネルギーを持つので,全く電流に寄与しない.この場合,式 (5.53) から分布関数 $f(E, \mu_R)$ を省くことができ,右側の電子は何の役割も果たさない.

(ii) 低温において電子が強く縮退している場合は,Fermi分布関数をステップ関数で近似することができる.μ_L と μ_R の間のエネルギーを持つ電子だけが電流に寄与するので,

$$I = \frac{2e}{h}\int_{\mu_R}^{\mu_L} T(E) dE \tag{5.54}$$

となる.バイアスが大きく $\mu_R < U_L$ のときには,積分の下限が U_L に置き換わり,右側の電子は寄与しなくなる.

(iii) バイアスが非常に小さいならば,Fermi関数をTaylor展開して最低次までを採ればよい.μ を熱平衡時のFermi準位として $\mu_L = \mu + \frac{1}{2}eV$, $\mu_R = \mu - \frac{1}{2}eV$ と

5.4 電流とコンダクタンス

置くと，次のようになる．

$$f(E,\mu_\mathrm{L}) - f(E,\mu_\mathrm{R}) \approx eV\frac{\partial f(E,\mu)}{\partial \mu} = -eV\frac{\partial f(E,\mu)}{\partial E} \tag{5.55}$$

最後の式では $f(E,\mu)$ がエネルギー差 $E-\mu$ だけに依存することを用いている．この結果，

$$I = \frac{2e^2 V}{h}\int_{U_\mathrm{L}}^{\infty}\left(-\frac{\partial f}{\partial E}\right)T(E)dE \tag{5.56}$$

となる．この極限では電流が印加電圧に比例し，Ohm の法則が成立する．コンダクタンス $G=I/V$ は次式で与えられる．

$$G = \frac{2e^2}{h}\int_{U_\mathrm{L}}^{\infty}\left(-\frac{\partial f}{\partial E}\right)T(E)dE \tag{5.57}$$

積分自体は無次元で，その前の因子がコンダクタンスの次元を持つ．e^2/h はしばしばコンダクタンスの量子単位として用いられているものであり，数値としては約 37.8 μS, 抵抗値に直すと $R_\mathrm{K} = h/e^2 \approx 25.8$ kΩ である．

(iv) 極低温で，Fermi 関数の構造が $T(E)$ の構造よりもはるかに急峻なものであれば $-\partial f/\partial E = \delta(E-\mu)$ と置くことができ，積分の必要のない単純な結果が得られる．

$$G = \frac{2e^2}{h}T(\mu) \tag{5.58}$$

コンダクタンスは透過係数だけから決まり，Fermi エネルギーのような系の他のパラメーターには直接依存しない．

$-\partial f/\partial E$ という因子は，縮退した系における導電現象が Fermi 準位付近で起こることを明示している．この微分は Fermi 準位のところにピークを持ち，ピークの幅は $k_\mathrm{B}T$ の数倍である (1.8節)．式 (5.58) は絶対零度におけるコンダクタンス測定が，透過係数そのものの測定になることを示している．一般の有限温度では式 (5.57) の積分を実行する必要がある．$-\partial f/\partial E$ は温度に依存して拡がりを持ち，$T(E)$ の特徴をぼかした形でコンダクタンスに反映させる．

内部に障壁を含まない完全な導線では $T=1$ と置けるので，式 (5.58) は，そのような導線のコンダクタンスが，その長さにかかわらず $G=2e^2/h$ であることを示している．これはいろいろな意味で奇妙な結果である．古典的な導線のように長さに反比例してコンダクタンスが低下することがない点も奇妙であるし，また完全に理想的な導線であれば，超伝導体のように抵抗ゼロ，$G=\infty$ となるべきではないかという疑問も生じる．この問題は，何年にも及ぶ論争を引き起こしたものであるが，本書では 5.7 節において扱う予定である．

5.4.2 3次元系と2次元系のトンネル電流

3次元系を考えよう.2次元系の結果もよく似たものになる.4.5節のようにポテンシャル$V(\mathbf{R})$がzだけの関数で,系はxy方向には並進対称性を持つものとする.そうすると波動関数は変数分離が可能であり,エネルギーは分離された成分の和の形で表せる.状態の識別のためにk_zを用いることにしよう.これは(たとえば)ポテンシャルエネルギーU_Lを持つ左側の導通部において決める.ベクトル表記は,これまで通り$\mathbf{K}=(\mathbf{k},k_z)$, $\mathbf{k}=(k_x,k_y)$を用いる.

$$\psi_{\mathbf{k},k_z}(\mathbf{r},z) = \exp(i\mathbf{k}\cdot\mathbf{r})\,u_{k_z}(z) \tag{5.59}$$

$$\varepsilon(\mathbf{K}) = U_\mathrm{L} + \frac{\hbar^2\mathbf{k}^2}{2m} + \frac{\hbar^2 k_z^2}{2m} \tag{5.60}$$

透過係数はk_zだけの関数になる.

前と同様に,左側から入射する電子による電流密度(単位断面積あたりの電流)は次のように表される.

$$J_\mathrm{L} = 2e\int\frac{d^2\mathbf{k}}{(2\pi)^2}\int_0^\infty\frac{dk_z}{2\pi}f\bigl(\varepsilon(\mathbf{K}),\mu_\mathrm{L}\bigr)v_z(\mathbf{K})\,T(k_z) \tag{5.61}$$

電流はz方向に流れるので,速度のz成分$\hbar k_z/m$だけが必要である.分布関数は電子の全エネルギーに依存するが,これは面内方向の成分とz方向の成分からなる.したがって電流は,次式のように与えられる.

$$J_\mathrm{L} = e\int_0^\infty\frac{dk_z}{2\pi}\frac{\hbar k_z}{m}T(k_z)\left[2\int\frac{d^2\mathbf{k}}{(2\pi)^2}f\left(U_\mathrm{L}+\frac{\hbar^2 k_z^2}{2m}+\frac{\hbar^2\mathbf{k}^2}{2m},\mu_\mathrm{L}\right)\right] \tag{5.62}$$

括弧の中の最初の2はスピンの因子であり,括弧内全体でバンド底が$U_\mathrm{L}+\hbar^2 k_z^2/2m$に上がっている$xy$面内の2次元電子密度を表している.これはサブバンド内の電子密度の表式と同じである.この密度を$n_\mathrm{2D}(\mu_\mathrm{L}-U_\mathrm{L}-\hbar^2 k_z^2/2m)$と書くと($n_\mathrm{2D}$はここでは状態密度でなく電子密度),前に得ている結果(式(1.114))に照らして,

$$n_\mathrm{2D}(\mu) = \frac{mk_\mathrm{B}T}{\pi\hbar^2}\ln\bigl(1+e^{\mu/k_\mathrm{B}T}\bigr) \tag{5.63}$$

である.電流密度は次のように書き直される.

$$J_\mathrm{L} = e\int_0^\infty\frac{dk_z}{2\pi}\frac{\hbar k_z}{m}T(k_z)\,n_\mathrm{2D}\left(\mu_\mathrm{L}-U_\mathrm{L}-\frac{\hbar^2 k_z^2}{2m}\right) \tag{5.64}$$

ここでまた,全エネルギーの"縦方向成分"$E=U_\mathrm{L}+\hbar^2 k_z^2/2m$を導入しよう.図5.9にFermi球内で一定の縦方向エネルギーを持つ面領域を示してある.こうすると,

$$J_\mathrm{L} = \frac{e}{h}\int_{U_\mathrm{L}}^\infty n_\mathrm{2D}(\mu_\mathrm{L}-E)\,T(E)\,dE \tag{5.65}$$

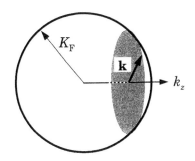

図5.9　3次元系のトンネル電流密度を計算する際の，波数ベクトル **K** の縦方向 (k_z) と横方向 (**k**) への分解．

となる．J_R も加えて全電流密度を求めると，

$$J = \frac{e}{h}\int_{U_L}^{\infty}\bigl[n_{2D}(\mu_L - E) - n_{2D}(\mu_R - E)\bigr]T(E)dE \tag{5.66}$$

である．2次元系の結果も電子密度が n_{1D} に置き変わる以外は同じである．式の形は1次元系に関する Tsu-Esaki の結果 (5.53) とよく似ている．

この式も，やはりいろいろな極限において単純化が可能である．バイアスが大きい場合は，右側からの電子の寄与を無視できるし，低温では Fermi 関数がステップ関数に置き換わる．このとき $n_{2D}(\mu) = (m/\pi\hbar^2)\mu\Theta(\mu)$ で，電流密度は，

$$J = \frac{e}{h}\frac{m}{\pi\hbar^2}\int_{U_L}^{\mu_L}(\mu_L - E)T(E)dE \tag{5.67}$$

となる．予想される通り，積分範囲は左側から入射する電子のエネルギー範囲になっている．少々意外なことに，因子 $(\mu_L - E)$ が低エネルギー側に重みをつけている．この理由は図5.9から解るように，Fermi 球の断面を，縦方向に関して低エネルギー側に設定するほど，多くの電子が寄与を持つことに依る．この因子は共鳴トンネルの特性 $J(V)$ を説明する際に重要となる．

逆に低バイアスの極限における単位面積あたりのコンダクタンスは，

$$\bar{G} = \frac{J}{V} = \frac{e^2}{h}\frac{m}{\pi\hbar^2}\int_U^{\infty}f(E,\mu)T(E)dE \approx \frac{e^2}{h}\frac{m}{\pi\hbar^2}\int_U^{\mu}T(E)dE \tag{5.68}$$

となる．最後の式は低温における近似である．ここではコンダクタンスの式もエネルギー積分を含んでいる．寄与を持つ各電子は，全エネルギーを見るとすべて Fermi 準位にあるが，縦方向エネルギーの成分は U から μ の範囲に分布している．単一の障壁を透過する電流は，電子の透過率がエネルギーに対して指数関数的に増加するため (式(5.25))，縦方向エネルギーが上限付近の電子によって支配される．別の見方をすると，

Fermi準位にある電子は,あらゆる角度で障壁に入射するが,垂直入射に近い電子だけが高い確率で透過することになり,透過した電子は方向のそろったビームを形成する.

5.5　共鳴トンネル

3.4.3項(p.96～)で言及したように,二重障壁において共鳴状態が生じる.たとえば図5.10(a)のようなポテンシャルは,単なる有限の矩形井戸で,4.2節に詳述した通りの束縛状態を持つ.図5.10(b)のポテンシャルも同じ構造を持っているが,電子を閉じ込めている障壁の厚さが有限である点が異なっている.こうなると電子は障壁をトンネルして井戸の外へ逃れることができるので,真の束縛状態は存在しない.しかし障壁が充分厚ければ,電子は長い時間,井戸内に留まることができ,束縛状態の痕跡のような形で"共鳴状態"(resonant state)もしくは"準束縛状態"(quasi-bound state)が残る.この状態のエネルギーは正確に確定せず$\hbar/\tau$程度の幅を持つ.τは井戸内電子がトンネルによって外部へ逃避するまでの時間(寿命)である.

共鳴状態は3.4.3項(p.96～)でも述べたように,二重障壁の透過係数に明確な特徴を生じる.一般に二重障壁の透過率Tは,おおよそ各障壁単独の透過係数の積になる.しかし共鳴エネルギー付近になると,Tはその積の値を大きく上回り,二重障壁が対称な構造を持っていれば,透過率の最大値は1に達する.各障壁がそれぞれ単独では透過性が低くても,二重障壁において完全な透過が実現されるのである.これが"共鳴トンネル"(resonant tunneling)と呼ばれる現象である.この現象は広くマイクロ波や光においても見られるもので,Fabry-Pérot反射鏡などでも利用されている.我々は,まず1次元系での二重障壁の透過係数を計算し,それから前節の結果を利用して共鳴トンネルダイオード(resonant-tunneling diode)の$I(V)$特性を導くことにする.

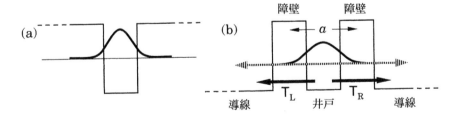

図5.10　(a)真の束縛状態を持つ有限深さの矩形井戸.(b)同じ矩形井戸であるが,障壁の厚さを有限にしたもの.束縛状態が共鳴状態(準束縛状態)に変わる.

5.5.1 二重障壁の透過係数 (1次元系)

一般的な結果は中央部の井戸構造の詳細には依存しないので，構造を特定しないことにする．右側の障壁を単独で原点に置いたときの透過振幅を t_R，反射振幅を r_R とする (両方とも k に依存する)．そのT行列は，

$$\mathsf{T}_R = \begin{pmatrix} 1/t_R^* & -r_R^*/t_R^* \\ -r_R/t_R & 1/t_R \end{pmatrix} \tag{5.69}$$

である．2つの障壁の間に捕えられた電子にとって対称な形に式を書くと解りやすい．そのような電子は，二重障壁の右側に逃避しようとするときには通常の方向に伝搬しているが，左側に逃避しようとするときには反対方向を向いている．したがって左側の障壁に関しては，電子が右側から入射して障壁に当たる場合の透過振幅と反射振幅を用いるほうが都合がよい．通常のT行列は左側からの入射電子に関する振幅によって記述されるが，式 (5.46) に基づいて左側の障壁のT行列を"左向きの"振幅を用いて記述すると次のようになる．

$$\mathsf{T}_L = \begin{pmatrix} 1/t_L^* & r_L/t_L \\ r_L^*/t_L^* & 1/t_L \end{pmatrix} \tag{5.70}$$

5.2.1項 (p.168〜) で矩形障壁を扱ったのと同様の方法で，共鳴トンネルを記述する行列 $\mathsf{T} \equiv \mathsf{T}^{(31)}$ を組み立てられる．式 (5.16) を用いて左側の障壁を $-\frac{1}{2}a$，右側の障壁を $\frac{1}{2}a$ に移動させることにより，T行列が次のように構成される．

$$\begin{aligned}
\mathsf{T} &= \begin{pmatrix} e^{-ika/2} & 0 \\ 0 & e^{ika/2} \end{pmatrix} \begin{pmatrix} 1/t_R^* & -r_R^*/t_R^* \\ -r_R/t_R & 1/t_R \end{pmatrix} \begin{pmatrix} e^{ika/2} & 0 \\ 0 & e^{-ika/2} \end{pmatrix} \\
&\times \begin{pmatrix} e^{ika/2} & 0 \\ 0 & e^{-ika/2} \end{pmatrix} \begin{pmatrix} 1/t_L^* & r_L/t_L \\ r_L^*/t_L^* & 1/t_L \end{pmatrix} \begin{pmatrix} e^{-ika/2} & 0 \\ 0 & e^{ika/2} \end{pmatrix} \\
&= \begin{pmatrix} (1-r_L^* r_R^* e^{-2ika})/t_L^* t_R^* & (r_L e^{ika} - r_R^* e^{-ika})/t_L t_R^* \\ (r_L^* e^{-ika} - r_R e^{ika})/t_L^* t_R & (1 - r_L r_R e^{2ika})/t_L t_R \end{pmatrix}
\end{aligned} \tag{5.71}$$

この行列の右下の要素から，直ちに透過振幅が与えられる．

$$t = \frac{t_L t_R}{1 - r_L r_R \exp(2ika)} \tag{5.72}$$

複素反射振幅を極座標成分を用いて $r_L = |r_L| \exp(i\rho_L)$ のように書くと，t の挙動がさらに分かりやすくなる．透過係数は次のように書ける．

$$\begin{aligned}
T = |t|^2 &= \frac{T_L T_R}{1 + R_L R_R - 2\sqrt{R_L R_R} \cos(2ka + \rho_L + \rho_R)} \\
&= \frac{T_L T_R}{\left(1 - \sqrt{R_L R_R}\right)^2 + 4\sqrt{R_L R_R} \sin^2 \frac{1}{2}\phi}
\end{aligned} \tag{5.73}$$

特性位相 ϕ は,$\phi = 2ka + \rho_\mathrm{L} + \rho_\mathrm{R}$ と定義される.

透過係数の式をエネルギーの関数として調べたいわけだが,残念ながら,すべての項がエネルギーに依存する.普通,共鳴エネルギー付近で最も速い変化を示すのは,2つの障壁の間における位相変化 $2ka$ であり,他の項の変化は,これに比べて緩慢だと仮定してよい.T は分母の正弦因子がゼロになる時にピークを持つ.これは $\phi = 2n\pi$ において実現するので,これが共鳴条件となる.これらの共鳴点では,

$$T = T_\mathrm{pk} = \frac{T_\mathrm{L} T_\mathrm{R}}{\left(1 - \sqrt{R_\mathrm{L} R_\mathrm{R}}\right)^2} \approx \frac{4 T_\mathrm{L} T_\mathrm{R}}{(T_\mathrm{L} + T_\mathrm{R})^2} \tag{5.74}$$

となる.2番目の式は,各障壁の単独の透過係数 T_L と T_R が小さい(普通はそうである)ことを仮定し,$\sqrt{R_\mathrm{L}}$ と $\sqrt{R_\mathrm{R}}$ を二項定理で展開して得たものである.

共鳴条件 $\phi = 2ka + \rho_\mathrm{L} + \rho_\mathrm{R} = 2n\pi$ は,井戸内で波の干渉が強め合うための条件である.電子が2つの障壁の間を行き来する様子を考えよう.障壁間の移動に伴って位相は ka ずつ変化し,障壁で跳ね返るときに ρ_L および ρ_R の位相変化が生じる.本当の井戸内で束縛状態が生じる条件も,問題をT行列によって定式化すると同じ条件が適用できる.

2つの障壁が同じ透過係数を持つならば,式 (5.74) からピークにおいて $T_\mathrm{pk} = 1$ の完全な透過が起こることが分かる.2つの透過係数が著しく異なれば $T_\mathrm{pk} \approx 4T_< / T_>$ という近似が成り立つ.$T_>$ および $T_<$ は,T_L および T_R の大きい方および小さい方を意味する.二重障壁の透過は,透過性に乏しい方の障壁によって制限されているが,これは理に適っているように見える.

各障壁単独の透過係数が小さいものと仮定すると,全体の透過係数を次のように書ける.

$$T \approx \frac{T_\mathrm{L} T_\mathrm{R}}{\frac{1}{4}(T_\mathrm{L} + T_\mathrm{R})^2 + 4\sin^2 \frac{1}{2}\phi} = T_\mathrm{pk} \left[1 + \frac{16}{(T_\mathrm{L} + T_\mathrm{R})^2} \sin^2 \frac{\phi}{2}\right]^{-1} \tag{5.75}$$

$\sin^2 \frac{1}{2}\phi$ の項は係数が大きいので,通常はこの項が支配的である.典型的な値として $\sin^2 \frac{1}{2}\phi \approx \frac{1}{2}$ と置いてみると $T \approx \frac{1}{2} T_\mathrm{L} T_\mathrm{R}$ である.このように二重障壁全体の透過係数は,予想される通り,おおむね各々の障壁の透過係数の積の程度になっている.

正弦因子がゼロになるときに透過性は著しく変わる.$\phi = 2n\pi + \delta\phi$ とおいて正弦関数を1次まで展開すると,

$$T \approx T_\mathrm{pk} \left[1 + \frac{4(\delta\phi)^2}{(T_\mathrm{L} + T_\mathrm{R})^2}\right]^{-1} = \frac{T_\mathrm{pk}}{1 + (\delta\phi / \frac{1}{2}\phi_0)^2} \tag{5.76}$$

となる.$\phi_0 = T_\mathrm{L} + T_\mathrm{R}$ である.共鳴ピークはLorentz型であり,透過係数は $\delta\phi = \pm \frac{1}{2}\phi_0$ においてピーク値の半分まで低下する.すなわち ϕ_0 は半波高全幅値 (full width at half-maximum：FWHM) である．これをエネルギー幅に換算すると次のようになる．

$$\Gamma = \frac{dE}{dk}\frac{dk}{d\phi}\phi_0 = \frac{\hbar v}{2a}(T_\mathrm{L} + T_\mathrm{R}) \tag{5.77}$$

v は障壁間の電子の速度である．ϕ の変化は $2ka$ に支配されているものと仮定した．エネルギーの関数としての透過係数は，

$$T(E) \approx T_\mathrm{pk}\left[1 + \left(\frac{E - E_\mathrm{pk}}{\frac{1}{2}\Gamma}\right)^2\right]^{-1} \tag{5.78}$$

と与えられる．E_pk は共鳴中心のエネルギーである．半波高全幅値 Γ によって特徴づけられる Lorentz 型ピークは，いろいろな共鳴現象に共通して見られるものである．このピークの形は核物理では Breit-Wigner の公式として知られており，光学でも Fabry-Pérot 反射鏡においてお馴染みである．共鳴の起こるエネルギー幅の範囲内で，各障壁の透過係数が定数と見なせないようであれば，ピークの形は変形する．たとえば障壁の上端付近では T の変化が速いので，そのようなエネルギーにおける共鳴ではピークの変形が起こる．

基礎的な考察からエネルギー幅 Γ を求めることもできる．共鳴している電子の速度は v であり，1往復の距離は $2a$ なので，電子は左側の障壁に，1秒間に $v/2a$ 回衝突する．1回の衝突で障壁の外へ逃避する確率は T_L なので，左側の障壁を介した平均逃避頻度 (average escape rate) は $vT_\mathrm{L}/2a$ である．右側の障壁での逃避頻度も加えた全逃避頻度に $\hbar$ を掛けると，エネルギーの不確かさが与えられるが，これが先ほど導いた $\hbar v(T_\mathrm{L} + T_\mathrm{R})/2a = \Gamma$ である．共鳴状態の寿命は $\tau = \hbar/\Gamma$ と書ける．しかしこれらの定義は必ずしも一定しておらず，Γ が半波高全幅値でなく，半波高半幅値で定義される場合もしばしばある．

上述の議論は透過係数に注目したものであるが，透過振幅は複素数であり，透過振幅の位相も共鳴に関する情報を持つ．エネルギーが共鳴準位を通過するとき，障壁構造自体による背景の変化が緩慢であるならば，透過係数の位相が π を急速によぎることになる．同様の位相変化は，ばねに付けた質点から RLC 回路に至るまで，古典的な共鳴系にも広く見られるもので，共鳴現象における一般的な特徴である．$T(E)$ のピークは狭くて見逃し易いので，$t(E)$ の位相変化を見る方が，共鳴点を探すのに便利な場合もある．

二重障壁における透過係数の一例を図 5.11 に示す．単純な透過係数を持つ δ 関数障壁 (式 (5.26)) を組み合わせたものなので，$T(E)$ の構造は2つの障壁の間の干渉だけに帰する．障壁の距離は 10 nm，各障壁の強度は 0.3 eV × 5 nm とした．$T(E)$ の曲線を見ると，このエネルギー範囲に2つのピークがあり，それぞれの頂点が1に達している．これは破線で示した各障壁の透過係数の積よりもはるかに大きい．高エネルギー側のピークのほうが拡がりを持っていて Γ が大きいが，これはエネルギーに依存して

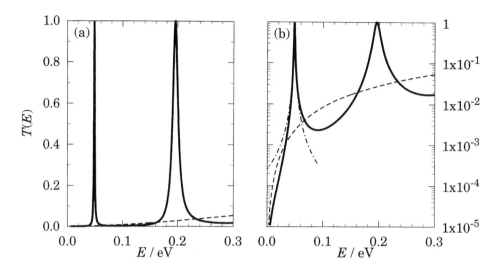

図5.11 共鳴トンネル構造における透過係数のエネルギー依存性．(a) はリニアスケール．(b) は対数スケールの表示である．強度 0.3 eV × 5 nm の δ 関数障壁を 10 nm 隔てて配した．実線は二重障壁全体の $T(E)$ を表し，破線は単独障壁の透過係数を自乗して得た，共鳴を考慮しない場合の二重障壁の透過係数である．鎖線は最低共鳴状態に対する Lorentz 近似である．

各障壁の透過性が高くなるからである．式 (5.77) に基づくエネルギー幅 $\Gamma = 1.6$ meV を用いた Lorentz 型ピークの近似 (5.78) を鎖線で示してあるが，ピークの近傍ではよい近似になっていることが分かる．

5.5.2 部分波

透過係数を導出するために光学でしばしば用いられるもうひとつの教育的な方法は，図 5.12 に示すような"部分波"を足し合わせる方法である．入射波の一部は最初の障壁で反射され，透過によって二重障壁に入った波は，障壁間を反射して往復を繰り返すが，反射のたびにその振幅の一部を透過によって失う．左側の障壁を左側から見たときの反射振幅を r'_L，透過振幅を t'_L と書くことにする．透過ビームへの寄与を加えていくと，

$$t = t'_L e^{ika} t_R + t'_L e^{ika} r_R e^{ika} r_L e^{ika} t_R \\ + t'_L e^{ika} r_R e^{ika} r_L e^{ika} r_R e^{ika} r_L e^{ika} t_R + \cdots \quad (5.79)$$

となる．等比級数の和を計算し，$t'_L = t_L$ を用いると，

$$t = \frac{t_L t_R e^{ika}}{1 - r_L r_R \exp(2ika)} \quad (5.80)$$

5.5 共鳴トンネル

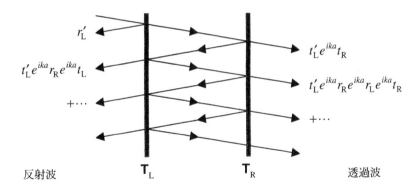

図5.12　二重障壁の透過に寄与する部分波.

と与えられる．これは透過振幅の定義の些細な違いによる位相因子の違いを除けば，式 (5.72) と同じである．この描像を拡張して，散乱が共鳴状態の干渉性を崩す効果を考察することもできるが，それは本書が扱う範囲を超えている．

部分波を用いた解析は，共鳴散乱に関する素朴な物理的描像から生じるパラドックスを解明する手段となる．我々は電子が共鳴状態に入ると，そこに長い時間とどまって2つの障壁間での反射を繰り返すものと想像する．二重障壁を透過する確率は T_L および T_R によって与えられるので，透過電流と反射電流も，これらに比例するように思われる．しかしこのように考えると，対称な二重障壁の全透過率は，最大で1ではなく $\frac{1}{2}$ になってしまう．この描像の問題点は，初めに共鳴状態に入らずに r'_L の振幅比で反射した波を無視したことにある (図5.12)．二重障壁における完全な透過は，この直接の反射波が，二重井戸間に入って多重散乱を受けてから後方に戻った波によって完全に打ち消されたときに生じるのである．練習問題の式 (ex5.3, p.219) を参照されたい．

共鳴は1次元系に顕著に見られる性質である．どのような散乱中心の組み合わせでも，本節で計算したような2つの障壁による共鳴トンネル構造と同様にT行列による記述が可能である．共鳴は必ず起こり，全体の透過係数や反射係数が，個々の障壁の係数同士の単純な積とは大きく異なるエネルギー準位が必ず現れる．1次元における散乱を，他の部分と独立に扱うことは決してできない．幸い2次元系や3次元系では，この問題は1次元系の場合ほど深刻な問題にならない (8.2節)．入射電子のエネルギーが，ポテンシャル内の準束縛状態に一致するところに散乱頻度のピークが現れ，これが "共鳴散乱" (resonant scattering) と呼ばれる．

5.5.3 共鳴トンネルダイオードの電流

共鳴ピークのエネルギーから離れたところでも，背景として電子のトンネルによる電流は常に流れるが，良く設計されたデバイスでは共鳴ピークが透過係数を支配する．関心の対象となるエネルギー範囲内で，ひとつだけ E_{pk} のところにピークがあり，電流の計算に $T(E)$ に対する Lorentz 型ピークの近似 (5.78) が使えるものと考えよう．

共鳴トンネル構造におけるバイアスの効果を図 5.13 に示す．(a) ではダイオードに印加されているバイアスが小さくて E_{pk} が入射電子の海より上に位置しており，電流は少ない．(b) ではバイアスによって共鳴準位が低下し，左側の電子が共鳴準位を介して右側へ流れることができるので，大きな電流が流れる．3 次元系では (c) のように E_{pk} が左側の電子の海の底に近づくにつれて，電流が線形に増加する．(d) のようにさらにバイアスを強めると，共鳴準位が低くなりすぎて電子が共鳴準位を通れなくなり，電流は急激に減る．結果的に (e) に示すような，負の微分コンダクタンスを持つ電流 － 電圧特性が得られるが，このような特性を増幅器や発振器に利用することができる．

図 5.13 は，バイアスが電子構造に対して少なくとも 3 つの重要な効果をもたらすことを示している．バイアスによって Fermi 準位が変わり，共鳴状態のエネルギーが変わり，障壁の性質と透過性が変わる．1 番目と 2 番目の効果は不可欠だが，ここでは話を簡単にするために，3 番目の T_L と T_R の変化を無視することにする．ただしこの近似が，現実にそのまま成立する場合は稀である．

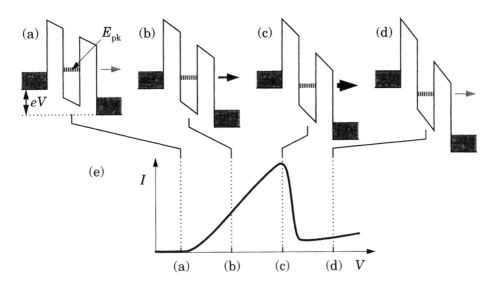

図 5.13　3 次元共鳴トンネルダイオードの性質．(a) から (d) へバイアスを増加させており，得られる $I(V)$ 特性を (e) に示してある．左右の灰色の塗りつぶしは，電子から成る Fermi の海を表している．

5.5 共鳴トンネル

まず1次元の場合を考察しよう．共鳴トンネル構造の電流を測定する条件として，2通りの極端な条件が考えられる．第1に，バイアスが極めて小さい場合のコンダクタンス(式(5.57))を見てみる．図5.14に，そのような測定結果に相当する量子ドットのコンダクタンスを示す．これは共鳴準位をたくさん持つ1次元共鳴トンネル系において，ゲート電圧 V_g によって Fermi 準位を動かし，関与する共鳴準位を変更しているものと見ることができる (実際には電子のエネルギー準位は，余分な電子をドットに加えるときに必要な静電エネルギーに支配されているが，このような条件が成立する領域を "Coulomb ブロッケイド" (Coulomb blockade) の領域と呼ぶ)．コンダクタンスを求める積分は，ピークを持つ2つの関数を含む．すなわち Fermi 関数の微分と，デバイスの透過係数である．$k_B T \ll \Gamma$ ならば Fermi 関数の微分の方が鋭く，コン

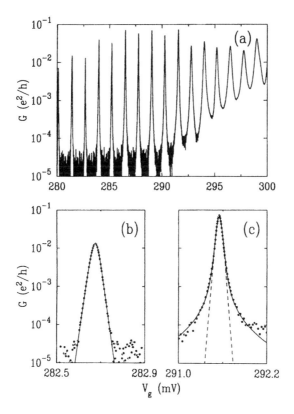

図5.14 (a) 60 mK, $B = 2.53$ T で測定した量子ドットのコンダクタンス．ゲート電圧 V_g を通じて関与する共鳴準位のエネルギーを変えている．(b) $V_g = 282.7$ mV のところのピークを拡大し，熱的なピーク拡がりのフィッティングを施したもの．(c) $V_g = 291.6$ mV のところのピークを拡大し，熱的な拡がりだけのフィッティング(破線)と，熱的に拡がった Lorentz 型関数(実線)によるフィッティングを示した．[Foxman et al. (1993) による．]

ダクタンスは式 (5.58) のように $T(\mu)$ をそのまま反映したものになる．ひとつの例が $V_\text{g} = 291.6$ mV のところのピークとして与えられているが，Lorentz 型ピークでよくフィッティングされている．印加電圧が低い方のピークは逆の極限，すなわち Fermi 関数の微分ピークの幅の方が相対的に大きくて，$G(V_\text{g})$ の形が $-\partial f/\partial E$ によって決まっている（図5.14(b)）．$T(E)$ の形は，強いバイアスの場合に関して簡単に議論したように，ピークの面積だけを通じてコンダクタンスに影響する．

次にバイアスが非常に大きくて，右側の電子が電流に寄与しない場合を考察しよう（図 5.8(c), p.176）．左側の導通部を基準にしてエネルギーを見ることにする．構造が対称であれば，バイアス V は共鳴準位をおおよそ $\frac{1}{2}V$ 低下させるので，$E_\text{pk}(V) \approx E_\text{pk}(0) - \frac{1}{2}eV$ である．よって共鳴準位は，バイアスに応じて入射エネルギー範囲内を上下に変動することになる．低温ならば電流は式 (5.54) によって決まる．右側の電子はすべて共鳴準位の下にあるものと考えて無視してよい．図 5.13 (p.188) の (a) や (d) のように，共鳴ピークが積分範囲外の $E_\text{pk} < U_\text{L}$ もしくは $E_\text{pk} > \mu_\text{L}$ にあるときには，電流はほとんど流れない．これらの両極限の中間では，共鳴準位が積分範囲内にあるので，電流への重要な寄与がピーク付近において生じる．この場合，エネルギー積分を $(U_\text{L}, \mu_\text{L})$ から $(-\infty, \infty)$ に拡張しても，充分によい近似となる．

$$I \approx \frac{2e}{h}\int_{-\infty}^{\infty} T(E)dE = \frac{2e}{h}T_\text{pk}\int_{-\infty}^{\infty}\left[1 + \left(\frac{E-E_\text{pk}}{\frac{1}{2}\Gamma}\right)^2\right]^{-1} dE$$
$$= \frac{2e}{h}\frac{\pi}{2}\Gamma T_\text{pk} \tag{5.81}$$

ピークが入射電子のエネルギー範囲内にある限り，電流は上記の一定値を保ち，E_pk がこの範囲から外れると，エネルギー幅 Γ 程度で電流がゼロまで落ちる．

電流は $T(E)$ の"積分"に依存しており，単にピークの頂点だけに依っているのではないので，ピーク幅 Γ に比例するという点が重要である．単独の障壁の透過率が低くとも，対称な障壁同士の組み合わせを構成すれば $T_\text{pk} = 1$ になるが，このときのピーク幅は極めて狭いので，流れる電流も非常に少ない．つまり透過率が低い障壁を組み合わせたデバイスは，たとえ透過率のピーク値が高くても，やはり小さな電流しか流せないのであって，結局は物理的に理に適っている．式 (5.81) の Γ と T_pk を展開すると，

$$I = 2\frac{ev}{2a}\frac{T_\text{L}T_\text{R}}{T_\text{L}+T_\text{R}} \approx \frac{evT_<}{a} \tag{5.82}$$

となり，電流は透過率が低い方の障壁によって制限されていることが分かる．

同じ議論を 3 次元デバイスを流れる電流の計算にも適用できる．バイアスが大きくて低温の，式 (5.67) のような場合だけを考えてみよう．この場合，被積分関数に $\mu_\text{L} - E$ という因子が加わるが，この因子は変化が緩慢なので，E_pk における値で代表させて，定数として積分の外に出すことができる．共鳴ピークが入射電子エネルギーの範囲内

にある $U_L < E_{pk} < \mu_L$ のとき, 電流密度は,

$$J = \frac{e}{h}\frac{m}{\pi\hbar^2}(\mu_L - E_{pk})\frac{\pi}{2}\Gamma T_{pk} \tag{5.83}$$

と与えられる. 今度は, 電流が因子 $(\mu_L - E_{pk}) \approx [\mu_L - E_{pk}(0) + \frac{1}{2}eV]$ を通じて印加電圧に依存する. これによって図5.13(e) (p.188) に示すような特徴的な三角の形をした $I(V)$ 特性が生じる. 電流値は, 共鳴準位が入射電子エネルギーの底に一致するときに最大になる. このとき, この縦方向エネルギーを持つ状態密度が最大になるからである (図5.9, p.181). この最大値から, およそ Γ の範囲で, 極めて小さな"谷"の電流へ至るまで, 負性微分抵抗が形成されることになるが, この性質はデバイス応用において有用である.

我々は障壁の形がバイアスに依存しないものと仮定した. 図5.13 (p.188) にバイアスが共鳴準位だけでなく, 障壁の高さ (特に右側) も低下させる様子を示してある. これは熱平衡状態においては同じ形状の障壁が理想的に並んでいて $T_{pk} = 1$ を実現していても, 共鳴の効果が顕著に $I(V)$ に現れることが期待される大きなバイアスの下では, 障壁が全く対称でなくなることを意味する. バイアスを印加した状態で大きな $T(E)$ のピークを得るためには, 熱平衡状態におけるデバイスの右側の障壁を厚くするか高くするように設計しなければならない. また多数の電子が共鳴状態に入ると, Poisson方程式を通じてポテンシャル形状が変わる. 現実的な $I(V)$ の計算では, これら両方の効果を考慮し, 実効的な導通部の扱いも見直さなければならない.

図5.15に3種類の材料の組み合わせによって作製した, 現実の二重障壁デバイスの

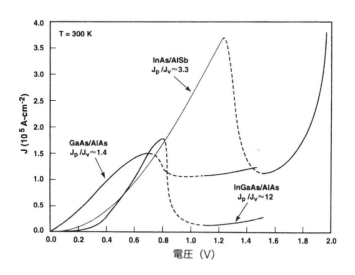

図5.15　3種類の材料系で構成した共鳴トンネルダイオードの特性. 測定は室温で行っている. [Brown (1994) による.]

特性を示した．この測定は室温のものだが，我々が$I(V)$の計算の単純化のために用いてきた仮定はGaAs－AlGaAs構造では成立しない．InGaAs－AlAs構造の方が障壁が高いので，低温極限の近似が働いて，$I(V)$は我々が予言した三角の形状に近くなる．よく用いられる性能指数は，ピーク電流－谷電流比 (peak-to-valley ratio of the current) であるが，このデバイスでは12となっている．

$I(V)$が急激に減少して谷底に達した後は，大抵，単純な理論の予言よりも大きな電流値になる．現実的な計算のためには，直接トンネル，不純物散乱やフォノン散乱，そして障壁層が混晶ならば (これを避けるためにAlAsがしばしば用いられるが) 乱雑さの効果も考慮しなければならない．3番目のInAsの井戸とAlSb障壁の組み合わせによるデバイスは，界面でギャップがずれているII型接続 (3.3節) なので興味深い．ピーク電流－谷電流比は小さいが，電流密度が高いことは，実用上の利点になり得る．

5.6　超格子とミニバンド

我々は多くの頁を割いて単一の障壁と二重障壁のトンネル現象を扱ってきた．次の段階として，等間隔に並んだ無数の障壁によって構成される超格子 (superlattice) を考察してみよう．超格子の一例として，単純な矩形井戸と矩形障壁が交互に並んだKronig-Penney（クローニッヒ ペニー）モデルと呼ばれるものを図5.16に示す．

超格子のT行列を，各単位胞のT行列から組み上げることができる．原点に位置する単位胞のT行列をT_0とする．これは図5.16の中の障壁ひとつのT行列である．ここから障壁を平行移動させるときの変換式 (5.16) を用いて，他の単位胞のT行列を決めることができる．たとえば原点にある単位胞の右隣にある単位胞のT行列は，

$$\mathsf{T}_1 = \begin{pmatrix} e^{-ik_1 a} & 0 \\ 0 & e^{ik_1 a} \end{pmatrix} \mathsf{T}_0 \begin{pmatrix} e^{ik_1 a} & 0 \\ 0 & e^{-ik_1 a} \end{pmatrix} \equiv \mathsf{A}^{-1} \mathsf{T}_0 \mathsf{A} \qquad (5.84)$$

である．k_1は各単位胞の障壁以外の平坦部分における波数である．同様に$\mathsf{T}_2 = \mathsf{A}^{-2} \mathsf{T}_0 \mathsf{A}^2$等々となる．行列の順序が実空間における障壁の順序と逆になることを思い

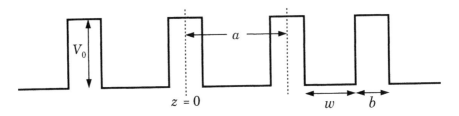

図5.16　単純な超格子を表すKronig-Penneyモデル．井戸幅 (井戸層の厚さ) はw，障壁の厚さはb，障壁の高さはV_0である．(超) 格子定数は$a = b + w$である．

起こして，超格子のT行列を書いてみると，次のようになる．

$$\begin{aligned}\mathsf{T} &= \cdots (\mathsf{A}^{-2}\mathsf{T}_0\mathsf{A}^2)(\mathsf{A}^{-1}\mathsf{T}_0\mathsf{A})(\mathsf{T}_0)(\mathsf{A}\mathsf{T}_0\mathsf{A}^{-1})(\mathsf{A}^2\mathsf{T}_0\mathsf{A}^{-2})\cdots \\ &= \cdots \mathsf{A}\mathsf{T}_0\mathsf{A}\mathsf{T}_0\mathsf{A}\mathsf{T}_0\mathsf{A}\mathsf{T}_0\mathsf{A}\mathsf{T}_0\mathsf{A}\cdots\end{aligned} \tag{5.85}$$

各単位胞の寄与は，障壁による散乱と，隣接する単位胞までの位相変化の組み合わせ$\mathsf{A}\mathsf{T}_0$で表されることになる．

構造が規則的であるということは，第2章で導いた結晶におけるエネルギーバンドの描像が適用できることを意味する．Blochの定理によると，ある単位胞における波動関数は，その隣にある単位胞の波動関数と，位相因子$\exp(ika)$だけしか違わない．ここで現れる2種類の波数を区別することが極めて重要である．

(i) Bloch波数kは，ある単位胞から隣接する単位胞までに生じる波動関数の位相変化を与える．

(ii) 波数k_1は各単位胞の中の，限定された自由領域(井戸内)における電子の波動関数を決めており，$E = \hbar^2 k_1^2/2m$のようにエネルギーを与える．

n番目の単位胞における波動関数の前向き成分と後ろ向き成分の係数を，それぞれa_nおよびb_nと書く．T行列の性質とBlochの定理を組み合わせると，

$$\begin{pmatrix} a_{n+1} \\ b_{n+1} \end{pmatrix} = \mathsf{A}\mathsf{T}_0 \begin{pmatrix} a_n \\ b_n \end{pmatrix} = \exp(ika) \begin{pmatrix} a_n \\ b_n \end{pmatrix} \tag{5.86}$$

である．したがって$\exp(ika)$は$\mathsf{A}\mathsf{T}_0$の固有値のひとつである．T行列はHermiteではないので，その固有値は複素数であってよい．T_0を反射係数と透過係数で書くと(式(5.44))，我々が必要とするのは，次のような行列積の固有値である．

$$\mathsf{A}\mathsf{T}_0 = \begin{pmatrix} e^{ik_1 a} & 0 \\ 0 & e^{-ik_1 a} \end{pmatrix} \begin{pmatrix} 1/t^* & -r^*/t^* \\ -r/t & 1/t \end{pmatrix} = \begin{pmatrix} e^{ik_1 a}/t^* & -e^{ik_1 a}r^*/t^* \\ -e^{-ik_1 a}r/t & e^{-ik_1 a}/t \end{pmatrix} \tag{5.87}$$

一般に行列の固有値全部の積は，行列式によって与えられるが，この場合の行列式は1である(式(5.42))．したがってこの行列の2つの固有値は$\exp(\pm ika)$という形で与えられる．但しkは実数でなくともよい．固有値同士の和$2\cos ka$は行列の対角和(trace[†])によって与えられるので(あるいは固有値方程式を展開してもよいが)，

$$\cos ka = \mathrm{Re}\left\{\frac{1}{t\exp(ik_1 a)}\right\} = \frac{1}{|t(k_1)|}\cos(k_1 a + \tau(k_1)) \tag{5.88}$$

である．$|t|$およびτはtの絶対値と位相を表す．普通，我々はまず状態を決めてからエネルギーを求めるが，ここではまずk_1を与えてエネルギーを決めてから，式(5.88)の右辺を計算して，状態を識別するBloch波数kを求める．

[†](訳註) 訳語は文献によって異なる．"対角和"以外に"固有和"，"トレース"，"跡"など．

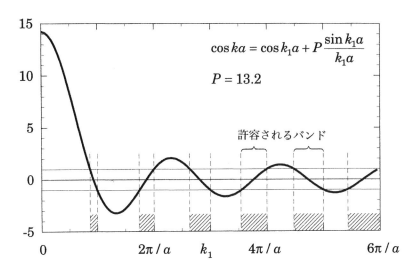

図 5.17　δ 関数の障壁を持つ Kronig-Penney モデルの解 (5.91). $P = 13.2$ とした. k_1 の影を付けた領域だけで $|\cos ka| \leq 1$ となり, 伝播解が許容される.

この式の k_1 に対する変化の一例を図 5.17 に描いた. 右辺は振動しながら減衰してゆくが, 振幅は常に 1 より大きい. 伝播状態に関しては, Bloch 波数 k は実数であり $|\cos ka| \leq 1$ なので, $|\cos(k_1 a + \tau)| \leq |t|$ でなければならない. 一般に $|t| < 1$ なので, $\cos(k_1 a + \tau)$ がこの不等式を満たさないような k_1 の領域が存在する. そのような領域は, 伝播状態が禁じられるバンドギャップになる.

図 5.16 (p.192) に示したような, 単純な Kronig-Penney モデルを超格子の例として取り上げよう. 単位胞内にあるポテンシャルは, 高さ V_0, 厚さ b の矩形障壁である. 式 (5.21) によって, この障壁の透過係数が与えられる ($a \to b$ と置き換える). $\cos ka$ は, 次のように与えられる.

$$\cos ka = \mathrm{Re}\left\{ \frac{2k_1 k_2 \cos k_2 b - i(k_1^2 + k_2^2)\sin k_2 b}{2k_1 k_2 e^{-ik_1 b} e^{ik_1 a}} \right\}$$
$$= \cos k_1 w \cos k_2 b - \frac{k_1^2 + k_2^2}{2k_1 k_2} \sin k_1 w \sin k_2 b \tag{5.89}$$

$w = a - b$ は障壁間の井戸幅, k_1 は井戸内の波数, k_2 は障壁部分の波数である. これは $E > V_0$ の伝播波の式である. $k_2 \to i\kappa_2$ として $E < V_0$ の式に変換すると, 次のようになる.

$$\cos ka = \cos k_1 w \cosh \kappa_2 b - \frac{k_1^2 - \kappa_2^2}{2k_1 \kappa_2} \sin k_1 w \sinh \kappa_2 b \tag{5.90}$$

障壁を δ 関数にすることで, さらにモデルを単純にできる (5.2.2 項, p.170〜). $V_0 b = S$

を一定に保ったまま $V_0 \to \infty$, $b \to 0$ にする．こうすると式 (5.90) は次のようになる．

$$\cos ka = \cos k_1 a + \left(\frac{maS}{\hbar^2}\right)\frac{\sin k_1 a}{k_1 a} \tag{5.91}$$

数値の例として，共鳴トンネルの例 (図5.11, p.186) と同様に $S = 0.3$ eV $\times 5$ nm, $a = 10$ nm, $m = 0.067 m_0$ と置くと $P = maS/\hbar^2 = 13.2$ である．式 (5.91) を k_1 の関数として図5.17に示してある．右辺は $k_1 = 0$ において $1 + P = 14.2$ から始まり，k_1 の増加に伴って振幅を減らしながら振動する．電子が伝搬するバンド (ミニバンド) は，関数の値が ± 1 の範囲内になるところで生じ，それ以外のバンドのすき間の領域はギャップ (ミニギャップ) になる．

式 (5.91) に基づき，エネルギー $E = \hbar^2 k_1^2 / 2m$ を Bloch 波数 k の関数として図5.18に示す．バンドギャップはゾーン境界 $k = n\pi/a$ において生じている．最低バンドのエネルギー幅が非常に狭い (この例では約 15 meV) のは，低エネルギーにおいて障壁の不透過性が強いからである．ここでは余弦関数 (式 (2.9)) がよい近似になるものと考えられる．エネルギーの高い領域で各障壁の $T(E)$ が上がると，バンド幅は広くなり，有効質量は小さくなる．各バンドのエネルギーは，同じ障壁を同じ間隔で隔てた共鳴トンネルダイオード (図5.11, p.186) における $T(E)$ の共鳴ピークのエネルギーと一致していることに注意してもらいたい．共鳴状態による透過のピークが，超格子化したときにエネルギーバンドを形成するのである．

δ 関数を用いたモデルの特徴は，各バンドギャップの下端 (バンド上端) が自由電子エネルギーを表す放物線に接することである．この理由は図2.4 (p.52) から理解できる．ゾーン境界における波動関数は正弦や余弦のような形をした定在波である．正弦定在波は $z = na$ に節 (node) を持つが，これらの位置は $V(z)$ が含む δ 関数の位置に一致するので，このような定在波はポテンシャルの影響を受けない．しかし余弦定在波は，各 δ 関数の位置で最大振幅を持ち，ポテンシャルからの斥力の影響を最も強く受けて，エネルギーがその分だけ上昇する．普通はエネルギーが高いほどバンドギャップが狭くなるが，図5.18では障壁を δ 関数にしてあるために，そのようになっていない．

我々は大抵，伝播状態だけに注意を払うが，バンドギャップ内の状態を調べることも可能である．k が虚部を伴う複素数のときだけ $|\cos ka| > 1$ が満たされる．$k = n\pi/a + i\kappa$ と置くと，n が偶数なら $\cos ka = \cosh \kappa a > 1$, n が奇数なら $\cos ka = -\cosh \kappa a < -1$ である．このように k に虚部を加えると，バンドギャップ内の全エネルギーに関して解を見いだすことができる．これは "複素バンド構造" (complex band structure) と呼ばれるが，図5.18(b) の中に破線でこれを示した．破線は本当は紙面に垂直な Im k の面内にあるものと想像すべきである．バンドギャップ内の状態は $\exp(\pm \kappa z)$ のように，超格子内で指数関数的に減衰もしくは増大する．n が奇数の場合，ギャップ両端での定在波と同様に，単位胞ごとに符号が交互に入れ替わる．

これらの状態は全空間で規格化できないので，無限大の大きさを持つ理想結晶の中

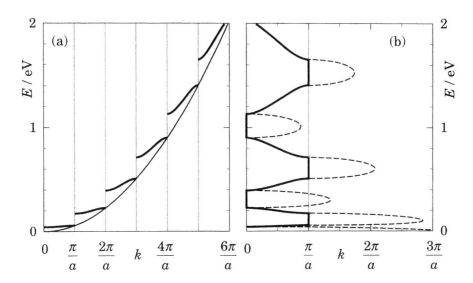

図5.18 δ関数を用いた Kronig-Penney モデルのエネルギーバンド. (a) 拡張ゾーン形式. (b) 還元ゾーン形式. 太線は Kronig-Penney モデルにおける伝播解, 細線は自由電子エネルギーを表す放物線, (b) の破線はバンドギャップにおける波数の虚部を表す.

の解としては許容できない. しかしこれらの解を無視できない場合もある. たとえば不純物によってバンドギャップ内に束縛状態が生じた場合の波動関数を記述する際に, これらの解は重要となるし, 有限の超格子領域におけるトンネル現象の記述にも有効である. 図5.18(b) の破線は, エネルギーがバンド端 E_{edge} からギャップ内に深く入ると, 減衰定数 κ が増加する様子を示している. これは自由電子の単純矩形障壁内での減衰と同じエネルギー依存性 $\kappa^2 = 2m|E - E_{\mathrm{edge}}|/\hbar^2$ を持つが, 有効質量はバンド端付近の伝播状態と同じ値をとる. ギャップ内の減衰定数は増大を続けるわけではなく, ギャップの中央付近で最大値を持ち, 次のバンド端に近づくにつれて再び減少する.

上記のような Im k の挙動は, 一般のバンドギャップにあてはまるものであり, GaAs 中の障壁層としてよく用いられる AlGaAs にも適用可能である. トンネル減衰定数 κ に対する単純な放物線近似は, バンド端付近の狭いエネルギー領域だけで成立する. これはバンド内状態に対する放物線近似 $\varepsilon(K) \approx \hbar^2 K^2/2m_0 m_{\mathrm{e}}$ (2.6.4項, p.71〜) が, バンド端付近のエネルギー領域だけで成立しているのと同じことである. 複素バンドを用いるときには, トンネルがバンド端から離れたところでも κ を見いださなければならない. これはよく用いられる $\mathrm{Al}_{0.3}\mathrm{Ga}_{0.7}\mathrm{As}$ の場合でもそうだが, 放物線近似が便利だとは到底言い難い!

図5.19 に矩形超格子 (δ関数超格子ではない) のバンド端を, 障壁の厚さの関数として示した. GaAs の, 井戸幅 5 nm, 障壁の高さ 0.3 eV の超格子を想定した. エネ

5.6 超格子とミニバンド

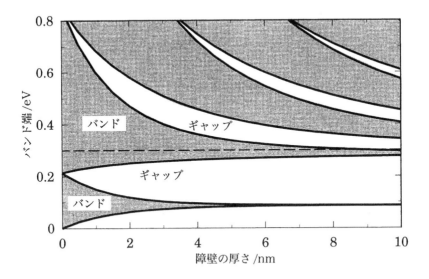

図5.19　GaAs の超格子によって生じるバンドの，障壁の厚さへの依存性．井戸幅 (井戸層の厚さ) は 5 nm，障壁の高さは 0.3 eV とした．

ギーは式 (5.89) と式 (5.90) から求めたものである．エネルギーが最も低い 2 つのバンドは，障壁の厚さの増加に伴って狭まり，井戸内に束縛状態を形成するに至る (上の方の状態の束縛は強くないが)．障壁の厚さを無くすと，すべてのギャップ幅はゼロになる．

図5.19 において障壁の高さ 0.3 eV のところでは，何ら特別なことは起こらない．このエネルギーより上では，電子は伝播状態 (遍歴状態) を形成するが，離散的なバンドギャップも生じる．この性質は光学的用途に用いる超格子において都合がよいものである．多くの光学的超格子は，光が透過できる材料によって構成されている．しかし材料自身は透過性を持っていても，周期構造さえあればコヒーレントな Bragg 反射を起こし，スペクトルにギャップを生じることができるのである．同様の現象はエレクトロニクスにおいて LC から成るフィルター・ネットワークでも見られるものであり，これも同じような行列によって記述できる．

4.5節の量子井戸層の考え方を応用して，超格子の状態密度を見積もることもできる．単一の量子井戸層では，井戸が形成されている方向 (界面に垂直な方向) の各状態のエネルギー ε が，3 次元状態密度における各 2 次元サブバンド $n_{2D}(E-\varepsilon)$ の底になる．

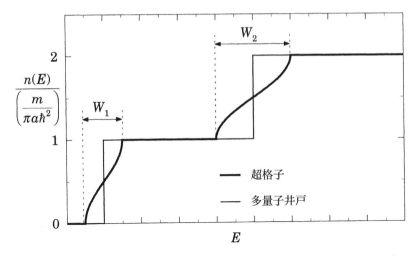

図 5.20 超格子 (太線) と多量子井戸 (細線) の状態密度の比較. 平坦部の値 $m/\pi a\hbar^2$ を揃えた. 超格子における 1 番目と 2 番目のバンド幅は W_1, W_2 である.

これと同様に,超格子の各 Bloch 状態が,サブバンドの底を形成する. 1 次元超格子の状態密度を $n_{1D}^{(SL)}$ とすると,3 次元状態密度は次の積分で与えられる.

$$n_{3D}(E) = \frac{1}{2}\int_{-\infty}^{\infty} n_{1D}^{(SL)}(\varepsilon)\, n_{2D}(E-\varepsilon)\, d\varepsilon = \frac{m}{2\pi\hbar^2}\int_{-\infty}^{E} n_{1D}^{(SL)}(\varepsilon)\, d\varepsilon \tag{5.92}$$

最初の因子 $\frac{1}{2}$ は,積分内の両方の状態密度が含んでいるスピン縮退因子を重複させないためのものである. バンド幅 W の単一バンドに対する余弦近似 (式 (2.17)) を適用すると,次のようになる.

$$n_{3D}(E) = \frac{m}{\pi a\hbar^2}\left(\frac{1}{2} + \frac{1}{\pi}\arcsin\frac{E-\frac{1}{2}W}{\frac{1}{2}W}\right), \quad 0 \leq E \leq W \tag{5.93}$$

1 次元バンドの頂上より上の状態密度は定数 $m/\pi a\hbar^2$ となる. 井戸間のトンネルがない周期 a の多量子井戸構造でも,これと同じ状態密度が得られる. 2 つのミニバンドを含む状態密度の例を図 5.20 に示す. 多量子井戸と比べ,超格子には井戸間のトンネルがあるために,多量子井戸における状態密度の急峻な段差が,エネルギー幅 W の逆正弦関数で表される曲線斜面に変わっている. 各サブバンドの底の状態密度は放物線状である. これは 3 次元系において一般に見られる結果であるが,超格子の場合は異方性を持つ. 結晶成長面に平行な方向の運動に関する有効質量,すなわち,ここまでの式に出てきた m は,材料自体の遍歴電子の有効質量である. 超格子構造に沿った,成長面に垂直な方向の有効質量は W に依存する.

5.7 多チャネル系のコヒーレント輸送

　本章の初めの方で扱った1次元系は，ひとつのサブバンドだけが電子を含んでいるという意味で，純粋に1次元的であった．そのような系は，ただひとつのモードを伝える電磁波の導波路に似たものである．導波路において利用する周波数を上げると別のモードも伝搬するのと同様に，擬1次元系においてFermi準位を上げると，上位のサブバンドにも電子が入るようになる．本節ではまず，2つの擬1次元系が散乱中心によって結合している問題，すなわち2本の"導線"(lead†)が両側から接続している"試料"(sample)の伝導を扱う理論を展開する．具体例としては，たとえば導線の一部を非常に細くしたものであるが，このような系ではコンダクタンスが量子化される．純粋に1次元的な系とは異なり，異なるサブバンド(モード)の間で反射や透過が起こることになるので，現象の記述は複雑になる．その次の段階では，ひとつの試料に3本以上の導線が接続している系について調べる．試料としては，広く一般的な対象を想定しているが，おそらく最も重要な応用例は，多くの導線を伴う量子Hall系である．ここで扱う理論は，コヒーレントな輸送に話を限定しているので，対象とする試料は，非弾性散乱を無視できる程度に充分小さくなければならない．低温の状態を仮定し，線形応答だけを扱うことにする．

5.7.1　2導線系：コンダクタンスの量子化

　厳密な1次元系から離れて，最初に対象とする系を図5.21に示す．前の節と同様に，散乱中心の両側に2本の導線があるが，ここではそれぞれの導線が，横方向状態が異なる複数のサブバンドを持つ(4.8節)．これらのサブバンドを"モード"(mode)もしくは"チャネル"(channel)と呼ぶこともある．それぞれの導線の正確な形状は重要ではないが，横方向ポテンシャルが，長さ方向のどの位置でも一定であるということが不可欠な仮定である．この条件は理想導線(perfect lead)の定義に含まれているもの

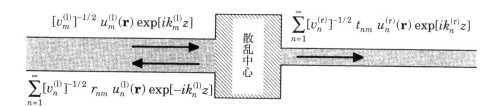

図5.21　多くの伝播状態を持つ左右の導線内に，散乱中心を介して生じるコヒーレント輸送.

---

†(訳註) 本節で紹介されているLandauer-Büttiker形式の議論においては，試料に接続している"導線"("リード線"と訳される場合もある)は，その内部においてエネルギー散逸が無視でき，導波路のように横方向モードが定義できるものと仮定される．

であり，長さ方向にポテンシャルの変化がある部分は，散乱中心の一部と見なさなければならない．導線内の波動関数は次の形をとる．

$$\psi(\mathbf{R}) = \sum_n v_n^{-1/2} \left[A_n \exp(ik_n z) + B_n \exp(-ik_n z) \right] u_n(\mathbf{r}) \tag{5.94}$$

これは式 (5.1) を一般化したものである．横方向の状態を n で識別して (本質的には 2 つの添字が必要だが，ひとつで代表させておく)，波動関数 $u_n(\mathbf{r})$ がエネルギー ε_n を持つものとする．全エネルギーは $E = \varepsilon_n + \hbar^2 k_n^2/2m$ であり，$E > \varepsilon_n$ の場合は伝播状態，そうでなければ減衰状態になる．各モードに付してある速度 v_n を用いた因子は，式 (5.48) の場合と同様に，各状態を密度ではなく流れで規格化している．左右の導線は一般には同じものではないので，それぞれの擬 1 次元サブバンドのエネルギーは異なり，伝播状態の数も N_left と N_right を区別しなければならない．

左側から純粋なモード m の波を入射させてみよう．散乱中心は異なるモードを混合するので，散乱された波は，両方の導線内で外向きに放出されるあらゆるモードへの寄与を持つ．左右の導線内の波動関数は，次式で表される．

$$\psi_\text{left}(\mathbf{R}) = \left[v_m^{(l)} \right]^{-1/2} u_m^{(l)}(\mathbf{r}) \exp(ik_m^{(l)} z) + \sum_{n=1}^\infty \left[v_n^{(l)} \right]^{-1/2} r_{nm} u_n^{(l)}(\mathbf{r}) \exp(-ik_n^{(l)} z)$$

$$\psi_\text{right}(\mathbf{R}) = \sum_{n=1}^\infty \left[v_n^{(r)} \right]^{-1/2} t_{nm} u_n^{(r)}(\mathbf{r}) \exp(ik_n^{(r)} z) \tag{5.95}$$

和は，伝播状態だけでなく"すべての"n に及ぶ．波動関数を構成するためには，減衰状態も不可欠である．厳密な 1 次元の場合と異なり，反射係数や透過係数は，単一の数ではなく，各モード間を結ぶ一連の数の集合になる．

5.2 節で定義した S 行列や T 行列を，多モードを扱うように拡張することもできる．これらは詳しい計算のためには不可欠だが，当面は必要のないような余計な情報までを含む．式 (5.95) に現れる，左側からモード m で入射した波が右側のモード n へと遷移する振幅 t_{mn} から，もっと単純な行列 t をつくることができる．我々は t の対象を伝播状態に限定して $N_\text{right} \times N_\text{left}$ 行列をつくる．

行列 t を用いる理由のひとつは，これがコンダクタンスを求めるのに必要な情報をすべて含んでいるからである．コンダクタンスの導出は，1 次元の式 (5.58)，すなわち $G = (2e^2/h)T = (2e^2/h)|t|^2$ に基づいて行う．電子が決められたモード m で入射するものと考えよう．モード n に現れる電子は，コンダクタンスに対して $(2e^2/h)|t_{nm}|^2$ の寄与を持つ．異なるモードでの速度の違いは，波動関数の規格化において既に考慮されており，この結果には影響しない．全コンダクタンスは，すべての入射モードと放出モードに関する和によって与えられる．

$$G = \frac{2e^2}{h} \sum_m \sum_n |t_{nm}|^2 \tag{5.96}$$

上式で重要な点は，複素振幅ではなく，確率の加算を実行していることである．異なるモードに入射した電子の間に，位相コヒーレンスが無いものと仮定するので，モード間の干渉は考えずに，それぞれの電流への寄与を単純に加算すればよい．両方の導線で，各モードは同じ Fermi 準位を持つということも，暗黙の仮定である．$(\mathsf{t}^\dagger)_{mn} = (t_{nm})^*$ と定義される t の Hermite 共役行列によって，コンダクタンスをもっと簡単に表すことができる．

$$G = \frac{2e^2}{h}\sum_{m,n} t_{nm} t_{nm}^* = \frac{2e^2}{h}\sum_{m,n} (\mathsf{t})_{nm}(\mathsf{t}^\dagger)_{mn}$$

$$= \frac{2e^2}{h}\sum_{n}(\mathsf{tt}^\dagger)_{nn} = \frac{2e^2}{h}\mathrm{Tr}(\mathsf{tt}^\dagger) = \frac{2e^2}{h}\mathrm{Tr}(\mathsf{t}^\dagger\mathsf{t}) \tag{5.97}$$

これが最もよく引用される結果である．"Tr"は行列の対角和 (trace：対角要素の和) を表す．t と $\mathsf{t}^\dagger$ は正方行列でなくともよいが，積 $\mathsf{tt}^\dagger$ は正方行列である．$\mathsf{tt}^\dagger$ と $\mathsf{t}^\dagger\mathsf{t}$ の次元は違っていても，これらの対角和は互いに等しい．

この結果を短い導線，もしくは導線の一部を細くした"量子ポイントコンタクト" (quantum point contact) のコンダクタンスの計算に適用できる．典型的な量子ポイントコンタクトの構造を図5.22(a) に示す．ヘテロ構造の上面に対向する指のように配置された 2 つのゲート電極から負のバイアス電圧が印加され，ゲートの下の部分の2DEG が空乏化する．電子はゲートの隙間の部分の下を通ることを強いられ，この狭い部分は短い擬 1 次元系のように振舞う．2DEG の残りの広い部分は"電極*"部分と見なされる．もしゲートの間隙部分が短ければ，その下のポテンシャル分布は図5.23(a) (p.203) のような鞍 (saddle) の形状になる．ポテンシャルは滑らかに変化するので"断熱近似" (adiabatic approximation) が使える．この近似の考え方は，各モードの波動関数を分離した形で書けるというものである．

$$\phi_n(\mathbf{R}) \approx u_n(\mathbf{r};z)\bigl[v_n(z)\bigr]^{-1/2}\bigl\{A_n(z)\exp(ik_n(z)z) + B_n(z)\exp(-ik_n(z)z)\bigr\} \tag{5.98}$$

長さ方向の位置 z における横方向ポテンシャルの中の波動関数 $u_n(\mathbf{r};z)$ とエネルギー $\varepsilon_n(z)$ を，あたかも横方向ポテンシャルが長さ方向に変化していないような扱いで計算できる‡．波数は $E = \varepsilon_n(z) + \hbar^2 k_n^2(z)/2m$ を満たし，同じモードの中でもある領域では伝搬し，別の領域では減衰することもあり得る．この近似は WKB 法 (7.4節) に

---

*(訳註) 原著には，lead ("導線"もしくは"リード線") と reservoir ("電極"もしくは"電子溜め") の術語の使い分けに若干不適切な部分があるので，訳稿では適宜修正した．ここで"導線"にあたる部分は電子が通るゲート間隙直下の擬 1 次元領域のうち，ポテンシャル鞍点付近の中央部 (この部分を"試料"と見なす) を除いた部分であり，以下の断熱近似に関する記述によって，この部分が横方向モードを持つ導線として扱えることが正当化されている．

‡(訳註) z は 2DEG 内の電流方向なので，ここでは z が面内方向に設定されており，本書の他の部分と座標の取り方が異なる．

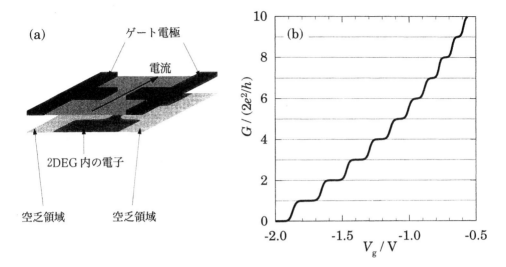

図 5.22 (a) 典型的な量子ポイントコンタクトの構造．2DEG を形成しているヘテロ構造の上面に形成された対向する金属ゲート電極の間隙部分の直下に，狭く短い電子の通路が形成される．(b) ゲート電圧 V_g に対するコンダクタンス $G(V_g)$ の計算結果．[Nixon, Davies and Baranger (1991) による．]

関係しており，横方向ポテンシャルの z 方向に関する変化が緩慢であれば有効である．モード間の散乱も無視しうる可能性があるが，そうであれば振幅 $A_n(z)$ と $B_n(z)$ は各モードを独立に扱って計算できる．このとき t は対角行列になる．

各サブバンドのエネルギー $\varepsilon_n(z)$ は，長さ方向の位置 z に依存して変化し，中央部で緩やかなピークを持つ (図 5.23(b))．多くの状態は，この中央部から遠い位置では伝播状態であるが，鞍点に近づくと波数が虚数になり，$\varepsilon_n(z) > E$ のときには見かけ上の障壁を持つようになる．そのような電子 (図 5.23(b) のモード 2 とモード 3) は障壁をトンネルする可能性もあるが，見かけ上の障壁が低くなければ，振幅の大半は反射される．下から N_trans 個のモードだけが間隙部分を伝搬する (図 5.23(b) ではモード 1)．下から N_trans 個のモードはほとんど透過するので，t において 1 に近い対角要素を与えるが，他のモードの対角要素は小さい．この場合，コンダクタンスは式 (5.97) によって次のように与えられる．

$$G = \frac{2e^2}{h}\mathrm{Tr}(\mathrm{t}^\dagger \mathrm{t}) \approx \frac{2e^2}{h} N_\mathrm{trans} \tag{5.99}$$

これがコンダクタンスの量子化である．ゲート電圧 V_g を通じて間隙部分の幅や深さを電位的に変化させると，N_trans の値を変えることができる．したがって $G(V_g)$ 特性は，鞍点部分で伝播の許容されるモードがひとつ増えるごとに，コンダクタンスが $2e^2/h$ ずつ増える階段状の特性になる．ひとつの例を図 5.22 に示してある．これはシミュレー

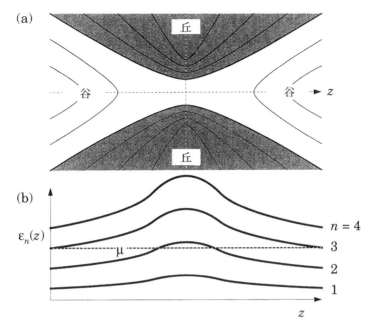

図5.23　(a) コンダクタンス量子化の実験で利用される滑らかな鞍点ポテンシャルの等電位線．太い線は Fermi 準位と一致しているポテンシャル線で，影の付いた部分がポテンシャルの高い部分である．(b) 横方向モードのエネルギー $\varepsilon_n(z)$ を，縦方向の位置 z の関数として示したグラフ．

ションの結果であるが，これより良好な実験結果さえある！ 段差構造がなだらかになるのは，鞍点をトンネルする電流成分のためである．温度を上げても同様の効果が生じる．

　コンダクタンスの量子化に関して，電子の断熱的な伝播は必要条件ではない．モード間散乱があっても，それが前方散乱に限られていて電子の進行方向が変わらなければ (速度は変わっても)，やはりコンダクタンスの量子化が起こる．しかし後方散乱があるとコンダクタンスの量子化は妨げられるので，この問題を避けるためには隙間部分を充分短くしなければならず，典型的に $1\,\mu$m 以下にする必要がある．ポテンシャル構造の細かい違いも $G(V_\mathrm{g})$ の形に影響する．ポテンシャルの細部に対する敏感さは，コンダクタンスの量子化現象が特別に正確なものではないことを意味しており，$(2e^2/h)N_\mathrm{trans}$ の 10 ％ 以内ならば良い結果と言える．この点は量子 Hall 効果とは違っており，良好な試料において見られる量子 Hall コンダクタンスは，他の方法で正確に求められた $2e^2/h$ の値と完全に一致する．量子 Hall 効果については 6.6 節において，類似した定式化による説明を与えることにする．

5.7.2 多導線系

次に,任意の本数 N_leads の導線が接続している試料を考察する.一般的な形態と,3つの具体例を図5.24に示す.普通,電流を入射するための導線と,電圧を測定するための導線があり,それぞれ電流探針 (current probe*) および電圧探針 (voltage probe) と呼ばれる."電圧探針"は理想的な電圧計に繋がっていて,電流を流さないものと仮定する.(c) の例は,抵抗の測定によく用いられる探針の接続方法であり,現実的にも重要である.電流は直線径路を流れ,電流に伴って発生する電圧を,電流径路の脇に付けた2本の探針間で測定する.この"4探針"(four probe) の配線は,導線と試料のコンタクト抵抗に影響を受けにくい抵抗測定の方法として,しばしば採用される.これに対して電圧探針を電流探針と区別せずに,電流を流す2探針の間で電圧も測定してしまう方法は"2探針"(two probe) 測定と呼ばれる.これらの測定方法の違いが,全く異なる結果を生じることを後から見る.

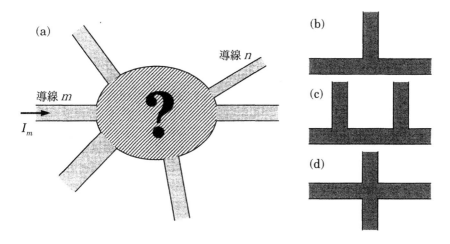

図5.24 3本以上の導線が結合した試料で構成されるコヒーレント輸送系.(a) は一般概念を表す.右側に具体例を示している.(b) はT型接続 (T-junction),(c) は試料の長さ方向の抵抗を測定する4探針測定,(d) は微視的 Hall バーである.

詳しい解析のためにはS行列が必要だが,ここでは引き続き,前節で定義したt行列を利用する.m や n は導線に付けた番号,α や β は各導線の中の伝播モードであり,導線 m の中には N_m 種類の伝播モードがある.導線の断面形状は一定であり,各状態は一定の流れを持つように規格化されているものとする.試料に向けて入ってくる電流方向を正とする.

ある導線におけるひとつのモード (m,α) を考えよう.我々は熱平衡状態から逸脱して

---

*(訳註) "probe"(探針) という術語の代わりに "terminal"(端子) を用いる場合もある.

5.7 多チャネル系のコヒーレント輸送

いる効果だけに関心があり，この導線から試料に流れ込む過剰電流は 5.4.1 項 (p.177〜) のように $I_{m\alpha}^{\text{inc}} = (-2e/h)\delta\mu_m$ と与えられる．印加電圧を V_m とすると Fermi エネルギーの変化は $\delta\mu_m = -eV_m$ なので，$I_{m\alpha}^{\text{inc}} = (2e^2/h)V_m$ である．この結果は，この導線内の N_m 個のモードについて共通である．

この導線 m の，このモード α から入射した電子が，導線 n のモード β に遷移する振幅を $t_{n\beta,m\alpha}$ と書く．この遷移は電流に $-I_{m\alpha}^{\text{inc}}|t_{n\beta,m\alpha}|^2$ の寄与を持つ．外側に向かう流れなので，符号は負になっている．入射電子の一部は反射して同じ導線内を戻るが，反射電子が元のモードに入るとは限らない．反射振幅は $r_{m\beta,m\alpha}$ と表される．$t_{n\beta,m\alpha}$ は $n \neq m$ (異なる導線間) だけで定義され，$r_{n\beta,m\alpha}$ は $n = m$ (同一導線内) だけで定義されるので，便宜的に $t_{m\beta,m\alpha} = r_{m\beta,m\alpha}$ と置く場合が多い．

導線 m から入射した電子によって導線 n に生じる全電流は，式 (5.96) と同様に，2本の導線内の全モード間の寄与の和として与えられる．

$$I_{nm} = -\frac{2e^2}{h} V_m \sum_{\beta=1}^{N_n} \sum_{\alpha=1}^{N_m} |t_{n\beta,m\alpha}|^2 \tag{5.100}$$

一般に電流の表式は，このように両方の導線内の各モード間からの寄与の和の形で表される．これは式 (5.97) の対角和と似ているが，ここでは各透過係数に導線の違いを表す余分の添字が付いている．和の計算を含んだ新たな透過係数と反射係数を次のように導入すると，式を簡明に表現できる．

$$T_{nm} = \sum_{\beta=1}^{N_n} \sum_{\alpha=1}^{N_m} |t_{n\beta,m\alpha}|^2, \quad R_m = \sum_{\beta=1}^{N_m} \sum_{\alpha=1}^{N_m} |r_{m\beta,m\alpha}|^2 \tag{5.101}$$

それぞれの単独の係数とは異なり，上記の係数は 1 次元系において 1 より大きくなり得る．たとえば T_{nm} は完全な透過の下で N_m と N_n の小さい方の値にまで達する．ここでも表記を簡略化するために，しばしば $T_{mm} = R_m$ と置く．

導線 m の正味の入射電流は，元々の入射電子電流と反射電子電流の差によって与えられる．すべての伝播モードにわたる元の全入射電子電流は $(2e^2/h)N_m V_m$ であり，正味の入射電流は，

$$I_{mm} = (2e^2/h)(N_m - R_m)V_m \tag{5.102}$$

となる．電流保存により，これは導線 m から入射して他の導線から放出される電流の総和に等しくなければならない．すなわち $I_{mm} = \sum_{n,n\neq m} I_{nm}$ である．ここから透過係数の和則，

$$R_m + \sum_{n,n\neq m} T_{nm} = N_m \tag{5.103}$$

が導かれる．これが $R + T = 1$ の一般化になっていることは明らかである．

ここまで我々は，導線 m から入射した電子による電流だけを計算したが，一般には他の導線からの寄与も考慮した総和を考えなければならない．導線 n から導線 m に生じる電流の寄与は $-(2e^2/h)T_{mn}V_n$ であり，導線 m における全電流は，次式で表される．

$$I_m = \frac{2e^2}{h}\left[(N_m - R_m)V_m - \sum_{n,n\neq m} T_{mn}V_n\right] \tag{5.104}$$

これが多導線系のコンダクタンスに関する Landauer-Büttiker(ランダウアー・ビティカー)公式である．この公式は，導線の数に対応した次数を持つ正方行列 (コンダクタンス行列) を用いて書き直すこともできる．

$$I_m = \sum_n G_{mn}V_n, \quad G_{mn} = \frac{2e^2}{h}\left[(N_m - R_m)\delta_{mn} - T_{mn}\right] \tag{5.105}$$

コンダクタンス行列を扱う際には，いくつか注意すべき点がある．電流保存の条件 (5.103) は，G_{mn} の各列が含む要素の和がゼロになることを意味している．このことからコンダクタンス行列は，行列式がゼロの非正則行列であることを示せる．もうひとつの条件は，すべての導線の電位が等しい場合に電流が流れない，という要請に基づく，次のようなものである．

$$\sum_n G_{mn} = 0 = (N_m - R_m) - \sum_{n,n\neq m} T_{mn} \tag{5.106}$$

つまりコンダクタンス行列の各行も，要素の和がゼロにならなければならない．各行，各列の要素和がゼロになるという事実から，次の関係が生じる．

$$\sum_n T_{mn} = \sum_n T_{nm} \tag{5.107}$$

これらの条件を用いて，電流の式 (5.104) を，いろいろな方法で書き直すことができる．$(N_m - R_m)$ を電流保存条件 (5.103) を用いて置き換えると，次のようになる．

$$I_m = \frac{2e^2}{h}\sum_{n,n\neq m}(T_{nm}V_m - T_{mn}V_n) \tag{5.108}$$

対角要素 T_{nn} は必要でない．同じ項を"行"の和則 (5.106) を用いて置き換えると，

$$I_m = \frac{2e^2}{h}\sum_{n,n\neq m}(T_{mn}V_m - T_{mn}V_n) = \frac{2e^2}{h}\sum_{n,n\neq m}T_{mn}(V_m - V_n) \tag{5.109}$$

となる．このようにすると，電位差だけが重要であることが明確に表される．

式 (5.107) はコンダクタンス行列が対称でなければならないという規定ではなく，3本以上の導線を持つ系の行列は，一般には非対称でもよい．ただし外部磁場が無い場

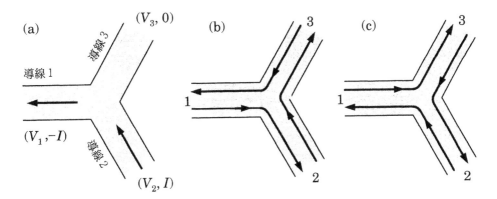

図5.25　多探針系の例として，3本の導線を持つ試料を示す．電流 I は導線 2 から入り，導線 1 から出る．導線 3 は電位測定のためだけに用いるので，電流は流れないものとする．右側の 2 つの図は，正もしくは負の強い外部磁場の中で，デバイスが"サーキュレーター"として働くときの透過の様子を示している．

合には，時間反転対称性の要請によって，行列は対称になる．磁場による対称性の破れは，Hall効果の解析において重要となる．

式 (5.104) が，前に得た 2 探針の結果と整合することは容易に証明できる．その次の段階としては，図5.25 に示すような 3 本の導線を持つ系の問題がある．導線 3 を理想電圧計に接続している電圧探針と考えて $I_3 = 0$ と置くことにしよう．電流 I が導線 2 から入って導線 1 から出るものとすると，$I_1 = -I$，$I_2 = I$ である．最後に導線 1 の電位を基準として $V_1 = 0$ と置く．式 (5.108) は次のようになる．

$$I_1 = -I = \frac{2e^2}{h}\left[-T_{12}V_2 - T_{13}V_3\right]$$

$$I_2 = I = \frac{2e^2}{h}\left[(T_{12} + T_{32})V_2 - T_{23}V_3\right]$$

$$I_3 = 0 = \frac{2e^2}{h}\left[-T_{32}V_2 + (T_{13} + T_{23})V_3\right] \tag{5.110}$$

3つの式を辺々加えると，両辺ともゼロになるので，1つは余分 (redundant) な式であることが分かる．これらの式の解によると，導線 1 と導線 2 の間の 2 探針コンダクタンスは，

$$\frac{I}{V_2} = \frac{2e^2}{h}\left(T_{12} + \frac{T_{13}T_{32}}{T_{13} + T_{23}}\right) \tag{5.111}$$

である．このコンダクタンスは 2 つの成分を持つ．第 1 は，容易に予想されるように，導線 1 から直接導線 2 へ流れる電子によるものである．第 2 の成分は導線 1 から導線 3 に流れる電子によって間接的に生じるものである．導線 3 は電圧探針であって正味の電流を流さないので，この電流成分は，導線 3 を反対向きに流れる等しい大きさの

電流成分によって打ち消され，その電流は透過係数の比に応じて導線1と導線2へ分配される．もうひとつの有用な結果は，導線3で測定したポテンシャルである．

$$\frac{V_3}{V_2} = \frac{T_{32}}{T_{13}+T_{23}} = \frac{T_{32}}{T_{31}+T_{32}} \tag{5.112}$$

この性質は分圧器とよく似ている．後の方の式の分母は，行と列の和則 (5.107) によって書き換えたものである．

これらが意味のある結果であることを確認するために，各導線がただひとつの横方向モードを持ち，系全体が3回対称であると仮定してみる．外部磁場が無ければ，導線間の透過係数はどれも同じである．電流保存と対称性の下で許容される T_{12} の最大値は $\frac{4}{9}$ であり，この場合，

$$\frac{I}{V_2} = \frac{2e^2}{h}\left(\frac{4}{9}+\frac{2}{9}\right) = \frac{2}{3}\frac{2e^2}{h}, \quad \frac{V_3}{V_2} = \frac{1}{2} \tag{5.113}$$

となる．強く結合した電圧探針があると，その探針自体は正味の電流を流さなくても，一部の電子を反射し，このため測定されるコンダクタンスは2探針の理想導電系における $2e^2/h$ よりも低くなる．$V_3/V_2 = \frac{1}{2}$ という比は，古典的な分圧器との類推からも予想される結果であり，系の対称性に起因している．

次に，強い外部磁場を想定しよう．この場合，後で6.5節で見るように，たとえば各導線から入射してくる電子が，すべて右隣の導線へ抜けていくようにすることができる．この作用はマイクロ波の"サーキュレーター"に相当する．このとき $T_{12} = T_{23} = T_{31} = 1$ であり，他の係数はゼロであって，次の結果を得る．

$$\frac{I}{V_2} = \frac{2e^2}{h}(1+0) = \frac{2e^2}{h}, \quad \frac{V_2}{V_1} = 0 \tag{5.114}$$

磁場を反転させると $T_{21} = T_{32} = T_{13} = 1$ となり，

$$\frac{I}{V_2} = \frac{2e^2}{h}(0+1) = \frac{2e^2}{h}, \quad \frac{V_2}{V_1} = 1 \tag{5.115}$$

となる．磁場の向きを反転すると，電圧探針の振舞いは全く違ったものになるが，2探針間のコンダクタンスは磁場の向きには依らない (前に言及した2探針測定における一般的な結果である)．

重要な特徴は，直接電流と間接電流が互いにコヒーレント (可干渉) でないという点である．間接電流は異なる導線 (電圧探針3) から供給される電子を含むからである．この簡単な議論はトンネル過程において完全なコヒーレンスが失われる現象を扱うための理論的な便法になるが，これは定式化された方法で扱うことが難しい問題である．試料に電圧探針を結合するだけで，それがコヒーレンスの欠如を生じる．この描像は，探針が導線1から2への直接の透過を抑制し，全電流が間接電流になると考えると正

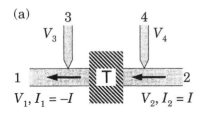
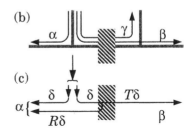

図5.26 トンネル障壁の抵抗の2探針測定と4探針測定. (a) 電流は探針1から探針2へと流される. 電圧はこれらの探針で測定するか(2探針測定), もしくは弱く結合した探針3と探針4の間で測定する(4探針測定). (b) 電圧探針と試料を結合する透過係数の定義. (c) 透過係数 α と β の関係の導出.

当化される. 式(5.111)は次のようになる.

$$\frac{I}{V_2} = \frac{2e^2}{h}\frac{T_{13}T_{32}}{T_{13}+T_{23}} \tag{5.116}$$

対称性 $T_{23} = T_{32}$ によって, これは古典的な2抵抗直列接続の式と同じ形に還元する. コンタクト3は, それらの結合節(joint)として働く.

最後に, 導線3の結合が弱い場合を考えよう. 通常の電圧探針は, なるべく系に影響を与えないように形成されるので, これは現実的な仮定である. このとき式(5.111)において直接電流成分が支配的になり, これは T_{12} だけに依存するという望ましい結果が得られる. 式(5.112)によると, 残念ながら探針3の電圧は他の2本の探針に対する結合の比 $T_{31} : T_{32}$ に強く依存する. 完全な構造では $V_3 = \frac{1}{2}V_2$ が期待される(磁場は無いものとする). このためには2本の電流探針への結合が等しいことが必要であるが, これは容易に予想し得ることである. この対称性が欠けると V_3 に影響が生じる.

我々の最後の仕事は, 4探針抵抗の一般的な公式の導出である. 4探針測定の方法を図5.26(a)に示す. 電流 I が探針2から入り, 探針1から出る. 探針4と探針3の間で, 電流を流さずに電圧を測定する. このような量は一般的に $R_{mn,pq} = V_{pq}/I_{mn}$ と記される. V_{pq} は, 電流を m と n の間に流すときに, コンタクト p と q の間に現れる電位差である. 我々が求めたいのは4探針抵抗 $R_{21,43}$ である. 式(5.109)をすべて書き下すと, 次のようになる.

$$\begin{pmatrix} T_{12}+T_{13}+T_{14} & -T_{12} & -T_{13} & -T_{14} \\ -T_{21} & T_{21}+T_{23}+T_{24} & -T_{23} & -T_{24} \\ -T_{31} & -T_{32} & T_{31}+T_{32}+T_{34} & -T_{34} \\ -T_{41} & -T_{42} & -T_{43} & T_{41}+T_{42}+T_{43} \end{pmatrix} \begin{pmatrix} V_1 \\ V_2 \\ V_3 \\ V_4 \end{pmatrix}$$

$$= \frac{h}{2e^2} \begin{pmatrix} I_1 \\ I_2 \\ I_3 \\ I_4 \end{pmatrix} = \frac{h}{2e^2} \begin{pmatrix} -I \\ I \\ 0 \\ 0 \end{pmatrix} \quad (5.117)$$

我々は既に，これらの式のうちの1本が余分であることを知っているので，I_1 の式を省くことにする．また電位差だけが問題となることも知っているので，4つの電位のうちのひとつをゼロと置いてもよい．ここでは V_{43} を求めたいので，V_3 をゼロと置くと都合がよい．このようにして 3×3 行列による次式が得られる．

$$\begin{pmatrix} -T_{21} & T_{21}+T_{23}+T_{24} & -T_{24} \\ -T_{31} & -T_{32} & -T_{34} \\ -T_{41} & -T_{42} & T_{41}+T_{42}+T_{43} \end{pmatrix} \begin{pmatrix} V_1 \\ V_2 \\ V_4 \end{pmatrix} = \frac{h}{2e^2} \begin{pmatrix} I \\ 0 \\ 0 \end{pmatrix} \quad (5.118)$$

もはや行列は正則なので，単純にCramer(クラメール)の公式などで解くことができる．結果は，

$$R_{21,43} = \frac{h}{2e^2} \frac{T_{42}T_{31} - T_{41}T_{32}}{S} \quad (5.119)$$

で，S は式 (5.118) にある 3×3 行列の行列式である．ここで心配になる点は，元の 4×4 行列の式から変数をひとつ減らすときに別の変数を選ぶと，結果の形が変わるのではないかということである．しかし幸い分子は変わらず，また各行および各列の和がそれぞれゼロになるという和則のために，元の行列からどのように 3×3 の部分行列を作っても，行列式は同じになる (但し符号には要注意!)．もうひとつの有用な結果は，電流探針間の電圧から求まる2探針抵抗である．

$$R_{21,21} = \frac{h}{2e^2} \frac{(T_{31}+T_{32}+T_{34})(T_{41}+T_{42}+T_{43}) - T_{34}T_{43}}{S} \quad (5.120)$$

量子Hall効果におけるエッジ状態の伝播を6.6.1項 (p.261〜) で調べるときに，これらの結果を用いることになる．

　歴史的にも重要な，興味深い上記の式の応用は，トンネル障壁の抵抗を2探針と4探針で測って得られる抵抗値の比較である．図5.26(a) のように，試料が透過係数 T の障壁である場合を考える．2つの電圧探針は同じもので，影響を少なくするために，これらは非常に弱く結合しているものと仮定する．議論を簡単にするために，この構造の中を伝搬するモードがひとつだけ許容されているものと考える．

5.7 多チャネル系のコヒーレント輸送

計算には各透過係数が必要となるが，時間反転不変性の下で，与えるべき係数は 6 つに限られる．最も大きい係数は障壁の透過率 $T_{12} = T_{21} = T$ である．他はすべて電圧探針 3 もしくは 4 の結合を含み，仮定により，これらの透過係数は小さい．電圧探針 3 から他の探針への透過係数を図 5.26(b) (p.209) に示している．$T_{31} = \alpha$，$T_{32} = \beta$ と置き，これらが δ のオーダーだとしよう．3 番目の係数 $T_{34} = \gamma$ は，弱く結合した電圧探針を両方とも透過する過程を表すので，δ^2 のオーダーになる．系の対称性により，電圧探針 4 に関する係数も同じになる．式 (5.118) の行列の行列式は，最低次までの近似で，

$$S \approx \det \begin{vmatrix} -T & T & -\alpha \\ -\alpha & -\beta & -\gamma \\ -\beta & -\alpha & \alpha+\beta \end{vmatrix} \approx T(\alpha+\beta)^2 \tag{5.121}$$

となる．2 探針抵抗 (式 (5.120)) は，次のように与えられる．

$$R_{21,21} \approx \frac{h}{2e^2} \frac{(\alpha+\beta)^2 - \gamma^2}{S} \approx \frac{h}{2e^2} \frac{1}{T}, \quad G_{\text{2-probe}} = \frac{2e^2}{h} T \tag{5.122}$$

これは解りやすい結果である．他方，4 探針抵抗 (式 (5.119)) は，

$$R_{21,43} \approx \frac{h}{2e^2} \frac{\alpha^2 - \beta^2}{S} \approx \frac{h}{2e^2} \left(\frac{\alpha-\beta}{\alpha+\beta}\right) \frac{1}{T} \tag{5.123}$$

となる．前の 3 本の導線を持つ例と同様に，弱く結合した探針の電位は 2 方向の透過係数の比に依存して決まる．この比がどのようにして決まるかを，図 5.26(c) (p.209) に示してある．探針 3 から入った電流は 2 方向に等分されて流れるが，それぞれへの透過係数が δ である．一方の電流は，途中に何の妨げもなく探針 1 へ流れるが，もう一方の電流はデバイス中央部の障壁に遭遇する．この電流成分のうち，割合として R が反射され，残りの割合 T が障壁を透過して探針 2 に達する．途中にある探針 4 の影響は小さいので無視してよい．したがって $\alpha = (1+R)\delta$，$\beta = T\delta$ である．結局 4 探針測定の結果は，次のようになる．

$$R_{21,43} \approx \frac{h}{2e^2} \frac{R}{T}; \quad G_{\text{4-probe}} = \frac{2e^2}{h} \frac{T}{R} = \frac{2e^2}{h} \frac{T}{1-T} \tag{5.124}$$

この結果は Landauer によって与えられたものだが，2 探針測定と 4 探針測定の違いの問題は，長い論争を引き起こした．透過率が少ない障壁では $G_{\text{2-probe}}$ と $G_{\text{4-probe}}$ があまり違わないが，透過性の高い障壁になると，両者は大きく食い違う．$T = 1$ の極限で $G_{\text{2-probe}} = 2e^2/h$ であるが $G_{\text{4-probe}} = \infty$ になる．この違いの原因は何なのだろう？

障壁が存在せず $T = 1$ ならば，電子の分布は電流径路全体のどの部分でも同じであり，電圧探針をどこにあてても同じ電位を読み取るので，$G_{\text{4-probe}} = \infty$ である．$G_{\text{2-probe}}$ がこれと異なるのは，読み取る電圧が"電極"(reservoir) の Fermi 準位を反映したものになるからである．電流を流すためには，電極間に Fermi 準位の差が必要

である．一方の電極から流入する電流は，Fermi準位における状態密度，Fermi速度，および両電極のFermi準位の差に比例し，電流が流れているときには，これらの積が有限の値を持つ．したがって，電子が試料内を完全に透過できるとしても，電流を発生させる電子の非平衡な分布をつくるために，ゼロでない電圧が必要になるのである．この余分の電圧の効果は，見かけ上，試料と直列に余分のコンタクト抵抗 $h/2e^2$ が生じているかのような効果として現れる．完全な透過性を持つ導線でも，電流を流すためにはエネルギーを供給してやらなければならないことになるが，このエネルギーがどのように消費されるのかという問題は，後に残しておく．

5.8 ヘテロ構造におけるトンネル輸送

前節では，対象とする構造が単一の材料から成り，ポテンシャル障壁だけが導入されている仮想的な状況を考えた．これはGaAsで挟まれたAlGaAsの障壁のような現実のヘテロ構造に厳密に適用できるものではない．単純な場合でも4.9節で扱った量子井戸の問題とよく似た変更が必要である．たとえば層状構造における波動関数は，横方向の平面波と，縦方向のT行列で扱える成分からなるが，エネルギーは独立に扱えず，実効的な障壁の高さが横方向波数 $\mathbf{k}$ に依存する．ヘテロ界面における波動関数の接続条件も，単なる波動関数の微分ではなく，それを有効質量で割ったものを用いなければならない．

ここは波動関数の微分の接続条件が，何故ヘテロ接合において変更されなければならないかを示すのにふさわしいところである．5.1節のような単純な段差を考えよう．$t = 2k_1/(k_1+k_2)$, $r = (k_1-k_2)/(k_1+k_2)$ である (式 (5.4))．これらをヘテロ接合の $m_1 \neq m_2$ の条件による変更をせずに用いると，各電流は以下のようになる．

$$
\begin{aligned}
\text{(incident：入射)} \quad & I_{\text{inc}} = \frac{\hbar k_1}{m_0 m_1} \\
\text{(reflected：反射)} \quad & I_{\text{ref}} = \frac{\hbar k_1}{m_0 m_1}|r|^2 = \frac{\hbar k_1}{m_0 m_1}\frac{(k_1-k_2)^2}{(k_1+k_2)^2} \\
\text{(transmitted：透過)} \quad & I_{\text{trans}} = \frac{\hbar k_2}{m_0 m_2}|t|^2 = \frac{\hbar k_2}{m_0 m_2}\frac{4k_1^2}{(k_1+k_2)^2}
\end{aligned} \quad (5.125)
$$

放出される電流の合計は，

$$
I_{\text{ref}} + I_{\text{trans}} = \frac{\hbar k_1}{m_1 m_0}\left[1 + \frac{4k_1 k_2}{(k_1+k_2)^2}\left(\frac{m_1}{m_2}-1\right)\right] \tag{5.126}
$$

である．電流保存の要請により，これは I_{inc} に等しくなければならないが，$m_1 = m_2$ でなくなると，この条件は満たされない．

物質 A と物質 B の $z=0$ におけるヘテロ接合で，波動関数の微分による接続条件

5.8 ヘテロ構造におけるトンネル輸送

の代わりに，修正された条件，

$$\frac{1}{m_A}\frac{d\psi(z)}{dz}\bigg|_{z=0_A} = \frac{1}{m_B}\frac{d\psi(z)}{dz}\bigg|_{z=0_B} \tag{5.127}$$

を用いるならば，各振幅の関係 (5.2) は次のように変更される．

$$A + B = C + D, \quad \frac{k_1}{m_1}(A - B) = \frac{k_2}{m_2}(C - D) \tag{5.128}$$

これにより，透過振幅と反射振幅の式において k が (k/m) に置き換わる．

$$t = \frac{2k_1/m_1}{k_1/m_1 + k_2/m_2}, \quad r = \frac{k_1/m_1 - k_2/m_2}{k_1/m_1 + k_2/m_2} \tag{5.129}$$

$\hbar k/m$ は速度なので，式の中に波数と質量係数の比が現れるのは自然なことである．反射電流と透過電流は次のようになる．

$$\begin{aligned} I_{\text{ref}} &= \frac{\hbar k_1}{m_0 m_1}\frac{(k_1/m_1 - k_2/m_2)^2}{(k_1/m_1 + k_2/m_2)^2} \\ I_{\text{trans}} &= \frac{\hbar k_1}{m_0 m_1}\frac{4(k_1/m_1)(k_2/m_2)}{(k_1/m_1 + k_2/m_2)^2} \end{aligned} \tag{5.130}$$

これで常に $I_{\text{ref}} + I_{\text{trans}} = I_{\text{inc}}$ が成立する．

振幅に関する透過係数でなく，流れの透過係数が単純に $|t|^2$ と与えられるように，波動関数の係数を再定義しておくと都合がよい．我々は前に障壁の両側の基底ポテンシャルが異なる場合について，元々の波動関数の記述を修正したが (式 (5.48))，これを有効質量が異なる場合へ拡張する方法として，左右の波動関数をそれぞれ，

$$\frac{A}{\sqrt{v_1(k_1)}}e^{ik_1 z} + \frac{B}{\sqrt{v_1(k_1)}}e^{-ik_1 z}, \quad \frac{C}{\sqrt{v_2(k_2)}}e^{ik_2 z} + \frac{D}{\sqrt{v_2(k_2)}}e^{-ik_2 z} \tag{5.131}$$

と書き直せばよいことは明らかである．$v_1(k) = \hbar k/m_0 m_1$ は物質 1 における速度であり，粒子流は余計な因子を含まず単純に $|A|^2 - |B|^2$ と与えられる．界面のポテンシャル段差における透過振幅と反射振幅は，速度を用いて，

$$t = \frac{2\sqrt{v_1 v_2}}{v_1 + v_2}, \quad r = \frac{v_1 - v_2}{v_1 + v_2} \tag{5.132}$$

と書ける．これらの振幅は式 (5.131) で定義されている各因子を関係づける．電流保存則は $|r|^2 + |t|^2 = 1$ となるが，これが成立していることは明らかである．r と t は段差の両側の間で対称性を持つ．界面の両側で基底ポテンシャルや有効質量が違っていても，我々は r, t や T 行列をそのまま使うことができる．たとえば矩形超格子における分散関係 (5.89) は，

$$\cos ka = \cos k_1 w \cos k_2 b - \frac{(k_1/m_1)^2 + (k_2/m_2)^2}{2(k_1/m_1)(k_2/m_2)}\sin k_1 w \sin k_2 b \tag{5.133}$$

のように，k が k/m に置き換わった形に修正される．

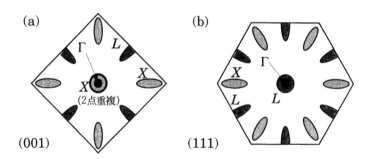

図5.27 通常の半導体における k の表面Brillouinゾーンに，伝導帯の谷を投影した図．(a) (001) 面への投影図．(b) (111) 面への投影図．

5.8.1 谷間遷移

波数空間において伝導に関与するエネルギーの谷が2つ以上あると，ヘテロ構造の効果は更に興味深いものになる．図3.8(b) (p.98) に，伝導帯のバンド底が X 点にある AlAs 障壁層を，バンド底が Γ 点にある GaAs で挟んだ障壁の構造を示してある．エネルギー的に最も低いトンネル障壁は，Γ 谷のところで入射してくる電子が，障壁内の X 谷に遷移する過程によって実現される．更に，入射電子のエネルギーが AlAs の E_Γ より低くても，E_X を上まわっていれば，そのような遷移によって電子は障壁を超えてしまうことができる．

谷間遷移 (intervalley transfer．谷間間遷移とも言う) の強さはバンド構造に依存しており，定量的な推定は容易ではないが，対称性の考察によって，ある程度の定性的な結果が得られる．界面も両側の物質も完全な秩序を持っており，界面に平行な方向の Bloch 波数 k は保存するものと仮定しよう．我々の関心の対象となる範囲で，比較的エネルギーの高い $E \approx 0.3$ eV の電子は，$K \approx 0.7$ nm^{-1} ほどの波数を持つ．Brillouin ゾーン境界の波数は，$\pi/a \approx 6$ nm^{-1} 程度なので，この電子の波数はゾーン境界より，まだ充分小さい．通常どおりにヘテロ界面が (001) 面に形成されているものとする．AlAs には 6 つの X 谷があるが，そのうちの 2 つは ±[001] 方向にあり，谷底では $\mathbf{k} = \mathbf{0}$ である．GaAs の Γ 谷のところから入射してくる電子は k を保存しながら，これらの 2 つの谷へと遷移することができる．k_z に関してはこの遷移において，小さな値から X 谷の中心付近への大きな変化が必要となるが，このような遷移は禁じられてはいない (おそらく確率振幅は小さいが)．残りの 4 つの谷は [100] もしくは [010] 方向でゾーン境界付近にあり，入射電子が k を保存しながらこれらの谷に到達することはできない．また L 谷は [111] 方向のゾーン境界にあり，やはり入射電子が k を保存したままここに遷移することはできない．これらの選択則を，バンド構造を (001) 面上へ投影した図5.27(a) によって視覚化できる．

ヘテロ構造が (111) 面で形成されているならば，異なった選択則が働く．この場合，投影されたバンド構造は図5.27(b) のようになり，すべての X 谷は大きな $\mathbf{k}$ の値を持ち，Γ から遷移できない．L 谷のうち [111] 方向のものには遷移できるが，他の3つの L 谷は $\mathbf{k}$ が離れている．

投影したバンド構造は，伝導帯の底が Γ 以外のところにある Si や Ge を扱うときに特に重要となる．たとえば Si と SiO_2 の界面に形成されている Si 反転層を考えてみよう．Si の界面が (001) 面であれば，X 谷が伝導帯の底であることを思い起こしながら図5.27(a) を見ればよい．X 点のうちの2つは表面Brillouinゾーンの中心点 Γ' に位置する．それらの界面に垂直な方向の有効質量係数は，この谷の重い縦方向係数 m_L である．この有効質量が界面付近に形成されたポテンシャル井戸における束縛状態を支配するので，束縛準位は特に低いエネルギーを持つことになる．界面に平行な運動に関する有効質量は等方的で，軽い横方向の質量係数 m_T によって決まる．

表面ゾーンの中心点以外のところにある4つの X 谷は，ゾーン境界の近くに位置している．これらの界面に垂直な方向の有効質量係数 m_T は小さいので，束縛準位は浅めになる．これらの谷はそれぞれ界面に平行な運動に関して異方的な有効質量を持つ．主軸方向の有効質量係数は m_T で，それと垂直な方向には m_L である．しかし4つの谷の異方性を平均すると，総体的には異方性が失われる．このようにして，Si 反転層には2つの系列のサブバンドができる．Γ' において2重に縮退した深い束縛準位を持ち，面内方向に軽い有効質量を持つ系列と，外側の谷が4重縮退して，浅い束縛準位を持ち，面内方向の有効質量が重い系列である．電子密度が低く低温であれば，前者の系列だけが電子に占有されるが，電子密度と温度が高くなると，この状況は変わってくる．同様の考察が Si, Ge および，それらの混晶によるヘテロ接合にも適用できる．

5.9 本章で省いた諸問題

輸送現象，特に線形な Ohm の法則が成立する領域から外れた場合の輸送は，多くの要因が複合した過程であり，精密にこれを扱うためには，複雑な運動学的方程式を解くことが必要になることは前に述べた．しかし，このような事情にもかかわらず，本章で我々はさしたる苦労もせずに，共鳴トンネルダイオードのような強い非線形性を持つデバイスまでにわたる広範囲の輸送の問題を"解いた"ように見える．多くの問題が"敷物の下に隠されてきた"のではないかという懸念を読者が持ったならば，それは全く正しい．ここで問題点を指摘しておくが，これらの一部は，現在行われている研究のトピックスにもなっている．

5.9.1 エネルギーの散逸

エネルギーはどこで散逸 (dissipate) するのだろう？ふつう我々は輸送を散逸過程 (Joule熱の生成過程) と考えるが，本章では散逸について言及してこなかった．ひとつのもっともらしい答えは，消費電力は I^2R であり，電流に関して2次なので，線形応答の範囲内ではこれを無視できるというものである．実はこれはほとんど問題の解決にならない．一例を挙げると，トンネル障壁を透過するコヒーレントな輸送において散逸は起こらない．エネルギー障壁は電子の流れを抑制するが，エネルギーを吸収するわけではない．これはホースを使って水を撒くような現象である．ホースの先端に付けたノズルは水の流れを調節するが，エネルギーの散逸は水が地面に達したときに起こる．障壁を透過した電子は非平衡なエネルギー分布を保ったまま遠くの電極へ到達する．共鳴トンネルダイオードなどでは特に極端な非平衡分布が生じる．電極内の散逸過程によって電子のエネルギー分布は熱平衡状態の分布になる．我々は，この電極における散逸効果のコンダクタンスへの影響が無視できるものと期待しているわけである．

5.9.2 入射電子のエネルギー分布

入射する電子のエネルギー分布は，本当に電極内の理想的な Fermi 分布を保っているのだろうか？前項でエネルギー散逸が起こるのは電極内だけで，散乱過程に伴ってこの分布は変更され得ることを述べた．もうひとつの効果が図5.8(b) (p.176) に示されている．ここではトンネル障壁の左側に蓄積層が生じている．大抵，蓄積層によって形成されたポテンシャルの三角井戸は狭く，その中の状態はドープしたヘテロ接合の井戸のように量子化され，2次元電子気体を形成するだろう．そうすると入射する電子のエネルギーは，我々が仮定したような3次元系の連続なエネルギー値をとらず，2DEG の離散的な準位から入射が起こるのではないか？このことの $I(V)$ 特性への影響は大きく，特に共鳴トンネルダイオードのように3次元的な電極を前提として三角型の電流特性を得ている共鳴トンネルダイオードへの影響は，劇的なものになり得る．この場合，電極の電子がどのように 2DEG へ入るかも考察しなければならなくなり，$I(V)$ の計算は非常に込み入ったものになる．

5.9.3 非弾性散乱

本章の考察において根幹にあった重要な仮定は，デバイスの活性領域における輸送がコヒーレントで，非弾性散乱がないという事であった．これが本当でなければ何が起こるだろう？たとえば共鳴トンネルダイオードは，大きいバイアス電圧を印加すると，共鳴準位は入射電子のエネルギー範囲よりも下にさがる (図5.13(d), p.188)．電子は弾性的に共鳴準位に入ることはできないが，フォノンを放出してから共鳴準位に入ることができる．この効果により，$I(V)$ には弾性ピークより高いバイアス側に，従属

するサテライトピークが現れる．この過程はよく理解されているが，非弾性散乱に関して究明が進んでいない過程もいろいろある．

5.9.4　構造欠陥

我々はデバイスが構造欠陥を含まず，界面の乱れや不純物は全くないものと仮定した．これらの要因が非弾性散乱を生じることはなく，コヒーレンスを乱すわけではないが，電子の運動方向を変えてしまうので，トンネル過程に劇的な影響を与え得る．欠陥の影響によって運動量とエネルギーを縦方向成分と横方向成分に分離することができなくなり，5.4.2項 (p.180〜) の電流計算において不可欠な仮定が成立しなくなる．ここでも弾性的な共鳴ピークの電圧を上回る強いバイアスを印加してある共鳴トンネルダイオードを考えよう．もし入射してきた電子が二重障壁の内部にある不純物によって散乱されるならば，エネルギーの一部が横方向に移行することに伴って縦方向エネルギーが共鳴準位にまで低下することも有り得る．これは4.6節の実空間遷移の逆過程のようなものである．要点はトンネル過程が電子の運動量の特定方向成分だけに依存しており，弾性散乱であっても，その特定方向の運動量を変えてしまうという点にある．混晶の障壁において避けることのできない組成ゆらぎも同様の効果を持ち，GaAsベースの共鳴トンネルダイオードでは，この問題を避けるために，しばしばAlAs障壁が用いられる．

このような問題点の指摘を何ページにもわたって続けることもできるが，ここで打ち切ることにする．我々はこれで，ヘテロ構造に垂直な方向に関する運動学を，電子が閉じ込められた場合，閉じ込められていない場合，それぞれについて一通り見てきたことになる．次章では一様な電場と磁場の影響下にある自由電子の挙動を調べることにする．

＊　参考文献の手引き

Weisbuch and Vinter (1991) と Kelly (1995) はトンネル過程のいろいろな応用を記述している．共鳴トンネルダイオードの実際的な側面は Brown (1994) にレビューされている．Tiwari (1992) もこの問題を取り上げている．

Landauer-Büttiker形式は，充分小さくてコヒーレント輸送が起こるメソスコピック系の研究において極めて重要である．Büttiker (1988) はこの理論の明解な説明を与えており，Datta (1995) の本においてもこの理論の解説がある．Coulombブロッケイドに関しては Geerligs (1992) の中に優れた章が設けてある．この問題や2次元系における多くの問題が Beenakker and van Houten (1991) で取り上げられている．

✱ 練習問題

5.1 登りのポテンシャル段差における透過の計算を，下りの段差 $V_0 < 0$ の計算へ拡張し，結果を描いてみよ．古典論では全入射エネルギーについて $T = 1$ であるが，量子力学ではどのようになるか．

5.2 原点でなく $z = d$ に位置するポテンシャル段差のT行列を直接計算し，次の結果を導け．

$$\mathsf{T}^{(21)} = \frac{1}{2k_2} \begin{pmatrix} (k_2+k_1)e^{i(k_1-k_2)d} & (k_2-k_1)e^{-i(k_1+k_2)d} \\ (k_2-k_1)e^{i(k_1+k_2)d} & (k_2+k_1)e^{-i(k_1-k_2)d} \end{pmatrix} \quad \text{(ex5.1)}$$

そして，これが，

$$\mathsf{T}^{(21)}(d) = \begin{pmatrix} e^{-ik_2 d} & 0 \\ 0 & e^{ik_2 d} \end{pmatrix} \mathsf{T}(k_2, k_1) \begin{pmatrix} e^{ik_1 d} & 0 \\ 0 & e^{-ik_1 d} \end{pmatrix} \quad \text{(ex5.2)}$$

と書き直せることを示し，一般的な結果 (5.16) を確認せよ（各状態は 5.2 節のように規格化されており，ポテンシャル基底の違いを考慮する因子は含まないものとする）．

5.3 上の問題のように障壁を d まで動かすとき，t や r はどのように変化するか．注目すべき結果が現れるか？

5.4 我々が複雑な障壁のT行列を，単純な行列の積によって構築しようとする場合，T行列の積もT行列の性質を備えているかという点が重要となる．これを確認せよ（これは数学で言う群 group の性質のひとつであり，T行列は特殊ユニタリー群の表現 $SU(1,1)$ を与えている）．

5.5 T行列が伝播状態だけでなく束縛状態を扱うためにも利用できるということは驚きに値するかもしれない．有限の深さを持つ矩形井戸などに生じる状態は，両側に減衰する波の裾野を持ち，井戸の外を基準としたエネルギーは負である．両側の裾野は放出波に対応するが，井戸から遠ざかるほど振幅が増大するような井戸外からの入射波は存在しない．入射波が無いにもかかわらず放出波があるということは，束縛状態においては r も t も無限大であることを意味している．

束縛井戸の例として $S < 0$ の δ 関数ポテンシャルを考える．式 (5.28) から，透過率が無限大になる唯一のエネルギーがあって，それは $E = -mS^2/2\hbar^2$ と与えられるが，これは束縛状態の準位である．このような計算を有限の深さを持つ矩形井戸に対しても行い，4.2 節の束縛条件が導かれることを示せ．

5.6 誘電的な境界における光の屈折は，Snell の法則 $n_1 \sin\theta_1 = n_2 \sin\theta_2$ に従う．ポテンシャル段差における電子波に関して，これに相当する結果は何か？

5.7 ドナー濃度 $N_\mathrm{D} = 3 \times 10^{24}$ m^{-3} にドープした GaAs が AlGaAs の障壁層によって 2 つの領域に分割されている．障壁の厚さ 10 nm，障壁の高さ 0.3 eV とすると，1 μm × 1 μm の障壁のコンダクタンスはいくらか？ 有効質量の違いを無視した単純な近似計算をせよ．この結果は，障壁層の厚さの単層分のゆらぎに対して，どのくらい敏感か？

5.8 3 次元系における障壁のコンダクタンスの式 (5.68) を，電子の角度（z を基準とする）を積分変数として用いた式に書き換えよ．前問の例において，電流の角度分布を推定せよ．障壁に大きなバイアスを印加した場合，定性的に，この分布にどのような影響が生じるか？

5.9 図 5.11 (p.186) に示した共鳴トンネル特性の例において，最低ピークの幅を，障壁への衝突頻度と透過率を用いて推定せよ．

練習問題

5.10 共鳴トンネルのピーク付近における透過振幅の位相の近似式を導出せよ．これを古典的な共鳴現象と比較するとどうであるか．

5.11 部分波の解析によって，二重障壁の反射振幅が，

$$r = r'_L + \frac{t_L t'_L r_R \exp(2ika)}{1 - r_L r_R \exp(2ika)} = \frac{t_L}{t_L^* r_L}\left[\frac{|t_L|^2}{1 - r_L r_R \exp(2ika)} - 1\right] \quad (\text{ex}5.3)$$

であることを示せ．障壁の両側における反射振幅 r_L と r'_L の関係が計算に必要となるが，これは式 (5.47) に与えられている．

5.12 5.5.3項 (p.188〜) において1次元共鳴トンネルダイオードを流れる電流は，共鳴準位が入射電子のエネルギー範囲内にあれば一定値をとり，そうでなければゼロになることを示した．この遷移幅は何によって決まるか？ 特に温度の影響と，それがどちらの遷移に対しても同じかどうかを調べよ．

5.13 厚さ $b = 3$ nm，高さ $V_0 = 0.3$ eV の障壁に挟まれた，幅 $a = 10$ nm の井戸を考える．共鳴状態のエネルギー E_{pk} を真の井戸 (4.2節) の結果から推定できる．E_{pk} における各障壁の透過係数を推定し，共鳴の寿命と幅を求めよ．

5.14 図5.11 (p.186) で調べたデバイスにおいて，最低共鳴準位を通るピーク電流密度を計算し，$I(V)$ 特性を描け．左右の導通部は 5×10^{23} m^{-3} の濃度にドープした n-GaAs と仮定せよ．

5.15 2DEG に二重障壁を設けた2次元共鳴トンネルデバイスにおける $I(V)$ の形はどのようになるか？

5.16 単一の障壁の中にひとつの不純物原子を含む系は，1次元共鳴トンネルのモデルで扱われる場合がある．透過係数 T_L と T_R は不純物の位置から障壁の両端の間の距離に依存して，指数関数的に減衰する．障壁の厚さを一定として，$T(E)$ のピーク位置と面積が不純物の位置にどのように依存するかを推定し，不純物が障壁の中央付近にあるときに，共鳴トンネルがもっとも効果的に起こることを示せ．

5.17 δ関数障壁で構成されている超格子のバンド構造の計算を，矩形障壁による超格子へ拡張せよ．$V_0 = 0.3$ eV，$b = 5$ nm，$a = 10$ nm，$m = 0.067 m_0$ と，対応する数値を用いること．スプレッドシートを用いれば容易に計算して結果を表示できる．$E = V_0$ のとき，バンド構造に変化の徴候が見られるか？ δ関数障壁のモデルは，どのくらいよい近似になっているか？

5.18 前問と同じ井戸の超格子の低い方のバンド端を2つか3つ計算し (図5.19 (p.197) 参照)，障壁の厚さ b に対する依存性を示せ．この計算は，原子が集まって固体を形成するときに，どのようにエネルギーバンドが形成されるかを示すのに有用である (7.7節)．

5.19 超格子はバンドギャップのエネルギー領域にある入射電子を反射するエネルギーフィルターとして用いることができる．現実的な一例として，4原子層の AlAs と 12原子層の GaAs を繰り返して形成した超格子は，平均的には同じ組成を持つ Al$_{0.25}$Ga$_{0.75}$As 単体層よりも効果的な障壁になると提案されている [I. G. Thayne et al., *IEEE Transaction on Electron Devices*, **42** (1995): 2047-55]．この仮説を調べるために，矩形超格子のモデルを用いてバンド構造を推定せよ．入射電子は 1 eV までのエネルギーを持つ．高い谷や2次関数でないバンド形状の効果などの複雑な要因は，本来的には考慮しなければならないが，ここでは無視せよ．

　超格子は有限の厚さにしかできない．減衰長の数倍程度が臨界厚さと考えられる．第1バンドと第2バンドの間のギャップをフィルターに使う場合，上述の超格子は何周期分必要か？

5.20 2DEG に 1 次元周期ポテンシャルを形成した表面超格子の状態密度の形はどのようになるか？（余弦バンドの正確な表式は楕円積分を含むが，バンドの底と高エネルギー領域の振舞いを見積もることはできる．）

5.21 4 探針系における 2 探針抵抗の式 (5.120) を導け．電圧探針の結合が弱い場合（$T_{12} = T_{21} = T$ で，他の透過係数はすべてこれよりはるかに小さい），2 探針抵抗 $R = (h/2e^2)(1/T)$ に還元することを示せ．

5.22 伝導帯のエネルギーは共通だが，有効質量だけが異なる物質を挟んだサンドイッチ構造の透過係数を計算せよ．Si_xGe_{1-x} のヘテロ接合における伝導帯は，このようになり得る．

5.23 GaAs 中の高さ 0.3 eV の AlGaAs 障壁において，有効質量の違いはどの程度重要か？

5.24 同じ厚さの GaAs 層と AlAs 層が交互に形成されている超格子を考える．この系は矩形の反復ポテンシャルを持つが，GaAs の最小点は Γ 谷，AlAs の最小点は X 谷になっている（図 3.8, p.98）．伝導帯の最低エネルギーは GaAs における Γ 最小点なので，一見，電子は主にここに存在するように思われる．しかし，量子井戸におけるゼロ点エネルギーは，有効質量の違いに強く影響されることを考慮しなければならない．X 谷の最低エネルギー状態は，AlAs の大きな縦方向有効質量係数 $m_L \approx 1.1$ のところで生じる（5.8.1 項 (p.214〜) 参照）．電子の最低エネルギー状態は，超格子の周期を短くしていくと，GaAs から AlAs へと移行することを示し，その臨界値を見いだせ．粗い見積りには無限に深い井戸のモデルを用いればよいが，正確な結果を得るためには，有限深さの井戸のモデルを用いなければならない．

　正孔も同様の影響を受けるか？ II 型接続の超格子で，電子と正孔を別々の物質に局在させることは可能か？

5.25 5.7.2 項 (p.204〜) で定義した透過係数の行列 T_{mn} は，導線が 2 本だけの系であれば，外部磁場 B があっても対称になる．これは試料の 2 探針コンダクタンスが B の偶関数でなければならないことを意味している．図 5.25(b) および (c) (p.207) に示した "サーキュレーター" はこの関係に従うが（式 (5.114) と (5.115)），両者の電子の流れは全く異なるので，この関係は不思議に思われる．もっと物理的に解りやすい描像が与えられると都合がよい．

　2 本の導線を伴った試料を考える．導線の番号を 1 および 2 として，2 から 1 へ電流を流す（電子の正味の流れは 1 から 2 である）．5.7.2 節における描像では，導線 1 に負のバイアスを印加して化学ポテンシャルを上げ，電子を入射させるというものであった．これにより導線 1 から過剰な電子が入射する．応答が線形であると仮定すれば，導線 2 に正のバイアスを印加して，導線 2 から入射する電子の流れを抑制しても，同じ結果が得られる．正味の電流は両方の場合で同じにならなければならない．第 2 の描像は正孔の入射と見ることもできるが，電荷と質量の扱いに注意を要する．

　図 5.25(b) と (c) の 2 つの試料に関して，導線 1 と導線 2 の間の 2 探針コンダクタンスを，導線 2 に正のバイアスを印加するものとして再考してみよ．電流径路はどのようになるか？ これらの 2 つの描像によって，2 つの試料が同じコンダクタンスを持つ理由を説明せよ．両方の描像を考えることは，量子 Hall 効果 (6.6 節) のエッジ状態の考察において有用である．

第 6 章　電場と磁場

　電場と磁場は，電子系を調べる最も有用な手段となる．一番わかり易い電場の利用法は，導体中に電流を流して電気伝導特性を調べることである．我々はすでに前章でトンネル伝導を扱ったし，後の章では，逆にほとんど自由に伝搬し，不純物もしくはフォノンによってごく弱い散乱を受ける電子系を考察することになる．また驚くべきことに，絶縁体に対する電場の印加も，有用な情報を得る手段になったり，現実的な応用に用いられたりする．一例としては，強い電場によってバンド端付近の光吸収を変化させるFranz-Keldysh効果があるが，これについては6.2.1項 (p.225～) で計算を行う．強電場の効果は電子系と正孔系を閉じ込めた量子井戸においてさらに有用であり，これは光電変調器 (optoelectronic modulator) として用いられる．

　磁場は低次元系において著しい効果を持つ．たとえば2次元電子気体の連続な状態密度は，磁場によって"Landau準位"と呼ばれる離散的なδ関数で表されるような状態へと分離する．これは縦方向コンダクタンスに，2次元系に特有のShubnikov-de Haas効果を生じる．Hall効果は半導体において広く利用されるが，これと2次元電子気体のLandau準位を組み合わせると，Hallコンダクタンスが正確にe^2/hの整数倍になる"整数量子Hall効果" (integer quantum Hall effect) が生じる．この現象は抵抗値の基準を決めるために用いられている．多導線系では量子Hall効果において異常な値が観測されるが，これは5.7.2項 (p.204～) で展開したようなコヒーレント輸送の定式化によって理解することができる．擬1次元系においては，更に著しい影響が現れるので，サブバンドの磁気阻害 (magnetic depopulation) という特別な術語がつくられている．非常に高い移動度を持つ試料では，上記とは別の分数量子Hall効果 (fractional quantum Hall effect) も見られる．

6.1　電磁場を含むSchrödinger方程式

　電場$\mathbf{F}$や磁場$\mathbf{B}$は，スカラーポテンシャル (scalar potential) ϕとベクトルポテンシャル (vector potential) $\mathbf{A}$を通じて量子力学に導入される．エネルギーEとの混同を避けるために，電場を$\mathbf{F}$で表すことにする．磁場$\mathbf{B}$はSI単位系のテスラ (T) で測る．

電場と磁場は，これらのポテンシャルから，次のように導かれる．

$$\mathbf{F} = -\operatorname{grad}\phi - \frac{d\mathbf{A}}{dt}, \quad \mathbf{B} = \operatorname{curl}\mathbf{A} \tag{6.1}$$

後から何回も言及することになる重要な点は，ポテンシャル(特に $\mathbf{A}$)の決め方にはかなりの任意性があることである．ポテンシャルの決め方を，"ゲージ"(gauge)の選択と言う．

まず一様な静電場 $\mathbf{F}$ を考えよう．普通，これはスカラー静電ポテンシャル $\phi = -\mathbf{F}\cdot\mathbf{r}$ によって記述される．ϕ に定数を加えても場には影響しないので，ϕ には任意性がある．これはポテンシャルの絶対値(ポテンシャルエネルギー)は重要ではなく，物理的な結果はポテンシャルの差(相対値)だけに依存することを意味している．

これは最も普通のポテンシャルの選択であるが，代わりにベクトルポテンシャル $\mathbf{A} = -\mathbf{F}t$ によって電場を与えることもできる．ベクトルポテンシャル $\mathbf{A}$ に時間に依存しない任意のベクトル場を加えても $\mathbf{F}$ は変わらないので，ベクトルポテンシャルの選択の自由度は大きい．またスカラーポテンシャルとベクトルポテンシャルを同時に用いることも可能である．Schrödinger 方程式の解の形はゲージの選択に強く依存しており，一般論としてどの特定のゲージが理想的だということはない．ここで考えている電場は空間内の全点で同じ値をとるので，ポテンシャルもこの性質を反映させていれば好都合であるが，上記のスカラーポテンシャルは一定値をとらない．上記のベクトルポテンシャルは空間的には不変だが，時間の関数になっており，定常的な場ではない．現実には，解くべき問題を最も単純にするようにポテンシャルを選ぶことになるが，このことの実例を次節で見ることになる．

磁場に関しては，さらにゲージの選択に自由度がある．z 方向を向いた強さ B の一様な磁場を考えよう．ベクトルポテンシャルの回転(curl)の z 成分は $B_z = \partial A_y/\partial x - \partial A_x/\partial y$ である．最も簡単な2通りのポテンシャルの選び方は，$A_y = Bx$ もしくは $A_x = -By$ である．これは Landau ゲージと呼ばれ，ベクトルポテンシャルの1成分だけしか関与しないことが計算上の利点となる．このゲージの欠点は，本来は等方的な xy 面内に特定の方向性を導入していることである．もうひとつのゲージの選び方としては対称ゲージ(symmetric gauge)すなわち $\mathbf{A} = \frac{1}{2}B(-y,x,0) = \frac{1}{2}\mathbf{B}\times\mathbf{R}$ とする方法がある．このゲージは $\mathbf{B}$ に垂直な方向の等方性を保持しているが，波動関数は複雑になる．

$\mathbf{B}$ の値を変えずに，回転を含まない任意のベクトル場を $\mathbf{A}$ に加えることができる．任意の仮想スカラー場 χ に関して $\operatorname{curl}\operatorname{grad}\chi = \mathbf{0}$ が成立するので，$\mathbf{A}$ に任意の $\operatorname{grad}\chi$ を加えても $\mathbf{B}$ は変わらない．しかしこのポテンシャルの変更は $\mathbf{F}$ に影響するので，$\mathbf{F}$ を変えないためにはスカラーポテンシャル ϕ を同時に変更して，$\mathbf{F}$ への影響を打ち消さなければならない．このようにして電磁場に影響しない一般的なゲージ変換(gauge transformation) を次のように与えることができる.

$$\mathbf{A} \to \mathbf{A} + \operatorname{grad} \chi, \quad \phi \to \phi - \frac{d\chi}{dt} \tag{6.2}$$

たとえば先程,我々が一様電場を記述するために用いたスカラーポテンシャルとベクトルポテンシャルは,$\chi = \pm \mathbf{F} \cdot \mathbf{R} t$ によるゲージ変換で関係づけられている.時間に依存する電磁場についても,その取り扱いを容易にするような特別なゲージの選び方がいくつかあるが,それは我々にとって必要ではない.

ポテンシャルを決めると,電磁場中にある電荷 q の 1 粒子に関する Schrödinger 方程式は,次のように与えられる.

$$\left\{ \frac{1}{2m} [\hat{\mathbf{p}} - q\mathbf{A}(\mathbf{R}, t)]^2 + q\phi(\mathbf{R}, t) \right\} \Psi(\mathbf{R}, t) = i\hbar \frac{\partial}{\partial t} \Psi(\mathbf{R}, t) \tag{6.3}$$

上式の重要な特徴は,2 種類の運動量が見てとれることである.一方は"正準運動量"(canonical momentum) $\hat{\mathbf{p}}$ で,演算子化すると $-i\hbar\nabla$ である.もう一方は運動エネルギー項をつくる因子 $\hat{\mathbf{p}} - q\mathbf{A}$ (この"運動量"の自乗を $2m$ で割ったものが運動エネルギーになる) で"運動学的運動量"(kinematic momentum) と呼ばれる.古典力学においても電磁場中の粒子の運動量には同様の区別がある[†].量子論に特有のもうひとつの特徴は,Schrödinger 方程式 (6.3) が場ではなく,ポテンシャルを含んでいることである.すなわち電子は,場そのものは存在しない領域でも,ポテンシャルに影響を受けることが有り得る.6.4.9 項 (p.249〜) で扱う Aharonov-Bohm 効果は,この性質に直結した現象である.

ベクトルポテンシャルが存在する場合には,電流密度の式にも修正が必要である.元の式 (1.32) は,

$$\mathbf{J}(\mathbf{R}, t) = q \left[\frac{\hbar}{2im} (\Psi^* \nabla \Psi - \Psi \nabla \Psi^*) - \frac{q}{m} |\Psi|^2 \mathbf{A}(\mathbf{R}, t) \right] \tag{6.4}$$

と置き換わる.新たに付け加わった項は,反磁性電流 (diamagnetic current) 項と呼ばれる.この項の起源は,上式を式 (1.42) に倣って,

$$\mathbf{J}(\mathbf{R}, t) = \frac{q}{2} \left[\Psi^* \left(\frac{\hat{\mathbf{p}} - q\mathbf{A}}{m} \Psi \right) + \left(\frac{\hat{\mathbf{p}} - q\mathbf{A}}{m} \Psi \right)^* \Psi \right] \tag{6.5}$$

と書き直すと少し明確になる.式中の速度の演算子も,正準運動量でなく運動学的運動量に対応した $(\hat{\mathbf{p}} - q\mathbf{A})/m$ に置き換わっていることが分かる.

[†] (訳註) 古典力学 (解析力学) において,電磁場内の荷電粒子の一般化ポテンシャル (外部静磁場の効果までを含めた位置と速度に依存するポテンシャル) は $\Phi = q\phi - q\mathbf{v}\cdot\mathbf{A}$ と与えられ,Lagrange 関数は $L \equiv T - \Phi$ (T は運動エネルギー),正準運動量は $\mathbf{p} \equiv \partial L/\partial \mathbf{v} = m\mathbf{v} + q\mathbf{A}$ と定義される.磁場があると正準運動量は速度に比例せず,運動学的運動量 (動的運動量 dynamical momentum とも呼ばれる) $\mathbf{p} - q\mathbf{A}$ が速度 $\mathbf{v}$ に比例する.古典論の Hamilton 関数の定義 $H \equiv \mathbf{p}\cdot\mathbf{v} - L$ により,式 (6.3) の左辺の由来が理解できる.

6.2 一様な電場

電場 $\mathbf{F}$ の中にある電荷 q を持つ粒子の古典的な振舞いは単純である．電場によって粒子は加速度 $q\mathbf{F}/m$ で定常的に加速され続ける．$\mathbf{F}$ に垂直な方向の運動に影響はない．

z 方向を向いた一様な電場 F の中に，電荷 $q = -e$ の粒子がある状況を考えよう．ポテンシャルエネルギーは $q\phi = eFz$ であり，$F > 0$ とすると z 座標に比例して増加する．このポテンシャルは z だけに依存するので，Schrödinger 方程式に普通の変数分離を施して (4.5節)，1次元問題として捉えることができる．ポテンシャルは時間に依存しないので，次の Schrödinger 方程式の定常解を求めてみる．

$$\left[-\frac{\hbar^2}{2m}\frac{d^2}{dz^2} + eFz\right]\psi(z) = \varepsilon\psi(z) \tag{6.6}$$

我々はすでに 4.4 節において三角井戸の問題を解いているので，この問題は簡単である．エネルギー ε の規格化された波動関数は，

$$\phi(z,\varepsilon) = \mathrm{Ai}\left(\frac{z - \varepsilon/eF}{z_0}\right) = \mathrm{Ai}\left(\frac{eFz - \varepsilon}{\varepsilon_0}\right) \tag{6.7}$$

と表され，長さの尺度とエネルギー尺度は，

$$z_0 = \left(\frac{\hbar^2}{2meF}\right)^{1/3}, \quad \varepsilon_0 = \left[\frac{(eF\hbar)^2}{2m}\right]^{1/3} = eFz_0 \tag{6.8}$$

と与えられる．電子は閉じ込められておらず，任意のエネルギー値をとることができるので，この結果は三角井戸の解よりも簡単である．

波動関数の例を図 6.1 に示した．異なる状態は，空間的にシフトしてエネルギーが変わっているだけで，関数の形は共通している．$z > \varepsilon/eF$ において関数はポテンシャルの斜面へトンネル的に侵入し，ポテンシャルの増加に伴って急速に減衰している．正確な減衰の形は Airy 関数の $x \to \infty$ における漸近挙動で決まる (式 (E.2))．波動関数は $z < \varepsilon/eF$ では振動し，$(z - \varepsilon/eF)$ の絶対値が大きく運動エネルギーが大きいほど，空間内の振動頻度が増す．振動頻度が増すのに伴って振幅は小さくなり，電流は保存される．関数の形は式 (E.3) の漸近形になる．

これらの波は伝搬しない定在的な波である．理由は簡単である．一定のエネルギーを持ったひとつの電子が $+z$ 方向に向かい，位置 ε/eF においてポテンシャルの斜面に衝突したとしよう．その電子は完全に反射されて $-z$ 方向を向かなければならない．同じ強度を持ったこれらの 2 方向の波の干渉の結果，定在波が生じる．この解は電場中の電子が定常的に加速しなければならないという我々の描像と矛盾するように見える．スカラーポテンシャルの代わりにベクトルポテンシャルを用いると，別の見方が与えられることになる．

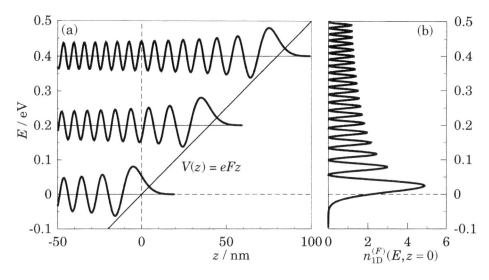

図6.1 (a) GaAs に 5 MV m^{-1} の電場を印加したときのポテンシャルエネルギー eFz と 3 つのエネルギー値に対応する波動関数. (b) $z = 0$ における局所状態密度を，波動関数のエネルギーに対応させて表示した.

最後にスカラーポテンシャルの選択について言及しておく．電場に影響を与えることなく，静電ポテンシャルに任意の定数を加えることができるが，これに伴って全状態のエネルギーが相対関係を保ったままシフトすることになる．つまりエネルギーの絶対値は重要ではなく，エネルギー差だけが意味を持つ．このような事情は，我々が常に見慣れているものである．一方，ベクトルポテンシャルの選択の自由度は，運動量の任意性を生じることになるが，こちらの方は極めて神秘的に見える！

6.2.1 状態密度

電場が導入される時，系の状態密度は奇妙な変化をするように見える．場が印加される前は正のエネルギーだけが許容され，1次元系では $n(E) = (1/\pi\hbar)(E/2m)^{-1/2}$ である (式 (1.89))．しかし電場が印加されると $-\infty$ から ∞ までの全エネルギーが許容されるようになり，固有状態の性質から状態密度が一定値になることは明らかである．何か問題があるのだろうか？

電場が印加される前には，系は並進対称性を持っており，空間中の任意の点において状態密度は同じ値になっている．しかし線形の $-\infty$ から ∞ までのポテンシャルが導入されると，それがいかに弱いものであっても，並進対称性は明らかに破綻する．しかし特定の点を見るならば，その点における波動関数は，ほとんどが $\varepsilon > eFz$ のエネルギーを持ち，それより低いエネルギーにはトンネル的な波動関数の減衰部分が存在

するだけである．伝播状態と減衰状態を区分するエネルギーは，異なる空間点では違うので，全系の状態密度を平均すると，この性質を見失うことになる．解決策としては"局所状態密度"(local density of states) に注目すればよい．これは式 (1.102) において，

$$n(E,z) = \sum_k |\phi_k(z)|^2 \delta(E - \varepsilon_k) \tag{6.9}$$

と定義されている．和は全状態 k に関して，全エネルギーにわたって行う．ここでは波動関数が規格化されていないという問題があるが，この問題は無視しておき，最後の結果に対して必要な係数因子を補うことにする．式 (6.7) の波動関数は，エネルギー値 ε で識別され，平面波とは違って波数がよい量子数になっていない．また ε の値は連続領域を形成していて，式 (6.9) の k のように離散的ではないので，和は積分に置き換わる (定数を無視する)．したがって 1 次元系の電場中での状態密度は，

$$n_{1D}^{(F)}(E,z) \approx \int_{-\infty}^{\infty} \mathrm{Ai}^2\left(\frac{eFz - \varepsilon}{\varepsilon_0}\right) \delta(E - \varepsilon) d\varepsilon \tag{6.10}$$

と与えられる．積分は自明であり，次の結果が得られる．

$$n_{1D}^{(F)}(E,z) = C \, \mathrm{Ai}^2\left(-\frac{E - eFz}{\varepsilon_0}\right) \tag{6.11}$$

C は未知の定係数である．予想どおり $n_{1D}^{(F)}(E,z)$ が $E - eFz$，すなわち全エネルギーと観測点におけるポテンシャルエネルギーの差だけに依存していることに注意されたい．これは古典的な運動エネルギーに相当する．

C を決めるために，大きな運動エネルギーにおける状態密度は，電場を無くしたときに，次のように自由電子の状態密度に漸近するものと考える．

$$n_{1D}^{FE}(E,z) \sim \frac{1}{\pi\hbar}\sqrt{\frac{2m}{E - eFZ}} \tag{6.12}$$

式 (6.11) は，Airy 関数の漸近式 (E.3) により，次のようになる．

$$n_{1D}^{(F)}(E,z) \sim \frac{C}{\pi}\sqrt{\frac{\varepsilon_0}{E - eFz}} \cos^2\left(\frac{2}{3}\left(\frac{E - eFz}{\varepsilon_0}\right)^{3/2} - \frac{\pi}{4}\right) \tag{6.13}$$

係数部分は正しいエネルギー依存性を持つが，$\cos^2$ 関数は常に 0 と 1 の間を振動する．これを平均値 $\frac{1}{2}$ に置き換えて，両式が対応するように C を決めてやると，電場中の 1 次元局所状態密度の式は，最終的に次のようになる．

$$n_{1D}^{(F)}(E,z) = \frac{2}{\hbar}\sqrt{\frac{2m}{\varepsilon_0}} \mathrm{Ai}^2\left(-\frac{E - eFz}{\varepsilon_0}\right) \tag{6.14}$$

これを描いたものが図 6.2(a) である．バンド底における平方根の逆数の特異点は解消され，負エネルギーへ侵入して指数関数的に減衰する裾野部分が現れている．これは古

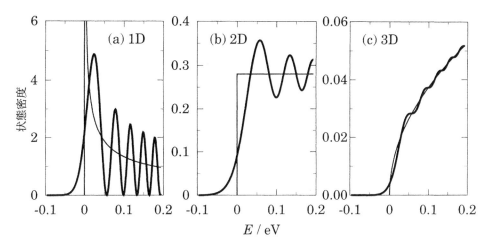

図6.2　$5\,\mathrm{MV\,m^{-1}}$ の電場中にある GaAs の電子の局所状態密度 $n^{(F)}(E,z)$ を，局所運動エネルギー $\varepsilon = E - eFz$ に対して描いた図．細線は自由電子の状態密度である．$n(E,z)$ の単位は，d 次元系において $\mathrm{eV^{-1}nm^{-d}}$ である．

典的には禁じられている，運動エネルギーが負になる領域への波動関数のトンネル的減衰侵入に対応している．運動エネルギーが正の領域では局所状態密度が振動しているが，これは波動関数が定在波となって節 (node) を持ち，その位置がエネルギーに依存するからである．その対応関係を，図6.1 (p.225) において見てとることができる．

超格子の場合と同様にして (式 (5.92))，3 次元系の状態密度も得られる．

$$n^{(F)}_{\mathrm{3D}}(E,z) = \frac{m}{\pi\hbar^3}\sqrt{\frac{2m}{\varepsilon_0}}\int_{-\infty}^{E}\mathrm{Ai}^2\left(-\frac{\varepsilon-eFz}{\varepsilon_0}\right)d\varepsilon \qquad (6.15)$$
$$= \frac{m}{\pi\hbar^3}\sqrt{2m\varepsilon_0}\{[\mathrm{Ai}'(s)]^2 - s[\mathrm{Ai}(s)]^2\}, \quad s = -\frac{E-eFz}{\varepsilon_0}$$

積分は式 (E.6) に与えられている．この電場中の3次元状態密度と2次元状態密度も図6.2 に示してある．1次元の場合と大まかな特徴は共通しているが，余分の次元の積分のために振動が抑制され，元々の平方根の特性に近くなっている．

光吸収によって状態密度を測定できる (8.6節)．電場によって生じる吸収端の変化は"Franz-Keldysh効果" (フランツ ケルディッシュ) と呼ばれているが，この説明図を図6.3 に示す．振動数 ω における光学的遷移は，エネルギー間隔が $\Delta E = \hbar\omega$ で，一方が空，もう一方が占有されている2つの状態の組み合わせがあって，両者が空間的に重なっている場合に起こり得る．半導体では $\hbar\omega < E_\mathrm{g}$ において，適当な状態の組み合わせが無く，普通の吸収は起こらない．しかし電場が印加されていると，伝導帯も価電子帯も全エネルギーにわたって状態を持つことになる．それらの空間的な重なり方は，エネルギー差に依存する．$\Delta E > E_\mathrm{g}$ なら両方の波動関数の振動的な部分が重なり合い，遷移が起こり

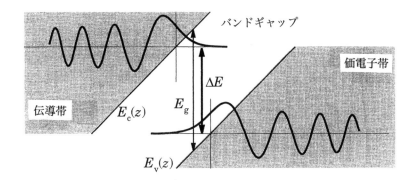

図6.3 バンド間光吸収における Franz-Keldysh 効果．電場の下では伝導帯と価電子帯に属する状態のエネルギーが $\Delta E < E_g$ しか隔たっていなくとも，バンドギャップ領域にも波動関数の裾野がトンネル的に侵入するために，空間的な重なりが生じる．

やすい．一方，$\Delta E < E_g$ の場合は減衰する波動関数の裾野の部分だけしか重ならず，$E_g - \Delta E$ の増加に伴って遷移確率も急速に減衰する．しかし電場中では図6.2に示すように，波動関数が元々は禁制帯 (バンドギャップ) 内の部分にも減衰侵入するようになり，光吸収端のエネルギーも変わる．この効果は電場による吸収端のシフトと表現されることがあるが，本質的にシフト現象でないことは明らかである．電場の下で吸収端がシフトするというより，吸収端自体が急峻でなくなり，ぼけて拡がりを持つようになるのである．

6.2.2 ベクトルポテンシャルによる電場の記述

スカラーポテンシャル中の1電子の量子力学的記述は，好ましくない性質を持つ．固有状態は定在波であって加速を表さないし，空間的な一様性も破綻している．スカラーポテンシャルの代わりにベクトルポテンシャル $\mathbf{A} = -\mathbf{F}t$ を用いるならば，これらの問題は解消するが，残念ながら別の問題が生じることになる．

3次元の Schrödinger 方程式は，次のようになる．

$$\frac{1}{2m}(\hat{\mathbf{p}} - e\mathbf{F}t)^2 \Psi(\mathbf{R}, t) = i\hbar \frac{\partial}{\partial t} \Psi(\mathbf{R}, t) \tag{6.16}$$

ハミルトニアンが時間の関数なので，定常状態は存在しない．しかしポテンシャルは位置に依存しないので，波動関数の空間因子として平面波を想定して $\Psi_{\mathbf{K}}(\mathbf{R}, t) = \exp(i\mathbf{K} \cdot \mathbf{R}) T(\mathbf{K}, t)$ と置いてみることができる．正準運動量の演算子 $\hat{\mathbf{p}}$ は，この波動関数に作用させると $\hbar \mathbf{K}$ に置き換わり，また平面波自体は両辺で相殺されるので，次式を得る．

$$\frac{1}{2m}(\hbar\mathbf{K} - e\mathbf{F}t)^2 T(\mathbf{K}, t) = \varepsilon_0(\mathbf{K} - e\mathbf{F}t/\hbar) T(\mathbf{K}, t) = i\hbar \frac{\partial}{\partial t} T(\mathbf{K}, t) \tag{6.17}$$

これは1階の単純な偏微分方程式であり，解は積分の形で与えられる．

$$\Psi_{\mathbf{K}}(\mathbf{R},t) = \exp\left\{i\left[\mathbf{K}\cdot\mathbf{R} - \frac{1}{\hbar}\int^{t}\varepsilon_0(\mathbf{K}-e\mathbf{F}t'/\hbar)dt'\right]\right\} \tag{6.18}$$

解のいくつかの特徴を容易に説明することができる．時間に依存する因子の部分は，通常の $\exp(-i\varepsilon t/\hbar)$ をエネルギーが時間に依存する場合へと一般化したものと見ることができる．$\varepsilon(\mathbf{K})$ の中に現れる運動量は定数ではなく $\hbar\mathbf{K} - e\mathbf{F}t'$ のように時間に依存する．これは電荷 $-e$ が電場 $\mathbf{F}$ から受ける力 $-e\mathbf{F}$ による定常的な加速を表している．密度は全空間にわたって一様であり，電場の一様性を反映している．他方，加速の効果は波数ベクトルの変更を通じて Ψ の空間因子の部分にも反映されるものと予想されるにもかかわらず $\mathbf{K}$ は定数である．ここで 6.1 節で言及したような，運動量が 2 種類あるという考え方が必要になる．エネルギーは力学的運動量 (運動学的運動量) に依存するが，これは電場による加速の下で変化をする．しかし波動関数の空間依存因子は正準運動量に依存しており，これはポテンシャルが全空間において一様であることに対応して，定数になっている．

解釈に困難が生じた場合には，電流密度のような物理的に観測可能な量を計算してみることが重要である．修正された電流密度の式 (6.5) はベクトルポテンシャルを含んでおり，$\mathbf{J}(t) = -e(\hbar\mathbf{K} - e\mathbf{F}t)/m$ の結果を与える．この電流密度は予想される通りに全空間にわたって一様であり，定常的な加速を反映して時間とともに線形に増加する．

おそらくこのベクトルポテンシャルによる描像の方が，粒子が定常的に加速され，かつ空間内の全点が等価であるという点で，古典的な描像に近いと言えよう．残念ながら我々は，この古典描像に近い記述を得るために，定常状態に基づく量子系の通常の記述方法の放棄を余儀なくされたが，このことに伴って，状態密度などの諸量の定義が非常に難しくなってしまう．2 通りの描像を結びつけた，電場の記述に用いるゲージに依存しない定式化ができれば理想的であるが，このためには Green 関数を持ち出さなければならない．

6.2.3 狭いバンドに対する電場の効果

磁場の問題に移る前に，結晶中の狭いバンドの電子に対する電場印加の効果を簡単に見ることにする．この考察は 2.2 節で扱った Bloch 振動の結果に新たな見方をもたらすものになる．電場の下でのバンド内電子の振舞いには，自由電子と比べて重要な違いがいくつか現れる．"狭い"バンドの上下にあるエネルギーギャップは広く，別のバンドへの Zener トンネルは無視できるものとする．

エネルギー幅 W のバンドに対して余弦近似を適用して $\varepsilon(k) = \frac{1}{2}W(1-\cos ka)$ と置く．3.10 節によると，k を $-i\partial/\partial z$ に置き換えることで，包絡関数の有効ハミルトニアンが得られる．したがって電場中の 1 次元電子波動関数の有効 Schrödinger 方程

式は,

$$\left[\varepsilon\left(-i\frac{\partial}{\partial z}+\frac{eA}{\hbar}\right)-e\phi\right]\chi(z,t)=i\hbar\frac{\partial\chi}{\partial t} \tag{6.19}$$

と与えられる.まずはベクトルポテンシャル $A=-Ft$ を考えよう.Schrödinger方程式は,$\varepsilon(k)$ の形以外は自由電子のもの (式 (6.16)) と同じであり,解の形は式 (6.18) と同じ形で $\varepsilon(k-eFt'/\hbar)$ の積分を指数に含んだものになる.$\varepsilon(k)$ の周期性から重要な違いが生じ,波動関数は時間に関して周期的になる.k に関する周期は $2\pi/a$ であり,時間に関する周期としては $(2\pi\hbar)/(eFa)$ になるが,これは前に Bloch 振動において見いだした結果と同じである (式 (2.14)).この事実は,結晶中の電子に対する電場と磁場の効果に関して,2.2 節のような結晶運動量に対する力学的な取り扱いが妥当であることを示している.Schrödinger 方程式 (6.19) から,電場をベクトルポテンシャルの形で導入し,他のバンドへの結合を無視するならば,一定の電場の下で結晶運動量 k が線形に増加することは明らかである.

計算の詳細は少々複雑になるので省くが,スカラーポテンシャルを代わりに用いると,その結果は全く違ったものに見える.バンドの上端も下端も図 2.7 (p.57) のように eFz の傾きを持つ.したがって一定のエネルギーを持つ電子は空間的に有限の領域に閉じ込められるが,自由電子に関する図 6.1 (p.225) の波動関数と同様に,バンドギャップの領域にも波動関数はある程度まで減衰侵入する.ここでも許容される各状態は,同じ形を持ち,z と E が相対的にずれただけの波動関数で表される.自由電子と異なる点は,電場の中の自由電子の状態は連続的にずらしていけるのに対し,電場の中の結晶内電子の状態のずらし方は格子定数 a の整数倍に限定されることである.このようにして,ベクトルポテンシャル中の Bloch 振動に相当する効果として,エネルギー値は eFa 間隔の離散的な "Stark 階段"(Stark ladder)を構成する.エネルギー間隔は格子定数に依存するが,バンド幅には依らない.局所状態密度も計算できるが,バンド端の $E^{-1/2}$ のような特徴は,やはり図 6.2(a) (p.227) と同様にぼけたような形になる.

電場を強くしていくと,バンドの傾きは急になり,波動関数はますます狭い原子層領域へと閉じ込められることになる.非常に強い電場が印加されて隣接原子サイトのエネルギー差が元々のエネルギーバンド幅を上回ると ($eFa > W$),波動関数は単一サイトへ "Stark 局在"(Stark localization)する.隣接原子のエネルギーは著しく違ってしまい,元々バンドを形成していた隣接原子間のトンネル (7.7 節) も,ほとんど起こらなくなる.このような効果は超格子系において,Franz-Keldysh 効果と同じ方法で光学的に検出できる.

電場方向の伝導の性質も劇的に変わる.普通,散乱は輸送を妨げるものと我々は考える.しかし Stark 局在の状態になると,電子が移動するためには,各局在状態の間を跳び移ることが必要で,このために電子がエネルギーを吸収しなければならない.す

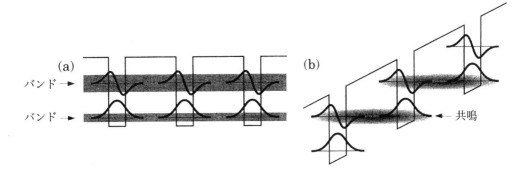

図6.4 超格子に対する強い電場の印加．(a) 元の平衡状態において，隣接井戸の同準位間のトンネルによって分離したバンドが形成されている様子．(b) 強い電場が印加されて隣接する井戸の"異なる"準位が揃うと，その間に共鳴が起こる．

なわち非弾性散乱によって輸送が"促される"のである．この実空間における輸送の議論は，散乱がBloch振動を乱すことによって初めて輸送が発生するという2.2節の議論と類似している．

上記の計算は，高いバンドへの結合を無視していることから，適用条件に強い制約がある．図6.4に示すような超格子を考えてみよう．電場が印加されていない時には，隣接する井戸が同じエネルギーに揃っていて，同準位間の相互のトンネルによってバンドが形成されている．障壁層を厚くするとトンネルが弱まり，各バンドは広いギャップで隔てられる．電場を印加すると，各井戸のエネルギーがずれて井戸間のトンネルが抑制され，波動関数は前に議論した通りに井戸の部分だけに閉じ込められる．しかし適正な強さの電場によって，ある井戸の最低準位を，その隣の井戸の"2番目の"準位に揃えることは可能である．これらの準位は，弱い電場の下では別々のバンドを形成していたわけだが，このような強電場の下では強く結合して共鳴を起こすことができる．こうなると隣接状態間の結合によって，図6.4(b)のような結合準位の階段ができる．この現象はサブバンド間"量子カスケードレーザー"(quantum cascade laser)の基本原理として利用される．

6.3　導電率テンソルと抵抗率テンソル

磁場中の電子の量子力学的記述に取りかかる前に，磁場がある時の電場と電流の分布の現象論を簡単に見ておくことも重要である．xy面内にある2次元電子系に対してz方向に磁場が印加されているものとしよう．

磁場が無い場合，電流密度と電場は導電率σによって$\mathbf{J} = \sigma\mathbf{F}$のように関係づけら

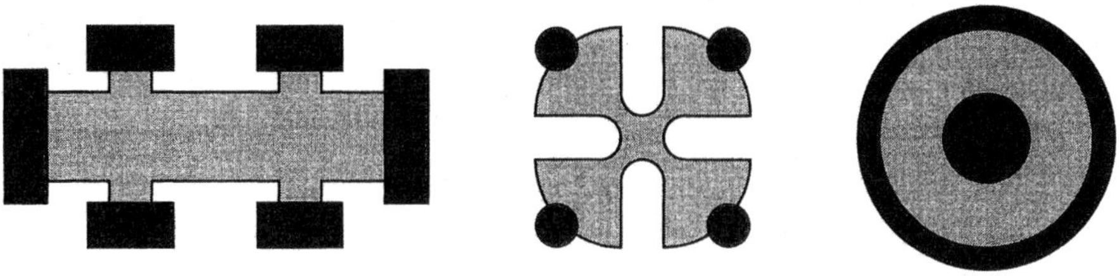

(a) Hallバー　　(b) van der Pauw試料　　(c) Corbino円盤

図6.5　半導体の導電率を測定するために通常用いられる試料の形状. (a) Hallバー, (b) van der Pauw試料, (c) Corbino円盤. 濃い色を付けた領域は電圧や電流を測定するためのコンタクト領域, 薄い色の領域が試料の活性領域である.

れる. ここでは系が一様で等方的であるものと仮定するが, このとき磁場が無ければ導電率はスカラーで表される. 磁場が印加されるとHall効果によって電流に垂直な方向に電場が生じ, 電流と電場が平行ではなくなる. そうするとスカラー σ がテンソル (2×2 行列) $\boldsymbol{\sigma}$ に置き換わり, 電場と電流密度の関係は次のように表される.

$$\mathbf{J} = \boldsymbol{\sigma}\mathbf{F} \quad \text{or} \quad \begin{pmatrix} J_x \\ J_y \end{pmatrix} = \begin{pmatrix} \sigma_{xx} & \sigma_{xy} \\ \sigma_{yx} & \sigma_{yy} \end{pmatrix} \begin{pmatrix} F_x \\ F_y \end{pmatrix} \tag{6.20}$$

電場に対する電流密度の応答は上記のように与えられ, また逆の関係は抵抗率テンソル $\boldsymbol{\rho}$ によって $\mathbf{F} = \boldsymbol{\rho}\mathbf{J}$ と表される.

$\boldsymbol{\sigma}$ の対角要素は等しく, B の偶関数である. 非対角要素の方は符号が反対で絶対値が等しく, B の奇関数である. 抵抗率テンソルは導電率テンソルの逆行列なので, これらのテンソルを次のように書くことができる.

$$\boldsymbol{\sigma} = \begin{pmatrix} \sigma_L & -\sigma_T \\ \sigma_T & \sigma_L \end{pmatrix}, \quad \boldsymbol{\rho} = \frac{1}{\sigma_L^2 + \sigma_T^2} \begin{pmatrix} \sigma_L & \sigma_T \\ -\sigma_T & \sigma_L \end{pmatrix} \tag{6.21}$$

上式の符号は電子に関して適正なものである. 磁場が無いときには, 両方の行列が対角行列になり, お馴染みの $\rho_L = 1/\sigma_L$ という関係が得られる.

それでは, 電流を流しているHallバー (図6.5(a)) に弱い磁場を印加することを考えよう. Drudeモデル (式(2.15)) を用い, 磁場が無い場合の導電率を $\sigma_0 = ne^2\tau/m$ とする. n は単位面積あたりのキャリヤ数, m はキャリヤの有効質量, τ はキャリヤの緩和時間である. 試料の中央部では電流が同じ向きを保たなければならないので, 古典的な描像では, 磁場によるLorentz力と横方向電場 (Hall電場) が釣り合わなければならない. したがって $F_y = B_z v_x = -B_z J_z/ne$ である. 符号はキャリヤの電荷の正負によって決まる. ここでは我々は電流を設定し, 結果として生じる電場を計算する

ということに注意されたい．これは"抵抗率テンソル"の要素を与える．

$$\boldsymbol{\rho} = \begin{pmatrix} \rho_0 & B/ne \\ -B/ne & \rho_0 \end{pmatrix} = \rho_0 \begin{pmatrix} 1 & \omega_c\tau \\ -\omega_c\tau & 1 \end{pmatrix} \tag{6.22}$$

$\rho_0 = 1/\sigma_0$ である．サイクロトロン振動数 $\omega_c = eB/m$ を導入した．この近似では，縦方向の抵抗率は磁場に影響を受けない．Hall係数は $R_H = F_y/J_xB_z = \rho_{yx}/B_z = -1/ne$ であり，キャリヤの電荷の符号と，キャリヤ密度を直接に与える．このことはHall効果が技術的にも重要であることのひとつの説明になる．Hall係数のもうひとつの性質は，これを電場と電流密度ではなく，電圧と電流で $R_H = V_y/I_xB_z$ と表すと，試料の寸法を含まないことである．Hallバーでは試料の幅を L_y として $V_y = L_yF_y$, $I_x = L_yJ_x$ であるが，結局 L_y は相殺してHall係数には現れない．

$\boldsymbol{\rho}$ の逆行列として，導電率テンソルは，

$$\boldsymbol{\sigma} = \frac{\sigma_0}{1+(\omega_c\tau)^2}\begin{pmatrix} 1 & -\omega_c\tau \\ \omega_c\tau & 1 \end{pmatrix} \tag{6.23}$$

と与えられる．こちらは対角要素も ω_c を通じて磁場に依存する．

$\omega_c\tau = eB\tau/m = \mu B$ の関係に注意しよう．μ は移動度である．この関係は便利なものに見えるが，Drudeモデルは単一の緩和時間しか含まないため，この関係の妥当性には制約がある．後で8.2節において，異なる緩和時間を定義することができ，2次元電子気体において各緩和時間が違うオーダーの値にもなり得ることを見る予定である．

複数のチャネルが電流に寄与する状況は，しばしば見られるものである．真性半導体のバルクでは電子と正孔が両方あり，また擬2次元電子気体において2つ以上のサブバンドに電子が入っている場合もあり得るし，変調ドープ構造 (9.2節) においては好ましくない電子の並列チャネルも生じ得る．すべてのチャネルが同じ電場に応答するので，全電流密度は各導電率テンソルの和によって求められる．導電率テンソルの総和をとってから逆行列を求めると，系の抵抗率テンソルが得られる．縦方向の抵抗率は磁場に2次で依存するようになるが，このような特性が見られた場合は，並列チャネルが存在しているものと認識される．

電子による2つの並列チャネルを考えてみよう．それぞれの電子密度を $n_{1,2}$, 移動度を $\mu_{1,2}$ とする．有効電子密度を $n_\text{eff} = 1/eR_H = B/e\rho_T$, 有効移動度を $\mu_\text{eff} = 1/n_\text{eff}e\rho_L$ と定義する．磁場が弱いときには，両チャネルにおいて $\omega_c\tau \ll 1$ であり，

$$n_\text{eff} = \frac{(n_1\mu_1 + n_2\mu_2)^2}{n_1\mu_1^2 + n_2\mu_2^2}, \quad \mu_\text{eff} = \frac{n_1\mu_1^2 + n_2\mu_2^2}{n_1\mu_1 + n_2\mu_2} \tag{6.24}$$

となる．磁場が充分強くなると，両チャネルで $\omega_c\tau \gg 1$ となり，単純な $n_\text{eff} = n_1 + n_2$ という関係が回復するはずだが，この関係は後から簡単に言及する量子力学的効果の

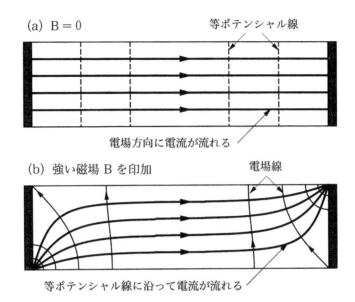

図6.6 両端にコンタクトが形成されている長い矩形試料の内部における電場, 電流および等電位線. (a) 外部磁場が無い場合, 試料全体にわたり電流は一様で, 電流は電場の方向に流れる. (b) 強い外部磁場が印加されていて $|\sigma_T| \gg \sigma_L$ となっている場合, 電流は等電位線に沿った方向に流れる.

ために, 顕在化しない可能性がある. 上記の結果は実際に並列チャネルの問題を解く場合に有用である. 図9.12 (p.383) に一例が示してある.

$|\sigma_T| \gg \sigma_L$ となるような強い磁場の下では, 驚くべき現象が見られる. これは量子Hall効果において特に重要である. この極限では,

$$\boldsymbol{\sigma} = \begin{pmatrix} \sigma_L & -\sigma_T \\ \sigma_T & \sigma_L \end{pmatrix}, \quad \boldsymbol{\rho} \approx \begin{pmatrix} \sigma_L/\sigma_T^2 & 1/\sigma_T \\ -1/\sigma_T & \sigma_L/\sigma_T^2 \end{pmatrix} \tag{6.25}$$

となる. こうなると $\boldsymbol{\sigma}$ と $\boldsymbol{\rho}$ の縦方向成分は互いに反比例ではなく "比例" 関係になる. この極限では, 磁場が無い場合とは著しく異なり, 導電率と抵抗率の縦方向成分が, 共に消失し得る. $|\sigma_T| \gg \sigma_L$ であれば電流と電場は互いに垂直になり, 電流は電場方向に沿って流れるのではなく, 等電位線に沿って流れる.

この効果によって矩形の棒状試料における電流と電位の分布は, 図6.6に示すように著しく変わる. 試料端から離れている部分では, 電流は試料の長さ方向に流れなければならないが, これは外部磁場が無い場合の一様な電場による電流方向と同じである. 磁場が弱い場合, 一様な電流分布は試料の両端付近まで維持される.

磁場が強く, $|\sigma_T| \gg \sigma_L$ となり, 電流が等電位線に沿って流れるようになると, 状況が変わる. 電場は試料の幅方向を向いて試料の両縁の間に Hall 電圧を発生させ, 縦

方向の電場は無くなる．しかしこの試料両端のコンタクト部分も等電位なので，試料両端付近では電場の向きが曲がる．電流と電場の空間分布は歪んでしまうが，互いの直交関係は保たれ，全電流は試料の対角の頂点から出入りするようになる．これら 2 つの頂点は，等電位線 (電流の流線) が 1 点に集まる場所になり，そこからコンタクトに沿った方向へも等電位線が伸びている (図6.6(b))．図において左端のコンタクトは，試料の上側の縁と同じ電位を持ち，右側のコンタクトは試料の下側の縁と同じ電位を持つので，"2 探針測定"の構造であるにもかかわらず，これらのコンタクトから Hall 電圧を検出することができる．これは数学的に正しい解であるが，現実には電流密度も電場も無限大になり得ないので，電流が集中して出入りする頂点の付近において，この解が破綻することは自明である．それでも実験において，やはり電力消費 (散逸) は，これらの頂点付近で集中的に起こることが示されている．6.6節で量子 Hall 効果を学ぶ際に，再びこの電流分布の問題を取り上げることにする．

6.4 一様な磁場

電場中の自由電子の量子力学的な挙動は，ゲージ依存によって多少の曖昧さが生じるものの，古典的に予想される結果から大きく逸脱するものではない．しかし磁場の効果は，特に 2 次元系において，非常に劇的なものになる．古典論では磁場 $\mathbf{B}$ が，その磁場と平行な方向の運動に影響を及ぼすことはない．我々は通常どおり，磁場の方向を z と置くことにする．各電子の軌跡は $\mathbf{B}$ に垂直な平面内において一定の円軌道を描き，その振動数は，

$$\omega_c = \left|\frac{eB}{m}\right| \tag{6.26}$$

となる．これはサイクロトロン振動数 (cyclotron frequency) と呼ばれている．軌道半径はサイクロトロン半径 (cyclotron radius) と呼ばれるが，これは次のように与えられる．

$$R_c = \frac{v}{\omega_c} = \frac{\sqrt{2mE}}{|eB|} \tag{6.27}$$

v は (一定の) 電子の速さ，E は運動エネルギーである．サイクロトロン運動の重要な性質としては，運動周期が電子のエネルギーに依らず，サイクロトロン半径 R_c だけが，エネルギーの平方根に比例する．この性質は調和振動子 (4.3節) を想起させるが，量子力学的な結果も実際に調和振動子と似たものになる．

6.4.1 Landauゲージによる解

Landauゲージでは，ベクトルポテンシャルが 1 成分だけしか必要にならないので，数式的な取り扱いは最も容易になる．ベクトルポテンシャルを $\mathbf{A} = (0, Bx, 0)$ と置く

ことにする．Schrödinger方程式 (6.3) は次のようになる．

$$\left\{\frac{1}{2m}\left[-\hbar^2\frac{\partial^2}{\partial x^2}+\left(-i\hbar\frac{\partial}{\partial y}+eBx\right)^2-\hbar^2\frac{\partial^2}{\partial z^2}\right]+V(z)\right\}\psi(\mathbf{R})=E\psi(\mathbf{R}) \quad (6.28)$$

括弧の内部を計算すると，次のようになる．

$$\left[-\frac{\hbar^2}{2m}\nabla^2-\frac{ie\hbar Bx}{m}\frac{\partial}{\partial y}+\frac{(eBx)^2}{2m}+V(z)\right]\psi(\mathbf{R})=E\psi(\mathbf{R}) \quad (6.29)$$

磁場によって 2 つの項が生じている．波動関数を x 方向に閉じ込めようとする放物線形の磁気的ポテンシャル項と，Lorentz力の効果によって x と y を結びつける 1 次微分の項である．

後者は虚数であるが，時間反転不変性はハミルトニアンが実 (Hermite) であることに付随する性質なので，この項は時間反転不変性 (5.3節) を破る項という意味で重要である．不変性を回復するには，時間反転に伴って磁場の向きも反転させなければならない．つまり $\Psi(t;B)$ が磁場 B を伴う Schrödinger方程式の解であれば，$\Psi^*(-t;-B)$ も解になる．

自由電子系ならばポテンシャル $V(z)$ を省いてよいし，2DEG ならばこの方向に適当なポテンシャル井戸が導入される．このポテンシャルは加法的に導入されるだけなので，z 方向の運動は独立な因子によって扱うことができ，磁場の影響を受けない．したがって我々は z を省いて 2 次元の式を解けばよい．最終的な波動関数には，z 依存関数を乗じて，それに付随するエネルギーを上乗せすればよい．

ベクトルポテンシャルは y に依存しないので，波動関数は y 方向の平面波と x 方向の未知関数の積の形で $u(x)\exp(iky)$ のように書けるものと予想される．これを Schrödinger 方程式 (6.28) に代入すると，平面波因子は両辺で相殺できるので，この推測は正しいことが分かる．後に残る x だけの方程式は，次のようになる．

$$\left[-\frac{\hbar^2}{2m}\frac{d^2}{dx^2}+\frac{1}{2}m\omega_c^2\left(x+\frac{\hbar k}{eB}\right)^2\right]u(x)=\varepsilon u(x) \quad (6.30)$$

前に予告した通り，これは 1 次元調和振動子の Schrödinger方程式 (4.3節) と同じ形をしている．しかし y 方向の項はポテンシャルエネルギーに吸収されたので，y 方向の平面波関数は，右辺のエネルギーに普通の形で寄与を残すだけではない．古典的な扱いと同様にサイクロトロン振動数 $\omega_c=|eB/m|$ が現れ，また放物線ポテンシャルの底の位置は $x_k=-\hbar k/eB$ へとずれている．ここで現れる距離尺度 (式 (4.27)) は "磁気長" (magnetic length) と呼ばれるもので，

$$l_B=\sqrt{\frac{\hbar}{m\omega_c}}=\sqrt{\frac{\hbar}{|eB|}} \quad (6.31)$$

と与えられる．磁気長は磁場の強さに依存するが，粒子の質量には依らない．典型値としては $B = 1$ T において $l_B \approx 26$ nm である．

xy 平面内の運動に関する波動関数とエネルギーは，次のようになる．

$$\varepsilon_{nk} = \left(n - \frac{1}{2}\right)\hbar\omega_c \quad \text{(independently of } k\text{)} \tag{6.32}$$

$$\phi_{nk}(x,y) \propto H_{n-1}\left(\frac{x - x_k}{l_B}\right)\exp\left(-\frac{(x-x_k)^2}{2l_B^2}\right)\exp(iky) \tag{6.33}$$

$n = 1, 2, 3, \ldots$ であり，H_n は Hermite 多項式である．波動関数は規格化されていないが，規格化因子は式 (4.35) で与えられている．基底エネルギーの波動関数は，確率分布の標準偏差が $l_B/\sqrt{2}$ の，単純な Gauss 関数である．

この解は特殊な性質をいくつも持っている．第 1 にエネルギーは n だけによって決まり，k に依存しない．n が等しく k だけが異なっている各状態は縮退している．通常の 2 次元電子気体における一定の状態密度は，磁場の印加によって"Landau 準位"(Landau level) と呼ばれる，式 (6.32) で与えられる離散エネルギーへ分裂し，一連の δ 関数へ移行するのである．

もうひとつの特徴は，各波動関数が y 方向，すなわち $\mathbf{A}$ の方向に伸びた細線状の波動関数になっていて，それらが x 方向に等間隔に並んでいることである．もともと xy 面内は等方的で，特別の方向は無いはずなので，これは少々当惑させられる結果である．この x と y の区別は，ベクトルポテンシャルを決めるときの恣意的なゲージの選択によって発生している．ゲージを選び直して x 方向の細線状波動関数を得ることも全く同様に可能であるし，次項で示すように回転対称性を残すことも可能である．重要な点は，ひとつの Landau 準位に属するすべての状態が縮退している (同じエネルギーを持つ) ので，それらをどのように混合しても，やはり同じエネルギーに属する Schrödinger 方程式の解になるという点である．縮退波動関数を任意に混合し直すことで，ある波動関数一式から，もうひとつの波動関数一式へ変換が行われる．これはゲージ変換に対するある粗雑な観点を供しているが，このことは 6.4.8 項 (p.248〜) でもう少し詳しく考察する予定である．

普通，細線状波動関数の並び方は一様である．ここで $L_x \times L_y$ の矩形試料を考えてみよう．y 方向の周期境界条件 (磁場中では必ずしも常に安全な方法ではないが) を導入すると，通常どおり $k = (2\pi/L_y)j$ という条件が得られる．j は整数である．許容される x_k の間隔は $\Delta x_k = (2\pi/L_y)(\hbar/eB) = 2\pi l_B^2/L_y$ である．各波動関数自身の太さは l_B なので，波動関数の間隔と太さの比は $\Delta x_k/l_B = 2\pi l_B/L_y$ である．たとえば 1 T において $l_B \approx 26$ nm なので，Landau 準位が顕在化するような磁場の下では明らかに $\Delta x_k \ll l_B$ で，空間内で多くの波動関数が重なり合っている．

l_B は，磁場によって生じた放物線ポテンシャルにおける基底準位の拡がりの距離尺度を与えているが，高い準位の状態では拡がり方もこれより大きくなる．これに関し

ては，波動関数自体を使わなくとも，調和振動子において運動エネルギーの期待値とポテンシャルエネルギーの期待値は等しく，それぞれ全エネルギーのちょうど半分になるという結果を用いて計算することが可能である．最低エネルギー位置からのずれを Δx とすると，ポテンシャルエネルギーは $\frac{1}{2}m\omega_c^2(\Delta x)^2$ である．したがって，

$$\left\langle \frac{1}{2}m\omega_c^2(\Delta x)^2 \right\rangle = \frac{1}{2}\varepsilon_n, \quad \langle (\Delta x)^2 \rangle = \frac{\varepsilon_n}{m\omega_c^2} \quad (6.34)$$

である．この結果は古典的なサイクロトロン半径の式 (6.27) と，因子 2 の違いを除いて一致している．古典的状態と量子状態の性質の違いを考えれば，因子の違いに驚く必要はない．

平面波因子 $\exp(iky)$ は，各状態が k に依存した電流，すなわち位置 x_k に依存した電流を運ぶかのような印象を与える．しかし電流の式 (6.5) は，波動関数の微分と共にベクトルポテンシャルの項も含むことに注意が必要である．この式に波動関数を代入すると，これらの 2 つの項は相殺し，各状態は正味の電流を運ばないことが分かる．これは磁場によって電子が周回軌道を辿るようになり，正味の電流は生じないという古典的な結果と整合する．ただし周回電流に伴って，磁気能率は生じている．電子が正味の電流を運ばないということをもっと簡単に理解するためには，群速度が $d\varepsilon/dk$ に依存することを思い起こせばよい．これは縮退の効果によってゼロになる．しかしこの推論は，k によって x の位置が変わることを無視しているので厳密なものではない．

状態密度に Landau 準位が生じることによる効果を調べる前に，別のベクトルポテンシャルによる，古典的な結果に近い解を簡単に見てみることにする．

6.4.2 対称ゲージによる解

磁場を対称ゲージで $\mathbf{A} = \frac{1}{2}\mathbf{B} \times \mathbf{R}$ のように表すと，もっと対称性の高い解が見いだされる．$\mathbf{A}$ の流線は原点のまわりで円を描く．円筒座標 (r, θ, z) を導入して $A_\theta = \frac{1}{2}Br$，$A_r = A_z = 0$ と置くと都合がよい．Schrödinger 方程式を円筒座標で書き直すと (4.7 節参照)，

$$\left[-\frac{\hbar^2}{2m}\left(\frac{\partial^2}{\partial r^2} + \frac{1}{r}\frac{\partial}{\partial r} + \frac{1}{r^2}\frac{\partial^2}{\partial \theta^2} \right) - \frac{i\hbar eB}{2m}\frac{\partial}{\partial \theta} + \frac{e^2B^2r^2}{8m} \right]\psi(r, \theta) = \varepsilon \psi(r, \theta) \quad (6.35)$$

となる．この場合，Landau ゲージを採用したときの y 方向の並進不変性の代わりに，回転不変性が現れ，波動関数の回転方向の因子を $\exp(il\theta)$ と置くことができる．放射方向の因子を $v(r)$ とすると，次式が得られる．

$$\left[-\frac{\hbar^2}{2m}\left(\frac{d^2}{dr^2} + \frac{1}{r}\frac{d}{dr} \right) + \frac{\hbar^2 l^2}{2mr^2} + \frac{1}{8}m\omega_c^2 r^2 \right]v(r) = \left(\varepsilon - \frac{1}{2}l\hbar\omega_c \right)v(r) \quad (6.36)$$

この式は 2 次元調和振動子の式 (4.7 節) において，右辺に余分のエネルギー項を付け加えた形をしている．この方程式から，エネルギーと波動関数 (規格化していない) が

次のように与えられる．

$$\varepsilon_{nl} = \left(n + \frac{1}{2}l + \frac{1}{2}|l| - \frac{1}{2}\right)\hbar\omega_{\mathrm{c}} \tag{6.37}$$

$$\psi_{n,l}(r,\theta) = \exp(il\theta)\exp\left(-\frac{r^2}{4l_B^2}\right)r^{|l|}L_{n-1}^{(|l|)}\left(\frac{r^2}{2l_B^2}\right) \tag{6.38}$$

関数 $L_n^{(l)}$ は Laguerre の陪多項式である (Abramowitz and Stegun 1972, 22章).

波動関数は Landau ゲージの場合と同様に，Gauss 減衰が多項式によって変調された形になっており，やはり **A** の方向に沿って伝搬する．原点のまわりの求心ポテンシャルのため，$|l|$ が大きい状態ほど原点から遠ざかり，円盤状ではなく円環状の領域を占める．エネルギーの式は奇妙なことに，$l>0$ なら l に依存して増加するが，$l<0$ では l に依らない．しかし許容される ε の一連の値は同じであり，やはり各準位に多くの状態が縮退している．

波動関数は Landau ゲージのほうが，対称ゲージより単純であり，量子ドットのように回転対称性が重要となる問題以外では，普通 Landau ゲージが用いられている．この"対称ゲージ"は本当は，期待するほどの対称性を持たない．何故ならこのゲージでは，総ての状態が空間内の同じ点のまわりだけを回転することになるが，古典的な扱いでは任意の位置で回転軌道が許容されている．このゲージは空間の原点を中心とする回転対称性を保持しているが，その代わりに並進対称性を犠牲にしているのである．

6.4.3 電子のスピン

ここまでの記述において，スピンについては，それが状態数を 2 倍にするということ以外の性質を無視してきた．このような取り扱いは，磁場の下で無条件に受け入れられるものではない．電子はスピンに伴う磁気能率 (magnetic moment) を持っているからである．スピンの状態は "上向き" (up) と "下向き" (down) があるので，磁気能率は磁場に対して平行もしくは反平行になる[†]．これらの状態は磁気能率 $\pm\frac{1}{2}g\mu_B B$ によって異なるエネルギーを持つ．$\mu_{\mathrm{B}} = e\hbar/2m_0$ は "Bohr 磁子" (Bohr magneton) と呼ばれる．因子 $\frac{1}{2}$ は，スピンが軌道運動のような $\hbar$ の整数倍ではなく，$\pm\frac{1}{2}\hbar$ に相当する角運動量を持つことから生じている．

g 因子は，自由電子では 2 に近く，純粋な軌道運動に関しては 1 になる．g 因子の正確な値を予言できたことは，量子電磁力学の勝利であった．しかし固体中の電子はバンド構造と，特にスピン－軌道結合の影響により，全く異なる g の値を持ち得る．バルクの GaAs においては $g = -0.44$ と負であるが，$\mathrm{Al}_{0.3}\mathrm{Ga}_{0.7}\mathrm{As}$ では $g \approx +0.4$ であ

[†](訳註) もともと "上" と "下" の方向が決まっているわけではなく，外部磁場を導入した時にエネルギーが確定する固有状態として "上" と "下" が定義される．磁場が無くとも "上"，"下" と言う場合には，互いに 1 次独立なスピン状態を抽出するために，便宜的に (普通 z 方向に) 無限に弱い仮想磁場を想定しているのである．

り，ヘテロ構造においては，これらの間の値となる．さらに複雑なことに，g は交換効果によって実質的に磁場とキャリヤ密度の関数になってしまうが，これはキャリヤ同士の相互作用から生じる効果である (9.3.2項, p.366~).

大抵，各 Landau 準位は弱い磁場の下で両方のスピン状態を含む．しかし磁場が強まるにつれて部分的な分裂が始まり，充分に強い磁場の下では2つのスピン状態に属する準位が完全に分離する (図6.10, p.245)．シリコンでは2次元電子気体が2つの [001] 谷を占めているために，さらに付加的な Landau 準位の分裂が起こるが，GaAs ではこの分裂は見られない．

6.4.4　Landau 準位

おそらく磁場中の Schrödinger 方程式の解において最も重要な側面は，そのエネルギースペクトルである．自由電子の連続な状態密度は，一連の δ 関数に置き換わる．これらの Landau 準位は，それぞれが非常に多くの縮退した状態を含んでいる．このスペクトルから帰結される事柄を調べてみよう．

まず我々は，各準位に属する状態数を知る必要がある．寸法 $L_x \times L_y$ の矩形の系を考え，Landau ゲージを採用する．y 方向の周期境界条件から $k = (2\pi/L_y)j$ という通常の条件が与えられる．j は整数である．各波動関数の中心は $x_k = -\hbar k/eB = -2\pi\hbar j/eBL_y$ に位置するので，L_x による制約が生じる．x_k が試料の内部にあることを要請すると，

$$-L_x < \frac{2\pi\hbar j}{eBL_y} < 0, \quad -\frac{eBL_xL_y}{h} < j < 0 \tag{6.39}$$

である．従って各 Landau 準位に単位面積あたりに許容される状態の数は $n_B = eB/h$ となる．ここでは磁場のためにスピンの上向きと下向きの状態は縮退していないものと考え，スピンの因子2を"含めない"のが普通である．この結果を解りやすく書き直す方法もいろいろある．磁束の量子は $\Phi_0 = h/e$ と定義される (ただし超伝導を扱う場合には，代わりに $h/2e$ という単位も用いられるが)．単位面積あたりの状態数は B/Φ_0 と書けるので，面積 A の試料における状態数は $(AB)/\Phi_0 = \Phi/\Phi_0$ と表すことができる．Φ は試料を貫く全磁束である．このように各 Landau 準位において，試料を貫く各磁束量子あたりに，(1方向スピンあたり) ひとつの状態ができる．よって Landau 準位における各状態は $h/eB = 2\pi l_B^2$ の面積を占める．もうひとつの関係式は，サイクロトロンエネルギー $\hbar\omega_c$ を導入して，次のように与えられる．

$$2n_B = \frac{2eB}{h} = \frac{2m\omega_c}{2\pi\hbar} = \frac{m}{\pi\hbar^2}\hbar\omega_c \tag{6.40}$$

このように各 Landau 準位は (両方のスピンを含めて考えると)，元の2次元バンドにおいてエネルギー範囲 $\hbar\omega_c$ に含まれていた状態数を含んでいる．サイクロトロンエネルギーは Landau 準位の間隔でもあるので，この結果は，多くの Landau 準位にわたっ

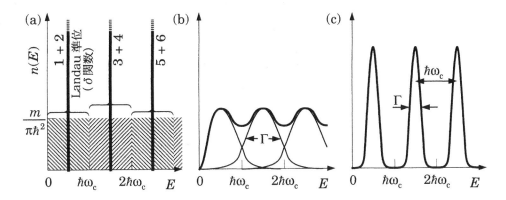

図6.7　磁場中の状態密度．スピン分裂は無視してある．(a) 各 $\hbar\omega_c$ のエネルギー範囲に分布していた状態が，完全に δ 関数状の Landau 準位へ集中した状態．(b) 現実的には Landau 準位が有限の幅 Γ を持ち，$\hbar\omega_c < \Gamma$ であれば，準位間の重なりが生じる．(c) $\hbar\omega_c > \Gamma$ であれば，離散的な準位が現れる．

て平均化した状態密度が，磁場の印加の前後で変わっていないことを表している．図6.7(a) のように，エネルギー幅 $\hbar\omega_c$ の各領域内に分布していた状態が，各領域の中心へと集まって δ 関数を形成するのである．

Landau 準位の状態密度が鋭い δ 関数になるというのは，各電子が他の電子や不純物やフォノンなどによって散乱されることのない理想系の話である．電子が散乱を受け，電子状態が典型的に有限な τ_i の寿命を持つものと仮定すると，より現実的になる．こうすると共鳴トンネル構造における準束縛状態と同様に，エネルギー準位は $\Gamma = \hbar/\tau_i$ という有限の幅を持つようになる．Landau 準位は Γ 程度のエネルギー幅を持たなければならないが，このエネルギー幅は標準偏差や半波高全幅値 (full width at half-maximum) のような量で定義されるべきものと考えられる．現実の系における Landau 準位の正確な形に関しては，今だに議論が絶えないが，普通には Gauss 分布関数や Lorentz 型関数を仮定してしまう方法が取られる．どちらを採用しても，Landau 準位自身の幅が準位間隔より狭くなる ($\hbar\omega_c > \Gamma$) ことのない範囲では，状態密度の変化はあまり顕著ではない (図6.7(b))．準位幅が相対的に狭くなる (図6.7(c)) という条件は $\omega_c \tau_i > 1$ とも書けるが，これは電子が磁場中で少なくとも軌道を1回転する間，散乱を受けずに状態が持続することを意味する．この条件は，半古典的な効果が見られる弱磁場領域と，Landau 準位による量子力学的効果が顕在化する強磁場領域を分ける基準となる．

ここで現れた時間 τ_i は "単一粒子寿命" (single-particle lifetime) もしくは "量子寿命" (quantum lifetime) と呼ばれるもので，移動度の式 $\mu = e\tau_{tr}/m$ に現れる "輸送寿命" (transport lifetime) とは異なる．τ_i に対しては，すべての衝突が等しく寄与しているが，τ_{tr} への衝突の寄与は方向の変化に依存している．このことは 8.2 節で議論

する．

　磁場をゼロからだんだん強めていくと，図6.8に示すように，Landau準位の間隔が拡がってゆくと同時に，各準位が含む状態の数も増えてゆく．大抵の実験は電子密度n_{2D}が一定に保たれる状況で行われるので，電子が占有しているLandau準位の数も，磁場の強さによって変わる．電子が入っているLandau準位の数を表す占有因子(filling factor) νは，いろいろな方法で表される．

$$\nu = \frac{n_{2D}}{n_B} = \frac{hn_{2D}}{eB} = \frac{\Phi_0 n_{2D}}{B} = 2\pi l_B^2 n_{2D} \tag{6.41}$$

この定義では，2つのスピン方向の状態を"別々の"準位として数えている．これは多くの場合に採用される定義ではあるが，普遍的なものではない．

　一般に占有因子νは整数ではない．ν以下の最大整数をnとすると，絶対零度ではn個のLandau準位が完全に電子で満たされ，そのすぐ上の最上Landau準位は，その一部が電子に占有される．Bを強くすると各Landau準位のエネルギーが上昇し，各準位が含む状態数も増えるので，最上準位を占める電子数は減少してゆく．$\nu = n$になると最上準位が空になるが，このときの磁場は，

$$B_n = \frac{hn_{2D}}{en} \tag{6.42}$$

である．この磁場強度の下では，正確にn個のLandau準位だけが完全に電子に占有される．さらに磁場を強めていくとnは1減り，先程の最上準位よりひとつ下の準位が部分的に空き始める．図6.8に$\nu = 4, \frac{8}{3}, 2$の電子占有の様子を示してある．この図ではスピン分裂の効果を無視してあるので，各Landau準位が$2n_B$個の電子を含んでいる．

　最終的に$\nu < 1$になると，全電子が最低Landau準位に入るが，これを"磁気的量子極限"(magnetic quantum limit)と呼ぶ．このときLandau準位はスピン分裂しているので，全電子が同じスピン方向に揃う．この状態は磁場がないときに電子気体が上向きスピンと下向きスピンの電子を等しく含む状況と本質的に異なっている．

　Fermi準位E_Fは全電子数を一定に保つように，状態密度の変化に伴って動く．磁場の強さがB_nで，νがちょうど整数nのとき(スピン分裂を無視するならnを偶数とする)，E_FはLandau準位の間のエネルギーギャップ領域に位置し，磁場を印加する前のFermi準位E_F^0と同じ値になる．次に磁場が$B_{n+1} < B < B_n$で，$n < \nu < n+1$の場合を考えよう．n個のLandau準位が完全に満たされており，$n+1$番目の準位では，他の全準位と合わせて決められた電子数になるように，適正な量の電子がこの準位を部分的に占めている．したがってFermi準位は$n+1$番目の準位の中にあり，おおよそ$E_F \approx (1 + \frac{1}{2})\hbar\omega_c$からエネルギー幅$\Gamma$の範囲内にある．$B$を強めてゆくと，$E_F$は線形に上昇してゆくが，磁場が$B_n$を超えるところで$n+1$番目の準位が空になるので，Fermi準位がひとつ下位のLandau準位へ素早く移る．δ関数状のLandau準位を

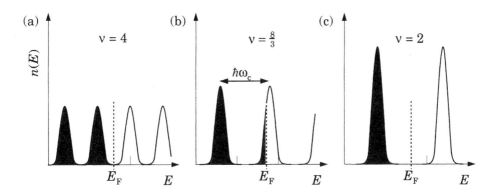

図6.8 磁場の下での Landau 準位に対する電子占有の様子．スピン分裂は無視した．磁場の強さを変えると，全体として一定の電子密度が維持されるように Fermi 準位が動く．磁場強度の比は左から $2:3:4$，占有因子は $\nu = 4, \frac{8}{3}, 2$ である．

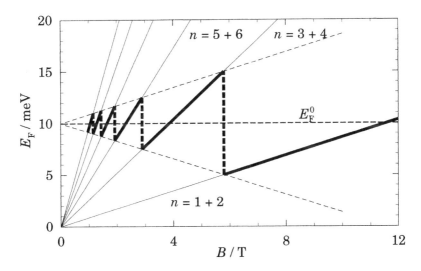

図6.9 $E_F^0 = 10$ meV（磁場ゼロの場合）の GaAs 中の 2 次元電子気体における Fermi 準位の磁場依存性．スピン分裂は無視してある．放射状の細線が各 Landau 準位を表し，不連続な飛躍を伴う太線が E_F の挙動を表している．

持つスピンを無視した理想系における E_F の磁場依存性を図6.9 に示した．このような Fermi 準位の変動は，2DEG とヘテロ構造表面の金属ゲート電極との間のポテンシャルとして実験的に測定できるものである (9.1.4項, p.356〜)．準位が拡がったり，温度が上がったりすると，不連続な鋭い飛躍の部分が緩やかになる．各 Landau 準位を明瞭に観測するためには $k_B T \ll \hbar \omega_c$ でなければならない．

ひとつの重要な結論として，Fermi準位をLandau準位の間のエネルギーギャップ部分に位置させることは難しいと言える．状態密度のグラフ (図6.7(c), p.241) を見ると，E を独立変数として描いてあるので，任意の E_F を設定できるように錯覚してしまいがちである．しかし現実には n_{2D} を一定に保たなければならないという要請から，E_F の値はほとんど常にLandau準位内に制約され，E_F をギャップ内の任意のエネルギー値に設定することは不可能である．

E_F の位置は，2DEGの電気的な挙動に対して質的な影響を持つ．E_F がLandau準位の範囲内にあれば，Fermi準位における状態密度は高く，エネルギーが少し変動するだけで電荷密度の大きな変動が起こる．このような系を"圧縮性の"(compressible) 系と言う．E_F がギャップ内にあると，これと反対の挙動が見られる．すなわちFermi準位のところの状態密度がゼロのため，小さなエネルギー変動は2DEGの密度に影響しない．このような系を"非圧縮性の"(incompressible) 系と言う．この区別は量子Hall効果の理論において重要となる．

6.4.5　Shubnikov-de Haas効果

図6.8にFermi準位における状態密度が磁場 B に依存して変わる様子を示してある．状態密度は $\nu = n$ のときにゼロになり (Landau準位間に明瞭なギャップがあるものと仮定する)，$\nu \approx n + \frac{1}{2}$ において極大値をとる．このことはいろいろな観測量に反映される．最も測定が簡単なものは縦方向抵抗 R_{xx} であるが，典型的な結果を図6.10に示す．磁場が弱い領域の抵抗は一定だが，磁場が強くなると，下限をゼロとする大きな振動が現れる．これは"Shubnikov-de Haas効果"と呼ばれており，磁場中における電子系に特徴的な量子力学的性質である．

極小値は B_n すなわち $\nu = n$ のところ (式 (6.42)) で生じる．これは縦方向の伝導がFermi準位付近で起こっていて (5.4節)，$B = B_n$ において状態密度がゼロになると伝導性を失うためである．この条件下では $\rho_L \propto \sigma_L$ なので，抵抗率も消失する．したがって n を $1/B_n$ の測定値に対してプロットすると，傾きが $(h/e)n_{2D}$ で原点を通る直線上に載る．この"扇ダイヤグラム"(fan diagram. 図6.15 (p.254) 参照) は電子密度を測る標準的な方法であり，電子系が2次元的であることの証拠になる．導電率を $1/B$ の関数として見ると周期的構造を持つが，この周期性をパワースペクトルの計算から抽出できる．Shubnikov-de Haas効果によってひとつの大きなピークが現れ，その位置から n_{2D} が決まる．この解析により，z 方向の運動に付随する上位のサブバンドへの電子の占有の様子も分かる．電子密度が違えば，$1/B$ に対して別の周期が現れるはずである．

さらに詳しくShubnikov-de Haas振動を解析すると，2DEGの温度と寿命 τ_i が分かる．後者は"量子移動度"(quantum mobility) $\mu_i = e\tau_i/m$ の形で表現される場合もある．図に示した試料では $\mu = e\tau_{tr}/m = 130 \text{ m}^2\text{V}^{-1}\text{s}^{-1}$, $\mu_i = e\tau_i/m = 7 \text{ m}^2\text{V}^{-1}\text{s}^{-1}$

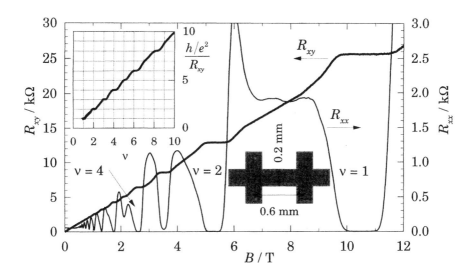

図6.10 電子密度 $n_{2D} = 2.6 \times 10^{15}$ m^{-2} の 2 次元電子気体の縦方向抵抗 R_{xx} と横方向抵抗 (Hall抵抗) R_{xy} の印加磁場依存性. 測定温度は $T = 1.13$ K である. 挿入図は $1/R_{xy}$ をコンダクタンスの量子単位 e^2/h で割ったものと占有因子 ν の関係. [データは Glasgow 大学 A. R. Long 博士提供.]

である. 両者の値にはおよそ 20 倍もの開きがあるので, これらの寿命を混同せずに適切に使い分けることが肝要である.

図 6.10 において, スピン分裂の効果を明瞭に見て取ることができる. $B < 2$ T では各 Landau 準位がスピンに関して 2 重縮退している. R_{xx} を見ると, 2 T 付近に $\nu = 5$ におけるスピン分裂の極小点が現れ始め, 3.5 T 付近に見られる $\nu = 3$ の極小点は, ほとんどゼロの近くまで低下している. $\nu = 1$ では 10 から 11 T の範囲で顕著な極小領域が見られる. これより強い磁場の下では, 全電子が最低 Landau 準位に入り, 磁気的量子極限の状態になる.

6.4.6 整数量子Hall効果

Hall 効果は半導体中のキャリヤ密度を測定する標準的な方法であり, 普通我々はこれを弱い磁場の下で調べてきた. 図 6.10 に, 強い磁場の下での Hall 効果の注目すべき挙動を示してある. 横方向抵抗は, 弱い磁場の下では予想通り $R_{xy} = \rho_T = BR_H = B/en_{2D}$ である (すでに言及した通り, 寸法に依存しない). 占有因子が整数となる $B = B_n$ のとき, 横方向コンダクタンスは $R_{xy}^{-1} = (e^2/h)n$ で, 擬 1 次元系のコンダクタンスの量子化において見られたもの (5.7.1 項, p.199〜) と同じ形で与えられる. このような条件は Fermi 準位が Landau 準位の間にあるときに実現されるはずだが, 我々はこのよ

うな条件が極めて実現し難いものであることを見てきた．したがってこの簡単な議論は，実験をよく説明できるものではない．実験結果に見られる重要な特徴は，縦方向抵抗の各極小値の部分に対応して，Hall抵抗に広い平坦部が現れることである．これが"整数量子Hall効果"(integer quantum Hall effect) である．量子化の値は，実験精度の範囲内で極めて正確なものになる．これに関する理論を6.6節で扱う．

図6.10の挿入図は，無次元量 $(h/e^2)/R_{xy}$ を占有因子 $\nu = hn_{2D}/eB$ に対してプロットしたものである．これは古典的には傾きが1の直線になるべきグラフである．実際にも概ねそのような特性であるが，量子Hall効果によって ν が整数のところに平坦部が現れている．ν が奇数のところの平坦部はスピン分裂で生じた準位に対応しており，磁場が弱くなると (ν が小さくなると) 明瞭でなくなる．

Fermi準位の状態密度に依存する他の観測量も，磁場に対して振動的な挙動を示す．ひとつの例は磁化率 (magnetic susceptibility) で，その磁場に対する振動は de Haas-van Alphen効果と呼ばれているが，これは金属のFermi面を調べるために極めて有用な現象である．もうひとつの例としては電子比熱がある．しかし残念なことに低次元系では，基板からの寄与によってこれらの効果が隠されてしまい，測定が難しい．

3次元系では $\mathbf{B}$ に平行な z 方向の自由運動も考える必要がある．Landau準位は1次元サブバンドの底になり，状態密度は δ 関数から $1/\sqrt{E}$ の発散に変わる．磁場の強さを変えると，やはりFermi準位における状態密度の変化を通じて2次元系と似たような効果が現れるが，2次元系の場合ほど顕著ではない．6.5節において，電子が更に擬1次元系に閉じ込められた場合の挙動の変化を見ることにする．

6.4.7 直交する電場と磁場

互いに直交する電場と磁場の下で，荷電粒子の古典的運動は2つの成分を持つ．第1の成分は，両方の場に直交する方向への定常的なドリフト運動で，その速度は $\mathbf{v}_d = \mathbf{F} \times \mathbf{B}/B^2$ である．第2の成分は，振動数 ω_c のサイクロトロン運動である．静止状態で放たれた電子は，サイクロイド軌道を描いて運動する．

$$x(t) = -\frac{mF}{eB^2}(1 - \cos\omega_c t), \quad y(t) = -\frac{mF}{eB^2}(\omega_c t - \sin\omega_c t) \qquad (6.43)$$

これは $\mathbf{B}$ を z 方向，$\mathbf{F}$ を x 方向とした場合の軌道であるが，Landauゲージで扱うのが都合がよい．ドリフト速度は $-y$ 方向に $v_d = F/B$ である．粒子はまず電場によって $-x$ 方向に加速されるが，その運動は磁場によって曲げられて，両方の場に対して直交する $-y$ 方向に正味のドリフトを起こす．この運動の軌跡を見やすい方向に描き直したものが図6.11の (iii) である．図中の他の軌跡は，それぞれ初期条件を変えた場合の軌跡である．

幸い，この問題は量子力学的にも，既に我々が得ている結果に基づいて簡単に扱うことができる．電場によってSchrödinger方程式 (6.28) に，ポテンシャルエネルギー eFx

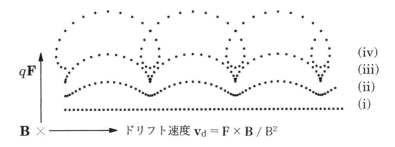

図6.11 直交する電場と磁場の中にある荷電粒子の古典的運動. $\mathbf{B}$ は紙面に垂直の方向. 軌跡上の各点は, 同じ時間間隔で打ったものである. 各軌道は初期速度と初期エネルギーが異なっている. (iii) は, 始めに粒子が静止していた場合のサイクロイド軌跡である.

が付け加わる. ここでも z 方向の運動を, 変数分離によって除くことができ, y 方向に関しては平面波を採用できる. そうすると式 (6.30) と同様に $u(x)$ に関する Schrödinger 方程式が得られるが, 今度はポテンシャルエネルギーが余分に加わる. ポテンシャルは線形なので, 放物線ポテンシャルが単純に平行移動して頂点の位置が移動し, 次のようになる.

$$\left\{-\frac{\hbar^2}{2m}\frac{d^2}{dx^2} + \frac{1}{2}m\omega_c^2\left[x + \left(\frac{\hbar k}{eB} + \frac{eF}{m\omega_c^2}\right)\right]^2 - \frac{\hbar k F}{B} - \frac{mF^2}{2B^2}\right\}u(x) = \varepsilon u(x) \quad (6.44)$$

放物線ポテンシャルの頂点位置は, 次のように変更されている.

$$x_k = -\left(\frac{\hbar k}{eB} + \frac{eF}{m\omega_c^2}\right) = \frac{mv_d - \hbar k}{eB} \quad (6.45)$$

波動関数 (6.33) は, すべて電場によってそのまま平行移動する. 放物線ポテンシャルの変位に伴うエネルギーの変更は, 次のようになる.

$$\varepsilon_{nk} = \left(1 - \frac{1}{2}\right)\hbar\omega_c - \frac{\hbar k F}{B} - \frac{mF^2}{2B^2} \quad (6.46)$$

$$= \left(1 - \frac{1}{2}\right)\hbar\omega_c + eFx_k + \frac{1}{2}mv_d^2 \quad (6.47)$$

ここでは k に関する縮退が解けている. エネルギーには, 波動関数の位置 x_k に依存した静電ポテンシャルの寄与と, ドリフト速度に伴う運動エネルギー $\frac{1}{2}mv_d^2$ が加わる. これはサイクロトロン振動が量子化されている点を除くと, 古典的な結果と同じである.

電場による放物線ポテンシャルの変位の効果として, 各状態が y 方向に v_d の速度を得る. すなわち Hall 効果が生じる. 面密度 n_{2D} の電子系による電流密度は $J_y = -en_{2D}v_d = en_{2D}F_x/B_z$ である. x 方向に電流は流れないので $\sigma_L = \sigma_{xx} = 0$ である. 横方向には $\rho_T = 1/\sigma_T = B_z/en_{2D}$ であり, これは古典的な Hall 係数と同じである. 縦方向の伝導とは異なり, Fermi 準位付近の電子だけでなく "すべての" 電子が電流に寄与することに注意されたい.

6.4.8 ゲージ不変性

電場と磁場に関して，異なるゲージ——異なるスカラーポテンシャルとベクトルポテンシャル——を選ぶと，同じ物理的状況に対して全く違った解が与えられることを見てきた．我々はポテンシャルの一般的なゲージ変換を式 (6.2) に与えた．電荷 q を持つ粒子の波動関数は，これに対応させて，次のように変換しなければならない．

$$\Psi \to \Psi \exp\left(\frac{iq\chi}{\hbar}\right) \tag{6.48}$$

Schrödinger方程式の演算子 $\hat{\mathbf{p}}$ から余分に $q\,\mathrm{grad}\,\chi$ が生じて $\mathbf{A}$ の変化を打ち消し，時間微分の方は $-qd\chi/dt$ を生じて ϕ の変化を打ち消す．したがって上記の変換を施した波動関数は，ポテンシャルをゲージ変換したSchrödinger方程式の解になる．スカラーポテンシャルを右辺に移項してSchrödinger方程式を書き直すと，変換に伴う各変化の相殺の様子がさらに理解しやすくなる．

$$\frac{(\hat{\mathbf{p}} - q\mathbf{A})^2}{2m}\Psi = \left(i\hbar\frac{\partial}{\partial t} - q\phi\right)\Psi \tag{6.49}$$

この左辺が，一様な場の下での運動エネルギーと解釈できることは前に見た通りであるし，右辺の方は全エネルギーとポテンシャルエネルギーの差なので，この式の形も，ごく自然なものである．

ゲージ不変性は，ゲージ変換を施しても，物理的な結果に影響が及ばないことを要請する．確率密度は $|\Psi|^2$ で与えられるが，ゲージ変換に伴う波動関数の位相因子の変換はこれに影響しない．$\hat{\mathbf{p}} - q\mathbf{A}$ の2つの項も，変換による変化を互いに相殺し合うので，電流も変換の前後で不変である．一様な磁場中のエネルギー準位も 6.4.2 項 (p.238〜) で見たように不変である．他方 6.2 節では，一様な電場をベクトルポテンシャルで表すと，エネルギー準位が定義できないことを見た．したがって原則的に，スカラーポテンシャル中のエネルギー準位はゲージの選択の仕方に依存するものであって，それ自身が観測可能な量ではあり得ない．

簡単なゲージ変換の考察のために，再び一様な静電場を考える．これは $\phi = -\mathbf{F}\cdot\mathbf{R}$，$\mathbf{A} = 0$ によっても，$\phi = 0$，$\mathbf{A} = -\mathbf{F}t$ によっても記述できる．関数 $\chi = \mathbf{F}\cdot\mathbf{R}t$ によってベクトルポテンシャルだけのゲージからスカラーポテンシャルだけのゲージへ変換を行える．したがってベクトルポテンシャル中の波動関数 (6.18) に位相因子 $\exp(-ie\mathbf{F}\cdot\mathbf{R}t/\hbar)$ を掛ければ，スカラーポテンシャル中のSchrödinger方程式の解になる．この解は定在波ではなく加速する状態を記述しているので，エネルギー固有状態ではないのだが，これはHouston関数として知られている．

ゲージ不変性は一見，厄介な問題の成因のようにも見える．あるゲージを選んで安易な近似計算を行うと，おかしな結果が出てくるといったことが，実際の問題を解く際にはしばしばあり得る．しかしそのような見方は適切ではない．ゲージ対称性，す

なわち物理を損なうことなく，場と波動関数を変換できる自由度には，深遠な意味が含まれている．たとえば変換の際に波動関数に付く因子の指数にある電荷 q は，電荷保存則をもたらす．素粒子物理において，量子色力学 (quantum chromodynamics：QCD) のような理論の形式は，式 (6.48) を一般化した波動関数の変換に関する不変性を要求することによって設定される．この要請は，量子電磁力学におけるスカラーポテンシャルやベクトルポテンシャルと類似する場が，粒子に作用する場として導入されなければならないことを意味している．また半導体に話を戻すならば，量子Hall効果は，最初にゲージ不変性を用いた説明が与えられた．ここでこれ以上ゲージ不変性を詮索することは適切ではないが，ゲージ不変性は単に議論を繁雑にする数式的なからくりではなく，むしろ自然界の性質を決めている重要な対称性を表すものと認識すべきである．

6.4.9 Aharonov-Bohm効果

ハミルトニアンが場そのものではなくポテンシャルを含むことは，しばしば厄介に思われる．しかし，そのことの最も驚くべき帰結として，電子は"磁場の影響を受けない時"でさえも，ベクトルポテンシャルの影響を受け得るのである．このことから"Aharonov-Bohm効果"が起こる．図6.12(a) に示すような電子波干渉素子を考えよう．電子波が左側の細線から入り，等しい振幅でループの上下部分に分かれて伝搬する．分かれた電子波は右側で再び一緒になって干渉し，右側の細線から出ていく．

完全にループの内部を通る細いソレノイドによって，その内部だけに磁場を発生させることを考える．ソレノイドの外部では $\mathbf{B} = \mathbf{0}$ だが，ループに沿ってベクトルポテンシャル A_θ が発生する．中心からの距離 r の位置におけるポテンシャルの強度は，Stokesの定理によって与えられる．

$$2\pi r A_\theta(r) = \oint_{\text{loop}} \mathbf{A} \cdot d\mathbf{l} = \int_{\text{area}} (\text{curl}\,\mathbf{A}) \cdot d\mathbf{S} = \int_{\text{area}} \mathbf{B} \cdot d\mathbf{S} = \Phi \quad (6.50)$$

Φ はソレノイド内の磁束で，$A_\theta = \Phi/2\pi r$ となる．

次に，ソレノイドの上側 (top) と下側 (bottom) の半周径路を通る電子への $\mathbf{A}$ の効果を考察しよう．電子のエネルギーに影響はなく，したがって力学的運動量も変わらない．この運動量は $\mathbf{p} + e\mathbf{A}$ と与えられるが，波動関数の位相に関与するのは $\mathbf{p}$ である．ループの上側の径路では $\mathbf{k}$ と $\mathbf{A}$ が反対向きなので $\mathbf{p}$ が増し，電子の位相は，より急速に変化するようになる．下側の径路では $\mathbf{k}$ と $\mathbf{A}$ の方向が同じなので $\mathbf{p}$ は減る．したがって電子自体が磁場の中を通らないにもかかわらず，ベクトルポテンシャルによって2つの径路の間に位相差が生じることになる．位相の変化は右側の結合部における干渉に影響を及ぼし，干渉素子全体としての透過係数とコンダクタンスも変わる．ベクトルポテンシャルによって発生する位相差 $\Delta\phi$ は，次式によって与えられる．

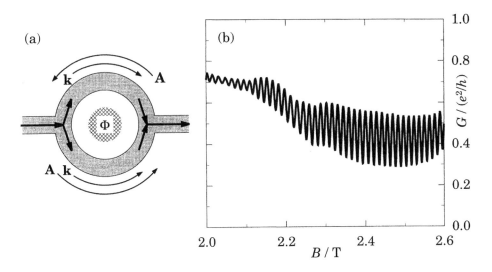

図 6.12 (a) Aharonov-Bohm 効果を調べるための電子波干渉素子の模式図．細いソレノイドがループ部分の内部を貫通しており，その内部に磁束 Φ を発生させている．(b) "アンチドット"(antidot) 周囲の伝導特性の磁場依存性．Aharonov-Bohm 効果による振動が現れている．[Ford et al. (1994) による．]

$$\hbar \Delta \phi = \int_{\text{top}} \mathbf{p} \cdot d\mathbf{l} - \int_{\text{bottom}} \mathbf{p} \cdot d\mathbf{l} = -e \left(\int_{\text{top}} \mathbf{A} \cdot d\mathbf{l} - \int_{\text{bottom}} \mathbf{A} \cdot d\mathbf{l} \right)$$
$$= e \oint_{\text{loop}} \mathbf{A} \cdot d\mathbf{l} = e\Phi \tag{6.51}$$

すなわち $\Delta \phi = (e/\hbar)\Phi = 2\pi(\Phi/\Phi_0)$ と表される．$\Phi_0 = h/e$ は磁束量子である．

干渉は，このようにループ内を貫く磁束量子の本数に対応する周期性を持つ．Φ が Φ_0 の整数倍であれば，互いに強め合う干渉が起こり，その中間の半整数倍であれば，弱め合う干渉が起こる．これが Aharonov-Bohm 効果である．この干渉素子が完全な 1 次元の導通部によって構成されていれば，透過係数とコンダクタンスは干渉を弱め合うときにゼロまで低下して，$G \propto \cos^2(\pi\Phi/\Phi_0)$ のようになる．現実の干渉素子は，理想系からはほど遠いものであるが，それでも図6.12(b) に示すようなコンダクタンスの変調が見られる．学術的に見ると，このような実験は厳密な Aharonov-Bohm 効果のテストとは言えない．何故なら，磁場はループの内側だけを通るのではなく，電子の径路となるループ部分にも侵入しているからである．この要因は，強い磁場の下で，磁気コンダクタンス特性に付加的な構造を付与するが，磁場が弱い場合にはループの内側を通る磁束が支配的な役割を果たす．Aharonov-Bohm 効果の実証は，電子顕微鏡を用いて，さらに厳密な条件の下で行われた．

6.5 狭いチャネルと磁場

狭いチャネル，すなわち量子細線の電子に磁場が印加される場合には，さらに別の効果が現れる．xy面に形成された2DEGに加工を施してx方向に閉じ込めを行い，y方向だけに自由に電子が動けるようにする．LandauゲージのSchrödinger方程式(6.30)に，閉じ込めポテンシャル$V(x)$が加わって，次のようになる．

$$\left[-\frac{\hbar^2}{2m}\frac{d^2}{dx^2} + \frac{1}{2}m\omega_c^2(x-x_k)^2 + V(x)\right]u(x) = \varepsilon u(x) \tag{6.52}$$

$x_k = -\hbar k/eB$である．磁気ポテンシャルは$(\hbar k + eBx)^2/(2m)$と書き直すこともできる．これは$B=0$のときには，普通のy方向の運動エネルギーになる．

この問題は，たとえば放物線の閉じ込めポテンシャルを想定して解析的に解くこともできるが，無限に深い閉じ込め井戸を導入する方が，物理的に理解しやすい．$|x|<\frac{1}{2}a$において$V(x)=0$，それ以外の領域ではポテンシャルが無限大とする．磁場がゼロであれば，エネルギーは$\varepsilon_{nk}(0) = \hbar^2 n^2\pi^2/2ma^2 + \hbar^2 k^2/2m$である．まず$k=0$の，磁気ポテンシャルが$x=0$を中心とする放物線の状態を考えよう．弱い磁場 (図6.13(a)) は状態のエネルギーを少し持ち上げ，波動関数を少し歪める効果を持つが，井戸の障壁の方が主な閉じ込め効果を電子に及ぼしている．磁場を強めていくと，磁気ポテンシャルによる電子の局在効果の方が強まり，波動関数は井戸の障壁に到達する前に，放物線ポテンシャルの中でほとんどゼロに減衰するようになる (図6.13(b))．この極限で

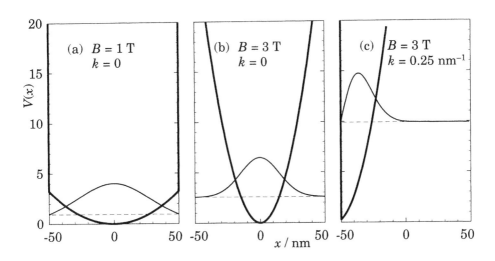

図6.13 GaAs中の幅$0.1\,\mu$mの細線(両側の障壁を無限大とする)に磁場を印加した場合のポテンシャルエネルギーと電子の基底固有状態．

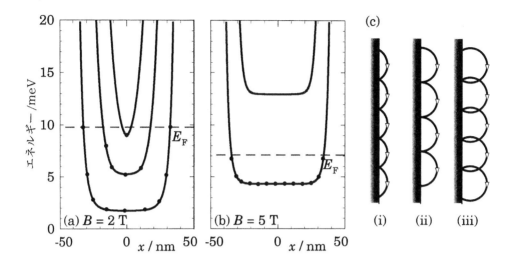

図6.14 磁場中にある堅い側壁を持つ細線内の電子のエネルギー $\varepsilon_{nk}(B)$ を，電子の平均位置 $\langle x_{nk} \rangle$ に対してプロットした図．(a) 2 T, (b) 5 T．前者では低い方の 3 つのサブバンドに属する状態について描いてある．各点は占有された状態，破線は Fermi 準位を表している．(c) は細線の側壁に沿った古典的なスキップ軌道．

は，エネルギーは閉じ込めのない 2 次元系の磁場中の値 $\varepsilon_{n0}(B) \approx (1-\frac{1}{2})\hbar\omega_{\mathrm{c}}$ に近くなる．

k を有限にすると，放物線ポテンシャルの頂点 (中心線) は x_k へずれる．これは $B=0$ のときにエネルギーを $\hbar^2 k^2/2m$ だけ上げる．磁場が強く，$k=0$ の電子が障壁よりも磁気ポテンシャルで閉じ込められている場合，放物線ポテンシャルの x 方向への移動は波動関数全体を移動させるだけで，エネルギーには影響がない．これは閉じ込めのない 2 次元系の Landau 準位と同じことであるが，この状況は波動関数が細線の障壁にぶつかるまでは変わらない．k が大きいと磁気ポテンシャルの中心線が図6.13(c) のように閉じ込めポテンシャルの外側に位置する．この場合，電子は実効的に三角井戸のようなポテンシャルに閉じ込められ，エネルギーが上昇して縮退は解ける．

このような状態は，細線の片側の側壁に押し付けられていて，細線中央部の電子よりも高いエネルギーを持っており，"エッジ状態" (edge state) と呼ばれている．これは磁場中の輸送において極めて重要な現象であるが，簡単に見てみることにする．この状況のひとつの教育的な表現として，エネルギーを波動関数の平均位置 $\langle x_{nk} \rangle$ の関数として表す方法がある．これを図6.14 に示す．強い磁場の下では，$\langle x_{nk} \rangle$ が細線の内部にあるとエネルギーはほとんど一定で，細線の側壁 (エッジ) に近づくと急激に上昇する．大抵の状況において，Fermi 準位のところにある状態だけがエッジ状態になる．

堅い側壁を持つ細線 (hard-walled wire) 内の，側壁付近にある電子の古典的な振舞

いを図6.14(c) に示してある．側壁から充分隔たった細線内部にある電子は，それぞれサイクロトロン円軌道を巡り，正味の電流を運ばない．しかし側壁付近では，電子が側壁に衝突するところで円軌道の運動が中断する．その結果，電子は側壁に繰り返し衝突しながら進行する"スキップ軌道"(skipping orbit)を辿る．このようにして電子は正味の速度を得るが，その速度は側壁に近い電子ほど大きい．

反対側の側壁付近の電子は，反対の方向へ移動する．これは古典的には Lorentz 力の効果として理解できる．両側壁の閉じ込めポテンシャルは，反対向きの電場のように作用するからである．またこれは磁場による時間反転対称性の破れの帰結と見ることもできる．$B=0$ の下では対称性の要請により，前向きと後向きの状態は，量子ポイントコンタクト (5.7.1項，p.199〜) などと同様に空間内で同じ領域を占めていなければならない．$B \neq 0$ になると，初めてこれらの状態が分離して存在できるようになる．これは両者の間に起こる散乱を抑制する効果も生じるが，この効果も量子Hall効果を生じるための，ひとつの要因となっている．

細線の閉じ込めポテンシャルが $V(x) = \frac{1}{2}m\omega_0^2 x^2$ のような放物線の場合，磁気ポテンシャルも放物線なので，厳密解が得られることは明白である．エネルギーは，次のようになる．

$$\varepsilon_{nk} = \left(n - \frac{1}{2}\right)\hbar\omega(B) + \frac{\hbar^2 k^2}{2m(B)} \tag{6.53}$$

$\omega(B) = (\omega_0^2 + \omega_c^2)^{1/2}$, $m(B) = m[\omega(B)/\omega_0]^2$ である．磁場は $k=0$ においてエネルギー準位を上げるが，各サブバンドの放物線を平坦化して大きな k のところのエネルギーを下げ，状態密度を高くする．この導出は練習問題とするが，定性的な物理は堅い側壁を持つ細線と似ている．

強い磁場の下では，ほとんどの状態が磁気ポテンシャルによって拘束され，閉じ込めのない2次元電子気体と同様に，エネルギーが $\varepsilon_{nk}(B) \approx \left(n - \frac{1}{2}\right)\hbar\omega_c$ となる．したがって通常の Shubnikov-de Haas 効果が予想され，それにエッジ状態による修正が加わるものと考えられる．しかし磁場が弱い場合には，主な束縛効果が磁場による拘束から細線構造による x 方向の閉じ込めへ移行するので，その挙動は変わる．特に磁気振動の回数は $B=0$ の時に占有されているサブバンドによって与えられ，弱磁場領域で散乱のない理想2次元電子気体のような無数の振動は見られない．これは n を B_n^{-1} すなわち σ_{xx} の極小値のところの磁場の逆数に対してプロットした扇ダイヤグラムにも反映される．一例を図6.15に示す．この試料の導通部分はスプリットゲート電極の間隙部分の直下に形成された実効的な"細線"であり (図3.17(c), p.112)，ゲートに印加する負のバイアス値 V_g によって細線幅を制御できる．負の弱いバイアスの下では細線幅が広く，閉じ込めのない2次元系と同様の直線のプロットが得られる (式(6.42))．細線幅を狭くしたときには，弱磁場側において電気的サブバンドが重要となり，プロットは曲線になる．磁場の強度をゼロから強めていくときに，電気的閉じ込

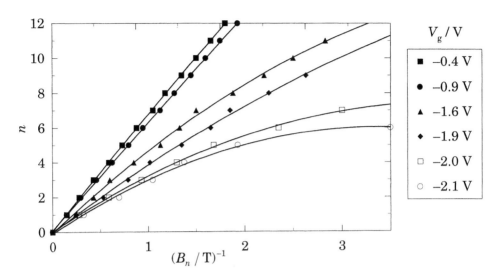

図6.15 ゲート電極の間隙部直下に形成されている "細線" の扇ダイヤグラム．実効線幅が細いときに，電気的サブバンドに対する磁気阻害の様子が反映された曲線になる．ゲート電極に印加する電圧値を変えることに伴って，細線の実効的な太さが変わっている．図中の線は Berggren et al. (1986) の理論から与えられる．[Ford et al. (1988) より引用．]

めよりも磁場の効果が徐々に支配的になっていく過程は，サブバンドに対する"磁気阻害" (magnetic depopulation) と呼ばれている[†]．

6.5.1 量子ドットと超格子

3次元のすべての方向に閉じ込めを施した，いわゆる量子ドットに対する磁場の効果を見る場合にも，細線の場合と似たような議論が適用できる．通常のドットでは，電子は z 方向 (結晶成長方向) には，非常に狭い範囲に閉じ込められており，これよりも xy 面内方向の閉じ込め範囲は広い．量子ドットは程度の差はあれ円形に近いことが多いので，対称ゲージを採用して 6.4.2 項 (p.238~) の結果を利用するのが便利である．再び Schrödinger 方程式 (6.36) に閉じ込めポテンシャルを加える．堅いポテンシャル障壁の場合，$l=0$ の状態のエネルギーは放物線型の磁気ポテンシャルによって持ち上げられ，結果的に Landau 準位になる．角運動量 l は，細線における波数 k に相当する．遠心ポテンシャルによって電子はドットの外周部分に押し付けられ，エネルギー

[†](訳註) "磁気阻害" (magnetic depopulation) という術語は，本文中のように量子細線への磁場を強めることで扇ダイヤグラムのプロットが理想 2 次元特性に漸近していく現象よりも，むしろ普通は量子細線 (量子ポイントコンタクト) において，磁場の印加に伴いコンダクタンスが低下する現象に対して用いられる術語である．depopulation は本来は数の減少という意味で，ここでは伝導に関与するサブバンド数が磁場印加によって減っていくことを表している．図6.14 の (a) と (b) を見ると分かるように，磁場を強めていくと，伝導に関与するサブバンド数の減少と，理想 2 次元特性への漸近が並行して起こることになる．

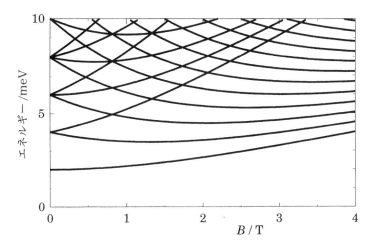

図6.16 放物線型の閉じ込めポテンシャルを持つ GaAs 量子ドットのエネルギー準位の磁場依存性. $\hbar\omega_0 = 2$ meV とした.

に $\frac{1}{2}\hbar\omega_c l$ の項が加わるが，これは l が負ならばエネルギーを下げる．したがってエッジ状態は，低エネルギーの方向に生じる．

閉じ込めポテンシャルも放物線型で $V(r) = \frac{1}{2}m\omega_0^2 r^2$ の場合には，やはり正確な解が得られる．これは Darwin と Fock が 1928 年に示した有名な結果であり，エネルギー準位は，次のように与えられる．

$$\varepsilon_{nl} = (2n + |l| - 1)\left[(\hbar\omega_0)^2 + \left(\tfrac{1}{2}\hbar\omega_c\right)^2\right]^{1/2} + \left(\tfrac{1}{2}\hbar\omega_c\right)l \tag{6.54}$$

$n = 1, 2, 3, \ldots$, $l = 0, \pm 1, \pm 2, \ldots$ である．磁場はスペクトルに対して2つの効果を持つ．第1に，閉じ込め作用に磁気ポテンシャルの効果が加わることで，全状態のエネルギーを同じだけ上昇させる因子が生じる．第2の項は，磁場中の双極子に生じる Zeeman エネルギーである．$l \neq 0$ の電子はドットの中を巡回し，巡回する電流と同様に，磁気双極子 $\mu_B l$ の役割を果たす．μ_B は Bohr 磁子である．この双極子の磁場中のエネルギーは $\mu_B l B = \frac{1}{2}\hbar\omega_c l$ であり，式 (6.54) の第2項はこれで説明される．$B = 0$ のときには調和振動の n 番目の準位が n 重縮退しているが (4.7.2項, p.150〜)，磁場によってこの縮退は解ける．図6.16 に，$\hbar\omega_0 = 2$ meV の場合のスペクトルを示した．実験によって，このようなスペクトル構造が確認されている．

最後に，磁場中の電子の運動が単純ならば，強磁場下の2次元周期系 (結晶) において図6.17 のような注目すべきスペクトルが現れることになる．磁場が無いときのエネルギーは，強い束縛の近似 (tight-binding approximation) によって $\varepsilon(\mathbf{k}) = 2E_0(\cos k_x a + \cos k_y a)$ と与えられる．これは我々が前に1次元電子の力学を調べた時に用いた単純なモデル (式 (2.9)) の2次元版である．$\pm 4E_0$ の間のエネルギーが許容され，これが

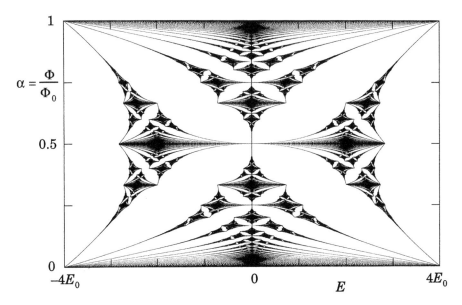

図6.17 Hofstadter蝶の図. 磁場中にある2次元結晶のエネルギー準位を表す. 許容されるエネルギーのところに, 単位格子を貫く磁束量子の非整数部分 α の関数として, 点をプロットしたものである. 磁場が無い場合には $\pm 4E_0$ のバンド範囲全体が電子に占められている. [図は Imperial College, London の A. MacKinnon 教授提供. Hofstadter (1976) の仕事に基づく.]

図に示したグラフの横軸となる. 縦軸は磁場を $\alpha = \Phi/\Phi_0$ という単位で測ったもので, $\Phi = Ba^2$ は結晶の単位格子を貫く磁束である. 磁場の強さの範囲を $0 \leq \alpha \leq 1$ とし, 黒い点によって各磁場強度の下で許容されるエネルギーを表している.

この図は "Hofstadter蝶" の名で知られている. 下部の左側がバンドの底の部分で, 弱い磁場の下で電子的な放物線になっている. 一連の Landau 準位が隅の部分から現れており, また同様の構造がバンド頂上付近の正孔に関する構造としても見られる. このような構造は, 隅の部分から離れた領域では極めて複雑になるが, 乱雑にはならない. $\alpha = 1/N$ のような特別な磁場値において大きなギャップやバンドが現れ, さらに複雑な整数比の値でも小さなギャップが見られる. 大きな尺度の構造が, より小さな尺度でも繰り返され, フラクタル (自己相似) 構造の典型的な例になっている. 各 Landau 準位は木の枝のような構造に発展し, 特別な磁場強度のところで木のような構造がひとつのバンド上に終端し, さらにそこから新たに一連の Landau 準位が発生する.

この美しい結果に関して残念な点は, 対象となる磁場の強度が異常に強いことである. 典型的な結晶における格子の寸法は $a < 1$ nm であり, 各格子に磁束量子と同等の磁束を割り当てるためには $B > 1000$ T としなければならない. 人工的な超格子な

らばもっと穏当に，たとえば $a \approx 50$ nm として $B \approx 1$ T となる可能性がある．しかし残念ながらその場合も，Shubnikov-de Haas効果と同様にエネルギー準位の拡がりを心配しなくてはならない．この実験にはかなり強い周期ポテンシャルを持つ試料が必要だが，現在の技術では平均自由行程を犠牲にせずに，必要な強い周期ポテンシャルを実現することはできない．このような状況は，電場中の Bloch 振動の実験に関しても同様である．しかし幸い技術の不足はさほど深刻なものではないので，さほど遠くない将来に，これらの実験検証の成果を期待できるかも知れない．

6.6　量子Hall効果

(整数) 量子Hall効果の実験結果を図6.10 (p.245) に示してある．重要な特徴は，Hall抵抗に $\rho_T = (1/n)(h/e^2)$ のところで平坦部 (plateau) が現れ，それに伴って縦方向抵抗がほとんどゼロに落ち込んでいることである．真空透磁率 μ_0 と光速 c は定義値なので，微細構造定数 $\alpha = \mu_0 c e^2 / 2h \approx 1/137$ を量子Hall効果から決定できる．このようにして求めた微細構造定数の値は，他の実験技法によって求めた値や，量子電磁力学に基づく計算値と，3×10^{-7} の精度まで一致する．量子Hall効果は，今や抵抗値の規準として採用されており，その規準値は $R_K = h/e^2 = 25812.807$ Ω である．Hall平坦部における縦方向抵抗は，超伝導体を除くあらゆる物質の抵抗に比べて低く，10^{-10} Ω/□ 程度である．

これらの結果は材料に依存せず，Si, GaAs その他の半導体を用いたデバイスにおいて実証されている．この実験結果は，有効質量近似のような電気的構造や輸送に関する多くの伝統的な近似よりもはるかに正確なので，この現象を説明する理論は，これらの単純化の問題を超越したものでなければならない．量子Hall効果を説明するために，いくつもの理論が提案されており，ゲージ不変性に基礎を置くものから，ここで取り上げるエッジ状態に着目するものまで様々である．エッジ状態の理論は，前に示した多導線系におけるコヒーレント輸送の理論 (5.7.2項, p.204～) に立脚したものになる．

図6.18 に示すような，強い磁場の中にある Hallバーを考える．電流は探針1と探針2の間を流れ，他の探針は電圧測定用のもので電流を流さない．図6.14(b) (p.252) に示すように，細線 (Hallバー) の中央部において，Fermi準位が Landau準位の間のギャップに位置するような強度の磁場が印加されているものとする．この場合，Fermi準位のところに存在する状態はエッジ状態だけである．中央部において占有されている Landau準位の数に応じた N 個のエッジ状態が存在する．細線の反対側の縁にも，これに対応する一連のエッジ状態があるが，これらは互いに充分離れていて，図6.18 のように反対向きの輸送を担う．各エッジ状態は，5.7節で多導線系を扱った際の各"モード"の役割を果たす．電流輸送状態をこのように同定することが，決定的に重要である．

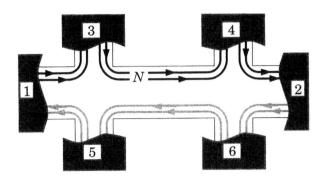

図6.18 強磁場中にある Hall バーのエッジ状態による輸送の様子．負のバイアスを印加した探針 1 から，電子を運びさる方向の N 本のエッジ状態 (図では 2 本だけを表示) に余分な電子が入射する．入った電子は電流探針 2 から出てゆく．

ここで電流を探針 2 から探針 1 に流すために，探針 1 に負のバイアス V_1 を印加する．これによって探針 1 の電子の Fermi 準位は $-eV_1$ だけ上がるので，図6.18 に濃い線で示すように，余分の電子が探針 1 から発するエッジ状態に入る．これらのエッジ状態は散乱を受けずに試料の上側の縁を辿り，電圧探針 3 に入る．この探針は正味の電流を流せないので，Fermi 準位が上がって，入ってきたのと同じ数の電子を，そこから出て行くエッジ状態へと送り出す．このためには $V_3 = V_1$ でなければならない．同様に $V_4 = V_1$ でもある．つまり Hall バーの上側の縁に形成されたすべての電極は同じ電位を持つことになる．これと同様に，バーの下側の縁に形成された電極を出入りするエッジ状態 (図中に薄い線で示した) も，余分の電流を流さないので，もう一方の電流探針の電位 $V_2 = 0$ と同じ電位を持つことになる．

電流 $-(e^2/h)V_1$ が Hall バーの上側の縁を辿る各々のエッジ状態に入射する．この電流値は前に用いた値と因子 2 だけ違っているが，これは Landau 準位が上向きスピンと下向きスピンに分裂していることを想定したためである．全電流は $I = -N(e^2/h)V_1$ であり，Hall 抵抗は $(V_5 - V_3)/I = -V_1/I = (1/N)(e^2/h)$ という量子化された値になる．縦方向抵抗は $(V_4 - V_3)/I = 0$ である．したがって我々は量子 Hall 効果を"証明"できた．この議論は Landauer-Büttiker 方程式を用いて定式的に行うこともできるが，それよりも，もっと興味深い問題を簡単に見てみることにする．

この図における仮定を，注意深く考察してみよう．決定的に重要な点は，エッジ状態が散乱の影響を受けないということである．前方散乱によって，電子は Hall バーの同じ側の縁を辿るひとつのエッジ状態から，もうひとつの別のエッジ状態へ移ることができる．しかし散乱前後で電子が同じ方向に進むので，前方散乱は全電流に対して影響がないし，透過係数 (全エッジ状態に関して和をとったもの) にも影響しない．実験的にそのような散乱は非常に弱く，平均自由行程は数十ミクロン程度になることが

確認されている．反対向きのエッジ状態への散乱が起こるならば量子化が阻害されるので，そのような散乱は避けなければならない．しかし幸いにも，反対向きのエッジ状態は試料の反対側の縁にあるので，試料の中央部において Fermi 準位が Landau 準位の間のギャップ内にあれば，そのような散乱は極めて弱い．したがって磁場の無いときのポイントコンタクト (5.7.1項, p.199～) などとは違って，この量子化は非常に強固な効果である．

残念ながらこの魅力的な議論は，深刻な問題を含んでいる．我々は 6.4.4 項 (p.240～) で，バルク中の Fermi 準位は，ほとんどの磁場強度の下で，Landau 準位の中に位置することを見た．この状況は，ある程度の幅を持つ細線においても同様である．したがって上記の議論は非常に狭い B の範囲でしか成立せず，Hall 抵抗の平坦部の出現を説明できない．他に考慮に加えるべき基本的な要因は，驚くべきことに，おそらく不純物や界面欠陥の乱雑なポテンシャルによる不規則性 (disorder) である．不規則性によって Landau 準位のある程度の部分は"局在する"(localized)，すなわち試料内の各部に分布する小さな局所領域に閉じ込められる．

乱雑なポテンシャルの性質に依存して，局在を起こす幾つかのメカニズムがある．空間内で l_B と比べて急速に変化する短距離の乱雑なポテンシャルは "Anderson 局在"(Anderson localization) を引き起こす．この局在は状態密度のグラフにおいて図 6.19(a) のように表される．各 Landau 準位の中心には拡がった状態が含まれており，これは前に我々が想定した通りに試料全体にわたって伝搬する．しかし Landau 準位の裾野部分に含まれる状態は局在して束縛状態のようになり，電気伝導に寄与しなくなる．このように考えると，Fermi 準位が Landau 準位間のギャップにちょうど位置しなければならないという強い制約は無くなり，Fermi 準位が，局在化しているエネルギー範囲にさえ入れば，量子 Hall 効果が起こることになる．この仮定によって Hall 抵抗の平坦部を説明できるようになるが，量子化の起源は更に神秘的なものになる．何故なら Hall コンダクタンスが期待どおりの値になるためには"すべての"電子が寄与を持たなければならないのに，局在した電子は伝導に寄与しないのである！この問題の解答は，拡がった状態が清浄な系において担う以上の電流を運び，局在した状態による電流不足を補償するというものである．詳細な計算によって，この驚くべき振舞いが確認されている．電子は散乱ポテンシャル付近で加速され，平均速度を増すのである．

乱雑なポテンシャルが空間内をゆっくり変化している場合には，別の不規則性の描像が成立する．この場合，乱雑なポテンシャル場の各点の上でエネルギー $(n-\frac{1}{2})\hbar\omega_c$ を保つように，Landau 準位も上下にエネルギーを変える．こうなると，ほとんどのエネルギー値において，図 6.19(b) に示すように，ポテンシャルの丘や谷の周りでループ状のエッジ状態が形成される．ループを形成した状態は実効的に局在して，伝導に寄与しない．ごく限られたエネルギー範囲の状態だけが試料全体に浸透 (percolate) して探

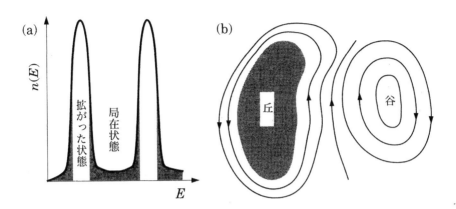

図6.19 (a) 不規則性を持つ系における Landau 準位の状態密度．各 Landau 準位の中央部に拡がった状態のエネルギー領域があり，その間に局在状態がある．(b) 空間内で緩やかに変化するポテンシャルにおけるエッジ状態．左側はポテンシャルの丘，右側はポテンシャルの谷である．

針間を繋ぐことができ，Fermi 準位がたまたまそのような状態に重なるときに $\rho_L > 0$ となって，Hall 平坦部から次の平坦部への遷移が起こる．

上記の議論によると，Hall 平坦部は最も清浄な試料において見られるのではなく，むしろ適度の不規則性を伴う試料において現れることが分かる．GaAs の最適条件は $\mu \approx 10\ \mathrm{m^2 V^{-1} s^{-1}}$，Si では $\mu \approx 1\ \mathrm{m^2 V^{-1} s^{-1}}$ くらいである†．遷移領域は平坦部の幅に対してわずか5%ほどまで狭くなり，試料は度量衡の規準として都合のよいものになる．

さらに詳細に検討すると，多くの問題が"敷物の下に隠されている"ことが分かる．たとえば試料の内部で Hall 電圧はどのように分布するのだろう？我々が図6.18 (p.258) に示したような Hall バーのポテンシャルは，表面上は6.3節で導電率テンソルから古典的に導いた結果と似ているように見える．しかし古典的な描像においては，電流は試料内部に分布して流れるのに対し（図6.6(b), p.234），我々が見た量子 Hall 効果のモデルではすべての電流がエッジ状態によって運ばれる．その上，エッジ状態による単純な描像は，圧縮性領域と非圧縮性領域（6.4.4項, p.240〜）に関して適切な説明を与えられない．

もうひとつの疑問は，Hall 電流は"化学ポテンシャル"の違いによって流れるのか，"静電ポテンシャル"の違いによって流れるのかという問題である．我々はエッジ状態が探針の化学ポテンシャルに支配されるものと仮定したが，古典的な描像では，電場によって電流が駆動される．6.4.7項 (p.246〜) では直交する電場と磁場の下での Hall 電流を計算したが，その場合も電場が電流を流す役割を担った．幸い線形応答の範囲

---

†(訳註) 普通，量子 Hall 効果の測定は，低温 (4.2 K 以下) で行われることに注意されたい．

内での小電流における Hall 導電率は，電気化学ポテンシャルの静電ポテンシャル成分と化学ポテンシャル成分の区別には依らない．以上のように，量子 Hall 効果の諸性質が，完全に理解されているわけではないのである．

6.6.1 エッジ状態と障壁

我々は整数量子 Hall 効果をエッジ状態によって記述することができ，各エッジ状態はトンネル輸送の議論における"モード"として働くことを見た．エッジ状態に関する多くの巧妙な実験が行われ，Landauer-Büttiker 方程式 (5.7節) によって解析された．ひとつの例は図 6.20 に示すような，単純な Hall バーよりも少し複雑な試料による実験である．バーの中央部に障壁が設けてあり，障壁以外の部分のエッジ状態数 N に対し，障壁内部ではそれより少ない M 本のエッジ状態だけが電子を運ぶ．異なるエッジ状態間で散乱が起こらないものと仮定する．探針 3 から出てくる N 本のエッジ状態のうちで，M 本だけが障壁を通過して探針 4 へ入り，$N-M$ 本は障壁で反射されて探針 5 の方に入る．したがって探針 5 に入る状態の中で $N-M$ 本は，バイアスに伴う余分の電流を運んでくることになる．探針 6 から発して探針 5 に入る残りの M 本は，この余分の電流を運ばない．探針 5 は電圧探針なので，探針 5 に入るこれらの全電流と，探針 5 を出て探針 1 に入るエッジ状態による全電流は等しくならなければならない．この要請によって電位 V_5 は V_1 を超えない程度に上昇し，探針 5 から探針 1 に向かう電流が増す．この様子を図では中間的な濃さのエッジ状態の線で示してある．探針 5 に入る電子の各エッジ状態からの寄与と，そこから出る各エッジ状態への電子の配分は変わるので，入出する全電流量は同じでも，探針 5 の役割は完全に受動的なものではない．探針 4 でも同じことが起こる．

探針の電流の式 (5.108) を用いて，各透過係数と電流の関係を書き表せる．単純な Hall バーならば $V_3 = V_1$，$V_6 = V_2$ と予想され，その通りになる．幸いゼロ以外の値

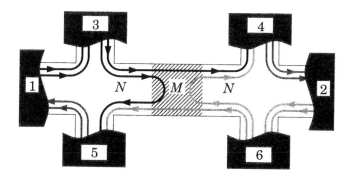

図 6.20　中央部に障壁を持つ Hall バー．N 本のエッジ状態のうち，M 本だけが障壁を透過する．

を持つ透過係数は少ない．

$$T_{15} = T_{24} = T_{31} = T_{62} = N, \quad T_{43} = T_{56} = M, \quad T_{46} = T_{53} = N - M \quad (6.55)$$

これらは"各行各列の和則"(5.107) に従っている．知りたいのは Hall 抵抗 $(V_5-V_3)/I \equiv R_{21,53}$，4 探針抵抗 $(V_4 - V_3)/I \equiv R_{21,43}$，および 2 探針抵抗 $(V_2 - V_1)/I \equiv R_{21,21}$ である．

まず，探針 3 に入る電流は，式 (5.108) によって与えられる．これは $0 = (h/e^2)I_3 = NV_3 - NV_1$ となるので $V_3 = V_1$ である．このようにして Hall バーの上側の縁にある探針は，(バー内部に障壁が無ければ) 左側の電流探針と等電位になることが確認される．

次に，探針 4 と探針 3 の間の 4 探針抵抗 $R_{21,43}$ を計算しよう．R の添字の意味は，初めの 2 つを電流探針と見なし，後の 2 つを電圧探針を見なすということである．I_2 と I_4 の式は，次のようになる．

$$(h/e^2)I = (h/e^2)I_2 = NV_2 - NV_4 \quad (6.56)$$
$$0 = (h/e^2)I_4 = NV_4 - MV_3 - (N-M)V_6 \quad (6.57)$$

V_2 を消去し，$V_3 = V_1$ と $V_6 = V_2$ の関係を用いると，次の結果が得られる．

$$R_{21,43} = \frac{V_4 - V_3}{I} = \frac{h}{e^2}\left(\frac{1}{M} - \frac{1}{N}\right) \quad (6.58)$$

障壁を導入していることから予想される通り，この縦方向抵抗はゼロではない．障壁を除くと $M = N$ となり，抵抗はゼロになる．

一般の 4 探針抵抗の式 (5.119) によって，いろいろな抵抗値を求めることができる．たとえば混成抵抗 (mixed resistance) は，

$$R_{21,54} = \frac{h}{e^2}\left(\frac{2}{N} - \frac{1}{M}\right) \quad (6.59)$$

と与えられる．$V_{53} + V_{34} = V_{54}$ なので，これは前の結果と整合している．

6.6.2 分数量子 Hall 効果

図 6.21 に分数量子 Hall 効果の実験結果を示す．整数量子 Hall 効果では Hall 抵抗の平坦部を観測するために試料内の不規則性が必要であったが，分数量子 Hall 効果は，むしろ高い移動度を持つ試料で，極低温において観測される．分数量子 Hall 効果でも ρ_T の平坦部と ρ_L の極小部分が対応する．分数量子 Hall 効果は p を整数，q を奇数として，占有因子が $\nu = p/q$ と与えられるところに現れる．特に強い効果が $\nu = \frac{2}{3}, \frac{3}{5}, \frac{2}{5}$ において見られる．

6.6 量子Hall効果

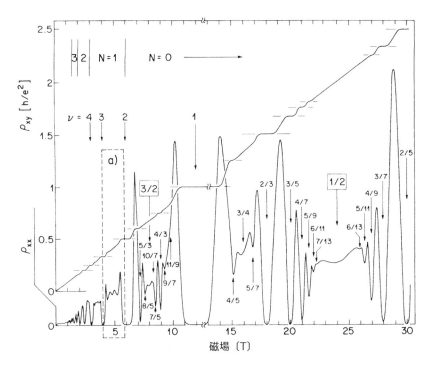

図6.21 高移動度の2次元電子気体の150 mKにおける縦方向抵抗率 $\rho_{xx} = \rho_L$ と横方向抵抗率 $\rho_{xy} = \rho_T$. 分数量子Hall効果が見られる. 占有因子 ν を図中に示してある. 強磁場側の ρ_{xx} の数値は尺度因子2.5で割って表示してある. [Willett et al. (1987) から引用.]

分数量子Hall効果の起源は，整数量子Hall効果とは全く異なっている．先程我々が扱った理論によると，$\nu \leq 1$ のときには，すべての電子が最低Landau準位に収まって等しい運動エネルギー $\frac{1}{2}\hbar\omega_c$ を持ち，スピンはすべて揃う．整数効果の考察ではごく普通に電子間のCoulomb反発を無視しておいたが，今度はそれが重要な役割を担う．電子間の斥力を考慮すると，ν が限られた特別の数値のときに，電子系はエネルギーを下げて相関を持つ特別な状態を形成し，その ν の値は実験で観測される分数値に対応することが示されている．強い電子相関を持つこのような状態は驚くべき性質を持つ．素励起が，たとえば $e^* = \frac{1}{3}e$ のような分数電荷を持ち得るのである．

最近の多くの研究は，半分満たされたLandau準位に関して集中的に行われている．図6.21において ρ_T や ρ_L を $\nu = \frac{1}{2}$ を起点として増加方向を見ても減少方向を見ても，$B = 0$ からの挙動と似ている．このことは各電子に2本の磁束の管が付随した"複合Fermi粒子"(composite fermion) の描像によって説明される．それぞれの磁束の管は磁束量子 Φ_0 を持ち，無限に伸びた細いソレノイドのように振舞う．複合Fermi粒子は，実効磁場 B^* の中を動くが，この実効磁場は $\nu = \frac{1}{2}$ においてゼロになる．複合Fermi

粒子に関しては，理論も実験も急速に進展しつつある．

最後に，占有因子が最も小さい方のおおよそ $\nu < \frac{1}{7}$ の領域において，縦方向抵抗が急激に増加する現象に言及しておく．これは電子の局在が不規則性でなくCoulomb斥力によって起こるためであると信じられている．この仮説は2DEG内の各電子が自由に遍歴せずに，格子構造を形成する"Wigner結晶"(Wigner crystal)の描像に結び付く．$B=0$ においては2DEG内の電子が結晶化する密度が極めて低く，電子系の実際の性質は不規則性の方に支配される．しかし強い磁場の下で全電子が最低Landau準位に入ると，前に述べたように電子の運動エネルギーが抑制され，電子間相互作用が支配的になるので，電子系の結晶化が起こりやすい．

本章の議論では，通常どおりに電子に注目してきたが，正孔の挙動に関する多くの実験も行われている．正孔は有効質量が大きいので，運動エネルギーは小さくなり，Coulomb相互作用の重要性が相対的に増す．現在関心が持たれている別の系は，電子層同士や電子層と正孔層を近接させた構造であり，そのような試料において層間相互作用に起因する新たな効果が観測されている．今後，さらに多くの驚くべき成果が得られるであろうことに疑いはない．

＊　参考文献の手引き

Weisbuch and Vinter (1991) は，電場の効果がどのようにして電気光学変調器 (electro-optic modulator) に利用されるかを記述している．Stradling and Klipstein (1990) には，半導体構造を調べる手段としてのHall効果の利用方法が述べられている．

Bastard (1988) は電場と磁場の中の電子の運動について，さらに詳しい議論を与えている．整数および分数量子Hall効果の，理論と実験の両面からの有用な概説は，Prange and Girvin (1990) によって与えられている．

＊　練習問題

6.1 電磁場中の電流の式 (6.4) と (6.5) が連続の方程式と整合することを，Schrödinger方程式 (6.3) から1.4節と同様の方法によって示せ．

6.2 GaAsの価電子帯と伝導帯の間の吸収におけるFranz-Keldysh効果を計算せよ．この場合，状態密度に現れる質量は光学的有効質量 (1.3.1項, p.6〜) であり，$1/m_{eh} = 1/m_e + 1/m_h$ の関係によって与えられる．m_h は軽い正孔もしくは重い正孔の両方が考えられる．吸収端にはっきりした裾野 (たとえば 0.1 eV) を生じるためには，どのくらいの強度の電場が必要か？

6.3 典型的な超格子においてStark局在を起こすには，どの程度の電場強度が必要か？5.6節の例を用いること．それは現実的か？

練習問題

6.4 半導体の導電率と Hall 効果を測定する普通の方法で，σ や ρ を測れるか？典型的な試料の形状を図6.5 (p.232) に示してある．

6.5 長さ L_x, 幅 L_y の Hall バーに電流 I_x を流し，電圧 V_x, V_y を測定することを考える．磁場中での Drude モデルに基づく結果 (6.22) を用いて V_x と V_y を計算せよ．

2次元電子気体で $L_x = 0.5$ mm, $L_y = 0.1$ mm の Hall バーを形成して，$I_x = 1\ \mu$A, $B = 0.15$ T としたとき $V_x = 0.13$ mV, $V_y = 0.31$ mV になった．2次元電子気体の電子密度と移動度を求めよ．弱い磁場における式を用いることは正当か？

6.6 2つの電子チャネルを持つ系の弱磁場における Hall 効果の式 (6.24) を導出し，強い磁場の下で $n_{\rm eff} = n_1 + n_2$ となることを示せ．また ρ_L は弱磁場において B に関する2次の項を持つことを示せ．これらの結果は，電子チャネルと正孔チャネルの組み合わせを考えるときに，どのように変わるか？

チャネル2 はチャネル1 に比べて密度が 10 倍，移動度が 1/100 と仮定する．Hall 効果によってチャネル2 を検出することは，どのくらい容易か？（このような状況は，変調ドープ層においてしばしば生じるものである．）

6.7 **J** と **F** の関係を用いて，強い磁場の下で，どのようにして導電率と抵抗率の縦方向成分が両方ともゼロになり得るのか説明せよ．

6.8 磁場強度を $\sigma_L > \sigma_T$ になるまで強めると，Corbino 円盤 (図6.5(c), p.232) における電流と電場の分布に何が起こるか？

6.9 磁場中の電子による電流密度は，

$$J_y = -\frac{e^2 B}{m L_y}(x - x_k)\bigl|u_n(x - x_k)\bigr|^2 \qquad ({\rm ex}6.1)$$

と与えられることを，Landau ゲージを用いて示せ．$u_n(x - x_k)$ は $x = x_k$ を中心とする調和振動子の n 番目の波動関数である．波動関数 (6.33) には y 方向の伝播因子 $\exp(iky)$ があるにもかかわらず，y 方向に正味の電流は流れず，回転電流が生じていることを示せ．

6.10 対称ゲージにおける最低 Landau 準位の波動関数は $z^m \exp\left(-\frac{1}{4}|z|^2\right)$ という簡単な形（規格化因子を除く）で表せることを示せ．$m \geq 0$, $z = (x - iy)/l_B$ である（普通の複素数とは意味が全く違う！）．任意の l について $L_0^{(l)}(t) = 1$ であることに注意せよ．この基底関数は，分数量子 Hall 効果の考察に有用であることが分かっている．

6.11 2DEG において，自由な電子のように $g = 2$, $m = m_0$ と仮定してスピン分裂を考慮すると，Landau 準位のエネルギーはどのようになるか？

6.12 図6.10 (p.245) の試料の電子密度を，弱い磁場における Hall 効果と，強い磁場における Shubnikov-de Hall 効果の一連の極小点（扇ダイヤグラム）からそれぞれ求めよ．移動度も推定せよ．

6.13 図6.10 (p.245) のデータを用いて各 Landau 準位の幅 Γ と，単一粒子寿命を推定せよ．これを移動度から求めた輸送寿命と比べてみよ．（これらの散乱頻度に関する理論は第9章で与える．）

6.14 一様なスカラーポテンシャルや一様なベクトルポテンシャルを導入しても，それらは場を生じないため，結局は物理的な影響を何も持たないことを証明せよ．自由電子のエネルギー，運動量，波動関数はどのようになるか？

6.15 図6.12 (p.250) の実験に用いられたアンチドットの有効半径を求めよ．

6.16 放物線ポテンシャルによって閉じ込められた細線内の状態のエネルギー準位 (6.53) と中心位置を計算せよ．これは電子の少ない狭い細線に対する良いモデルとなる．概数として $\hbar\omega_0 = 3$ meV とすると，どのくらいの強さの磁場が関与しているか？

ここでは固有の 2 種類の振動数 ω_0 と $\omega(B)$ が存在する．どちらが波動関数に関わり，どちらが波動関数の中心位置の関数としてのエネルギーに関与するか？

6.17 図 6.15 (p.254) における最も細い細線の幅を推定せよ．

6.18 放物線ポテンシャルを持つドットの磁場中のエネルギー (6.54) を導出せよ．

6.19 放物線ポテンシャルのドット内のエネルギー準位は図 6.16 (p.255) のようになっているが，ここに 12 個の電子があるものと仮定する．常にエネルギーの低い状態から電子が占有するものと考えて，最も高い占有準位は磁場に対してどのように変化するか？スピン分裂は無視し，各準位が 2 重に縮退しているものとする．

6.20 中央部に障壁を持つ Hall バー (6.6.1 項, p.261～) の 2 探針抵抗は $R_{21,21} = (h/e^2)(1/M)$ のように障壁を透過する状態数だけで決まり，Hall 抵抗は $R_{21,53} = R_{21,64} = (h/e^2)(1/N)$ のように全エッジ状態数で決まることを示せ．

6.21 障壁を持つ Hall バーの混成抵抗の式 (6.59) を，4 探針の Landauer-Büttiker の公式から導け．探針 3 と探針 6 の役割は興味深いものではないので，探針 1, 2, 4, 5 の組み合わせだけを考える．透過係数は $3 \to 1$, $6 \to 2$ として式 (6.55) で与えられる．行列式は $S = MN^2$ で，$R_{21,54} = (h/e^2)(2/N - 1/M)$ となることを示せ．

第 7 章　近似法

　物理学や工学において数学的に正確に解ける問題は少ないので，多くの場合に近似や数値計算に頼る必要が生じる．一例として矩形井戸内に 1 個の電子があり，電場の印加によってそのポテンシャルが傾く状況を考えてみよう．電場が弱ければ，エネルギーと電子の波動関数に生じる変化も小さい．基底状態は井戸の深くなった方へと偏極し，エネルギーに 2 次の減少が生じる．摂動論 (perturbation theory) はこのような変化を扱う近似の枠組みを与える．この例は 7.2 節で論じる．

　摂動論の手法は，ポテンシャルが正確に解ける"主要な"成分と"小さな"摂動成分に分けられる場合に有効である．この状況が成立しない場合には，別の方法を用いなければならない．7.4 節で記述する WKB 法は，空間内の変化が緩慢なポテンシャルの問題に一般に適用できる方法であり，古典力学に密接に関係している．変分法 (variational method, 7.5 節) は基底状態のエネルギーだけしか扱えないが，他の方法よりも正確な結果を与えることが多く，また電子間相互作用その他の複雑な要因を取り込むこともできる．

　バンド構造の計算に関しては多くの手法がある．7.3 節の $\mathbf{k}\cdot\mathbf{p}$ 法は，半導体において最も重要な部分であるギャップ付近のエネルギー帯の形を与える．2 つの一般的なバンド計算の方法は，正反対の観点に基づくものである．"強い束縛の方法"(tight-binding method, 7.7 節) では，元々孤立していた各原子が集まって固体を形成するものと考え，孤立原子のエネルギー準位を起源として，固体のエネルギー帯が説明される．これに対して 7.8 節の"ほとんど自由な電子の方法"(nearly free electron method) では，電子の運動に対する固体の摂動は非常に弱いものと仮定する．この方法によると，いかに弱くとも周期ポテンシャルがあれば，バンドギャップが生じることが分かる．

　物理の議論に入る前に，少し脇道に逸れて数学的な予備知識を得ておくと都合がよい．前章までの我々の議論は，Schrödinger の微分方程式と，その固有関数に立脚していた．しかし摂動論は大抵，微分演算子よりも行列に基づく定式化の中で扱う方が便利である．

7.1　行列形式による量子力学の定式化

我々は 1.5.1 項 (p.14〜) で，Schrödinger 方程式の解に関して用いる固有状態や固有値という術語の使い方が，行列方程式で用いるものに非常に似通っていることを見た．この関係をもっと明確にして，Schrödinger 方程式を演算子ではなく行列形式で書き直すのは簡単である．この結果として (当然のことながら) 行列要素と呼ばれる一連の量が現れるが，この行列要素が摂動論全般に関わることになる．

この形式の変換において決定的に重要な背景となるのは，1.6 節で述べた状態の "直交性" (orthogonality) である．すなわち，

$$\int \phi_m^*(x)\phi_n(x)dx = \delta_{mn} \tag{7.1}$$

を満足するような関数系 $\{\phi_n(x)\}$ を定義できるという点が重要である．この関数系から異なる 2 つの状態を選ぶと上記の積分は 0 になり，同一の状態を選ぶと積分は 1 になる (これはこの関数系が正規直交系であること，すなわち互いに直交し，かつそれぞれが 1 に規格化されていることを意味する)．積分は関心の対象となる範囲において実行されるので，有限域の場合も無限域の場合もあるし，次元も 1 次元，2 次元，3 次元の場合が考えられる．適切な直交関数系の選択の仕方は，関心のある領域の範囲に依る．$-\infty$ から ∞ まで拡がる 1 次元系については，直交関数系が正弦波関数と余弦波関数でも，複素指数関数でも問題はない．一方 0 から a までの無限に深い井戸では，直交関数系として正弦関数を採用するのが都合がよい．これらの 2 つの例は Fourier 理論でお馴染みのものである．しかし関数の選択の仕方はもっと広く，時間に依存しない "任意の" Schrödinger 方程式の一連の解によって，正規直交系をつくることができる．

Schrödinger 方程式は記号的に $\hat{H}\psi = E\psi$ と書かれる．$\hat{H}$ は微分を含む演算子で，すでに我々は多くの実例を見てきた．任意の状態関数 ψ を，ある完全系 ϕ_n によって展開してみよう．

$$\psi = \sum_n a_n \phi_n \tag{7.2}$$

上式は n に関する和の形で書かれているが，これは空間内の有限領域に制約される系を扱う場合，たとえば箱の中の粒子を直交系 $\phi_n(x) = (2/a)^{1/2}\sin(n\pi x/a)$ によって扱う場合などに適切な形である．無限に拡がった空間領域を対象とする場合には，和を積分に置き換え，例えば Fourier 変換のように $\phi_k(x) = \exp(ikx)$ を採用することになる．

この展開式を Schrödinger 方程式に代入すると，次のようになる．

$$\hat{H}\sum_n a_n\phi_n = \sum_n a_n\hat{H}\phi_n = E\sum_n a_n\phi_n \tag{7.3}$$

7.1 行列形式による量子力学の定式化

両辺に左側から ϕ_m^* を掛けて積分を施すと，次のようになる†．

$$\sum_n a_n \int \phi_m^* \hat{H} \phi_n = E \sum_n a_n \int \phi_m^* \phi_n \tag{7.4}$$

和と積分と演算子の順序は自由に入れ替えができるものと仮定した．右辺の中の積分は正規直交性の定義式そのものであり，δ_{mn} に置き換わる．和の中の各項は，$n = m$ の項以外はすべてゼロになり，右辺として Ea_m が残る．左辺はこのように単純にはならないが，次の量を定義して，式を見やすくすることができる．

$$H_{mn} = \langle m|\hat{H}|n\rangle = \int \phi_m^* \hat{H} \phi_n \tag{7.5}$$

これは $\hat{H}$ の，状態 m と状態 n の間の"行列要素"(matrix element) と呼ばれる．行列要素を用いると，Schrödinger 方程式は次のように書き直される．

$$\sum_n H_{mn} a_n = Ea_m \tag{7.6}$$

これは，行列 H に関する次の固有値方程式そのものである．

$$\mathbf{Ha} = E\mathbf{a} \tag{7.7}$$

E は固有値，$\mathbf{a}$ は固有ベクトルである．これが元の Schrödinger の微分方程式と等価な行列方程式である．上式は単位行列 I を導入して $(E\mathsf{I} - \mathsf{H})\mathbf{a} = \mathbf{0}$ とも書ける．この方程式が自明でない解を持つためには，行列式がゼロでなければならない．

$$\det|E\mathsf{I} - \mathsf{H}| = 0 \tag{7.8}$$

上式は歴史的な理由から"永年方程式"(seqular equation) の呼称で知られる．これを満たす解によって，許容されるエネルギー E_n が決まる．単位行列 I はしばしば省略される．

以上のことは，我々がこれまで用いてきた空間内の状態関数 $\psi(x)$ のような記述と，何らかの正規直交系によって波動関数を展開し，一連の振幅によって状態を表す行列形式の記述との密接な関係を示している．残念ながら，ここで扱う行列方程式は次元が無限になるので，単純な"普通の"固有値問題より厄介である．しかしながら，ほとんどあらゆる近似法において，波動関数を展開する基本関数‡を限定することになるので，行列の次元は有限になる．

---

†(訳註) 他の文献ではあまり見られない特殊な表記法であるが，$\int \phi \equiv \int \phi(x)dx$ という具合に，積分内の関数の引き数 (x) を省略した場合に dx も省いてある．

‡(訳註) 原著では basis. 任意の状態関数を式 (7.2) のように展開するときに用いる各関数のことである．基底もしくは基底関数と訳される場合もあるが，基底状態 (最低のエネルギー固有値に属する状態) との区別が紛らわしくなるので，本稿では基本関数としておく．

行列要素を $\langle m|\hat{H}|n\rangle$ のように表記する流儀は，Dirac(ディラック)が考えたものである．$|n\rangle$ は"ケット"(ket)と呼ばれ，物理系の状態を表す．"ブラ"(bra) $\langle n|$ は，その複素共役である．$\phi_n(x)$ のような関数を直接扱う形式に比べて，記述が極めて簡便なものになることに注意されたい．Dirac の表記では状態の番号 n だけを残している．状態を式(7.2)のように，ある完全な関数系によって展開することを決めてしまえば，波動関数 $\psi(x)$ の完全な表現として一連の展開係数を用いることができるので，状態 n が $\phi_n(x)$ であることは重要ではなくなる．Dirac の表記法は，この重要ではない詳細な情報を省いているのである．実際にこの表記法は，行列方程式と微分方程式の橋渡しとなり，数学的に深い意義を持っている．

任意の基本関数系によって演算子 $\hat{H}$ を行列 H_{mn} に還元できるが，$\hat{H}$ の一連の固有関数(分かっていれば！)を基本関数系として選ぶと非常に便利である．これらは Schrödinger 方程式 $\hat{H}\phi_n = \varepsilon_n \phi_n$ を満たす定常状態である．したがって，

$$H_{mn} = \int \phi_m^* \hat{H} \phi_n = \int \phi_m^* \varepsilon_n \phi_n = \varepsilon_n \delta_{mn} \tag{7.9}$$

となる．最後の計算は状態系 ϕ_n の正規直交性に基づいており，この基本関数系を採用すると，ハミルトニアンは対角行列になる．ハミルトニアンに限らず，任意の演算子の固有状態が成す関数系は"その演算子を対角化(diagonalize)する"と言える．

$\hat{H}$ を対角化する基本関数系によって，別の演算子も対角化されるという場合もあり得る．それぞれ同じ状態が，両方の演算子の固有関数になるのである．このような事は，2つの演算子が交換可能(1.5節)な場合だけに起こる．この場合，2番めの演算子に対応する物理量は，運動の定数(constant of motion)と呼ばれる．例として1次元系の自由電子を考えよう．平面波 $\exp(ikx)$ は，ハミルトニアン $(-\hbar^2/2m)\partial^2/\partial x^2$ と運動量演算子 $-i\hbar\partial/\partial x$ を同時に対角化する(1.5節)．これは平面波状態が，エネルギーも運動量も確定した状態であることを示している．

我々はハミルトニアン(微分)演算子を行列に直し，Schrödinger方程式を行列方程式に書き換えた．同じ作業を任意の演算子に関して繰り返すこともできる．次節で見るように，摂動論においてはハミルトニアンを，対角化の方法が解っている主要な部分 $\hat{H}_0$ と，小さな摂動の部分 $\hat{V}$ に分割する．摂動項は $\hat{H}_0$ の固有状態間の行列要素の形で，エネルギーや波動関数の表式に現れることになる．

観測量に対応するような微分を含む演算子は，観測値に対応する固有値が実数になるように，Hermiteでなければならない(1.5.2項，p.16~)．そのような演算子に対応する行列も Hermite 行列でなければならない．すなわち $\mathsf{M}^\dagger = \mathsf{M}$ ($M_{mn} = M_{nm}^*$) である．

以上の予備知識をふまえて，摂動論を論じることにしよう．

7.2　時間に依存しない摂動論

　馴染みのある一例として，量子井戸内の1電子問題から始めよう．図7.1(a) は通常の矩形ポテンシャル井戸を示しているが，これは第4章においてすでに解を求めてある．井戸の深さが無限であれば解は簡単であるし，深さが有限の場合に解を求めるのは少々煩わしい作業になる．ここで試料に電場が印加され，ポテンシャルが図7.1(b) のように傾く状況を考えよう．基底状態は図中のように変わる．波動関数は非対称になり，平均位置 $\langle x \rangle$ は井戸の中心 ($x = 0$ と置く) から，電場によってエネルギーが低下した側へとずれる．電場のために井戸内電子は分極し，双極子能率 (dipole moment) $p = -e\langle x \rangle$ を発生したことになる．この双極子能率は，電場が弱ければ電場 F に比例するものと予想され，体積の単位を持つ分極率 (polarizability) α を $p = \epsilon_0 \alpha F$ という形で定義できる．波動関数の中心位置がずれることによってエネルギーが $-\frac{1}{2}\epsilon_0 \alpha F^2$ だけ変わるが，これが誘起された双極子のエネルギーにあたる．

　この場合，問題を厳密に解くことも可能である．図7.1(b) のポテンシャルは各部が線形で，波動関数は Airy 関数を井戸端で接続させることによって構成できる．この作業は煩わしく，詳しい数表や計算機も必要となる．普通そこまでの正確さは必要でないし，7.2.3項 (p.279〜) で見るように，厳密解が必ずしも好ましいものでないこともあり得る．分極率 α を求めるために，ポテンシャルエネルギーの変化分は小さく，波動関数とエネルギーが印加した電場強度の冪で展開できるものと仮定する．ここまでの議論から，我々は次のいずれかを知る必要がある．

(i) 波動関数の変化：電場に関して1次の項まで．

(ii) エネルギーの変化：電場に関して2次の項まで．

これらの限られた要請は，極めて普遍的なものであることが明らかになるので，我々はここで，これらの量を計算する方法を展開する．残念なことに，この種の摂動論は，

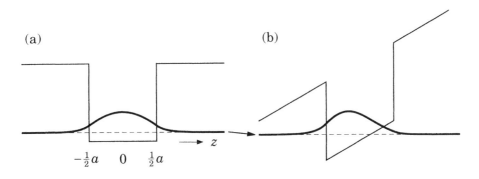

図7.1　(a) 外部電場のない場合の量子井戸．(b) 電場中の量子井戸．

物理的に尤もな理由により，正しい結果を導かない場合もあり得る．単純な電場中の量子井戸の問題でさえ，摂動論は完全な物理的描像を与えてくれないことを，後から見る．

まずは一般的な摂動論の結果を導出し，その後でそれを電場中の量子井戸の問題へ適用する．

7.2.1 一般の摂動論

一般的な考え方として，系のハミルトニアン $\hat{H}$ を 2 つの部分に分けて $\hat{H} = \hat{H}_0 + \hat{V}$ と置く．

(i) $\hat{H}_0$ は非摂動系を表す．これは「大きい (主要な)」部分であり，正確に解くことができる (電場のない井戸のように)．

(ii) $\hat{V}$ は "摂動" (perturbation) を表す．この項は「小さく」なければならない．「小さい」ということの正確な意味は後から明らかになる．

したがって，出発点において次の Schrödinger 方程式,

$$\hat{H}_0 \phi_n = \varepsilon_n \phi_n \tag{7.10}$$

の解はあらかじめ分かっていて，解くべき方程式は,

$$\hat{H}\psi_n = (\hat{H}_0 + \hat{V})\psi_n = E_n \psi_n \tag{7.11}$$

である．摂動論の考え方は，エネルギーと波動関数を，小さなポテンシャル $\hat{V}$ の冪で展開することである．計算を分かりやすくするために $\hat{H} = \hat{H}_0 + \lambda \hat{V}$ と置いて，λ の次数が小ささの程度を表すようにし，最後に $\lambda = 1$ に戻すことにする．エネルギーと波動関数が，次の形に展開されるものとする．

$$E_n = E_n^{(0)} + \lambda E_n^{(1)} + \lambda^2 E_n^{(2)} + \cdots \tag{7.12}$$

$$\psi_n = \psi_n^{(0)} + \lambda \psi_n^{(1)} + \lambda^2 \psi_n^{(2)} + \cdots \tag{7.13}$$

下付き添字は状態を識別する添字であり，上付き添字は λ の次数，すなわちその項の小ささの程度を表す．

これらの展開式を Schrödinger 方程式に代入すると，次のようになる．

$$(\hat{H}_0 + \lambda \hat{V})(\psi_n^{(0)} + \lambda \psi_n^{(1)} + \cdots) = (E_n^{(0)} + \lambda E_n^{(1)} + \cdots)(\psi_n^{(0)} + \lambda \psi_n^{(1)} + \cdots) \tag{7.14}$$

この式は λ の値に依らず成立するはずなので，両辺の同じ λ の次数の項の係数が等しくなければならない．0 次，1 次，2 次について見ると，以下の式が得られる．

$$\hat{H}_0 \psi_n^{(0)} = E_n^{(0)} \psi_n^{(0)} \tag{7.15}$$

7.2 時間に依存しない摂動論

$$\hat{V}\psi_n^{(0)} + \hat{H}_0\psi_n^{(1)} = E_n^{(1)}\psi_n^{(0)} + E_n^{(0)}\psi_n^{(1)} \tag{7.16}$$

$$\hat{V}\psi_n^{(1)} + \hat{H}_0\psi_n^{(2)} = E_n^{(2)}\psi_n^{(0)} + E_n^{(1)}\psi_n^{(1)} + E_n^{(0)}\psi_n^{(2)} \tag{7.17}$$

最初の式 (7.15) は，非摂動の Schrödinger 方程式そのものなので，即座に，

$$\psi_n^{(0)} = \phi_n, \quad E_n^{(0)} = \varepsilon_n \tag{7.18}$$

と置ける．これは全く自明のことで，0 次摂動の波動関数とエネルギーは，非摂動のものになる．

これらの結果を 1 次の式 (7.16) に代入して整理すると，

$$(\hat{H}_0 - \varepsilon_n)\psi_n^{(1)} = (E_n^{(1)} - \hat{V})\phi_n \tag{7.19}$$

となる．ここから先に進むためには，前節の結果を用いる必要がある．$\psi_n^{(1)}$ を，$\hat{H}_0$ の固有関数系である完全系 ϕ_n で展開する．

$$\psi_n^{(1)} = \sum_k a_{nk}^{(1)} \phi_k \tag{7.20}$$

添字が増えているけれども，やはり下付き添字は状態を表し，上付き添字は小ささの程度を表している．この展開式を用いると，1 次の式 (7.19) は次のようになる．

$$\sum_k (\hat{H}_0 - \varepsilon_n) a_{nk}^{(1)} \phi_k = (E_n^{(1)} - \hat{V})\phi_n \tag{7.21}$$

左辺の演算子 $\hat{H}_0$ を和の中に入れたのは，これを ϕ_k に作用させると簡単に $\hat{H}_0\phi_k = \varepsilon_k \phi_k$ となるからである．こうして $\psi_n^{(1)}$ の展開の結果，$\hat{H}_0$ は消えて次式を得る．

$$\sum_k a_{nk}^{(1)}(\varepsilon_k - \varepsilon_n)\phi_k = E_n^{(1)}\phi_n - \hat{V}\phi_n \tag{7.22}$$

次のステップとして，関数系 ϕ_n の正規直交性を利用して $\hat{V}$ を行列要素へと還元する．つまり式 (7.22) の両辺に左側から ϕ_n^* を掛けて積分する．左辺では状態関数の直交性のために $k = n$ 以外の項はすべて消え，$k = n$ の項だけが残る．係数 $(\varepsilon_k - \varepsilon_n)$ までを考えると，この残りの項もゼロになる．右辺の $E_n^{(1)}$ が掛かった ϕ_n の方は積分によって 1 になり，ポテンシャルが掛かった項は行列要素 V_{nn} になる．

$$E_n^{(1)} = \int \phi_n^* \hat{V} \phi_n \equiv V_{nn} \tag{7.23}$$

式 (7.23) は，エネルギーの 1 次の変化が，非摂動状態 ϕ_n における摂動ポテンシャル $\hat{V}$ の期待値であることを表している．これは予想される結果である．

波動関数の係数を得るために，式 (7.22) の両辺に左から ϕ_m^* を掛けて $(m \neq n)$ 積分する．左辺では $k = m$ の項だけが残り，この場合は係数もゼロにならない．右辺では直交性によって $E_n^{(1)}$ の項が消え，行列要素 V_{mn} が残る．

$$a_{nm}^{(1)}(\varepsilon_m - \varepsilon_n) = -\int \phi_m^* \hat{V} \phi_n \equiv -V_{mn} \tag{7.24}$$

したがって $a_{nm}^{(1)} = V_{mn}/(\varepsilon_n - \varepsilon_m)$ である．波動関数の 1 次の変化は次のようになる．

$$\psi_n^{(1)} = a_{nn}^{(1)} \phi_n + \sum_{k, k \neq n} \frac{V_{kn}}{\varepsilon_n - \varepsilon_k} \phi_k \tag{7.25}$$

この方法では $a_{nn}^{(1)}$ が求まらないことに注意されたい．幸いその必要はない．この係数は規格化に影響するだけなので，$a_{nn}^{(1)} = 0$ と置くことにする．

エネルギーの 2 次の補正へと進もう．すでに得た結果によって，式 (7.17) は次のようになる．

$$(\hat{H}_0 - \varepsilon_n)\psi_n^{(2)} = (V_{nn} - \hat{V}) \sum_k a_{nk}^{(1)} \phi_k + E_n^{(2)} \phi_n \tag{7.26}$$

波動関数を，

$$\psi_n^{(2)} = \sum_k a_{nk}^{(2)} \phi_k \tag{7.27}$$

のように展開する．

$$(\hat{H}_0 - \varepsilon_n) \sum_k a_{nk}^{(2)} \phi_k = (V_{nn} - \hat{V}) \sum_k a_{nk}^{(1)} \phi_k + E_n^{(2)} \phi_n \tag{7.28}$$

前と同様に $\hat{H}_0$ を和の中に入れて ε_k に置き換えることができる．次に左から ϕ_n^* を掛けて積分する．左辺はゼロになり，次式を得る．

$$E_n^{(2)} = \sum_k a_{nk}^{(1)} \int \phi_n^* \hat{V} \phi_k - V_{nn} a_{nn}^{(1)} = \sum_k a_{nk}^{(1)} V_{nk} - V_{nn} a_{nn}^{(1)} \tag{7.29}$$

未知の係数 $a_{nn}^{(1)}$ の項は消える．他の係数 $a_{nk}^{(1)}$ を代入すると，

$$E_n^{(2)} = \sum_{k, k \neq n} a_{nk}^{(1)} V_{nk} = \sum_{k, k \neq n} \frac{V_{nk} V_{kn}}{\varepsilon_n - \varepsilon_k} \tag{7.30}$$

となる．V が Hermite 行列であることを思い出すと，上式はもう少し簡単になる．$V_{nk} = V_{kn}^*$ なので，式中の分子を $|V_{nk}|^2$ もしくは $|V_{kn}|^2$ と書ける．

これで我々は，摂動による波動関数の 1 次までの補正と，エネルギーの 2 次までの補正を得ることができた．

$$E_n = \varepsilon_n + V_{nn} + \sum_{k, k \neq n} \frac{|V_{kn}|^2}{\varepsilon_n - \varepsilon_k} + \cdots \tag{7.31}$$

$$\psi_n = \phi_n + \sum_{k, k \neq n} \frac{V_{kn}}{\varepsilon_n - \varepsilon_k} \phi_k + \cdots \tag{7.32}$$

このような作業を続けて更に高次の摂動補正を求めることもできるが，高次の補正が必要になることは稀である．その代わりに上式の意味を考えてみる．

(i) 前に用いた「小さい」という意味が明らかになった．級数が速く収束するためには，摂動項の分子の行列要素が分母のエネルギー差よりもはるかに小さくなければならない．言い換えると，摂動によって生じる状態間の結合は，エネルギー準位の間隔よりも小さくなければならない．これは当然のことで，この条件が満たされないならば，摂動を受けた系の状態は，元のハミルトニアンが表す系の状態と全く違ったものになるはずである．

(ii) 分母のエネルギー差がゼロになると問題が生じる．関心の対象となる状態が互いに縮退している場合には，このような事が起こるので，異なるアプローチが必要になる (7.6節)．

(iii) しばしば行列要素 V_{kn} の多くは，対称性のためにゼロになる．散乱頻度を時間に依存する摂動論によって計算する場合にも，同じように行列要素が現れるが，対称性によって生じる状態間の結合の制約は"選択則" (selection rule) と呼ばれる．我々が扱った電場中の量子井戸も，ひとつの単純な選択則の例を提示する．井戸のポテンシャルは x 方向に，中央の点に関して対称なので，状態は対称なものと反対称のもの (x に関して偶と奇) が交互に現れる．電場は $V(x) = eFx$ の摂動を与えるので，行列要素は次の形になる．

$$V_{mn} = eF \int \phi_m^*(x) x \phi_n(x) dx \tag{7.33}$$

状態関数は実数なので，複素共役の記号は省いてよい．x は奇関数であり，被積分関数全体が偶関数となって積分がゼロでない結果を与えるためには，積 $\phi_m \phi_n$ も奇関数になる必要がある．したがって状態関数の一方は偶関数で，もう一方は奇関数でなければならない．これは選択則の簡単な例である．選択則は光学スペクトルの考察 (8.7節) においても見ることになる．ここでは対角要素 ($n = m$) がゼロになる点が重要な特徴である．

(iv) エネルギーの1次の変化 V_{nn} は正にも負にもなり得る．しかしこれは対称性のためにゼロになることが多く，2次の項を使わなければならない．しばしば基底状態からの摂動が関心の対象となるが，この場合，摂動項の分母に現れるエネルギー差 $\varepsilon_n - \varepsilon_k$ は負になる．分子はもちろん正なので，基底エネルギーからの2次摂動補正は常に負である．摂動によって基底状態に他の状態が混合できるようになると，系は常にエネルギーを下げるために，この自由度を利用する．

7.2.2 電場中の量子井戸

我々はこれで，本節の最初に提示した電場中の量子井戸の問題を解くことができる．議論を簡単にするために，井戸の中心が原点にある幅 a の無限に深い井戸を考えると $\varepsilon_n = (\hbar^2/2m)(n\pi/a)^2$ で，ϕ_n は交互に余弦関数か正弦関数になる．基底エネルギーの変化を求めるために，行列要素 V_{k1} が必要である．電場による摂動は $\hat{V} = eFx$ である．すでに見たように，波動関数と摂動の対称性を考慮すると，対角要素 V_{kk} はすべてゼロになり，V_{k1} は k が偶数のものだけが残る．したがって電場の摂動は偶関数の基底状態と奇関数の励起状態 (k が偶数) を結合させ，エネルギーに 1 次の変化は無い．これは物理的にも明らかである．エネルギーの変化は F の符号には依存しないはずなので，最低次のエネルギー摂動は 2 次である．2 次のエネルギー摂動は，ゼロでない項だけを残すと，

$$\Delta E_1 = -\sum_{k=1}^{\infty} \frac{|V_{2k,1}|^2}{\varepsilon_{2k} - \varepsilon_1} \tag{7.34}$$

であり，確かにエネルギーは低下する．

最初の項 ($k = 1$) だけを計算して，エネルギー低下の様子を見てみよう．このためには双極子行列要素 (dipole matrix element. 式 (ex1.4), p.45) が必要である．

$$V_{21} = \frac{2}{a}\int_{-a/2}^{a/2} \sin\left(\frac{2\pi x}{a}\right)(eFx)\cos\left(\frac{\pi x}{a}\right)dx = \frac{16}{9\pi^2}(eFa) \tag{7.35}$$

分母のエネルギー差は $\varepsilon_2 - \varepsilon_1 = 3\varepsilon_1$ なので，エネルギーの低下は，

$$-\Delta E_1 > \frac{256}{243\pi^4}\frac{(eFa)^2}{\varepsilon_1} \tag{7.36}$$

となる．この結果の概要を言葉で表すと，次のようになる．

$$\left(\frac{[\text{エネルギーの低下}]}{[\text{基底エネルギー}]}\right) \approx \frac{1}{100}\left(\frac{[\text{井戸の両端のエネルギーの違い}]}{[\text{基底エネルギー}]}\right)^2 \tag{7.37}$$

これは，この問題に自然に現れるエネルギーの諸量の関係を表している．摂動は電場によるものであり，行列要素は活性領域における電位降下に比例するはずである．電子は井戸の中央の位置を起点として，井戸内に存在するので，$V_{21} \approx \frac{1}{4}(eFa)$ と推測できる．分母は関心の対象となる元の状態と，それと結合する最もエネルギーの近い状態とのエネルギー差である．これらの値を用いた推定値は，式 (7.36) で求めた値と因子 2 ほどしか違わない．大抵の場合にこのような方法で直接的に摂動論に現れるエネルギーを推測できるが，もちろん正確な数値を求めるには積分を計算しなければならない．

エネルギーの変化を分極率 α を用いて表すこともできる．量子井戸が誘電率 ϵ_b の半導体の中に形成されているとすると，α を $\Delta E_1 = -\frac{1}{2}\epsilon_0\epsilon_b\alpha F^2$ によって定義すると辻

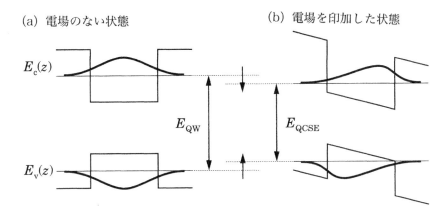

図7.2 (a) 平坦なバンドによる量子井戸. 井戸内の束縛状態の間で生じる吸収エネルギー $E_{\rm QW}$ を図中に示してある. (b) 電場の印加によってバンドが傾き, 束縛状態のエネルギーが両方とも低下し, 吸収エネルギーも減少して $E_{\rm QCSE}$ になる. 分かりやすいようにバンドギャップ全体を縮小して描いてある.

褄が合うことになる. したがって,

$$\alpha = \frac{512 e^2}{243 \pi^4 \epsilon_0 \epsilon_{\rm b}} \frac{a^2}{\varepsilon_1} = \frac{4096}{243 \pi^5} \frac{a^4}{a_{\rm B}} \tag{7.38}$$

である. 後のほうの表式では半導体における有効Bohr半径 $a_{\rm B}$ (式 (4.67)) を導入したが, これは半導体中で現れる長さの自然な尺度であり, 有効質量のような諸パラメーターをすべて都合よく吸収してくれる.

我々は最もエネルギーが近い状態との結合によるエネルギー変化だけを考察したが, 他の状態による寄与にも注意が必要である. この簡単な井戸への電場印加の例では, 全状態からの寄与の総和を解析的に評価することが可能である. その結果は, 式 (7.36) の係数因子が $256/243\pi^4 \approx 0.010815$ から $(15 - \pi^2)/48\pi^2 \approx 0.010829$ に代わるだけである. 高いエネルギーを持つ状態からの寄与は小さいが, この性質は普遍的なものである. エネルギーの差は, 分母を通じてエネルギーの高い状態からの影響を抑制しており, ここではこの因子が $1/k^2$ と与えられるが, 更にこの例では行列要素の方も $1/k^3$ 倍に減少する. したがって級数の収束は非常に速く, 最初の項だけでも精度のよい見積りができるのである. しかし残念ながら, 有限の深さの量子井戸を扱う場合には, エネルギーの高い状態が束縛されていないので, 同じように扱えない可能性が生じる.

量子井戸の光吸収に対する電場の効果を図7.2 に示す. 電場によって電子のエネルギーも正孔のエネルギーも (それぞれ適正な定義の下で) 低下する. このようにして生じる吸収線のずれは, "量子閉じ込めStark効果" (quantum-confined Stark effect) と

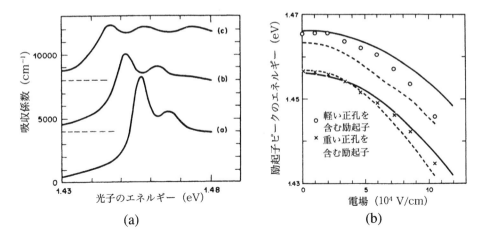

図7.3 (a) 多重量子井戸の吸収スペクトルの垂直電場依存性. 9.5 nm幅の GaAs の井戸が, 9.8 nm幅の $Al_{0.32}Ga_{0.68}As$ 障壁によって隔てられている. 電場の強さは (a) 1.0 MV m^{-1}, (b) 4.7 MV m^{-1}, (c) 7.3 MV m^{-1} である. 各曲線の2つのピークには, それぞれ軽い正孔と重い正孔が関与している. (b) ピーク位置の電場強度依存性. 曲線は理論による推定である. [Miller et al. (1985) による.]

して知られている. 明らかにこの効果は, 閉じ込めの無い電子に対して吸収端の変化を生じる Franz-Keldysh効果 (6.2.1項, p.225〜) と関係がある. 井戸幅 (井戸層の厚さ) を広げて, 束縛状態間のエネルギー間隔を狭めていくと, 量子閉じ込めStark効果は Franz-Keldysh効果へと移行する. この移行は電気長 (electric length, 式 (4.39)) が井戸幅よりも短くなり, そちらの閉じ込め効果の方が重要になる場合にも起こる. 図 7.3 に量子閉じ込めStark効果の測定結果を, ここで展開したのと同様の理論計算の結果と併せて示す.

量子閉じ込めStark効果による吸収の変化を直接に利用したり, これに付随して Kramers-Kronig の関係式 (10.1.1項, p.394〜) に従って生じる屈折率の変化を利用したりして, 電気光学デバイス (electro-optic device) に応用することができる. 完全な計算を行うためには, もうひとつの重要な要素となる励起子 (exciton) に対する電場の効果を考慮しなければならないが, これは 10.7.4項 (p.428〜) で議論する.

我々は, 後で摂動論の多くの応用例を見ることになる. ここでもうひとつの例を挙げるならば, 多くの系における光吸収は, 調和振動子のモデルで扱うことができる. このモデルを拡張するために, 次のように非調和項を導入する方法が考えられる.

$$V(x) = \frac{1}{2}Kx^2 + Bx^3 + Cx^4 + \cdots \tag{7.39}$$

B や C は小さいものと想定され, これらの項を摂動によって扱える. このアプローチは非線形光学の理論においてしばしば用いられ, 第二高調波発生 (second-harmonic generation) や四光波混合 (four-wave mixing) のような効果をもたらす．

7.2.3 注意事項

摂動論は一般に有用で，多くの問題に対して妥当な結果を与える．しかし摂動論が誤った結果を導く場合もあるということも認識しておかなければならない．再び電場中の量子井戸を見てみよう．今度は半導体中の，より大きい領域を考慮する (図7.4)．電場によって両側の障壁は傾き，一方は更に高くなるが，もう一方は低く傾斜して，井戸内の束縛準位に対する障壁の幅が有限になってしまう．したがって "束縛" 状態にあったはずの電子は，二重障壁構造における共鳴トンネル (5.5節) と同様に，トンネルして外部へ逃避できるようになる．我々が計算した束縛状態のエネルギー変化は，電子の束縛が解かれるならば無意味のようにも見える！しかし幸い電場が強すぎない限り，障壁の幅は充分厚く，井戸内の電子の寿命は非常に長い．光学的な実験は，電子や正孔が井戸外へ逃避する前に再結合するような条件で行えば，トンネル逃避の影響を受けない．著しい高電界を印加した場合にのみ，状態の共鳴的な側面が重要になり，図7.3(a) のように吸収曲線が緩やかになる．

このように電場の印加によって障壁が低くなり，元々は束縛状態にあった電子が逃避できるようになる過程は "Fowler-Nordheim トンネリング" と呼ばれる．実際にはこのような効果を無視できることが多いとしても，摂動論はこのような系の質的な変化をとらえ損なっている．この理由を見いだすために，電子の逃避確率を粗く見積もってみよう．電子が障壁をトンネルする確率は，障壁の厚さを L，減衰定数を κ とすると，おおよそ $\exp(-2\kappa L)$ である．井戸深さを V_0 とすると $L \approx V_0/eF$ と置ける (厳密には束縛エネルギーは，井戸の底ではなく束縛準位から測るべきではあるが)．減衰係数 κ は定数ではないが，粗い見積りとして障壁の中央における値を用いることにすると $\hbar^2\kappa^2/2m \approx \frac{1}{2}V_0$ である．これらの値から透過率は，

$$T \approx \exp\left(-\frac{(4mV_0^3)^{1/2}}{eF\hbar}\right) \quad (7.40)$$

と与えられる．電場がゼロに近づくと透過率もゼロに近づくが，数学的に重要な性質

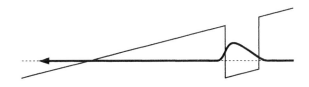

図7.4 量子井戸に電場を印加した際に，元々は井戸内に束縛されていた状態にトンネルによる逃避が生じる様子．

は，この挙動が解析的ではないことである ($F=0$ において $T(F)$ は真性特異点を持つ). したがって T を摂動 F によって冪級数に展開することは不可能で，この性質はそもそも摂動論を導入した際の仮定 (式 (7.12)) に適合していない．摂動論は井戸外へのトンネル過程を決して扱えないのである．同様の問題は Zener トンネル (2.2 節) などにも見られる．

上記のことから得られる教訓は，摂動論は既によく理解されている効果の計算だけに適用すべきだということである．実際に摂動論の適用に問題が生じるような局面を経験することは稀であるが，Fowler-Nordheim トンネリングのような非摂動的な効果が存在することも，頭に留めておくべきである．

7.3　k・p 理論

我々は半導体におけるほとんどの過程が，価電子帯の頂上付近と伝導帯の底付近で起こることを知っている．これらの領域に対して 2 次関数のモデルを採用してきたが，詳しい計算 (2.6 節) によると，これは伝導帯については粗い近似に過ぎず，軽い正孔と重い正孔が Γ 点で縮退している価電子帯では，さらに現実からの隔たりがある．数値計算に頼らずに，これらの重要な領域におけるバンド構造をもっと正確に記述する方法が望まれるところである．k・p 法とその応用が，この要求に応えてくれる．

Bloch の定理によると結晶中の波動関数が，周期関数 $u_{n\mathbf{K}}(\mathbf{R})$ を用いて $\phi_{n\mathbf{K}}(\mathbf{R}) = u_{n\mathbf{K}}(\mathbf{R})\exp(i\mathbf{K}\cdot\mathbf{R})$ という積で表されること (2.1 節) を思い出そう．有効質量近似を導出したときに，$u_{n\mathbf{K}}(\mathbf{R})$ を $\mathbf{K}$ 空間内の小さな領域で定数と置くとよい近似になるという議論をした (式 (3.5))．このことを参考にして，$\phi_{n\mathbf{K}}(\mathbf{K})$ そのものよりも，定数ではないが変化が緩慢な関数 $u_{n\mathbf{K}}(\mathbf{R})$ の近似解を見いだす方が容易であろうと推察できる．

結晶中の Bloch 関数に対する Schrödinger 方程式は，

$$\left[\frac{\hat{\mathbf{p}}^2}{2m_0} + V_{\mathrm{per}}(\mathbf{R})\right]\phi_{n\mathbf{K}}(\mathbf{R}) = \varepsilon_n(\mathbf{K})\phi_{n\mathbf{K}}(\mathbf{R}) \tag{7.41}$$

である．運動量演算子は $\hat{\mathbf{p}} = -i\hbar\nabla$ であり，m_0 は自由電子の質量である．$\phi_{n\mathbf{K}}(\mathbf{R}) = u_{n\mathbf{K}}(\mathbf{R})\exp(i\mathbf{K}\cdot\mathbf{R})$ を上式に代入する．$\hat{\mathbf{p}}$ は平面波に作用すると単純に $\hbar\mathbf{K}$ を生じ，平面波因子自体は両辺で相殺される．こうして周期関数 $u_{n\mathbf{K}}(\mathbf{R})$ だけに関する方程式が残る．

$$\left\{\left[\frac{\hat{\mathbf{p}}^2}{2m_0} + V_{\mathrm{per}}(\mathbf{R})\right] + \left[\frac{\hbar}{m_0}\mathbf{K}\cdot\hat{\mathbf{p}} + \frac{\hbar^2 K^2}{2m_0}\right]\right\}u_{n\mathbf{K}}(\mathbf{R}) = \varepsilon_n(\mathbf{K})u_{n\mathbf{K}}(\mathbf{R}) \tag{7.42}$$

上式を $\mathbf{K} = \mathbf{0}$ において解くことができて，一連の波動関数 $u_{n\mathbf{0}}(\mathbf{R})$ とそれらのエネルギー $\varepsilon_n(\mathbf{0})$ が得られているものと仮定しよう．一般的な理論によると，この一連の関

数は完全系になっている．したがって他の $\mathbf{K}$ の値における解も，これらを基本関数系として展開でき，行列方程式をつくることができる．あるいは我々は主に $|\mathbf{K}|$ が小さい所だけに関心があるので，摂動論を用いてもよい．式 (7.42) の中の $\mathbf{K}$ に依存する 2 つの項は，$\mathbf{K} = 0$ における状態からの摂動項と見ることができる．一方は単なる自由電子エネルギーの変更であるが，もう一方は $\mathbf{K} \cdot \hat{\mathbf{p}}$ という演算子を含み，これが理論の呼称の由来となっている．$\mathbf{K}$ は Bloch 波数ベクトルであり，これを摂動因子として扱う．$\hat{\mathbf{p}}$ の方は運動量演算子である．したがって $\mathbf{K} \cdot \hat{\mathbf{p}} = k_x(-i\hbar \partial/\partial x) + [y$ および z 方向の項$]$ である．

あるバンド n だけを考えることにしよう．このバンドは $\mathbf{K} = 0$ において他のバンドと縮退していないものと仮定する．$\langle n\mathbf{0}|\mathbf{K} \cdot \hat{\mathbf{p}}|n\mathbf{0}\rangle$ のような対角要素がゼロになることは容易に分かる．2 次までの摂動は，

$$\varepsilon_n(\mathbf{K}) \approx \varepsilon_n(0) + \frac{\hbar^2 K^2}{2m_0} + \frac{\hbar^2}{m_0^2} \sum_{m, m \neq n} \frac{|\langle m\mathbf{0}|\mathbf{K} \cdot \hat{\mathbf{p}}|n\mathbf{0}\rangle|^2}{\varepsilon_n(0) - \varepsilon_m(0)} \quad (7.43)$$

と与えられる．この式は扱い難いように見えるけれども，$\mathbf{K}$ に関して 2 次であり，常に対角化して 2.6.4 項 (p.71〜) で見たような伝導帯の形を与えることができる．GaAs の Γ 谷ではスカラーに還元されて $\varepsilon_c(\mathbf{K}) \approx E_c + \hbar^2 K^2 / 2m_0 m_e$ となる．

正確な波動関数を求めなくとも，式 (7.43) の形からバンド形状に関する概念を得ることが可能である．GaAs の伝導帯の Γ 谷を考えてみよう．最大の寄与は，最も近いエネルギーを持つバンドによって与えられるはずである．Γ 点では価電子帯の頂点が最近接の状態である (伝導帯の次のバンドも，これより大きく離れているわけではないが)．伝導帯は対称 (s 的)，価電子帯は反対称 (p 的) で，演算子 $\hat{\mathbf{p}}$ も反対称なので，行列要素はゼロにはならない．元の状態よりエネルギーの低い状態と結合するので，摂動項の分母のエネルギー差は正である．(この点は 7.2.2 項 (p.276〜) で見た基底状態に対する摂動と異なる)．したがって $\mathbf{K}$ の関数として摂動補正を見ると，電子のエネルギーは増し，有効質量は低下する．

$\mathbf{K}$ を x 方向に取り，補正の大きさを粗く見積もってみよう．和は 3 つの p 軌道を起源とする価電子帯の頂点における状態 (2.6.3 項, p.68〜) に関するものになる．行列要素は慣例として $\langle S|\hat{p}_x|X\rangle = (im_0/\hbar)P$ のように書かれる (Bastard (1988) では $\hbar$ を省いてあることに注意せよ)．これは s 軌道から構築された伝導帯状態 S と，p_x 軌道から構築された価電子帯状態 X を含む．この行列要素は光吸収のような他の性質においても現れるものである．$\langle S|\hat{p}_x|Y\rangle$ のような他の行列要素は，対称性のためにゼロになる．式 (7.43) より，伝導帯のエネルギーは，次のように表される．

$$\varepsilon_c(\mathbf{K}) \approx E_c + \frac{\hbar^2 K^2}{2m_0} + \frac{\hbar^2}{m_0^2} \frac{|K(im_0/\hbar)P|^2}{E_c - E_v} = E_c + \frac{\hbar^2 K^2}{2m_0}\left(1 + \frac{2m_0 P^2}{\hbar^2 E_g}\right) \quad (7.44)$$

有効質量係数は括弧内の部分によって決まり，$1/m_e = 1 + E_P/E_g$ と書ける．E_g は

Γ点におけるバンドギャップ，$E_P = 2m_0 P^2/\hbar^2$ である．

最後に E_P を推定する必要がある．演算子 $\hat{\mathbf{p}}$ は微分なので，大まかに言うと，これはバンドギャップ近傍の状態の波数ベクトルを抽出する．Brillouin ゾーンの端 X は $k_x = \pi/a$ のところにあり，図2.16 (p.68) によると価電子帯の頂上はゾーン境界からの1回の折り返しによって現れるはずなので，P はおおよそ $2\pi/a$ である．格子定数は $a \approx 0.5$ nm なので $E_P \approx 22$ eV となる．普通の半導体では，現実の値もこの推定に非常に近い (付録B)．GaAs のバンドギャップは $E_g \approx 1.4$ eV なので $m_e \approx 0.061$ と概算されるが，さしたる手間もかけずに導いた値にしては，非常によい推定値になっている．

ギャップが狭いときに有効質量が小さくなるという傾向も正しい．しかし残念ながらこの要因も $\mathbf{k} \cdot \mathbf{p}$ 法の適用範囲に制約を与える．有効質量が小さいと，運動エネルギーは k に伴って急速に増加し，すぐに狭いバンドギャップと同等になるからである．こうなると摂動 $\mathbf{K}$ によるエネルギーの変化が，非摂動状態のエネルギー間隔よりも大きくなり，摂動論が成立しなくなる．これに関連した Kane のアプローチによると，このような狭ギャップの条件下の取扱いが改善されるが，これは 10.2 節において議論する．

価電子帯のエネルギーに関しても，同じ行列要素が現れるが，摂動項の分母のエネルギーは符号の違いにより反対の効果を生じる．伝導帯との結合による寄与の大きさは $\hbar^2 K^2/2m_0$ を上回り，バンドを上に押し上げ，価電子帯を下側へ湾曲させるので，予想される正孔帯としての性質が得られる．残念ながら価電子帯は Γ で縮退しており，$\mathbf{k} \cdot \mathbf{p}$ 理論を直接適用できないので，定性的な性質以上のことは言えない．Kane モデルを扱う際に，この問題を再び取り上げることにする．

$\mathbf{k} \cdot \mathbf{p}$ 法は Γ 点から遠く隔たったところにも適用できる．この場合，一般に $\mathbf{K}$ に関する1次の項が現れ，ここまで扱ってきた2次の項と同様に，この1次の項がバンド中の電子波の群速度を決める．

7.4 WKB理論

ポテンシャル $V(x)$ が空間内で"ゆっくりと"変化する系の Schrödinger 方程式を解く必要は頻繁にある．ひとつの例は，ヘテロ構造の表面に形成された並行スプリットゲートによる，細線状の閉じ込めポテンシャルの問題である (図3.17(c), p.112)．詳しい計算によると，このポテンシャルの断面は図7.5 に示すように，エッジ付近では放物線に近く，中央には平坦部を持つ，浴槽の断面のような形状をしている．このポテンシャル井戸の Fermi 準位における幅は 0.2 μm 程度以上であり，Fermi 波長 (0.05 μm 程度) に比べて充分広い．エネルギーが E の粒子は，古典的には $V(x) = E$ を満たす2つの"古典的折り返し点" (classical turning point) x_L と x_R の間を行き来する．量子力学では粒子の一部が障壁内部にもトンネル侵入するし，運動の制約に伴うエネ

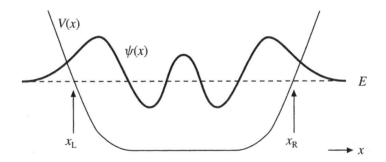

図7.5 量子細線に電子を閉じ込めるポテンシャルを単純化したもの ("浴槽ポテンシャル"). WKB法によって解析できる. 古典的折り返し点 x_L と x_R は $V(x) = E$ となる点である.

ギーの量子化が起こる.

古典的には, 位置 x における粒子の運動エネルギーは $E - V(x)$ であり, この運動エネルギーは空間内でゆっくりと変化する. もし運動エネルギーが全く変化しないならば, 量子力学的な解は単純な平面波解 $\exp(ikx)$ で, その波数は $k = \sqrt{2m(E-V)}/\hbar$ と与えられる. $V(x)$ がゆっくりと変化する系を扱うひとつの容易な方法として, 平面波の波数を局所的な運動エネルギーに依存させて $k(x) = \sqrt{2m[E - V(x)]}/\hbar$ のように置く方法が考えられる. この場合, 平面波の位相を単純な積 kx から, k の変動を許容する積分 $\int k(x)dx$ へと変更しなければならない. これが WKB 法の概念の基礎であるが, この呼称は Wentzel, Kramers, Brillouin の3人の名に因んだものである. この方法は Jeffrey と Rayleigh の仕事として言及される場合もあり, またロシアの文献では準古典近似 (quasi-classical approximation) と呼ばれている. 我々はこの概念の基礎を固め, この方法を三角井戸に試してみることにする.

7.4.1 WKB法の一般論

通常の形の1次元 Schrödinger 方程式を解くことを考える.

$$\left[-\frac{\hbar^2}{2m}\frac{d^2}{dx^2} + V(x)\right]\psi(x) = E\psi(x) \tag{7.45}$$

$V(x)$ として, ゆっくりと変化するポテンシャルを想定するが, "ゆっくり" ということの正確な意味は後から明らかにする. ここまでの予備的な議論によると, 波動関数の位相が重要な部分なので $\psi(x) = \exp(i\chi(x))$ と書き直す. これを Schrödinger 方程式に代入すると, 位相 $\chi(x)$ に関する式が得られる.

$$\left[\chi'(x)\right]^2 - i\chi''(x) = \frac{2m}{\hbar^2}[E - V(x)] \equiv k^2(x) \tag{7.46}$$

$V(x)$ の代わりに局所波数 $k(x)$ を導入した.これは正確な式であるが,さらに先に進むために,近似を導入しなければならない.ポテンシャルと波数の変化は極めて緩やかなものと仮定しているので,2次微分 $\chi''(x)$ は小さいはずである.これを無視すると,

$$\chi(x) = \pm \int^x k(x')dx' \tag{7.47}$$

となるが,これは我々が想定した位相の式になっている.上式は $|\chi''(x)| \ll [\chi'(x)]^2$ ならば正確である.$\chi' = k$ の近似を適用すると,この条件は次のように表される.

$$\left|\frac{dk}{dx}\right| \ll k^2, \quad \left|\frac{1}{k}\frac{dk}{dx}\right| \ll |k| \tag{7.48}$$

波長は $2\pi/k$ なので,この不等式は波長あたりの k の変化が k 自体に比べて非常に小さいことを要請する.これは"ゆっくりと変化する系"の,理に適った定義となる.残念ながら,古典的な折り返し点付近では $V(x)$ が E に近づき,k がゼロ,波長は無限大に近づくので,この条件が破綻する.したがって折り返し点付近では,WKB法の解に対する修正が必要になる.

これを実行する前に,WKB法の解について,もう一段階議論を進めることが有用である.$\chi(x)$ に関する方程式は,

$$[\chi'(x)]^2 = k^2(x) + i\chi''(x) \approx k^2(x) \pm ik'(x) \tag{7.49}$$

である.χ の第1近似を2次微分の項に適用した.平方根を取り,2項展開を施すと,

$$\chi'(x) \approx \pm k(x)\sqrt{1 \pm \frac{ik'(x)}{k^2(x)}} \approx \pm k(x) + \frac{ik'(x)}{2k(x)} \tag{7.50}$$

となる.これを積分すると,

$$\chi(x) = \pm \int k(x)dx + \frac{i}{2}\ln k(x) \tag{7.51}$$

となるので,波動関数は,

$$\psi(x) \approx \frac{1}{\sqrt{k(x)}}\exp\left(\pm i\int^x k(x')dx'\right) \tag{7.52}$$

と表される.これが通常引用されるWKB近似の式である.正の運動エネルギーについて導出したが,負のエネルギー(伝搬する波ではなく,トンネルする波)に適用するには $k(x)$ を $\kappa(x) = \sqrt{[V(x)-E]}/\hbar$ に置き換えて,指数の i を除けばよい.束縛状態に関しては,複素指数関数が正弦波もしくは余弦波関数に置き換わる.

係数因子 $1/\sqrt{k(x)}$ によって伝搬状態の電流が保存される.平面波 $A\exp(ikx)$ は $J = (\hbar k/m)|A|^2$ の電流を運ぶ.WKB近似では,k の変化から生じるはずの電流変化

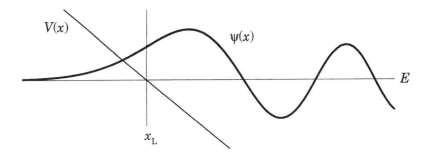

図7.6 古典的な折り返し点 x_L の両側の WKB 波動関数の接続の様子.

を，この係数因子が打ち消している．この因子によって，粒子が速く動く領域では密度が低く (そこで費やす時間が少なく) なる．このように係数因子によって電流が保存される様子は，WKB 近似の弱点を明示している．すなわち WKB 法では反射が無視されてしまう．粒子はポテンシャルが変化する中を，波数を変化させるだけで流れることができるように仮定されているが，本当は常に波の一部が (割合は小さくとも) 反射されるはずである．

WKB 法のひとつの重要な用途は，障壁を介したトンネル頻度の推定である．振幅よりも確率を求めたいならば，波動関数を自乗しなければならないので，WKB 法による見積りは，

$$T \approx \exp\left(-2\int_{x_\mathrm{L}}^{x_\mathrm{R}} \kappa(x)dx\right) \tag{7.53}$$

と与えられる．x_L と x_R は $V(x) = E$ によって定義される障壁の端である．上式が $\exp(-2\kappa d)$ の一般化になっていることは明白である．このようなトンネル透過の例を 7.4.3 項 (p.287〜) で扱う予定である．

WKB 法を束縛状態に適用しようとすると，折り返し点の問題を扱わなければならない．図7.6 に示すように，そこから左側が障壁になっていて，古典的な粒子ならば左側には侵入できない点 x_L の状況を考察しよう．この領域では波長が無限大に近づき，$k(x)$ の変化が小さいとは考えられないので，WKB 法は妥当性を持たない．厳密なアプローチとしては，ここでは繰り返さないが，複素平面を導入して折り返し点を避ける方法が採られる．もうひとつの方法としては，折り返し点付近の小さな領域においてポテンシャルが線形であることに着目し，そのようなポテンシャルの下では Airy 関数が波動方程式の解になることを利用すればよい．$x \ll x_\mathrm{L}$ と $x \gg x_\mathrm{L}$ における WKB 解を，その間を補間する Airy 関数で繋ぐことを考えよう．これは複雑な取扱いのように聞こえるかもしれないが，結果は簡単である．

$$\psi(x) \sim \frac{2}{\sqrt{k(x)}} \cos\left(\int_{x_L}^{x} k(x')dx' - \frac{\pi}{4}\right) \quad (x \gg x_L) \tag{7.54}$$

$$\psi(x) \sim \frac{1}{\sqrt{\kappa(x)}} \exp\left(-\int_{x}^{x_L} \kappa(x')dx'\right) \quad (x \ll x_L) \tag{7.55}$$

重要な特徴は, 因子 2 と位相 $-\frac{1}{4}\pi$ である. 図 7.6 の波動関数の概形によって, これらの意味を容易に理解できる. 障壁外 (右側) の振動する波は, 障壁内部の指数関数を $x = x_L$ へ外挿した値よりも明らかに大きな振幅を持つ. この違いが因子 2 である. また余弦波は障壁側の減衰関数と接続しなければならないので, 上向きに傾きを持つ部分から始まる. これは $x = x_L$ における位相が $-\frac{1}{2}\pi$ と 0 の間にあることを意味しており, 実際にはちょうど真ん中の値になっている.

位相の中の定数項は束縛状態の決定のために重要だが, これが WKB 法がよく用いられる第 2 の応用である. 非常に急峻な障壁を持つ井戸における境界条件は, 境界において波動関数がゼロと設定されるので, 正確に半波長の整数倍が井戸内に収まる. したがってこの場合の x_L と x_R の間の位相変化は π の整数倍で, 量子化条件は,

$$\int_{x_L}^{x_R} k(x)dx = n\pi, \quad n = 1, 2, 3, \ldots \tag{7.56}$$

である. x_L, x_R, $k(x)$ はいずれもエネルギーの関数となることに注意されたい.

他方, 図 7.5 (p.283) に示した浴槽ポテンシャルのように, なだらかな障壁を持つ井戸を考えると, 許容される状態は両端で接続条件 (7.54) に従わなければならず, それぞれの折り返し部分において $\pm\frac{1}{4}\pi$ の位相が加わる. したがって量子化条件は, 今度は,

$$\int_{x_L}^{x_R} k(x)dx = \left(n - \frac{1}{2}\right)\pi, \quad n = 1, 2, 3, \ldots \tag{7.57}$$

となる. また一方の障壁がなだらかで, もう一方の障壁が急峻な場合の量子化条件が $(n - \frac{1}{4})\pi$ となることも明らかである. 一般に n が大きいほど, WKB 法の精度に乏しい折り返し点付近からの影響が相対的に抑制されて, 正確な解に近くなる.

7.4.2 三角井戸における束縛状態

まず WKB 法を用いて, 三角井戸 (図 4.6, p.141) における束縛状態のエネルギーを推定してみる. この井戸は $x > 0$ において $V(x) = eFx$ であり, $x = 0$ が無限に急峻な堅い障壁になっている. 我々はすでに 4.4 節において, この問題を正確に解いたが, そのエネルギーは $\mathrm{Ai}(x)$ のゼロ点に依存しており, 数値的な扱いが必要となるので, これとは別に解析的な近似が望まれるところである. 左側の折り返し点は $x_L = 0$ における堅い障壁であり, 右側の障壁はなだらかな軟らかい障壁で, 折り返し点は $V(x_R) = E$

表7.1 三角ポテンシャル内のエネルギー準位に関する各種の近似法の比較. $\varepsilon_0 = [(eF\hbar)^2/(2m)]^{1/3}$ を単位として示した. Airy関数による結果が正確な値である.

n	Airy関数 (厳密解)	WKB法	変分法 (Fang-Howard)	変分法 (Gaussian)
1	2.3381	2.3203	2.4764	2.3448
2	4.0879	4.0818		
3	5.5206	5.5172		
⋮	⋮	⋮		
10	12.8288	12.8281		

すなわち $x_{\mathrm{R}} = E/eF$ と与えられる. 量子化条件は次のようになる.

$$\left(n - \frac{1}{4}\right)\pi = \int_{x_{\mathrm{L}}}^{x_{\mathrm{R}}} k(x)dx = \int_0^{E/eF} \left[\frac{2m}{\hbar^2}(E - eFx)\right]^{1/2} dx$$
$$= \left[\frac{2mE}{\hbar^2}\right]^{1/2} \frac{E}{eF} \int_0^1 \sqrt{1-s}\, dx \tag{7.58}$$

$s = x/x_{\mathrm{R}}$ である. 積分の結果は自明であり, 許容されるエネルギーは次のように与えられる.

$$\varepsilon_n \approx \left[\frac{3}{2}\pi\left(n - \frac{1}{4}\right)\right]^{2/3} \left[\frac{(eF\hbar)^2}{2m}\right]^{1/3} \tag{7.59}$$

数値例を表7.1に示した. 予想の通り n が大きくなるほど値が正確になるが, $n = 1$ でも誤差は1%未満なので, 最初から非常によい近似になっていることが分かる.

三角ポテンシャルに関してWKB近似が正確であることを数値的に実証したが, そのことを不等条件 (7.48) からも確認する必要がある. 条件は $|k'(x)| \ll k^2(x)$ で, ここでは,

$$\frac{dk}{dx} = \frac{1}{2k}\frac{dk^2}{dx} = \frac{1}{2k}\frac{2meF}{\hbar^2} = \frac{1}{2kx_0^3} \tag{7.60}$$

である. x_0 はこの三角ポテンシャルに付随する長さの尺度である (4.4節). したがってWKB近似が成立する条件は $k \gg (1/x_0)$ と与えられる. k を運動の中点 $x = \frac{1}{2}E/(eF)$ で評価すると, この不等条件は $E \gg \varepsilon_0$ となる. $\varepsilon_0 = [(eF\hbar)^2/(2m)]^{1/3}$ は線形ポテンシャルのエネルギー尺度である. 基底状態でもこの条件は満たされているので ("≫"でなくとも ">"である), WKB近似が成立していることが判る.

7.4.3 Schottky障壁を介したトンネル

トンネル過程に対するWKB法の応用の一例として, 図7.7に示すようなポテンシャルを考える. これはn-GaAsと金属の界面に形成されているSchottky障壁である. 金

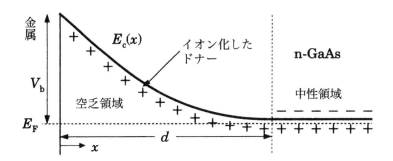

図7.7 金属と n-GaAs の界面近傍の伝導帯 $E_c(x)$ に生じる Schottky 障壁．ポテンシャルは 2 次関数で，障壁の高さは V_b，空乏層の厚さは d である．

属−半導体界面における状態は $x = 0$ において，Fermi 準位 E_F を，半導体の伝導帯の底 E_c から V_b だけ低いところに"ピン止め"(pin) する．GaAs では障壁の高さが $V_b \approx 0.7$ eV となり，相手の金属の種類にはほとんど依存しない．界面から離れた x の大きいところには界面の影響が及ばず，電気的中性を保った本来の (高濃度で) n 型にドープした半導体になるので，そこでの Fermi 準位は伝導帯のすぐ下に位置する．この中性領域 (neutral region) と金属の間に空乏層 (depletion layer) があり，この領域はイオン化したドナー (ionized donor) があって $+eN_D$ の空間電荷密度を持つ．この電荷によってポテンシャル分布が生じており，$E_c(z)$ が空乏層内で $E_F + V_b$ からおおよそ E_F まで変化する．この一様な電荷分布の下で Poisson 方程式を解くと，ポテンシャルは $V(x) = V_b [1 - (x/d)]^2$ という 2 次関数になる．空乏層の厚さ d は $V_b = e^2 N_D d^2 / 2\epsilon_0 \epsilon_b$ の関係から決まる．Schottky 障壁については 9.1 節で詳しく論じる．

この障壁の透過係数を推定しよう．これは現実的な問題である．何故なら金属層をデバイスの活性領域から絶縁されたゲート電極として用いたい場合には，トンネルが起こることは望ましくない要因になるからである．また逆に金属層を Ohm 性接触 (ohmic contact) させたい場合には，障壁による抵抗を可能な限り低くする必要がある．

$E \approx E_F$ の低いエネルギーを持つ電子を考える．WKB 法によると，トンネル確率 (式 (7.53)) は，

$$T \approx \exp\left\{-2\int_0^d \left[\frac{2mV_b}{\hbar^2}\left(1 - \frac{x}{d}\right)^2\right]^{1/2} dx\right\} = \exp\left(-\left(\frac{2mV_b}{\hbar^2}\right)^{1/2} d\right) \quad (7.61)$$

である．GaAs 中の減衰長は $(\hbar^2/2mV_b)^{1/2} \approx 1$ nm である．障壁に充分な透過性を持たせたいならば，d は非常に小さくなければならず，このために高濃度のドーピングが必要となる．このことは，残念ながら GaAs に対する Ohm 性接触の特性が非常に変わりやすいものであることの理由の一部である．

透過電流の計算 (5.4 節) のためには，入射電子のエネルギー分布を考慮しなければなら

ない．少数の電子は E_F より充分高いエネルギーを持つ．そのような電子が障壁を乗り越えることによって熱電流が発生するが，その電流量は Boltzmann 因子 $\exp(-V_\mathrm{b}/k_\mathrm{B}T)$ に支配される．それほど高いエネルギーを持たない電子でも，障壁の底よりエネルギーが高いものほどトンネル電流への寄与が大きくなる．このように，極低温や高温でない条件下での正確な電流量を計算するには，さらに手間がかかる．

7.5 変分法

変分法 (variational method) は系の基底状態のエネルギーを推定する手段となる．これは特殊な仕事のように見えるかもしれないが，この方法は，得られる数値の正確さや複雑な問題への適用のしやすさという点で重要なものであり，また関数を最小にするための数値計算の手段も豊富に用意されている．我々は変分法の一般論を簡単に見てから，再び三角井戸内の 1 電子の問題にこれを適用する．この作業は 9.3.3 項 (p.369～) で扱うヘテロ接合の多電子を含む 2DEG のエネルギー準位と密度の計算の準備になる．そこでは Schödinger 方程式と Poisson 方程式を自己無撞着に解くことになる．

7.5.1 変分法の一般論

我々は系の基底エネルギーを求めようとするわけだが，それは，

$$\hat{H}\phi_1 = \varepsilon_1 \phi_1 \tag{7.62}$$

を満たす．両辺に左から ϕ_1^* を掛けて積分すると，次のようになる．

$$\int \phi_1^* \hat{H}\phi_1 = \int \phi_1^* \varepsilon_1 \phi_1 = \varepsilon_1 \int \phi_1^* \phi_1 \tag{7.63}$$

したがって，この状態のエネルギーは，次の割り算によって求まる．

$$\varepsilon_1 = \frac{\int \phi_1^* \hat{H}\phi_1}{\int \phi_1^* \phi_1} \tag{7.64}$$

もちろん波動関数を規格化してあれば，分母は 1 になる．変分原理は次の関係を主張するものである．

$$\varepsilon_1 \leq \frac{\int \psi^* \hat{H}\psi}{\int \psi^* \psi} \tag{7.65}$$

ψ は適切な境界条件を満たす "任意の" 波動関数である．ψ によって算出されるエネルギーは決して真の基底エネルギー ε_1 を下まわることはないので，ψ をいろいろ変えてみて，そのエネルギーをできるだけ低くしようと試みればよい．

このことの証明は簡単である．$\hat{H}$ の真の固有関数と固有値を ϕ_n, ε_n とする．任意の波動関数 ψ を，この固有関数系によって，

$$\psi = \sum_n a_n \phi_n \tag{7.66}$$

のように展開できる．a_n は一連の未知係数である．これを変分の式 (7.65) に代入する．分母は次のようになる．

$$\begin{aligned}\int \psi^* \psi &= \int \Bigl(\sum_m a_m \phi_m\Bigr)^* \Bigl(\sum_n a_n \phi_n\Bigr) \\ &= \sum_{m,n} a_m^* a_n \int \phi_m^* \phi_n = \sum_{m,n} a_m^* a_n \delta_{mn} = \sum_n |a_n|^2\end{aligned} \tag{7.67}$$

関数系 ϕ_n が正規直交系なので積分は簡単になる．分子も同様に計算できる．

$$\begin{aligned}\int \psi^* \hat{H} \psi &= \sum_{m,n} a_m^* a_n \int \phi_m^* \hat{H} \phi_n = \sum_{mn} a_m^* a_n \int \phi_m^* \varepsilon_n \phi_n \\ &= \sum_{m,n} a_m^* a_n \varepsilon_n \delta_{m,n} = \sum_n \varepsilon_n |a_n|^2\end{aligned} \tag{7.68}$$

したがって，変分の式は次のようになる．

$$\frac{\int \psi^* \hat{H} \psi}{\int \psi^* \psi} = \frac{\sum_n \varepsilon_n |a_n|^2}{\sum_n |a_n|^2} \tag{7.69}$$

ε_1 は基底エネルギーなので $\varepsilon_n \geq \varepsilon_1$ で，この式は次の不等条件を満たす．

$$\frac{\int \psi^* \hat{H} \psi}{\int \psi^* \psi} = \frac{\sum_n \varepsilon_n |a_n|^2}{\sum_n |a_n|^2} \geq \frac{\sum_n \varepsilon_1 |a_n|^2}{\sum_n |a_n|^2} = \frac{\varepsilon_1 \sum_n |a_n|^2}{\sum_n |a_n|^2} = \varepsilon_1 \tag{7.70}$$

これで変分原理 (7.65) が証明された．

この方法は，上に述べたよりももう少し用途が広い．あらゆる状態の中から基底状態を見いだすだけでなく，ある特定の対称性を持つ状態に限定した中で，最低のエネルギーを持つ状態を見いだすことも可能である．たとえば対称ポテンシャル中の奇関数状態の中から，最も低いエネルギーを持つものを求めたいならば，試行波動関数 ψ をあらかじめ，そのような奇の対称性しか持たない形にしておいて，変分法を適用すればよい．

式 (7.69) の分子の形を見ると，変分法が比較的正確な結果を与える理由が分かる．各状態の係数は自乗の形で現れ，ϕ_1 以外の関数と混合している波動関数の 1 次の誤差

成分は，エネルギーに関しては2次の誤差にしかならない．したがって試行波動関数が必ずしも理想的な形ではなくても，かなり精度のよいエネルギー値の推定ができるのである．しかしもちろん試行波動関数の選び方が適切であるほど変分法の精度は良くなる．実際には2種類の方法がしばしば用いられる．第1の方法は，少数の調整パラメーターを持つ試行波動関数を用いて，エネルギー値を最も低くするようなパラメーター値を選ぶというものである．我々は次節において，この方法を三角井戸の問題に適用してみる．もっと"腕力に頼った"第2の方法では，ψ を有限個 (N 個) の関数 ξ_n を用いて $\psi = \sum_n^N b_n \xi_n$ のように表す．変分原理は次のようになる．

$$\varepsilon_1 \leq \frac{\sum_{m,n}^N b_m^* H_{mn} b_n}{\sum_{m,n}^N b_m^* S_{mn} b_n}, \quad H_{mn} = \int \xi_m^* \hat{H} \xi_n, \quad S_{mn} = \int \xi_m^* \xi_n \tag{7.71}$$

ここでは要素関数 ξ_n として正規直交系を選ぶ必要がないことに注意されたい．これらの関数を，行列要素が計算しやすいように選ぶと都合のよい場合が多い．このような式を最小にする数値計算の手段は容易に手に入るので，この場合は必要な精度が得られるまで要素関数の数を増やしてゆけばよい．

7.5.2 三角井戸の束縛状態

解析的にも解ける問題の一例として，再び三角井戸内の基底エネルギーを見積もることにする．まずは適切な波動関数の形を選ぶことが重要である．波動関数は $x=0$ でゼロになり，$x \to \infty$ で指数関数的に減衰しなければならない．この両方の条件を満足する簡単な試行波動関数として，

$$\psi(x) = x \exp\left(-\frac{1}{2}bx\right) \tag{7.72}$$

という形が考えられる．これは2DEGの理論において "Fang-Howard波動関数" として知られているが，それは最初にこの著者たちが，シリコンMOSFETの反転層に，この試行波動関数を適用したことに依る．b は未知のパラメーターである．始めからこの数値を推定するのではなく，これを自由に変えることのできる変数として扱い，エネルギーを b の関数として求める．それからその関数の最小値を見いだし，初めに仮定した波動関数の形の下で得られる最良の推定値と見なすのである．

変分原理の式 (7.56) の分母では，

$$\int |\psi|^2 dx = \int_0^\infty x^2 e^{-bx} dx = \frac{2}{b^3} \tag{7.73}$$

という積分が必要となる．分子はもっと複雑だが，すべての積分は階乗へと帰着する．

$$\begin{aligned}\int \psi^* \hat{H}\psi &= \int_0^\infty xe^{-bx/2}\left[-\frac{\hbar^2}{2m}\frac{d^2}{dx^2}+eFx\right]xe^{-bx/2}dx \\ &= \int_0^\infty \left[\frac{\hbar^2}{2m}bx\left(1-\frac{1}{4}bx\right)+eFx^3\right]e^{-bx}dx \\ &= \frac{\hbar^2}{4mb}+\frac{6eF}{b^4}\end{aligned} \quad (7.74)$$

これらの結果から，

$$\varepsilon_1 \leq \frac{\hbar^2 b^2}{8m}+\frac{3eF}{b} \quad (7.75)$$

となる．ε_1 の推定値は，右辺の最小値 (但し b は正！) であり，初等的な計算によって，次の結果が得られる．

$$b^3 = 6\left(\frac{2meF}{\hbar^2}\right), \quad \varepsilon_1 \leq \left(\frac{243}{16}\right)^{1/3}\left[\frac{(eF\hbar)^2}{2m}\right]^{1/3} \quad (7.76)$$

エネルギーの係数部分は 2.4764 で，正確な結果 2.3381 とそれほど違わないが，この例ではたまたま WKB 法の推定の方が精度がよい．異なる方法を用いた推定結果の比較を表7.1 (p.287) に示した．変数を増やしたり，より適切な形の試行波動関数を用いると，更に精度のよい推定が可能である (練習問題参照)．

7.6 縮退系の摂動論

7.2節の摂動論は，関心の対象となる状態が他の状態と縮退している場合には役に立たない．各波動関数の混合係数が，分母にエネルギー差を含み (式 (7.32))，無限大になってしまうので，別の方法が必要となる．混合係数が発散するということは，最も強い摂動の効果が縮退する状態との混合であることを示唆している．したがって，まず最初に縮退している状態だけに注意を払うことにして，その後もし必要ならば，非縮退の状態による更に小さな効果も計算することにする．縮退する状態だけに注目して他の状態を無視すると，行列形式の Schrödinger 方程式が含む無限次元行列は，縮退状態の数で決まる非常に小さな次元の行列へと還元される．多くの場合，このような式は正確に解ける．

もうひとつの観点からも，同じ結論に達する．縮退状態を持つ系の一例として，xy 平面における辺 a の正方形量子ドット中の 2 次元粒子を考えよう．ドットの中心が原点にあり，ドット領域外のポテンシャルは無限大とする．非摂動ドットのエネルギーは，

$$\varepsilon_{p,q} = \frac{\hbar^2\pi^2}{2ma^2}(p^2+q^2) \quad (7.77)$$

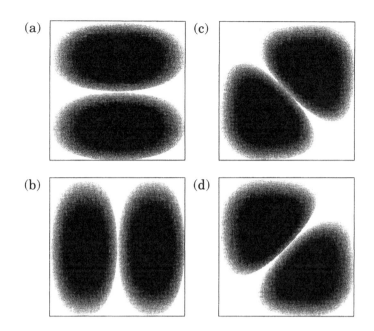

図7.8 正方形量子ドットの最初の2重縮退準位に属する波動関数の密度分布. (a) と (b) は初めに選んだ波動関数 $\phi_{1,2}$ と $\phi_{2,1}$, (c) と (d) はそれらの一次結合によって作った $(\phi_{1,2}\pm\phi_{2,1})/\sqrt{2}$ の密度分布である.

で, $\varepsilon_{q,p} = \varepsilon_{p,q}$ である. 基底状態は縮退していないが, 2番目のエネルギー値は2重縮退しており, 波動関数は次のように与えられる.

$$\phi_{1,2} = \frac{2}{a}\cos\frac{\pi x}{a}\sin\frac{2\pi y}{a}, \quad \phi_{2,1} = \frac{2}{a}\sin\frac{2\pi x}{a}\cos\frac{\pi y}{a} \tag{7.78}$$

これらの波動関数の密度 $|\phi|^2$ の分布は図7.8の (a) と (b) のようになっている. これはこのエネルギー値に属する固有状態の最も分かりやすい選び方であるが, この選び方が唯一のものではない. 2つの状態が縮退しているので, これらの任意の線形結合も, Schrödinger方程式において同じエネルギー値に属する解になる. 別の簡単な固有状態の組み合わせの例は $(\phi_{1,2} \pm \phi_{2,1})/\sqrt{2}$ であり, これらは図7.8の (c) と (d) のような密度分布を持つ. 非摂動の量子ドットでは, 特定の選び方を重視すべき理由はない.

しかし正方形の対称性を破るような摂動が加えられると, 状態の選択の方法は自由ではなくなる. $V(x,y) = -Kxy$ ($K > 0$) という摂動ポテンシャルを考えよう. このポテンシャルは正方形 (ドット) の右上部分と左下部分のエネルギーを下げ, 残りの部分のエネルギーを上げる. このようなポテンシャルは, ドットの右上と左下の角に形成したゲート電極から正の電圧を加えたり, 弾性的な圧力を加えたりすることで生じる. 試料作製上の誤差で, 不等四辺形のドットが形成されている場合にも似たような効果が生

じる．このような状況下では，どの状態を選ぶかが問題になる．最初に選んだ波動関数 $\phi_{1,2}$ と $\phi_{2,1}$ は上下左右に対称な確率分布を持つので，この摂動の下でエネルギーの変化はない．しかしこれらを線形結合した状態は影響を受ける．$(\phi_{1,2}+\phi_{2,1})/\sqrt{2}$ は密度が右上と左下に集中しているので，この摂動の下でエネルギーが下がり，$(\phi_{1,2}-\phi_{2,1})/\sqrt{2}$ はエネルギーが上がる．対称性の低下に伴って縮退が解けるので，摂動の対称性を反映した波動関数を選ぶことが重要である．

この例では解答がすぐに分かるが，結果を代数的に求めることもできる．目的は主要ハミルトニアン $\hat{H}_0$ と摂動 $\hat{V}$ の下で，Schrödinger 方程式を正確に解くことだが，ここでは 2 重に縮退した状態によって張られる関数空間だけに注意を払うことにする．$\phi_A \equiv \phi_{1,2}$, $\phi_B \equiv \phi_{2,1}$, $\varepsilon \equiv \varepsilon_{1,2}$ と置いて添字を節約する．$a_A\phi_A + a_B\phi_B$ という形の波動関数を対象として考えると，この 2 つの係数を成分とするベクトル $\mathbf{a}$ は，行列形式の Schrödinger 方程式 $\mathsf{H}\mathbf{a} = E\mathbf{a}$ に従う．行列 H は，着目している 2 つの状態の間での全ハミルトニアン $\hat{H} = \hat{H}_0 + \hat{V}$ の行列要素を含む．行列の第 1 要素は，

$$H_{AA} = \langle A|\hat{H}_0 + \hat{V}|A\rangle = \langle A|\hat{H}_0|A\rangle + \langle A|\hat{V}|A\rangle = \varepsilon + 0 \tag{7.79}$$

である．ϕ_A は $\hat{H}_0$ の固有状態なので ε が現れ，$\hat{V}$ の行列要素は対称性のためにゼロになる．次に必要な行列要素は，

$$\langle A|\hat{H}_0 + \hat{V}|B\rangle = \varepsilon\langle A|B\rangle + \langle A|(-Kxy)|B\rangle = 0 - \left(\frac{16}{9\pi^2}\right)^2 Ka^2 \equiv -\Delta \tag{7.80}$$

である．$\hat{H}_0$ の項は，A と B が固有状態で互いに直交関係にあるためにゼロになるが，$\hat{V}$ による行列要素は (7.35) と似た積分値になる．残りの 2 つの行列要素も同様に求めることができ，行列形式の Schrödinger 方程式 (7.6) は次のようになる．

$$\begin{pmatrix} \varepsilon & -\Delta \\ -\Delta & \varepsilon \end{pmatrix} \mathbf{a} = E\mathbf{a} \tag{7.81}$$

これが解を持つ条件 (7.8) は，

$$0 = \det|E - \mathsf{H}| = \det\begin{vmatrix} E-\varepsilon & \Delta \\ \Delta & E-\varepsilon \end{vmatrix} = (E-\varepsilon)^2 - \Delta^2 \tag{7.82}$$

すなわち $E = \varepsilon \pm \Delta$ である．予想される通り，$E = \varepsilon - \Delta$ は $(1,1)$ に対応し，同様に $(1,-1)$ は $E = \varepsilon + \Delta$ に対応する．これらの密度分布は図7.8 の (c) と (d) のようになっている．エネルギーの変化は摂動因子の K もしくは Δ に比例しているが，もし縮退がなければ，エネルギー変化量の期待値はゼロになり，2 次摂動が必要となる．

低次元系では縮退系の摂動論を直接に適用できる対象が多いわけではない．しかし許容される状態をあるエネルギーに近い状態だけに限定して，その限定された Schrödinger 方程式を厳密に解くという手法は広く用いられる．エネルギー値が注目しているとこ

ろから大きく隔たった状態は，完全に無視して考えることが多い．稀にはエネルギー的に隔たった状態も含めて，縮退系の摂動論と非縮退系の摂動論を融合した扱い方が必要となるが，そのような手法は Löwdin によって系統的にまとめられている．

これらの概念の重要な応用例は，固体内のバンド構造，すなわち強く束縛された電子のバンド描像と，ほとんど自由な電子のバンド描像である．

7.7 バンド構造：強く束縛された電子のモデル

我々は多大な労力をかけて，4.2節で単独の有限深さの量子井戸の Schrödinger 方程式を解き，5.6節では超格子の電子構造を T 行列を用いて求めた．得られた超格子の解は厳密なものであるが，この手法を他のポテンシャルへと一般化したり，2次元以上の系へと展開するのは容易でない．強く束縛された電子のモデル (tight-binding model) は，各原子が個々に離れて存在する状態を最初に考えて，それらを互いに近づけていって固体を形成する際に，原子の準位から固体のバンド構造が構築されるという概念に基づくものである．ほとんど自由な電子のモデル (nearly free electron model) は，これと正反対の概念に基づく相補的なモデルであるが，こちらは次節で記述する．まずは互いに近接させた2つの"原子"の問題を解き，それから結晶系を扱う．"原子"は本来的には原子そのものだが，ここでは簡単にヘテロ構造のポテンシャル井戸で代用する．

単独のポテンシャル井戸 (もしくは原子) が原点にあり，井戸外の平坦部のエネルギーをゼロと置く．すなわち井戸内のポテンシャルは負のエネルギーを持つ．ハミルトニアンは $\hat{H} = \hat{T} + \hat{V}$ と書ける．$\hat{T} = -(\hbar^2/2m)(d^2/dx^2)$ は運動エネルギー演算子，$\hat{V}$ はポテンシャルエネルギーである．井戸内の基底状態のエネルギーと波動関数を ε および ϕ とする．我々は矩形井戸に関しては，これらの求め方を既に知っているが，もっと複雑な構造を持つ井戸の場合には，数値計算などの手段に頼ってこれらを求めなければならない．

7.7.1 2つの井戸：2原子分子

次に，図7.9のような2つの井戸の問題を考察する．一方の井戸の中心は x_L，もう一方の中心は x_R にある．ハミルトニアンは $\hat{H} = \hat{T} + \hat{V}_L + \hat{V}_R$ と書ける．$\hat{V}_L$ は左側の井戸のポテンシャル，$\hat{V}_R$ は右側の井戸のポテンシャルである．もちろんそれぞれが矩形井戸であれば，T 行列を用いて，すべてのポテンシャル段差で波動関数を接続するように解析的に解くことも可能である．しかし理に適った推測として，2つの井戸を含む系の基底状態と第1励起状態は，それぞれの井戸を個別に考えた場合の基底状態 ϕ_L と ϕ_R を混合した状態に近いものと考えられる．縮退系の摂動論の考え方に従って，この2つの状態だけに着目し，他の状態は無視しよう．ϕ_L と ϕ_R が，次に示すよ

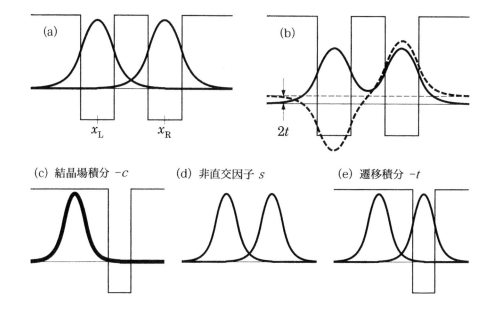

図7.9 単純な2原子分子を模した2つのポテンシャル井戸の組み合わせ．(a) それぞれの井戸単独での基底波動関数とエネルギー．(b) 結合した井戸の偶と奇の状態．おおよそ $\pm t$ の分裂が見られる．行列要素は以下の因子から成る．(c) 結晶場積分 $-c$ (波動関数を太線で示したのは自乗してあるという意味である)．(d) 非直交因子 s．(e) 遷移積分 $-t$．

うに"異なる"Schrödinger方程式の解なので，縮退系の摂動論とそのまま同じ議論が適用できるわけではない．

$$(\hat{T} + \hat{V}_\mathrm{L})\phi_\mathrm{L} = \varepsilon\phi_\mathrm{L}, \quad (\hat{T} + \hat{V}_\mathrm{R})\phi_\mathrm{R} = \varepsilon\phi_\mathrm{R} \tag{7.83}$$

図7.9を見ると明らかであるが，ϕ_L と ϕ_R の2つの波動関数は直交していない．しかし考え方は全く同じで，求めたい波動関数 ψ を ϕ の一次結合で $\psi = \sum_n a_n\phi_n$ のように表して係数を求める．n はLとRになる．

上記の制約の下でのSchrödinger方程式は，

$$\hat{H}\sum_n a_n\phi_n = E\sum_n a_n\phi_n \tag{7.84}$$

となる．いつものように両辺に左から ϕ_m^* を掛けて積分し，行列要素の関係式を得る．

$$\sum_n H_{mn}a_n = E\sum_n S_{mn}a_n \tag{7.85}$$

$$H_{mn} = \int \phi_m^*\hat{H}\phi_n, \quad S_{mn} = \int \phi_m^*\phi_n \tag{7.86}$$

7.7 バンド構造：強く束縛された電子のモデル

行列 S が現れた点が，新たな特徴である．基本状態が直交していないので，この行列は単位行列ではない．解くべき行列方程式は Ha = ESa という，一般化された固有値問題になる．

議論を進めるには行列要素を求める必要があるが，行列要素の各成分を絵で表すと図 7.9(c)−(e) のようになる．H_{LL} から見てみよう．

$$H_{LL} = \int \phi_L^* (\hat{T} + \hat{V}_L + \hat{V}_R)\phi_L dx = \varepsilon + \int \phi_L^* \hat{V}_R \phi_L dx \equiv \varepsilon - c \quad (7.87)$$

ϕ_L に関する Schrödinger 方程式 (7.83) を用いると $\hat{T} + \hat{V}_L$ の項は ε となる．残りの項は，波動関数 ϕ_L の下での付加ポテンシャル $\hat{V}_R$ の期待値であり，"結晶場 (crystal field) 積分" と呼ばれる．ポテンシャル井戸は引力的なので，これを負号を付けて $-c$ と書くことにする．もう一方の対角要素 H_{RR} も同じ値を持つ．2 つの非対角項も互いに等しく，

$$H_{RL} = \int \phi_R^* (\hat{T} + \hat{V}_R + \hat{V}_R)\phi_L dx = \varepsilon \int \phi_R^* \phi_L dx + \int \phi_R^* \hat{V}_R \phi_L dx = \varepsilon s - t \quad (7.88)$$

となる．基本関数が直交していないために，s の項が現れる．もうひとつの $-t$ という項が最も重要で，"遷移積分" (transfer integral)，"トンネル積分" (tunneling integral)，もしくは "重なり積分" (overlap integral) と呼ばれる．これは両方の波動関数の積と一方のポテンシャルを含み，電子を一方の井戸からもう一方の井戸へ "遷移" させる．この解釈は，次章で黄金律を導出すると，さらに明確になる．ここではこれも負であるが，符号は波動関数に依存する．方程式の右辺の S の対角要素は，波動関数が規格化されているために 1 となり，非対角要素は両方とも s である．よって各行列は次のように表される．

$$\mathsf{H} = \begin{pmatrix} \varepsilon - c & \varepsilon s - t \\ \varepsilon s - t & \varepsilon - c \end{pmatrix}, \quad \mathsf{S} = \begin{pmatrix} 1 & s \\ s & 1 \end{pmatrix} \quad (7.89)$$

エネルギーは，次の永年方程式，

$$\det |E\mathsf{S} - \mathsf{H}| = \det \begin{vmatrix} (E-\varepsilon) + c & (E-\varepsilon)s + t \\ (E-\varepsilon)s + t & (E-\varepsilon) + c \end{vmatrix} = 0 \quad (7.90)$$

を満たし，解は次のように与えられる．

$$E_- = \varepsilon - \frac{c}{1+s} - \frac{t}{1+s}, \quad E_+ = \varepsilon - \frac{c}{1-s} + \frac{t}{1-s} \quad (7.91)$$

エネルギーの高い状態をすべて無視したこの近似は，井戸間の重なりが弱い場合にのみ良い結果を与える．この時には非直交因子が $s \ll 1$ で，分母を二項定理によって展開できて $E \approx \varepsilon + (st - c) \pm t$ となる．トンネル積分 t がエネルギー準位を分裂さ

せている．2つの状態の平均エネルギーは，結晶場積分と，非直交因子と遷移積分の積によってシフトする．普通は両方とも高次のトンネル過程にあたるので無視できる．低いほうのエネルギー E_- ($t > 0$ を仮定) に対応する固有ベクトルが $(1, 1)/\sqrt{2}$，すなわち偶の組み合わせ $(\phi_L + \phi_R)/\sqrt{2}$ になり，高いエネルギー E_+ が奇の組み合わせ $(\phi_L - \phi_R)/\sqrt{2}$ となることが容易に示せる．分子の術語を用いると，これらは結合軌道 (bonding orbital) および反結合軌道 (antibonding orbital) であり，図7.9(b) (p.296) に示した2つの状態を表している．もっと高いエネルギーを持つ状態は，2原子中の波動関数が節 (node) を持ち，運動エネルギーが高くなっている．

準位の分裂は，トンネル結合が弱くても"必ず"起こる．量子状態は，空間内で拡がると必ずエネルギーを下げることができ，ひとつの井戸に閉じ込められた状態よりも，2つの井戸に拡がった状態の方がエネルギーを低くできる．もしひとつの電子が，初めに一方の井戸の中にあったとすると，それは角振動数 $|E_+ - E_-|/\hbar = 2|t|\hbar$ で両方の井戸の間を振動する (1.5節)．t が小さいと振動の周期は長くなり，2つの井戸が結合しているとは言い難くなる．

7.7.2　井戸の列：原子に強く束縛された固体電子

2つの井戸の問題が解けたので，これをふまえて超格子もしくは1次元結晶に対応する無数に並んだ井戸の問題を解くことも容易である．2つの井戸を一緒にすると，エネルギー準位が分裂して $2t$ の差を生じ，井戸が互いに近づいて重なり積分 t が大きくなるほど，この分裂が強くなる．N 個の井戸を並べると，元々それらが共通して持っていたエネルギー準位は N 個の値に分裂し，$N \to \infty$ の極限では連続エネルギーを持つバンドを形成する．これが固体電子に適用される，強く束縛されたモデル (tight-binding model) である．

ハミルトニアンは，
$$\hat{H} = \hat{T} + \sum_n \hat{V}_n \tag{7.92}$$

と表される．$\hat{V}_n$ は n 番目の井戸 (もしくはイオン) のポテンシャルである．n 番目の井戸が持つ軌道は $(\hat{T} + \hat{V}_n)\phi_n = \varepsilon \phi_n$ を満たす．それぞれの井戸が持つ軌道は，位置の違いを除けば互いに同じものであって $\phi_n = \phi(x - X_n)$ と書ける．X_n は n 番目の井戸の位置である．再びこの結晶中の波動関数を，他の軌道からの寄与は無視して $\psi = \sum_n a_n \phi_n$ と書くことにする．2つの井戸の場合と同様に $\mathbf{Ha} = E\mathbf{Sa}$ という式が得られるのは明白であるが，今度は行列の階数が2ではなく無限大になる．幸い，この不利な条件は，Blochの定理 (式 (2.2)) から波動関数の形が限定されるという事情によって埋め合わせられる．すなわち a_n は単なる位相因子である．したがって，
$$\psi_k = \sum_n a_n^k \phi_n, \quad a_n^k = e^{ikx} = e^{ikna} \tag{7.93}$$

7.7 バンド構造：強く束縛された電子のモデル

と置くことができて，$\mathsf{Ha} = E\mathsf{Sa}$ の第 m 行は，次のようになる．

$$\sum_n H_{mn} e^{ikna} = E(k) \sum_n S_{mn} e^{ikna} \tag{7.94}$$

上式は，どのサイト (原子の配置点) に関しても同じでなければならないので，最終的に m の区別は無くなるはずである．

ハミルトニアンの行列要素は，

$$H_{mn} = \int \phi_m^* \left[\hat{T} + V_n + \sum_{l, l \neq n} V_l\right] \phi_n = \varepsilon S_{mn} + \sum_{l, l \neq n} V_{mn}^l \tag{7.95}$$

となる．ポテンシャルの和の中から $l = n$ の項を分けて，$(\hat{T} + V_n)\phi_n = \varepsilon \phi_n$ を使えるようにした．残りの行列要素 V_{mn}^l は，2 つの井戸の場合よりも複雑で，2 つの軌道位置を表す m, n と，井戸の位置を表す l という 3 つのサイトを含む．幸い，この成分は，大抵は非常に小さいので，それらを省いて式を簡略化できる．最も簡単な近似を採用して，これらの 3 つの添字の選び方を，互いに隣接する 2 つのサイト上に限定すると，2 つの井戸の問題の時と同じ行列要素が現れる．対角要素は次のようになる．

$$H_{mm} = \varepsilon S_{mm} + V_{mm}^{m-1} + V_{mm}^{m+1} = \varepsilon - 2c \tag{7.96}$$

c は結晶場積分，すなわちサイト m にある軌道の，$m \pm 1$ にあるポテンシャル井戸に関する期待値である．残っている非対角要素は $H_{m,m\pm1}$ だけである．$H_{m,m+1}$ を考えてみよう．井戸 l は m か $m+1$ でしかあり得ないが，$l = m+1$ は ε を得るために，既に和から外してある．したがって $l = m$ だけが残り，この行列要素は次のようになる．

$$H_{m,m+1} = \varepsilon S_{m,m+1} + V_{m,m+1}^m = \varepsilon s - t \tag{7.97}$$

ここでも s は隣接サイトの波動関数の間の非直交積分であり，t は遷移積分である．

これで式 (7.94) の和の計算を実施できる．左辺は次のようになる．

$$\sum_n H_{mn} e^{ikna} \approx (H_{mm} + H_{m,m+1} e^{ika} + H_{m,m-1} e^{-ika}) e^{ikma} \tag{7.98}$$

$$= \left[\varepsilon - 2c + 2(\varepsilon s - t) \cos ka\right] e^{ikma} \tag{7.99}$$

同様に，右辺は次のようになる．

$$\sum_n S_{mn} e^{ikna} \approx (1 + 2s \cos ka) e^{ikma} \tag{7.100}$$

前に述べたように，サイト m に関わる因子は両辺で相殺され，エネルギーは次式で与えられる．

$$E(k) = \frac{\sum_n H_{mn} e^{ikna}}{\sum_n S_{mn} e^{ikna}} = \varepsilon - 2 \frac{c + t \cos ka}{1 + 2s \cos ka} \approx \varepsilon - 2t \cos ka \tag{7.101}$$

普通，最後の式のように，非直交積分と結晶場積分の項は省かれる．これで我々は，2.2 節などで既に用いていた狭いバンド (小さい t) に対する余弦近似を導出できた．バンド幅は遷移積分によって $4t$ と与えられる．もし $t < 0$ ならばバンドは"上下が逆"になるが，これはバンドを形成する井戸内の状態として $n = 1$ ではなく $n = 2$ を選んだ場合に該当する．

上記の方法は，直ちに 2 次元や 3 次元へと拡張できる．式 (7.98) の位相因子を，$\exp(i\mathbf{K} \cdot \mathbf{R}_j)$ に置き換え，和を最近接の各サイト $\mathbf{R}_j$ に関して実施すればよい．たとえば 2 次元正方格子の場合は，

$$E(\mathbf{k}) \approx \varepsilon - 2t(\cos k_x a + \cos k_y a) \tag{7.102}$$

となる．バンド幅は d 次元系において $4dt$ である．和を最近接サイトに限定せず，もっと遠い原子までを考慮して，$E(\mathbf{k})$ に高次の Fourier 成分を導入することもできる．

強い束縛のモデルは，バンドの幅が井戸間 (原子間) に生じるトンネルの強さに依存することを示している．原子に強く束縛されている電子は狭いバンドを形成し，緩く束縛されている電子は広いバンドを形成する．原子間距離が近すぎると，バンド幅が拡がりすぎて異なるバンドと重なってしまい，各バンドを別々に扱えなくなるので，上記のような定量的な描像は破綻する．強い束縛の描像は，実際には半導体における価電子帯の上部に関してさえ，最低限，最近接サイトの次のサイトまでを考慮しなければ，あまり役に立たない．しかしこの描像は，バンド構造のパラメーター化のために，しばしば用いられる．強い束縛のモデルによるバンドは，最近接サイト間のトンネル積分や，その次のサイトへのトンネル積分や，もっと離れたサイトへのトンネル積分の関数として書き下すことができるが，これらの積分を調整パラメーターのように扱って，もっと完全なバンド計算の結果や，実験で実際に観測されるバンド構造に近づけることができる．このような方法を用いると $E(\mathbf{K})$ が扱い易い簡単な関数になるので，光学応答のような他の量を計算するのに便利である．

7.8 バンド構造：ほとんど自由な電子のモデル

強く束縛されたモデルは，個々の原子が互いに近づいて固体を構成するときに，どのようにバンド構造が形成されるかを示している．ほとんど自由な電子のモデル (nearly free electron model) は，その名前が示す通り，正反対の観点に立つモデルである．まず自由電子の描像から始めて，弱い周期ポテンシャルを系に付け加え，どのようにエネルギーバンドとギャップが形成されるかを見る．これは第 2 章で記述したバンド構造の考え方に近く，通常の半導体では，ほとんど自由な電子のモデルの方が，定量的なバンド計算の基礎として適している．

周期 a，全体の長さが L (後で無限大にする) の 1 次元結晶を考える．非摂動系の自

由電子は，エネルギーが $\varepsilon_0 = \hbar^2 k^2/2m_0$ で，波動関数は $\phi_k(x) = \exp(ikx)/\sqrt{L}$ である．ここに摂動として，結晶の周期ポテンシャルを加えよう．ポテンシャルは周期性を持つので，Fourier級数に展開できる．

$$V(x) = \sum_{n=-\infty}^{\infty} V_n \exp\left(\frac{2\pi i n x}{a}\right) \equiv \sum_n V_n \exp(iG_n x) \qquad (7.103)$$

$G_n = (2\pi/a)n$ は逆格子"ベクトル"である．ポテンシャル $V(x)$ は実数なので，$V_{-n} = V_n^*$ となる．

ポテンシャルが弱いと仮定するので，7.2節のような通常の摂動論を適用できて，エネルギーは次のように表される．

$$E(k) \approx \varepsilon_0(k) + V_{kk} + \sum_{k', k' \neq k} \frac{|V_{k'k}|^2}{\varepsilon_0(k) - \varepsilon_0(k')} \qquad (7.104)$$

行列要素は，

$$V_{k'k} = \int \phi_{k'}^*(x) V(x) \phi_k(x) dx = \sum_n V_n \frac{1}{L} \int_0^L e^{-ik'x} e^{iG_n x} e^{ikx} dx \qquad (7.105)$$

である．積分がゼロ以外の値を持つのは，波数の総和がゼロになるとき，すなわち $k' = k + G_n$ の場合だけであり，このとき積分と因子 $1/L$ が相殺し合う．積分内に含まれる状態の関係を図7.10(a)に示す．$G_n = 0$ の場合は特別で，すべての k に関して $V_{kk} = V_0$ となり，V_0 は単なる平均ポテンシャルとして全状態のエネルギーを等しく変更するだけなので，これは省いて考えてよい．エネルギーの摂動展開は，

$$E(k) \approx \varepsilon_0(k) + \sum_{n, n \neq 0} \frac{|V_{k+G_n, k}|^2}{\varepsilon_0(k) - \varepsilon_0(k+G_n)} \qquad (7.106)$$

となり，対応する波動関数は，

$$\psi_k = \phi_k + \sum_{n, n \neq 0} \frac{V_{k+G_n, k} \phi_{k+G_n}}{\varepsilon_0(k) - \varepsilon_0(k+G_n)} = e^{ikx} \left[1 + \sum_{n, n \neq 0} \frac{V_n e^{iG_n x}}{\varepsilon_0(k) - \varepsilon_0(k+G_n)}\right] \qquad (7.107)$$

となる．括弧の中の関数は，式(7.103)と同様のFourier級数なので，周期関数である．したがって我々は，式(2.2)に示したBlochの定理，すなわち結晶中の波動関数が平面波と，格子と同じ周期を持つ関数の積で表されるということを"証明"できた．また上記の式は，$V(x) = 0$ と置くと波動関数は単純な平面波に還元するという自明な条件も満足している．

摂動論を用いる場合には，常に分母のエネルギー差が有限になることを確認しなければならない．2つのエネルギーが等しく $\varepsilon_0(k+G_n) = \varepsilon_0(k)$ となる場合には問題が

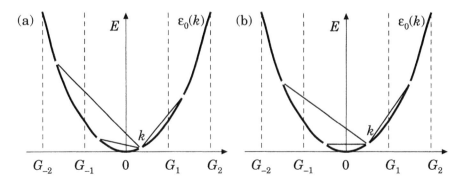

図7.10　1次元結晶の周期ポテンシャルによって k に混合する各状態. 非縮退の摂動論は (a) のように全状態が異なるエネルギーを持つ場合に適用可能だが, (b) のように混合する状態のひとつが縮退していてバンドギャップを形成するところでは成立しない.

生じる. 1次元系で生じる縮退は, $\varepsilon_0(-k) = \varepsilon_0(k)$ だけなので, $k + G_n = -k$ の場合に分母がゼロになる. すなわち波数空間において,

$$k = -\frac{1}{2}G_n, \qquad k = \frac{n\pi}{a}, \quad n = \pm 1, \pm 2, \ldots \tag{7.108}$$

を満たす点では, "摂動ポテンシャルがいかに弱いものであっても" 摂動論は破綻するのである (図7.10(b)). この破綻は 2.1.1項 (p.49~) で論じたように, 結晶格子の持つ対称性によって生じている.

　これらの k の値は, 明らかに関心の対象となるところなので, 摂動論がこれらの値において破綻するのは都合が悪い. 特定の Fourier 成分 G_n の効果を考えてみよう. 問題は波数が k と $k + G_n$ の状態のエネルギー縮退なので, 確実なアプローチの方法としては, これらの2つの状態だけに関しては, Schrödinger方程式を厳密に解けばよい (他の状態は, もし必要ならば摂動論で扱えばよい). この扱い方は k が $-\frac{1}{2}G_n$ に近いところだけで妥当である. よって $\psi \approx a_k \phi_k(x) + a_{k+G_n} \phi_{k+G_n}(x)$ と置き, ポテンシャルの Fourier 成分の中で V_n と $V_{-n} = V_n^*$ だけを考慮すればよい. Schrödinger方程式は 2×2 行列の式になる.

$$\begin{pmatrix} \varepsilon_0(k) & V_n^* \\ V_n & \varepsilon_0(k+G_n) \end{pmatrix} \begin{pmatrix} a_k \\ a_{k+G_n} \end{pmatrix} = E(k) \begin{pmatrix} a_k \\ a_{k+G_n} \end{pmatrix} \tag{7.109}$$

この固有値は, 次式を満たす.

$$\det \begin{vmatrix} E(k) - \varepsilon_0(k) & -V_n^* \\ -V_n & E(k) - \varepsilon_0(k+G_n) \end{vmatrix} = 0 \tag{7.110}$$

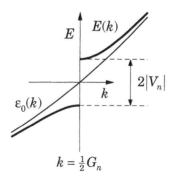

図7.11 ほとんど自由な電子の理論に基づく $k = -\frac{1}{2}G_n$ におけるエネルギーギャップ付近の $E(k)$ の特性（太線）．細い線は自由電子のエネルギーである．

上式の解は，

$$E(k) = \frac{\varepsilon_0(k) + \varepsilon_0(k+G_n)}{2} \pm \sqrt{\left[\frac{\varepsilon_0(k) - \varepsilon_0(k+G_n)}{2}\right]^2 + |V_n|^2} \quad (7.111)$$

である．この分散関係を図7.11に示した．k が $-\frac{1}{2}G_n$ から離れていて $|\varepsilon_0(k) - \varepsilon_0(k+G_n)| \gg |V_n|$ ならば，

$$E(k) \approx \varepsilon_0(k) + \frac{|V_n|^2}{\varepsilon_0(k) - \varepsilon_0(k+G_n)} \quad (7.112)$$

もしくは k と $k+G_n$ を入れ替えたものになる．これは通常の摂動展開 (7.106) における主要なエネルギー補正である．$k = -\frac{1}{2}G_n$ に近いところでは，$|\varepsilon_0(k) - \varepsilon_0(k+G_n)| \ll |V_n|$ であり，次のようになる．

$$E(k) \approx \frac{\varepsilon_0(k) + \varepsilon_0(k+G_n)}{2} \pm \left\{|V_n| + \frac{[\varepsilon_0(k) - \varepsilon_0(k+G_n)]^2}{8|V_n|}\right\} \quad (7.113)$$

特に $E\left(-\frac{1}{2}G_n\right) = \varepsilon_0\left(-\frac{1}{2}G_n\right) \pm |V_n|$ である．すなわち $k = -\frac{1}{2}G_n$ において，幅 $2|V_n|$ のギャップが開いたことになる．

これはほとんど自由な電子の理論において，最も重要な結果である．バンドギャップは逆格子ベクトルの半分のところ，すなわち k と $k+G_n$ が縮退するところに生じる．バンドギャップは，格子ポテンシャルの中の対応する Fourier 成分の振幅の2倍である．この方法は2次元系や3次元系にも展開でき，2.4節に示したような結果を得ることができる．この場合も Fourier 成分 $\mathbf{G}$ によるバンドギャップが，$\varepsilon_0(\mathbf{K}) = \varepsilon_0(\mathbf{K}+\mathbf{G})$ の縮退のところで生じるが，これは $-\mathbf{G}$ と原点を結ぶベクトルに垂直で，両点の中央に位置する平面となる．3つ以上の波の縮退も起こり得るので，Brillouinゾーンの隅のギャップを計算する場合には，このことを忘れてはならない．

ほとんど自由な電子の理論を，シリコンのような半導体に適用することを考えよう．価電子は4つあるので，電子は電荷 +4 のイオン的な核を見ることになる．この核による Coulomb ポテンシャルは，単位胞内で 10 eV 程度であり，これは価電子自身が見ているポテンシャルなので ϵ_b による遮蔽は考えなくてよい．明らかに周期ポテンシャルは強く，ほとんど自由な電子の理論はあまり役に立たない．しかし幸い，真のポテンシャルよりもはるかに弱く，価電子を適切に散乱する"擬ポテンシャル"(pseudopotential) を設定することができる．バンド構造は，弱い擬ポテンシャルを用いて計算される．この理論は洗練されていて，擬ポテンシャルを先験的に計算できる．簡単な実験的擬ポテンシャル法では，少数の Fourier 成分が，実験で見られる重要なバンド構造の特徴を再現するように調整される．シリコンでは，たった3つの Fourier 成分だけで良い近似が得られ，擬ポテンシャルを用いたほとんど自由な電子の近似は，一般の半導体に対して極めて有用である．

✳ 参考文献の手引き

本章で記述した方法はすべて標準的なもので，詳細な記述は量子力学の教科書，たとえば Merzbacher (1970), Gasiorowicz (1974), Bransden and Joachain (1989) などに載っている．同様にバンド構造の理論も，Ashcroft and Mermin (1976), Kittel (1995), Myers (1990) などの固体物理の教科書で扱われている．Yu and Cardona (1996) は半導体のバンド構造に関する詳しい議論を与えている．

Bastard (1988) と Weisbuch and Vinter (1991) は，摂動論の低次元系への応用例を数多く扱っている．

Mathews and Walker (1970) は，WKB 法と，折り返し点の扱い方の優れた解説を与えている．この理論の印象的な (そして難しい) 応用例がロシアの文献において見られる．たとえば Landau, Lifshitz and Pitaevskii (1977) を参照されたい．

各状態をエネルギー的に近い状態と離れている状態へと系統的に分ける Löwdin の摂動論は，Chuang (1995) に良く記述されている．

✳ 練習問題

7.1 図 7.12(a) に示すような GaAs 中の量子井戸における1電子の基底状態を考える．井戸全体の幅は 15 nm で，中央部の 5 nm の領域は，他の部分より 100 meV 深くなっている．この井戸全体が無限に深いものと仮定して，基底エネルギーを推定せよ．井戸のポテンシャルをどのように $\hat{H}_0$ と $\hat{V}$ に分けるのがよいか．その分割の方法は重要な違いをもたらすか？また内部中央に狭い井戸の代わりに狭い障壁を持つような井戸 (図 7.12(b)) はどう扱うのがよいか．摂動論が適切かどうかをどのように判断すればよいか？

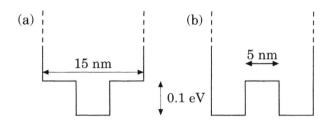

図 7.12　内部構造を持つ量子井戸．(a) 内部井戸，(b) 内部障壁を持つ井戸．

7.2　電場の下で傾いた量子井戸内の基底状態の分極率 (7.38) を，波動関数の変化を考察して双極子能率 $-e\langle x \rangle$ からも導出できることを示せ．

7.3　図 7.3 (p.278) に見られる吸収線のシフト量を計算せよ．無限に深い井戸のモデルを適用し，正孔は重いものだけ，もしくは軽いものだけを仮定せよ．(実際の井戸は有限の深さしか持たず，電子と正孔はある程度まで障壁部分へ侵入し，波動関数がもっと拡がるので，分極率も増す．したがって上記の簡単な仮定の下で計算されるシフト量は，実際のシフトよりも小さいはずである．)

7.4　多くの量子井戸は平坦な底を持つが，違った構造を作製することもできる．3つの例を図 7.13 に示した．これらの系では量子閉じ込め Stark 効果にどのような変更が生じると予想されるか？ これらの場合にもエネルギーの変化は，場の強さの自乗に依存するか？

7.5　無限に深い井戸の 2 番目のエネルギー準位の状態は，電場を印加するとどうなるか？

7.6　4.3 節の $Al_xGa_{1-x}As$ で作った放物線ポテンシャルのエネルギー準位に関する問題．放物線ポテンシャルが全領域を占めるものと仮定し，井戸外の平坦ポテンシャル部へのトンネル侵入の効果を無視したことによって生じる誤差を推定せよ．

7.7　弱い磁場の下での，無限に深い量子井戸の基底エネルギーの変化を計算せよ (図 6.13(a)，p.251)．横方向の波数ベクトルをゼロと置くこと．

7.8　量子ドットの基底エネルギーに対する xy 面内の電場の効果を計算せよ．ドットを 2 次元の無限に深い井戸として扱うこと ($|x|, |y| < \frac{1}{2}a$)．結果は面内の場の方向に依存するか？

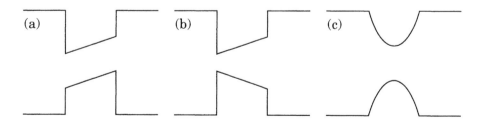

図 7.13　量子閉じ込め Stark 効果を観測するための特殊な量子井戸構造．(a) 内蔵電場を持つ井戸，(b) 先細りのバンドギャップを持つ井戸，(c) 放物線井戸．

7.9 放物線ポテンシャルの中の束縛状態のエネルギーに関して，WKB法で正確な値が得られることを示せ．

7.10 対称な三角ポテンシャル $V(x) = |eFx|$ の中の基底エネルギーをWKB法で推定せよ．

7.11 GaAsヘテロ構造の上に形成した並行スプリットゲートは，電子が少なければ2DEG内に放物線型のポテンシャルを生じ，エネルギー準位は $\varepsilon_\mathrm{p} = 2$ meV 間隔に分かれる．電子が多くなるとポテンシャルは放物線型から"浴槽型"へ移行して平坦な底の部分が現れる（図7.5, p.283）．この平坦部の幅を $w = 50$ nm としよう．両脇の部分は放物線の形を保つものと仮定する．WKB法を用いて，エネルギー準位が，

$$\frac{E}{\varepsilon_\mathrm{p}} + \sqrt{\frac{E}{\varepsilon_\mathrm{w}}} = \left(n - \frac{1}{2}\right) \quad (\mathrm{ex}7.1)$$

を満たすことを示せ．$\varepsilon_\mathrm{w} = \hbar^2\pi^2/2mw^2$ である．

7.12 GaAs の Schottky 障壁において，室温で熱電子電流よりもトンネル電流が支配的に流れるために必要な N_D の値はどのくらいか？ 指数関数の項だけを考えよ．この区別は重要である．トンネル電流が支配的なら Ohm性の $I(V)$ 特性を持つが，熱電子電流が支配的ならば整流作用が現れる．

7.13 WKB法を用いて，量子井戸に電場を印加した際に，Fowler-Nordheim トンネリング (7.2.3項, p.279〜) によって電子が逃避する頻度を推定せよ．どの程度の電場が印加されると電子や正孔の逃避によって励起子 (exciton) の寿命が制約を受けるようになるか？（フォノン散乱による励起子寿命は 1 ps 程度）推定した値は図7.3 (p.278) の実験結果と整合するか？

7.14 放物線障壁 $V(x) = -\frac{1}{2}m\omega_0^2 x^2$ の $E < 0$ における透過係数をWKB法で推定せよ．得られた結果を正確な式 $T(E) = 1/\left[1 + \exp(-2\pi E/\hbar\omega_0)\right]$ と比較せよ．

7.15 2.2節の Zener トンネルの計算を改善する．式 (2.16) はバンド間に矩形障壁を想定して導出したものである．より現実的には，電場による線形ポテンシャルは一方のバンド端位置 $x = 0$ の付近で $V(x) = eFx$ となる．そこで $V(x) = eFx(1 - x/d)$ と置くと，実空間で $d = E_\mathrm{g}/eF$ だけ離れたもう一方のギャップ端で再びポテンシャルがゼロになる対称な障壁が得られる．WKB法で，この障壁の透過頻度を推定せよ．

7.16 三角井戸に対する変分法の計算 (7.5.2項, p.291〜) を，Gauss関数の減衰因子を持つ $\psi(x) = x\exp\left(-\frac{1}{2}(bx)^2\right)$ を用いてやり直し，こちらの方がエネルギー値が低くなり，正確な値に近い係数因子 2.3448 が得られることを示せ．

　実際にはどちらの減衰も正確ではない．我々は Airy 関数の理論 (付録E) により，真の減衰は指数に $x^{3/2}$ という因子を含むことを知っている．そこで更に $\psi(x) = x\exp\left(-\frac{1}{2}(bx)^{3/2}\right)$ を用いて変分計算を試みよ．積分から分数の階乗が現れて $\Gamma\left(\frac{5}{3}\right) \equiv \frac{2}{3}! = 0.902745$ が必要となる．

　得られる係数因子は 2.3472 となり，残念ながら Gauss 減衰を採用した計算よりも大きい．この理由は，エネルギーを与える積分は，主に波動関数の密度が最も高い $x = 1/b$ 付近で決まるからである．この領域では明らかに Gauss 型の試行波動関数の方が正確であり，波動関数が減衰する部分は不正確でも，減衰部分のエネルギーへの寄与は小さい．

7.17 対称な三角井戸 $V(x) = |eFx|$ の中の基底エネルギーを，変分法で推定せよ．Gauss関数 $\psi(x) = \exp\left(-\frac{1}{2}(bx)^2\right)$ が試行関数の候補となるのは明らかだが，他の $\mathrm{sech}(bx)$ なども試してみよ．($\mathrm{sech}\,x = 2/(e^x + e^{-x})$)

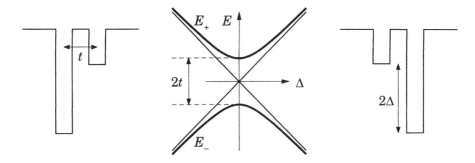

図7.14 t で結合した2つの井戸において,深さの違い $\pm\Delta$ を変えても準位が逆転しなくなる様子を太線で示している.細線は結合していない井戸のエネルギー準位である.

7.18 7.2.2項 (p.276〜) において摂動論で扱った無限に深い1次元井戸の分極率を,変分法で推定せよ.電場によって偶関数 $\phi_1(x)$ の対称性が破れ,奇関数の成分が混ざるので,変分関数を $(1+\lambda x)\phi_1(x)$ と置き,λ を調整パラメーターとして扱えばよい.このエネルギーは矩形井戸の場合に最小になり (対称性のために多くの項がゼロになる),電場強度に2次で依存する項が分極率を与える.

一般の対称な井戸に関する計算を行い,$\alpha = 16\pi\langle x^2\rangle^2/a_B$ という結果を得ることもできる.このためには後で 10.1.3項 (p.397〜) の f-和則のところで用いるような演算子と交換子の操作が必要となる.幅 a の箱の中の粒子では $\langle x^2\rangle = a^2(1-6/\pi^2)/12$ である.結果を式 (7.38) と比較せよ.

7.19 7.6節で扱った正方形量子ドットに対する $-Kxy$ という摂動項は,特別の方向性を持つ鞍点を記述している.結果は鞍点の向きに依存するか? 同じ摂動を円形の量子ドットに加えたときの効果は,定性的にどうなるか?

7.20 7.7.1項 (p.295〜) で行った2つの井戸に関する計算を,2つの井戸の深さが "異なる" 場合へと拡張せよ.それぞれの井戸が孤立しているときのエネルギーを $\varepsilon \pm \Delta$ とする.非直交性と結晶場の項は無視せよ.図7.14 に示すように,Δ の符号が変わると孤立井戸の準位は入れ替わるが,井戸間に結合があると,それが如何に弱くとも "準位の逆転を回避" (anticross) するようになる.

7.21 前問の計算結果が,$|\Delta| \gg |t|$ において非縮退の摂動論の結果と合致することを示せ.

7.22 InAs と GaSb の超格子では,GaSb の価電子帯の頂上が,InAs の伝導帯の底より "上" にあり,その差は $\Delta \approx 150$ meV である (図3.5, p.93).このことが井戸層の面内方向 (結晶成長に垂直な方向) の k のバンド構造へ及ぼす効果を考察せよ.もし井戸間に結合が無ければ $\varepsilon_c(k) = E_c + \hbar^2 k^2/2m_0 m_e$,$\varepsilon_v(k) = E_v - \hbar^2 k^2/2m_0 m_h$ で,"ギャップ" $E_c - E_v$ は負なのでバンドが重なる.バンド間の結合を定数項でモデル化できるものと仮定して,単純なハミルトニアン行列を解いて,バンド間結合の影響を推定せよ.バンドを描き,準位逆転の回避によって正のエネルギーギャップが保持されることを示せ (本当は量子井戸内のゼロ点エネルギーを E_v と E_c に加えなければならない).

7.23 強度 S の2つの δ 関数井戸を距離 a を隔てて配した1次元 "分子" $V(x) = -S\bigl[\delta\bigl(x+\frac{1}{2}a\bigr) + \delta\bigl(x-\frac{1}{2}a\bigr)\bigr]$ を考える.この井戸の対は偶と奇の束縛状態を持つ.4.2節で述べたように,単独で原点にある δ 関数井戸の波動関数は $\exp(-\kappa|x|)$,$\kappa = mS/\hbar^2$ という形

を持ち，そのエネルギーは $E = -\hbar^2\kappa^2/2m$ である．この波動関数を規格化して，2つの δ 関数井戸に強く束縛されたモデルのパラメーターが，

$$t = S\kappa \exp(-\kappa a), \quad s = (1+\kappa a)\exp(-\kappa a), \quad c = S\kappa \exp(-2\kappa a) \quad (\text{ex7.2})$$

と与えられることを導け．偶の状態と奇の状態のエネルギーが $2S\kappa \exp(-\kappa a)$ 隔たり，両者の平均が $S\kappa^2 a \exp(-2\kappa a)$ 上昇することを示せ．結晶場の項は平均エネルギーを低下させるが，ここでは非直交項を含む他の項が支配的になる．どのような場合でも平均エネルギーのシフトはトンネル遷移に関して 2 次になることは明らかで，通常は無視できる．

このモデルを正確に解いてみよう．波動関数は井戸の間の領域では cosh もしくは sinh で，外部では減衰する指数関数になる．すべて共通の減衰定数を持つが，これはポテンシャル井戸における微分の不連続と，δ 関数の強度との関係によって決まる．次式を示せ．

$$\kappa_e\left(1 + \tanh\frac{1}{2}\kappa_e a\right) = 2\kappa = \kappa_o\left(1 + \coth\frac{1}{2}\kappa_o a\right) \quad (\text{ex7.3})$$

$\kappa_e, \kappa_o, \kappa$ はそれぞれ偶の解，奇の解，単独井戸の解の減衰定数である．準位の分裂と平均エネルギーは強く束縛されたモデルと最初の桁まで一致することを示せ．

7.24 GaAs の幅 5 nm，深さ 0.3 eV の井戸を考える．この井戸内の基底状態の束縛エネルギーは 0.210 eV なので，井戸外では $\kappa = 0.61$ nm^{-1} である．5 nm の障壁を挟んで 2 つの井戸があるときの準位の分裂を推定せよ (有効質量係数は全域に共通で 0.067 と置く)．正確さを狙わず，大胆な近似によって分裂の大きさのオーダーを見積もるための t の簡単な式を求めよ．

7.25 前問の結果を拡張し，GaAs の 5 nm の井戸と 5 nm の障壁が交互に並ぶ，段差 0.3 eV の超格子の基底バンドの幅と位置を推定せよ．数値計算によるとバンド端の位置は，障壁上端を基準として -0.215 eV と -0.205 eV である．

7.26 式 (7.113) から，バンドギャップ付近の有効質量を計算せよ．質量とギャップはどのように関係するか．これらの結果は $\mathbf{k}\cdot\mathbf{p}$ 法の結果と合うか？

7.27 ほとんど自由な電子のモデルは，図 5.18 (p.196) に示した Kronig-Penney モデルのバンド構造を，どの程度よく予言できるか？

7.28 2 次元正方結晶の第 1 Brillouin ゾーンの隅に近いところのギャップを推定せよ．面の中心におけるギャップと比べてみよ．

第 8 章　散乱過程：黄金律

　Fermi の黄金律 (Fermi's golden rule) は量子力学の中で最も有用な道具のひとつである．黄金律は遷移頻度，すなわち粒子が摂動によって，ある状態から別の状態に"散乱"される頻度を求める一般的な公式を与える．"散乱"を引用符で括ったのは，これが我々が普通に思い描く散乱の概念よりも，はるかに広い概念だからである．散乱のひとつの明確な例は，結晶中の不純物原子によって，電子がある Bloch 状態から，もうひとつの別の Bloch 状態へ遷移する過程である．この散乱において電子の運動量は変わるが，エネルギーは変化しない．同様にフォノン (結晶格子の振動) も電子を散乱するが，この場合，電子の運動量だけでなく，エネルギーも変わる．少し分かりにくい例としては光吸収があるが，これは電子が光子の衝突を受けて散乱される過程と見ることができる．これと逆の過程，すなわち電子がエネルギーを失って，そのエネルギーを光子の形で放出し，自発的な放射もしくは誘導放射を起こす過程もある．ここで扱う"散乱"はこのように，非常に一般的な概念なのである．

　上記の例から，われわれが扱うべき散乱過程は，2 種類に大別されることが分かる．

(i) 時間に依存しない静的ポテンシャルによる散乱．結晶中の不純物原子による散乱などがこれにあたる．散乱の前後で粒子のエネルギーは変わらない．

(ii) 時間に依存して $\cos\omega_q t$ のように調和振動するポテンシャルによる散乱．フォノンや光子による散乱がこれにあたる．散乱によって粒子のエネルギーは $\pm\hbar\omega_q$ だけ変化する．

　当然のことながら，エネルギーの変化を理論から予言できなければならない．上記の 2 つの場合について理論を展開していくことにするが，静的ポテンシャルによる散乱の例として電子の不純物散乱を，調和振動ポテンシャルによる散乱の最初の例として，フォノン散乱を取り上げる．本章の最後で光学的導電率を計算するが，低次元系における光学的現象の完全な扱い方は第 10 章で取り上げることになる．

8.1 静的ポテンシャルに対する黄金律

まず結晶中の不純物原子によるポテンシャルのような,定常的な摂動を扱う.なぜ7.2節で与えた時間に依存しない摂動論を用いて,不純物を含む系の固有状態を求めないのかということが当然の疑問として生じるであろう.どちらの方法も正当性を持つが,応用の方法が異なるのである.

不純物原子が乱雑に分布した系の正確な固有状態を見いだしてあるものと仮定しよう.これらの固有状態は非摂動状態を非常に複雑に混合した状態であり,計算に用いるのは面倒である.その上,不純物分布は試料ごとに異なるので,状態も試料ごとに異なる.これは小さな系を対象として,各試料に固有の結果を見ようとする場合には理想的な方法であり,小さな系の磁気抵抗特性などは,不純物分布を反映した"指紋"のように扱える.このような現象は"メソスコピック領域"(mesoscopic regime) に特徴的なものである.メソスコピック系の特性は電子波の干渉に支配されており,試料は電子がフォノンや他の電子と衝突して位相情報を失うまで進む距離よりも小さくなければならない.このような試料の典型的な大きさは,液体ヘリウム中 (4 K 以下) の測定に関しては,サブミクロン程度である.

しかし巨視的な領域 (macroscopic regime) では,別々の試料でも導電率のような量が同じ値を持つものと期待される.個別の固有状態に含まれる情報は平均化されてしまう (この点は扱い難くもある). Fermi の黄金律は,この極限において別の見地を提供する.この場合,我々は清浄な系 (純粋な物質) の固有状態を使い続けることができる.すなわち結晶では Bloch 波,自由電子系では平面波を用いる.これらは不純物を含む系では真の固有状態ではないので,ある時刻にある固有状態にある電子が,その状態を永遠に維持し続けるわけではない.時間が経過し電子波が伝搬するのに伴って,他の状態と混合してゆく.電子が別の状態で見いだされる確率は,時間の経過とともに線形に増加し,その増加率が我々の知りたい散乱頻度 (scattering rate) もしくは遷移頻度 (transition rate) のような量になる.

形式的に,再びハミルトニアン $\hat{H}$ が,時間に依存せず正確に解ける非摂動部分 $\hat{H}_0$ と,$t=0$ に導入される小さな摂動部分 $\hat{V}(t)$ に分割されるものと仮定しよう.$\hat{H}_0$ の固有状態を ϕ_j,固有エネルギーを ε_j と書く.摂動が導入される前は,電子がひとつの初期状態 i にあるとすると,そのときの時間に依存する波動関数は,

$$\Psi(t) = \Phi_i(t) = \phi_i \exp\left(-\frac{i\varepsilon_i t}{\hbar}\right) \tag{8.1}$$

である.$t>0$ に関しては,次式を解かなければならない.

$$\hat{H}\Psi(t) = \left[\hat{H}_0 + \hat{V}(t)\right]\Psi(t) = i\hbar\frac{\partial}{\partial t}\Psi(t) \tag{8.2}$$

境界条件は $t=0$ において $\Psi = \Phi_i$ となる.通常どおり,正確な解を非摂動系の一連

8.1 静的ポテンシャルに対する黄金律

の解へと展開する. 前と異なる点は, 展開係数が時間に依存することである. そこで,

$$\Psi(t) = \sum_j a_j(t)\Phi_j(t) \tag{8.3}$$

と書く. $a_j(t)$ は時刻 t において電子が状態 j にある確率振幅で, 初期値は $a_j(t=0) = \delta_{ij}$ である. 展開式 (8.3) を Schrödinger 方程式 (8.2) に代入すると,

$$\left[\hat{H}_0 + \hat{V}(t)\right]\sum_j a_j(t)\Phi_j(t) = i\hbar\frac{\partial}{\partial t}\sum_j a_j(t)\Phi_j(t) \tag{8.4}$$

となるが, これは,

$$\sum_j a_j(t)\hat{H}_0\Phi_j(t) + \sum_j a_j(t)\hat{V}(t)\Phi_j(t)$$
$$= i\hbar\sum_j a_j(t)\frac{\partial \Phi_j(t)}{\partial t} + i\hbar\sum_j \frac{da_j(t)}{dt}\Phi_j(t) \tag{8.5}$$

と書き直せる. 両辺の第1項は, $\Phi_j(t)$ が $\hat{H}_0$ の時間に依存する Schrödinger 方程式の解なので相殺する. 両辺を入れ替えて, $\Phi_j(t)$ の時間依存をあらわに書くと,

$$i\hbar\sum_j \frac{da_j(t)}{dt}\phi_j \exp\left(-\frac{i\varepsilon_j t}{\hbar}\right) = \sum_j a_j(t)\hat{V}(t)\phi_j \exp\left(-\frac{i\varepsilon_j t}{\hbar}\right) \tag{8.6}$$

となる. いつものように行列要素をとると, 多くの項を消すことができる. 両辺に ϕ_f^* (これが"終状態"final state になる) を掛けて空間積分を行う. 左辺では $j=f$ の項だけが残り, 他はすべてゼロになる.

$$i\hbar\frac{da_f(t)}{dt}\exp\left(-\frac{i\varepsilon_f t}{\hbar}\right) = \sum_j a_j(t)\exp\left(-\frac{i\varepsilon_j t}{\hbar}\right)\int \phi_f^* \hat{V}(t)\phi_j$$
$$= \sum_j a_j(t)\exp\left(-\frac{i\varepsilon_j t}{\hbar}\right)V_{fj}(t) \tag{8.7}$$

したがって,

$$\frac{da_f(t)}{dt} = \frac{1}{i\hbar}\sum_j a_j(t)V_{fj}(t)\exp\left(\frac{i\varepsilon_{fj}t}{\hbar}\right) \tag{8.8}$$

である. $\varepsilon_{fj} = (\varepsilon_f - \varepsilon_j)$ は, 状態 f と状態 j のエネルギー差である.

式 (8.8) は元の Schrödinger 方程式と等価であり, 完全に正確である. ここから近似を施さなければならない. ゼロ次近似では $\hat{V}$ を全く無視すればよく, $a_j(t) = \delta_{ij}$ となる. これを式 (8.8) の右辺に用いて, 1次近似の結果を得る.

$$\frac{da_f(t)}{dt} = \frac{1}{i\hbar}V_{fi}(t)e^{i\varepsilon_{fi}t/\hbar} \tag{8.9}$$

$f \neq i$ なら $t = 0$ のときに $a_f = 0$ であることを踏まえて，上式を積分できる．

$$a_f(t) = \frac{1}{i\hbar}\int_0^t V_{fi}(t')e^{i\varepsilon_{fi}t'/\hbar}dt' \tag{8.10}$$

これが時刻 t に電子の状態が f になる確率振幅を表す Fermi の黄金律の一般的な表式である．この近似の前提として，遷移頻度は低く，初期状態はほとんど満たされており，終状態はほとんど空に近いことが仮定されている．

我々はまだ摂動 $\hat{V}(t)$ の時間依存について何の仮定もしていない．これを定数としてみよう．この場合，式 (8.10) において V_{fi} を積分の外に出すことができて，次のようになる．

$$a_f(t) = -V_{fi}\frac{\exp(i\varepsilon_{fi}t/\hbar) - 1}{\varepsilon_{fi}} = -i\exp(i\varepsilon_{fi}t/2\hbar)V_{fi}\frac{\sin(\varepsilon_{fi}t/2\hbar)}{\varepsilon_{fi}/2} \tag{8.11}$$

電子を終状態において見いだす確率は，

$$|a_f(t)|^2 = |V_{fi}|^2\left[\frac{\sin(\varepsilon_{fi}t/2\hbar)}{\varepsilon_{fi}/2}\right]^2 = \frac{|V_{fi}|^2 t^2}{\hbar^2}\operatorname{sinc}^2\left(\frac{\varepsilon_{fi}t}{2\hbar}\right) \tag{8.12}$$

となる．$\operatorname{sinc}\theta = (\sin\theta)/\theta$ である．

これは興味深い結果である．この確率を，初期状態と終状態のエネルギー差 ε_{fi} の関数として図 8.1 に示した．特定の終状態を任意に選ぶと，その確率は一定の振幅で時間に依存して振動する．sinc 関数のエネルギー差に対する広がり方は $1/t$ に比例してだんだん狭くなり，係数因子によって確率の高さは t^2 で増加する．したがって $t \to \infty$ では無限に高く狭い関数になるが，これは δ 関数を想起させる．定積分の公式，

$$\int_{-\infty}^{\infty}\operatorname{sinc}^2 x\, dx = \pi \tag{8.13}$$

によると，

$$\int_{-\infty}^{\infty} t^2\operatorname{sinc}^2(\varepsilon_{fi}t/2\hbar)d\varepsilon_{fi} = 2\pi\hbar t \tag{8.14}$$

となるが，これは $t \to \infty$ において，

$$t^2\operatorname{sinc}^2(\varepsilon_{fi}t/2\hbar) \to 2\pi\hbar t\delta(\varepsilon_{fi}) \tag{8.15}$$

となることを意味する．したがって，長時間が経過した後に，エネルギー ε_f の終状態に落ち着く確率は，

$$|a_f(t)|^2 \sim \frac{2\pi}{\hbar}|V_{fi}|^2\delta(\varepsilon_{fi})t \tag{8.16}$$

となる．これは時間に正比例しているので，状態 i から状態 f への遷移頻度は，

$$W_{fi} = \frac{2\pi}{\hbar}|V_{fi}|^2\delta(\varepsilon_f - \varepsilon_i) \tag{8.17}$$

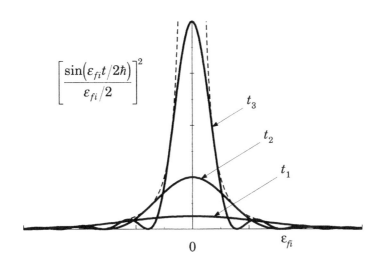

図8.1 電子を終状態において見いだす確率を，初期状態と終状態のエネルギー差 ε_{fi} の関数として示した．3つの時刻 t_1, t_2, t_3 における確率を示してあるが，これらは 1:2:4 の関係にある．破線は異なる時刻の sinc 関数を包絡する関数である．

という定数として与えられる．これが"Fermi の黄金律"である．終状態のエネルギーは初期状態のエネルギーと一致しなければならない．これはエネルギー保存則から予想されることだが，エネルギー保存が正確に成立するのは長時間の極限だけである．

短時間しか経過していないときには，δ関数にあたる部分が $\hbar/t$ 程度のエネルギー幅を持つので，エネルギーが正確に保存していなくてもよい．強い散乱過程を持つ系では，このエネルギー幅が重要になる．電子はその"終状態"に長時間とどまれずに再び散乱されてしまうので，$t \to \infty$ の極限をとることができない．このような場合には $\delta(E)$ が単位面積を持ち，幅が $\hbar/\tau$ の関数 $A(E)$ に置き換わるものと考えられる．τ は散乱から次の散乱までの時間 (寿命) である．この効果はエネルギーの"衝突広がり" (collisional broadening) として知られている．

δ関数を含まない形の別の黄金律の式もしばしば用いられる．"特定の"初期状態からの散乱を考える代わりに，式 (8.17) の和をとって，"任意の"初期状態から同じ終状態へ遷移する頻度を得ることができる．

$$\frac{2\pi}{\hbar} \sum_i |V_{fi}|^2 \delta(\varepsilon_f - \varepsilon_i) \tag{8.18}$$

δ関数(現実には微小な広がりを持つものと考える)によって,和に寄与する状態は ε_f 近傍のエネルギー値を持つ状態に限られる.このように和に寄与する各状態に関して,行列要素が互いに近い値になるものと仮定すると,行列要素を和の外に出して,

$$\sum_i \delta(\varepsilon_f - \varepsilon_i) = N(\varepsilon_f) \tag{8.19}$$

とすることができる.これは状態密度の定義式 (1.95) そのものである.したがって遷移頻度は,

$$W_{fi} = \frac{2\pi}{\hbar}|V_{fi}|^2 N(\varepsilon_f), \quad \varepsilon_f = \varepsilon_i \tag{8.20}$$

となる.この形の Fermi の黄金律の公式は,初めの式 (8.17) と完全に等価なものと言ってよい.δ関数は積分の中だけで意味を持つからである.この導出によって,重要な点が提示された.Fermi の黄金律が使えるためには,初期状態と終状態が,連続した (continuum) エネルギー準位の中になければならない.そうでないと状態密度が定義できず,δ関数が意味を持たない.

次節でこの公式を,不純物原子による電子の散乱の問題へ適用してみる.

8.2 不純物散乱

不純物散乱は,フォノンが少ない低温において移動度を制約する.不純物の持つポテンシャルの性質は様々である.イオン化したドナーやアクセプターのような電荷を持つ不純物原子は長距離の Coulomb ポテンシャルを持つが,電気的に中性の不純物原子は複雑な短距離ポテンシャルを伴う.これらの 2 種類の場合では,全散乱頻度への影響が異なる.(Al, Ga)As における Al と Ga の乱雑な配列に起因する合金散乱 (alloy scattering) や界面粗さ散乱 (interface-roughness scattering) も,不純物散乱と同じような方法で扱うことができる.2DEG の電子に関する詳細な考察は第 9 章で行うことにして,本節では一般的な理論だけを展開する.

2 次元系の自由電子を考えよう.本書の表記法に従い,$\mathbf{r}$ のような小文字のベクトルによって 2 次元系内の位置を表す.有限の面積 A を持つ長方形ポテンシャルの箱の内部を考える.物理的な結果は A の値に依存しないはずであるが,この点には注意を要する.初期状態と終状態を平面波で定義する.

$$\phi_i = A^{-1/2}\exp(i\mathbf{k}\cdot\mathbf{r}), \quad \phi_f = A^{-1/2}\exp(i(\mathbf{k}+\mathbf{q})\cdot\mathbf{r}) \tag{8.21}$$

散乱後の電子は,運動量が $\hbar\mathbf{q}$ だけ変化した状態になるものとする.摂動は不純物によるポテンシャル $V(\mathbf{r})$ であり,行列要素は,

$$\begin{aligned}V_{fi} &= \int \phi_f^* \hat{V} \phi_i = \frac{1}{A}\int e^{-i(\mathbf{k}+\mathbf{q})\cdot\mathbf{r}}V(\mathbf{r})e^{i\mathbf{k}\cdot\mathbf{r}}d^2\mathbf{r} = \frac{1}{A}\int V(\mathbf{r})e^{-i\mathbf{q}\cdot\mathbf{r}}d^2\mathbf{r}\\ &= A^{-1}\tilde{V}(\mathbf{q})\end{aligned} \tag{8.22}$$

となる．$\tilde{V}(\mathbf{q})$ は散乱ポテンシャルの2次元 Fourier 変換である．この行列要素を黄金律の式 (8.17) に代入すると，$\mathbf{k}$ から $\mathbf{k}+\mathbf{q}$ への散乱頻度は，

$$W_{\mathbf{k}+\mathbf{q},\mathbf{k}} = \frac{1}{A^2}\frac{2\pi}{\hbar}|\tilde{V}(\mathbf{q})|^2 \delta(\varepsilon(\mathbf{k}+\mathbf{q}) - \varepsilon(\mathbf{k})) \tag{8.23}$$

と与えられる．散乱頻度が散乱ポテンシャルの Fourier 変換の絶対値の自乗に比例するという上記の単純な結果は "Born 近似"(Born approximation) として知られている．この近似はかなり広く使われており，その詳細な成立条件に関する議論は，散乱理論を扱った本において与えられている．

式 (8.23) の奇妙な特徴は，係数因子 $1/A^2$ である．これは系を大きくすると不純物の効果が消失していくことを意味している．1 個の不純物原子は，大きな系になるほど相対的に目立たなくなるので，これは驚くべきことではない．しかし散乱の結果として決まる移動度のような物理量は，系の寸法には依存しないはずである．

1 電子に関する全散乱頻度 (total scattering rate)，すなわち $\mathbf{k}$ の状態から "任意の" 終状態への散乱頻度を考えよう．これは $1/\tau_\mathrm{i}$ と表記されるが，$\mathbf{k}$ の関数と考えられる．1 電子の寿命として様々な種類の寿命があるが，この寿命には多くの名前がある．我々は τ_i を "単一粒子寿命"(single-particle lifetime) と呼ぶことにするが (正確には不純物散乱に関する単一粒子状態の寿命)，"量子寿命"(quantum lifetime) という術語も用いられている．まずは終状態が空いていることが保証されており，占有因子 (Fermi 因子) を考慮しなくてよいものと仮定する．そうすると，ひとつの不純物による全散乱頻度は，Born 近似の散乱頻度 (8.23) をあらゆる終状態波数に関して足し合わせることによって得られる．

$$\left(\frac{1}{\tau_\mathrm{i}}\right)_{1\ \mathrm{impurity}} = \sum_{\mathbf{q}} W_{\mathbf{k}+\mathbf{q},\mathbf{k}} \tag{8.24}$$

1.7 節と同様に $\mathbf{q}$ に関する和を，次のように積分に変えることができる．

$$\sum_{\mathbf{q}} \to \frac{A}{(2\pi)^2}\int d^2\mathbf{q} \tag{8.25}$$

ここで因子 A が現れるのは，終状態の状態密度が系の面積に比例するからである．スピンの因子 2 が無い理由は，ここでは不純物ポテンシャルが電子のスピンの向きを変えないものと仮定しており，終状態に関してスピン値の選択の自由が無いからである．

現実の試料の中には，ただひとつだけ不純物原子があるのではなく，多数の不純物原子がある．単位面積あたりの平均密度が $n_\mathrm{imp}^{(2D)}$ であれば，面積 A の系における全不純物数は $N_\mathrm{imp}^{(2D)} = An_\mathrm{imp}^{(2D)}$ である．残念ながら，これを多くの不純物による散乱に無条件に適用するわけにはいかない．電子は波であり，近くの不純物による散乱との干渉も影響するからである．そのような干渉はメソスコピック領域で特に重要となり，不

純物原子の正確な配置に依存する．干渉は 1 次元系において特に強くなるが，干渉効果の顕著な実例は，共鳴トンネルによって与えられる (5.5節)．

幸い大きな試料を高温で扱う場合には，干渉を無視することが許され，各不純物による散乱が独立に起こるものと仮定できる．全散乱頻度は，単一不純物による散乱頻度の $N_{\mathrm{imp}}^{(2D)}$ 倍になる．

$$\frac{1}{\tau_{\mathrm{i}}} = \left[A n_{\mathrm{imp}}^{(2D)} \right] \frac{A}{(2\pi)^2} \int \frac{1}{A^2} \frac{2\pi}{\hbar} |\tilde{V}(\mathbf{q})|^2 \delta\bigl(\varepsilon(\mathbf{k}+\mathbf{q}) - \varepsilon(\mathbf{k})\bigr) d^2\mathbf{q}$$
$$= n_{\mathrm{imp}}^{(2D)} \frac{2\pi}{\hbar} \int |\tilde{V}(\mathbf{q})|^2 \delta\bigl(\varepsilon(\mathbf{k}+\mathbf{q}) - \varepsilon(\mathbf{k})\bigr) \frac{d^2\mathbf{q}}{(2\pi)^2} \tag{8.26}$$

因子 A は消えて，電子の単一粒子寿命の標準的な公式を得ることができた．

重要な点は単一粒子寿命 (τ_{i}) が，導電率や移動度の式に現れるものでは"ない"ことである．導電率や移動度が含んでいるのは"輸送寿命" (transport lifetime) τ_{tr} であって，たとえば $\mu = e\tau_{\mathrm{tr}}/m$ である．τ_{i} と τ_{tr} の違いは，異なる散乱に対する重み付けの違いによって生じる．図8.2に散乱前後の波数の変化 $\mathbf{q}$ と散乱角 θ の関係を示す．エネルギー保存の要請のために，散乱前後の波数ベクトルの大きさは等しく $|\mathbf{k}+\mathbf{q}| = |\mathbf{k}|$ でなければならないので，両者のベクトルの先端は $\mathbf{k}$ 空間内の原点を中心とする円の上にある．初等的な三角法により，

$$q = 2k \sin \frac{\theta}{2} \tag{8.27}$$

であることが分かる．単一粒子寿命 (式 (8.26)) は，全散乱過程に等しい重みを付けて総和をとる計算を含んでいる．これは θ が小さい小角散乱 (small-angle scattering) も，電子の方向が反転する $\theta = \pi$ の後方散乱 (backscattering) も，等しい寄与を持つことを意味している．しかし電流に対しては，小角散乱よりも後方散乱の方がはるかに大きな影響を持つ．電子の初めの運動方向に平行な方向の成分は $\cos\theta$ に比例し，散乱の電流に対する影響は，この余弦による変化 $1-\cos\theta$ に依存する．詳しい計算でも，このことが裏付けられる．式 (8.27) によると $1 - \cos\theta = q^2/2k^2$ なので，輸送散乱頻度は次式のように与えられる．

$$\frac{1}{\tau_{\mathrm{tr}}} = n_{\mathrm{imp}}^{(2D)} \frac{2\pi}{\hbar} \int \frac{q^2}{2k^2} |\tilde{V}(\mathbf{q})|^2 \delta\bigl(\varepsilon(\mathbf{k}+\mathbf{q}) - \varepsilon(\mathbf{k})\bigr) \frac{d^2\mathbf{q}}{(2\pi)^2} \tag{8.28}$$

新たに加わった因子によって，大きな角度の散乱ほど重みがかかるようになっている．

$\tilde{V}(\mathbf{q})$ が $\mathbf{q}$ に依存しないならば，散乱は等方的 (isotropic) と言える．この場合，角度による重み付けは散乱頻度に影響せず $\tau_{\mathrm{tr}} = \tau_{\mathrm{i}}$ である．短距離ポテンシャルによる散乱では，この条件が成立する．しかし低次元系の荷電不純物による散乱では，これと全く異なる状況がしばしば見られる．この場合 $\mathbf{q}$ が大きくなると $\tilde{V}(\mathbf{q})$ が急速に小さくなり，τ_{i} と τ_{tr} は桁が違うこともあり得る．

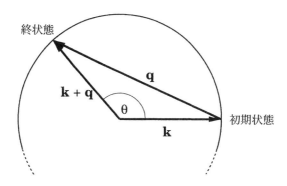

図8.2 電子が不純物原子によって散乱されるときの**k**空間内における波数ベクトル**q**と角度θの関係.

全散乱頻度に関する上記の式は一般的なものである．通常は，不純物の持つポテンシャルが多くの場合に球対称であることから，さらに簡単な形にできる．例外となるのは荷電双極子による散乱である．輸送寿命の式 (8.28) から考えてみよう．積分を終状態波数ベクトル $\mathbf{k}' = \mathbf{k} + \mathbf{q}$ によって書き直すと都合がよい．

$$\frac{1}{\tau_{\mathrm{tr}}} = n_{\mathrm{imp}}^{(2\mathrm{D})} \frac{2\pi}{\hbar} \int \frac{|\mathbf{k}' - \mathbf{k}|^2}{2k^2} |\tilde{V}(|\mathbf{k}' - \mathbf{k}|)|^2 \delta(\varepsilon(\mathbf{k}') - \varepsilon(\mathbf{k})) \frac{d^2\mathbf{k}'}{(2\pi)^2}$$

$$= \frac{n_{\mathrm{imp}}^{(2\mathrm{D})}}{2\pi\hbar} \int_{-\pi}^{\pi} d\theta \int_0^\infty k' dk' \frac{|\mathbf{k}' - \mathbf{k}|^2}{2k^2} |\tilde{V}(|\mathbf{k}' - \mathbf{k}|)|^2 \delta\left(\frac{\hbar^2 k'^2}{2m} - \frac{\hbar^2 k^2}{2m}\right) \quad (8.29)$$

$\mathbf{k}'$ の極座標は $\mathbf{k}$ の方向を基準としているので，θ は先ほど定義した散乱角である．δ 関数は波数ベクトルが散乱前後でエネルギーを保存させるために $k' = k$ となることを要請しているが，δ 関数の引き数部分を適正に扱わなければならない．一般則としては，δ 関数内の関数の微分で割らなければならない．ここでは $\hbar^2 k'/m$ で割ることになる（積分変数を終状態のエネルギー $\varepsilon' = \hbar^2 k'^2/2m$ に変えていると考えればよい）．最後に，ポテンシャルと重み付け因子に含まれる波数ベクトルの大きさが必要である．余弦公式により，

$$|\mathbf{k}' - \mathbf{k}|^2 = k'^2 + k^2 - 2kk' \cos\theta \quad (8.30)$$

である．δ 関数のために $k = k'$ でなければならないので，これは $|\mathbf{k}' - \mathbf{k}| = 2k \sin\left(\frac{1}{2}\theta\right) = q$ に還元する．したがって式 (8.29) の k' に関する積分の結果，

$$\frac{1}{\tau_{\mathrm{tr}}} = n_{\mathrm{imp}}^{(2\mathrm{D})} \frac{m}{\pi\hbar^3} \int_0^\pi \left|\tilde{V}\left(2k\sin\left(\frac{1}{2}\theta\right)\right)\right|^2 (1 - \cos\theta) d\theta \quad (8.31)$$

となる．θ の積分範囲を $(0, \pi)$ に変更し，それを補うために2倍にした．この散乱頻

度は積分変数を q に変更して,

$$\frac{1}{\tau_{\rm tr}} = n_{\rm imp}^{\rm (2D)} \frac{m}{2\pi\hbar^3 k^3} \int_0^{2k} |\tilde{V}(q)|^2 \frac{q^2 dq}{\sqrt{1-(q/2k)^2}} \tag{8.32}$$

と書き直すこともできる.q の範囲が無限大までではないことに注意されたい.図8.2 を見ると,q はエネルギー保存の下で後方散乱が起こるときに最大値 $2k$ になることが分かる.輸送散乱頻度ではなく単一粒子散乱頻度を求める場合には,これらの式から角度因子 $(1-\cos\theta) = q^2/2k^2$ を除けばよい.

金属における伝導現象は,ほとんど Fermi エネルギー付近で起こるので,これらの式において $k = k_{\rm F}$ と置くことができる.半導体でも,低温の 2DEG のように電子が縮退している場合には同じ取扱いができるが,縮退していない場合には,k が関わる範囲で平均化の計算をしなければならない.

散乱の効果を"断面"(cross section. 3次元系では面積,2次元系では長さの単位を持つ) によって記述することもできる.単一粒子寿命と関係するのは平均自由行程 $l_{\rm i} = v\tau_{\rm i}$ である ($v = \hbar k/m$).各不純物を電子の速度方向に垂直な,長さ $\sigma_{\rm i}$ の線で表すことを考えてみよう.ひとつの電子が $l_{\rm i}$ 進む時間のあいだに,$l_{\rm i}\sigma_{\rm i}$ の領域内で電子と不純物の衝突が1回起こる.平均自由行程の定義により,このような任意の領域内に,平均的にちょうど1個ずつ不純物があるはずなので $n_{\rm imp}^{\rm (2D)} l_{\rm i}\sigma_{\rm i} = 1$ であり,$\sigma_{\rm i} = m/\hbar k n_{\rm imp}^{\rm (2D)} \tau_{\rm i}$ である.式 (8.31) から輸送散乱頻度のための重み因子を除いた式を比較すると,断面は次のように与えられる.

$$\sigma_{\rm i} = \frac{m^2}{\pi\hbar^4 k} \int_0^\pi \left|\tilde{V}\left(2k\sin\left(\frac{1}{2}\theta\right)\right)\right|^2 d\theta \tag{8.33}$$

この全断面 $\sigma_{\rm i}$ を,微分断面 (differential cross-section) $\sigma(\theta)$ の積分の形に書き直すこともできる.

$$\sigma_{\rm i} = \int_{-\pi}^\pi \sigma(\theta) d\theta, \quad \sigma(\theta) = \frac{m^2}{2\pi\hbar^4 k}\left|\tilde{V}\left(2k\sin\left(\frac{1}{2}\theta\right)\right)\right|^2 \tag{8.34}$$

輸送断面 $\sigma_{\rm tr}$ も,積分 (8.34) に角度因子 $1-\cos\theta$ を導入した式で定義することができる.断面という量は,その大きさが散乱体の実効的な寸法 (一般に物理的寸法とは違うにせよ) を明示しているために,物理的感覚に訴えるという美点がある.

次に,散乱頻度の計算に必要となる散乱ポテンシャルの Fourier 変換による因子 $|\tilde{V}(q)|^2$ の計算に取りかかることにする.

8.2.1 短距離力を持つ不純物による散乱

2次元系内の不純物の単純なモデルの一例は,半径 a の円形障壁ポテンシャルによって与えられる.これは短距離ポテンシャルであり,たとえば障壁層から GaAs 井戸の

内部へと拡散した Al 不純物原子のような "中性" 不純物に対する単純なモデルとして使うことができる. これと対照的な長距離ポテンシャルを持つイオン化不純物による散乱については第9章で扱う予定である. どちらのポテンシャルも回転対称性を持っている.

円形ポテンシャルは次のように定義される.

$$V(r) = \begin{cases} V_0 & \text{if } r < a \\ 0 & \text{if } r > a \end{cases} \tag{8.35}$$

この Fourier 変換は,

$$\tilde{V}(q) = \int V(r) e^{-i\mathbf{q} \cdot \mathbf{r}} d^2 \mathbf{r} = \int_0^\infty dr\, r V(r) \int_0^{2\pi} d\theta\, e^{-iqr\cos\theta} \tag{8.36}$$

となる. θ は $\mathbf{q}$ と $\mathbf{r}$ の相対角度である. 残念ながら θ に関する積分は Bessel 関数になってしまうが, この関数が 2 次元 Fourier 変換の拡がり方を特徴づける.

$$\tilde{V}(q) = 2\pi \int_0^\infty V(r) J_0(qr) r\, dr \tag{8.37}$$

円形ポテンシャルの場合は, 次のようになる.

$$\tilde{V}(q) = 2\pi V_0 \int_0^a J_0(qr) r\, dr = \pi a^2 V_0 \left(\frac{2 J_1(qa)}{qa} \right) \tag{8.38}$$

この積分の計算には Abramowitz and Stegun (1972) の式 (9.1.30) を用いたが, ここでもうひとつの Bessel 関数が現れている.

散乱頻度はこの Fourier 変換の自乗に比例するが, その様子を図 8.3 に示す. この例では急峻なポテンシャル段差のために q に対する減衰振動が生じているが, ポテンシャルが滑らかであれば振動のない単純な減衰になる. $2J_1(x)/x$ という関数は $\text{sinc}\, x$ $(=(\sin x)/x)$ と似ていて $x \to 0$ の極限値は 1 である. したがって q が小さいところでは $\tilde{V}(q) \approx \pi a^2 V_0$ となり, 散乱は等方的になる. このような性質は, 式 (8.36) からも見ることができて,

$$\lim_{\mathbf{q} \to \mathbf{0}} \tilde{V}(\mathbf{q}) = \int V(\mathbf{r}) d^2 \mathbf{r} \tag{8.39}$$

のように q が小さければ単なるポテンシャル場の空間積分の値になる. 残念ながら長距離ポテンシャルの場合は積分が発散し, このような極限値を与えないこともあり得るが, このような重要な例としては, 遮蔽のない Coulomb ポテンシャルによる Rutherford 散乱がある. 円形ポテンシャルの小さな k における全散乱断面は $\sigma_\text{i} = \sigma_\text{tr} = (\pi m a^2 V_0/\hbar^2)^2/k$ のように k に依存して減少する. これは散乱体の寸法 $2a$ とは全く違う値であるし, $k \to 0$ のときには発散する.

図 8.3 を見ると q が大きい $q > \pi/a$ のところでほとんど散乱は起こっていないが, これは散乱体の寸法と散乱される最大波数の一般的な関係による性質である. 散乱角

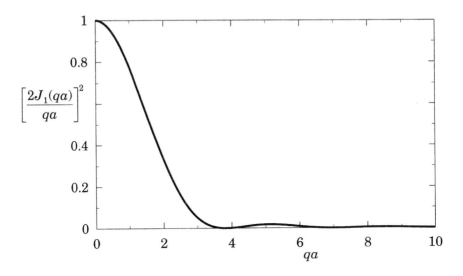

図8.3 半径 a の円形障壁による散乱頻度を波数 q の関数として示した.

θ は式 (8.27) で与えられ，角度が小さければ $\theta = q/k$ となる．最大散乱角は大雑把に π/ka であるが，これは電子の入射エネルギーが大きいほど小さくなるという妥当な結果である．

半導体中の中性不純物は原子の寸法を持つので，$q < 10^9$ m^{-1} ではほとんど q に依存しない．したがって $k_F \approx 10^8$ m^{-1} の2DEG内では，中性不純物による散乱は等方的なものとして扱える．

Born近似の範囲内における散乱のひとつの性質として，散乱はポテンシャルの符号に依存しないということがある．深さ V_0 の井戸による散乱も，高さ V_0 の障壁による散乱と変わらない．この結果は V_0 が大きい場合は Born 近似が不正確になるので成り立たない．たとえば円形障壁の高さが入射電子のエネルギーを大きく上回る場合には，電子は障壁内に侵入できず，散乱は V_0 に依存しなくなる．このような場合は位相シフトのような，更に正確な方法を用いなければならない．侵入不可能な円形散乱体による散乱は正確に解くことができる．厳密な理論によると，散乱断面の寸法には上限が存在することも示され，任意の強さの散乱体を作ることは不可能である．たとえば等方散乱では断面を $4/k$ より大きくできない．散乱体が引力ポテンシャルを持ち，特に井戸の上端付近に束縛状態を持つような場合には，もっと面倒な問題も生じる．2次元のポテンシャル井戸は必ず束縛状態を持つので，これは厄介である．しかし正確な計算によると，Born 近似の結果は，かなり広範な条件下で受け入れることができる．

円形障壁の半径 a をゼロにすると，2次元 δ 関数のポテンシャル $V(r) = S\delta(\mathbf{r})$ が得

られる．このポテンシャルの Fourier 変換は定数 $\tilde{V}(q) = S$ となり，散乱は等方的である．この極限では計算を簡略化できる場合が多いので——たとえば単一粒子断面と輸送断面は等しくなる——理論的考察において広く δ 関数ポテンシャルが用いられる．残念ながら 2DEG の散乱体は，ほとんどが導電面から離れたところにあるイオン化不純物であって，その断面は等方的なものとは程遠いが，この事実はモデルとしての δ 関数ポテンシャルの有用性を損なうものではないように思われる．

8.3 振動ポテンシャルに対する黄金律

2 番目の種類の摂動として，時間に関して調和振動するポテンシャルを考える．

$$\hat{V}(t) = 2\hat{V}\cos\omega_0 t = \hat{V}(e^{-i\omega_0 t} + e^{i\omega_0 t}) \tag{8.40}$$

後から出てくる式を簡単にするために因子 2 を入れてあるが，このことを後で忘れないようにしてもらいたい！摂動因子 $\hat{V}$ は波動関数に作用する演算子を含むが，時間には依存しない．式 (8.8) の中の行列要素も $V_{fi}(t) = 2V_{fi}\cos\omega_0 t$ の形を持ち，遷移振幅を表す 1 次積分 (8.10) は次のようになる．

$$\begin{aligned}
a_f(t) &= \frac{1}{i\hbar}V_{fi}\int_0^t (e^{-i\omega_0 t'} + e^{i\omega_0 t'})e^{i\varepsilon_{fi}t'/\hbar}dt' \\
&= -V_{fi}\left[\frac{e^{i(\varepsilon_{fi} - \hbar\omega_0)t/\hbar} - 1}{\varepsilon_{fi} - \hbar\omega_0} + \frac{e^{i(\varepsilon_{fi} + \hbar\omega_0)t/\hbar} - 1}{\varepsilon_{fi} + \hbar\omega_0}\right]
\end{aligned} \tag{8.41}$$

したがって，この終状態において電子を見いだす確率は，次のようになる．

$$|a_f(t)|^2 = \frac{|V_{fi}|^2 t^2}{\hbar^2}\Bigg\{\text{sinc}^2\frac{(\varepsilon_{fi} - \hbar\omega_0)t}{2\hbar} + \text{sinc}^2\frac{(\varepsilon_{fi} + \hbar\omega_0)t}{2\hbar} \\ + 2\cos\omega_0 t\,\text{sinc}\frac{(\varepsilon_{fi} - \hbar\omega_0)t}{2\hbar}\text{sinc}\frac{(\varepsilon_{fi} + \hbar\omega_0)t}{2\hbar}\Bigg\} \tag{8.42}$$

括弧の中の第 1 項は静的な摂動の結果 (8.12) と似ているが，前後のエネルギー変化の中心がゼロでなく $\varepsilon_{fi} = \hbar\omega_0$ となっている．すなわち，この終状態エネルギーの中心は $\varepsilon_f = \varepsilon_i + \hbar\omega_0$ である．つまり電子は，この終状態へ遷移するときに，摂動から $\hbar\omega_0$ のエネルギーを吸収している．同様に第 2 項は $\varepsilon_f = \varepsilon_i - \hbar\omega_0$ で，電子は摂動によってエネルギーを失っている．第 3 項はこれら 2 種類の事象の干渉項であり，$\omega_0 t \gg 1$ ならばこの項を無視できるが，大抵の場合に，この近似が適用できる．この極限では，2 つの sinc^2 関数のエネルギーに関するずれ $2\hbar\omega_0$ が，それぞれの拡がり $\hbar/t$ よりもはるかに大きく，それぞれの過程を独立に扱える．これは摂動の $2\cos\omega_0 t$ が含む時間依存の 2 つの指数関数成分 $e^{\pm i\omega_0 t}$ の寄与が分離して，相互干渉の効果が消失することを意味している．この長時間極限に関しては，静的な摂動の場合と同様に正確な式の導

出ができて，$\hat{V}e^{-i\omega_0 t}$ によって生じる一方の終状態への遷移頻度の最終結果は次のようになる．

$$W_{fi} = \frac{2\pi}{\hbar}|V_{fi}|^2 \delta(\varepsilon_f - \varepsilon_i - \hbar\omega_0) \tag{8.43}$$

これが調和振動の摂動に関する Fermi の黄金律であり，$e^{-i\omega_0 t}$ の成分が電子のエネルギー吸収過程に関わることを表している．これを状態密度を用いて次のように書き直すこともできる．

$$W_{fi} = \frac{2\pi}{\hbar}|V_{fi}|^2 N(\varepsilon_f), \quad \varepsilon_f = \varepsilon_i + \hbar\omega_0 \tag{8.44}$$

この結果は，摂動の余弦関数のもう一方の部分 $\hat{V}e^{+i\omega_0 t}$ に関しても，終状態エネルギーが $\varepsilon_f = \varepsilon_i - \hbar\omega_0$ となる点を除いて同じになる．こちらは電子からエネルギーが放出される過程に対応する．

黄金律の2つの重要な応用は，フォノン (結晶格子振動) による電子の散乱と，光子による電子の散乱であるが，これらを次の2つの節で扱うことにする．フォノンも光子も本当はそれ自身を量子化して扱うべきだが，我々は調和振動ポテンシャルを古典的に扱っているので，ここでは少々誤魔化しをやらなければならない．フォノンの場合には，単一のフォノンによる散乱頻度を計算し，その結果に Bose-Einstein 分布関数を掛ける．光吸収に関しては，この問題を完全に無視して，光を古典的な波として扱う．

8.4 フォノン散乱

2.8 節に記述したように，フォノンは固体中の格子振動の量子である．フォノンは室温において固体中の電子を散乱する主要な要因となる．電子とフォノンの相互作用の仕方はいろいろあるが，すべて基本的には同じ効果によって生じている．すなわちフォノンに付随するイオンの運動が電場や磁場を発生し，それが電子の運動に影響を及ぼして，結果的に電子を散乱するのである．重要で対照的な2種類の散乱，すなわち LA フォノン (縦方向音響フォノン) との変形結合 (deformation coupling)，及び LO フォノン (縦方向光学フォノン) との極性結合 (polar coupling) による散乱を考察する．

8.4.1 縦方向音響フォノンと変形ポテンシャル

縦方向音響フォノンは波長の長い (波数 q が小さい) 音波に似ている．そのようなフォノンと電子の最も単純な結合は，変形ポテンシャルを通じて生じる．このフォノンは固体の中に，交互に格子の圧縮領域と拡張領域をつくる．結晶を一様に圧縮したり拡張させたりすると，電気的エネルギーバンドの端は，ひずみに比例した量だけ上昇もしくは低下する．この比例定数を"変形ポテンシャル"(deformation potential) Ξ (クサイ) と呼ぶ (バンドが縮退していたり，球面対称性が欠如している場合には，もっと複雑な表現が必要となる)．縦方向のひずみは，物体の長さの相対的な増加として定義される

ので，原子鎖（図2.21(a), p.76）の単位胞のひずみは $(u_j - u_{j-1})/a$ と表される．波長が長ければ，1次元原子鎖を一様に連続な紐のように考えて，ひずみを微分として扱うことができる．位置 z における原子の変位は，式 (2.30) に $u(z) = U_0 \cos(qz - \omega_q t)$ と与えられているので，縦方向ひずみは，

$$e(z) = \frac{\partial u}{\partial z} = -U_0 q \sin(qz - \omega_q t) \tag{8.45}$$

である．フォノンの波長が長ければ，ひずみが各局所部分において一様であるという扱い方によって，ポテンシャルエネルギーを計算できる．

$$V(z) = \Xi e(z) = -U_0 q \Xi \sin(qz - \omega_q t) = -\sqrt{\frac{2\hbar}{\Omega \rho \omega_q}} \, q \, \Xi \, \sin(qz - \omega_q t) \tag{8.46}$$

上式では単一フォノンの振幅 U_0 を，式 (2.30) に基づいて置き換えた．長波長の音響フォノンでは $\omega_q = v_\mathrm{s} q$ なので，ポテンシャルエネルギーは最終的に，次のように書ける．

$$\hat{V}(z,t) = i \sqrt{\frac{\hbar q}{2\Omega \rho v_\mathrm{s}}} \, \Xi \, (e^{iqz} e^{-i\omega_q t} - e^{-iqz} e^{i\omega_q t}) \tag{8.47}$$

これが Fermi の黄金律に適用すべき，フォノンによる摂動ポテンシャルの形である．

もうひとつの因子であるフォノン数も，全散乱頻度を得るために必要である．熱平衡状態において波数 $\mathbf{Q}$ のモードを占めるフォノンの数は，Bose-Einstein 分布 (1.127) によって与えられる．

$$N_\mathbf{Q} = \left[\exp\left(\frac{\hbar \omega_\mathbf{Q}}{k_\mathrm{B} T} \right) - 1 \right]^{-1} \tag{8.48}$$

フォノンの吸収による散乱の総頻度を求めるには，単一フォノンによる散乱頻度に，モード $\mathbf{Q}$ にあるフォノンの数 $N_\mathbf{Q}$ を掛けなければならない．フォノンの放出に付随する因子は $N_\mathbf{Q} + 1$ となる．このうち 1 は "自発放射" (spontaneous emission) を表し，$N_\mathbf{Q}$ は "誘導放射" (stimulated emission) を表す（自発放射を真空ゆらぎによる誘導放射と見ることもできる）．このような吸収と放出の頻度の不均衡は，電子系とフォノン系が互いに熱平衡状態を維持する上で重要な役割を果たす．

電子を低次元領域に閉じ込めても，フォノンは大抵，3次元的な性質を保持しているので，低次元系における散乱は複雑である．そこで，ここでは3次元系における電子とフォノンの相互作用だけを調べることにして，2次元電子気体のフォノン散乱の問題は，次章の9.6.3項 (p.386〜) において扱うことにする．有限の体積 Ω の箱の中の電子を考え，散乱によって波動関数が波数 $\mathbf{K}$ の平面波から $\mathbf{K}'$ の平面波へ変わるものとする．摂動 (8.47) の第1項から始めよう．これは時間に $\exp(-i\omega_\mathbf{Q} t)$ のように依存し，フォノンから電子へとエネルギーを吸収させる．したがって δ 関数によるエネ

ギー保存条件は $\varepsilon(\mathbf{K}') = \varepsilon(\mathbf{K}) + \hbar\omega_\mathbf{Q}$ である．行列要素は，

$$V^+_{\mathbf{K'K}} = i\sqrt{\frac{\hbar Q}{2\Omega\rho v_\mathrm{s}}} \,\Xi\, \frac{1}{\Omega}\int_\Omega e^{-i\mathbf{K'}\cdot\mathbf{R}} e^{i\mathbf{Q}\cdot\mathbf{R}} e^{i\mathbf{K}\cdot\mathbf{R}} d^3\mathbf{R} \tag{8.49}$$

となる．各ベクトルの和が $\mathbf{0}$ 以外ならば積分はゼロになり，$\mathbf{0}$ ならば積分値は Ω となって，波動関数の規格化因子による $1/\Omega$ と相殺して残る．後者の条件は $\mathbf{K}' = \mathbf{K} + \mathbf{Q}$ であり，運動量の保存則から予想される結果である．吸収されるフォノン数の因子 $N_\mathbf{Q}$ も含めて考えなければならない．したがって縦方向音響フォノンの吸収による $\mathbf{K}$ から $\mathbf{K}'$ への散乱頻度は，

$$W^+_{\mathbf{K'K}} = \frac{2\pi}{\hbar}N_\mathbf{Q}\frac{\hbar Q}{2\Omega\rho v_\mathrm{s}}\Xi^2 \delta_{\mathbf{K'},\mathbf{K}+\mathbf{Q}}\,\delta\bigl(\varepsilon(\mathbf{K}+\mathbf{Q}) - \varepsilon(\mathbf{K}) - \hbar\omega_\mathbf{Q}\bigr) \tag{8.50}$$

である．波数の δ 関数による制約 $\mathbf{K}' = \mathbf{K} + \mathbf{Q}$ を用いて，エネルギーの方の δ 関数の中の $\mathbf{K}'$ を書き替えた．電子はフォノンから波数 $\mathbf{Q}$ とエネルギー $\hbar\omega_\mathbf{Q} = \hbar v_\mathrm{s} q$ を得たことになる．

摂動 (8.47) の第 2 項は，電子が運動量とエネルギーをフォノンへ与える過程を起こす．第 1 項の場合と違う点は，δ 関数の中の符号と，誘導放射と自発放射を両方とも考慮したフォノン占有因子 $N_\mathbf{Q} + 1$ のところだけである．

$$W^-_{\mathbf{K'K}} = \frac{2\pi}{\hbar}(N_\mathbf{Q}+1)\frac{\hbar Q}{2\Omega\rho v_\mathrm{s}}\Xi^2 \delta_{\mathbf{K'},\mathbf{K}-\mathbf{Q}}\,\delta\bigl(\varepsilon(\mathbf{K}-\mathbf{Q}) - \varepsilon(\mathbf{K}) + \hbar\omega_\mathbf{Q}\bigr) \tag{8.51}$$

残念なことに，フォノン散乱の前後で電子のエネルギーが変化をするために，不純物散乱の場合ほど単純な式にはならない．しかし音響フォノンが重大なエネルギーの変化をもたらすかどうかを見ることは可能である．密度が $n_\mathrm{2D} = 3\times 10^{15}\,\mathrm{m}^{-2}$ の 2DEG を考えよう．$E_\mathrm{F} \approx 10\,\mathrm{meV}$，$k_\mathrm{F} \approx 0.14\,\mathrm{nm}^{-1}$ である．電子が後方散乱されるときに最も大きな波数 $q = 2k_\mathrm{F}$ を伴うフォノンが関わり，そのエネルギーは $\hbar\omega_{2k_\mathrm{F}}$ である．音速はおよそ $5\,\mathrm{km\,s}^{-1}$ なので，このエネルギーは $2\hbar v_\mathrm{s} k_\mathrm{F} \approx 0.9\,\mathrm{meV}$ である．結論として，音響フォノンとのエネルギーの授受は，さほど大きなものではないと言えるので，フォノン散乱はしばしばエネルギー変化を無視した "準弾性近似" (quasi-elastic approximation) によって扱われる．室温の非縮退電子系においても同様の結果が得られる．

単純な例として，3 次元電子気体の中の電子の全散乱頻度を，準弾性近似によって計算してみよう．不純物散乱の場合と同様に，エネルギー保存条件は $\varepsilon(\mathbf{K}+\mathbf{Q}) = \varepsilon(\mathbf{K})$ である．また，関係するモードにおけるフォノンの数は非常に多いので，Bose 分布の非縮退極限の近似 $N_\mathbf{Q} \approx (N_\mathbf{Q}+1) \approx k_\mathrm{B}T/\hbar\omega_\mathbf{Q} \gg 1$ を適用できる．この近似はフォノンの放出と吸収の頻度がほとんど同じであり，両方の過程が同等に $\mathbf{K}$ から $\mathbf{K}+\mathbf{Q}$ への全散乱へ寄与することを意味する．

$$W_{\mathbf{K}+\mathbf{Q},\mathbf{K}} = 2\frac{2\pi}{\hbar}\frac{k_\mathrm{B}T}{\hbar v_\mathrm{s} Q}\frac{\hbar Q}{2\Omega\rho v_\mathrm{s}}\Xi^2 \delta\bigl(\varepsilon(\mathbf{K}+\mathbf{Q}) - \varepsilon(\mathbf{K})\bigr)$$

$$= \frac{2\pi}{\hbar} \frac{1}{\Omega} \frac{\Xi^2 k_\mathrm{B} T}{\rho v_\mathrm{s}^2} \delta\bigl(\varepsilon(\mathbf{K}+\mathbf{Q}) - \varepsilon(\mathbf{K})\bigr) \tag{8.52}$$

このように単純化を施した後のフォノン散乱の結果は，不純物散乱 (8.23) と似ている．ここでは $\mathbf{Q}$ が行列要素に現れていないので，特別に単純な等方散乱を対象としている．$\mathbf{Q}$ に関する総和を取ると，波数 $\mathbf{K}$ を持つ電子に関する全散乱頻度が求まる．

$$\frac{1}{\tau} = \frac{2\pi}{\hbar} \frac{\Xi^2 k_\mathrm{B} T}{\rho v_\mathrm{s}^2} \left\{ \frac{1}{\Omega} \sum_\mathbf{Q} \delta\bigl(\varepsilon(\mathbf{K}+\mathbf{Q}) - \varepsilon(\mathbf{K})\bigr) \right\} \tag{8.53}$$

和の部分は式 (1.97) のように状態密度を与えるが，スピンに関する和はとられていない．この結果は"状態密度"を用いた形の Fermi の黄金律を使って，もっと直接的に求めることも可能である．散乱頻度は次のように与えられる．

$$\frac{1}{\tau} = \frac{\pi \Xi^2 k_\mathrm{B} T n\bigl(\varepsilon(\mathbf{K})\bigr)}{\hbar \rho v_\mathrm{s}^2} \tag{8.54}$$

等方散乱では単一粒子寿命と輸送寿命が同じなので，τ に添字を付ける必要はない．非縮退の 3 次元電子気体における典型的な電子のエネルギーは $\varepsilon(\mathbf{K}) = \frac{3}{2} k_\mathrm{B} T$ である．状態密度は $n(E) \propto \sqrt{E} \propto \sqrt{T}$ なので，よく知られている $\mu \propto T^{-3/2}$ が確認されたことになる．

電子と LA フォノンが相互作用する別の機構もある．たとえばイオン核の運動は磁場を生じる．もっと重要なものとしては，化合物半導体において歪みが圧電ポテンシャル (piezoelectric potential) を生じる可能性もあり，GaAs 中の電子の変形ポテンシャルへの結合と，圧電ポテンシャルへの結合の相対的な重要性に関して，多分に議論の余地が残されている．

8.4.2 縦方向光学フォノンと極性結合

光学フォノンは単位胞に複数の原子を含む結晶において生じる (2.8.3節)．光学フォノンの性質は音響フォノンと明らかに違っており，比較的高いエネルギーを持つ (GaAs では $Q=0$ において 36 meV である)．また電子との結合の仕方も音響フォノンの場合と全く異なっている．"光学"という呼び方は，単位胞内の 2 つの原子が反対方向に動くことを表している (図 2.24(b), p.80)．原子が電荷を持っていれば，この動きに伴って電場が生じる．我々は III-V 族の半導体などに見られる，このような電気分極を伴う光学フォノンを考察する．

単位胞の中にある 2 つの原子の"相対的な"変位は，光学フォノンを扱う際の相対座標となり，$u_j(t) = U_0 \cos(\mathbf{Q} \cdot \mathbf{R} - \omega_\mathbf{Q} t)$ と記される．$\mathbf{Q} = 0$ 付近の分散関係はほとんど平坦なので (図 2.23, p.77)，振動数を $\omega_\mathbf{Q} = \omega_\mathrm{LO}$ のように定数で近似できる．単一フォノンに関する係数因子 U_0 は，2.8.1節の音響フォノンの場合と同様に見いださ

れ，その結果は,

$$U_0 = \sqrt{\frac{2\hbar}{N_{\text{cells}}\mu\omega_{\text{LO}}}} = \sqrt{\frac{2\hbar}{\Omega n_{\text{cells}}\mu\omega_{\text{LO}}}} \tag{8.55}$$

である．n_{cells} は単位体積に含まれる単位胞 (イオン対) の数である．これは音響フォノンの結果 (2.29) と似ているが，主な違いは"換算質量"(reduced mass) が現れる点である．これは次のように定義される．

$$\frac{1}{\mu} = \frac{1}{m} + \frac{1}{M} \tag{8.56}$$

m と M は各原子の質量である．GaAs を構成する2種類のイオンの質量は非常に近く，$\mu \approx \frac{1}{2}m_{\text{ion}}$ である．

2種類のイオンは逆の電荷 $\pm Q_{\text{eff}}e$ を持つものと想定される．GaAs のような材料はイオン性が弱いので $Q_{\text{eff}} \ll 1$ である．各イオン対が振動すると，電気双極子能率 $p(t) = Q_{\text{eff}}eu(t)$ が現れ，それに伴って結晶中に分極率 $P(t) = n_{\text{cells}}p(t)$ が生じる．系が自由電荷を含まなければ電束密度 $\mathbf{D} = \mathbf{0}$ であり，一般的な関係 $\mathbf{D} = \epsilon_0 \mathbf{E} + \mathbf{P}$ により $E = -P/\epsilon_0$ となる．電気ポテンシャルは E の積分で与えられ，ここで $1/Q$ の因子が現れる．ひとつの電子を導入したときのポテンシャルエネルギーは，最終的に,

$$V(\mathbf{R}, t) = \frac{e^2 Q_{\text{eff}}}{\epsilon_0 Q}\sqrt{\frac{2\hbar n_{\text{cells}}}{\Omega\mu\omega_{\text{LO}}}}\sin(\mathbf{Q}\cdot\mathbf{R} - \omega_{\text{LO}}t) \tag{8.57}$$

と与えられる．音響フォノンと同様の方法で散乱頻度を計算することができ，光学フォノンの吸収による散乱頻度は,

$$W^+_{\mathbf{K}'\mathbf{K}} = \frac{2\pi}{\hbar}N_{\text{LO}}\left(\frac{e^2}{\epsilon_0}\right)^2\frac{\hbar n_{\text{cells}}Q^2_{\text{eff}}}{2\Omega\mu\omega_{\text{LO}}Q^2}\delta_{\mathbf{K}',\mathbf{K}+\mathbf{Q}}\delta(\varepsilon(\mathbf{K}+\mathbf{Q}) - \varepsilon(\mathbf{K}) - \hbar\omega_{\text{LO}}) \tag{8.58}$$

となる．N_{LO} は Bose-Einstein 分布によって与えられる LO フォノンの占有数である．

音響フォノンとの重要な違いが2つある．ひとつは因子 $1/Q^2$ である．この因子のために光学フォノンによる散乱頻度は Q の関数として急速に低下するが，これは Q の増加に伴って結合が強くなる音響フォノンの散乱と対照的である．もうひとつは，散乱に伴うエネルギーの授受 $\hbar\omega_{\text{LO}}$ が大きいことである．このことは，光学フォノンの吸収が重要となるのは比較的高温の場合だけ (典型的には 77 K 以上) であることを意味している．低温において光学フォノンは"凍結"している．しかし電子が充分エネルギーを持っていれば，低温でも光学フォノンを自発放射することは可能で，実効的に光学フォノンが熱い電子 (hot electron) を冷やすことになる．散乱頻度を電子のエネルギーの関数として見ると，自発放射が可能となる閾値 $\varepsilon(K) = \hbar\omega_{\text{LO}}$ において急速に増加するが，そこからは因子 $1/Q^2$ によって結合が弱くなるので，緩やかに減少

する．LOフォノンが持つもうひとつの重要な効果は，室温における励起子のイオン化であるが，このことは10.7節で扱う．

有効電荷 Q_eff が散乱頻度の式に含まれる因子であることは明白であるが，普通はこれを低周波と高周波の誘電率を用いて表す．

$$Q_\text{eff}^2 = \frac{\epsilon_0}{e^2} \frac{\omega_\text{LO}^2 \mu}{n_\text{cells}} \left[\frac{1}{\epsilon(\infty)} - \frac{1}{\epsilon(0)} \right] \tag{8.59}$$

ω_LO よりはるかに振動数の高い高周波領域では，重いイオンは電場に追随して動けず，電子だけが電場に追随することができるが，そのような状態における誘電率は $\epsilon(\infty)$ と表される．ω_LO よりも低い振動数ではイオンも電場に応答して動くことができ，遮蔽効果に付加的な寄与を持つので，低周波の誘電率 $\epsilon(0)$ の方が大きい．GaAs では $\epsilon(0) = 12.90$，$\epsilon(\infty) = 10.92$ である．式 (8.59) の括弧の前の係数は，III-V 族半導体では 3 に近いので，GaAs では $Q_\text{eff} \approx 0.2$ である．これらの誘電率は，横方向と縦方向の光学フォノンの振動数の比を与える "Lyddane-Sachs-Teller の関係" にも現れる．

$$\frac{\omega_\text{TO}^2}{\omega_\text{LO}^2} = \frac{\epsilon(\infty)}{\epsilon(0)} \tag{8.60}$$

縦方向の振動に伴って生じる電場は，格子の回復力に付加的に寄与することになるので，縦方向の振動数の方が高くなっている．横方向の振動は双極子能率を生じないので，振動数を上げる効果はない．

音響フォノンの場合と同様に，光学フォノンが電子と結合 (相互作用) する方法もいろいろある．ここでも変形ポテンシャルを定義できるが，これは極性結合のない単元素半導体において重要となる．

我々の波動関数の扱い方は精密なものではなかったので，フォノン散乱の話を終える前に，行列要素をもう少し詳しく見てみる必要がある．我々は有効質量理論を念頭に置いて平面波を用いたが，それに掛けるべき Bloch 関数 $u_c(\mathbf{R})$ を省いてきた．式 (8.49) の積分は，次のように置き換わる．

$$\int_\Omega u_c^*(\mathbf{R}) e^{-i\mathbf{K}'\cdot\mathbf{R}} e^{i\mathbf{Q}\cdot\mathbf{R}} u_c(\mathbf{R}) e^{i\mathbf{K}\cdot\mathbf{R}} d^3\mathbf{R}$$
$$= \sum_{mn} u_{cm}^* u_{cn} \int_\Omega e^{-i(\mathbf{K}'+\mathbf{G}_m)\cdot\mathbf{R}} e^{i\mathbf{Q}\cdot\mathbf{R}} e^{i(\mathbf{K}+\mathbf{G}_n)\cdot\mathbf{R}} d^3\mathbf{R} \tag{8.61}$$

Bloch 関数は格子の周期性を持つので，右辺で逆格子の波数 $\mathbf{G}_n$ を用いた Fourier 級数に展開されている。一般に $\mathbf{K}' = \mathbf{K} + \mathbf{Q} + \mathbf{G}_n - \mathbf{G}_m$ であれば積分値が残る．このように $\mathbf{K}'$ と $\mathbf{K} + \mathbf{Q}$ は同じである必要はなく，逆格子ベクトルの分だけ異なっていてよい．我々はこれを "ウムクラップ散乱 (反転散乱)" (umklapp scattering) と呼ぶ．Si における谷間遷移では，2 つの X 谷の間の最短ルートが逆格子ベクトルを含むので，こ

の過程が特に重要となる．ウムクラップ散乱は，バンド構造の反復ゾーン形式を用いて自然に示すことができる．

電子－フォノン散乱の完全な取り扱いは，ここでの短い議論よりもはるかに大変なものである．高密度の電子や正孔があれば，相互作用はそれによって遮蔽を受け，フォノンとの結合に少なからず影響を与える．価電子帯の性質は複雑なので，正孔の散乱の議論は難しい．Si のように伝導帯の底が縮退している物質では，谷間散乱の考慮も必要で，上述のようにウムクラップ散乱がここに生じる．GaAs の中の熱い電子の場合は Γ 点からもっと高い谷 (X や L) への散乱も重要になり，Gunn 効果が生じる (2.6.4.3 項, p.73~)．

8.5 光吸収

低次元系は，その光学的な性質が，最も広範な応用に結びついているが，その説明には第 10 章を充てる．ここでは黄金律を用いて光吸収の一般的な式を導出し，対照的な 2 種類の対象への応用だけを取り上げる．ひとつは連続なエネルギー範囲にわたって吸収が起こる価電子帯から伝導帯への遷移，もうひとつは離散的な振動数における吸収だけが許容される量子井戸内の準位間遷移である．電子－フォノン散乱の場合と同様に，光子による散乱を扱う際にも，光子の方も量子化されなければならないという問題がある．ここでは光子場の量子化の問題を無視して，単なる古典的な電磁波として扱うことにする．この方法は伝統的な光吸収の測定に関しては適切な措置だが，レーザーのように自発放射と誘導放射を正しく扱う必要のあるものについては扱い方の改善が必要である．またこの方法の適用範囲は線形の効果に限られてしまい，極めて強い光の下で見られるような振動数重複 (frequency doubling) などの現象は記述できない．

議論を簡単にするために，無限に広がる一様な媒体を想定して光子場の式を扱うが，これはヘテロ構造では明らかに違っているはずで，その場合は界面の整合条件を正しく考慮して電磁場を計算しなければならない．この作業は古典電磁気学の法則に基づいて，すでに行われているものと仮定しよう．しかし実際のこの作業は，肋導波路のようなありふれた構造でも，簡単なものではない．

8.5.1 巨視的な方程式

古典的な電磁気学では，電場への応答は電流密度 $\mathbf{J}$ および分極場 $\mathbf{P}$ によって記述されるが，後者は普通，電束密度 $\mathbf{D} = \epsilon_0 \mathbf{E} + \mathbf{P}$ に含めて考慮する．電場が振動数 ω，波数ベクトル $\mathbf{Q}$ のひとつの Fourier 成分だけを含み，実部が $\mathbf{E}(\mathbf{R}, t) = \mathbf{E}(\mathbf{Q}, \omega) \exp(i(\mathbf{Q}\cdot\mathbf{R} - \omega t))$ と表されるものとしよう．本書では時間依存因子として"量子力学の慣例"である $e^{-i\omega t}$ を使うことにするが，電気工学における慣例は $e^{j\omega t}$ である．残念ながら，この違いは

錯誤を生じやすい．$e^{j\omega t}$ を使う人は，しばしば $\tilde{\epsilon}_r = \epsilon_1 - j\epsilon_2$ と定義して，散逸を表す ϵ_2 の物理的に意味のある符号を変えないようにする．一般的な規則は i を "常に" $-j$ に置き換えるということなので注意されたい！

Maxwell方程式の第4式は，

$$\operatorname{curl}\mathbf{H} = \frac{\partial \mathbf{D}}{\partial t} + \mathbf{J} = -i\omega\mathbf{D} + \mathbf{J} \tag{8.62}$$

である．最右辺は時間に関する調和振動を想定した形である．$\mathbf{D}$ と $\mathbf{J}$ は $\mathbf{D} = \epsilon_0\epsilon_r\mathbf{E}$ および $\mathbf{J} = \sigma\mathbf{E}$ の関係によって与えられる．ϵ_r は誘電関数(比誘電率)，σ は導電率である．両方とも振動数と波数の関数であり，本当はスカラーではなくて2階のテンソルだが，ここでは物質が等方的であると考え，このような複雑さを無視する．この単純化は，立方体の半導体には適用可能だが，量子井戸のようなヘテロ構造においては成立しない．障壁に垂直な電場に対する応答と，障壁に平行な電場に対する応答は全く異なる．

2つの量を扱うのは不便なので，普通はこれらをまとめて複素誘電関数 $\tilde{\epsilon}_r$ もしくは複素導電率 $\tilde{\sigma}$ としてしまう．そうするとMaxwellの方程式の第4式は次の2つの形で表される．

$$\operatorname{curl}\mathbf{H} = (-i\omega\epsilon_0\epsilon_r + \sigma)\mathbf{E} = -i\omega\epsilon_0\tilde{\epsilon}_r\mathbf{E} = (\tilde{\sigma} - i\omega\epsilon_0)\mathbf{E} \tag{8.63}$$

自由空間は $\tilde{\epsilon}_r = 1$ であるが $\tilde{\sigma} = 0$ なので，導電率を用いた形は2つの項を持つ．複素誘電関数と複素導電率の間には次の関係がある．

$$\tilde{\sigma} = -i\omega\epsilon_0(\tilde{\epsilon}_r - 1), \quad \tilde{\epsilon}_r = 1 + \frac{i}{\omega\epsilon_0}\tilde{\sigma} \tag{8.64}$$

これらは完全に等価な情報を持っているので，その時々で適切と思われる方を選んで使えばよい．それぞれ実部と虚部を分けて $\tilde{\epsilon}_r = \epsilon_1 + i\epsilon_2$，$\tilde{\sigma} = \sigma_1 + i\sigma_2$ と書かれる．我々が初めに導入した誘電関数と導電率は，これらの複素量の実部にあたる．

これらの実部と虚部の間には，物理的に重要な違いがある．σ_1 と ϵ_2 は伝導を記述し，散逸過程を表す．この他の部分は分極を記述し，エネルギー吸収のない過程を表す．このことから，普通は $\sigma_1 > 0$ と予想される．これが負であれば，系が刺激を受けたときにエネルギーを放出することになる．もうひとつの見方としては，σ_1 は電場と同じ位相の電流を与えるので散逸を表し，σ_2 は90°位相のずれた電流を与えるので，エネルギーの移行が振動する現象を表すが，平均的にはエネルギーの移動はない．

光学的な性質を扱う際に，しばしば複素屈折率 $\tilde{n}_r = n_r + i\kappa_r$ が用いられるが，これは $\tilde{\epsilon}_r = \tilde{n}_r^2$ によって定義される．これは光の波数と振動数を，$k = \tilde{n}_r\omega/c = (n_r + i\kappa_r)\omega/c$ のように関係づける．したがって n_r は波長と速度に影響し，κ_r は距離に伴う減衰率を与える．それぞれの実部と虚部は $\epsilon_1 = n_r^2 - \kappa_r^2$，$\epsilon_2 = 2n_r\kappa_r$ の関係がある．急速な減衰(大きな κ_r) は，プラズマ中のプラズマ振動数以下の振動の場合のような負の ϵ_1 か

ら生じる可能性もあり，必ずしも強い吸収 (大きな ϵ_2) を伴わない．言い換えると，エネルギーが吸収されるかわりに反射されて，強い減衰が生じる場合もある．

$\epsilon_1(\omega)$ と $\epsilon_2(\omega)$ は，それぞれ分極と散逸という，物理的に異なる過程を記述しているので，一見これらは全く別個の互いに独立な関数のようにも思われる．しかしこの推測は完全な誤りである．$\epsilon_1(\omega)$ が全振動数にわたって決まれば $\epsilon_2(\omega)$ を完全に知ることができるし，この逆も成り立つ．これは Kramers-Kronig の関係式として知られる重要な関係であるが，付録Fにおいて取り上げる．10.1節で $\tilde{\sigma}$ の実部から虚部を求める際に，この関係を用いる予定であるが，こうすると虚部そのものを計算するより簡単に結果が得られる．

8.5.2 電子—光子相互作用

計算の方針としては，光の平面波からのエネルギーの吸収を，2通りの方法で求める．ひとつはFermiの黄金律を用いる方法で，もうひとつは古典的な電磁気学を用いる方法である．両者を等しいものと置いて，導電率の実部 σ_1 が求まる．光の電場を $\mathbf{E}(\mathbf{R},t) = 2\mathbf{e}E_0 \cos(\mathbf{Q}\cdot\mathbf{R} - \omega t)$ とする．光が試料を通過するときに，減衰は起こらないものと仮定する．光は磁場も伴うが，普通その効果は，電場のそれよりはるかに小さいので，ここでは無視する．単位ベクトル $\mathbf{e}$ は電場の分極を与え，伝播方向に垂直な面内にあるので $\mathbf{e} \perp \mathbf{Q}$ である．この波は平面偏光であるが，複素数の $\mathbf{e}$ を導入すると，もっと一般的な波を表すことができる．古典的には，電場は電流を引き起こし，その位相の合った成分は $\mathbf{J} = \sigma_1 \mathbf{E}$ で，これは単位体積あたり $\mathbf{J}\cdot\mathbf{E}$ の速さでエネルギーを散逸する．時間平均すると，体積 Ω の中の全エネルギー散逸は，

$$P = 2\sigma_1 \Omega E_0^2 \tag{8.65}$$

である．ここでFermiの黄金律を用いて，量子力学的な式を導出する．

ハミルトニアンは場を直接含まず，代わりにスカラーポテンシャルとベクトルポテンシャルを含む (6.1節)．ここで $\mathbf{E} = -\partial \mathbf{A}/\partial t$ を採用し，$\mathbf{A}(\mathbf{R},t) = (2\mathbf{e}E_0/\omega)\sin(\mathbf{Q}\cdot\mathbf{R} - \omega t)$ とする．この場合，スカラーポテンシャルは扱いにくい．仮に単一のFourier成分を想定してスカラーポテンシャルを $\phi(\mathbf{R},t) \propto \exp(i(\mathbf{Q}\cdot\mathbf{R} - \omega t))$ と置くと，$\mathbf{E} = -\mathrm{grad}\,\phi \propto i\mathbf{Q}\exp(i(\mathbf{Q}\cdot\mathbf{R} - \omega t))$ となる．問題となるのは，電場の方向と伝播方向 $\mathbf{Q}$ が同じだという点である．これは縦方向場 (longitudinal field) と呼ばれるものになるが，横方向場 (横波) である電磁波の伝播とは対照的である．

1電子 (電荷 $-e$) に関するSchrödinger方程式は，

$$\left[\frac{(\hat{\mathbf{p}} + e\mathbf{A})^2}{2m_0} + V_{\mathrm{crystal}}\right]\Psi = i\hbar\frac{\partial \Psi}{\partial t} \tag{8.66}$$

である．V_{crystal} は対象となる結晶もしくはヘテロ構造のポテンシャルである．この式のハミルトニアンと，$\mathbf{A}$ を含まないハミルトニアンとの差を，光波による摂動と見な

すことができるが，これは次のように与えられる．

$$\hat{V} = \frac{e}{2m_0}(\mathbf{A}\cdot\hat{\mathbf{p}}+\hat{\mathbf{p}}\cdot\mathbf{A}+e\mathbf{A}^2) \tag{8.67}$$

$\hat{\mathbf{p}}$ は演算子であり，単純な数のように積の順序を変更できないので，$\mathbf{A}$ と $\hat{\mathbf{p}}$ の順序に注意されたい．$\mathbf{A}^2$ の項は電場に関する 2 次の項なので無視する．この項は，我々がこれから試みる電気双極子近似の下では，正確にゼロになることを示せる．$\hat{\mathbf{p}}\cdot\mathbf{A}$ という項も，波動関数 Ψ に作用する演算子なので，少し注意が必要である．すなわちベクトルとスカラーの積の発散の公式により，

$$\hat{\mathbf{p}}\cdot\mathbf{A}\Psi = -i\hbar\nabla\cdot(\mathbf{A}\Psi) = -i\hbar\big[(\nabla\cdot\mathbf{A})\Psi + \mathbf{A}\cdot(\nabla\Psi)\big] \tag{8.68}$$

である．我々が扱う横波の場に関しては $\nabla\cdot\mathbf{A}=0$ なので，$\mathbf{A}\cdot\hat{\mathbf{p}}\Psi$ の項だけが残り，全摂動は $\hat{V}=(e/m_0)\mathbf{A}\cdot\hat{\mathbf{p}}$ となる．この相互作用の形は少々奇妙に見えるかもしれないが，電流の演算子 (1.42) は $(e/m_0)\hat{\mathbf{p}}$ のような形で与えられることを思い起こそう．我々が得た摂動項は，おおまかには古典的な電磁気学でも用いられる $\mathbf{A}\cdot\mathbf{J}$ の形をしており，最も簡単な表式 $\mathbf{E}\cdot\mathbf{J}$ と密接に関係している．

摂動項を計算すると，次のようになる．

$$\hat{V}(\mathbf{R},t) = \frac{eE_0}{im_0\omega}\Big[e^{i(\mathbf{Q}\cdot\mathbf{R}-\omega t)} - e^{-i(\mathbf{Q}\cdot\mathbf{R}-\omega t)}\Big](\mathbf{e}\cdot\hat{\mathbf{p}}) \tag{8.69}$$

これは電子－フォノン摂動の式 (8.47) に非常に近い形をしている．第 1 項は電子が光子を吸収して，エネルギーが $\hbar\omega$，運動量が $\hbar\mathbf{Q}$ 増加する過程を表す．同様に，第 2 項は電子が光子を放出してエネルギーと運動量を失う過程を表す．

普通，光学的な現象では，光子の運動量は小さいので無視することができ，バンド間の垂直遷移を起こすと考えてよいので (2.7 節)，式は簡単になる．典型的な光学実験は，可視光もしくはその近傍の波長で行われ，その波長は数百ナノメートル程度である．これは静電的な波動関数の寸法尺度を決める半導体結晶の単位胞や量子井戸の寸法よりもはるかに長い．したがって通常は光子の運動量を無視して，摂動項において $\mathbf{Q}=\mathbf{0}$ と置き，静電的な状態に対して電場が一様に作用するように扱える．これが"電気双極子近似" (electric-dipole approximation) である (音響フォノンに対して用いた準弾性近似と正反対の近似である)．

これで我々は，この摂動を Fermi の黄金律に適用することができる．電子が光子を吸収して，ある状態 i から別の状態 j へ遷移する頻度は，

$$W_{ji} = \frac{2\pi}{\hbar}\left(\frac{eE_0}{m_0\omega}\right)^2|\langle j|\mathbf{e}\cdot\hat{\mathbf{p}}|i\rangle|^2\delta(E_j-E_i-\hbar\omega) \tag{8.70}$$

となる．行列要素が少々複雑に見えるが，その中身を書き下すと，

$$\mathbf{e}\cdot\hat{\mathbf{p}} = -i\hbar\left(e_x\frac{\partial}{\partial x}+e_y\frac{\partial}{\partial y}+e_z\frac{\partial}{\partial z}\right) \tag{8.71}$$

である．例えば電場が z 方向を向いていれば $\mathbf{e} = (0,0,1)$ で，$\mathbf{e} \cdot \hat{\mathbf{p}} = -i\hbar \partial/\partial z$ である．

この遷移によって吸収される単位時間あたりのエネルギー (power) は，各光子のエネルギー $\hbar\omega$ とその遷移頻度の積である．次の段階として，可能なあらゆる初期状態と終状態に関する和を計算して，全吸収エネルギーを求める．遷移が可能な条件として，初期状態には Fermi 因子 $f(E_i)$ を付けて状態が満たされていることを保証し，終状態には因子 $[1 - f(E_j)]$ を付けて，その状態が空であることを保証しなければならない．したがって系が単位時間に吸収するエネルギーは，

$$P_+ = \frac{2\pi}{\hbar} \hbar\omega \left(\frac{eE_0}{m_0\omega}\right)^2 2 \sum_{i,j} |\langle j|\mathbf{e}\cdot\hat{\mathbf{p}}|i\rangle|^2 f(E_i)[1 - f(E_j)] \delta(E_j - E_i - \hbar\omega) \quad (8.72)$$

である．和の前の因子 2 はスピンに関するものだが，光学遷移の前後でスピンの変化はないので，1 回だけスピン状態を数えればよい (この因子は，どこに書けば適当か決め難いという点で扱いにくい．決まった慣例はない)．

系は摂動項の中の $e^{+i\omega t}$ の項によって，単位時間あたり P_- のエネルギー放出もする．これは ω の符号を除き，P_+ と同じ形で与えられる．

$$P_- = -\frac{2\pi}{\hbar} \hbar\omega \left(\frac{eE_0}{m_0\omega}\right)^2 2 \sum_{i,j} |\langle j|\mathbf{e}\cdot\hat{\mathbf{p}}|i\rangle|^2 f(E_i)[1 - f(E_j)] \delta(E_j - E_i + \hbar\omega) \quad (8.73)$$

δ 関数の引数は，和を実行するためのダミーの添字である i と j を交換して，P_+ の形に合わせることもできる．この添字の交換によって行列要素は変わらないが，Fermi 関数のところが $f(E_j)[1 - f(E_i)]$ に変わる．これらの因子と全体の符号だけが P_+ と P_- の違いであり，この違いの部分は，

$$f(E_i)[1 - f(E_j)] - f(E_j)[1 - f(E_i)] = f(E_i) - f(E_j) \quad (8.74)$$

となる．したがって，単位時間の全エネルギー吸収量は，

$$P = \frac{2\pi}{\hbar} \hbar\omega \left(\frac{eE_0}{m_0\omega}\right)^2 2 \sum_{i,j} |\langle j|\mathbf{e}\cdot\hat{\mathbf{p}}|i\rangle|^2 [f(E_i) - f(E_j)] \delta(E_j - E_i - \hbar\omega) \quad (8.75)$$

である．古典的な結果 (8.65) と比較すると，

$$\sigma_1(\omega) = \frac{\pi e^2}{m_0^2 \omega} \frac{2}{\Omega} \sum_{i,j} |\langle j|\mathbf{e}\cdot\hat{\mathbf{p}}|i\rangle|^2 [f(E_i) - f(E_j)] \delta(E_j - E_i - \hbar\omega) \quad (8.76)$$

となることが分かる．これが導電率の実部を表す一般的な式である．式 (8.64) を用いると，これを誘電関数の虚部に変換することもできる．因子 2 がスピンに関する和であることを忘れないように，和の前に書いた．分母に系の体積 Ω があるが，これは不純物散乱の計算のときと同様に，和の計算を実行した後には相殺されるはずである．式 (8.76) に現れている m_0 は有効質量ではなく，"自由電子の質量" である．この因子は

有効質量近似からではなく，元々の Schrödinger 方程式の運動エネルギー項から来ている．この結果に対応する ϵ_1 と σ_2 の式は 10.1 節で導出する予定である．

我々は前に，通常は $\sigma_1 > 0$ であることを論じた．全体の符号に影響する因子は ω と統計分布関数のところである．δ 関数は $E_j > E_i$ であることを要請しており ($\omega > 0$ の場合)，熱平衡状態の系では $f(E_i) > f(E_j)$ である．したがって $\sigma_1 > 0$ が保証され，系は光からエネルギーを吸収することになる．σ_1 が ω の偶関数であることは簡単に示せるので，これは熱平衡状態では常に正である．しかし一方，レーザーの中では光子による状態の占有を一部"逆転"させて $f(E_j) > f(E_i)$ とすることにより，系がエネルギーを放出し，入射光を増幅させることができる (10.6 節)．

8.6　バンド間の光吸収

我々は 2.7 節において光吸収が直接バンドギャップを測定する便利な方法であることを見たが，ここで図 8.4 に示すような簡単な伝導帯と価電子帯を持つ系における光吸収の計算を行ってみる．対象とする物質は 3 次元系で，不純物をドープされておらず，温度は絶対零度を想定して，価電子帯は完全に満たされており，伝導帯は空いているものとする．式 (8.76) の状態 i と j に関する和は，それぞれのバンド内全体にわたる Bloch 波数ベクトル $\mathbf{K}$ に関する和になる．ここで取り上げる例では，初期状態に価電子帯内の状態 $i = v\mathbf{K}$，終状態に伝導帯内の状態 $j = c\mathbf{K}'$ を選ぶと占有因子が 1 とな

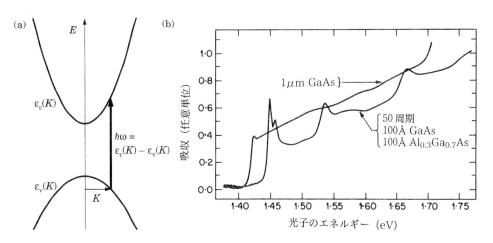

図 8.4　(a) 直接ギャップを持つ半導体における価電子帯から伝導帯への光吸収遷移．(b) 室温における 2 次元もしくは 3 次元の GaAs 試料における光吸収．2 次元試料 (多量子井戸) の活性領域の体積は 3 次元試料の半分しかない．[Schmitt-Rink, Chemla and Miller (1989) より Taylor and Francis の許可を得て転載．]

り，それ以外ではゼロとなる．したがって，

$$\sigma_1(\omega) = \frac{\pi e^2}{m_0^2 \omega} \frac{2}{\Omega} \sum_{\mathbf{K},\mathbf{K'}} \left| \langle c\mathbf{K'} | \mathbf{e} \cdot \hat{\mathbf{p}} | v\mathbf{K} \rangle \right|^2 \delta(\varepsilon_c(\mathbf{K'}) - \varepsilon_v(\mathbf{K}) - \hbar\omega) \tag{8.77}$$

である．まず行列要素を見てみよう．Bloch状態は次のように書ける．

$$\psi_{v\mathbf{K}}(\mathbf{R}) = \Omega^{-1/2} e^{i\mathbf{K}\cdot\mathbf{R}} u_{v\mathbf{K}}(\mathbf{R}) \tag{8.78}$$

$u_{v\mathbf{K}}(\mathbf{R})$ は結晶の各単位胞で同じ形をしている周期関数である．因子 $\Omega^{-1/2}$ が別にあるので，自由電子の極限で $u_{v\mathbf{K}}(\mathbf{R}) = 1$ になるように規格化されている．演算子 $\hat{\mathbf{p}} = -i\hbar\nabla$ は1次微分を含むので，積の規則により，

$$\hat{\mathbf{p}}\psi_{v\mathbf{K}}(\mathbf{R}) = \Omega^{-1/2} e^{i\mathbf{K}\cdot\mathbf{R}} \left[\hbar\mathbf{K} u_{v\mathbf{K}}(\mathbf{R}) + \hat{\mathbf{p}} u_{v\mathbf{K}}(\mathbf{R}) \right] \tag{8.79}$$

となる．したがって行列要素は次式のようになる．

$$\langle c\mathbf{K'} | \mathbf{e}\cdot\hat{\mathbf{p}} | v\mathbf{K} \rangle = \frac{1}{\Omega} \mathbf{e}\cdot \int u_{c\mathbf{K'}}^*(\mathbf{R}) e^{i(\mathbf{K}-\mathbf{K'})\cdot\mathbf{R}} \left[\hbar\mathbf{K} u_{v\mathbf{K}}(\mathbf{R}) + \hat{\mathbf{p}} u_{v\mathbf{K}}(\mathbf{R}) \right] d^3\mathbf{R} \tag{8.80}$$

初めの項は，直交する2つの状態の積となるので，積分するとゼロになる．残りの項も，波動関数の中の平面波因子のために，$\mathbf{K'} = \mathbf{K}$ 以外であればゼロになる．このことは，前に行ったウムクラップ散乱に関する議論と同様の方法で証明される．したがって行列要素は $\langle c\mathbf{K'} | \mathbf{e}\cdot\hat{\mathbf{p}} | v\mathbf{K} \rangle = \delta_{\mathbf{K'},\mathbf{K}} p_{cv}(\mathbf{K})$ で，

$$p_{cv}(\mathbf{K}) = \frac{1}{\Omega} \int u_{c\mathbf{K}}^*(\mathbf{R}) (\mathbf{e}\cdot\hat{\mathbf{p}}) u_{v\mathbf{K}}(\mathbf{R}) d^3\mathbf{R} \tag{8.81}$$

と与えられる．$u(\mathbf{R})$ が各単位胞で同じであるという事実を利用して，積分範囲を結晶全体から単位胞へと変えることもできる．

$$p_{cv}(\mathbf{K}) = \frac{1}{\Omega_{\text{cell}}} \int_{\text{cell}} u_{c\mathbf{K}}^*(\mathbf{R}) (\mathbf{e}\cdot\hat{\mathbf{p}}) u_{v\mathbf{K}}(\mathbf{R}) d^3\mathbf{R} \tag{8.82}$$

実導電率の式は，次のようになる．

$$\sigma_1(\omega) = \frac{\pi e^2}{m_0^2 \omega} \frac{2}{\Omega} \sum_{\mathbf{K}} |p_{cv}(\mathbf{K})|^2 \delta(\varepsilon_c(\mathbf{K}) - \varepsilon_v(\mathbf{K}) - \hbar\omega) \tag{8.83}$$

これは統計分布関数と，波数の異なるバンド間遷移の和を省いた点を除けば，結晶における σ_1 の一般的な式である．省略した部分は簡単に元に戻せる．

我々はこれまでに幾度も，Bloch関数の周期因子は，バンド端付近で $\mathbf{K}$ に対する依存性が弱いことを仮定して(式 (3.5)) $u_{n\mathbf{K}} \approx u_{n\mathbf{0}}$ と置いた．この仮定をここでも採用するならば，行列要素を $p_{cv}(\mathbf{0})$ に置き換えて和の外に出すことができる．その結果，

$$\sigma_1(\omega) \approx \frac{\pi e^2}{m_0^2 \omega} |p_{cv}(\mathbf{0})|^2 \left\{ \frac{2}{\Omega} \sum_{\mathbf{K}} \delta(\varepsilon_c(\mathbf{K}) - \varepsilon_v(\mathbf{K}) - \hbar\omega) \right\} \tag{8.84}$$

8.6 バンド間の光吸収

となる．括弧の中の和は，単位体積あたりの状態密度の定義となっており (1.7.3項, p.29〜)，"光結合状態密度" (optical joint density of states) $n_{\text{opt}}(E)$ と呼ばれている．これは2つのエネルギーバンドを含んでいるが，普通の状態密度の形とほとんど同じであり，スピンを1回だけ数えるために因子2が付いている．この状態密度を用いて，実導電率を簡単な形で表すことができる．

$$\sigma_1(\omega) \approx \frac{\pi e^2}{m_0^2 \omega} |p_{\text{cv}}(\mathbf{0})|^2 n_{\text{opt}}(\hbar\omega) \tag{8.85}$$

行列要素は $\mathbf{k}\cdot\mathbf{p}$ 理論で扱ったものと同じであり (7.3節)，$p_{\text{vc}}(\mathbf{0}) = (im_0/\hbar)P$ と書ける．吸収の強さは，たとえば有効質量のような P に依存する他の量にも密接に関係しており，σ_1 は E_P を用いて書くこともできるが，これは普通の半導体ではあまり違いがない．違いは主に状態密度によって生じる．

光結合状態密度は，通常の状態密度とよく似ており，その性質が $\sigma_1(\omega)$ を支配する．2つのバンドが放物線の形をしていて，関心の対象となる範囲で球対称と仮定する．これは GaAs の Γ 点付近では有効な近似である．

$$\varepsilon_{\text{v}}(\mathbf{K}) = E_{\text{v}} - \frac{\hbar^2 K^2}{2m_0 m_{\text{h}}}, \quad \varepsilon_{\text{c}}(\mathbf{K}) = E_{\text{c}} + \frac{\hbar^2 K^2}{2m_0 m_{\text{e}}} \tag{8.86}$$

そうすると，$n_{\text{opt}}(E)$ の定義に現れるエネルギーの差は，

$$\varepsilon_{\text{c}}(\mathbf{K}) - \varepsilon_{\text{v}}(\mathbf{K}) = (E_{\text{c}} - E_{\text{v}}) + \frac{\hbar^2 K^2}{2m_0}\left(\frac{1}{m_{\text{e}}} + \frac{1}{m_{\text{h}}}\right) \tag{8.87}$$

となる．したがって $n_{\text{opt}}(E)$ は自由電子の状態密度と同じ形になるが，底の部分はバンドギャップ $E_{\text{g}} = E_{\text{c}} - E_{\text{v}}$ の分だけ持ち上がり，光結合有効質量は，$1/m_{\text{eh}} = 1/m_{\text{e}} + 1/m_{\text{h}}$ の関係式によって決まる換算質量になる．3次元系の状態密度はゼロから $(E - E_{\text{g}})^{1/2}$ のように立ち上がるが，式 (8.85) により光学的導電率も $\hbar\omega = E_{\text{g}}$ の吸収端から同じように立ち上がることが分かる．

GaAs の光吸収のデータを図8.4(b) に示してある．残念ながら実際の吸収曲線の形は，我々の予測とよく一致しているわけではない．問題となる要因は励起子であるが，これについては10.7節で扱う．

この計算方法は，行列要素と光の偏極 (第10章) をあまり厳密に考えなくてよいのなら，そのまま低次元系にも適用できる．主な変更点は $n_{\text{opt}}(E)$ であるが，これは自由電子の状態密度のように振舞う (図1.9, p.29)．したがって2次元的な量子井戸の吸収端は階段状の構造を持ち，1次元的な量子細線の吸収端は $(\hbar\omega - E_{\text{g}})^{-1/2}$ のように発散する．これらの結果も定量的に正確ではないが，その傾向は非常に重要である．光の吸収端は，系の次元が低いほど顕著な構造を持つ．また吸収端は，量子井戸の底からの電子と正孔の量子化エネルギー分だけ上昇する．量子ドットの中ではエネルギー

準位が離散的になるので，光吸収もこの性質を反映し，吸収帯ではなく一連の吸収線が現れる．

8.7 量子井戸の光吸収

前節と対照的な例として，図8.5に示すようなz方向に形成された量子井戸の束縛状態間の光吸収を考察する．この系はヘテロ構造の伝導帯のところに形成されているもので，本当は有効質量波動関数を用いなければならない．この問題は，ここでは避けて10.5節へと先送りするが，定性的な結果に違いはない．

4.5節に示したように，状態関数をz方向の束縛状態と，面内方向の平面波の積に分解できる．

$$\psi_{i\mathbf{k}}(\mathbf{R}) = A^{-1/2}\phi_i(z)\exp(i\mathbf{k}\cdot\mathbf{r}), \quad E_i(\mathbf{k}) = \varepsilon_i + \frac{\hbar^2 k^2}{2m} \tag{8.88}$$

$\mathbf{r} = (x,y)$で，Aは量子井戸の面積である．Lを試料全体のz方向の厚さ(井戸層の厚さではない)とすると，系の体積は$\Omega = AL$である．z方向の運動から生じる各状態iがエネルギーのサブバンド構造を形成する．

このような2つの状態の間の行列要素$\langle j\mathbf{k}'|\mathbf{e}\cdot\hat{\mathbf{p}}|i\mathbf{k}\rangle$を考える．これは光の偏極$\mathbf{e}$に強く依存する．まず$\mathbf{e} = (1,0,0)$と置くと電場は$x$方向，すなわち井戸の面内方向を向く．伝播方向は$y$もしくは$z$，すなわち量子井戸層の面内方向か，もしくは面に垂直な方向である(偏極と伝播の例については図10.6 (p.413)を参照せよ)．この場合，$\mathbf{e}\cdot\hat{\mathbf{p}} = -i\hbar\partial/\partial x$で，運動量演算子は$\psi_{i\mathbf{k}}(\mathbf{R})$の平面波部分だけに作用するので，

$$(\mathbf{e}\cdot\hat{\mathbf{p}})\psi_{i\mathbf{K}}(\mathbf{R}) = \hbar k_x \psi_{i\mathbf{k}}(\mathbf{R}) \tag{8.89}$$

である．したがって，行列要素は，

$$\langle j\mathbf{k}'|\mathbf{e}\cdot\hat{\mathbf{p}}|i\mathbf{k}\rangle = \hbar k_x \langle j\mathbf{k}'|i\mathbf{k}\rangle = 0 \tag{8.90}$$

のように状態間の直交性によってゼロになる．この偏極では光の吸収が起こらないが，$\mathbf{e}$がy方向を向いていても，状況は明らかに同じである．したがって層に垂直に光を伝搬させる方法では，実験は容易だが(導波路では事情が違う)，井戸内準位間の遷移による吸収を起こすことができない．

電場が量子井戸層に垂直な$\mathbf{e} = (0,0,1)$の場合には，光が面内方向を伝播するので，異なる結果が得られる．$\mathbf{e}\cdot\hat{\mathbf{p}} = -i\hbar\partial/\partial z$なので，この演算子は束縛状態の波動関数因子だけに作用する．

$$\langle j\mathbf{k}'|\mathbf{e}\cdot\hat{\mathbf{p}}|i\mathbf{k}\rangle = \frac{1}{A}\int dz \int d^2\mathbf{r}\, \phi_j^*(z) e^{i(\mathbf{k}-\mathbf{k}')\cdot\mathbf{r}} \hat{p}_z \phi_i(z) \tag{8.91}$$

8.7 量子井戸の光吸収

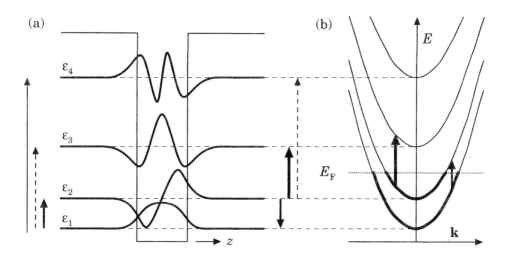

図8.5 量子井戸内の状態間遷移による光吸収. (a) z方向の波動関数とエネルギー準位. 矢の太さは遷移の振動子強度を示しており, 破線の矢は禁止されている遷移を表す. (b) 面内方向の**k**空間におけるバンド構造と, 許容される垂直遷移の様子を示した図. 遷移は電子で満たされた準位から, 空の準位に向けて起こる.

$\mathbf{k}' = \mathbf{k}$ の場合に **r** の積分は A となり, それ以外のときはゼロになる. したがって2次元波数は保存される. 図8.5 に示したように, 光学遷移はここでも **k** に関して垂直である. 残った行列要素は $\langle j|\hat{p}_z|i\rangle$ と略記できる. この行列要素と式 (8.88) のエネルギーを, 一般式 (8.76) に代入すると,

$$\sigma_1(\omega) = \frac{\pi e^2}{m^2\omega}\frac{2}{\Omega}\sum_{i,j,\mathbf{k}}|\langle j|\hat{p}_z|i\rangle|^2\left\{f(E_i(\mathbf{k})) - f(E_j(\mathbf{k}))\right\}$$
$$\times \delta(E_j(\mathbf{k}) - E_i(\mathbf{k}) - \hbar\omega) \tag{8.92}$$

となる. この式は数段階の操作によって, 簡単な形に直すことができる.

(i) 各サブバンドの有効質量が等しい理想系を仮定すると, $E_j(\mathbf{k}) - E_i(\mathbf{k}) = \varepsilon_j - \varepsilon_i$ と書くことができて, δ関数の中の**k**を省ける. 式を簡単にするために$\hbar\omega_{ji} = \varepsilon_j - \varepsilon_i$ と置くと, このδ関数は $(1/\hbar)\delta(\omega - \omega_{ji})$ になる.

(ii) そうすると波数ベクトル **k** は, 和の中の統計分布関数のところだけに残る. それぞれの和は $(2/A)\sum_{\mathbf{k}} f(E_j(\mathbf{k}))$ という形になるが, これはサブバンドを占有している両方のスピンを数えた全電子密度であり, n_j と書ける.

(iii) 和の中の係数因子から振動数ωを除く. δ関数のために, 和への寄与は$\omega = \omega_{ji}$ のときだけ生じるので, ω を ω_{ji} に置き換えても式の値は変わらない.

(iv) 行列要素そのものの代わりに，次のように定義される無次元の仮想的な"振動子強度"(oscillator strength) を導入する．

$$f_{ji} = \frac{2}{m\hbar\omega_{ji}}|\langle j|\hat{p}_z|i\rangle|^2 = \frac{2m\omega_{ji}}{\hbar}|\langle j|z|i\rangle|^2 \tag{8.93}$$

2番目の式では $\hat{p}_z$ の代わりに z の行列要素が現れているが，ここで用いた演算子のトリックは練習問題で扱うことにする．初めと同じ状態への遷移を省くために，振動子強度の対角成分を和から除く．

これらの操作を施すと，次の簡単な式が得られる．

$$\sigma_1(\omega) = \frac{\pi e^2}{2mL}\sum_{\substack{i,j \\ j\neq i}} f_{ji}(n_i - n_j)\delta(\omega - \omega_{ji}) \tag{8.94}$$

光の吸収現象は，井戸内の異なる束縛状態のエネルギー差にあたる振動数だけで見られることになる．垂直遷移だけが許されるという制約のために，スペクトルは連続な帯の領域(バンド)を持たず，離散的な線になる．サブバンド間に有効質量の違い(4.9節)があると，この吸収線は広がりを持つ．高エネルギー領域では，量子井戸の上にある連続準位への遷移が起こるようになる．

式全体に因子 $1/L$ が掛かっているが，これは試料が量子井戸層を1枚だけ含んでいるためである．試料の厚さ L が増すと，相対的に量子井戸の影響は少なくなる．実際には吸収を強めるために，多量子井戸が用いられるが，その場合は L が井戸構造の周期の寸法に置き換わる．多量子井戸におけるサブバンド間の光吸収の実験結果の例を図8.6に示す．

各遷移の強度は，振動子強度を通じて波動関数に依存し，サブバンドの占有状態にも依存する．吸収強度を変えるためには，量子井戸の形を変えて f_{ji} の値を変更するか，または各準位の電子の占有状態を，ドーピングやキャリヤの注入やポンピング(pumping)，あるいは単純な温度の変更によって変えてやればよい．統計分布の逆転を起こすと ($n_j > n_i$)，$\sigma_1(\omega) < 0$ となる振動数領域が現れる．しかし最も注目すべき結果は，$\sigma_1(\omega)$ の全振動数にわたる積分で定義される試料の全吸収導電率が，全電子密度だけに依存するということである．

$$\int_0^\infty \sigma_1(\omega)d\omega = \frac{\pi e^2 n_{2D}}{2mL}, \quad n_{2D} = \sum_j n_j \tag{8.95}$$

これは"和則"(sum rule) の一例であり，振動子強度に関する有名な次のThomas-Reiche-Kuhn の f-和則によっている．
トーマス
ライヒェ クーン

$$\sum_{j,j\neq i} f_{ji} = 1 \tag{8.96}$$

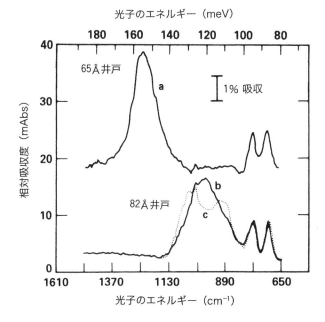

図8.6 室温における量子井戸内のサブバンド間の光吸収の測定結果. 試料 a は 6.5 nm, b および c は 8.2 nm の厚さの量子井戸層を 50 枚含む. 各井戸の電子密度は 4×10^{15} m^{-2} である. 右側に見える小さなピークはフォノンによるものである. [West and Eglash (1985) から許可を得て転載. 著作権：1985 American Institute of Physics]

したがって，ある振動数における σ_1 の変化は，どこか別の振動数における逆の変化によって補償されなければならない. $\tilde{\epsilon}_r(\omega)$ にはこのような多くの制約があるが，詳細は 10.1.3項 (p.397〜) において考察する.

振動子強度は光学的特性に関する式によく用いられる. 実導電率の一般式 (8.76) は次のように書ける.

$$\sigma_1(\omega) = \frac{\pi e^2}{2m}\frac{2}{\Omega}\sum_{i,j} f_{ji}\bigl[f(E_i) - f(E_j)\bigr]\delta(\omega - \omega_{ji}) \tag{8.97}$$

この式を初期状態と終状態に関する和の代わりに，遷移に関する和の形で表現することもできる (10.1.2項, p.395〜). バンド間遷移の式 (8.83) も，このような方法で書き直すことが可能だが，それはおそらく連続なエネルギー範囲を扱うのにあまり相応しい表現ではない. エネルギーバンドの $\mathbf{k}\cdot\mathbf{p}$ 展開 (式 (7.43)) のような他の結果も，振動子強度を用いた表現が可能である.

黄金律はエネルギーの連続性の下で成立しているので，離散的なエネルギーを持つ系に対して黄金律を適用してよいものか，懸念も生じるであろう. 幸い，通常は輻射場の方がそのようなエネルギーの連続性を保証してくれる. しかし電磁場も微小共振

孔 (microcavity) や周期構造の中に閉じ込められていて，そのスペクトルにギャップを持つ場合には例外となる．このような系では，エネルギーの連続性が損なわれているので黄金律が成立せず，電磁気学の興味深い新たな側面を見ることができるが，このことは光エレクトロニクス応用への新たな可能性を示唆している．

量子井戸に話を戻すと，光吸収は異なるサブバンドの間だけに起こり，吸収されるエネルギーは井戸内の束縛状態のエネルギー差によって与えられる．また，光は電場が z 方向を向いた成分を持たなければならない．残った作業は，次の行列要素を求めることである．

$$\langle j|\hat{p}_z|i\rangle = -i\hbar \int \phi_j^*(z) \frac{d}{dz} \phi_i(z) dz \tag{8.98}$$

量子井戸の持つ対称性から，重要な結果が得られる．図8.5 (p.337) にも示したように，$V(-z) = V(z)$ の対称な井戸の中の波動関数は，z に関して偶か奇のいずれかであることを我々は知っている．微分は波動関数のパリティ(偶奇性)を変えるので，この行列要素は一方の状態が偶で，もう一方の状態が奇の場合だけゼロでなくなる．これが，光吸収においてどのような遷移が起こるかを支配する"選択則"(selection rule) であり，この結果は電場内の量子井戸の分極率に関して我々が見出したもの (7.2.2項, p.276〜) と全く同じである．最低準位 ($n=1$) から $n=2,4,\ldots$ の遷移は許容されるが，n が奇数の終状態への遷移は起こらない．これは任意の対称な井戸にあてはまる規則であり，故意に非対称な井戸を用意しない限り，同じ選択則が成立する．

締め括りとして，$0 < z < a$ の無限に深い井戸における $n=1$ から $n=2$ への遷移に関する振動子強度を計算する．次の行列要素が必要である．

$$\langle 2|\hat{p}_z|l\rangle = -i\hbar \frac{2}{a} \int_0^a \sin\frac{2\pi z}{a} \left(\frac{d}{dz}\sin\frac{\pi z}{a}\right) dz = \frac{-8i\hbar}{3a} \tag{8.99}$$

あるいは，式 (ex1.4)(p.45) や式 (8.93) により，

$$\langle 2|z|1\rangle = -\frac{16a}{9\pi^2} \tag{8.100}$$

を代わりに用いてもよい．普通はこの"双極子行列要素"(dipole matrix element) が使われる．これは井戸幅(井戸層の厚さ)に依存し，広い井戸ほど大きな値を持つ．双極子の"大きさ"を，光の吸収性の強さに対応させるように意図するわけである．振動子強度は，

$$f_{21} = \frac{2m}{\hbar^2}(\varepsilon_2 - \varepsilon_1)|\langle 2|z|1\rangle|^2 = \frac{256}{27\pi^2} \approx 0.96 \tag{8.101}$$

となる．これを式 (8.94) に代入すると，実導電率 σ_1 が得られる．面白い点は，振動子強度が a に依存せず，井戸幅を広くしても増加しないことである．しかしこの遷移の振動子強度は 0.96 で，f-和則のほとんどの部分を占めており，状態1からの他の遷移は極めて弱いことから，この遷移が非常に強いものであることも見てとれる．した

がって量子井戸では最低の遷移が，最も効果的に光を吸収するものと期待される．現実にはフォノンによる電子散乱や井戸外への電子の逃避などの障害要因がたくさんあり，これらを考慮する必要がある．完全な理論的検討のためには，励起子の問題も無視できない．

我々は対照的な 2 種類の光吸収の例を見てきた．一方は連続なエネルギー吸収帯を持ち，もう一方は井戸内の束縛状態を反映した離散的な吸収エネルギーを持つものであった．価電子帯の量子井戸から伝導帯の量子井戸への遷移現象においては，これら両方の性質が合わさることになるが，これがおそらく現実的に最も重要な光吸収の例となる．この問題は第 10 章において扱うことにする．

8.8　ダイヤグラムと自己エネルギー

Fermi の黄金律の話を終える前に，簡単にダイヤグラムについて紹介しておく．ここでは摂動論と Green 関数を定式的に取り扱うのではなく，Fermi の黄金律と Feynman ダイヤグラムとの関連性を簡単に眺めてみる．また前章と本章で扱った 2 通りの摂動論が，互いにどのように関係するかということも示す．摂動論の結果が "自己エネルギーに対する Born 近似" に (近似的に) 結びつくことを見る予定であるが，この自己エネルギー (self-energy) こそは，おそらく Green 関数を用いて最も頻繁に計算される量である．本節の内容は，後の章を理解する上で不可欠のものではない．

前章と本章で，静的ポテンシャルに対して全く異なる 2 種類の摂動論を導いた．時間に依存しない摂動論を 7.2 節で，Fermi の黄金律 (時間に依存する摂動論) を 8.1 節で扱った．前者は元の固有状態とエネルギーの変化を与え，後者は元の状態の寿命 (散乱頻度) を与える．これらの過程は一見，全く違ったものに見えるが，両者は深く関係している．エネルギーが $\varepsilon(\mathbf{k})$ の平面波状態に対する不純物ポテンシャルの効果を考察しよう．ポテンシャルの Fourier 変換を $\tilde{V}(\mathbf{q})$ とする．エネルギーの変化は式 (7.31)，全散乱頻度 (単一粒子寿命の逆数) は式 (8.24) によって，次のように与えられる．

$$\bar{\Sigma}(\mathbf{k}) \equiv \Delta\varepsilon(\mathbf{k}) = \sum_{\mathbf{q},\mathbf{q}\neq 0} \frac{|\tilde{V}(\mathbf{q})|^2}{\varepsilon(\mathbf{k}) - \varepsilon(\mathbf{k}+\mathbf{q})}$$

$$\Gamma(\mathbf{k}) \equiv \frac{\hbar}{\tau_{\mathrm{i}}} = 2\pi \sum_{\mathbf{q}} |\tilde{V}(\mathbf{q})|^2 \delta\bigl(\varepsilon(\mathbf{k}) - \varepsilon(\mathbf{k}+\mathbf{q})\bigr) \tag{8.102}$$

散乱頻度の方には $\hbar$ を掛けて，エネルギー Γ に変換した．この 2 つの式はよく似ており，これらを統合して，次のようにひとつの複素エネルギー $\Sigma(\mathbf{k})$ を定義することができる．

$$\Sigma = \bar{\Sigma} - \frac{1}{2}i\Gamma = \sum_{\mathbf{q}} |\tilde{V}(\mathbf{q})|^2 \left\{ \mathcal{P} \frac{1}{\varepsilon(\mathbf{k}) - \varepsilon(\mathbf{k}+\mathbf{q})} - i\pi\delta(\varepsilon(\mathbf{k}) - \varepsilon(\mathbf{k}+\mathbf{q})) \right\}$$

$$= \sum_{\mathbf{q}} \frac{|\tilde{V}(\mathbf{q})|^2}{\varepsilon(\mathbf{k}) - \varepsilon(\mathbf{k}+\mathbf{q}) + i0_+} \tag{8.103}$$

"0_+"は無限小の正の量を表す．エネルギー差の逆数の主値とδ関数を組み合わせた第2式は，第1式と全く等価な意味を持つ．これと同じ技法が10.1.2項 (p.395～) で扱う複素誘電関数にも用いられることになる．$\mathcal{P}$ は簡単に言うと，分母がゼロになる $\mathbf{q} = \mathbf{0}$ の項を省くという意味を持つ (実際にはエネルギー積分において Cauchy の主値を取ることを意味する)．これは Born 近似の範囲内で計算されたものだが，場の理論で中心的な役割を果たす"[遅延した] 自己エネルギー"([retarded] self-energy) に非常に近いものである．正確に言うと，場の理論における自己エネルギーは，$\mathbf{k}$ と E を独立な変数として持つ次のような関数である．

$$\Sigma(\mathbf{k}, E) = \sum_{\mathbf{q}} \frac{|\tilde{V}(\mathbf{q})|^2}{E - \varepsilon(\mathbf{k}+\mathbf{q}) + i0_+} \tag{8.104}$$

我々は $E = \varepsilon(\mathbf{k})$ と置き，状態 $\mathbf{k}$ の非摂動エネルギーのところで自己エネルギーを見積もったことになる．

我々は既に，自己エネルギーの実部が，その状態のエネルギーをシフトさせることを知っている．虚部は何を表すのだろう？ 複素エネルギーを，通常の時間依存因子 $\exp(-iEt/\hbar)$ に代入すると，

$$\begin{aligned}\Psi(t) &\propto \exp\left(-\frac{i[\varepsilon(\mathbf{k}) + \Sigma(\mathbf{k})]t}{\hbar}\right) \\ &= \exp\left(-\frac{i[\varepsilon(\mathbf{k}) + \bar{\Sigma}(\mathbf{k})]t}{\hbar}\right) \exp\left(-\frac{\Gamma(\mathbf{k})t}{2\hbar}\right)\end{aligned} \tag{8.105}$$

となる．エネルギーの虚部は波動関数を，時間の経過とともに減衰させる効果を持つ．密度 $|\Psi(t)|^2$ は $\exp(-\Gamma t/\hbar)$ のように減衰し，寿命は $\tau_{\mathrm{i}} = \hbar/\Gamma$ となる．電子が元の波動関数の状態に留まる確率は，散乱されて他の状態に入る確率の増加に伴って減少することになるが，これは Fermi の黄金律を用いて計算した結果そのものを表している．

自己エネルギーの虚部は，元の状態から他の状態への遷移頻度を表すが，我々が扱った不純物散乱の例では，元の状態が波数ベクトル $\mathbf{k}$ を持っている．Σ の実部も同様に解釈するのが自然であり，"仮想遷移"(virtual transition) によってエネルギーのシフトが生じているものと考えられる．この遷移の描像は，電子が $\mathbf{k}$ から，たとえば $\mathbf{k}+\mathbf{q}$ の状態へと遷移したとすると，その電子は遷移先の状態に合ったエネルギーを持たないので，有限時間 $\hbar/[\varepsilon(\mathbf{k}) - \varepsilon(\mathbf{k}+\mathbf{q})]$ の後に元の状態へと戻るというものである．仮想遷移先の固有エネルギーが元のエネルギーに近いほど，電子はその状態に長く留まることができて，エネルギーと波動関数を大きく変化させる．

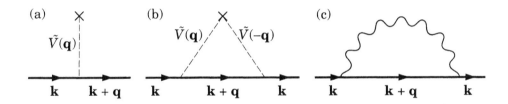

図8.7 不純物もしくはフォノンによる電子の散乱を表すダイヤグラム. (a) 単一の結節点によって, 波数 $\mathbf{k}$ で入射した電子が, 波数 $\mathbf{k}+\mathbf{q}$ で放出される様子. 相互作用を表す行列要素は $\tilde{V}(\mathbf{q})$ である. (b) 結節点を2つ組み合わせて, 自己エネルギーを表現したダイヤグラム. (c) 電子-フォノン散乱による自己エネルギー. フォノンは波線で表されている.

これで我々は, 他の状態への実遷移と仮想遷移の観点に基づく自己エネルギーの統合的な記述を得たことになるが, この描像を直接, ダイヤグラムへと翻訳できる. 図8.7(a) は電子が不純物によって散乱されることを表したダイヤグラムである. 電子は直線で表されている. 電子は波数 $\mathbf{k}$, エネルギー $\varepsilon(\mathbf{k})$ で入射し, 結節点 (vertex) のところで不純物と強さ $\tilde{V}(\mathbf{q})$ の相互作用をして, 波数 $\mathbf{k}+\mathbf{q}$ の状態で放出される. 放出される電子の波数は運動量の保存則に従って決まるが, 放出される電子のエネルギーは, 一般に仮想遷移における初めのエネルギーと異なっている. 不純物は結節点から隔たったところに×印で表されており, 相互作用を表す破線によって結節点と結ばれている.

2次の摂動論と黄金律, そしてその結果としての自己エネルギーは, $|\tilde{V}(\mathbf{q})|^2$ のように行列要素を2つ含んでいるので, 2番目の行列要素はどうなったのか, 疑問の向きもあろう. この答えは, このダイヤグラムが自己エネルギーを生じる過程の半分しか表していない, というものである. 行列要素は Hermite なので, 複素共役を $V_{fi}^* = V_{if}$ と書くことができ, これは初期状態と終状態が入れ替わった過程に対応する. 不純物ポテンシャルに関しては $\tilde{V}^*(\mathbf{q}) = \tilde{V}(-\mathbf{q})$ である. これらの2つの過程を表すダイヤグラムが図8.7(b) である. 2つの結節点がそれぞれ破線によって同じ不純物に結ばれており, 電子に対して同じポテンシャルが2回働くことを表している. 初期状態に対応する両側の線を省くと, これは多体理論における自己エネルギーのダイヤグラムと全く同じ形になる. 2つの過程を反映させて, 自己エネルギーを次のように書き直すこともできる.

$$\Sigma(\mathbf{k}, E) = \sum_{\mathbf{q}} \tilde{V}(-\mathbf{q}) \frac{1}{E - \varepsilon(\mathbf{k}+\mathbf{q}) + i0_+} \tilde{V}(\mathbf{q}) \qquad (8.106)$$

電子は初めの散乱によって余分の波数 $\mathbf{q}$ を獲得し, しばらく波数 $\mathbf{k}+\mathbf{q}$ で伝搬した後に, 再び波数 $\mathbf{q}$ を失って初期状態に戻る. 式 (8.106) の真ん中にある商の因子は, 実際に1粒子 [遅延] 伝搬関数 ([retarded] single-particle propagator) もしくは Green 関

数と呼ばれている．本書としては，この話題はこの辺がちょうどよい潮時なので，この先の議論に興味のある読者は多体理論の本を参照してもらいたい！

フォノンとの相互作用による自己エネルギーも，同様の方法で図示できる (図 8.7(c))．フォノンは 2 つの結節点を結ぶ波線で示されている．この場合，各結節点において，運動量とともにエネルギーも移行することになり，フォノン自体も Green 関数によって記述される．フォノンが放出されたり吸収される過程に伴い，必要な数だけフォノンの Green 関数が導入される．

もっと複雑なダイヤグラムの計算を多く行っても，図 8.7 に示したフォノンおよび不純物に対する Born 近似のダイヤグラムによる計算以上に得られるとこはさほど多くないが，すべての物理的性質がこの単純な描像に還元されているわけでもない．たとえば電子の単一粒子寿命 τ_i は図 8.7 のダイヤグラムの計算によって求まるが，輸送寿命 τ_{tr} の方はもっと難しい取り扱いが必要である．

∗ 参考文献の手引き

Fermi の黄金律の導出は，量子力学の教科書，たとえば Merzbacher (1970), Gasiorowicz (1974), Landau, Lifshitz and Pitaevskii (1977), Bransden and Joachain (1989) などで見ることができる．Datta (1989) は一例として，半導体中の散乱頻度を扱って黄金律を導出している．

Bastard (1988) と Weisbuch and Vinter (1991) は，様々な低次元系における散乱頻度を記述している．半導体における散乱頻度の徹底した記述と，興味深い不純物の取り扱い方が Ridley (1993) に与えられている．

ダイヤグラムと Green 関数に関する標準的な参考書は Mahan (1990) であって，その対象範囲の広さは印象的である．Rickayzen (1980) は簡潔であるが，包括性には劣る．

∗ 練習問題

8.1 電子が GaAs 中の幅 15 nm の量子井戸内の基底状態にあり，井戸は無限に深い 1 次元井戸として扱えるものとする．突然，井戸の中央部 5 nm の領域が 100 meV 陥没して深くなったと仮想する．時間に依存する摂動論 (式 (8.12)) を用いて電子が他の状態へ散乱される頻度の式を求め，許容される最低エネルギーの遷移頻度を推定せよ．井戸の中央部が陥没する代わりに盛り上がった場合には，結果はどのように変わるか．摂動論の扱いは適切か？

初期状態で平坦な底を持つ井戸に，突然 $F = 1 \text{ MV m}^{-1}$ の電場が印加されて傾いた場合について，同様の散乱頻度の計算を繰り返せ．この計算は 7.2.2 項 (p.276〜) に示した電場内の量子井戸のエネルギー準位と，どのように関係するか．

8.2 3次元系における，球対称ポテンシャルによる下記の輸送散乱頻度を導出せよ．

$$\frac{1}{\tau_{\rm tr}} = n_{\rm imp}^{\rm (3D)} \frac{m}{4\pi\hbar^3 K^3} \int_0^{2K} |\tilde{V}(Q)|^2 Q^3 dQ \qquad ({\rm ex}8.1)$$

$$= n_{\rm imp}^{\rm (3D)} \frac{mK}{2\pi\hbar^3} \int_0^\pi \left|\tilde{V}\!\left(2K\sin(\tfrac{1}{2}\theta)\right)\right|^2 (1-\cos\theta)\sin\theta\, d\theta \qquad ({\rm ex}8.2)$$

導出方法は，式 (8.31) および式 (8.32) を導いた方法とよく似ている．

8.3 AlGaAs の 2DEG における合金散乱を見積もるための粗雑なモデルとして円形障壁を用いる．まず平面を単位胞に分割し，GaAs 単位胞のポテンシャルはゼロ，AlAs 単位胞のポテンシャルは 1 eV と置くことにする．2 つの物質の Γ 谷のエネルギー差は，おおよそこの程度である．AlAs 単位胞を円形で近似して $Al_{0.3}Ga_{0.7}As$ の電子の散乱頻度と移動度を試算せよ (典型的な GaAs – AlGaAs ヘテロ構造において AlGaAs に浸入する波動関数の部分は少ないので，その散乱効果はこの計算よりもはるかに少ない)．

ポテンシャル障壁のエネルギーを GaAs を基準にするより，平均ポテンシャルエネルギーを基準として測ったほうが，もっとよい近似になるかもしれない．この場合，GaAs の単位胞も AlAs の単位胞も，ともに散乱に寄与する．結果はどの程度違うか？よい理論はそのような任意性に依存しない結果を与えるはずである．コヒーレントポテンシャル近似 (CPA) のような確立された方法によれば，はるかに満足のいく結果が得られる．

8.4 2DEG 面内において，遮蔽のない Coulomb ポテンシャル $V(r) = -e^2/4\pi\epsilon_0\epsilon_{\rm b} r$ による 2 次元 Rutherford 散乱を考える．Born 近似の範囲内で，微分断面は，

$$\sigma(\theta) = \frac{\pi}{2k(a_{\rm B}k)^2\sin^2\!\left(\tfrac{1}{2}\theta\right)} \qquad ({\rm ex}8.3)$$

となることを示せ．有効 Bohr 半径 $a_{\rm B}$ は有効質量と誘電率を含んでいる (式 (4.67))．積分公式 $\int_0^\infty J_0(x)dx = 1$ を用いること．単一粒子断面および輸送断面は存在するか？
この問題は古典的にも量子力学的にも正確に解くことができる [F. Stern and W. E. Howard, *Physical Review* **163** (1967): 816-35]．これを参照すると Born 近似では $(a_{\rm B}k/\pi)\tanh(\pi/a_{\rm B}k)$ という因子が抜け落ちていることが分かる．したがって Born 近似は $k \gg 1/a_{\rm B}$ という条件下だけで正しい結果を与えるが，この条件は電子密度が 3×10^{15} m^{-2} の典型的な GaAs の 2DEG において成立するか？(3 次元では Born 近似の結果は量子力学および古典力学による正確な結果と一致する．)

8.5 長距離の Coulomb ポテンシャルが，指数関数因子によって切断されて，$V(r) = -(e^2/4\pi\epsilon_0\epsilon_{\rm b} r)e^{-\lambda r}$ となることを想定する．2 次元における散乱頻度を計算せよ．積分公式 $\int_0^\infty e^{-\alpha x} J_0(\beta x)dx = (\alpha^2+\beta^2)^{-1/2}$ を用いること．一般的な特徴は円形障壁と同様であるが，振動は生じないことを示せ (これは 2 次元系における遮蔽された Coulomb ポテンシャルの正しい形では"ない"ことに注意せよ．9.4 節参照)．

8.6 時間に依存する問題で，摂動論に頼らずに解ける問題もいくつかある．有名な例は Tien and Gordon によるものである [*Physical Review* **129** (1963): 647-51]．低次元系への適用を考えよう．静的な量子ドットを考え，その固有状態を ϕ_n，固有エネルギーを ε_n とする．このドットに電波を照射してポテンシャル $V_0\cos\omega_0 t$ を加える．V_0 は空間内で一定とする．時間に依存する固有状態は，

$$\Phi_n(t) = \phi_n \exp\!\left(-\frac{i\varepsilon_n t}{\hbar}\right) \exp\!\left(-i\!\left(\frac{V_0}{\hbar\omega_0}\right)\sin\omega_0 t\right) \qquad ({\rm ex}8.4)$$

となることを示せ．恒等式 $\exp(iz\sin\theta) = \sum_{k=-\infty}^{\infty} J_k(z)\exp(ik\theta)$ によって，上式を次のように書き直せる．

$$\Phi_n(t) = \phi_n \sum_{k=-\infty}^{\infty} J_k\left(\frac{V_0}{\hbar\omega_0}\right) \exp\left(-\frac{i(\varepsilon_n + k\hbar\omega_0)t}{\hbar}\right) \tag{ex8.5}$$

このように各状態は振動数が $k\hbar\omega_0$ だけずれた "サイドバンド" を $J_k^2(V_0/\hbar\omega_0)$ の強度で形成する．ドットが電子構造を調べる探針と結合しているならば，この一連のエネルギーが付加的な遷移を許容する可能性がある．

8.7 縮退していない電子気体を考え，熱エネルギーと，典型的な音響フォノン散乱でやり取りされるエネルギーを比較せよ．準弾性近似にもとづく散乱頻度は，どのような場合に妥当となるか？

8.8 式 (8.54) から予言される音響フォノンによる移動度の上限を，半導体の室温におけるデータ (付録B) と比較せよ．GaAs 中の電子の室温における散乱は，極性LOフォノンに支配されているので，この結果は適用できないが，Si には当てはまるはずである．$m_e = 0.3$，$\Xi = 10$ eV，$\rho v_s^2 = 1.4 \times 10^{11}$ J m^{-3} である．

8.9 GaAs における極性LOフォノンの吸収による散乱頻度を推定せよ．電子は初期状態においてエネルギーが非常に低く，終状態のエネルギーは，ほぼ $\hbar\omega_{LO}$ と考える．この場合，波数ベクトルの変化は $Q \approx K_{LO}$ で，$\hbar^2 K_{LO}^2/2m = \hbar\omega_{LO}$ である．散乱頻度がおおよそ，

$$W^+_{\mathbf{K}+\mathbf{Q},\mathbf{K}} = \frac{2\pi}{\hbar} N_{LO} \frac{e^2 \hbar\omega_{LO}}{2\Omega\epsilon_0 K_{LO}^2} \left[\frac{1}{\epsilon(\infty)} - \frac{1}{\epsilon(0)}\right]$$
$$\times \delta\big(\varepsilon(\mathbf{K}+\mathbf{Q}) - \varepsilon(\mathbf{K}) - \hbar\omega_{LO}\big) \tag{ex8.6}$$

となることを示せ．ここでも $\mathbf{Q}$ は δ 関数以外には残らないので，散乱は等方的である．すべてのフォノンに関する和をとると状態密度が現れ，次式に還元する．

$$\frac{1}{\tau_{LO}} = \frac{e^2 K_{LO}\hbar}{4\pi\epsilon_0\hbar} \left[\frac{1}{\epsilon(\infty)} - \frac{1}{\epsilon(0)}\right] N_{LO} \tag{ex8.7}$$

このように計算した移動度は，GaAs の実験値と，どの程度合うか？

8.10 我々は光吸収の計算において，電磁波を古典的に扱ったが，これが適正な措置でない場合もある．フォノンの計算のように，導電率を E_0^2 ではなく光子数を用いて書くことも可能である．まず単一の光子による導電率を計算し，吸収項には N_ω を，放出項には $N_\omega + 1$ を掛ければよい．まず単一の光子に対応する E_0 を見出さなければならないが，これはフォノンに関する 2.8.1 項 (p.76〜) の取り扱いと同様に行える．磁場も同時に存在して，電場と同じだけのエネルギーを運ぶことを忘れてはならない．$E_0 = (\hbar\omega/2\epsilon_1\epsilon_0\Omega)^{1/2}$ となることを示し，$\sigma_1(\omega)$ の式を光子数を用いて書き直せ．この結果の導出に関しては注意が必要で，同じ振動数を持っていて伝播方向が異なるすべての電磁波モードの和をとらなければならない．偏極も両方とも含まなければならない．

8.11 放物線型のバンドと直接ギャップを持つ半導体において，強いドーピング (p型としておく) によって極低温で正孔が縮退している場合の "Burstein シフト" (吸収端の上昇) を計算せよ．励起子は無視すること．単純な正孔の Fermi エネルギー分のシフトが起こるのではなく，伝導帯と価電子帯の質量が両方とも関与するので注意を要する．吸収端の形に何が起こるか？

8.12 f-和則から式 (8.95) を証明せよ. $\sigma_1(\omega)$ が ω に関する偶関数であることを利用して, 積分範囲を $-\infty$ から ∞ に変えると計算が容易になる. $f_{ij} = -f_{ji}$ の関係も計算の助けになる.

8.13 式 (8.93) の振動子強度の 2 つの式が等価であることを証明せよ. まず $\hat{H}$ の中の運動量演算子が運動エネルギー項 $\hat{p}^2/2m$ だけにあると仮定して交換関係 $[z, \hat{H}] = (i\hbar/m)\hat{p}_z$ を示せ. $[z, \hat{p}_z^2]$ を評価しなければならないが, これは $\hat{p}_z z \hat{p}_z$ を加えてから引くと最も簡単に行える. この演算子の関係を行列要素に適用すると, $\langle j|\hat{p}_z|i\rangle = (m/i\hbar)\langle j|[z,\hat{H}]|i\rangle$ と書き直せる. 交換子を展開し, $|i\rangle$ と $|j\rangle$ がハミルトニアンの固有状態であることを利用すると,

$$\langle j|\hat{p}_z|i\rangle = \frac{im(\varepsilon_j - \varepsilon_i)}{\hbar}\langle j|z|i\rangle \tag{ex8.8}$$

という関係が得られる.

8.14 前問が解ければ f-和則の証明は容易である. 次のような状態 i に関する 2 重交換子の期待値を, 2 通りの方法で評価すればよい.

$$\langle i|[[z, \hat{H}], z]|i\rangle \tag{ex8.9}$$

まず, 前問の $[z, \hat{H}]$ の結果と z の交換子をつくると $\hbar^2/m$ になる. これは単なる定数で, 残った積分は $\langle i|i\rangle$ は, 状態ベクトルの規格化に基づき 1 になる. 次の評価方法としては, 交換子を展開して 4 つの項を得る. 完全性の関係式 (1.79) を利用した, エネルギー固有状態の完全系,

$$\delta(z-z') = \sum_{j=1}^{\infty} \phi_j(z)\phi_j^*(z') \equiv \sum_{j=1}^{\infty} |j\rangle\langle j| \tag{ex8.10}$$

を演算子の間に挿入して, 余分に導入した z' に関する積分を行う. ハミルトニアンをエネルギー固有状態で挟んだ行列要素は自明であり, 自明でないのは z の行列要素だけである. 期待値は次式に還元することを示せ.

$$2\sum_j (\varepsilon_j - \varepsilon_i)|\langle j|z|i\rangle|^2 \tag{ex8.11}$$

これらの 2 つの式が等しいことから f-和則が導出される. (これよりも更に一般的な証明も可能である.)

8.15 無限に深い井戸は単純なので, f-和則を直接に証明することも可能である. $i = 1$ の場合について, この証明を試みよ. ここで次の速く収束する級数の式が必要になる.

$$\sum_{n=1}^{\infty} \frac{n^2}{(4n^2-1)^3} = \frac{\pi^2}{256} \tag{ex8.12}$$

第 2 準位 $i = 2$ からの遷移についても調べてみるとよい. 最低の振動子強度は負で, $f_{12} = -f_{21} \approx -0.96$ であるが, f_{j2} の総和はやはり 1 になる.

8.16 放物線井戸の基底状態からの遷移の選択則はどのようになるか? 許容される第 1 の遷移の振動子強度を計算し, f-和則から他の振動子強度はゼロになることを示せ.

8.17 $\hbar\omega > E_g$ の光がドープされていない GaAs に入射する. 光の強度 (振幅の自乗に比例する) は $\exp(-\alpha z)$ のように減衰する. $\alpha = 2\omega\kappa_r/c = \sigma_1/c\varepsilon_0 n_r$ の関係を導出し, $\hbar\omega = E_g + 0.05$ eV のときに減衰長 $\alpha^{-1} \approx 1$ μm となることを示せ. 重い正孔を仮定し, 付録 B のデータと $n_r \approx 3.5$ を用いること.

8.18 量子井戸のサブバンド間の光吸収 (式 (8.94)) は，低温で 2 つ以上のサブバンドが占有されるようになると，どのように電子密度に対する依存性を持つか？ この結果は全振動数にわたる吸収の和則 (8.95) を満足するか？

第 9 章　2次元電子気体

　ドープしたヘテロ接合に捕獲されている 2 次元電子気体 (2DEG) は，電気的輸送に関して最も重要視される低次元系である．2DEG は，たとえば変調ドープ電界効果トランジスタ (modulation-doped field-effect transistor：MODFET) や高電子移動度トランジスタ (high electron mobility transistor：HEMT) と呼ばれている電界効果トランジスタの主要な構成要素となっている．本章では前者の呼称を採用するが，この MODFET という略称はシリコン MOSFET との密接な関係と，そこに変調ドーピング (MODulation doping) が導入されていることを強調している．シリコン MOSFET はおそらく最も普及している電子デバイスであるが，これは Si と SiO_2 層の界面の反転層に捕獲された電子もしくは正孔を利用するものである．本章で紹介する概念の多くは，もともと MOSFET のために考えられたものだが，物理実験においては，電子と正孔の移動度を著しく向上させるために，ほとんど完全に MODFET が取って代わっている．MOSFET における電子の移動度は最高でも 4 $m^2V^{-1}s^{-1}$ 程度に過ぎないが，MODFET では 1000 $m^2V^{-1}s^{-1}$ を超える移動度も達成されている．これらの移動度の値は低温で測定されたもので，フォノンではなく不純物や欠陥や界面粗さによって制約されている．III-V 族半導体ヘテロ構造のほとんど完全な結晶性と，変調ドーピングによってキャリヤとそれを供給する不純物とを分離する手法が，移動度の大きな差異を生じるのである．

　まず我々は，変調ドープ層の静電的な性質を調べて電子密度などの重要な諸量を見積もり，それから 2 次元電子のエネルギー準位と波動関数を決めるモデルを構築する．それから 2DEG がイオン化不純物のような摂動に応答する際の遮蔽について見て，その結果を用いて 2DEG における移動度を見積もる．

　本章全体を通じて 2 次元ベクトルと 3 次元ベクトルの区別は重要である．2DEG 面内の位置ベクトルを $\mathbf{r} = (x, y)$ と書き，3 次元の位置は $\mathbf{R} = (\mathbf{r}, z)$ と表すという本書の約束を，再び思い出してもらいたい．

9.1　変調ドープ層のバンドダイヤグラム

　最初に図 3.11 (p.103) に示したような単純な MODFET について，ヘテロ構造を覆うゲート電極に印加するバイアス v_G の影響も含めた形でエネルギーバンドを計算す

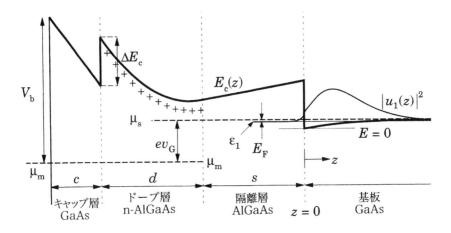

図9.1 変調ドープした層構造の伝導帯の底 $E_c(z)$ の自己無撞着な解.正のゲートバイアス $v_G = 0.2$ V が印加されており,2DEG に $n_{2D} = 3 \times 10^{15}$ m^{-2} の電子が蓄積している.[モデリングプログラムは Notre Dame 大学 G. L. Snider 教授の好意によるもの.]

る.電界効果トランジスタのようなデバイスは,ひとつの"導電面 (plate)"(チャネル channel)における電荷密度が,もうひとつの"導電面"(金属ゲート metal gate)に印加する電圧によって制御されるという形の基本構造を持つ.このことは後から出てくる数式にも反映されている.具体例として GaAs と AlGaAs の計算を行うが,同じ原理は他の半導体の組み合わせにも適用できる.

典型的な構造は図9.1に示すように,上層側から順次,次のようになっている.

(i) 厚さ c,ドープ濃度 N_C (非ドープもしくは n 型) の GaAs キャップ層 (cap).
その上に金属ゲートがある.

(ii) 厚さ d,ドープ濃度 N_D (強い n 型) の AlGaAs 層.
δドーピングをしてある場合は,この層は非常に薄く,理想的には単層である.

(iii) 厚さ s のドープされていない AlGaAs 隔離層 (spacer).

(iv) GaAs 基板.元々ドープされていないものとする.

図9.1に示した例は $c = 10$ nm,$d = s = 20$ nm で,障壁層には Al$_{0.3}$Ga$_{0.7}$As を用いており,表面における Fermi 準位と伝導帯底の差は $V_b = 0.7$ eV である.$v_G = +0.2$ V のときに $n_{2D} = 3 \times 10^{15}$ m^{-2} となるように,$N_D = 1.35 \times 10^{24}$ m^{-3} のドーピングが施されている.

バンドを描く一般原理は3.5節で述べた.簡単に言うと Poisson の方程式を解き,ヘテロ界面の位置に段差 ΔE_c を導入すればよい.基板の深部 $z \to +\infty$ から表面に向け

9.1 変調ドープ層のバンドダイヤグラム

て $E_c(z)$ を描いてみよう．基板はドープされていないものと仮定したので，基板内部では電位が変化せず，バンドは平坦である．上の方に向かっていくと，最初に遭遇する電荷は 2DEG 内の負電荷である．これはバンドを下側に曲げ，ヘテロ界面のところでバンドは最低になるが，ここまでで負電荷を (最後のキャップ層表面電荷を除き) すべて通過したことになる．AlGaAs 層に入ると E_c は ΔE_c だけ上がるが，電荷のない隔離層内部のバンドの傾きは一定に保たれる．ドープ層に入るとドナーイオンが持つ正の電荷がバンドを上へ曲げ，傾きが逆転する．ドープ層からキャップ層に移行するところで，$E_c(z)$ は下りの段差を持ち，その先はキャップ層が n 型にドープされていれば上へと曲がり続け，キャップ層が非ドープであれば一定の傾きを持つ．

表面の振舞いは重要である．表面が普通の誘電体表面のように振舞うならば，単純に $\mathbf{D}_\perp$ が連続していると考えてよく，Si の場合には大抵この状況が成立する．しかしGaAs は自由表面でも金属との界面でも，高密度の "表面状態"(surface state) を持つ．表面状態はバンドギャップの中央付近，すなわち伝導帯から $V_b \approx 0.7$ eV ほど下に狭い局所バンドを形成する．ゲート電極の付いていない表面における Fermi 準位は，常にこの表面状態から成る狭いバンド内にある．表面状態のバンドに充分な電荷が入って完全に満たされる状況も，電荷が著しく欠乏して表面状態のバンドが完全に空になる状況もおおよそ起こり得ず，Fermi 準位が表面状態のバンドから離れることはできない．この状況を，Fermi 準位が伝導帯から V_b だけ下の表面状態に "ピン止めされている"(pinned) と表現する．このことに伴って，表面の近傍には空乏層が形成される．他の III-V 族半導体にも表面状態がある．AlGaAs は GaAs と同様に，ギャップの中に表面状態のバンドを持つが，InAs などでは表面状態が伝導帯の内部にあり，表面に蓄積層が形成される．

GaAs 表面の上に金属層 (電極) を形成しても，V_b の変化はごく僅かで，典型的に $0.1 - 0.2$ eV 程度しか変わらない．したがって図 9.1 のように，半導体内のキャリヤは，必ず金属のキャリヤと Schottky 障壁によって隔てられる．金属の電気的接触を Ohm性 (ohmic) にしたければ，Schottky 障壁を薄くしなければならない．このような障壁を介したキャリヤのトンネルは 7.4.3 項 (p.287~) で考察した通りである．他方，FETではゲートを介した電流リーク (電流漏れ) を防ぐために，空乏層を厚くしておかなければならない．

このように表面状態によって，GaAs の表面における $E_c(z)$ は，局所 Fermi 準位から必ず V_b だけ高くなる．図 9.1 における伝導帯の急激な傾きは，表面状態にある高密度の電荷によって生じている．この表面電荷に見合うドナー電荷が必要であり，MODFETにおけるドナーの大部分は，Schottky 障壁の中性化に充てられている．残りのごく少ない割合のドナーだけが 2DEG の電荷に寄与する．

実際に検討を進める上で，我々は Poisson 方程式を解いてエネルギーバンドの形を決めるために電荷密度を知る必要があるが，エネルギーバンドの形を決めないと自由

なキャリヤによる電荷密度が決まらないという難点がある．したがって計算を"自己無撞着に"(self-consistently) 行わなければならない．図9.1 (p.350) のような構造を正確に算出するには数値計算が必要であるが，解析的に理に適った見積りをすることも可能である．まずは以下のように，総体的に単純化した条件下で話を始め，後から諸条件の制約を緩めてみることにする．

(i) GaAs と AlGaAs における誘電率と有効質量の違いを無視する．

(ii) ドナーは完全にイオン化しているものと仮定する．これは自明に見えるかもしれないが，AlGaAs においてしばしば不正確にもなり得る．9.2.1項 (p.357~) において，この問題を再考する．

(iii) 自由なキャリヤは 2DEG 内の電子だけに限定する．後で，この条件が破れるときに何が起こるかを見ることにする．

(iv) 2次元電子気体は縮退しており，ひとつのサブバンドだけに入っているものと仮定する．このためには低温で，電子密度も低くなければならない (おおよそ $n_{2D} < 6 \times 10^{15}$ m^{-2} である)．また隔離層への電子のトンネルは無視でき，電子は完全に基板内に閉じ込められているものと考える．

以下のように記号を用いる．z は深さ方向の座標で，基板と隔離層とのヘテロ界面の位置を $z = 0$ とする．電子はこの近傍にある．エネルギーとポテンシャルの基準は，この界面の GaAs 基板側，$z = 0_+$ のところをゼロとする．金属ゲートの Fermi 準位は μ_m，半導体の Fermi 準位は μ_s である．両者の違いはゲートバイアスによって $\mu_\mathrm{s} - \mu_\mathrm{m} = ev_\mathrm{G}$ のように決まる (符号に注意．電子の電荷は $-e$ である)．2DEG の密度は n_{2D} で，界面ポテンシャル井戸の束縛準位から測った 2DEG の Fermi エネルギーを E_F と書く．ここで採用する単純な状況下では，$n_{2D} = (m/\pi\hbar^2)E_\mathrm{F}$ という関係を持つ．物理実験用に設計された 2DEG 構造では典型的に $E_\mathrm{F} \approx 10$ meV 程度であるが，この数値は実際のトランジスタのそれよりもはるかに大きい．しかし Fermi エネルギーは，この問題に関与してくる他のエネルギーに比べて非常に小さく，図9.1 (p.350) でも，かろうじて見える程度となっている．

9.1.1 静電ポテンシャル

計算においては，電荷密度がまず与えられて，それに必要なゲート電圧を導くという手順のほうが容易である．ポテンシャルをゼロと設定した電子を閉じ込めているヘテロ界面 ($z = 0$) からポテンシャルの計算を始めて，表面までの各層の電位分布を調べていく．

隔離層は電荷を含まないので層内の電場は一定で，ポテンシャルは，仮定通りに $z = 0$ においてゼロと置くと $\phi(z) = -Fz$ という形になる．Gauss の定理によれば，この隔

離層内の電場 F は，図9.1 (p.350) の右側の部分 (z が大きい方の領域) が単位面積あたりに含む全電荷 σ によって生成される．これは $z \to \infty$ において電場がゼロになるという境界条件によっている．電荷はすべて 2DEG に含まれており，$\sigma = -en_{2\mathrm{D}}$ である．電荷から外部へ向いた電場が $\sigma/\epsilon_0\epsilon_\mathrm{b}$ となるので，隔離層内の電場 F は次のように与えられる．

$$F = \frac{en_{2\mathrm{D}}}{\epsilon_0\epsilon_\mathrm{b}} \tag{9.1}$$

ドープした層はドナーによる正の電荷密度 eN_D を持つので，ポテンシャルは Poisson 方程式 $\partial^2\phi/\partial z^2 = -eN_\mathrm{D}/\epsilon_0\epsilon_\mathrm{b}$ に従う．この解は z の2次関数であり，その値と傾きは，隔離層内の解と $z = -s$ において一致しなければならない．したがってドープ層内のポテンシャルは次のようになる．

$$\phi(z) = -\frac{eN_{2\mathrm{D}}}{2\epsilon_0\epsilon_\mathrm{b}}(z+s)^2 - \frac{en_{2\mathrm{D}}}{\epsilon_0\epsilon_\mathrm{b}}z \tag{9.2}$$

キャップ層も，ドナーが添加されている場合には正の電荷密度を持つ．計算方法は全く同じで，上の結果と $z = -(s+d)$ において整合させなければならない．キャップ層内のポテンシャルは次のようになる．

$$\phi(z) = -\frac{eN_\mathrm{C}}{2\epsilon_0\epsilon_\mathrm{b}}\left[z + (d+s)\right]^2 + \frac{eN_\mathrm{D}d}{\epsilon_0\epsilon_\mathrm{b}}\left[z + \left(s + \frac{1}{2}d\right)\right] - \frac{en_{2\mathrm{D}}}{\epsilon_0\epsilon_\mathrm{b}}z \tag{9.3}$$

ゲートにおけるポテンシャルは，

$$\phi\bigl(-(c+d+s)\bigr) = -\frac{eN_\mathrm{C}c^2}{2\epsilon_0\epsilon_\mathrm{b}} - \frac{eN_\mathrm{D}d\left(c + \frac{1}{2}d\right)}{\epsilon_0\epsilon_\mathrm{b}} + \frac{en_{2\mathrm{D}}(c+d+s)}{\epsilon_0\epsilon_\mathrm{b}} \tag{9.4}$$

となる．この結果を重ね合わせ (superposition) の手法によって構築することも可能である．

9.1.2 伝導帯とゲートバイアス

GaAs の伝導帯の底は $E_\mathrm{c}(z) = -e\phi(z)$ と表されるが，AlGaAs の方の伝導帯の底は，これに段差分が加わって $E_\mathrm{c}(z) = \Delta E_\mathrm{c} - e\phi(z)$ となる．これによって図9.1 (p.350) のバンドの概形が与えられるが，$z > 0$ のチャネル部分だけは，まだ計算が済んでいない．

ゲートバイアスを決めるために，$z = 0_+$ を基準として，ゲートとチャネルにおける Fermi 準位を知る必要がある．ゲート電極のすぐ下 $z = -(c+d+s)_+$ の半導体表面における伝導帯の底は $E_\mathrm{c} = -e\phi$ であり，このポテンシャルは式 (9.4) で与えられる．ゲートでは表面状態によって形成される Schottky 障壁が E_c を Fermi 準位 μ_m から V_b だけ上にピン止めしているので，

$$\mu_\mathrm{m} = E_\mathrm{c}\bigl(-(c+d+s)_+\bigr) - V_\mathrm{b}$$

$$= \frac{e^2}{\epsilon_0 \epsilon_\mathrm{b}} \left[\frac{1}{2} N_\mathrm{C} c^2 + N_\mathrm{D} d \left(c + \frac{1}{2} d \right) - n_\mathrm{2D}(c+d+s) \right] - V_\mathrm{b} \qquad (9.5)$$

である．次に 2DEG における Fermi 準位を求める必要がある．図 9.1 (p.350) に示したように，これはポテンシャル井戸の束縛状態のエネルギーと，2DEG の Fermi エネルギーの和として $\mu_\mathrm{s} = \varepsilon_1(n_\mathrm{2D}) + E_\mathrm{F}(n_\mathrm{2D})$ と表される．すでに $E_\mathrm{F} = (\pi\hbar^2/m) n_\mathrm{2D}$ となることは分かっているが，ヘテロ界面のポテンシャル井戸における基底エネルギー ε_1 はまだ計算していない．どちらのエネルギーも電子密度の関数である．9.3 節において 2DEG のモデルを扱う予定であるが，当面 ε_1 を未知関数として残しておく．ゲートバイアスは次のように表される．

$$v_\mathrm{G} = \frac{\mu_\mathrm{s} - \mu_\mathrm{m}}{e} = \frac{\varepsilon_1(n_\mathrm{2D}) + E_\mathrm{F}(n_\mathrm{2D})}{e} + \frac{V_\mathrm{b}}{e}$$
$$+ \frac{e}{\epsilon_0 \epsilon_\mathrm{b}} \left[n_\mathrm{2D}(c+d+s) - \frac{1}{2} N_\mathrm{C} c^2 - N_\mathrm{D} d \left(c + \frac{1}{2} d \right) \right] \qquad (9.6)$$

両方の領域が GaAs なので，ここには段差 ΔE_c が現れない．サブバンドのひとつだけに電子が入っているという仮定の下で E_F は n_2D に比例するので，E_F の項を n_2D を含む静電項と一緒に扱うことができる．係数因子 $e/\epsilon_0 \epsilon_\mathrm{b}$ を分離すると，

$$\frac{E_\mathrm{F}(n_\mathrm{2D})}{e} = \frac{e}{\epsilon_0 \epsilon_\mathrm{b}} n_\mathrm{2D} \frac{\pi \epsilon_0 \epsilon_\mathrm{b} \hbar^2}{m e^2} = \frac{e}{\epsilon_0 \epsilon_\mathrm{b}} n_\mathrm{2D} \frac{a_\mathrm{B}}{4} \qquad (9.7)$$

となる．n_2D に掛かる"厚さ"に相当する量は $\frac{1}{4} a_\mathrm{B}$ で，a_B は半導体中の誘電率と有効質量を含む有効 Bohr 半径である (式 (4.67))．GaAs では $a_\mathrm{B} \approx 10$ nm なので，この 2DEG は層の境界よりも電気的に 2.5 nm ほど深いところにあるように見える．通常これは，非常に小さな効果である．関数 $v_\mathrm{G}(n_\mathrm{2D})$ は次のようになる．

$$v_\mathrm{G} = \frac{\varepsilon_1(n_\mathrm{2D})}{e} + \frac{V_\mathrm{b}}{e} + \frac{e}{\epsilon_0 \epsilon_\mathrm{b}} \left[n_\mathrm{2D} \left(c+d+s+\frac{1}{4} a_\mathrm{B} \right) - \frac{1}{2} N_\mathrm{C} c^2 - N_\mathrm{D} d \left(c + \frac{1}{2} d \right) \right] \qquad (9.8)$$

ゲート電極が無い場合は $v_\mathrm{G} = 0$ と置いて扱うことができる．

9.1.3 閾値電圧

ゲート電圧が閾値電圧 $v_\mathrm{G} = v_\mathrm{T}$ に達すると，電子がチャネルに蓄積し始める．このとき n_D はほとんどゼロなので，基板内のバンドも隔離層内のバンドも平坦である．これはチャネルにも隔離層にも基板にも電荷が無いことから，Gauss の法則の帰結として得られる結果である．図 9.1 (p.350) に示したものと同じ構造に対して，ちょうど閾値電圧を印加したときの様子を図 9.2 に示すが，この閾値は $v_\mathrm{T} = -0.073$ V という小さな値である．この状態はおおよそ，MOSFET における強い反転 (inversion) に相当する．ただし我々は低温を想定しているが，通常の MOSFET における反転の定義

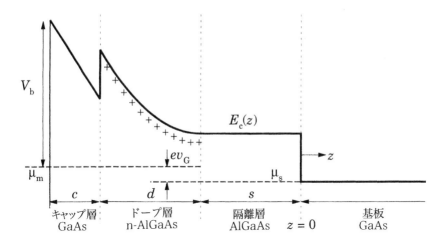

図9.2　図9.1 (p.350) と同じ変調ドープ層構造に閾値電圧を印加したときのバンドダイヤグラム．$n_{2D}=0$ で，チャネルの Fermi 準位は E_c に一致してしまい，$v_G = v_T < 0$ である．[モデリングプログラムは Notre Dame 大学 G. L. Snider 教授の好意による．]

は，バンドへ熱励起されたキャリヤも考慮したものである．ポテンシャル井戸は消失しており，井戸内準位 ε_1 も Fermi 準位 E_F もゼロになっており，図9.2を見ると，

$$\frac{V_b}{e} - v_T = \text{ドープ層における電位降下} \tag{9.9}$$

である．式 (9.6) により，

$$v_T = \frac{V_b}{e} - \frac{e}{\epsilon_0 \epsilon_b}\left[\frac{1}{2}N_C c^2 + N_D d\left(c + \frac{1}{2}d\right)\right] \tag{9.10}$$

となる．この結果は図9.2の構造に関する Poisson 方程式を解いて，もっと直接的に導くこともできる．n_{2D} が無いので，$z=-s$ におけるポテンシャルとその微分はゼロになる．

　この近似においては，閾値電圧は隔離層の厚さにも伝導帯の段差にも依存しないが，ドープ層の不純物濃度と厚さに強く依存する．ドーピングが充分に制御できない場合もしばしばあり，そうすると単一のウエハー内に形成した素子の間にも閾値電圧に大きなばらつきが生じる恐れがあるので，この点は問題となる．他方，この依存性を利用して，閾値電圧を意図的に変え，デプレションモード (depletion mode：キャリヤ空乏化モード，$v_T < 0$) とエンハンスモード (enhance mode：キャリヤ誘起モード，$v_T > 0$) を造り分けることができる．実際のデバイスは，ほとんどがデプレションモードであるが，9.2.1項 (p.357～) で見るように，理想的でない材料の振舞いのために，この単純な v_T の見積りは不正確にもなり得る．

9.1.4 ゲート・チャネル間容量

FET の伝達コンダクタンス (transconductance) を決める重要な量は，ゲートバイアスに対するチャネルの電子密度の変化率 $\partial n_{2D}/\partial v_G$ である．これはゲートとチャネルの間の微分容量 (differential capacitance) から電荷因子 e を除いたものにあたる．式 (9.8) より，この微分容量の逆数は次のように表される．

$$\frac{1}{C_G} = \frac{1}{e}\frac{\partial v_G}{\partial n_{2D}} = \frac{1}{\epsilon_0 \epsilon_b}\left[(c+d+s) + \frac{1}{4}a_B + \frac{\epsilon_0 \epsilon_b}{e^2}\frac{\partial \varepsilon_1}{\partial n_{2D}}\right] \quad (9.11)$$

上式は，見かけ上の誘電体の厚さが鉤括弧内の和で表されるような，平行平板キャパシタの式のように見ることもできる．厚さ因子への寄与の大部分は，明らかにキャップ層，ドープ層，隔離層の実際の厚さである．残りの2つの項は 2DEG の電子構造に依存しており，容量分光 (capacitance spectroscopy) で調べることができる．

我々はすでに 2DEG の状態密度が"電気的深さ"に $\frac{1}{4}a_B$ 相当の付加的な寄与を持つことを見ている．Fermi 準位が第2サブバンドに入る場合には，この寄与は半減する．一般には式 (9.6) に立ち戻って，Fermi 準位が微分容量に対して見かけ上，厚さ $(\epsilon_0\epsilon_b/e^2)dE_F/dn_{2D}$ 相当の寄与を持つものと考えなければならない．このことは容量分光における豊富な構造の成因となる．重要な例は強磁場下の 2DEG であるが，その場合は状態密度が分離して Landau 準位を形成する (6.4.4項, p.240〜)．理想試料における理想的な δ 関数とは異なり，広がりを持った実際の Landau 準位の形状 (図6.19, p.260) を調べるために容量分光が利用される．

最後の項は井戸内の基底束縛準位の，電子密度に関する微分である．普通，我々は電子を系に導入してもエネルギー準位は変わらないものと仮定することが多いが，2DEG 内の電子密度は，電子が入っている井戸の形状に影響を及ぼす．この井戸の変形は 9.3 節で正確に計算する予定であるが，式 (9.1) から大雑把にどのようになるかを見ることができる．この式は隔離層内の電場が直接 2DEG の電子密度に比例することを示している．電場の強度はチャネルのヘテロ界面近傍の部分でも同じなので，n_{2D} が増すとポテンシャル井戸の形が鋭くなり，束縛状態の準位は上がる．したがって式 (9.11) の微分項は正で，長さの単位を持つ量，

$$h(n_{2D}) = \frac{\varepsilon_0 \varepsilon_b}{e^2}\frac{\partial \varepsilon_1}{\partial n_{2D}} \quad (9.12)$$

を 2DEG の厚さと関係づけることは自然である．波動関数は z 方向に広がっており，2DEG の見かけ上の深さは界面の深さではなく，おおよそ電荷分布の中心までの深さになるものと推測される．これが h の主な効果である．典型的に GaAs 内の h は $5-10$ nm であり，h の変化は緩慢なので，しばしば定数として扱われる．容量 C_G も定数となり，ゲートバイアスの式は次のような単純な形になる．

$$v_G = v_T + \frac{e}{\varepsilon_0 \varepsilon_b}\left(c+d+s+\frac{1}{4}a_B+h\right)n_{2D} = v_T + \frac{en_{2D}}{C_G} \quad (9.13)$$

実効的に我々は $\varepsilon_1 \approx eFh$ と考え，電荷面が h だけ更に深い方にずれているものと解釈したわけである．式 (9.13) において $v_\mathrm{G} = 0$ と置くと，ゲートが無い場合の電子密度を粗く見積もることができる．

$$n_\mathrm{2D} = \frac{\epsilon_0 \epsilon_\mathrm{b}}{e} \frac{-v_\mathrm{T}}{c + d + s + \frac{1}{4}a_\mathrm{b} + h} = \frac{-v_\mathrm{T} C_\mathrm{G}}{e} \tag{9.14}$$

GaAs において C_G を決める長さ因子の諸量の大きさを見ておくことは有用である．状態密度からの寄与は電子の運動エネルギーを反映しているが，これは非常に小さく 2.5 nm 程度である．キャップ層から隔離層までの厚さの総和 $c + d + s$ が 25 nm 以下であることは稀であり，この部分が 10 倍以上の寄与を持つ．したがって古典的な静電エネルギーが全体のエネルギーの大部分を支配し，電子自身のエネルギーはごく小さな寄与しか持たない．このことは 2DEG の振舞いを見積もるための有用な指針となる．

ドープした GaAs–AlGaAs ヘテロ構造の重要な特徴は，ピン止めされた表面のために，可動電子よりもはるかに多くのドナーが導入されている点である．図 9.1 (p.350) においてドープ層のバンドは，隔離層に極めて近い位置に極小点を持っているが，ここより深い所にあるドナーだけが 2DEG へ電子を供給している．このバンド極小点より浅い所にある大部分のドナーから放出された電子は，表面状態に入ってしまい，能動的な役割を担うことはない．この問題は GaAs デバイスに共通のものだが，Si や，InAs のような他の III-V 族半導体の一部には当てはまらない．

9.2　単純なモデルの諸問題

前節ではチャネルの電子密度をゲートバイアスの関数としてごく簡単に計算できるような，変調ドープ構造の単純なモデルを与えた．残念ながら，このモデルが不適切となる場合もしばしばある．モデルが含むいくつかの欠陥を見てみる．

9.2.1　AlGaAs のドナー：DX センター

前に我々は，全部のドナーが古典的な半導体中のドナーと同様にイオン化していると仮定して，水素原子模型 (4.7.5 節, p.152〜) によって扱えるものとした．この模型によると GaAs 中の不純物の束縛エネルギーは $E_\mathrm{D} \approx 5$ meV，軌道半径は $a_\mathrm{B} \approx 10$ nm であり，AlGaAs の中でもこれらの値が少し違う程度である．残念ながら AlGaAs 中の標準的なドナーである Si に関しては，この模型は現実からほど遠く，第 2 の状態である"DX センター"(DX centre) が存在する．電子がドナーの所に来て捕獲されると，周囲の格子が緩んで余分のエネルギーを解放するので，電子は更に深く束縛される．電子によって占有されているドナーと，電子の無いドナーの周りの結晶構造の大まかなスケッチを図 9.3(b) および (c) に示す．$x = 0.3$ のときの束縛エネルギーは

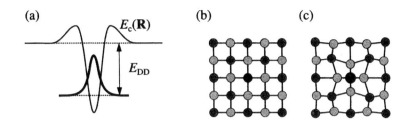

図9.3 (a) DXセンター付近の伝導帯の底 $E_c(\mathbf{R})$ の概形.束縛準位は深く,電子を放出するときだけでなく,電子を捕獲するときにも障壁を越えなければならない. (b) 空のドナーの周囲の歪みのない格子. (c) 電子が占有したドナーの周りの格子の歪み.

$E_{\rm DD} \approx 0.12$ eV と,水素原子模型の束縛エネルギーよりもはるかに大きく,波動関数の半径は原子の尺度にまで縮んでいる.$\text{Al}_x\text{Ga}_{1-x}\text{As}$ の中のDXセンターのエネルギーは x に依存して変わる.純粋な GaAs 中では伝導帯の中にあり,$x > 0.2$ になると伝導帯の下に現れ,$x \to 1$ とすると伝導帯の X 極小点エネルギーへと戻っていく.

電子をDXセンターから除くときに大きなエネルギーが要るというだけでなく,DXセンターが電子を捕獲するときにも越えなければならない障壁がある.この振舞いは,配位座標ダイヤグラム (configuration-coordinate diagram) によって完全に説明されるが,ドナーの周囲のポテンシャルが図9.3(a)のようになると考えると,大まかな描像が得られる.DXセンターを単一のエネルギー値によって特徴づけることは明らかに不可能である.電子がドナー準位に入る際の障壁,ドナーから電子を開放する際の障壁,そしてDXセンターが結晶の他の部分と熱平衡にあるときの占有率を決める $E_{\rm DD}$ などを見る必要がある.電子が出入りする際の障壁が高いならば,それは低温において熱平衡状態が達成され難いことを意味する.実験的にDXセンターの電子の占有状態は 150 K 以下で"凍結する"(freeze) ことが見出されている.

低温におけるゲートの無い層構造から話を始めて,バンドダイヤグラムを用いてDXセンターの効果を見てみよう.図9.4に示す例は,図9.1 (p.350) と同じ層構造を持つが,$N_{\rm D}$ を 3×10^{24} m^{-3} に上げてあり,$E_{\rm DD} = 0.12$ eV である.図9.4(a) においてDXセンターを $E_c(z)$ からエネルギー $E_{\rm DD}$ だけ下のところの破線として示してある.このエネルギーがFermi準位 μ を下回ればDXセンターは電子を捕獲して,この層は電気的に中性となり,バンドは平らになる.隔離層のすぐ傍にドナーがイオン化した狭い領域が形成されて2DEGの電荷を打ち消し,それから $E_c(z) \approx \mu + E_{\rm DD}$ で,ほとんどのドナーが電子をDXセンターに捕獲しているほぼ中性の層ができる.図9.4(b) では,イオン化ドナーが $z \approx -25$ nm でほとんどゼロになる様子が示されている.2DEGの電子密度も 2.4×10^{15} m^{-2} と非常に低い.最後にキャップ層側にドナーがイオン化した厚い層があり,これがSchottky障壁を形成しているキャップ層表面の電荷を相殺

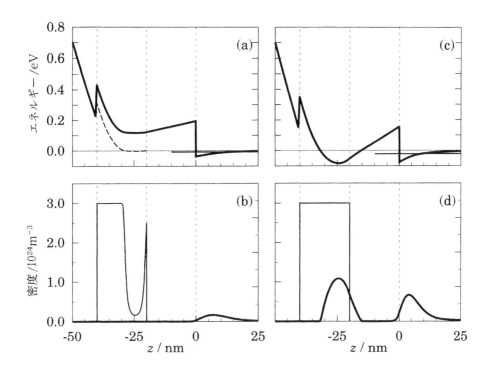

図9.4 ゲートのないヘテロ層構造における低温での DX センターの影響. (a),(c) 伝導帯の底 (太線) と DX センターのエネルギー (破線) と 2DEG のエネルギー準位 (細線). (b),(d) 電子密度 (太線) とイオン化ドナー密度 (細線). (a) と (b) は試料を暗室に置いた状態, (c) と (d) は光照射によって全ドナーがイオン化された状態を表している. [モデリングプログラムは Notre Dame 大学 G. L. Snider 教授の好意による.]

している.

中性層の存在は, 2DEG と表面が分離していることを意味しており, 9.1 節で示したような理想的な層構造と違って n_2D がドープ層厚さ d に依存しない. 図9.5 に示した 2DEG 近傍の領域を考察しよう. ドープ層の中で, 中性領域から完全にイオン化した領域への遷移は充分急峻であることを仮定する. 薄いイオン化層の中に 2DEG の電荷と釣り合う電荷が含まれている必要があるので, この部分の厚さ L は $N_\mathrm{D} L = n_\mathrm{2D}$ を満たす. この図は伝導帯の段差が次のようなエネルギーの和によって表されることを示している.

$$\Delta E_\mathrm{c} = \varepsilon_1 + E_\mathrm{F} + E_\mathrm{DD} + \frac{e^2 N_\mathrm{D} L^2}{2\epsilon_0 \epsilon_\mathrm{b}} + \frac{e^2 n_\mathrm{2D} s}{\epsilon_0 \epsilon_\mathrm{b}} \tag{9.15}$$

後ろの 2 つの項はイオン化領域と隔離層の静電的な電圧である. 図9.4(a) の例では $L = (2.4 \times 10^{15}\ \mathrm{m}^{-2})/(3 \times 10^{24}\ \mathrm{m}^{-3}) < 1\ \mathrm{nm}$ であって, 2DEG の電荷を相殺するドナーは非常に少なく, このイオン化層における電位降下は非常に小さい. この部分は

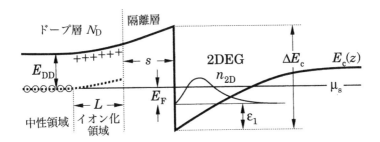

図9.5　ドープしたヘテロ接合がDXセンターを持つ場合の伝導帯の様子.

N_Dを含む唯一の項なので，このような条件下では2DEGの電子密度がほとんどドープ濃度に依存しないという驚くべき結論に達する．この項を省き，電気的エネルギーを厚さに書き直すと，次の結果が得られる．

$$n_{2D} \approx \frac{\epsilon_0 \epsilon_b}{e^2} \frac{\Delta E_c - E_{DD}}{s + h + \frac{1}{4}a_B} \tag{9.16}$$

上式を見ると，電子密度は隔離層の厚さに依存して低下し，隔離層が厚いときには$1/s$に比例することが分かる．隔離層を厚くするとn-AlGaAs中のイオン化ドナーによる散乱が弱まって2DEG内の移動度は高くなるが，2DEGの電子密度の方は低くなってしまう．物理実験においては高移動度を得るために隔離層を厚くすることが多く，隔離層が100 nm以上の場合さえある．実用のトランジスタでは2DEGの電子密度を高くするために，隔離層の厚さを数原子層程度まで薄くしてある．

ゲート電圧を印加した際に，その挙動には2通りの可能性がある．低温ではDXセンターの占有状態が凍結しており，2DEGだけがv_Gに応答する．この場合は前節の単純な例と全く同様であり，式(9.11)のように微分容量が一定になる．高温では電子がDXセンターに出入りできるようになる．こうなるとゲート電圧の変化は，可動電子をゲートに供給しているドープ層のゲートに近い側の電子だけに影響を及ぼし，静電容量は表面の空乏層の厚さによって決まる．2DEGはゲート電圧の影響を受けない．

9.2.2　持続性光伝導

DXセンターはもうひとつの実用的な効果，持続性光伝導 (persistent photoconductivity) をもたらす．バンドギャップ以下のエネルギーを持つ光でも，光を照射すると電子をDXセンターから励起させることができる．この過程で可動電子の密度もイオン化ドナーの数も増える．ドナーが電子を再捕獲するにはエネルギー障壁を越えなければならないので，低温では一旦励起された電子が再捕獲されずに自由電子として残る．この効果は低温で2DEGの電子密度を制御するために広く用いられている．光を

照射した後の E_c の形状と電荷密度分布の例を図9.4(c) および (d) (p.359) に示してある．すべてのドナーがイオン化され，2DEG の電子密度は 6.8×10^{15} m^{-2} まで上がっている．残念ながら，これが全てではない．AlGaAs層の中にも，これを上回る 11×10^{15} m^{-2} もの自由電子が生じている．これは並列伝導の一例であるが，次項でこれを議論する．

9.2.3 並列伝導

ゲートに高すぎる正電圧を印加した場合や，ドープ層が厚すぎる場合，ドープ濃度が高すぎる場合などには，ドープしたAlGaAs層の伝導帯底の最小値がFermi準位よりも低下し，そこに第2の電子蓄積領域が生じる．この領域による電気的導通は"並列伝導"(parallel conduction) と呼ばれるが，図9.4(c) (p.359) を見るとその成因は明らかである．この構造をトランジスタとして考えると，ゲートは2DEGをチャネルとするMODFETよりも，むしろn-AlGaAs中の電子をチャネルとする寄生FETの制御作用を持ってしまう．n-AlGaAsの中の電子は，2DEGのようにイオン化ドナーから隔離されておらず，高濃度ドープ領域の中を通ることになるので，移動度は低くトランジスタ動作性に乏しい．2DEGそのものはゲートからほとんど完全に遮蔽され，ドープ層の電子を完全に空にできる以上の負の電圧がゲートに印加されない限り，ゲートによる制御は2DEGへ及ばない．

並列伝導が生じる前に2DEGに蓄積できる最大電子密度を，式 (9.15) を導出したのと同じ議論に沿って計算できる．この場合，ドープ層の伝導帯の底は並列伝導が始まるときに，Fermi準位から E_{DD} 上にピン止めされるのではなく，Fermi準位と重なるので，式 (9.16) において単純に $E_{DD} = 0$ と置けばよい．

並列伝導の有無を調べるには，磁気輸送の測定が行われる．並列伝導の兆候のひとつは，弱磁場下でのHall効果における B^2 に比例する項である．もうひとつは強磁場においてShubnikov-de Haas効果 (図6.10, p.245) の極小値がゼロまで低下しなくなることである．しかしn-AlGaAsにおける移動度は2DEGのそれと比べて著しく低いので，並列伝導の検出は容易でない場合がある．

9.2.4 負のHubbard U

DXセンターに関しては，もうひとつ意外な話がある．我々は普通，ドナーが2種類の状態，すなわち正イオンの状態 D^+ (電子は伝導帯に入って自由に動く) と，ひとつの電子を捕獲している中性状態 D^0 を持ち得るものと考える．D^0 の状態に対して第2の電子を加えて負のイオン D^- を形成することも可能だが，2つの電子の間のCoulomb反発 (Hubbard U，1.8.5項，p.41〜) のために，2番目の電子に対する束縛は弱くなる．水素原子的なドナーでは，2番目の電子の束縛エネルギーは，最初の電子の束縛エネルギーの5％程度に過ぎない．

しかし，第2の電子が捕獲されるときに，図9.3(c) (p.358) のように格子の緩和を引き起こすならば，上記の描像は劇的に変わる．D^-のエネルギーはD^0の"下"になり，第2の電子が第1の電子よりも強く束縛されることも考えられる．これは見かけ上，2つの電子が互いに引き合い，(実効的に) 負のHubbard Uを持つように扱える．このような描像がDXセンターに当てはまるものと広く信じられている．化学的な観点からすると，これは不均化反応 (disproportionation reaction) $2D^0 \to D^- + D^+$が起こりやすいことを意味している．したがってn型AlGaAs層の中性領域は，D^0だけを含むのではなく，等量のD^+とD^-を含んでいる．

9.2.5 ドープされバイアス印加された基板

我々は議論を簡単にするために，基板はドープされていないものと仮定したが，通常はp型に軽くドープされている．このことのバンドダイヤグラムに対する効果を，図9.6に$E_v(z)$も併せて示す．基板の深部は電気的に中性で，低温では$\mu = E_v + E_A$でなければならない．E_Aはアクセプターの (小さな) 束縛エネルギーである．2DEGのあたりでは$\mu \approx E_c$なので，おおよそE_g/e (E_A, ε_1およびE_Fを無視する) のポテンシャル差を生じるイオン化アクセプターの空乏層が必要である．Poisson方程式によると，空乏層の厚さL_{dep}は次式に従う．

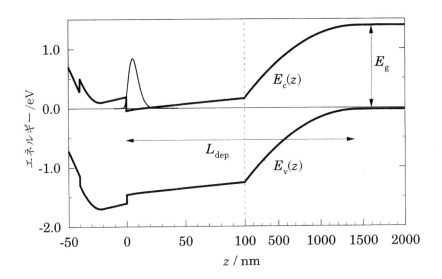

図9.6 p型基板を用いて構成したドープしたヘテロ構造．厚さ$L_{\mathrm{dep}} \approx 1.5\ \mu\mathrm{m}$の空乏層領域と，ヘテロ界面における電子の状態密度を示してある．$z = 100$ nmを境に尺度を変更してあるので注意されたい．[モデリングプログラムはNotre Dame大学 G. L. Snider 教授の好意による．]

$$E_{\text{g}} \approx \frac{e^2 N_{\text{A}} L_{\text{dep}}^2}{2\epsilon_0 \epsilon_{\text{b}}} \tag{9.17}$$

このことは,単位面積あたりの全電荷の形で $N_{\text{dep}} = N_{\text{A}} L_{\text{dep}} = \sqrt{2\epsilon_0 \epsilon_{\text{b}} E_{\text{g}} N_{\text{A}}}/e$ と表現することもできる.一例として $N_{\text{A}} = 10^{21}$ m^{-3} とすると,$L \approx 1.5$ μm, $N_{\text{dep}} \approx 1.5 \times 10^{15}$ m^{-2} である.したがって N_{dep} は n_{2D} に比べて無視できない.通常の場合のように,バンドダイヤグラムがほとんど静電エネルギーに支配されているならば,n_{2D} は単純に N_{dep} の分だけ減る.図9.6の例はこのようになっており,基板のドープ濃度 $N_{\text{A}} = 10^{21}$ m^{-3} のために n_{2D} が 3.0×10^{15} m^{-2} から 1.5×10^{15} m^{-2} へと低下している.イオン化しているアクセプターは移動度も低下させるが,これについては9.6.1項 (p.384〜) を参照されたい.

ドープした基板の第2の効果は,ヘテロ界面のポテンシャル井戸が閾値電圧においても無くならないことである.井戸はだいたい三角型で,その中の電場は $F_{\text{dep}} = eN_{\text{dep}}/\epsilon_0 \epsilon_{\text{b}}$ である.この井戸内に生じる束縛状態のエネルギーは4.4節のように計算できる.電場はバイアスを電極もしくは基板深部の高濃度ドープ層に印加することによっても生じる.基板バイアスは,表面のゲート電極による電子の閉じ込め作用を保持したまま,2DEGの電子密度を変更できる便利な方法となる.

9.3 2DEGの電子構造

我々は先送りをしてきた面倒な2DEGの状態の計算に戻る必要がある.図9.7は図9.1 (p.350) の界面付近の部分を拡大し,数値計算による波動関数とエネルギー準位の結果を,2種類の近似の結果とともに示したものである.すでに我々は三角井戸の解を求めたことがあるので,三角井戸の近似の説明は容易に済ますことができるであろう.その後に,多電子系の量子力学の概要を踏まえ,2DEGに対して非常に有用なFang-Howardの変分法を取り上げることにする.

9.3.1 三角井戸モデル

定性的な議論からも数値計算からも,2DEGが捕獲されているポテンシャル井戸は $z = 0$ のヘテロ界面付近では三角井戸に近い形であり,z が大きいところでは平坦になることが分かっている.ひとつの簡単な近似方法は,線形の領域を無限大まで延長し,完全な $V(z) = eFz$ のポテンシャル井戸に置き換えるというものである.この最も単純なヘテロ界面の扱い方は,波動関数が障壁を透過して外部に漏れないことを仮定している.これは電子に対するポテンシャル段差が約 3 eV と比較的高い Si と SiO$_2$ の界面ではよい近似となる.残念ながら GaAs − AlGaAs におけるポテンシャル段差はこれより1桁小さいので,三角井戸の近似はあまりよい近似にならない.

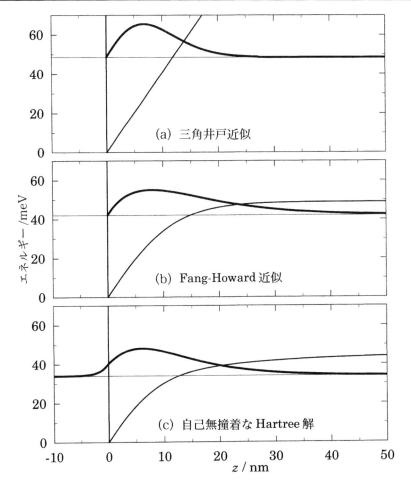

図9.7 ヘテロ界面におけるポテンシャル井戸とエネルギー準位，および波動関数の3種類のモデル．基板はドープされておらず，2DEG の電子密度は $n_{2D} = 3 \times 10^{15}$ m^{-2} である．(a) ヘテロ界面における伝導帯の形状を三角型に置き換えた近似．(b) Fang-Howard 波動関数を用いて Hartree 近似によって得られた変分法による 2DEG の解．(c) 数値計算による Hartree 解．Al$_{0.3}$Ga$_{0.7}$As 障壁への侵入も生じている．[モデリングプログラムは Notre Dame 大学 G. L. Snider 教授の好意による．]

三角井戸の解は 4.4 節ですでに得ている．ここで必要となる値は電場 F であるが，これも既に導出してある (式 (9.1))．これらにより基底準位は，

$$\varepsilon_1 = c_1 \varepsilon_0 = c_1 \left[\frac{\hbar^2}{2m} \left(\frac{e^2 n_{2D}}{\epsilon_0 \epsilon_b} \right)^2 \right]^{1/3} \tag{9.18}$$

と与えられる．$c_1 \approx 2.338$ である．図 9.7 の例については $n_{2D} = 3 \times 10^{15}$ m^{-2} なので，$\varepsilon_1 = 48$ meV という結果が得られる．高いエネルギー準位では，電子は主として三角井戸近似が成立しない領域に広がっているので，この近似を高い準位に適用する

9.3 2DEGの電子構造

ことは不適当であろう．基底準位の波動関数は，$z > 0$ において，

$$\phi_1(z) \propto \mathrm{Ai}\left(\frac{eFz - \varepsilon_1}{\varepsilon_0}\right) \tag{9.19}$$

であり，その長さ尺度は $z_0 = \varepsilon_0/eF$ である．

式 (9.12) で定義されている実効厚さは，この基底状態に関して，

$$h = \frac{\varepsilon_0 \varepsilon_\mathrm{b}}{e^2}\frac{\partial \varepsilon_1}{\partial n_\mathrm{2D}} = \frac{2}{3}\frac{\varepsilon_1}{eF} \tag{9.20}$$

である．比較のために，電子の平均位置を通常の定義 $\langle z \rangle = \int z|\phi_i(z)|^2 dz$ によって算出することもできる．この場合はたまたま解析的に積分を行うことが可能だが，Feynman-Hellmanの定理を用いた更に一般的な方法による計算を示すほうが教育的であろう．

ハミルトニアンが，あるパラメーター λ の関数であると仮定して，固有値 $\varepsilon_n = \langle n|\hat{H}|n\rangle$ の λ に関する微分を取る．固有関数 ϕ_n が規格化されているならば次のようになる．

$$\begin{aligned}\frac{\partial \varepsilon_n}{\partial \lambda} &= \frac{\partial}{\partial \lambda}\langle n|\hat{H}|n\rangle \equiv \frac{\partial}{\partial \lambda}\int \phi_n^* \hat{H} \phi_n \\ &= \int \frac{\partial \phi_n^*}{\partial \lambda}\hat{H}\phi_n + \int \phi_n^* \frac{\partial \hat{H}}{\partial \lambda}\phi_n + \int \phi_n^* \hat{H}\frac{\partial \phi_n}{\partial \lambda} \\ &= \int \frac{\partial \phi_n^*}{\partial \lambda}\varepsilon_n\phi_n + \int \phi_n^* \frac{\partial \hat{H}}{\partial \lambda}\phi_n + \int \phi_n^* \varepsilon_n\frac{\partial \phi_n}{\partial \lambda} \\ &= \varepsilon_n \frac{\partial}{\partial \lambda}\int \phi_n^* \phi_n + \int \phi_n^* \frac{\partial \hat{H}}{\partial \lambda}\phi_n\end{aligned}$$

積に対する微分則を使い，ϕ_n が $\hat{H}$ の固有関数なので，2行目の最初と最後の項の $\hat{H}$ を ε_n に置き換えた．これらの2つの項をまとめた規格化積分の微分の項が最後の式の第1項に現れているが，規格化積分は定数なので，この項は消える．結局最後の式の後の項だけが残り，次のようになる．

$$\frac{\partial \varepsilon_n}{\partial \lambda} = \left\langle \frac{\partial \hat{H}}{\partial \lambda}\right\rangle_n \equiv \left\langle n\left|\frac{\partial \hat{H}}{\partial \lambda}\right|n\right\rangle \tag{9.21}$$

これが "Feynman-Hellmanの定理" である．言葉で言うと，ひとつの状態のエネルギーを，あるパラメーターで微分したものは，ハミルトニアンをそのパラメーターで微分した演算子の，その状態に関する期待値に等しい．普通 $\partial \hat{H}/\partial \lambda$ を解析的に求めることができて，その期待値を直接計算できるので，この定理は実際に有用である．$\partial \varepsilon_n/\partial \lambda$ という微分量を数値計算で求めるよりも，この定理を使う方が，はるかに優れた計算方法となる．

三角井戸に関して $\lambda = F$ と置くと，$\partial \hat{H}/\partial F = ez$ であり，次のようになる．

$$\frac{\partial \varepsilon_n}{\partial F} = e\langle n|z|n\rangle = e\langle z\rangle_n \tag{9.22}$$

右辺を n_{2D} を用いて書き直すと，2DEG の 2 通りの厚さの定義が同じものであること，すなわち $h = \langle z \rangle$ を確認できる．ここで取り上げている例では $h = 8$ nm である．

9.3.2 多電子系の量子力学

我々は 2DEG の束縛状態のエネルギーが電子密度に依存することを見た．更に理論を進展させるためには，系の中の任意のひとつの電子の運動が，他の電子の影響をどのように受けているかという問題を系統的に調べなければならない．このためには，少し脱線をして，多電子系の量子力学と電子間の Coulomb 反発の効果について論じなければならない．我々はここまでこの反発を無視してきたが，実はこれは非常に大きいのである！ 3×10^{15} m^{-2} の電子密度を持つ 2DEG の電子間距離は約 20 nm に過ぎず，その Coulomb ポテンシャルは 6 meV であり，Fermi エネルギー 11 meV と比べても無視できる数値ではない．これを考えると，相互作用を無視した孤立電子の近似によって得た結果が役立つのは驚くべきことである．このような扱い方を正当化するためには，多体系の理論を本格的に取り上げる必要があるが，ここではいくつかの基本的な概念を素描するに留める．

一般に，N 個の粒子を含む系の波動関数 ψ は，

$$\psi(\mathbf{R}_1, s_1; \mathbf{R}_2, s_2; \ldots \mathbf{R}_N, s_N) \tag{9.23}$$

と表される．これは各粒子の座標 $\mathbf{R}_j$ とスピン s_j の関数であり，各粒子それぞれの波動関数に分離することはできない．多体の波動関数は粒子座標の入れ替えに関する対称性を持つ．電子のような Fermi 粒子の多粒子系では，粒子の入れ替えに関して符号が変わる．

$$\psi(\ldots; \mathbf{R}_j, s_j; \ldots; \mathbf{R}_k, s_k; \ldots) = -\psi(\ldots; \mathbf{R}_k, s_k; \ldots; \mathbf{R}_j, s_j; \ldots) \tag{9.24}$$

これは Pauli の排他律を一般化した規則である．引数の中で 2 つの粒子の座標が $\mathbf{R}_j = \mathbf{R}_i$，$s_j = s_i$ のように一致する場合は，波動関数がゼロになる．すなわち同じスピン値を持つ 2 つの電子が同じ位置を占めることは不可能である．Bose 粒子の場合は，式 (9.24) の符号 − が + に置き換わる．

多粒子波動関数は，複雑な Schrödinger 方程式に従う．方程式は各粒子の運動エネルギーと，2 種類のポテンシャルエネルギー項を含む．各々の粒子は，まず同じ外部ポテンシャル V_{ext} を感知するが，2DEG ではイオン化したドナーによるポテンシャルなどがこれにあたる．それ以外に，考え得るそれぞれの電子対の組み合わせに関して Coulomb 反発が働くのである．ハミルトニアンは次のように表される．

$$\hat{H} = \sum_j \left[-\frac{\hbar^2}{2m} \nabla_j^2 + V_{\text{ext}}(\mathbf{R}_j) \right] + \frac{1}{2} \sum_{\substack{j,k \\ k \neq j}} \frac{e^2}{4\pi\epsilon |\mathbf{R}_j - \mathbf{R}_k|} \tag{9.25}$$

∇_j は座標 $\mathbf{R}_j$ に関する勾配演算を意味する．後の和の前にある因子 $\frac{1}{2}$ は相互作用項の重複を避けるためのもので，それぞれの電子間の組み合わせを正味 1 回ずつ考慮してある．少数粒子の系に関しては，このような Schrödinger 方程式を数値計算で解くこともできるが，多数の粒子を含む系では単純な数値計算が不可能なので，多電子系を扱うための系統的な近似の方法が確立されている．

明快な古典的解釈を伴った最も簡単な方法は "Hartree 近似" である．多粒子系の波動関数は 1 粒子波動関数の単純な積で表される．

$$\boldsymbol{\psi} = \psi_1(\mathbf{R}_1, s_1)\psi_2(\mathbf{R}_2, s_2)\ldots\psi_N(\mathbf{R}_N, s_N) \tag{9.26}$$

この波動関数は，ハミルトニアン (9.25) のエネルギーを最小にするように，変分法によって決められる．結果はそれぞれの 1 粒子波動関数が次のような Schrödinger 方程式，

$$\left[-\frac{\hbar^2}{2m}\nabla_j^2 + V_{\mathrm{ext}}(\mathbf{R}_j) + V_{\mathrm{H}}^{(j)}(\mathbf{R}_j)\right]\psi_j(\mathbf{R}_j) = \varepsilon_j \psi_j(\mathbf{R}_j) \tag{9.27}$$

を満たし，この中の "Hartree ポテンシャル" $V_{\mathrm{H}}^{(j)}(\mathbf{R}_j)$ が次のように与えられることになる．

$$V_{\mathrm{H}}^{(j)}(\mathbf{R}_j) = \frac{e^2}{4\pi\epsilon}\sum_{k, k \neq j}\int\frac{|\psi_k(\mathbf{R}_k)|^2}{|\mathbf{R}_j - \mathbf{R}_k|}d^3\mathbf{R}_k \tag{9.28}$$

Hartree ポテンシャルは，注目しているひとつの電子以外のすべての電子による全電荷密度から生じる静電ポテンシャルである．これらの時間変化は考慮されておらず，各々の電子は，他の電子によって生じる "平均ポテンシャル" だけを感知することになる．

Hartree ポテンシャルは波動関数から計算しなければならず，その波動関数は Hartree ポテンシャル項を含む Schrödinger 方程式に従うので，問題全体は自己無同着 (self-consistent) な構成になっている．我々はまず，波動関数を適当に推定して，それによって Hartree ポテンシャルを計算し，それを用いた Schrödinger 方程式によって改善された推定波動関数を求める．このような作業を波動関数が変化しなくなるまで繰り返すと，自己無同着な解が得られる．面倒な点は，Hartree ポテンシャルが全電子によるポテンシャルではなく，挙動を求めようとする 1 電子の寄与を省かなければならないため，各電子の Hartree ポテンシャルがそれぞれ異なることである．幸い電子数が多い場合には，この効果は非常に小さいので，式 (9.28) の和の制約条件を外してしまい，全電子それぞれに対して，全電子による共通の Hartree ポテンシャル $V_{\mathrm{H}}(\mathbf{R})$ を用いてもよい．

Hartree 近似による多電子波動関数の欠点は，これが Pauli の対称性 (9.24) に従わない点である．正しい対称性を持つ多電子波動関数は，各 1 電子波動関数を用いた "Slater 行列式" (Slater determinant) によって構築される．

$$\psi = \frac{1}{\sqrt{N!}} \det \begin{vmatrix} \psi_1(\mathbf{R}_1, s_1) & \psi_2(\mathbf{R}_1, s_1) & \cdots & \psi_N(\mathbf{R}_1, s_1) \\ \psi_1(\mathbf{R}_2, s_2) & \psi_2(\mathbf{R}_2, s_2) & \cdots & \psi_N(\mathbf{R}_2, s_2) \\ \vdots & \vdots & \ddots & \vdots \\ \psi_1(\mathbf{R}_N, s_N) & \psi_2(\mathbf{R}_N, s_N) & \cdots & \psi_N(\mathbf{R}_N, s_N) \end{vmatrix} \quad (9.29)$$

2つの粒子座標を入れ替えることは，行列式の中の2つの列を入れ替えることにあたり，この操作の下でPauliの原理の要請通りに式全体の符号が変わる．また，もし2つの電子を同じ状態に入れようとすると，行列式の中の2つの列が同じになり，式はゼロになる．この性質によって，2つ以上の電子が同じ状態を占めることはできないという，いわゆる排他律が保証されている．

この波動関数を用いて漸近計算を繰り返すこともできるが，各1粒子状態に関するSchrödinger方程式はさらに複雑なものになる．単純な波動関数への積として表せない"非局所ポテンシャル"(non-local potential) が余分に現れるが，これは"交換項"(exchange term) と呼ばれる．交換項は同じスピンを持つ電子間に反発をもたらすが，この性質は多電子波動関数に対してPauliの原理を強いることによって自然に生じたものである．このような近似法は"Hartree-Fock近似"と呼ばれている．

これがHartree近似の改良版であることは明らかである．本当は，これらの近似は電子気体のような系を扱うために原理的に適しているとは言い難い．我々はこれらの近似において何が省かれているかを知っておく必要がある．両方の近似法において最も重要な特徴は，各電子が他の電子によって形成される"平均ポテンシャル"の中を動くという点にある．したがって他の電子の運動の影響，すなわちj番目の電子がある時刻に$\mathbf{R}_j$にあることの効果といったものに関して，排他律以上の考慮は為されていない．排他律はスピンが平行な電子間にしか影響を持たない．実際には電子間のCoulomb反発によって，電子はその周りの電子を遠ざける傾向があるので，それぞれの電子は電子気体中を動く際に，平均電子密度よりも低い電子密度を持つ"相関孔"(correlation hole) をまとって移動する．これは外部電荷のポテンシャルを電子気体が遮蔽する効果と似たものだが，遮蔽については9.4節で論じる．相関を正しく扱うためには多体理論が必要となるが，これは本書の範囲を超えるものである．しかし幸い詳しい計算によると，2DEGのような広がった系に関しては，Hartree近似でも多くの性質を適正に記述できることが分かっているので，この問題には深入りしない．このような都合のよい状況は，量子ドットのような小さな系では成立しない．小さな系ではHartree-Fock近似のほうが適切であり，また原子や分子を扱うために発展した量子化学的な手法が適用される．

最後に，この描像は自由電子の描像が近似の適正な出発点となることを仮定している．つまり2DEGの1電子あたりの運動エネルギーはE_Fに比例し，n_{2D}にも比例するものと考えている．しかし典型的なCoulombエネルギーは，電子間平均距離に反

比例するので $n_{2D}^{1/2}$ に従う．電子密度が低いと Coulomb 反発が支配的になり，各電子が自由に伝搬するよりも，6.6.2 項 (p.262〜) で触れたような "Wigner 結晶" (Wigner crystal) を形成するほうが，エネルギー的に好ましい状態になる．

9.3.3 2DEG に対する Hartree 変分計算

2DEG の基底サブバンドの電子状態を，Hartree 近似の範囲内で，Fang-Howard 波動関数を試行関数として変分法によって求めよう．単位面積あたりの電子密度を n_{2D} と置き，前と同様に 2DEG よりも深いところの基板内の電場はゼロと仮定する．7.5.2 項 (p.291〜) で三角井戸に対して用いた束縛状態の試行波動関数は，

$$u(z) = \left(\frac{1}{2}b^3\right)^{1/2} z \exp\left(-\frac{1}{2}bz\right) \tag{9.30}$$

である．GaAs–AlGaAs 系を扱う際の，この試行関数の主な欠点は，$z \leq 0$ の障壁領域において波動関数をゼロと置かねばならないことである．残念ながら，この近似の条件を緩和すると，計算が非常に複雑になってしまう．3 次元の波動関数は $\exp(i\mathbf{k}\cdot\mathbf{r})u(z)$ という形を持ち，系の全電荷密度が z だけの関数として与えられる．

$$\rho(z) = -en_{2D}|u(z)|^2 = -\frac{1}{2}en_{2D}b^3 z^2 \exp(-bz) \tag{9.31}$$

Hartree ポテンシャルは $V_H(z) = -e\phi_H(z)$ で，$\phi_H(z)$ は上の電荷密度を用いた Poisson 方程式 $d^2\phi_H(z)/dz^2 = -\rho/\epsilon_0\epsilon_b$ を満たす．ここでは単純に 2 回の積分で $\phi_H(z)$ を求めることができる．境界条件のひとつは基板の深部 $z \to \infty$ において $d\phi/dz = 0$ であり，また他の取り扱いとの整合性を考えて $V(0_+) = 0$ とするために $\phi_H(z=0) = 0$ と置く．結果は次のようになる．

$$\phi_H(z) = -\frac{en_{2D}}{2\epsilon_0\epsilon_b b}\left\{6 - [(bz)^2 + 4bz + 6]\exp(-bz)\right\} \tag{9.32}$$

各電子に関するハミルトニアンは $\hat{H}_1 = \hat{T} + V_H$ で，$\hat{T}$ は運動エネルギー演算子である．この場合，外部ポテンシャルエネルギー $V_{ext}(z)$ はない．次の作業はハミルトニアンの期待値 $\varepsilon_1 = \langle\hat{H}_1\rangle$ を，波動関数 (9.30) を用いて計算し，それを b に関して最小にすることのように思えるが，これは誤りである．何故なら変分法は，系の "全エネルギー" に対して適用されなければならないからである．全エネルギーにおいて重要な特徴は，多電子ハミルトニアン (9.25) の相互作用項に掛かっている $\frac{1}{2}$ という因子である．これは古典的な静電気学における電荷一式のエネルギーの式 $E = \frac{1}{2}\sum_j q_j\phi_j$ に見られるものと同じ因子である．$\langle\hat{H}_1\rangle$ を最小にするならば，それはこの因子 $\frac{1}{2}$ を無視して電子間相互作用を 2 回ずつ足し合わせることになってしまう．代わりに我々は 1 電子あたりの全エネルギー $E_T = \langle\hat{T}\rangle + \frac{1}{2}\langle V_H\rangle$ を最小にしなければならない．

運動エネルギーは，

$$\langle \hat{T} \rangle = \frac{\hbar^2}{2m} \frac{b^3}{2} \int_0^\infty z \exp\left(-\frac{1}{2}bz\right) \left[-\frac{d^2}{dz^2} z \exp\left(-\frac{1}{2}bz\right)\right] dz = \frac{\hbar^2 b^2}{8m} \quad (9.33)$$

となる．すべての積分が単純な階乗因子になってしまう点が，7.5.2項 (p.291〜) で見出したこの試行波動関数の好ましい特徴である．1電子あたりのHartreeエネルギーは $\rho\phi_H$ の積分で与えられ，次のようになる．

$$\langle V_H \rangle = \frac{e^2 n_{2D}}{2\epsilon_0 \epsilon_b b} \frac{b^3}{2} \int_0^\infty \left\{ 6 - \left[(bz)^2 + 4bz + 6\right] \exp(-bz) \right\} z^2 \exp(-bz) dz$$
$$= \frac{33 e^2 n_{2D}}{16 \epsilon_0 \epsilon_b b} \quad (9.34)$$

したがって，

$$E_T = \langle \hat{T} \rangle + \frac{1}{2}\langle V_H \rangle = \frac{\hbar^2 b^2}{8m} + \frac{33 e^2 n_{2D}}{32 \epsilon_0 \epsilon_b b} \quad (9.35)$$

を最小にすればよい．これを計算で求めると，b の値は，

$$b = \left(\frac{33 m e^2 n_{2D}}{8 \hbar^2 \epsilon_0 \epsilon_b}\right)^{1/3} \quad (9.36)$$

となる．1電子のエネルギー準位 ε_1 (E_T ではない！) は，次のようになる．

$$\varepsilon_1 = \left[\frac{5}{16}\left(\frac{33}{2}\right)^{2/3}\right] \left[\frac{\hbar^2}{2m}\left(\frac{e^2 n_{2D}}{\epsilon_0 \epsilon_b}\right)^2\right]^{1/3} \quad (9.37)$$

この係数因子は 2.025 であるが，前に見た Airy 関数の係数は 2.338 であった．つまり図 9.7 (p.364) に示してあるように，変分計算によって得られるエネルギーは，単純な三角井戸から予想されるエネルギーよりも低くなる．2通りの定義式による 2DEG の厚さは異なる結果を与える．

$$\langle z \rangle = \int_0^\infty z|u(z)|^2 dz = \frac{3}{b}, \quad h = \frac{\epsilon_0 \epsilon_b}{e^2} \frac{\partial \varepsilon_1}{\partial n_{2D}} = \frac{55}{32b} \quad (9.38)$$

$n_{2D} = 3 \times 10^{15}$ m^{-2} と置いた例では，変分法の結果は $\varepsilon_1 = 42$ meV，2DEG 厚さは $\langle z \rangle = 12$ nm もしくは $h = 7$ nm である．

今日では1次元 Hartree 問題をパーソナル・コンピューターを用いた数値計算によって数秒で解くことができる．$n_{2D} = 3 \times 10^{15}$ m^{-2} の結果を図 9.7(c) (p.364) に示してある．概形は Fang-Howard 解に近いが，明らかに $z < 0$ の障壁領域への波動関数の侵入が生じている．この染み出し部分を含むように Fang-Howard 波動関数の形を改良することも可能だが，そうすると計算が簡単であるというこの方法の利点が失われる．数値解によると $\varepsilon_1 = 34$ meV，$\langle z \rangle = 9$ nm である．もっと完全な計算を行うためには，交換と相関の効果や，GaAs と AlGaAs の誘電率の違いによって生じる鏡像力な

どもすべて考慮しなければならないので，すでに変分法の全盛期は過ぎたと考える人もあるかもしれない．しかしながらFang-Howard波動関数の簡明さと扱い易さには捨て難い魅力があるので，今後も広く使われ続けるであろう．

9.4　電子気体による遮蔽

　静電気学における誘電体の単純な効果はよく知られている．たとえば半導体の中のイオン化したドナーが持つポテンシャルは，自由空間におけるポテンシャルに比べて因子 ϵ_b すなわち比誘電率の分だけ弱くなる．この描像はキャリヤを持たない固体に適用できるものである．電場は各原子を分極させ，各原子は双極子能率 $\mathbf{p}$ を持つ．n を固体内の双極子密度として，分極場を $\mathbf{P} = n\mathbf{p}$ と表現することができる．電場が弱ければ，誘起された各双極子能率は全電場に比例するので $\mathbf{p} = \epsilon_0 \alpha \mathbf{E}$ もしくは $\mathbf{P} = \epsilon_0 \chi \mathbf{E}$ と書ける．$\chi = n\alpha$ は電気感受率 (susceptibility) である (局所場補正のような微妙な問題は無視する)．電束密度は $\mathbf{D} = \epsilon_0 \mathbf{E} + \mathbf{P} = \epsilon_0(1+\chi)\mathbf{E} = \epsilon_0 \epsilon_r \mathbf{E}$ である．分極場と誘起電荷密度には $\rho_{\text{ind}} = -\text{div}\mathbf{P}$ の関係があるので，$\mathbf{D}$ という量は外部電荷だけ (この場合はドナー) によって生成され，$\mathbf{E}$ は外部電荷と誘起電荷の両方によって生成されることが分かる．

　この誘電遮蔽の描像において重要な点は，電荷が自由に動かないことである．我々は各原子を，ばねで結合した正電荷と負電荷の対(つい)のように考えることができる．実際この描像は光応答のLorentzモデルそのものである (F.2節)．このモデルの下では，印加された電場への応答として，電荷が流れることはない．しかし自由キャリヤを持つ金属や半導体では，このような制約は無く，キャリヤによる遮蔽の方が大きな効果を持つ．$e/4\pi\epsilon_0\epsilon_b R$ のようなポテンシャルは，長距離力に固有の $1/R$ の形を持つために，自由空間におけるポテンシャルより弱められているにもかかわらず，しばしば "遮蔽のない (unscreened) ポテンシャル" と呼ばれる．

　一般に場はFourier変換できて，各成分は独立にそれぞれ $\mathbf{Q}$ と ω に依存する誘電関数 $\epsilon_r(\mathbf{Q},\omega)$ を介した関係 $\tilde{\mathbf{D}}(\mathbf{Q},\omega) = \epsilon_0 \epsilon_r(\mathbf{Q},\omega)\tilde{\mathbf{E}}(\mathbf{Q},\omega)$ を満たす．このような扱い方ができるのは，線形応答が期待できる弱い場に限られる．金属中ではこれが大抵は適切な措置となるが，場を遮蔽するためのキャリヤ応答の結果，しばしば空乏領域を生じてしまう半導体では適用できない場合も多い．

　電荷が流れることまで考えるならば，$\mathbf{P}$ よりも ρ_{ind} を用いる方が便利である．また摂動論はポテンシャルエネルギーの変更に基礎を置くので，ベクトル場よりも静電ポテンシャルのほうが摂動論で直接的に扱える．全電荷，外部電荷，誘起電荷によって生じるポテンシャルを，それぞれ $\phi_{\text{tot}}, \phi_{\text{ext}}, \phi_{\text{ind}}$ と書くことにする．これらはそれぞれ $\mathbf{E}, \mathbf{D}, \mathbf{P}$ と関係しており，$\phi_{\text{tot}} = \phi_{\text{ext}} + \phi_{\text{ind}}$ に従う．誘電関数は，これらのポテンシャルのFourier変換によって，$\epsilon_r(\mathbf{Q},\omega) = \tilde{\phi}_{\text{ext}}(\mathbf{Q},\omega)/\tilde{\phi}_{\text{tot}}(\mathbf{Q},\omega) = 1 - \tilde{\phi}_{\text{ind}}(\mathbf{Q},\omega)/\tilde{\phi}_{\text{tot}}(\mathbf{Q},\omega)$ と与

えられる.

9.4.1　3次元系における遮蔽

遮蔽の理論は2つの段階から成る．第1段階は誘起電荷密度 $\tilde{\rho}_{\mathrm{ind}}$ の計算である．電子は感知する場の源を区別できるわけではないので，$\tilde{\rho}_{\mathrm{ind}}$ は"全ポテンシャル" $\tilde{\phi}_{\mathrm{tot}}$ の関数である．第2段階では $\tilde{\rho}_{\mathrm{ind}}$ によって生じているポテンシャル $\tilde{\phi}_{\mathrm{ind}}$ が無矛盾になるように調整しなければならない．この問題は3次元で扱う方が容易なので，まずは3次元系を取り上げる．

半導体を考える．半導体中ではポテンシャルに対して，自由電荷が応答に寄与する以前に，まず因子 ϵ_{b} による遮蔽がある．ポテンシャルと電荷密度は Poisson 方程式 $\nabla^2 \phi_{\mathrm{ind}}(\mathbf{R}) = -\rho_{\mathrm{ind}}(\mathbf{R})/\epsilon_0 \epsilon_{\mathrm{b}}$ によって関係している．この方程式を Fourier 変換すると $-Q^2 \tilde{\phi}_{\mathrm{ind}}(\mathbf{Q}) = -\tilde{\rho}_{\mathrm{ind}}(\mathbf{Q})/\epsilon_0 \epsilon_{\mathrm{b}}$ なので，Fourier 空間における Poisson 方程式の解は $\tilde{\phi}_{\mathrm{ind}}(\mathbf{Q}) = \tilde{\rho}_{\mathrm{ind}}/\epsilon_0 \epsilon_{\mathrm{b}} Q^2$ である．

電子が原点にあるという特別な例を考えると，電荷密度は $\rho(\mathbf{R}) = -e\delta(\mathbf{R})$ である．これを Fourier 変換すると $\tilde{\rho}(Q) = -e$ で，これに伴うポテンシャルは $\tilde{\phi} = -e/\epsilon_0 \epsilon_{\mathrm{b}} Q^2$ である．このポテンシャルによって，別の電子が持つポテンシャルエネルギーは，

$$\tilde{v}_{\mathrm{3D}}(Q) = \frac{e^2}{\epsilon_0 \epsilon_{\mathrm{b}} Q^2} \tag{9.39}$$

となる．これが3次元系における Coulomb ポテンシャルエネルギーの Fourier 変換である．

遮蔽に話を戻すと，誘起されたポテンシャルは $\tilde{\phi}_{\mathrm{ind}}(\mathbf{Q},\omega) = \tilde{\rho}_{\mathrm{ind}}(\mathbf{Q},\omega)/\epsilon_0 \epsilon_{\mathrm{b}} Q^2$ と与えられ，誘電関数は次のようになる．

$$\epsilon_{\mathrm{r}}(\mathbf{Q},\omega) = 1 - \frac{1}{\epsilon_0 \epsilon_{\mathrm{b}} Q^2} \frac{\tilde{\rho}_{\mathrm{ind}}(\mathbf{Q},\omega)}{\tilde{\phi}_{\mathrm{tot}}(\mathbf{Q},\omega)} \tag{9.40}$$

誘起電荷密度を電子の数密度の (無限小の) 変化を用いて $\tilde{\rho}_{\mathrm{ind}} = -e d\tilde{n}$ のように書き直し，これらの電子のポテンシャルエネルギーの変化を $d\tilde{\varepsilon} = -e\tilde{\phi}_{\mathrm{tot}}$ と定義すると，誘電関数は次のように書き直せる．

$$\epsilon_{\mathrm{r}}(\mathbf{Q},\omega) = 1 - \frac{e^2}{\epsilon_0 \epsilon_{\mathrm{b}} Q^2} \frac{d\tilde{n}(\mathbf{Q},\omega)}{d\tilde{\varepsilon}(\mathbf{Q},\omega)} \equiv 1 - \tilde{v}_{\mathrm{3D}}(Q)\Pi(\mathbf{Q},\omega) \tag{9.41}$$

$\Pi(\mathbf{Q},\omega)$ は電子気体の"分極関数"(polarization function) と呼ばれるもので，エネルギー変化に応答する電子密度の変化を表す．

理論の難しいところは $\Pi(\mathbf{Q},\omega)$ の計算で，これには多体理論の手法が必要となる．我々は静的 ($\omega = 0$) な長波長 ($Q \ll k_{\mathrm{F}}$) の応答だけを記述する Thomas-Fermi の近似を導出することにする．Π はエネルギー変化に応答する電子密度の変化であり，$d\varepsilon(\mathbf{R},t)$ が空間内および時間内で厳密に定数であれば計算は容易になる．図9.8に示

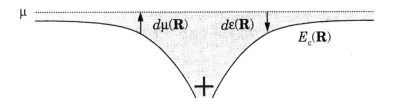

図9.8 ドナーイオンに対する Thomas-Fermi 遮蔽

すように,ある点におけるポテンシャルエネルギーの変化 $d\varepsilon(\mathbf{R})$ を,伝導帯を基準にした見かけ上の局所 Fermi 準位の変化 $d\mu(\mathbf{R}) = -d\varepsilon(\mathbf{R})$ として扱うこともできる.但し実際には,もちろん熱平衡状態にある試料の内部において μ の絶対値は一定である.Thomas-Fermi 近似はこの議論を,ポテンシャルが完全な定数ではなく,空間内で緩やかに変化するように拡張したものである.Π を定義するポテンシャルに関する微分量は,Fermi 準位に関する微分量に置き換えることができて $\Pi_{\mathrm{TF}} = -dn/d\mu$ と表せる.電子数密度を Fermi 準位で微分した量は"熱力学的状態密度"(thermodynamic density of states. この術語には別の定義もあるが!)と呼ばれる.Fermi 準位が固定されていれば,電子のポテンシャルエネルギーが上昇すると電子密度が低下するので負号が付く.誘電関数は次のようになる.

$$\epsilon_{\mathrm{TF}}(Q,0) = 1 - \tilde{v}_{\mathrm{3D}}(Q)\Pi_{\mathrm{TF}} = 1 + \frac{e^2}{\epsilon_0 \epsilon_{\mathrm{b}} Q^2}\frac{dn}{d\mu} = 1 + \frac{Q_{\mathrm{TF}}^2}{Q^2} \quad (9.42)$$

ここで用いられている,

$$Q_{\mathrm{TF}} = \sqrt{\frac{e^2}{\epsilon_0 \epsilon_{\mathrm{b}}}\frac{dn}{d\mu}} \quad (9.43)$$

という量は"Thomas-Fermi の遮蔽波数"(Thomas-Fermi screening wave number)である.半導体におけるこの波数の定義には,因子 ϵ_{b} が含まれていることに注意されたい.我々は常に自由電荷による $\epsilon_{\mathrm{r}}(Q,\omega)$ を見る前に,それとは別に背景にある誘電率によって生じる外部ポテンシャルへの影響を,あらかじめ分けて考えておかなければならないのである.

ドナーに対する Thomas-Fermi 遮蔽を考えよう.遮蔽のないポテンシャルエネルギーは,正の点電荷によるポテンシャルであり,そのFourier 変換は $-\tilde{v}_{\mathrm{3D}}(Q)$ である.ポテンシャルを遮蔽するために $\epsilon_{\mathrm{TF}}(Q,0)$ で割ると,

$$\tilde{V}_{\mathrm{scr}}(Q) = -\frac{e^2}{\epsilon_0 \epsilon_{\mathrm{b}}}\frac{1}{Q^2 + Q_{\mathrm{TF}}^2} \quad (9.44)$$

となる.$Q \to 0$ のときの極限値は興味深い.すなわち係数因子が Q_{TF}^2 の中の因子と

相殺して $\tilde{V}_{\rm scr}(0) = (dn/d\mu)^{-1}$ が残る．遮蔽によって長波長におけるドナーのポテンシャルは打ち消され，熱力学的状態密度だけが残る．

ドナーのポテンシャルを逆Fourier変換すると，実空間では，

$$V_{\rm scr}(R) = -\frac{e^2}{4\pi\epsilon_0\epsilon_{\rm b}}\frac{\exp(-Q_{\rm TF}R)}{R} \tag{9.45}$$

となる．上式は"湯川ポテンシャル"(Yukawa potential)と呼ばれており，もともと中間子によって媒介される核子(陽子・中性子)のポテンシャルを記述するために用いられたものである．このポテンシャルの重要な特徴は，Coulombポテンシャルの長距離力としての性質が抑制されて失われている点である．ポテンシャルは $1/Q_{\rm TF}$ 程度の距離尺度で強く減衰してしまう．これは9.3.2項(p.366~)で言及した電子のまわりの相関孔にも関係のある効果であるが，電子気体中の電子は運動しているので，こちらを扱うには動的な理論が必要である．ドナーのポテンシャルの遮蔽は，ドナーによる電子の散乱を計算する際に特に重要となるが，これについては9.5節で見る予定である．

遮蔽に関する解析を完結させるには，$Q_{\rm TF}$ の値を求めなければならない．熱力学的状態密度は次のように与えられる．

$$\frac{dn}{d\mu} = \int n(E)\frac{\partial f(E,\mu)}{\partial \mu}dE = \int n(E)\left[-\frac{\partial f(E,\mu)}{\partial E}\right]dE \tag{9.46}$$

$n(E)$ は"普通の"状態密度(1.8節)である．統計分布関数はエネルギー差 $E-\mu$ だけに依存するので，微分を E に関するものに置き換えた．この式は低温もしくは高温の極限では簡単になる．低温では強く縮退した分布となり $f(E,\mu) = \Theta(\mu - E)$ と置けるので，$-\partial f/\partial E = \delta(E-\mu)$ であり，$dn/d\mu = n(\mu)$ となる．つまりこの場合，熱力学的状態密度はFermi準位における元々の状態密度に等しい．この条件は金属において典型的に成立し，高濃度にドープした半導体にも適用できる．$n_{\rm 3D} = 10^{24}$ m^{-3} のGaAsでは $Q_{\rm TF}^{-1} \approx 5$ nm である．Coulombポテンシャルは劇的に遮断され，金属においては更に状態密度が高いので，$Q_{\rm TF}^{-1}$ が原子寸法程度の短距離になっている．

逆の高温の極限では，電子系が縮退のない分布を持つ．この場合，式(9.46)は $dn/d\mu = n_{\rm 3D}/k_{\rm B}T$ となる．$n_{\rm 3D}$ は全電子密度である．そして遮蔽波数は，

$$Q_{\rm TF} = \sqrt{\frac{e^2}{\epsilon_0\epsilon_{\rm b}}\frac{n_{\rm 3D}}{k_{\rm B}T}} \tag{9.47}$$

となる．この極限の近似はDebye-Hückel遮蔽として知られており，低濃度にドープした半導体を室温で用いる場合には，この近似が適用できる．

8.5節において光学的導電率の一般式(8.76)を求めたのと同様の方法で，量子力学に基づき分極関数 $\Pi(Q,\omega)$ を計算することは，さほど困難ではない．主要な違いは印加される場が縦方向の場なので(これがベクトルポテンシャルではなくスカラーポテン

シャルを用いた理由である) 波数を無視できず，また我々の関心が遷移確率ではなく波動関数の変化にあるという点である．幸いこれらの 2 種類の過程は互いに密接に関係しており，"Lindhard 関数"(リントハルト)の名で知られる次の複素誘電関数の実部と虚部を与える．

$$\tilde{\epsilon}_{\mathrm{r}}(Q,\omega) = 1 - \tilde{v}_{\mathrm{3D}}(Q) \frac{2}{\Omega} \sum_{\mathbf{K}} \frac{f(\mathbf{K}) - f(\mathbf{K}+\mathbf{Q})}{\varepsilon(\mathbf{K}+\mathbf{Q}) - \varepsilon(\mathbf{K}) - \hbar\omega + i0_{+}} \tag{9.48}$$

この誘電関数は，電子気体による分極と吸収を両方とも記述する．これは $\omega = 0$, $Q \to 0$ の極限で Thomas-Fermi 近似に一致するが，Q が増加すると，特に $Q > 2k_{\mathrm{F}}$ において遮蔽効果が弱くなることも示している．もうひとつの重要な極限は $Q = 0$ で，このときには，

$$\epsilon_{\mathrm{r}}(0,\omega) = 1 - \frac{\omega_{\mathrm{p}}^2}{\omega^2}, \quad \omega_{\mathrm{p}}^2 = \frac{e^2 n_{\mathrm{3D}}}{\epsilon_0 \epsilon_{\mathrm{b}} m} \tag{9.49}$$

となる．これは衝突のない古典的なプラズマの誘電関数である (F.2 節)．振動数がプラズマ振動数 $\omega = \omega_{\mathrm{p}}$ のときには誘電関数がゼロになる．$\epsilon = 0$ なら $\mathbf{D}$ が無い状態で $\mathbf{E}$ が存在できるので，外部に場の源がなくとも振動電場が生じ得る．この振動の自然なモードは"プラズモン"(plasmon) と呼ばれており，たとえば電子気体中に高エネルギーの荷電粒子 (たとえば電子) を通過させる際に効果的に発生させることができる．$n_{\mathrm{3D}} = 10^{24}$ m^{-3} の高濃度ドープ GaAs では $\hbar\omega_{\mathrm{p}} \approx 40$ meV であるが，この値は光学フォノンのエネルギーと似たようなものなので，熱いキャリヤ(ホット)の冷却過程には光学フォノンと同様にプラズモンも重要な役割を果たす．

9.4.2　2DEG における遮蔽

2 次元系における $\Pi(\mathbf{q},\omega)$ の計算も 3 次元の場合とよく似ている．主な違いは静電気学の部分である．議論を簡単にするために，2DEG の厚さを無視して δ 関数によって空間の電荷分布を 2 次元面内に制約することにしよう．すなわち 3 次元電荷密度は，単位面積あたりの電荷密度を $\sigma(\mathbf{r})$ とすると $\rho(\mathbf{R}) = \sigma(\mathbf{r})\delta(z)$ である．我々は誘起電荷の Fourier 成分と，それに対応する 2DEG 面内のポテンシャルの関係を見出さなければならない．

この問題が 3 次元系の場合よりも難しくなる理由を図 9.9 に示す．我々は 2DEG 内に起こることだけに関心があるが，電場の方は $z = 0$ の面内に閉じ込められているわけではなく，3 次元空間に広がっている．さらに考えると，電場は 2DEG に近い表面や金属ゲート電極やヘテロ界面の影響で歪められる可能性もあるが，この問題についてはここでは無視しておく．

我々は低振動数の挙動だけに関心があり，場を静的に計算できるものと仮定する．面内における誘起電荷密度のひとつの Fourier 成分は $\sigma_{\mathrm{ind}}(\mathbf{r}) = \tilde{\sigma}_{\mathrm{ind}}(\mathbf{q})\exp(i\mathbf{q}\cdot\mathbf{r})$ と書かれる．これは 2DEG において $\phi_{\mathrm{ind}}(\mathbf{r},z=0) = \tilde{\phi}_{\mathrm{ind}}(\mathbf{q})\exp(i\mathbf{q}\cdot\mathbf{r})$ のポテンシャル

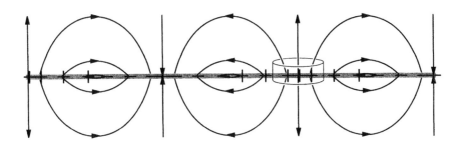

図9.9 2DEG内の静電的な電荷粗密に伴って生じる電場. 2DEG の一部を囲む Gauss 面の例も併せて示した.

を生じる. $\mathbf{q}$ が 2DEG 面内方向の 2 次元ベクトルであることを忘れてはならない！ 誘起されたポテンシャルは次のように全空間に広がる.

$$\phi_{\text{ind}}(\mathbf{r},z) = \tilde{\phi}_{\text{ind}}(\mathbf{q})\exp(i\mathbf{q}\cdot\mathbf{r})\exp(-|qz|) \tag{9.50}$$

減衰する指数関数は $z \neq 0$ における Laplace 方程式を満たしており, z が大きい遠方ではポテンシャルがゼロに近づく. このポテンシャルの z 方向の微分, すなわち電場は $z=0$ において不連続である. Gauss の定理により, 電場の不連続はその場所の電荷密度と見合うものでなければならない. 図9.9 の中に示した Gauss 面を考えると, Fourier 成分は次式を満たす.

$$\frac{\tilde{\sigma}_{\text{ind}}(\mathbf{q})}{\epsilon_0\epsilon_{\text{b}}} = E_z(0_+) - E_z(0_-) = -\left.\frac{\partial\phi_{\text{ind}}}{\partial z}\right|_{0_+} + \left.\frac{\partial\phi_{\text{ind}}}{\partial z}\right|_{0_-} = 2q\tilde{\phi}_{\text{ind}}(\mathbf{q}) \tag{9.51}$$

したがって $\tilde{\phi}_{\text{ind}} = \tilde{\sigma}_{\text{ind}}/2\epsilon_0\epsilon_{\text{b}}q$ であり, 誘電関数は次のようになる.

$$\epsilon_{\text{r}}(\mathbf{q},\omega) = 1 - \frac{e^2}{2\epsilon_0\epsilon_{\text{b}}q}\Pi(\mathbf{q},\omega) \equiv 1 - \tilde{v}_{\text{2D}}(q)\Pi(\mathbf{q},\omega) \tag{9.52}$$

背景にあるイオン系による通常の誘電率因子 ϵ_{b} は, これとは別に掛けておく必要がある. $v_{\text{2D}}(q)$ は Coulomb エネルギーの 2 次元 Fourier 変換である. 再び Thomas-Fermi 近似を用いると $\Pi_{\text{TF}} = -dn/d\mu$ である. 低温では, この状態密度が定数 $m/\pi\hbar^2$ なので,

$$\epsilon_{\text{TF}}(q,0) = 1 + \frac{q_{\text{TF}}}{q}, \quad q_{\text{TF}} = \frac{me^2}{2\pi\epsilon_0\epsilon_{\text{b}}\hbar^2} = \frac{2}{a_{\text{B}}} \tag{9.53}$$

となる. a_{B} は有効 Bohr 半径 (式 (4.67)) である.

ドナーのような点電荷に対する遮蔽を考える. 2DEG 面から距離 d $(d \geq 0)$ の所に位置する点電荷の一般的な問題として扱うと有用であろう. 遮蔽されていない (unscreened) ポテンシャルエネルギーの Fourier 変換は, 次のようになる.

$$\tilde{V}_{\text{uns}}(q) = \int_0^\infty rdr\int_0^{2\pi}d\theta\frac{e^2}{4\pi\epsilon_0\epsilon_{\text{b}}\sqrt{r^2+d^2}}e^{iqr\cos\theta}$$

$$= \frac{e^2}{4\pi\epsilon_0\epsilon_b} \int_0^\infty \frac{2\pi J_0(qr)rdr}{\sqrt{r^2+d^2}}$$

$$= \frac{e^2}{2\pi\epsilon_0\epsilon_b} \frac{\exp(-qd)}{q} \equiv \tilde{v}_{2D}(q)\exp(-qd) \tag{9.54}$$

この積分は Gradshteyn and Ryzhik (1993) の中で式 (6.554.1) として与えられている．この結果の重要な特徴は，ポテンシャルが 2DEG と点電荷の距離 d に依存して指数関数的に減衰する点である．後で 9.5 節で示すように，この要因こそが，2DEG において高移動度を実現するために決定的に重要なのである．Thomas-Fermi 誘電関数 (9.53) で割ると，

$$\tilde{V}_{\text{scr}}(q) = \frac{e^2}{2\epsilon_0\epsilon_b} \frac{e^{-qd}}{q+q_{\text{TF}}} \tag{9.55}$$

となる．再び長波長の極限 $q=0$ では遮蔽効果が消失し，状態密度による寄与だけが残る．残念ながら，これを解析的に逆 Fourier 変換して実空間に戻すことはできない．重要な特徴は，r が大きい遠方におけるポテンシャルの減衰の様子が，

$$V_{\text{scr}}(r) \sim \frac{e^2}{4\pi\epsilon_0\epsilon_b} \frac{q_{\text{TF}}(1+q_{\text{TF}}d)}{(q_{\text{TF}}r)^3} \tag{9.56}$$

と表されることである．これは冪則であって，2DEG においては指数関数的な遮蔽は起こらない．その理由は図 9.9 に示したように，電気力線の大部分が 2DEG 面の外部に出て遮蔽を免れるからである．2DEG による遮蔽は 3 次元の遮蔽と異なり，誘起電荷が外部電荷の周囲を完全に囲むことがないので，遮蔽の効果は弱い．

2 次元における Thomas-Fermi 遮蔽の興味深い特徴は，q_{TF} が電子の密度に依存しないことであり，一見，非常に希薄な 2DEG でも高密度の 2DEG と同様の遮蔽が起こるように思われる．このパラドックスは Lindhard の公式によって，$q>2k_F$ における誘電関数を求めることで解決する．

$$\epsilon_r(q,0) = 1 + \frac{q_{\text{TF}}}{q}\left\{1-\left[1-\left(\frac{2k_F}{q}\right)^2\right]^{1/2}\right\} \tag{9.57}$$

遮蔽距離が一定値を保つのは $q<2k_F$ の波数範囲だけであり，2DEG の密度が低下すると，この範囲が狭まるのである．もうひとつの制約は，2DEG が空乏化すると線形遮蔽が破綻するという事情であり，この制約も希薄な 2DEG において顕著になる．幸い多くの現象には，弱い電場における $\epsilon_r(q,0)$ の，遮蔽距離が決まる範囲だけが関係する．

プラズモンの挙動も 3 次元の場合とは劇的に変わる．$q\to 0$ において振動数が定数になるのではなく，平方根の分散関係を持つ．

$$\omega_p \sim \sqrt{\frac{e^2 n_{2D} q}{2\epsilon_0\epsilon_b m}} \tag{9.58}$$

遮蔽の重要な効果は，電子と散乱ポテンシャルの相互作用の修正であるが，この問題を次節で取り上げる．

9.5 導電面の外にある不純物による散乱

2次元電子気体が輸送を担う低次元系の中で最も重視される理由は，低温において平均自由行程が非常に長くなる点にある．これは3.5節で言及したように，電子とそれを供給したドナーが分離することに依っている．高温や強電場の下で主としてフォノンが散乱を支配するようになると，2次元電子気体の移動度は3次元電子気体と同等になる．

2DEGにおいて低温で最も強い電子散乱の原因となるのは，n-AlGaAs層にあるイオン化したドナーであるが，この層は2DEGから隔離層によって隔てられている．ここで扱う具体例はヘテロ界面における2DEGであるが，一般に2次元的な広がりを持つ量子井戸内の電子系や正孔系なら，閉じ込められている波動関数の形が違っていても，それ以外の点では同じ原理が適用できる．電子気体は強く縮退しているものと仮定するので，Fermi準位のところだけで散乱頻度を計算すればよい．

議論を簡単にするために，図9.10に示すようにドナーが面状にδドーピングされているものとする．単位面積あたりのイオン化ドナー密度を$n_{\text{imp}}^{(2\text{D})}$とする．ドープ層に厚みを持たせるような拡張も容易である．通例に合わせてz軸を下向きに設定してあるので注意されたい．このことから必然的に，電子気体の"上"にある不純物面の座標dは負となる．我々は既に，輸送寿命の一般式 (8.32) を導出している．

$$\frac{1}{\tau_{\text{tr}}} = n_{\text{imp}}^{(2\text{D})} \frac{m}{2\pi\hbar^3 k_{\text{F}}^3} \int_0^{2k_{\text{F}}} |\tilde{V}(q)|^2 \frac{q^2 dq}{\sqrt{1-(q/2k_{\text{F}})^2}} \tag{9.59}$$

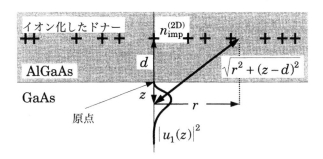

図9.10 2次元電子気体が外部のイオン化不純物によって散乱を受ける配置のモデル．z軸を下向きに取り，電子を閉じ込めている界面の位置を基準点とするので，不純物面のz座標は$d < 0$である．

単一粒子散乱頻度はここから因子 $q^2/2k_F^2$ を除いたものになる．散乱頻度を求めるために必要となるのはポテンシャルだけであり，我々は Thomas-Fermi 遮蔽された Coulomb ポテンシャル (式 (9.55)) をここに用いる．輸送散乱頻度は次のようになる．

$$\frac{1}{\tau_{\mathrm{tr}}} = n_{\mathrm{imp}}^{(2\mathrm{D})} \frac{m}{2\pi\hbar^3 k_F^3} \left(\frac{e^2}{2\epsilon_0 \epsilon_b}\right)^2 \int_0^{2k_F} \frac{\exp(-2q|d|)}{(q+q_{\mathrm{TF}})^2} \frac{q^2 dq}{\sqrt{1-(q/2k_F)^2}} \tag{9.60}$$

この式は重要な物理をほとんど含んでいるが，これを評価する前に，少し改善を施すことにする．

9.5.1 行列要素

式 (9.59) は厳密に2次元系について導出したものであり，2DEG 面に対して垂直方向の波動関数因子を無視してある．しかし本質的に，散乱を表す行列要素の波動関数には，3次元波動関数を充てるべきである (波数ベクトルは2次元のままでよいが)．波動関数は普通の積の形で $\phi_{\mathbf{k},n}(\mathbf{R}) = A^{-1/2} u_n(z) \exp(i\mathbf{k}\cdot\mathbf{r})$ と表すことができる．A は 2DEG の面積，n はサブバンドを識別する番号である．初期状態を $A^{-1/2} u_m(z) \exp(i\mathbf{k}\cdot\mathbf{r})$，終状態を $A^{-1/2} u_n(z) \exp(i(\mathbf{k}+\mathbf{q})\cdot\mathbf{r})$ と置いてみよう．一般には波数ベクトルだけでなくサブバンドも変わる．行列要素は次のようになる．

$$\begin{aligned} V_{nm}(q) &= \frac{1}{A}\int u_n^*(z) e^{-i(\mathbf{k}+\mathbf{q})\cdot\mathbf{r}} V(\mathbf{r},z) u_m(z) e^{i\mathbf{k}\cdot\mathbf{r}} d^3\mathbf{R} \\ &= \frac{1}{A}\int dz\, u_n^*(z) u_m(z) \int d^2\mathbf{r}\, V(r,z) e^{i\mathbf{q}\cdot\mathbf{r}} \end{aligned} \tag{9.61}$$

ポテンシャルが円筒状の対称性を持つものと仮定して，z を固定して $V(r,z)$ に r に関する2次元 Fourier 変換を施したものを $\tilde{V}(q,z)$ と書くことにしよう．

$$V_{nm}(q) = \frac{1}{A}\int u_n^*(z) u_m(z) \tilde{V}(q,z) dz \tag{9.62}$$

もし散乱がひとつのサブバンド内で起こり $(n=m)$ 波動関数が厚さを持たなければ $(|u_n(z)|^2 = \delta(z))$，これは $\tilde{V}(q,0)$，すなわち我々が前から用いてきた $z=0$ 面内のポテンシャルだけを含む行列要素に帰着する．この近似がサブバンド間散乱に対して不適切であることは明らかで，一般には次のように書かれる．

$$V_{nm}(q) = \frac{1}{A} F_{nm}(q) \tilde{V}(q,0) \tag{9.63}$$

$F_{nm}(q)$ は"形状因子"(form factor) と呼ばれており，$F_{nn}(0) = 1$ である．

$n=m=1$ の基底サブバンド内散乱を考えよう．式 (9.54) により，イオン化したドナーによるポテンシャルの Fourier 変換は (符号を除き) $z>0$ において $\tilde{V}(q,z) = (e^2/2\epsilon_0\epsilon_b q)e^{-q(z-d)}$ と与えられる．ここで扱う座標では，ドナー位置が $d<0$ である

ことを思い出してもらいたい．$u_1(z)$ に Fang-Howard 近似関数を充てると，行列要素 (9.62) は次のようになる．

$$V_{11}(q) = \frac{1}{A}\frac{e^2}{2\epsilon_0\epsilon_b q}\int_0^\infty \left[\frac{1}{2}b^3 z^2 e^{-bz}\right]e^{-q(z-d)}dz = \frac{1}{A}\frac{e^2}{2\epsilon_0\epsilon_b}\frac{e^{-q|d|}}{q}\left(\frac{b}{b+q}\right)^3 \quad (9.64)$$

上式を $\tilde{V}(q,0)$ と比較すると，形状因子は $F_{11}(q) = [b/(b+q)]^3$ である．この因子は主として電子系の平均位置が界面からずれていることを考慮に入れるためのものである．散乱頻度は行列要素の自乗を含み，離れた不純物による散乱頻度は次のようになる．

$$\frac{1}{\tau_{\rm tr}} = n_{\rm imp}^{\rm (2D)}\frac{m}{2\pi\hbar^3 k_{\rm F}^3}\left(\frac{e^2}{2\epsilon_0\epsilon_b}\right)^2\int_0^{2k_{\rm F}}\frac{e^{-2q|d|}}{(q+q_{\rm TF})^2}\left(\frac{b}{b+q}\right)^6\frac{q^2 dq}{\sqrt{1-(q/2k_{\rm F})^2}} \quad (9.65)$$

ポテンシャルには Thomas-Fermi 誘電関数による遮蔽を施しておいた．残念ながらこの扱い方には自己撞着がある．行列要素の算出には $u_1(z)$ を考慮したが，$\epsilon_{\rm r}(q,\omega)$ の導出には δ 関数によるキャリヤ電荷の平面内分布を仮定しているからである．我々は電荷密度を $\rho(\mathbf{R}) = \sigma(\mathbf{r})|u(z)|^2$ と置いて $\phi_{\rm ind}$ を計算し，得られたポテンシャルを $|u(z)|^2$ の上で平均化して，電子系への影響を計算し直さなければならない．その結果としては，もうひとつの形状因子が誘電関数に入り，散乱頻度は次のようになる．

$$\frac{1}{\tau_{\rm tr}} = n_{\rm imp}^{\rm (2D)}\frac{m}{2\pi\hbar^3 k_{\rm F}^3}\left(\frac{e^2}{2\epsilon_0\epsilon_b}\right)^2\int_0^{2k_{\rm F}}\frac{e^{-2q|d|}}{[q+q_{\rm TF}G(q)]^2}\left(\frac{b}{b+q}\right)^6\frac{q^2 dq}{\sqrt{1-(q/2k_{\rm F})^2}}$$
(9.66)

$$G(q) = \frac{1}{8}\left[2\left(\frac{b}{b+q}\right)^3 + 3\left(\frac{b}{b+q}\right)^2 + 3\left(\frac{b}{b+q}\right)\right] \quad (9.67)$$

これで散乱頻度の導出は完了した．

9.5.2 散乱頻度

最終的な散乱頻度の式 (9.66) は，見た目には扱い難く，直ちに数値計算が必要となるように思われる．しかしそれよりも，少々近似を施して，見通しのよい式を得ることを考えよう．まず遮蔽が主要な効果を持つことは明白である．遮蔽のないポテンシャルの寄与は $q \to 0$ において $1/q_{\rm TF}^2$ ではなく $1/q^2$ となるので，きわめて大きな散乱効果を持ち，$1/\tau_{\rm i}$ を算出する積分は発散してしまう．遮蔽のない Coulomb ポテンシャルによる散乱は，なお取り扱いの難しい問題である．

q に関する積分の尺度を決める諸量を調べてみよう．

(i) 不純物と 2DEG の距離 $|d|$ は減衰指数関数の中に現れ，$q \gg 1/|d|$ において積分への寄与を消失させる．典型的に $d > 10$ nm なので，重要となる積分範囲は $q < 0.1$ nm^{-1} である．

(ii) Thomas-Fermi遮蔽波数 $q_{\text{TF}} = 0.2$ nm^{-1} は分母に $q_{\text{TF}} + q$ という形で現れる．重要な積分範囲は $q < 0.1$ nm^{-1} なので，近似として分母から q を省いてもよい．この近似は遮蔽の効果を強調したものになる．

(iii) 散乱に関与する最大波数は $2k_{\text{F}}$ であり，3×10^{15} m^{-2} ほどの電子密度を持つ典型的な2DEGでは 0.3 nm^{-1} 程度である．これも $1/|d|$ より充分大きい値であり，この積分上限に達する前に非積分関数は指数関数因子によってゼロに近づくので，積分の上限を無限大に置き換えても支障はない．同じ理由で分母の平方根因子を1に置き換えてもよい．

(iv) Fang-Howardパラメーターは $b \approx 0.2$ nm^{-1} で，これも重要となる q の範囲よりも大きい．2種類の形状因子それぞれにおいて $q = 0$ とおくことができるものとすると，両方とも1となり，省略することができる．

これらの近似は便利であるが，残念ながら正確ではなく，特に隔離層が薄い場合には粗い見積りに過ぎないものと考えなければならない．近似の結果は次のようになる．

$$\frac{1}{\tau_{\text{tr}}} = n_{\text{imp}}^{(2\text{D})} \frac{m}{2\pi\hbar^3 k_{\text{F}}^3} \left(\frac{e^2}{2\epsilon_0 \epsilon_{\text{b}} q_{\text{TF}}}\right)^2 \int_0^\infty q^2 e^{-2q|d|} dq$$

$$= n_{\text{imp}}^{(2\text{D})} \frac{m}{8\pi\hbar^3 (k_{\text{F}}|d|)^3} \left(\frac{e^2}{2\epsilon_0 \epsilon_{\text{b}} q_{\text{TF}}}\right)^2 = \frac{\pi\hbar n_{\text{imp}}^{(2\text{D})}}{8m(k_{\text{F}}|d|)^3} \quad (9.68)$$

最後の式の導出には有効Bohr半径の定義(4.67)と $q_{\text{TF}} = 2/a_{\text{B}}$ の関係を用いた．予告した通りに，この結果は単純である．移動度 $\mu = e\tau_{\text{tr}}/m$ と平均自由行程 $l_{\text{tr}} = v_{\text{F}}\tau_{\text{tr}}$ は次のように与えられる．

$$\mu = \frac{8e(k_{\text{F}}|d|)^3}{\pi\hbar n_{\text{imp}}^{(2\text{D})}}, \quad l_{\text{tr}} = \frac{32\pi n_{2\text{D}}^2 |d|^3}{n_{\text{imp}}^{(2\text{D})}} \quad (9.69)$$

l_{tr} の式を簡単にするために，2次元電子密度とFermi波数の関係 $n_{2\text{D}} = k_{\text{F}}^2/2\pi$ を用いた．これらが質量を直接含んでおらず，また散乱頻度が電荷素量に依存していないことは興味深い．

数値の感じを掴むために，$n_{2\text{D}} = 3 \times 10^{15}$ m^{-2}，$k_{\text{F}} = 0.14$ nm^{-1}，$|d| = 30$ nm，$n_{\text{imp}}^{(2\text{D})} = 10^{16}$ m^{-2} と置いてみる．上の簡単な近似式によると $l_{\text{tr}} \approx 2.4$ μm，$\mu \approx 27$ m^{2}V^{-1}s^{-1} である．比較のために式(9.66)の数値計算の結果を示すと $l_{\text{tr}} \approx 5.0$ μm，$\mu \approx 56$ m^{2}V^{-1}s^{-1} であって，簡単な近似式が与える結果は粗雑な見積りに過ぎないが，桁を見るには有用であることが分かる．この例では平均自由行程がさほど長くないが，これは2DEGと不純物の距離の3乗に比例するので，更に長くすることも容易である．隔離層を厚くして $|d| = 100$ nm とすると，μ は 1000 m^{2}V^{-1}s^{-1} まで上がり，

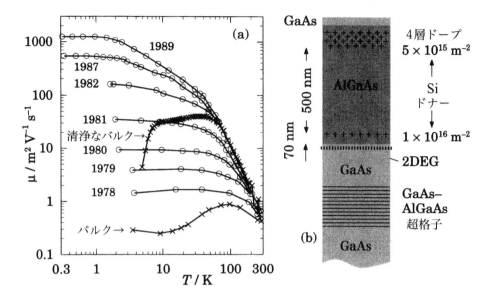

図9.11 (a) 様々な2DEGにおける移動度の温度依存性 (○印). 最高の移動度 (背景不純物散乱による制約を受ける) が20年間で向上してきた様子を示している. 比較のためにバルク (巨視的結晶) の特性も示してある (×印). 古い材料 (バルク) と, 純度を向上させた材料 (清浄なバルク) の結果である [Stanley et al. (1991)] (b) 最高の移動度が得られた試料の層構造を単純化して示した図. [Pfeiffer et al. (1989) より転載.]

$l_{\text{tr}} \approx 0.1$ mm になる. 室温の半導体では普通 $\mu < 1$ m^{2}V^{-1}s^{-1} であることを考えると, この値は注目に値する. この調子でさらに際限なく μ の値を上げることができるように思えてしまうが, 最終的には9.6節で論じる別の散乱過程が支配的になる. 移動度は2DEGの電子密度にも依存しており, 式 (9.69) から, 有用な経験則 $\mu \propto n_{\text{2D}}^{3/2}$ を確認できる.

図9.11(a) は2DEGの移動度のデータが年々向上してきた様子を示している. これは主に材料の純度の改善によっており, このことはバルク (巨視的結晶) のGaAsの特性にも反映されている. 1000 m^{2}V^{-1}s^{-1} を超える最高の移動度は, 電子密度 2.4×10^{15} m^{-2}, 隔離層の厚さ70 nmの2DEGにおいて得られた. ドーピングが2層に分離した形で施されている点に注意されたい (図9.11(b)). わずかに 10^{16} m^{-2} のドナーだけが2DEGの近くにあり, 表面状態の相殺に必要な大部分のドナーは電子系から充分に離れている.

単一粒子寿命 τ_{i} を用いた同様の諸式も導くことができるが, たとえば重み付けを行わない平均自由行程は $l_{\text{i}} \approx 0.05\ \mu$m である. 2種類の平均自由行程の比は $l_{\text{tr}}/l_{\text{i}} \approx 8\pi n_{\text{2D}}|d|^2 \approx 70$ と大きいが, これにはFourier変換の急速な減衰 $\tilde{V}(q) \propto e^{-|d|q}$ によって, 散乱角への依存性が強まっていることが関係している. 実空間に戻して考えると, この違いは電子系と不純物面を離すことによって, 空間的にゆっくりと変化して広範

囲に及ぶようになった不純物ポテンシャルの効果を反映しているのである．不純物からの遮蔽のない長距離ポテンシャルとして，変化が緩慢な $1/r$ の形の裾野が残り，2次元系では遮蔽を考慮しても，これが $1/r^3$ まで減じるにすぎない．3次元金属の中では状況が全く異なり，不純物ポテンシャルは遮蔽によって空間的な広がりを妨げられて完全な短距離型になるために，散乱は等方的で $\tau_{tr} \approx \tau_i$ である．

2DEG の電子密度を上げると，2番目のサブバンドにも電子が入り始める．そうなると電子はサブバンド間で散乱されるようになり，移動度が低下する．図9.12 は基板

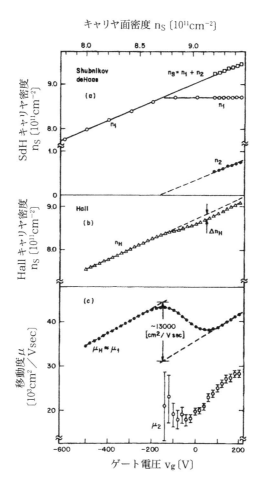

図9.12 2DEG の第2サブバンドの占有が移動度に及ぼす影響．(a) Shubnikov-de Hass 振動のスペクトルから求めた各サブバンドの電子密度．(b) Hall効果から求めた電子密度．(c) 式(6.24)によって算出した各サブバンド内の電子の移動度．[Störmer, Gossard and Wiegmann (1982) より許可を得て転載．著作権：1982, Elsevier Science Ltd., The Boulevard, Langford Lane, Kidlington OX5 1GB, UK.]

のバイアスによって 2DEG の電子密度を変えた実験の結果であるが,このような第2サブバンド占有の効果が現れている.Shubnikov-de Hass 振動の Fourier 変換から求めた密度 n_1 と n_2 を図9.12(a) に示してある.我々はすでに2つの並列伝導チャネルに電子が入っている場合の見かけの Hall 係数と電子密度の式を導出してあるが (6.3節),これらの式に基づいて算出される移動度を図9.12(c) に示した.第2サブバンドに入っている電子の移動度は,基底サブバンドのそれより低いが,その理由の一部はサブバンド内電子密度 n_2 の低さにある.このデータにおいて奇妙な点は,$n_2 > 0$ になった後で n_1 が一定値を保っていることである.

9.6 他の散乱機構

2DEG には他にも散乱の要因がいろいろある.まず背景不純物 (background impurities) とフォノンについて少し詳しく見てから,その他の要因をおおまかに概観する.各種の散乱頻度を,総合的な移動度に結び付けなければならないが,最も簡単な考え方は"Matthiessen の規則" (Matthiessen's rule) で,これは各種の散乱頻度を単純に加算すればよいというものである.残念ながらこの方法はしばしば不正確なものとなる.特に散乱頻度が温度に強く依存する場合にはこの仮定が問題を生じ,正しい結果を得るには複雑な計算が必要となる.

9.6.1 背景イオン化不純物

我々は 9.5 節で導電面から"離れた"イオン化不純物面による散乱を計算した.隔離層が薄い場合,低温ではこの散乱が 2DEG の移動度を制約する.しかし材料全体にも"低濃度"の背景イオン化不純物があり,隔離層を厚くして離れたドープ不純物の影響を抑えた場合には,背景不純物の影響が支配的になる.この"低濃度"であるべき不純物は,残念ながら実際にはしばしば高い濃度で含まれ,特に AlGaAs では普通 $N_A \approx 10^{21}$ m^{-3} である.

前の計算を利用して,あまり労力をかけずにこの問題を扱うことができる.粗い見積りのために (通常 N_A の正確な値はほとんど知り得ないので,正確な見積りのために労力を費やすのは的外れである),単純な公式 (9.60) を形状因子なしで用いることにしよう.9.5.1項 (p.379〜) で導出した形状因子は $d < 0$ の場合のもので,$d > 0$ の場合にはもっと複雑な式になる.9.5.1項で扱ったのは 2DEG から d だけ離れたところにある密度 $n_{\text{imp}}^{(2D)}$ の不純物面であった.背景不純物濃度が 3 次元的に一様な値 $n_{\text{imp}}^{(3D)}$ を持つならば,それを非常に薄い無数の層に分割して考え,各層に関して式 (9.60) を適用し,d に関する積分を行って全散乱頻度を算出しなければならない.d は指数関数のところにしか表れないので,この作業は簡単である.違いが生じる因子を抜き出すと,

$$n_{\text{imp}}^{(2\text{D})} e^{-2q|d|} \rightarrow n_{\text{imp}}^{(3\text{D})} \int_{-\infty}^{\infty} e^{-2q|d|} dd = \frac{n_{\text{imp}}^{(3\text{D})}}{q} \tag{9.70}$$

のようになり，大きな q の散乱を抑制する指数関数因子が消失する．今度は 2DEG の近傍にも不純物があるために，散乱角が大きい散乱も起こり得るからである．輸送散乱頻度は次のようになる．

$$\frac{1}{\tau_{\text{tr}}} = n_{\text{imp}}^{(3\text{D})} \frac{m}{2\pi\hbar^3 k_{\text{F}}^3} \left(\frac{e^2}{2\epsilon_0 \epsilon_{\text{b}}}\right)^2 \int_0^{2k_{\text{F}}} \frac{1}{(q+q_{\text{TF}})^2} \frac{qdq}{\sqrt{1-(q/2k_{\text{F}})^2}} \tag{9.71}$$

積分は無次元であり，比 $q_{\text{TF}}/2k_{\text{F}}$ だけに依存する．前に示した数値例から見ると，この比は 1 からさほど遠い値ではなく，積分も 1 程度になるはずである．したがって，

$$\frac{1}{\tau_{\text{tr}}} \approx n_{\text{imp}}^{(3\text{D})} \frac{m}{2\pi\hbar^3 k_{\text{F}}^3} \left(\frac{e^2}{2\epsilon_0 \epsilon_{\text{b}}}\right)^2 \tag{9.72}$$

となる．$n_{2\text{D}} = 3 \times 10^{15}$ m^{-2}, $n_{\text{imp}}^{(3\text{D})} = 10^{21}$ m^{-3} と置いて移動度を試算すると $\mu \approx 70$ m^{2}V^{-1}s^{-1} である．図 9.11 (p.382) に示したような 1000 m^{2}V^{-1}s^{-1} を超える移動度を達成するためには，周到に清浄な試料を用意することが重要であり，そのような努力をせずに単に隔離層を厚くしても，高い移動度は得られない．

9.6.2 他の弾性散乱

2DEG が捕獲されている GaAs と AlGaAs の界面の不完全性も，電子を散乱する要因となる．この界面粗さ散乱 (interface-roughness scattering) は MOSFET では重要となるが，MBE で GaAs 層の上に AlGaAs 層を成長させた "通常の (normal) ヘテロ界面" では無視できるものと信じられている．しかし AlGaAs 層の上に GaAs 層を成長させた "逆転した (inverted) ヘテロ界面" では，界面粗さも問題となり得る．

AlGaAs 混晶自体が持つ原子種配置の不規則性も，電子散乱の要因になる．これは (秩序を持たせた混晶を形成できない限り) 除去することのできない制約であるが，GaAs−(Al, Ga)As 界面では混晶側の障壁内部には波動関数の裾野の部分しか侵入しないので，その影響は弱い．しかし混晶側で伝導を生じる (In, Ga)As チャネルのような系を用いる場合には，混晶の不規則性の影響も無視できなくなる．

伝導に影響が生じ得るもうひとつの散乱機構は，ヘテロ構造の表面 (上面) の電荷による散乱である．我々は 9.1 節において，表面が高い電荷密度を持つことを見たが，これが不規則性を持つならば，重要な散乱要因となる可能性がある．幸い表面電荷は 2DEG から遠く隔たっているので，その影響は無視できるものと期待されている．多くの工程の段階，特にエッチングにおいて表面に損傷が与えられることになり，このような損傷によっても，表面電荷の影響がある程度まで助長される．電子線リソグラフィーも移動度を劣化させるという主張がある．転位 (dislocation) その他の結晶欠陥も，特に歪み緩和バッファー層の上に成長した層 (3.6 節) において問題となる．

9.6.3 フォノン

フォノンは高温における散乱の主要な要因である．高温とは典型的に 77 K 以上であるが，清浄な試料になるほど低温までフォノン散乱が支配的になる．フォノン散乱を扱う難しさのひとつは，電子系が擬 2 次元系でありながら，フォノンは 3 次元的であるという点にある．さらに 2DEG を閉じ込めるヘテロ界面はフォノンをも歪め，界面付近に局在するモードさえ生じるかもしれない．LO フォノンは振動数が誘電率に依存し，誘電率は界面において不連続なので，LO フォノンの性質は界面構造に対して特に敏感である．我々はここでは，このような微妙な問題を無視して，フォノンが無限大の単結晶の中と同様に振舞うものと仮定する．

散乱頻度の式 (8.50) のように，フォノンを動的ポテンシャル $M(\mathbf{Q})\exp(i(\mathbf{Q}\cdot\mathbf{R} - \omega_{\mathbf{Q}}t))$ の形で扱い，電子がフォノンを吸収して $(m,\mathbf{k})$ から $(n,\mathbf{k}')$ へ散乱される過程を考えよう．$\mathbf{Q} = (\mathbf{q}, q_z)$ は 3 次元波数であるが，$\mathbf{k}$, $\mathbf{k}'$, $\mathbf{q}$ は 2DEG 面内方向の 2 次元波数である．行列要素は次のようになる．

$$\frac{M(\mathbf{Q})}{A}\int u_n^*(z)e^{-i\mathbf{k}'\cdot\mathbf{r}}e^{i(\mathbf{q}\cdot\mathbf{r}+q_z z)}u_m(z)e^{i\mathbf{k}\cdot\mathbf{r}}d^3\mathbf{R} \tag{9.73}$$

積分は $\mathbf{r}$ に関する積分と z に関する積分に因数分解できる．前者は単純な平面波の積分で，波数がゼロの場合は A，それ以外の場合はゼロになる．したがって普通の選択則 $\mathbf{k}' = \mathbf{k} + \mathbf{q}$ が得られるが，フォノンの波数に関して 2 成分だけに対する制約しか生じない．

行列要素は次の式に帰着する．

$$M(\mathbf{Q})\delta_{\mathbf{k}',\mathbf{k}+\mathbf{q}}\int u_n^*(z)e^{iq_z z}u_m(z)dz = M(\mathbf{Q})\delta_{\mathbf{k}',\mathbf{k}+\mathbf{q}}F'_{nm}(q_z) \tag{9.74}$$

$F'_{nm}(q_z)$ は束縛状態の波動関数に依存する新たな形状因子である．たとえば $m = n = 1$ として，Fang-Howard 波動関数を採用すると，形状因子

$$F'_{11}(q_z) = \frac{1}{2}b^3\int_0^\infty z^2 e^{-bz}e^{iq_z z}dz = \left(\frac{b}{b-iq_z}\right)^3 \tag{9.75}$$

である．これは波数の前にある $-i$ を除くと，式 (9.64) の Coulomb 散乱の形状因子と同じであり，この $-i$ はポテンシャルが減衰せずに伝搬する効果を反映している．散乱頻度は次のようになる．

$$W^+_{n\mathbf{k}',m\mathbf{k}}(\mathbf{Q}) = \frac{2\pi}{\hbar}N_{\mathbf{Q}}|M(\mathbf{Q})|^2|F'_{nm}(q_z)|^2\delta_{\mathbf{k}',\mathbf{k}+\mathbf{q}}\delta\bigl(\varepsilon(\mathbf{k}+\mathbf{q}) - \varepsilon(\mathbf{k}) - \hbar\omega_{\mathbf{Q}}\bigr) \tag{9.76}$$

上式には 2 次元ベクトルと 3 次元ベクトルがともに含まれている！ 運動量の保存則は，フォノンの波数のうち 2 成分を決めるだけであって，第 3 成分は $q_z \gg b$ のときに形状因子によって散乱が抑制させるという以上には制約を受けない．エネルギーの

関係を規定するδ関数は3次元波数ベクトル $\mathbf{Q}$ を含むので, 2次元波数ベクトルの変化 $\mathbf{q}$ とエネルギー $\hbar\omega_\mathbf{Q}$ の関係は一意的ではない.

一例として, 変形ポテンシャルを介して結合した音響フォノンを取り上げ, 電子のエネルギー変化を無視する準弾性近似を適用する (8.4.1 項, p.322~). ここでも極低温以外で成立する $N_\mathbf{Q} \approx (N_\mathbf{Q}+1) \approx k_B T/\hbar\omega_\mathbf{Q}$ という関係を仮定する. 放出頻度と吸収頻度を組み合わせて, 式 (8.47) の変形ポテンシャルに対する行列要素を用いると, 次のようになる.

$$W_{n\mathbf{k}',m\mathbf{k}}(\mathbf{Q}) = \frac{2\pi}{\hbar}\frac{2k_B T}{\hbar v_s Q}\frac{\hbar Q \Xi^2}{2\Omega\rho v_s}|F'_{nm}(q_z)|^2 \delta_{\mathbf{k}',\mathbf{k}+\mathbf{q}}\delta(\varepsilon(\mathbf{k}+\mathbf{q})-\varepsilon(\mathbf{k})) \quad (9.77)$$

全フォノンの波数 $\mathbf{Q}$ に関して, この頻度の総和をとり, それを $\mathbf{q}$ に関する和と q_z に関する和の積の形に書いてみよう. 前者の結果はδ関数によって自明である. q_z に関する和は形状因子だけを含み, 通常どおりに積分に直すことができる.

$$\sum_{q_z}|F'_{nm}(q_z)|^2 \to \frac{L}{2\pi}\int_{-\infty}^{\infty}|F'_{nm}(q_z)|^2 dq_z = L\int_{-\infty}^{\infty}|u_n(z)|^2|u_m(z)|^2 dz \quad (9.78)$$

L は z 方向の試料寸法である. q_z の積分範囲を無限大にして, 最後の式は Parseval (パーセヴァル) の定理によって導いた. 両方の状態を基底サブバンドにおける Fang-Howard 波動関数とすると,

$$\int_{-\infty}^{\infty}|u_1(z)|^2|u_1(z)|^2 dz = \frac{b^6}{4}\int_0^{\infty}z^4\exp(-2bz)dz = \frac{3b}{16} \quad (9.79)$$

となる. これは (長さ)$^{-1}$ の次元を持ち, 明らかに波動関数の厚さに関係している. 1電子が $\mathbf{k}$ から $\mathbf{k}' = \mathbf{k}+\mathbf{q}$ へ散乱される全散乱頻度は, 次のようになる.

$$W_{\mathbf{k},\mathbf{k}+\mathbf{q}} = \frac{2\pi}{\hbar}\frac{1}{A}\frac{k_B T \Xi^2}{\rho v_s^2}\frac{3b}{16}\delta(\varepsilon(\mathbf{k}+\mathbf{q})-\varepsilon(\mathbf{k})) \quad (9.80)$$

8.4.1 項 (p.322~) と同様に, この最終的な散乱頻度は, 等方的な不純物散乱と同じ形を持っている. 1方向スピンの状態密度 $m/2\pi\hbar^2$ を掛けて, 寿命の逆数を得ることができる.

$$\frac{1}{\tau} = \frac{3mbk_B T\Xi^2}{16\rho v_s^2 \hbar^3} \quad (9.81)$$

移動度は $\mu = e\tau/m$ であり, 2DEG では状態密度が定数なので $\mu \propto T^{-1}$ となる. 典型的な値として $\rho v_s^2 = 1.4 \times 10^{11}$ Jm^{-3}, また 2DEG の Ξ の報告値は広範囲に及ぶが $\Xi = 10$ eV とすると, 10 K において $\mu = 350$ m^{2}V^{-1}s^{-1} である. 図 9.11(a) (p.382) の一番上の曲線を見ると, $2 < T < 30$ K において上の予言どおり $\mu \propto T^{-1}$ の特性が認められ, 係数も理論値とよく一致する. 古い試料では, この特性が不純物散乱のために隠されて顕在化していない. 50 K 以上で移動度が急激に低下するのは, 3次元の

場合と同様の光学フォノン散乱による効果である．光学フォノンのエネルギーは非常に高いので (36 meV)，その占有数 N_{LO} は室温でも小さい．しかし 8.4.2 項 (p.325～) で見たように，光学フォノンと電子の結合はきわめて強い．

残念ながら，我々は少々誤魔化しをやっている．導電面から離れた不純物による散乱頻度は 2DEG の遮蔽効果によって著しく低下していたが，ここでは遮蔽の問題を無視した．フォノンによるポテンシャルは，不純物ポテンシャルのような静的なものとは違い，時間に依存して振動するので，ここで本当は誘電関数 $\epsilon_{\mathrm{r}}(\mathbf{q}, \omega_{\mathbf{Q}})$ を導入して動的な遮蔽を考慮しなければならないのである．2 種類の散乱の重要な違いは，離れた不純物は主として小さな波数ベクトルを通じてのみ散乱を生じるので散乱は小角度に限定されるが，音響フォノン散乱は等方的な散乱となることである．$2k_{\mathrm{F}} \approx 0.3 \ \mathrm{nm}^{-1}$ で，これは $q_{\mathrm{TF}} = 0.2 \ \mathrm{nm}^{-1}$ より大きいので，フォノン散乱に対する遮蔽の効果は，不純物散乱への遮蔽効果よりもはるかに弱く，第 1 近似としては，これを無視しても差し支えない．遮蔽を考慮すると μ は n_{2D} に対して弱い依存性を持つ．

＊　参考文献の手引き

2 次元電子気体に関する古典的な参考文献は Ando, Fowler and Stern (1982) である．これは III-V 族ヘテロ界面デバイスではなく，主としてシリコン MOSFET を扱っているので，材料的に新しい内容のものではないが，ここで提示されている基本的な理論は，化合物デバイスにも適用できる．Stern (1983) は変分法による近似波動関数を採用して，ヘテロ界面に形成された 2DEG の密度と移動度の関係をまとめてある有用な文献である．

2DEG は平均自由行程が長いので，弾道的 (ballistic) 電子を用いた多くの実験を触発している．古典的に解釈できる結果も多いが，干渉効果を含むものもある．Beenakker and van Houten (1991) に広範な概説が示されている．この分野では今もなお，活発な研究が続いている！　これを書いている時点で特に研究の盛んな対象が 2 つあるが，ひとつは小さな共振孔 (cavity) における量子カオス (quantum chaos) の問題，もうひとつは Luttinger 液体 (Luttinger liquid) の描像に基づく 1 次元系の電子間相互作用の効果である．電子相関に関しては，多くの多体理論の専門書において議論されており，Mahan (1990) には Luttinger 液体に関する入門的記述が含まれている．

2 次元電子気体の実用的な応用は，主として MODFET によるものであろう．この種のトランジスタは Weisbuch and Vinter (1991) や Kelly (1995) において論じてある．後者では異なるタイプのデバイスの興味深い比較が行われている．Sze (1990) では高速デバイスの一分野として，ひとつの章をヘテロ構造 FET の概説に充ててある．バイポーラトランジスタや電界効果トランジスタ，トンネルデバイスを含む広範な III-V 族半導体デバイスの解析が Tiwari (1992) によって与えられている．この文献には古

典的な輸送理論と，デバイスモデリングの問題に関する優れた解説も含まれている．

本章の数値計算に用いたプログラムの内容は Tan, Snider and Hu (1990) に記述されている．これはパーソナル・コンピューター (Macintosh および PC) 用のソフトウエアになっており，ワールドワイドウエブ http://www.nd.edu/~gsnider から無料で入手できる．

∗ 練習問題

9.1 9.1節に示した理論を GaAs と AlGaAs の誘電率の違いを考慮するように拡張せよ．ヘテロ界面において E_z ではなく D_z を一致させること．この違いは現実的に重要なものとなるか？

9.2 図9.1 (p.350) に示した構造の構成は 9.1節に与えてある．閾値電圧と式 (9.14) を用いて $v_G = +0.2$ V のときの平衡状態における電子密度を解析的に推定し，数値シミュレーションの結果 3.0×10^{15} m^{-2} と比較せよ．ドナーから供給される電子のどの程度の割合が 2DEG に入るか．また Fermi 準位をピン止めするために必要な表面状態密度はいくらか？ ドープ量が $\pm 20\%$ の誤差を持つと (遺憾ながらよくある状況である！) 何が起こるか？

9.3 この層構成によって $v_T = +0.2$ V のエンハンスモード (キャリヤ誘起モード) デバイスを得るには，ドープ層をどのくらい薄くする必要があるか？

9.4 図9.4 (p.359) に示したデバイスの閾値電圧を，DXセンターが電子に占有されている場合と空いている場合それぞれについて推定せよ．式 (9.14) のような"キャパシタ的推定"を用いることは可能か？
   式 (9.16) によると，図9.4(a) で DX センターが占有されている場合の電子密度はいくらか？ DX センターを除去した場合を考えると，並列伝導が現れる前の 2DEG における最大電子密度はいくらか？ その結果は図9.4(d) と整合しているか？

9.5 三角井戸モデルに基づいて，2DEG において基底サブバンドだけに電子が入る電子密度の範囲を求めてみよ．このモデルは適切か？

9.6 9.1節では 2DEG 形成に最も一般的に用いられるヘテロ構造だけを考察したが，個別の特定の応用のために，別の構造も提唱されている．図9.13 に，逆転MODFET (inverted MODFET), SISFET, 逆転SISFET の構造を示す．後者 2 種類の主要部分はドープされておらず，逆転SISFET ではこの構造がゲート清浄表面に接している．これらの構造のバンドダイヤグラムを，平衡状態とゲートに電圧を印加した状態について描いてみよ．SISFET型の 2 種類では何故，表面に薄い n$^+$-GaAs層 (これは i-MODFET にも導入し得る) があるのか？

9.7 図9.1 (p.350) において，$N_A = 10^{21}$ m^{-3} のドープ基板を導入した場合の閾値電圧への影響を推定せよ．閾値においても隔離層のバンドは水平にはならず，ポテンシャル井戸が残るという事情を思い起こすこと．

9.8 $z = 0$ におけるポテンシャル段差 ΔE_c を，無限大ではなく有限に扱って，計算の改善を試みよ．$z > 0$ では三角井戸近似を用いること．ひとつの簡単化したモデルとしては，隔離層内の線形電位降下を無視して，$z < 0$ において $V(z) = \Delta E_c$ と定数にしてしまえばよい．こうすると波動関数は $z > 0$ において $\mathrm{Ai}\bigl((eFz - \varepsilon_1)/\varepsilon_0\bigr)$ に比例し，$z < 0$ にお

図9.13 (a) 逆転MODFET, (b) 半導体−絶縁体−半導体FET(SISFET), (c) 逆転SISFET の層構造. 太い破線は2DEGの位置を表す.

いて $\exp(\kappa z)$ に比例する. 許容される状態を得るには, $z = 0$ において波動関数の値と微分値を合わせなければならない. 残念ながら κ は固有エネルギー ε_1 の関数であるが, 無限に深い三角井戸における ε_1 を用いて κ を見積り, これを定数として扱うか, あるいは単に $\hbar^2 \kappa^2 / 2m = \Delta E_c$ と置いて推定してもよいかもしれない. このような修正に対してどの程度 ε_1 は敏感か？

9.9 Fang-Howard 変分計算を, 2DEG の下に p 型空乏層がある場合 (図9.6, p.362) を考慮して拡張せよ. 2DEG 内で線形近似 $V_{\text{dep}}(z) = eF_{\text{dep}} z$ を採用せよ. これは外部ポテンシャル $V_{\text{ext}}(z)$ の役割を果たす. $E_{\text{T}} = \langle \hat{T} \rangle + \langle V_{\text{ext}} \rangle + \frac{1}{2} \langle V_{\text{H}} \rangle$ を最小にするように変分パラメーター b を決めると, エネルギー準位は $\varepsilon_1 = \langle \hat{T} \rangle + \langle V_{\text{ext}} \rangle + \langle V_{\text{H}} \rangle$ と与えられる. 次の結果を示せ.

$$b = \left[\frac{12me^2 (N_{\text{dep}} + \frac{11}{32} n_{\text{2D}})}{\hbar^2 \epsilon_0 \epsilon_{\text{b}}} \right]^{1/3} \tag{ex9.1}$$

$$\varepsilon_1 = \left(\frac{243}{16} \right)^{1/3} \left[\frac{\hbar^2}{2m} \left(\frac{e^2}{\epsilon_0 \epsilon_{\text{b}}} \right)^2 \right]^{1/3} \frac{N_{\text{dep}} + \frac{55}{96} n_{\text{2D}}}{\left(N_{\text{dep}} + \frac{11}{32} n_{\text{2D}} \right)^{1/3}} \tag{ex9.2}$$

この広く引用される結果は, $N_{\text{dep}} = 0$ と置くと式 (9.37) に帰着し, $n_{\text{2D}} = 0$ と置くと三角井戸内状態の変分法による推定結果 (7.76) に帰着する.

9.10 我々は δ ドーピングを, 離れた所にあるヘテロ構造へ電子を供給するためのドープ面として扱ってきたが, ドープしていない一様な半導体の中に $N_{\text{D}}^{(2D)}$ のドナー密度を持つ δ ドープ面があり, 電子がそのままドナー面近傍に残っている状況を想定することもできる (図 9.14). この問題も, ヘテロ界面の問題と同様に考え, 全電子が基底サブバンドに入っており $n_{\text{2D}} = N_{\text{D}}^{(2D)}$ であるものと仮定しよう. ドナーによるポテンシャルは $V_{\text{ext}}(z) = eF|z|$, $F = eN_{\text{D}}^{(2D)} / 2\epsilon_0 \epsilon_{\text{b}}$ であるが, 電子系が更に Hartree ポテンシャルを生じて, z が大きいところではドナーのポテンシャルを打ち消す. 変分近似によってエネルギー準位を計算せよ. ひとつの自明な波動関数形の候補は Gauss 関数であるが, これは Hartree ポテンシャルの中にも誤差関数を生じてしまう. $u(z) \propto \text{sech}(bz) = 2/(e^{bz} + e^{-bz})$ と置くほうが簡単である.

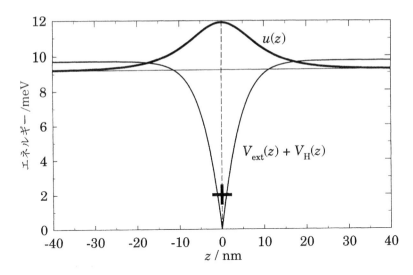

図9.14 3×10^{15} m^{-2} の密度で δ ドープされたドナー面の近傍に，ドナーと等しい密度の電子がある場合の，変分関数 $u(z) \propto \text{sech}(bz)$ を用いて推定した波動関数とエネルギー．

9.11 前問と対照的な状況は，GaAs 量子井戸に捕えられた電子系によって与えられる．井戸幅 10 nm，電子密度 3×10^{15} m^{-2} とする．電子は隔離ドーピング (井戸自体はドープされていない)，もしくは一様濃度の井戸内ドナーにより供給されている．無限に深い井戸の波動関数を用いて電子系による静電ポテンシャルを計算し，どちらのタイプのドーピングの下でも，電子系による閉じ込めポテンシャルへの影響は小さいことを示せ．さらに束縛状態のエネルギーの変化を摂動論によって求めよ．

9.12 式 (9.67) の形状因子 $G(q)$ を導出せよ．

9.13 9.5.2 節 (p.380〜) で扱った 2DEG は，ヘテロ界面からの距離 $|d| = 30$ nm のところに密度 $n_{\text{imp}}^{(2D)} = 10^{16}$ m^{-2} で δ ドーピングが施されたものであった．同じ密度のドナーが，z 方向の平均位置はそのままで，厚さ 20 nm の領域に広がった状況を仮定してみよ．移動度にどのような影響が生じるか？

9.14 図9.11 (p.382) に示したような導電面から離れたイオン化不純物によって決まる，低温における 2DEG の移動度を推定し，実験結果と比較せよ．導電面に近い δ ドープ面のドナーは，どの程度の密度でイオン化していると推測されるか？

9.15 図9.12 (p.383) の実験結果に関して，形状因子とその不純物散乱に対する効果を，第 2 サブバンド内散乱，および基底 (第 1) サブバンドと第 2 サブバンドの間の散乱について計算せよ．ここで第 2 サブバンドの波動関数が必要となる．関数 $u_2(z) = \left(\frac{1}{6}b^3\right)^{1/2} z(3 - bz) \exp\left(-\frac{1}{2}bz\right)$ は規格化されており，かつ Fang-Howard 関数 $u_1(z)$ と直交しているので，これが理に適った近似関数である．この結果を用いて図9.12 に示された基底サブバンドと第 2 サブバンドの移動度の差を計算せよ．

9.16 幅 a の無限に深い正方形井戸の基底状態の形状因子を計算せよ．その性質は Fang-Howard 波動関数と定性的に比較してどのようになるか？

9.17 図9.11 (p.382) の中の最も良好な試料について，背景イオン化不純物濃度の上限を計算せよ．

9.18 8.4.2項 (p.325~) の結果を踏まえ，LOフォノンとの極性結合に関して9.6.3項 (p.386~) の計算を繰り返せ．議論を簡単にするために，形状因子を1と置き，2DEGは非縮退であると仮定せよ．低エネルギー電子が散乱されて $\hbar\omega_{LO}$ のすぐ上のエネルギーに遷移するLOフォノン吸収散乱の頻度は，

$$\frac{1}{\tau_{LO}} = \frac{k_{LO}}{8\hbar}\frac{e^2}{\epsilon_0}\left(\frac{1}{\epsilon(\infty)} - \frac{1}{\epsilon(0)}\right)N_{LO} \qquad (ex9.3)$$

となることを示せ．k_{LO} は光学フォノンと同じエネルギーを持つ電子の波数で $\hbar^2 k_{LO}^2/2m = \hbar\omega_{LO}$ を満たす．N_{LO} は各LOモードに入っている熱的フォノンの数である．N_{LO} の係数部分は 1.2×10^{13} s^{-1} で，これがこの散乱機構の強さを表す．この移動度は，図9.11(a) (p.382) の実験結果とどの程度合うか？また3次元の結果と比べてどうか？［P. J. Price, *Annals of Physics* (New York) **133** (1981): 217-39 に手を加えた．］

9.19 図9.11(a) (p.382) の最も新しい2DEG試料の移動度の温度依存性をうまく説明できるか？Matthiessenの規則を使ってイオン不純物散乱 (データから推定しなければならない)，音響フォノン散乱，縦方向光学フォノン散乱 (前問) の頻度を組み合わせてみよ．(温度の上昇に伴って，我々が考察していない効果もいくつか現れる．たとえば電子エネルギーの活性範囲の広がりや，遮蔽の変化など．)

第 10 章　量子井戸の光学特性

　低次元系の光学特性は広範に実用に供せられているが，その代表的な例は半導体レーザーである．本章では第8章で導出した一般的な結果を更に展開し，低次元構造へ適用する．

　まず最初に一般的な理論を更に進展させると，驚くべきことに，複素誘電関数や複素導電率の実部と虚部は互いに独立な関数ではなく，一方からもう一方を導出できることが判明する．この性質は，系に対する刺激への応答が，必ず刺激の後に現れるという因果律の帰結であり，Kramers-Kronig(クラマース　クローニッヒ)の関係式として定式化される．その他の重要な結果としては，物質の光吸収の全振動数にわたる積分量を決める f-和則がある．

　輸送の性質は1種類のキャリヤによって決まる場合が多いが，半導体の光学的な過程に関してはその限りではない．したがって，これまでほとんど触れずにきた価電子帯の詳細に立ち入らなければならない．前に導出した $\mathbf{k}\cdot\mathbf{p}$ 理論を発展させた，有名な Kane モデルによってこれを扱う．我々はまた有効質量近似の下で全波動関数を考えなければならない．通常の輸送の問題では Bloch(ブロッホ)因子を無視して，ゆっくりと変化する包絡関数だけを考えれば充分であるが，光学過程の選択則に関しては，波動関数の両方の部分が寄与を持つので，両方の因子を含めて行列要素を求めなければならない．この扱いによって，バンド間遷移とバンド内遷移とで全く違った結果が現れてくる．

　光吸収に伴って電子と正孔が発生するが，反対の電荷を持つこれらの粒子の相互作用を無視することもできない．両者の間の引力によって，水素原子の尺度を変更したような束縛状態が生じるが，これは励起子 (exciton) と呼ばれる．励起子はバンドギャップ近傍における光吸収強度を変えることになるが，この効果は系の次元を低下させると，より顕著なものになる．

10.1　光学的な応答の一般論

　8.5.2項 (p.330〜) において，光学的導電率の実部の式 (8.76) を導出した．これは誘電関数の虚部と等価である．

$$\sigma_1(\omega) = \frac{\pi e^2}{m_0^2 \omega} \frac{2}{\Omega} \sum_{i,j} |\langle j|\mathbf{e}\cdot\hat{\mathbf{p}}|i\rangle|^2 \big[f(E_i) - f(E_j)\big] \delta(E_j - E_i - \hbar\omega) \tag{10.1}$$

導電率の虚部の方も求めて全複素導電率を得る必要がある．虚部を直接に計算することも可能だが，ここでは他にも有用な結果をもたらすKramers-Kronigの関係式を用いることにする．ここでは物理的な意味を重視して，この関係式の説明を行うことにするが，数学的な詳細に関しては付録Fに解説を与えておく．

10.1.1　Kramers-Kronigの関係式

複素導電率 $\tilde{\sigma}$ は $\tilde{J}(\omega) = \tilde{\sigma}(\omega)\tilde{E}(\omega)$ という形で定義される．$\tilde{J}(\omega)$ はMaxwell方程式の第4式における全電流密度のFourier変換である．Kramers-Kronigの関係式は，このような任意の線形応答関数に適用可能である (非線形応答にも似たような関係式がある)．畳み込みの定理 (convolution theorem) に基づいてFourier変換量の関係を時間に依存する元の関数の関係に戻すことができる．

$$J(t) = \int_{-\infty}^{\infty} \sigma(t')E(t-t')dt' \tag{10.2}$$

時間に依存する応答関数 $\sigma(t)$ は，しばしば"衝撃応答関数"(impulse response function) と呼ばれる．系にδ関数の"外力" $E(t) = E_0(t-t_0)$ を加えると，それに対する応答が，

$$J(t) = \int_0^{\infty} \sigma(t')E_0\delta(t-t'-t_0)dt' = E_0\sigma(t-t_0) \tag{10.3}$$

と与えられるからである．誘電関数のような量は波数にも依存しているが，Kramers-Kronigの関係式は，それぞれの波数成分に対して適用される．

Kramers-Kronigの関係式は"因果律"(causality) の原理から生じるものである．因果律によると，系の応答は時間的に見て，原因となる刺激の後に現れる．言い換えると，ある時刻における系の応答は，系がそれより過去に受けた外力だけに依存して決まっている．したがって $J(t)$ は $E(t')$ の $t' < t$ における挙動だけに依存するが，これは式(10.2)において $t' > 0$ の積分範囲だけが寄与を持つことを意味する．積分範囲は全時間にわたっているので，正の時間だけが寄与を持つようにするために，$\sigma(t)$ が $t < 0$ においてゼロでなければならない．付録Fに与えた複素解析によると，このことの帰結として $\tilde{\sigma}(\omega)$ の実部と虚部は，それぞれがもう一方を用いた式によって表せることになる．

$$\sigma_1(\omega) = \frac{1}{\pi}\mathcal{P}\int_{-\infty}^{\infty}\frac{\sigma_2(\omega')}{\omega'-\omega}d\omega' \tag{10.4}$$

$$\sigma_2(\omega) = -\frac{1}{\pi}\mathcal{P}\int_{-\infty}^{\infty}\frac{\sigma_1(\omega')}{\omega'-\omega}d\omega' \tag{10.5}$$

これが"Kramers-Kronigの関係式"である．式中の$\mathcal{P}$は"Cauchyの主値積分を意味しており (付録F)，この措置によって $\omega' = \omega$ における発散が回避される．

時間の関数としての導電率 (式 (10.2)) は電流密度と電場を関係づけているが，これらは両方とも物理量なので，この導電率も数学的に複素数ではなく実数となるべき量である．したがってその Fourier 変換は $\tilde{\sigma}(-\omega) = \tilde{\sigma}^*(\omega)$ という対称性を持ち，実部は $\sigma_1(-\omega) = \sigma_1(\omega)$，虚部は $\sigma_2(-\omega) = -\sigma_2(\omega)$ を満たす．この対称性に基づき，Kramers-Kronig の関係式における積分を，正の振動数範囲だけに限定して書き直すことができる．

$$\sigma_1(\omega) = \frac{2}{\pi} \mathcal{P} \int_0^\infty \frac{\omega' \sigma_2(\omega')}{\omega'^2 - \omega^2} d\omega' \tag{10.6}$$

$$\sigma_2(\omega) = -\frac{2}{\pi} \mathcal{P} \int_0^\infty \frac{\omega \sigma_1(\omega')}{\omega'^2 - \omega^2} d\omega' \tag{10.7}$$

Kramers-Kronig の関係式は，どのような線形応答関数も，その実部と虚部は互いに相手を規定しあっており，独立に決まるものでないことを示している．σ_1 は散逸，σ_2 は分極と，物理的な意味は全然別のように見えるけれども，両者は不可分に関係している．Kramers-Kronig の関係式は"分散関係の式"(dispersion relations) とも呼ばれ，物理学の他の分野や，制御理論のような工学分野においても広く用いられている．

実際面において厄介な点は，積分がゆっくりとしか収束しないことであり，$\tilde{\sigma}$ の一方の成分を測定して Kramers-Kronig の関係式からもう一方の成分を正確に求めたい場合には，非常に広い周波数領域にわたる測定が必要になる．むしろ Kramers-Kronig の関係式は，何らかの摂動によって生じた"変化"の部分を調べるために用いるのが便利である．そのような変化は，振動数空間において局所的となる傾向が強いからである．たとえば 7.2.2 項 (p.276～) において，量子井戸内のエネルギー準位が電場の印加によってシフトする現象 (量子閉じ込め Stark 効果) を見たが，このとき σ_1 に生じる変化は狭いエネルギー範囲に限定される．このとき Kramers-Kronig の関係式を用いて，対応する σ_2 の変化を求めることは比較的容易である．

10.1.2　光学応答関数

σ_1 の式 (10.1) に戻ろう．式の先頭の係数因子の分母にある ω を，和の中に入れてしまうと都合がよい．そして δ 関数を考慮して，これを $(E_j - E_i)/\hbar$ に置き換えることができる．

$$\sigma_1(\omega) = \frac{\pi e^2 \hbar}{m_0^2} \frac{2}{\Omega} \sum_{i,j} |\langle j|\mathbf{e}\cdot\hat{\mathbf{p}}|i\rangle|^2 \frac{f(E_i) - f(E_j)}{E_j - E_i} \delta(E_j - E_i - \hbar\omega) \tag{10.8}$$

振動数は $\delta(E_{ji} - \hbar\omega)$ だけを通じて関与している．$E_{ji} = E_j - E_i$ である．この部分だけを Kramers-Kronig の関係式 (10.5) に代入すると $-(1/\pi)[1/(E_{ji} - \hbar\omega)]$ となるので，σ_2 は次のように与えられる．

$$\sigma_2(\omega) = -\frac{e^2 \hbar}{m_0^2} \frac{2}{\Omega} \sum_{i,j} |\langle j|\mathbf{e}\cdot\hat{\mathbf{p}}|i\rangle|^2 \frac{f(E_i) - f(E_j)}{E_j - E_i} \mathcal{P} \frac{1}{E_j - E_i - \hbar\omega} \tag{10.9}$$

これで 2 つの成分を組み合わせて $\tilde{\sigma}$ を得ることができる．複素導電率の代わりに複素誘電率の形で表すと，次のようになる．

$$\tilde{\epsilon}_{\mathrm{r}}(\omega) = 1 + \frac{e^2 \hbar}{\epsilon_0 m_0^2 \omega} \frac{2}{\Omega} \sum_{i,j} |\langle j | \mathbf{e} \cdot \hat{\mathbf{p}} | i \rangle|^2 \frac{f(E_j) - f(E_i)}{E_j - E_i}$$

$$\times \left[\mathcal{P} \frac{1}{E_j - E_i - \hbar\omega} + i\pi \delta(E_j - E_i - \hbar\omega) \right] \quad (10.10)$$

実部と虚部の 2 つの項を，簡単なトリックを用いてまとめてしまうことができる．そのために，まず $1/(x - i\varepsilon)$ を実部と虚部に分けて書いてみる．ε は小さい数だがゼロではない．

$$\frac{1}{x - i\varepsilon} = \frac{x}{x^2 + \varepsilon^2} + i\pi \left(\frac{\varepsilon}{\pi} \frac{1}{x^2 + \varepsilon^2} \right) \quad (10.11)$$

括弧内の量は，単位面積に規格化した Lorentz 型関数である．したがって $\varepsilon \to 0_+$ とすると，これは δ 関数に近づく．0_+ は無限小の正数である．第 1 項は $|x| \gg \varepsilon$ において $1/x$ のように振舞うが，x の絶対値を小さくしても発散せずにゼロに近づく．この式は主値を取ることによって積分の発散を除去する処方を与える．すなわち，

$$\frac{1}{x - i0_+} = \mathcal{P} \frac{1}{x} + i\pi \delta(x) \quad (10.12)$$

という関係が得られる．上の結果は，複素平面内の閉路積分の解析から導くこともできる．これに基づいて複素誘電率を，

$$\tilde{\epsilon}_{\mathrm{r}}(\omega) = 1 + \frac{e^2 \hbar}{\epsilon_0 m_0^2 \omega} \frac{2}{\Omega} \sum_{i,j} |\langle j | \mathbf{e} \cdot \hat{\mathbf{p}} | i \rangle|^2 \frac{f(E_i) - f(E_j)}{E_j - E_i} \frac{1}{E_j - E_i - \hbar\omega - i0_+} \quad (10.13)$$

と書き直せる．普通，複素誘電率の式として引用されるのはこの式である．

光学的な応答は，特に 8.7 節で見たような離散的な遷移過程一式によるものである場合，しばしば "振動子強度" (oscillator strength) の形で表現される．前に得た実導電率の式 (8.97) は，初期状態と終状態に関する和を含んでいた．この代わりに，満たされた状態と空いた状態の組み合わせだけを数える "遷移" (transition) k に関する和によって式を書くこともできる．和にスピンの因子 2 も含めると，式は次のようになる．

$$\sigma_1(\omega) = \frac{\pi e^2}{2m_0 \Omega} \sum_k f_k \left[\delta(\omega - \omega_k) + \delta(\omega + \omega_k) \right] \quad (10.14)$$

各遷移は式 (8.97) の i と j 両方の置換に入るので，ひとつの k に関して 2 つの項が生じている．この式は σ_1 が ω の偶関数になることも示している．この式を ϵ_2 の形で書き直すと，

$$\epsilon_2(\omega) = \frac{\pi e^2}{2\epsilon_0 m_0 \omega \Omega} \sum_k f_k \left[\delta(\omega - \omega_k) + \delta(\omega + \omega_k) \right] \quad (10.15)$$

となる．Kramers-Kronig の関係式 (10.4) によって対応する実部を求めると，次のようになる．

$$\epsilon_1(\omega) = 1 - \frac{e^2}{2\epsilon_0 m_0 \omega \Omega} \sum_k f_k \left[\frac{1}{\omega - \omega_k} - \frac{1}{\omega + \omega_k} \right] \tag{10.16}$$

この描像では $\epsilon_2(\omega)$ が鋭い δ 関数群によって構成される．現実には各線がそれぞれの状態の寿命に伴う広がりを持ち，大抵は Lorentz 型関数がよい近似になる．半波高全幅値が γ_k で，これが ω_k よりも充分に小さいならば，各 δ 関数を Lorentz 型関数に置き換えることができる．

$$\delta(\omega - \omega_k) \to \frac{\left(\frac{1}{2}\gamma_k\right)}{\pi} \frac{1}{(\omega - \omega_k)^2 + \left(\frac{1}{2}\gamma_k\right)^2} \tag{10.17}$$

こうすると複素誘電関数は，次のような簡単な形にまとまる．

$$\tilde{\epsilon}_r(\omega) = 1 - \frac{e^2}{\epsilon_0 m_0 \Omega} \sum_k \frac{f_k}{(\omega^2 - \omega_k^2) + i\gamma_k \omega} \tag{10.18}$$

光学応答関数には，さらに"和則"(sum rule) と呼ばれる制約が課せられる．これからその簡単な例を，いくつか見ることにする．

10.1.3 和則

式 (8.96) に類する f-和則の証明に取りかかることにしよう．$\tilde{\epsilon}_r$ の式 (10.18) を，振動子強度の観点で考えてみる．可能なあらゆる遷移 ω_k に比べて充分に高い振動数においては，印加された電場に応答して電子が振動する範囲が非常に狭いので，電子は井戸の両壁による拘束にあまり影響されずに振動できる．このような条件下の電子はプラズマ中の自由電子のように振舞うが，プラズマの誘電関数は既に見ている (式 (9.49))．また，この振舞いに関するもうひとつの議論を付録 F に与えてある．これらにより，次の挙動が予想される．

$$\tilde{\epsilon}_r(\omega) \sim 1 - \frac{\omega_p^2}{\omega^2} \quad \text{as} \quad \omega \to \infty, \quad \omega_p^2 = \frac{e^2 n}{\epsilon_0 m_0} \tag{10.19}$$

n は系の電子数密度である．式 (10.18) はこのような極限の振舞いを持つべきであるが，このためには，

$$\sum_k f_k = n\Omega = N \tag{10.20}$$

でなければならない．N は試料中の全電子数で，上式が"f-和則"(f-sum rule) である．この和則は系のエネルギー準位の詳細などに依らない規則なので，実験・理論の両面において，結果の成否を判定するための強力な制約条件になる．

$\tilde{\epsilon}_r$ に関する別の和則も Kramers-Kronig の関係式から導かれる．ここで少々注意しなければならないが，印加した電場 **E** に対する媒質の応答は分極 **P** であって，電束

密度 D ではない．したがって電気感受率 $\chi(\omega) = \tilde{\epsilon}_r(\omega) - 1$ が真の応答関数である．Kramers-Kronig の関係式に適用すべき量は $\tilde{\epsilon}_r(\omega)$ 自身ではなく，この電気感受率である．

Kramers-Kronig の関係式 (10.6) を，ϵ_2 が重要な寄与を持つどの振動数よりも，はるかに高い振動数 ω において評価することを考えよう．そうすると，

$$\epsilon_1(\omega \to \infty) - 1 \sim -\frac{2}{\pi \omega^2} \int_0^\infty \omega' \epsilon_2(\omega') d\omega' \tag{10.21}$$

となる．再び高い振動数では，電子がプラズマのように振舞うという議論を用いることにする．式 (10.19) と比較をすると，次の関係を得る．

$$\int_0^\infty \omega \epsilon_2(\omega) d\omega = \frac{\pi \omega_p^2}{2} = \frac{\pi n e^2}{2 \epsilon_0 m_0} \tag{10.22}$$

これが $\epsilon_2(\omega)$ に関する f-和則である．

Kramers-Kronig の関係式のもうひとつの応用として，虚部関数から振動数ゼロにおける実部を見出すこともできる．式 (10.6) において $\omega = 0$ と置くと，

$$\epsilon_1(0) - 1 = \frac{2}{\pi} \int_0^\infty \frac{\epsilon_2(\omega)}{\omega} d\omega \tag{10.23}$$

となる．半導体では $\hbar\omega < E_g$ において $\epsilon_2(\omega) = 0$ であり，この積分に対する主要な寄与は，バンドギャップのすぐ上の振動数領域から生じることが多い．この事情により，バンドギャップが狭い半導体ほど静誘電率が高い傾向がある．定量的な議論を付録の F.2 節に与える．

我々は普通，D や P を E に対する応答と考えるが，電束密度 D を外部から与えることも可能である．これは自由電荷密度 ρ_f の導入によって行うことができる．Maxwell の方程式の第 1 式によって両者には $\mathrm{div}\, \mathbf{D} = \rho_f$ の関係がある．実際的な応用例のひとつは，電子顕微鏡におけるエネルギー損失分光 (energy-loss spectroscopy) であり，これは電子が薄い試料を透過する際のエネルギー損失を測定するものである．この過程は半導体デバイスの中でも重要になり得る．バイポーラ・トランジスタのベース領域を通過する熱い電子(ホット・エレクトロン)も同様に振舞うからである．D に対して応答する電場は，誘電媒質中では $\mathbf{E} = \mathbf{D}/\epsilon_0 \tilde{\epsilon}_r$，それ以外では $\mathbf{E} = \mathbf{D}/\epsilon_0$ であって，応答関数は $[1/\tilde{\epsilon}_r(\omega)] - 1$ である．これも $\tilde{\epsilon}_r - 1$ と同様に Kramers-Kronig の関係式に従わなければならない．$\mathrm{Im}\, \tilde{\epsilon}_r$ が物質中を伝搬する波が失うエネルギーを与えるのと同様に，入射粒子が失うエネルギーは $-\mathrm{Im}\,(1/\tilde{\epsilon}_r)$ に比例するので，これを"エネルギー損失関数"(energy-loss function) と呼ぶ．やはり電子は高い振動数において自由に振舞うことから，この関数も次のような和則に従うことになる．

$$\int_0^\infty \omega \left[-\mathrm{Im}\, \frac{1}{\tilde{\epsilon}_r(\omega)} \right] d\omega = \frac{\pi \omega_p^2}{2} = \frac{\pi n e^2}{2 \epsilon_0 m_0} \tag{10.24}$$

$\tilde{\epsilon}_r$ の虚部でも $-1/\tilde{\epsilon}_r$ の虚部でも，積分は同じ値になる．エネルギー損失関数は $\tilde{\epsilon}_r$ が小さい領域に支配されるが，我々は9.4.1項 (p.372〜) において，3次元ではプラズマ振動数 ω_p において $\tilde{\epsilon}_r$ がゼロになることを見た．したがってプラズモンは入射電子のエネルギーを失わせる重要なメカニズムであり，エネルギー損失関数を支配している．

和則が重要なのは，その一般性のためである．和則はどのような複雑な系にも適用でき，系が熱平衡状態にあるか否かも問わない．したがって材料やデバイスに対して，意のままに光吸収の強度を設定したり修正したりすることは不可能である．ある振動数において吸収強度を増加させれば，その代償として，必ずどこか別の振動数において吸収強度が減少することは避けられない．ひとつの例を挙げれば，バンド端における吸収強度の電場による変化，すなわち Franz-Keldysh 効果がある (6.2.1項, p.225〜)．バンド間吸収の強度は状態密度を反映している．電場によってバンド端に拡がりが生じるので (図6.2, p.227)，元のバンド端以下でも吸収を生じるようになるが，その代わりに元のバンド端のすぐ上のエネルギーにおける吸収は減少する．よく "Franz-Keldysh 効果によって吸収端がシフトする" という言い回しが用いられるが，この声明を文字通りに受け取ると，f-和則に抵触するような誤解が生じかねない．

レーザーも和則に従わなければならない．半導体レーザーにおける反転分布は，ある振動数領域において $\epsilon_2(\omega) < 0$ を実現し，この領域ではエネルギーの吸収ではなく放出が起こる．しかしここでも f-和則の制約があるので，スペクトル全体では，どこか別の振動数領域に吸収強度の増加が生じて，この放出強度と釣り合わなければならない．

和則は実験や理論において，結果を検証する際に有用な制約条件である．たとえば $\epsilon_2(\omega)$ を "すべての" 振動数にわたって測定できたとしよう．その結果を式 (10.22) に代入してみれば，左辺の積分が右辺の値に充分に近づくかどうかを見ることによって，実験結果の信頼性を確認できる．もし積分値が右辺よりもかなり小さければ，実験において，どこかの吸収帯を見落としているはずである．

10.2 価電子帯の構造：Kaneモデル

半導体における光学過程は，最近では赤外応用のためにバンド内過程も注目され始めているにせよ，やはりほとんどの重要な過程が伝導帯と価電子帯の間で生じる．我々は前に価電子帯に関して，単純な2次関数近似によって軽い正孔と重い正孔を扱ったが，この近似は光学的現象を扱うには不適切となる場合が多い．残念なことに最上のモデルは込み入っており，スピン－軌道結合を考慮しなければならないために非常に複雑である．Kaneモデルは，適宜いろいろな理論的水準で用いられる標準的な近似である．我々はまずスピンを無視した近似を調べる．この近似が実際に用いられることは稀であるが，これによって物理的描像を明確にできる．その後でスピン－軌道結合

も考慮した完全なモデルに取りかかることにする．次節では簡単に量子井戸の中の価電子帯を調べることにするが，これはむしろ不満足な結果を導くことになる！

p軌道に基礎を置いた価電子帯の単純な化学的描像を2.6.3項 (p.68~) で見た．ここでは，バンド頂上にひとつの軽い正孔のバンドと2重縮退した重い正孔のバンドが予言されている．これはBrillouinゾーン全体にわたるバンドの記述としても，概ね理に適っている．しかし残念なことに，図2.18 (p.70) を見て分かるように，この記述は最も重要な領域であるバンド頂上付近において不適切なものとなる．それに加えて，まだ少し誤魔化しが残っている．強く束縛されたモデル (7.7節) を利用すると，"重いバンド"はトンネル行列要素の符号から下向きではなく上向きに曲がらなければならないことが判る．Kaneモデルはこれらの点で，より正確な記述を与えることになる．

10.2.1 スピンを無視したKaneモデル

我々は7.3節において$\mathbf{k} \cdot \mathbf{p}$法によるバンド構造の記述方法を導出した．$\mathbf{k} \cdot \mathbf{p}$法の基本概念はBloch関数から平面波を分離して，Schrödinger方程式を周期因子$u_{n\mathbf{K}}(\mathbf{R})$だけに関する式に書き直すというものであった．この結果として得られる実効ハミルトニアン (式 (7.42) 参照) は，

$$\hat{H}_{\mathbf{k}\cdot\mathbf{p}}(\mathbf{K}) = \left[\frac{\hat{\mathbf{p}}^2}{2m_0} + V_{\mathrm{per}}(\mathbf{R})\right] + \left[\frac{\hbar}{m_0}\mathbf{K}\cdot\hat{\mathbf{p}} + \frac{\hbar^2 K^2}{2m_0}\right] \tag{10.25}$$

であった．我々は関心のある点 (通常はΓ点) におけるBloch関数が既知と仮定して，$\mathbf{K}$の項を摂動として扱い，$\varepsilon_n(\mathbf{K})$を$K^2$のオーダーまで求めた．この近似が正確なのは$K$が小さい範囲だけであり，$\varepsilon_n(\mathbf{K})$の変化がΓ点におけるバンドギャップと同等になると，近似が成立しないことは明らかである．また縮退した価電子帯にも，この近似は適用できない．

7.6節に示した精神を生かした更に良いアプローチの方法は，限定された基本関数系の範囲内で，Schrödinger方程式を正確に解くことである．この考え方がKaneモデルの基礎となる．摂動論を論じた時のように，基本関数系として$\mathbf{K} = 0$における全ての固有関数が相応しいことは明白である．これらの関数は完全系を成すので，全ての関数を使えるならば，近似を導入せずに任意の$u_{n\mathbf{K}}(\mathbf{R})$を完全系$\{u_{n0}(\mathbf{R})\}$で正確に展開することができる．近似としては，この基本関数系の部分集合を用いればよい．数値計算ではおそらく10個ほどの基本関数を使えるであろうが，解析的な取り扱いをするには，基本関数が少なくないと扱い難い．この場合に最低限，バンドギャップの両端の状態は不可欠である．Γ点におけるs的な伝導帯の波動関数を$|S\rangle$，価電子帯頂上のp_x, p_y, p_z軌道の対称性を持つ状態を，それぞれ$|X\rangle$, $|Y\rangle$, $|Z\rangle$と表すことにする．

これらの状態間で$\hat{H}_{\mathbf{k}\cdot\mathbf{p}}(\mathbf{K})$の行列要素を求めなければならない．ハミルトニアン (10.25) が含むほとんどの項は対角要素である．唯一の非対角項は$\mathbf{K}\cdot\hat{\mathbf{p}}$から生じるが，これらも簡単である．たとえば$\mathbf{K} \cdot \langle S|\hat{\mathbf{p}}|X\rangle = k_x\langle S|\hat{p}_x|X\rangle$であり，運動量 (勾配)

演算子の他の 2 方向成分に関する行列要素は，対称性からゼロになる．残る行列要素 $\langle S|\hat{p}_x|X\rangle$, $\langle S|\hat{p}_y|Y\rangle$, $\langle S|\hat{p}_z|Z\rangle$ は互いに等しく，これらを 7.3 節と同様に $(im_0/\hbar)P$ と書くことにする．このようにして得られるハミルトニアン行列を，基本関数と併せて書くと，次のようになる．

$$\begin{array}{c} & |S\rangle & |X\rangle & |Y\rangle & |Z\rangle \\ \langle S| \\ \langle X| \\ \langle Y| \\ \langle Z| \end{array} \begin{pmatrix} E_c+\varepsilon_0(K) & iPk_x & iPk_y & iPk_z \\ -iPk_x & E_v+\varepsilon_0(K) & 0 & 0 \\ -iPk_y & 0 & E_v+\varepsilon_0(K) & 0 \\ -iPk_z & 0 & 0 & E_v+\varepsilon_0(K) \end{pmatrix} \quad (10.26)$$

$\varepsilon_0(K)=\hbar^2K^2/2m_0$ は自由電子の運動エネルギーである．

エネルギー固有値は，通常どおりに永年方程式 $\det|E\mathsf{I}-\mathsf{H}|=0$ によって与えられる．ここでは簡単な 4 次方程式を解けばよく，その結果，球対称のバンドが得られる．

$$\varepsilon_e(K) = \frac{1}{2}(E_c+E_v)+\varepsilon_0(K)+\sqrt{\frac{1}{4}E_g^2+P^2K^2}$$
$$\varepsilon_{lh}(K) = \frac{1}{2}(E_c+E_v)+\varepsilon_0(K)-\sqrt{\frac{1}{4}E_g^2+P^2K^2}$$
$$\varepsilon_{hh}(K) = E_v+\varepsilon_0(K) \quad (2\text{重根}) \quad (10.27)$$

上式はそれぞれ電子，軽い正孔 (light hole)，および 2 重縮退した重い正孔 (heavy hole) のエネルギー分枝を与えている．図 10.1 に，おおよそ GaAs の値 $E_g=1.5$ eV, $E_P=2m_0P^2/\hbar^2=22$ eV を設定したバンド構造を示す．図 10.1(a) に示した Γ 点付近の分散は，定性的な議論に基づく予言と完全に整合している．ひとつの軽い正孔の分枝と，更に軽い電子の分枝と，2 重の重い正孔の分枝があるが，重い正孔の分散関係は電子の分散と逆転しておらず，半導体の正孔バンドとしては通常の方向とは逆に曲がっている．K を虚数として方程式を解くこともできて，その結果を図の左側に示してある．これは障壁を透過するトンネル過程を計算する際に有用である．

この分散式を Γ 点付近で展開すると，電子と軽い正孔の有効質量が与えられる．

$$\frac{1}{m_e}=\frac{E_P}{E_g}+1, \quad \frac{1}{m_{lh}}=\frac{E_P}{E_g}-1 \quad (10.28)$$

通常は $E_P/E_g \gg 1$ なので，この項が支配的であり，有効質量係数は 1 よりもずっと小さい．この例では $m_e=0.064$, $m_{lh}=0.073$ と与えられるが，単純な理論にしては驚くほどよい精度で GaAs の有効質量を予言している．上式を組み合わせると，換算質量係数の逆数は $1/m_e+1/m_{lh}=2E_P/E_g$ である．換算質量はバンド間吸収における光結合状態密度 (optical joint density of states. 8.6 節) に現れ，そこでは行列要素に P も含まれる．このように $\mathbf{k}\cdot\mathbf{p}$ 理論は光学現象と密接に関係している．

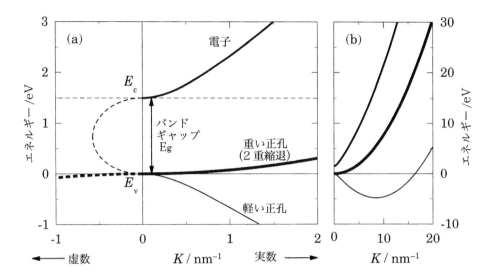

図10.1 スピンを無視したKaneモデルによる伝導帯と価電子帯のエネルギー．$E_g = 1.5$ eV, $E_P = 22$ eV である．実数および虚数の K も (a) に示した．(b) はより広い尺度でバンドを描いたもの．

固有ベクトルも容易に見出せるが，これは $\mathbf{K}$ の方向に依存する．z 方向を選ぶと，状態 $|X\rangle$ と $|Y\rangle$ が他から分離して重い正孔を形成する．k_z がゼロから増加すると $|S\rangle$ と $|Z\rangle$ は $\hat{p}_z$ によって混成してバンド間反発を引き起こし，軽い有効質量を持つようになる．面白いことに分散関係 (10.27) は，エネルギーの基準をバンドギャップの中央に置いて $\varepsilon_0(K)$ を無視すると，特殊相対性理論に基づく粒子と反粒子の分散関係 $E^2 = p^2 c^2 + m_0^2 c^4$ によく似ている．

ここまでの結果は予想通りのものだが，K が大きくなると奇妙な問題が生じる (図10.1(b))．分散関係 (10.27) は結局は $\varepsilon_0(K)$ に支配され，全部のバンドが上向きに曲がるようになる．これはBrillouinゾーン外の物理的に意味を持たない大きな K の値において起こるに過ぎないが，厄介な"幽霊解" (ghost solution) を生じる可能性がある．このようなことが起こる理由は，Kaneモデルにおいて，結晶の回転対称性は行列要素に入る波動関数の対称性を通じて考慮されているが，並進対称性と $\varepsilon(\mathbf{K})$ の周期構造の情報が失われているからである．この問題を除くと，エネルギーが我々の無視した別のバンドに近づかない限りにおいて，このモデルはよい近似になるものと期待できる．

このモデルは，このままの形ではまだ単純化が過ぎることは明白であり，2つの点で拡張を施さなければならない．第1にエネルギー的に離れたところのバンドの影響を摂動論によって考慮する．これはバンドの曲がり方が逆転する重い正孔に関して特に

重要となる.ハミルトニアンには,次のように多くの項が加わる.

$$\begin{pmatrix} A'K^2 & Bk_yk_z & Bk_xk_z & Bk_xk_y \\ Bk_yk_z & L'k_x^2+M(k_y^2+k_z^2) & N'k_xk_y & N'k_xk_z \\ Bk_xk_z & N'k_xk_y & L'k_y^2+M(k_x^2+k_z^2) & N'k_yk_z \\ Bk_xk_y & N'k_xk_z & N'k_yk_z & L'k_z^2+M(k_x^2+k_y^2) \end{pmatrix}$$
(10.29)

上式ではKane (1982)の記号を用いた.式は複雑ではあるが,よく研究されている半導体に関しては,すべてのパラメーターの値が調べられている.次にモデルの拡張の第2段階として,スピン-軌道結合を考えよう.

10.2.2 スピン-軌道結合

基礎的なKaneモデルの第2段階の拡張として,2.6.3項 (p.68〜) において言及した"スピン-軌道結合"を導入する.我々は普通,状態数を2倍にする以外は,電子のスピンの効果を無視してきた.例外は外部磁場のある場合 (6.4.3項,p.239〜) で,このときはスピンに付随する磁気能率によって,電子の状態はスピンが場に平行な状態と反平行な状態に区別され,異なるエネルギー準位を持った.電子-軌道結合も大雑把には,電子自身の運動から生じる磁場の下での,これとよく似た相互作用として捉えることができる.但しこれを厳密に扱うには相対論的な考察が必要である.電子が角運動量lを持つものとしよう.すなわち電子はこのベクトル方向の軸のまわりに回転軌道を形成している.電子はもちろん電荷を持つので,その軌道運動は巡回電流を伴い,その結果として磁場を発生する.外部磁場の場合と同様に,電子のエネルギーは,この磁場の向きとスピンsの向きの相互関係に依存するので,ここにスピンと軌道運動の結合が生じることになる.磁気双極子のエネルギーに関する通常の式と同様に,この結合エネルギーは$\mathbf{l}\cdot\mathbf{s}$に比例する.

角運動量は一連の量子力学的な規則に従うが,ここではごく簡単にその規則に言及する.我々は軌道運動をする粒子に関して,角運動量の大きさと,あるひとつの座標軸方向の角運動量成分だけを特定できる.普通,この方向をzと置く.各成分に対応する演算子$\hat{l}_x, \hat{l}_y, \hat{l}_z$は互いに交換しないので,角運動量の各成分を同時に知ることは不可能である.角運動量の大きさと,ある一方向 (z) の成分は,どちらも量子化されて$\hbar$を単位として表されることになる[†].また電子自身のスピンに関しては,その角運動量の大きさの量子数は$s=\frac{1}{2}$という固定値を取り,z成分の量子数は$s_z=\pm\frac{1}{2}$となる.s軌道の軌道角運動量の大きさの量子数は$l=0$である.p軌道の角運動量の大きさは$l=1$で,方向成分は$m\equiv l_z=-1,0,1$という3通りの値を取り得る.

[†](訳註) $\hat{l}_z$の固有値は単純に$l_z\hbar$だが (l_zは整数) $\hat{\mathbf{l}}^2$の固有値は$l(l+1)\hbar^2$なので (lはゼロ以上の整数),lの大きさは$l\hbar$ではなく$\sqrt{l(l+1)}\hbar$である.また一般に角運動量量子数がlのとき,方向成分l_zの量子数として許容されるのは$l, l-1, l-2, \cdots, -l$である.量子力学の教科書を参照.

方向成分として，ある特定値 m を持った p 状態は，我々が前に扱った直交座標方向を向いた p 軌道と同じものではない．新たな軌道状態を $|m\rangle$ と表すと，各方向を向いた状態とは次の関係を持つ．

$$|0\rangle = |Z\rangle, \quad |\pm 1\rangle = \sqrt{\frac{1}{2}}\left(|X\rangle \pm i|Y\rangle\right) \tag{10.30}$$

それぞれの軌道状態に対して，スピン状態を独立に指定することができる．たとえば $|+1\uparrow\rangle$ は $m=+1$ で $s_z=+\frac{1}{2}$ の状態である．どちらの軌道の記述を用いるにしても，全部で 6 つの p 状態がある．また，両方向のスピンを許容する伝導帯の s 軌道は $|S\uparrow\downarrow\rangle$ のように書かれる．

p 軌道の全角運動量 $\mathbf{j}=\mathbf{l}+\mathbf{s}$ を，量子力学の角運動量の規則を踏まえ，$\mathbf{j}$ 自体の量子化を考慮して求めなければならない．$l=1$，$s=\frac{1}{2}$ の場合は，規則により j の値として $\frac{3}{2}$ もしくは $\frac{1}{2}$ が許容され‡，初めのほうでは $j_z=\pm\frac{3}{2},\pm\frac{1}{2}$ の 4 通りの方向成分値，後のほうでは $j_z=\pm\frac{1}{2}$ の 2 通りの成分値を取ることができる．これらの全角運動量の状態は $|j,j_z\rangle$ のように表される．これも全部で 6 つの状態があり，先程の軌道とスピンを独立に数えた 6 つの状態と，次のように関係づけられる．

$$\begin{aligned}
\left|\tfrac{3}{2},+\tfrac{3}{2}\right\rangle &= |+1\uparrow\rangle \\
\left|\tfrac{3}{2},+\tfrac{1}{2}\right\rangle &= \sqrt{\tfrac{1}{3}}|+1\downarrow\rangle - \sqrt{\tfrac{2}{3}}|0\uparrow\rangle \\
\left|\tfrac{3}{2},-\tfrac{1}{2}\right\rangle &= -\sqrt{\tfrac{1}{3}}|-1\uparrow\rangle - \sqrt{\tfrac{2}{3}}|0\downarrow\rangle \\
\left|\tfrac{3}{2},-\tfrac{3}{2}\right\rangle &= |-1\downarrow\rangle \\
\left|\tfrac{1}{2},+\tfrac{1}{2}\right\rangle &= \sqrt{\tfrac{2}{3}}|+1\downarrow\rangle + \sqrt{\tfrac{1}{3}}|0\uparrow\rangle \\
\left|\tfrac{1}{2},-\tfrac{1}{2}\right\rangle &= -\sqrt{\tfrac{2}{3}}|-1\uparrow\rangle + \sqrt{\tfrac{1}{3}}|0\downarrow\rangle
\end{aligned} \tag{10.31}$$

角運動量の z 成分は，両方の記述において $j_z=m+s_z$ のように整合しなければならない．この制約から $\left|\tfrac{3}{2},+\tfrac{3}{2}\right\rangle$ は $|+1\uparrow\rangle$ だけに対応する．これに比べて $\left|\tfrac{3}{2},+\tfrac{1}{2}\right\rangle$ には $|+1\downarrow\rangle$ も $|0\uparrow\rangle$ も寄与することができ，これらはすべて共通して $j_z=+\tfrac{1}{2}$ を持つ．2 つの状態の振幅を与える Clebsch-Gordan（クレブシュ・ゴルダン）係数の導出は複雑なので，ここでは省略する．状態 $|j,j_z\rangle$ は一般に確定したスピン値を持たないことに注意されたい．

一連の基本状態を見出したので，これで新たなハミルトニアン行列を構築できる．元の行列 (10.26) の固有値は $|\mathbf{K}|$ だけの関数で，方向に依存していなかったが，この性質はスピン-軌道結合を導入しても変わらない．$\mathbf{K}$ を角運動量の成分表示に用いた z 方向に選ぶと行列要素は著しく簡単になり，8×8 行列が 2 つの 4×4 行列に分解する．行列に入るほとんどの要素は，波動関数の成分 (10.31) と元の行列要素から決まる．例

---

‡ (訳註) 一般的な角運動量の合成則により，全角運動量 $\mathbf{j}=\mathbf{l}+\mathbf{s}$ の量子数 j の値として $l+s, l+s-1, l+s-2, \cdots, |l-s|$ が許容される．

10.2 価電子帯の構造：Kaneモデル

外は価電子帯の対角要素で，ここにはスピン－軌道結合が含まれる．これは $\mathbf{l}\cdot\mathbf{s}$ に比例し，$\mathbf{j}^2 = (\mathbf{l}+\mathbf{s})^2$ を展開すると $\mathbf{l}\cdot\mathbf{s} = \frac{1}{2}(\mathbf{j}^2 - \mathbf{l}^2 - \mathbf{s}^2)$ であることが分かる．したがってスピン－軌道結合は $j=\frac{3}{2}$ と $j=\frac{1}{2}$ とで異なる．普通の半導体では $j=\frac{3}{2}$ の4つの状態がΓ点においてエネルギー E_v の価電子帯の頂上を与え，$j=\frac{1}{2}$ の2つの状態はスピン－軌道結合によってエネルギーが $E_\mathrm{v}-\Delta$ まで下がる．Δ の大きさは，半導体の原子番号を Z とすると，大まかに Z^4 に比例する．シリコンの $\Delta = 0.044$ eV は無視してよい場合が多いが，GaAs における $\Delta = 0.34$ eV は必ず考慮しなければならない．極端な例は InSb の $\Delta = 0.98$ eV であって，これは室温におけるバンドギャップ $E_\mathrm{g} = 0.18$ eV よりも大きい．最終的に次の行列を得る．

$$
\begin{array}{c}
\quad |S\uparrow\rangle \qquad\quad |\tfrac{3}{2},\tfrac{3}{2}\rangle \qquad |\tfrac{3}{2},\tfrac{1}{2}\rangle \qquad |\tfrac{1}{2},\tfrac{1}{2}\rangle \\
\begin{array}{c}\langle S\uparrow| \\ \langle\tfrac{3}{2},\tfrac{3}{2}| \\ \langle\tfrac{3}{2},\tfrac{1}{2}| \\ \langle\tfrac{1}{2},\tfrac{1}{2}|\end{array}
\begin{pmatrix}
E_\mathrm{c}+\varepsilon_0(K) & 0 & -i\sqrt{\tfrac{3}{2}}PK & i\sqrt{\tfrac{1}{3}}PK \\
0 & E_\mathrm{v}+\varepsilon_0(K) & 0 & 0 \\
i\sqrt{\tfrac{2}{3}}PK & 0 & E_\mathrm{v}+\varepsilon_0(K) & 0 \\
-i\sqrt{\tfrac{1}{3}}PK & 0 & 0 & E_\mathrm{v}-\Delta+\varepsilon_0(K)
\end{pmatrix}
\end{array}
\quad (10.32)
$$

$|\tfrac{3}{2},\tfrac{3}{2}\rangle$ は他の状態と結合しないので，この簡単なモデルでは $\varepsilon_\mathrm{hh}(K) = E_\mathrm{v}+\varepsilon_0(K)$ という形の重い正孔のバンドを与える．残りの3つの状態に関する永年方程式は，

$$
(E'-E_\mathrm{c})(E'-E_\mathrm{v})(E'-E_\mathrm{v}-\Delta) - P^2K^2\left(E'-E_\mathrm{v}+\tfrac{2}{3}\Delta\right) = 0 \quad (10.33)
$$

となる．$E' = E-\varepsilon_0(K)$ である．解として，図10.2 に示すような，電子のバンド，軽い正孔のバンド，および分裂した正孔のバンドが得られる．軽い正孔は，小さな K のところでは名前の通りに軽い有効質量を持つが，K が大きくなるとバンドが平坦になり，やがて重い正孔のようにバンドが上向きに曲がる．分裂バンド (split-off band) は K が小さいところで比較的重いが，軽い正孔のバンドが平坦になるところで，より顕著に下向きに曲がる．K が小さいところでの有効質量係数は，それぞれ，

$$
\frac{1}{m_\mathrm{e}} = 1 + \frac{2E_P}{3E_\mathrm{g}} + \frac{E_P}{3(E_\mathrm{g}+\Delta)}, \quad \frac{1}{m_\mathrm{lh}} = \frac{2E_P}{3E_\mathrm{g}} - 1, \quad \frac{1}{m_\mathrm{so}} = \frac{E_P}{3(E_\mathrm{g}+\Delta)} - 1 \quad (10.34)
$$

という形で与えられる．ここでも伝導帯と価電子帯への各項の寄与は鏡映的である．

スピン－軌道結合は $K < 0.5$ nm^{-1} においてバンド構造を著しく修正するが，K が大きいところでは，図10.1 (p.402) に示したモデルの結果に近づく．重い正孔の記述は依然として満足のいくものではなく，軽い正孔の挙動も K が大きいところでは正しくない．これらの欠点は，離れたバンドとの結合を摂動によって考慮し，行列 (10.29) に別の項を追加することで改善される．この場合，数値計算が必要となるが，そこまで取り扱いが面倒ではない近似法もいろいろと開発されている．

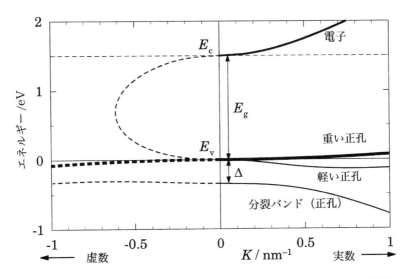

図10.2 スピン-軌道結合を含む Kane モデルによるバンド構造を，実数および虚数の K に関して示した．スピン-軌道結合のエネルギーは $\Delta = 0.34$ eV である．

最も簡単なアプローチの方法は，重い正孔が他の状態と結合していないので，他の状態に影響を与えずに重い正孔の質量を調整できることに注目するものである．こうすると，そこからハミルトニアンは厄介な $j = \frac{2}{3}$ 状態の制約を受け，厳密解が与えられる．これは価電子帯の Luttinger(ラッティンジャー) モデルと呼ばれており，軽い正孔と重い正孔のエネルギーを次のように与える．

$$\varepsilon(\mathbf{K}) = E_v - \frac{\hbar^2}{2m_0}\left[AK^2 \pm \sqrt{(BK^2)^2 + C^2(k_x^2 k_y^2 + k_y^2 k_z^2 + k_z^2 k_x^2)}\right] \quad (10.35)$$

各定数は普通，次のように Luttinger パラメーターによって表現される．

$$A = \gamma_1, \quad B = 2\gamma_2, \quad C^2 = 12(\gamma_3^2 - \gamma_2^2) \quad (10.36)$$

これらは行列 (10.29) の中で用いたパラメーター L', M, N' とも関係づけられる．GaAs では $\gamma_1 = 6.85$, $\gamma_2 = 2.1$, $\gamma_3 = 2.9$ である．このモデルの重要な特徴は，バンドが前のモデルのような球対称性を持たず，図2.18(b) (p.70) のような立方対称性だけが残ることである．[100]方向の有効質量は，

$$m_{hh} = \frac{1}{\gamma_1 - 2\gamma_2}, \quad m_{lh} = \frac{1}{\gamma_1 + 2\gamma_2} \quad (10.37)$$

であるが，[111]方向では γ_2 が γ_3 に入れ替わる．等エネルギー面は歪んだ球面を形成するが，球対称性を回復させた $\gamma_3 = \gamma_2$ の近似が用いられる場合もある．

価電子帯を記述するために用いられるモデルは，いろいろと洗練されたものが数多く存在するが，この辺でバルク (巨視的結晶) に関する議論を打ち切り，量子井戸のエネルギー準位を調べることにする．

10.3 量子井戸のバンド

我々は量子井戸における電子のエネルギー準位を既に扱った．前に示した描像は，概ね本章で記述する更に洗練されたモデルになっても大きな変更はないが，高いエネルギー領域ではバンドの非2次関数的性質が重要になる．また価電子帯の縮退によって複雑な挙動も生じる．残念ながら有用な解析的結果は少ないが，単純な描像でも充分に適正な基礎概念を与えることができる．

GaAs層がAlGaAsに挟まれている量子井戸を考えよう．層に垂直な結晶成長方向を z 方向とするが，角運動量成分 j_z も，この方向で計ることにする．バンド構造の細かい違いを無視して，ヘテロ界面を単純にポテンシャル段差として扱えるものと仮定しよう．バルクの波動関数は，式 (10.31) の p 軌道によって与えられる．GaAsにおけるスピン−軌道結合は充分強いので，分裂バンド $j = \frac{1}{2}$ は無視することができ，軽い正孔と重い正孔を考えればよい．

バルクの重い正孔は $|\frac{3}{2}, \frac{3}{2}\rangle$ の状態である．式 (10.31) を見ると，これは p 軌道 $|+1\uparrow\rangle$ と同じもので，$|X\uparrow\rangle$ と $|Y\uparrow\rangle$ の1次結合と見ることができる (式 (10.30))．したがって，この状態が含む p 軌道は z に対して垂直な方向を向いている．図2.17 (p.69) に基づくバルク中のバンドの描像によると，このバンドの正孔は z 方向に重く，xy 面内方向には軽い．もし電子に対して行ったのと同様に，z 方向の運動とこれに垂直方向の運動を分解できるならば，z 方向の質量が重いことは量子井戸による束縛準位が深いことを意味し，xy 面内の質量が軽いことは，井戸層方向の運動エネルギーが面内波数 $\mathbf{k}$ に依存して急激に増加することを意味している．

$|\frac{3}{2}, \frac{1}{2}\rangle$ のような軽い正孔の波動関数への主な寄与は $|0\uparrow\rangle$ から生じる．これは $|Z\uparrow\rangle$ と同じもので，z 方向を向いた p 軌道である．したがって軽い正孔の質量の異方性は，重い正孔の場合と逆転し，z 方向で軽く，xy 面内方向に重くなる．よって軽い正孔の井戸内のエネルギー準位は高く (束縛エネルギーが小さく)，面内方向の運動エネルギーは $\mathbf{k}$ に対してあまり増加しない．2つの状態を図10.3に示す．xy 面内方向の運動に関するそれぞれのバンドの質量は，Luttingerモデルによると，

$$m_{\perp \mathrm{hh}} = \frac{1}{\gamma_1 + \gamma_2}, \quad m_{\perp \mathrm{lh}} = \frac{1}{\gamma_1 - \gamma_2} \tag{10.38}$$

である．バルクにおける有効質量の異方性 (式 (10.37)) とは，大小関係が逆転している．

この井戸内バンド構造の重要な特徴は，重い正孔と軽い正孔が $\mathbf{k} = \mathbf{0}$ において縮退しない点で，量子井戸によってバルクに残っていたバンドの縮退が解けている．井戸は

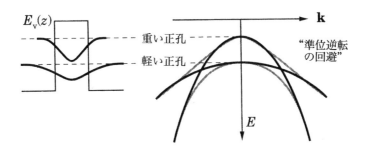

図10.3 量子井戸内の正孔の簡単なモデル．$\mathbf{k} = \mathbf{0}$ において"重い"正孔のエネルギーのほうが低いが，$\mathbf{k}$ に対して重い正孔のほうが急激にエネルギーが変わるので，2つのバンドが交わる．これらのバンド間の結合を考慮すると，薄い色の線で示したように，バンドが交わる代わりに"準位逆転の回避"が起こる．

価電子帯の描像の元となった図2.17 (p.69) の各 p 軌道に関係する異方性も持つ．この異方性は，"重い"正孔が実際には面内方向の運動に関して軽く，軽い正孔と重い正孔のバンドが交わることを意味する．もう少し単純化していない描像では，これらのバンド間の結合が考慮され，バンドが交わる代わりに"準位逆転の回避"(anticrossing) が起こる．"重い"正孔と"軽い"正孔は強く混合するのである．

更に現実的な計算はKaneモデルもしくはLuttingerモデルに基づくものになる．これらのモデルは有効質量近似により，$\mathbf{K} = -i\nabla$ として完全結晶から不均一な構造を持つ系を扱うように拡張することができる．たとえばスピン−軌道結合を無視した最も簡単なKaneモデル (10.26) を採用するならば，我々は4本の連立したSchrödinger微分方程式を解かなければならない．ここで z 方向だけに確率密度の変化を仮定して，波動関数を面内方向の平面波 $\exp(i\mathbf{k}\cdot\mathbf{r})$ と，z 方向に沿った未知の一連の関数に分解できるものと考える．そうすると k_x と k_y は数として残り，ハミルトニアンは次のようになる．

$$\left[\varepsilon_0(k) - \frac{\hbar^2}{2m_0}\frac{d^2}{dz^2}\right]\mathbf{1} + \begin{pmatrix} E_c(z) & iPk_x & iPk_y & Pd/dz \\ -iPk_x & E_v(z) & 0 & 0 \\ -iPk_y & 0 & E_v(z) & 0 \\ -Pd/dz & 0 & 0 & E_v(z) \end{pmatrix} \quad (10.39)$$

対角要素に含まれる共通項を分離した形で示した．z 方向の波動関数は4つの基本状態からの寄与をすべて含む4成分関数である．伝導帯の端 E_c と価電子帯の端 E_v は z の関数だが，P は定数と仮定することが多い．このハミルトニアンに，ヘテロ界面における境界条件を与えなければならない．我々は第3章で，有効質量が変わるヘテロ界面では，波動関数の"値と傾斜"の整合条件を修正しなければならないことを見た (式(3.19))．波動関数の異なる成分がヘテロ界面において混合する可能性があり，この簡

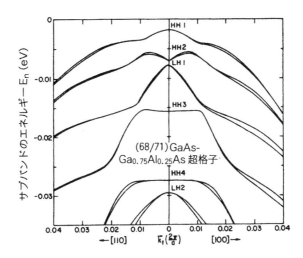

図10.4 多量子井戸(超格子)の価電子帯構造を $\mathbf{k}$ の2方向に関して示した図. 超格子は68原子層の GaAs 井戸と71原子層の $Al_{0.25}Ga_{0.75}As$ 障壁から構成されている. [Chang and Schulman (1985) による.]

単なモデルに関して 4×4 行列の境界条件が必要となる.

　量子井戸の価電子帯は複雑であり,得られる結果のほとんどが数値計算によるものであることは驚くにあたらない.ひとつの計算例を図10.4 に示す.準位逆転の回避や面内方向の軽い正孔と重い正孔の質量の関係など,ここまでの単純化した議論から予想される特徴も見られるが,数値計算はそれ以上の結果を与えている.(正孔の観点で)極端に有効質量が重いバンドや,負の有効質量を持つバンドが見られる.式 (10.29) の $Bk_x k_y$ のような項に起因して各準位に小さな分裂が生じており,僅かな異方性も見られる.

　一定方向の歪みは価電子帯に対して,量子井戸による閉じ込めと似たような効果をもたらす.この現象は実用的に重要である.下層と格子定数が整合しない層を意図的に成長させた仮像結晶構造によって,大きな結晶の歪みをデバイスに導入できるからである (3.6節).キャリヤの閉じ込めと歪みが共に作用して起こる価電子帯の分裂は,量子井戸レーザーの性能に多大な実利的効果をもたらす.遺憾ながらこのような応用の詳細は,本書で扱える範囲外の事項に属する.

　量子井戸の価電子帯に関する詳しいモデルをいくつか導いてきたが,ここからは,これらの複雑なモデルは措いておくことにする! 光学的性質を計算するにあたって,再び2次関数的なバンドモデルに戻り,有効質量が井戸層方向と,それに垂直な方向で異なることだけを考慮する.正確な計算のためには,もっと洗練されたモデルが必要であることは間違いないが,2次関数近似によって解析的に簡明な結果を導くことが

できる．

10.4 量子井戸におけるバンド間遷移

今まで得た結果を総合して，量子井戸の光学特性が計算できる．本節では価電子帯から伝導帯への遷移過程を見ることにする．バルクに関しては 8.6 節においてこの種の遷移を扱ったが，ここでは初期状態と終状態が量子井戸に閉じ込められているものとする．簡単な水準の議論は既に 1.3.1 項 (p.6～) で扱ったが，図 10.5 に再び遷移の様子を示しておく．

Kane モデルなどでエネルギー準位を求めたら，次の段階で行列要素を評価しなければならない．このためには波動関数の包絡関数 χ だけでなく，Γ 点における適正な Bloch 周期関数 $u_{n\mathbf{0}}$ も含んだ波動関数 $\psi(\mathbf{R}) \propto \chi(\mathbf{R})u_{n\mathbf{0}}(\mathbf{R})$ が必要である．まずこの関数を規格化しなければならない．通常，この波動関数を構成する 2 つの因子は独立に扱われて，別々に規格化される．

$$\int |\chi(\mathbf{R})|^2 d^3\mathbf{R} = 1, \quad \int |u_{n\mathbf{0}}(\mathbf{R})|^2 d^3\mathbf{R} = 1 \tag{10.40}$$

両方の積分は試料体積 Ω にわたって行われる．波動関数も同じ規格化に従うように，

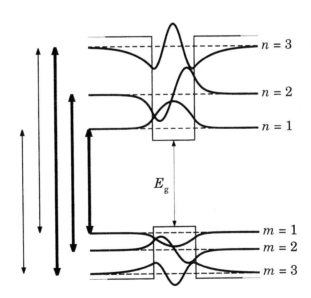

図 10.5 量子井戸の価電子帯と伝導帯の束縛状態の間の遷移．包絡関数だけを示したが，選択則を導くためには Bloch 周期関数も考慮しなければならない．太い矢印は強い遷移 ("$\Delta n = 0$" 則) を表し，細い矢印は許容されるけれども強度が弱い遷移を表している．正孔については 1 種類だけについて一連の束縛状態を示している．

$\psi(\mathbf{R}) = \Omega^{1/2}\chi(\mathbf{R})u_{n0}(\mathbf{R})$ と置かなければならない.

行列要素は次のようになる.

$$\langle j|\mathbf{e}\cdot\hat{\mathbf{p}}|i\rangle = \Omega\int \chi_c^*(\mathbf{R})u_c^*(\mathbf{R})(\mathbf{e}\cdot\hat{\mathbf{p}})\chi_v(\mathbf{R})u_v(\mathbf{R})d^3\mathbf{R} \tag{10.41}$$

積分は試料全体で行わなければならないが，被積分関数の変動尺度が2種類あるので分解して扱うことができる．Bloch周期関数は単位胞 (unit cell) の中で変化する (単位胞間では同じである) が，包絡関数は単位胞に比べて遙かに長い尺度において変化し，それぞれの単位胞内ではほとんど定数と見なせる．したがって積分を単位胞毎に分割し，包絡関数を各単位胞毎の定数として積分の外に出すことにする．

$$\langle j|\mathbf{e}\cdot\hat{\mathbf{p}}|i\rangle \approx \Omega\sum_j^{\text{cells}} \chi_c^*(\mathbf{R}_j)\chi_v(\mathbf{R}_j)\int_{\text{cell }j} u_c^*(\mathbf{R})(\mathbf{e}\cdot\hat{\mathbf{p}})u_v(\mathbf{R})d^3\mathbf{R} \tag{10.42}$$

各単位胞内の積分を $(\Omega_{\text{cell}}/\Omega)\mathbf{e}\cdot\mathbf{p}_{cv}(\mathbf{0})$ と書くことができる．$\mathbf{p}_{cv}(\mathbf{0})$ は既に何回も見たことのある，バンドの極値点の Bloch 周期関数の間の行列要素である．

$$\langle j|\mathbf{e}\cdot\hat{\mathbf{p}}|i\rangle \approx \mathbf{e}\cdot\mathbf{p}_{cv}(\mathbf{0})\Omega_{\text{cell}}\sum_j^{\text{cell}} \chi_c^*(\mathbf{R}_j)\chi_v(\mathbf{R}_j) \tag{10.43}$$

最後に，全単位胞に関する和を，再び試料全体の積分に戻す．これに伴い Ω_{cell} が吸収されて無くなり，次のようになる．

$$\langle j|\mathbf{e}\cdot\hat{\mathbf{p}}|i\rangle \approx \mathbf{e}\cdot\mathbf{p}_{cv}(\mathbf{0})\int \chi_c^*(\mathbf{R})\chi_v(\mathbf{R})d^3\mathbf{R} \tag{10.44}$$

したがって，遷移が許容されるためには，行列要素が"2つの"選択則を満たさなければならない．

(i) バンド端の Bloch 周期関数は，通常の双極子選択則を満たさなければならない．これは遷移過程に関与する光の偏極を制約する．

(ii) 包絡関数同士の積 (演算子が間に無い) の積分がゼロになってはならない．この条件から包絡関数に関して全く別の選択則が生じる．

単純な描像の範囲内で，量子井戸内の包絡関数は xy 面方向の平面波と z 方向の束縛状態から成る $\chi_c(\mathbf{r}) = A^{-1/2}\exp(i\mathbf{k}\cdot\mathbf{r})\phi_{cn}(z)$ という基本関数形を持つ．これを $|cn\mathbf{k}\rangle$ と表記する．量子井戸内の光吸収 (8.7節) に関しては，選択則によって，まず垂直遷移だけが許されるので，面内波数 $\mathbf{k}$ は遷移の前後で変化してはならない．したがって行列要素は，次のように簡略化される．

$$\begin{aligned}\langle cn\mathbf{k}'|\mathbf{e}\cdot\hat{\mathbf{p}}|vm\mathbf{k}\rangle &\approx \mathbf{e}\cdot\mathbf{p}_{cn,vm}\delta_{\mathbf{k},\mathbf{k}'}\int \phi_{cn}^*(z)\phi_{vm}(z)dz \\ &\equiv \mathbf{e}\cdot\mathbf{p}_{cn,vm}\delta_{\mathbf{k},\mathbf{k}'}\langle cn|vm\rangle\end{aligned} \tag{10.45}$$

'c' は伝導帯，'v' は価電子帯を表す．n と m は層に垂直な方向の束縛状態に付けた番号，$\mathbf{k}'$ と $\mathbf{k}$ は面内方向の波数である．ここから2つの選択則の影響を見てみることにしよう．

10.4.1 バンド間行列要素

行列要素 $\mathbf{e} \cdot \mathbf{p}_{cn,vm}$ は Bloch 周期関数の性質と偏極 $\mathbf{e}$ に依存する．我々は既にゼロでない行列要素は，たとえば $\langle S\uparrow|p_x|X\uparrow\rangle$ のような要素であることを知っており，これを $(im_0/\hbar)P$ と記した．光学遷移の前後で電子のスピンが変わらないことを思い出すために，状態ベクトルに矢印を付した．

価電子帯側の最低の正孔エネルギー状態が関わる遷移を考えよう．この状態は重い正孔，すなわち $|\frac{3}{2},\frac{3}{2}\rangle$ の状態で，z 方向には重いが xy 面方向には軽い．式 (10.31) によると，この状態は $|+1\uparrow\rangle$ と同じものであり，$(|X\uparrow\rangle+i|Y\uparrow\rangle)/\sqrt{2}$ とも書ける．$\mathbf{e}$ が x 方向を向いていれば $\mathbf{e}\cdot\hat{\mathbf{p}}=p_x$ である．この重い正孔と伝導帯の間の行列要素は，次のように与えられる．

$$\langle S\uparrow|p_x|\tfrac{3}{2},\tfrac{3}{2}\rangle = \sqrt{\tfrac{1}{2}}\bigl(\langle S\uparrow|p_x|X\uparrow\rangle + i\langle S\uparrow|p_x|Y\uparrow\rangle\bigr) = \frac{im_0 P}{\hbar\sqrt{2}} \tag{10.46}$$

$|X\uparrow\rangle$ だけが積分に寄与する．光が y 方向に偏極していても同じ結果 (位相を除く) が得られる．しかし z 方向に偏極していると，2つの項の寄与が消失し，行列要素はゼロになる．この偏極方向では重い正孔による吸収が生じない．

これらの結果を光の伝播方向によって表現することも可能である．次のように3通りの場合がある．

(i) 井戸層に垂直な z 方向に伝播する光は，x 方向もしくは y 方向に偏極を持ち，等しく吸収が起こる．

(ii) 井戸層に沿った面内方向，たとえば x 方向に伝播する光は2種類の偏極状態を持ち得る．横方向電場モード (transverse electric mode：TEモード) では，電場が井戸層に平行 (ここでは y 方向) であって，吸収は可能である．

(iii) 井戸層に沿って伝播するもう一方の偏極モード，横方向磁場モード (transverse magnetic mode：TMモード) では，電場が井戸層に垂直な z 方向を向き，重い正孔による吸収は起こらない．(これは厳密には正しくない．TMモードは伝播方向 x にも電場成分を持つ．しかし，この成分は閉じ込めの弱い構造においては小さい．)

選択則は明らかに，低次元光デバイスの設計において，重要な制約になる．

軽い正孔に関しては，異なる結果が得られる．波動関数は，

$$\left|\tfrac{3}{2}, \tfrac{1}{2}\right\rangle = \sqrt{\tfrac{1}{3}}\left|+1\downarrow\right\rangle - \sqrt{\tfrac{2}{3}}\left|0\uparrow\right\rangle = \sqrt{\tfrac{1}{6}}\left|X\downarrow\right\rangle + i\sqrt{\tfrac{1}{6}}\left|Y\downarrow\right\rangle - 2\sqrt{\tfrac{1}{6}}\left|Z\uparrow\right\rangle \quad (10.47)$$

である.この場合,全ての偏極モードに関して吸収が起こるが,$\mathbf{e}$ が z 方向を向くときに行列要素が 2 倍になる.したがって軽い正孔による光吸収は,TE モードよりも TM モードの方が強い.分裂バンドも同様に扱うことができるが,分裂バンドによる光吸収が測定されることは稀である.

上記の 2 通りの結果によって,光吸収に対する軽い正孔と重い正孔の寄与の比率を (包絡関数が同じであると仮定して) 予言することができる.x 方向に偏極した光に関して,重い正孔による行列要素は $im_0 P/\hbar\sqrt{2}$,軽い正孔による行列要素は $im_0 P/\hbar\sqrt{6}$ である.吸収強度は行列要素の自乗に比例するので,吸収強度比は 3:1 である.光が z 方向に偏極している場合には,重い正孔による吸収は起こらず,吸収強度比は 0:4 である.

これらの結果に対応する実験結果を,量子井戸における 3 通りの偏極方向の図と併せて図 10.6 に示した.β の遷移には軽い正孔の最低準位が関与しており,γ は重い正

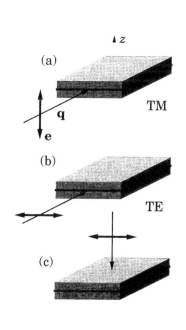
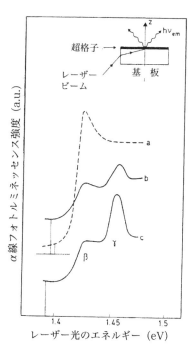

図 10.6 量子井戸からの各偏極方向のフォトルミネッセンススペクトル (おおよそ吸収スペクトルと等価である).3 種類の偏極方向を左図に示してある.[Marzin, Charasse and Sermage (1985) による.]

孔の"2番目の"準位によって生じている．曲線 (a) は偏極 e が z 方向を向いて井戸層内を伝搬する TM モードによるものであって，軽い正孔の寄与だけが反映されている．伝播方向は (b) も同様だが，偏極は TE モードで電場が井戸層方向を向いており，軽い正孔と重い正孔が両方関与しているが，重い正孔の寄与のほうが強い．(c) では光が井戸層に垂直な方向に伝搬し，(b) と似た結果が得られている．

このような選択則の解析を更に展開することも可能で，特に円偏光を用いると，これは $|X\rangle$ と $|Y\rangle$ ではなく $|\pm 1\rangle$ を直接結合させることができる．選択則の正確さは，$k > 0$ のときの価電子帯の分枝間の混合によって制約を受け，図 10.4 (p.409) に見られる構造をもたらす．通常の"軽い正孔"や"重い正孔"といった術語は，量子井戸の中では近似的な概念に過ぎない．包絡関数への制約を次項で見てみることにしよう．

10.4.2 包絡関数の行列要素

包絡関数の行列要素は，偏極には依存しない包絡関数同士の積の積分である．量子井戸が対称であれば，包絡関数は通常どおりに対称もしくは反対称で，2つの包絡関数が"同じ"偶奇性を持たない場合，行列要素はゼロになる．これは 8.7 節で導出した同じバンド内の準位間遷移における選択則とは反対の結果である！　さらに，伝導帯の井戸も価電子帯の井戸も無限に深い井戸として扱う近似が採用されることも多いが，この近似の下では，更に厳しい制約条件が見出されることになる．この場合，両方の井戸内の一連の包絡関数が同じものとなり，積分は次のようになる．

$$\int \phi_{cn}^*(z)\phi_{vm}(z)dz = \int \phi_n^*(z)\phi_m(z)dz = \delta_{nm} \tag{10.48}$$

つまり，同じ番号の準位同士の間にだけ遷移が起こることになるが，これを "$\Delta n = 0$ 則" と呼ぶ．この規則は井戸の深さが有限になると成立しなくなる．電子と正孔の井戸の深さが違うと $\phi_{cn}(z) \neq \phi_{vm}(z)$ となるからである．しかし有限な井戸においても，最も強い遷移の系列は $\Delta n = 0$ 則によって与えられる．

放物線井戸では伝導帯と価電子帯の曲がり方が違うので，$\Delta n = 0$ でないところにも強い吸収が現れる．偶奇性による選択則は残るが，それ以外のあらゆる遷移が見られる．その一例を図 4.5 (p.139) に示してある．このような系による実験は $\mathrm{Al}_x\mathrm{Ga}_{1-x}\mathrm{As}$ における比 $\Delta E_c/\Delta E_g$ を決めるために重要である．結晶成長の際に意図的な組成制御によって形成した非対称な井戸や，電場の印加によって対称な井戸を非対称に歪めた場合に関しては，許容される遷移の m と n の組み合わせに何の制約もない．

10.4.3 吸収スペクトル

光吸収の一般式 (8.76) に，行列要素を代入してみよう．初期状態 i に関する和は，ここでは m と $\mathbf{k}$ に関する和になる．終状態 f についても同様であるが，垂直遷移だけが

10.4 量子井戸におけるバンド間遷移

許容されるので,一方の $\mathbf{k}$ に関する和は省かれる.

$$\sigma_1(\omega) = \frac{\pi e^2}{m_0^2 L \omega} \sum_{n,m} |\mathbf{e} \cdot \mathbf{p}_{cn,vm}|^2 |\langle cn|vm\rangle|^2 \frac{2}{A} \sum_{\mathbf{k}} \delta\bigl(E_{cn}(\mathbf{k}) - E_{vm}(\mathbf{k}) - \hbar\omega\bigr) \quad (10.49)$$

A は試料の面積,L は試料の厚さで,系の体積は $\Omega = AL$ である.$\mathbf{k}$ に関する和は,3次元の場合(式 (8.84))と同様に δ 関数だけを含み,状態密度を与える.価電子帯には本当は面倒な問題があることを既に我々は知っているが,前に予告した通りに,ここでは 2 次関数近似を用いることにして $E_{vm}(\mathbf{k}) = E_v - \varepsilon_{vm} - \hbar^2 k^2/2m_0 m_{vm}$ と置く.m_{vm} は m 番目のサブバンドにおける"井戸層方向"(面内方向)の有効質量係数である.$\mathbf{k}$ に関する和は次のようになる.

$$\frac{2}{A} \sum_{\mathbf{k}} \delta(E_{cn}(\mathbf{k}) - E_{vm}(\mathbf{k}) - \hbar\omega)$$
$$= \frac{2}{A} \sum_{\mathbf{k}} \delta\Bigl(E_c + \varepsilon_{cn} + \frac{\hbar^2 k^2}{2m_0 m_{cn}} - E_v + \varepsilon_{vm} + \frac{\hbar^2 k^2}{2m_0 m_{vm}} - \hbar\omega\Bigr)$$
$$= \frac{2}{A} \sum_{\mathbf{k}} \delta\Bigl(E_g + \varepsilon_{cn} + \varepsilon_{vm} + \frac{\hbar^2 k^2}{2m_0 m_{nm}} - \hbar\omega\Bigr)$$
$$= \frac{m_0 s m_{nm}}{\pi \hbar^2} \Theta\bigl(\hbar\omega - (E_g + \varepsilon_{cn} + \varepsilon_{vm})\bigr) \quad (10.50)$$

この和は結局,式 (8.85) の中の光結合状態密度へと帰着する.ここでは $E_g + \varepsilon_{cn} + \varepsilon_{vm}$ を端とする 2 次元バンドの状態密度の形となり,光学的な換算質量係数は,関与する 2 つのサブバンドの有効質量係数から $1/m_{nm} = 1/m_{cn} + 1/m_{vm}$ のように決まる.実導電率は次のようになる.

$$\sigma_1(\omega) = \frac{\pi e^2}{m_0^2 L \omega} \sum_{n,m} |\mathbf{e} \cdot \mathbf{p}_{cn,vm}|^2 |\langle cn|vm\rangle|^2 \frac{m_0 m_{nm}}{\pi \hbar^2} \Theta\bigl(\hbar\omega - (E_g + \varepsilon_{cn} + \varepsilon_{vm})\bigr) \quad (10.51)$$

因子 $1/L$ が残るのは,試料の厚さ方向にひとつだけ量子井戸があるためで,8.7 節の議論と同様である.

光吸収特性は,サブバンド対(つい)に対応する一連のエネルギー値のところで段差を持ち,それぞれの段差はキャリヤが自由に動ける井戸層方向の 2 次元状態密度を反映する.バルクの場合に比べると,吸収端が"青方"(高エネルギー側)にずれるが,これは最初の段差のエネルギー値が $E_g + \varepsilon_{c1} + \varepsilon_{v1}$ のように 2 つの束縛状態の基底エネルギーを含むからである.

この理論によると,図 8.4 (p.333) に示した多量子井戸の光吸収特性の構造をすべて説明できるが,各サブバンド端の特徴は,通例どおりに励起子 (exciton) に支配される.量子井戸の結果はバルクの結果 (8.85) に非常に近い.$\langle cn|vm\rangle = \delta_{nm}$ となる無限に深い井戸を考えると,Bloch 周期関数による同じ行列要素が現れ,唯一の違いは状態

密度のところに生じる．図4.7(c) (p.144) において2次元系の状態密度を3次元系のそれに比べて同じ体積で比較すると，ちょうど段差の角の部分で一致するところを除き，全般に低い値を取る．したがって一般に光吸収は低次元系において3次元系よりも弱くなると予想される．図8.4 (p.333) の実験結果は，多量子井戸の活性領域の体積はバルク試料の半分しかないことを考え合わせると，上記の予想とは違って低次元系の吸収のほうが強いという結果になっている．これを説明するには励起子の効果を考慮しなければならない．

最後に σ_1 の段差の大きさを見積もってみよう．$\mathbf{e}\cdot\mathbf{p}_{cn,vm} \approx im_0 P/\hbar$, $\langle cn|vm\rangle \approx 1$, $\hbar\omega \approx E_g$ と置くと，次のようになる．

$$\sigma_1 \approx \frac{\pi e^2 \hbar}{m_0^2 L E_g}\left(\frac{m_0 P}{\hbar}\right)^2 \frac{m_0 m_{nm}}{\pi \hbar^2} = \frac{e^2 m_{nm} E_P}{2\hbar E_g L} \approx \frac{\pi e^2}{2hL} \qquad (10.52)$$

あるいは $\epsilon_2 \approx e^2/4\epsilon_0 E_g L$ と書いても上式と等価である．上式の最後の書き換えには，式 (10.28) に基づく換算質量係数とバンド間行列要素の関係 $1/m_{nm} = 2E_P/E_g$ を用いた．この σ_1 の大まかな見積りの結果が量子コンダクタンスを含み，材料のパラメーターを含んでいないことは興味深い！

10.5 量子井戸におけるサブバンド間遷移

量子井戸における2番目の種類の光学遷移は，"同じ"バンド内の異なる準位間で起こるものである．ここでは伝導帯の中の遷移を扱うことにする．理論のほとんどの部分と，いくつかの実験結果は既に8.7節に与えてあるが，行列要素の部分を見直す必要がある．

行列要素の近似式 (10.44) は，バンド間遷移の取り扱いの基礎となったが，バンド内遷移 (intraband transition) には使えない．この近似式は，2種類のBloch状態の間の $\hat{\mathbf{p}}$ の行列要素を含むが，バンド内遷移では両方のBloch状態が同じなので行列要素はゼロになる．我々は式 (10.41) に戻らなければならない．演算子 $\hat{\mathbf{p}}$ は1次微分なので，積に対する微分則から次のようになる．

$$\langle j|\mathbf{e}\cdot\hat{\mathbf{p}}|i\rangle = \Omega\int [\chi_c^*\chi_v][u_c^*(\mathbf{e}\cdot\hat{\mathbf{p}})u_v]d^3\mathbf{R} + \Omega\int [u_c^* u_v][\chi_c^*(\mathbf{e}\cdot\hat{\mathbf{p}})\chi_v]d^3\mathbf{R} \quad (10.53)$$

前と同様に，それぞれの積分を各単位胞の積分の和にして，包絡関数を積分の外に出し，再び和を積分に変換すると，次のようになる．

$$\langle j|\mathbf{e}\cdot\hat{\mathbf{p}}|i\rangle \approx \int \chi_c^*\chi_v d^3\mathbf{R}\int u_c^*(\mathbf{e}\cdot\hat{\mathbf{p}})u_v d^3\mathbf{R} + \int u_c^* u_v d^3\mathbf{R}\int \chi_c^*(\mathbf{e}\cdot\hat{\mathbf{p}})\chi_v d^3\mathbf{R} \quad (10.54)$$

サブバンド間遷移では $u_c = u_v$ と置くので，第1項は消える．残った項の最初の積分は単なるBloch周期関数の規格化積分なので1となり，$\mathbf{e}\cdot\hat{\mathbf{p}}$ の初期状態と終状態の包

10.5 量子井戸におけるサブバンド間遷移

絡関数の間の行列要素だけが残る．したがって 8.7 節に示した理論を変更する必要はないように見える．

実は，上記の議論には微妙な欠陥があるが，それは有効質量近似を不用意に使ったことから生じている．10.2.1 項 (p.400〜) において，Kane モデルでは電子と軽い正孔のバンドが互いに退け合って，有効質量が小さくなる様子を見たが，この効果は $\mathbf{k}\cdot\hat{\mathbf{p}}$ 結合による状態の混合のために生じていた．我々はこの混合の効果を，包絡関数を決める Schrödinger 方程式に有効質量を導入することを通じてエネルギー準位に含めた．そのとき Bloch 周期関数の変化の方を無視したが，本当は両者の変化を無撞着に扱わなければならない．幸い，この問題を回避する簡単な方法がある．それは光吸収の計算を結晶の全ハミルトニアンからではなく，伝導帯の有効質量ハミルトニアンから始める方法である．これが意味するところは，電子の質量は"一貫して"有効質量でなければならないということである．式 (8.94) は次のように修正される．

$$\sigma_1(\omega) = \frac{\pi e^2}{2m_0 m_{\mathrm{e}} L} \sum_{\substack{i,j \\ j\neq i}} f_{ji}(n_i - n_j)\delta(\omega - \omega_{ji}) \tag{10.55}$$

同様にして，振動子強度の定義や和則にも有効質量が現れる．

バンド内遷移とバンド間遷移の強さの比較は興味深い．基底サブバンドだけが占有されているものとして $i=1$ と置く．振動子強度は $j=2$ が支配的になると分かっているので，$f_{21}=1$ と置いて残りを無視しよう．吸収をできるだけ強くするように，2 番目のサブバンドを空に保ちながら，基底サブバンドにできるだけ多くの電子を入れる．そうするとエネルギー範囲は $\varepsilon_2 - \varepsilon_1 = \hbar\omega_{21}$ で，状態密度は $m_0 m_{\mathrm{e}}/\pi\hbar^2$ である．したがって，

$$\sigma_1(\omega) \approx \frac{\pi e^2}{2m_0 m_{\mathrm{e}} L} \frac{m_0 m_{\mathrm{e}}\hbar\omega_{21}}{\pi\hbar^2}\delta(\omega-\omega_{21}) = \frac{\pi e^2}{hL}\omega_{21}\delta(\omega-\omega_{21}) \tag{10.56}$$

もしくは $\epsilon_2 \approx (e^2/2\epsilon_0 L)\delta(E-\hbar\omega_{21})$ である．ここでも材料のパラメーターは消えてしまう．係数因子はバンド間遷移の結果 (10.52) とほとんど同じだが，吸収は ω_{21} の範囲に拡がらずに単一の振動数に集中する．この結果を f-和則から導くことも可能である．

バンド間遷移の場合と同様に，この計算の適用限界は，電子間相互作用を無視したことから生じる．電子の状態密度が増すほど，この効果は重要になり，吸収線のエネルギーをシフトさせる．放物線井戸に関して，Kohn の定理と呼ばれる単純な結果があるが，これについては練習問題の最後で簡単に言及する予定である．

最後に，関心の対象となるすべての状態が，井戸の中に束縛されているという仮定にも留意されたい．我々は無限に深い井戸において，$1\to 2$ の遷移が基底状態からの振動子強度の大部分を担うことを見た．現実の量子井戸の深さはもちろん有限で，井

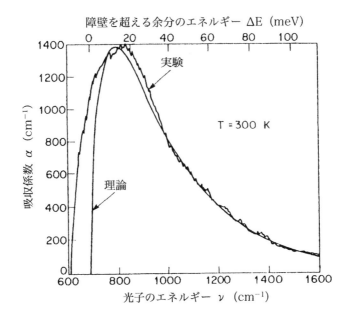

図10.7 厚さ 4.5 nm の GaAs 井戸層と，厚さ 14 nm の $Al_{0.2}Ga_{0.8}As$ 障壁層から成る多量子井戸における，束縛状態から遍歴状態への遷移に伴う光吸収特性．[Levine et al. (1988) より許可を得て転載．著作権：1988 American Institute of Physics.]

戸を狭くしてゆくと束縛状態の数は減ってゆき，最後には，ただひとつの束縛状態だけが残る (4.2節)．このような束縛状態からの振動子強度は，すべて井戸外の平坦部以上の連続準位への遷移が担うことになる．一例を図10.7 に示す．吸収スペクトルの形は，特に低エネルギーでは"自由電子"の状態密度を反映していない．終状態が束縛された状態ではないにしても，井戸によって状態が歪められているからである．同じ効果は図4.3 (p.135) に示した矩形井戸の上の局所状態密度にも見られる．

10.6 光学利得とレーザー

8.5.2節 (p.330〜) の最後の部分で，熱平衡系では統計分布関数 $f(E)$ がエネルギーに対して単調に減少するので，光学的導電率は正の値を持ち，入射エネルギーは必ず散逸することを指摘した．レーザーにおいては光の増幅作用が必要なので，活性な状態のキャリヤの占有分布が逆転していなければならない．

z 方向へ伝搬する光波の振幅は $\exp(ikz)$ のように変化する．光学的な特性は複素屈折率 $\tilde{n}_r = n_r + i\kappa_r$ を通じて導入され，分散関係が $k = \tilde{n}_r \omega/c$ と与えられる．振幅は $\exp(-\omega\kappa_r z/c)$ のように減衰し，光の強度はこの自乗で減衰する．単位距離あた

10.6 光学利得とレーザー

り g の光学利得 (optical gain) があれば，光の強度は $\exp(gz)$ のように増加するので $g = -2\omega\kappa_\mathrm{r}/c = -\omega\epsilon_2/cn_\mathrm{r} = -\sigma_1/\epsilon_0 cn_\mathrm{r}$ である．

半導体のバルク試料に関する光学的導電率の簡単な表式は (8.85) に与えてある．この式の導出の際には，伝導帯が完全に満たされていて，価電子帯が完全に空いていることを仮定した．統計分布関数を含む形に戻すと，次のようになる．

$$g(\omega) = \frac{\pi e^2}{\epsilon_0 cn_\mathrm{r} m_0^2 \omega}|p_\mathrm{cv}(\mathbf{0})|^2 n_\mathrm{opt}(\hbar\omega)\bigl[f(\varepsilon_\mathrm{e}) - f(\varepsilon_\mathrm{h})\bigr] \tag{10.57}$$

ε_e と ε_h は光学遷移に関与する電子と正孔のエネルギー[†]で，$\varepsilon_\mathrm{e} = \varepsilon_\mathrm{h} + \hbar\omega$ の関係にある．熱平衡状態では ε_e と ε_h が同じ Fermi-Dirac 分布関数に従うので $f(\varepsilon_\mathrm{e}) < f(\varepsilon_\mathrm{h})$ であり，常に $g(\omega) < 0$ である．上式の統計分布関数には"両方とも"，すなわち普段は正孔の分布関数を利用する価電子帯の方にも，ここでは電子の分布関数を用いていることに注意されたい．

系が，たとえば p-n 接合におけるキャリヤの注入や，光ポンピング (optical pumping) 過程によって熱平衡状態から逸脱すると，電子の占有状態は Fermi-Dirac 分布に従わなくなる．しかし 1.8.3 項 (p.37〜) で示した近似を用いるならば，それぞれのバンドに異なる擬 Fermi 準位 (イムレフ imref) を設定した Fermi 分布関数を適用すればよい．したがって，伝導帯で状態が電子に占有されている確率は，電子のイムレフを $E_\mathrm{F}^{(\mathrm{n})}$ とすると，$f_\mathrm{n}(\varepsilon_\mathrm{e}) = f(\varepsilon_\mathrm{e} - E_\mathrm{F}^{(\mathrm{n})})$ と表される．同様に，価電子帯の状態が電子に占有されている確率は $f_\mathrm{p}(\varepsilon_\mathrm{h}) = f(\varepsilon_\mathrm{h} - E_\mathrm{F}^{(\mathrm{p})})$ である．これらの分布関数の差は，

$$f_\mathrm{n}(\varepsilon_\mathrm{e}) - f_\mathrm{p}(\varepsilon_\mathrm{h}) = f\bigl(\varepsilon_\mathrm{e} - E_\mathrm{F}^{(\mathrm{n})}\bigr) - f\bigl(\varepsilon_\mathrm{h} - E_\mathrm{F}^{(\mathrm{p})}\bigr) \tag{10.58}$$

となる．$f(E)$ は単調減少関数なので，$(\varepsilon_\mathrm{e} - E_\mathrm{F}^{(\mathrm{n})}) < (\varepsilon_\mathrm{h} - E_\mathrm{F}^{(\mathrm{p})})$ であれば，上記の差は正になる．この条件を次のように書き直せる．

$$E_\mathrm{F}^{(\mathrm{n})} - E_\mathrm{F}^{(\mathrm{p})} > \varepsilon_\mathrm{e} - \varepsilon_\mathrm{h} = \hbar\omega \tag{10.59}$$

すなわち光学利得を得るためには，擬 Fermi 準位の差が光学遷移のエネルギーを上回っていなければならず，必然的にその差はバンドギャップ値よりも大きくなければならない．上記の条件は分布の逆転に関する"Bernard-Durrafourg の条件"と呼ばれている．この条件は多量の電子が伝導帯にあると同時に，多量の正孔が価電子帯にある状態を意味しており，明らかに熱平衡状態とかけ離れた条件である．

光学利得の振動数依存性は，式 (10.57) において，概ね分布関数と光結合状態密度の挙動によって決まり，その他の量の変化は緩慢である．この振動数依存性を図 10.8 に示す．$E_\mathrm{F}^{(\mathrm{n})} - E_\mathrm{F}^{(\mathrm{p})} > E_\mathrm{g}$ にならなければ利得はゼロである．擬 Fermi 準位の差がエネルギーギャップよりも大きくなると，$g(\omega)$ は光のエネルギーが $E_\mathrm{F}^{(\mathrm{n})} - E_\mathrm{F}^{(\mathrm{p})}$ 以下の範

[†](訳註) ε_h は正しくは正孔が生じるところの電子のエネルギーである．p.8 訳註参照．

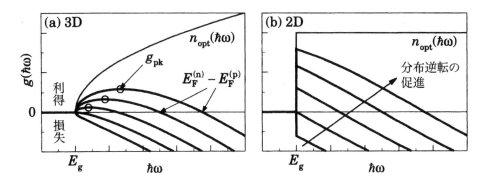

図10.8 3次元系と2次元系における光学利得の振動数依存性 $g(\omega)$. この特性は状態密度 $n_{\text{opt}}(\hbar\omega)$ と, 統計分布関数の差の積に支配される.

囲で正になる. 3次元系ではバンドの底で状態密度がゼロになるので $g(\omega)$ もギャップエネルギーに相当する振動数ではゼロになり, 利得のピーク g_{pk} は E_g と $E_F^{(n)} - E_F^{(p)}$ の間に現れる. 注入レーザー (injection laser) などにおいて注入電流を増して分布の逆転を強めると, 利得のピーク値 g_{pk} も, そのピークが現れる振動数も上がる. そうして g_{pk} が試料における光の減衰を上回るようになると, レーザーとしての動作が始まることになる. 光エレクトロニクス工学の課題のひとつは, できるだけ低い電流密度でこのレーザー発振を起こすことにある. このためには光の閉じ込め方など多くの問題が関与するが, ここでそれらを取り上げることはしない.

2次元系に関する描像も, 3次元系の場合とよく似ているが, 状態密度の形だけは違い, E_g において段差を持つ. 2次元系の光学利得特性を図10.8(b) に示す. 利得のピークは常に E_g に相当する振動数おいて生じ, 3次元の活性領域を持つデバイスよりも, 2次元デバイスの方が, 小さい閾値電流でのレーザー動作が可能となる. さらに次元を低下させて, 量子細線を用いたデバイスを考えることもできる. 1次元系の状態密度はバンド底において発散するので, 閾値電流の更なる低減を期待できる. この傾向は量子ドットでなお顕著になり, 現在これらのレーザーについて活発な研究が進められている. またサブバンド間遷移を利用した, 遠赤外領域で動作するレーザーに対する関心も強まっている. これは最近"量子カスケードレーザー"(quantum cascade laser) として実現したが, これには図6.4 (p.231) のような, 強い電場の下での超格子の井戸間の共鳴トンネル現象が利用されている.

10.7 励起子

我々はすでに1電子の描像では $\sigma_1(\omega)$ のバンドギャップ付近の挙動を説明できない

10.7 励起子

ことを見ており，これが励起子によるものであると指摘した．問題は電子の電荷を十全に考慮していないことに起因する．電子が光と相互作用するのは電荷を持つためであり，その電荷によって電子間相互作用も生じているはずだが，普通はこれを無視している．このような単純な描像では，励起子に関する記述ができない．

バンドギャップを超える光吸収においては，電子が価電子帯内の状態から，伝導帯内の状態へと遷移する．このことを別の見方で記述すると，価電子帯が完全に満たされ，価電子帯が完全に空いている系の基底状態に対して，伝導帯にひとつの電子，価電子帯にひとつの正孔が加えられた，すなわち"電子－正孔対"を生成した，とも言える．電子と正孔は反対の電荷を持ち，水素原子を構成する電子と陽子のように（あるいはポジトロニウムを構成する電子と陽電子のように．こちらの方が更に近い類例である）互いに引き合う．この引力ポテンシャルの中で"励起子"(exciton)と呼ばれる束縛状態が形成される．励起子は自由な電子－正孔対よりも低いエネルギーを持ち，光吸収スペクトルにおいてバンドギャップのすぐ下に吸収線を生じる．電子と正孔が束縛し合わない高いエネルギーにおいても，引力相互作用の効果によって，相互作用がない場合に比べると電子と正孔が近い位置を保つ傾向が残り，吸収を強める．

価電子帯を精密に扱おうとすると議論が複雑になるので，引き続いて軽い正孔と重い正孔のバンドを2次関数で近似する簡単な方法を採用することにする．励起子のSchrödinger方程式は，次のように表される．

$$\left[\left(E_c - \frac{\hbar^2}{2m_0 m_e}\nabla_e^2\right) - \left(E_v + \frac{\hbar^2}{2m_0 m_h}\nabla_h^2\right) - \frac{e^2}{4\pi\epsilon_0\epsilon_b|\mathbf{R}_e - \mathbf{R}_h|} \right.$$
$$\left. + V_e(\mathbf{R}_e) + V_h(\mathbf{R}_h)\right]\psi(\mathbf{R}_e, \mathbf{R}_h) = E\psi(\mathbf{R}_e, \mathbf{R}_h) \quad (10.60)$$

波動関数は電子の座標 $\mathbf{R}_e$ と正孔の座標 $\mathbf{R}_h$ の双方に依存する．これは一般的な多粒子系のSchrödinger方程式 (9.25) の一例である．ここでは粒子が2つしかなく，相互作用項はひとつだけだが，2つのバンドが含まれるために運動エネルギーは複雑になっている．V_e と V_h は電子と正孔を閉じ込めている量子井戸ポテンシャルである（層構造では z だけの関数となる）．我々はまず3次元系における自由な励起子の問題を解き，その後で，より複雑な量子井戸内の励起子の問題に戻ることにする．

10.7.1　3次元系の励起子

ここでは閉じ込めポテンシャル V_e と V_h が無いものとして，電子と正孔はそれら同士の相互作用以外による拘束は受けず，結晶全体を自由に動き回れるものとする．相互作用は電子と正孔の座標の"差"だけに依存し，励起子をそのまま重心位置だけずらしても，違いは生じない．この条件の下で，電子と正孔の2粒子の運動を，重心 (centre of mass) の座標 $\mathbf{R}_{CM}$ と相対座標 $\mathbf{R}$ の運動に分離する標準的な方法を適用する．重心

座標は次のように定義される.

$$\mathbf{R}_{\mathrm{CM}} = \frac{m_{\mathrm{e}}\mathbf{R}_{\mathrm{e}} + m_{\mathrm{h}}\mathbf{R}_{\mathrm{h}}}{M}, \quad M = m_{\mathrm{e}} + m_{\mathrm{h}} \tag{10.61}$$

M は励起子ひとつの全質量である. 一方, 相対座標と換算質量は次のように定義される.

$$\mathbf{R} = \mathbf{R}_{\mathrm{e}} - \mathbf{R}_{\mathrm{h}}, \quad \frac{1}{m_{\mathrm{eh}}} = \frac{1}{m_{\mathrm{e}}} + \frac{1}{m_{\mathrm{h}}} \tag{10.62}$$

Schrödinger方程式を, 座標 ($\mathbf{R}_{\mathrm{e}}, \mathbf{R}_{\mathrm{h}}$) から座標 ($\mathbf{R}_{\mathrm{CM}}, \mathbf{R}$) に変換すると, 次のようになる.

$$\left[\left(-\frac{\hbar^2}{2m_0 M}\nabla_{\mathrm{CM}}^2\right) + \left(E_{\mathrm{g}} - \frac{\hbar^2}{2m_0 m_{\mathrm{eh}}}\nabla^2 - \frac{e^2}{4\pi\epsilon_0 \epsilon_{\mathrm{b}} R}\right)\right]\psi = E\psi \tag{10.63}$$

$\mathbf{R}$ と $\mathbf{R}_{\mathrm{CM}}$ に関する演算子は加算的に現れているので, 波動関数を $\mathbf{R}_{\mathrm{CM}}$ の関数と $\mathbf{R}$ の関数の積に分解できる. 重心に関する波動関数は質量 M の自由粒子の単純な Schrödinger方程式であり, その基本解は平面波 $\exp(i\mathbf{K}_{\mathrm{CM}} \cdot \mathbf{R}_{\mathrm{CM}})$ と置けて, これに対応するエネルギーは $\hbar^2 K_{\mathrm{CM}}^2/2m_0 M$ である. 平面波解が意味するところは, 結晶中の任意の位置で均等に励起子を見出す確率があるということだが, ある範囲にわたる $\mathbf{K}_{\mathrm{CM}}$ を重ね合わせて, 波束をつくることもできる. しかし光の波数は非常に小さいので, 光によって生成された励起子に関しては $K_{\mathrm{CM}} \approx 0$ であり, 重心の運動を無視してよい.

相対運動に関する波動方程式は,

$$\left(-\frac{\hbar^2}{2m_0 m_{\mathrm{eh}}}\nabla^2 - \frac{e^2}{4\pi\epsilon_0 \epsilon_{\mathrm{b}} R}\right)\phi(\mathbf{R}) = (E - E_{\mathrm{g}})\phi(\mathbf{R}) \tag{10.64}$$

である. これはドナー近傍の電子に関する式 (3.15) と, パラメーターの違いを除けばよく似ている. 束縛状態のエネルギーは次のように与えられる.

$$\varepsilon_n^{(3\mathrm{D})} = E_{\mathrm{g}} - \frac{\mathcal{R}_{\mathrm{eh}}}{n^2}, \quad \mathcal{R}_{\mathrm{eh}} = \frac{m_0 m_{\mathrm{eh}}}{2}\left(\frac{e^2}{4\pi\epsilon_0 \epsilon_{\mathrm{b}}\hbar}\right)^2 \tag{10.65}$$

$\mathcal{R}_{\mathrm{eh}}$ は, 半導体中の誘電率と, 電子-正孔対の換算質量 (軽い正孔の質量でも重い正孔の質量でもない) の値を用いた有効Rydbergエネルギーである. 波動関数の空間的な拡がりの尺度 (式 (4.69) 参照) も同様に, 有効Bohr半径の式 $a_{\mathrm{eh}} = 4\pi\epsilon_0 \epsilon_{\mathrm{b}}\hbar^2/e^2 m_0 m_{\mathrm{eh}}$ によって与えられる. $m_{\mathrm{eh}} < m_{\mathrm{e}}, m_{\mathrm{h}}$ であって, 励起子を構成する電子-正孔対の相互束縛は, ドナーによる電子の束縛よりも弱い.

式 (10.65) によると, バンドギャップ以下のエネルギーにおいて, 励起子による離散的な一連の吸収線が現れるはずである. これを模式的に図10.9(a) に示す. これらの吸収線は低温では観測可能だが, 束縛が弱いために, 室温では $\mathcal{R}_{\mathrm{eh}}$ よりもはるかに高い

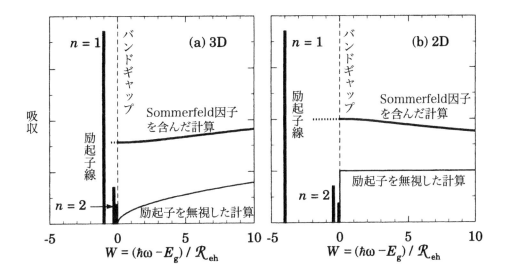

図10.9 3次元系と2次元系におけるバンドギャップエネルギー付近の光吸収特性への電子間相互作用の効果. 横軸 W はバンドギャップ E_g から試料中の有効Rydberg定数 $\mathcal{R}_{eh}$ を単位として測ったエネルギーなので,尺度は E_g よりもはるかに拡大されている.

エネルギーを持つ光学フォノンを吸収して,素早く電離してしまう.普通,III-V族半導体では $n=1$ の吸収線だけが見られる.

　光学遷移によって生成する電子と正孔は,空間内で同じ位置に生じると考えるのが理に適っているので,吸収線の強度は $\mathbf{R}_e = \mathbf{R}_h$,すなわち $\mathbf{R}=0$ のところの波動関数の値に依存するであろう.実際に振動子強度は,結晶の体積を Ω とすると $\Omega|\phi(\mathbf{R}=0)|^2$ に比例する.これは励起子の基底状態では $\Omega/\pi a_{eh}^3$ である.ここで体積が現れることは奇異に見えるが,全吸収強度は結晶の体積に比例するものと予想される.通常この因子は,全状態に関する和(積分)をとる時に,遍歴状態の状態密度が体積に比例することに伴って現れる.ここでは状態が離散的で,状態数が体積に依存しないため,各遷移強度の方に体積因子が現れるのである.

　エネルギーがバンドギャップを超えると,励起子は束縛状態を維持できなくなるが,やはり単純な平面波の波動関数ではなく,式 (10.64) に従う波動関数が必要である.Coulomb引力の効果によって波動関数は歪められ,相対位置がゼロの所の密度 $|\phi(\mathbf{R}=0)|^2$ が高まる.したがって我々が前に求めたバンド間吸収の式に,"Sommerfeld因子"(Sommerfeld factor) を掛けなければならない.3次元系では,この因子は,

$$\Omega|\phi^{(3D)}(\mathbf{R}=0)|^2 = \frac{2\pi/\sqrt{W}}{1-\exp(-2\pi/\sqrt{W})}, \quad W = \frac{\hbar\omega - E_g}{\mathcal{R}_{eh}} \qquad (10.66)$$

となる.分母はバンドギャップのすぐ上では,ほとんど1と見なすことができるので,

$|\phi_k(\mathbf{R}=0)|^2 \approx 2\pi/\sqrt{W} = 2\pi[\mathcal{R}_{\rm eh}/(\hbar\omega - E_{\rm g})]^{1/2}$ である．この平方根は，独立な電子と正孔に関する結果 (8.85) に含まれる光結合状態密度と相殺する．したがって吸収強度は光結合状態密度を反映した平方根の立ち上がり方をせず，バンドギャップのすぐ上では，図10.9(a) に示すように大体一定である．この挙動は実験結果 (図8.4, p.333) にも充分近い．$E_{\rm g}$ において段差はないが，これはバンド間吸収と束縛が弱い励起子の高エネルギー状態への吸収とが，滑らかに混ざるからである．

10.7.2 2次元系の励起子

波動関数の z 方向の厚さがゼロと仮定される厳密な2次元の極限でも，励起子の理論にさほど大幅な変更は生じない．相対座標と重心座標への分離は同様に行われ，"2次元水素原子" (4.7.3項, p.151〜) のエネルギー準位が $\varepsilon_n^{(2{\rm D})} = E_{\rm g} - \mathcal{R}_{\rm eh}(n-\frac{1}{2})^2$ と与えられる．したがって基底状態の束縛エネルギーは3次元の場合と比べて4倍になる．波動関数の半径は半分になって，$\phi_1^{(2{\rm D})} \propto \exp(-2r/a_{\rm eh})$ となる．2次元の Sommerfeld 因子は，

$$\left|\phi_k^{(2{\rm D})}(\mathbf{r}=\mathbf{0})\right|^2 = \frac{2}{1+\exp(-2\pi/\sqrt{W})} \tag{10.67}$$

である．$\mathcal{R}_{\rm eh}$ と $a_{\rm eh}$ の定義は前と同じだが，W は独立な電子の描像において吸収が始まるエネルギーから測らなければならず，これはバンドギャップだけでなく，量子井戸内に束縛された状態のエネルギーも含む．バンド端の効果は3次元の場合ほど劇的ではないが，吸収強度は2倍に増し，この吸収の強化はバンド内領域へ関わる有効 Rydberg エネルギーに支配される遷移にも当てはまる．

これらの結果は，低次元の方が励起子の束縛エネルギーが大きくなり，励起子の効果が重要になることを示している．理想的な GaAs における重い正孔と電子による励起子の束縛エネルギーは，おおよそ5から20 meV へと上がる．したがって2次元の試料では室温でも励起子の吸収が観測可能であり，このことは図8.4 の実験結果からも確認できる．バルクの試料では，吸収端に生じる構造をはっきり観測できることは稀であるが，量子井戸の基底サブバンドでは，重い正孔を含む励起子の吸収準位も，軽い正孔を含む励起子の吸収準位も明確に見ることができる．

残念ながら，厳密な2次元極限は非現実的である．量子井戸の典型的な幅は数十 nm ほどであり，これは励起子の大きさの目安となる有効 Bohr 半径に近い数値である．現実的な計算のためには，もっと複雑なモデルが必要となる．量子細線では，さらに問題が扱い難くなる．"1次元水素原子" の基底状態の束縛エネルギーが無限大になってしまうのである．

10.7.3 量子井戸における励起子

量子井戸内の励起子を扱うために，電子と正孔を閉じ込めるポテンシャル項 $V_e(z_e)$ と $V_h(z_h)$ を含んだ3次元系の Schrödinger 方程式 (10.60) に戻らなければならない．重心座標と相対座標の分離は，井戸層の面内方向の運動だけに関して可能である．ここでも重心の運動エネルギーを無視することにしよう．残りの波動関数は面内方向の相対座標 $\mathbf{r}$ と，元の双方の z 座標に依存する．これは次の Schrödinger 方程式を満たす．

$$\left\{\left[-\frac{\hbar^2}{2m_0 m_e}\frac{\partial^2}{\partial z_e^2}+V_e(z_e)\right]+\left[-\frac{\hbar^2}{2m_0 m_h}\frac{\partial^2}{\partial z_h^2}+V_h(z_h)\right]-\frac{\hbar^2}{2m_0 m_{eh}}\nabla^2 \right.$$
$$\left.-\frac{e^2}{4\pi\epsilon_0\epsilon_b\sqrt{|\mathbf{r}|^2+(z_e-z_h)^2}}\right\}\psi(\mathbf{r},z_e,z_h)=E\psi(\mathbf{r},z_e,z_h) \quad (10.68)$$

上式は，井戸層に垂直な z 方向のそれぞれの質量係数 m_e，m_h と，面内の運動に関する換算質量係数 m_{eh} を含んでいる．10.3節の議論において，量子井戸内の正孔の有効質量が異方的であったことを思い出そう．たとえば"重い"正孔は z 方向に重いが，面内方向の運動に関しては軽い．したがって m_h は重いが，換算質量が含む正孔の質量はこれよりも軽い．

量子井戸の閉じ込めと Coulomb 相互作用の空間的尺度が同等であるということは，Schrödinger 方程式を解くにあたって，これらの効果を同等に扱わなければならないことを意味する．このためには変分法や数値計算が必要となる．よく用いられている，パラメーターをひとつだけ含む2通りの波動関数を示すと，次のようなものである．

$$\psi_1(\mathbf{r},z_e,z_h)\propto \phi_{c1}(z_e)\phi_{v1}(z_h)\exp\left(-\frac{|\mathbf{r}|}{\lambda}\right) \quad (10.69)$$

$$\psi_2(\mathbf{r},z_e,z_h)\propto \phi_{c1}(z_e)\phi_{v1}(z_h)\exp\left(-\frac{|\mathbf{R}|}{\lambda}\right) \quad (10.70)$$

$\phi_{c1}(z_e)$ と $\phi_{v1}(z_h)$ は電子と正孔の最低エネルギーの束縛状態で，これらは無限に深い井戸の中では共通である．2つの式の違いは，励起子の包絡線が，式 (10.69) では面内相対座標 $\mathbf{r}$ だけに依存している点である．こちらの方が扱いやすいが，この波動関数の z 方向の挙動は Coulomb 引力の影響を被らないので，非常に狭い井戸にしか適用できない．井戸が広いと全方向の相対運動が励起子の束縛に支配されるので，この近似は破綻する．2番目の式 (10.70) は，全相対距離 $R=\sqrt{r^2+(z_e-z_h)^2}$ を含んでいる．この波動関数も狭い井戸ではよく似た挙動を示すが，励起子の半径よりも広い井戸の中では，全方向の相対運動成分が指数関数によって抑制される．したがって，非常に広い井戸では3次元における結果に近づく．

これらの近似波動関数を用いて計算した束縛エネルギーの井戸幅依存性を図10.10 に示す．予想通り，相対方向の限定をしない波動関数の方が，特に広い井戸に関して明らかに優れている．この束縛エネルギーの曲線は，非常に広い井戸における値 $\mathcal{R}_{eh}$ から，

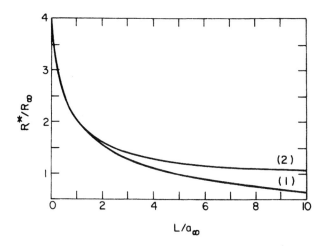

図10.10 無限に深い井戸内における励起子の束縛エネルギー R^* の,井戸幅 L 依存性の計算結果.束縛エネルギーは有効Rydbergエネルギー R_∞,井戸幅は有効Bohr半径 a_∞ を尺度として,同じ材料における3次元励起子の束縛エネルギーを示している.曲線 (1) は相対方向を面内に限定した波動関数 (10.69) による結果,曲線 (2) は方向を限定しない波動関数 (10.70) による結果である.[Bastard et al. (1982) による.]

L がゼロの極限 $4\mathcal{R}_{\mathrm{eh}}$ までの間を,井戸幅と有効Bohr半径がほぼ等しい $L \approx a_{\mathrm{eh}}$ のところで $2\mathcal{R}_{\mathrm{eh}}$ を経由するように滑らかに補間している.ここで用いた波動関数の興味深い挙動は,井戸を狭くしてゆくと z 方向に潰れながら,$\mathbf{r}$ 方向の拡がり方も縮まってゆくことである.ゴムなどの挙動と違って,押しつぶされる際に拡がるようなことはない!

残念ながら無限に深い井戸のモデルは,狭い井戸に対しては信頼し得るモデルでないことを我々は知っている.現実には井戸を狭くすると,井戸外の平坦部のポテンシャルよりも高いエネルギー準位も生じてしまうと同時に,井戸外へ染み出す波動関数の裾野の部分は大きくなり,粒子に対する閉じ込め効果は弱くなる.次元解析の観点から,井戸幅 a と井戸の深さ V_0 が $\hbar^2\pi^2/2ma^2 \approx V_0$ のときに,閉じ込め効果が最も効率的に働くものと予想される.広い井戸では主として a によって閉じ込め範囲が決まり,狭い井戸では主に井戸外の障壁層へのトンネル侵入の減衰によって閉じ込め範囲が決まる.GaAs−AlGaAs系の井戸の深さは $V_0 \approx 0.3$ eV なので,最適の閉じ込め条件は $a \approx 5$ nm ほどである.したがって現実の試料における励起子のエネルギーは,$4\mathcal{R}_{\mathrm{eh}}$ の極限には到達できない.

図10.11 に有限の深さの井戸に関する数値計算の結果を示す.励起子の束縛エネルギーは $a \approx 5$ nm のあたりでピークを持ち,それより狭い井戸では再びエネルギーが低下する.$a \to 0$ では波動関数が井戸内にあるというより,主として障壁層の中にあ

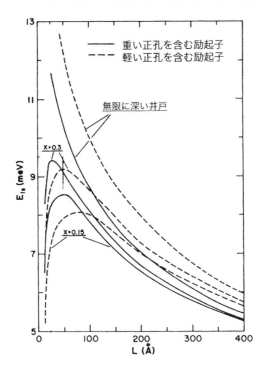

図10.11　GaAs − Al$_x$Ga$_{1-x}$As 量子井戸における重い正孔を含む励起子，軽い正孔を含む励起子の束縛エネルギーを，井戸幅 L の関数として示した．両方の励起子について $x = 0.15$ および $x = 0.30$ とした結果をそれぞれ示してある．ここでは $\Delta E_c/\Delta E_g = 0.85$ という比の値を採用してあるが，これは現在受け入れられている $0.60 - 0.65$ という範囲に比べて大きい値である．[Greene, Bajaj and Phelps (1984).]

るので，束縛エネルギーは $\mathcal{R}_{eh}$ へ戻る．ピーク値は 10 meV 程度だが，これはバルクにおける値の約 2 倍であり，理想的な 2 次元極限の励起子に期待される 4 倍の数値には近づいていない．

　軽い正孔と重い正孔の面内方向と面に垂直な方向の有効質量の間に，興味深い競合が生じる．軽い正孔は井戸の面内方向の運動に関して重く，このことは無限に深い井戸において，束縛エネルギーを強める．これに対して有限の井戸では，軽い正孔は z 方向にはあまり束縛されず（"軽い"ので！），軽い正孔を含む励起子の最大束縛エネルギーは，2 次元性の低下に伴って小さくなる．図10.11 において明瞭な交差現象（クロスオーバー）が見られる．広い井戸では井戸幅によって閉じ込め範囲が決まり，面内方向の質量が支配的に働くので，軽い正孔を含む励起子の束縛が強まる．狭い井戸では，閉じ込め範囲が障壁層中のトンネル減衰によって決まるので，重い正孔の方が強く閉じ込められ，重い正孔を含む励起子の束縛が強くなる．このような競合は，井戸内で有効質量が小さ

くて，高い障壁によってキャリヤが閉じ込められる InGaAs などの材料において，とりわけ重要となる．

10.7.4 量子閉じ込め Stark 効果

7.2.2項 (p.276〜) において，量子井戸に z 方向の電場を印加すると，電子のエネルギーも正孔のエネルギーも低下し，それを光吸収によって観測できるはずだと論じた．しかしここまでの議論で，閾値エネルギー付近の光吸収は励起子に支配されていることが分かったので，この理論を見直してみる必要がある．

電場は面に平行な方向にも垂直な方向にも任意に印加できる．面内方向の電場を印加すると，Schrödinger方程式 (10.68) に $e\mathbf{F}\cdot\mathbf{r}$ という項が加わる．これによって7.2.2項に示したような量子井戸自体への影響と同様に，電子と正孔の相互作用の仕方にも影響が及ぶであろう．図10.12(e) に示すように，励起子のエネルギーは少し低下するというだけではなく，もはや束縛状態が維持されなくなり，電場によって低くなった障壁をトンネルできるようになる．したがって電子と正孔が束縛を解かれる"電場電離"(field ionization) と呼ばれる過程が生じる．励起子は有限の寿命を持つようになり，このことを反映して吸収線は拡がりを持つことになる．電場が強くなるほど励起子の寿命は短くなり，$eF(2a_{\text{eh}}) > \mathcal{R}_{\text{eh}}$ すなわち障壁の頂上が励起子の束縛エネルギーよりも低くなると，いかなる実際上の目的においても，励起子の効果は存在しなくな

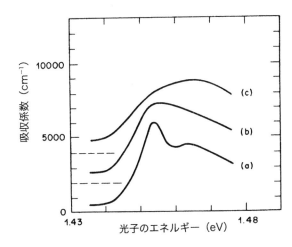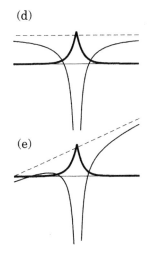

図10.12　9.5 nm の GaAs 量子井戸に対して，井戸層に平行な方向に電場を印加した際の光吸収特性．(a) $0\,\text{V}\,\text{m}^{-1}$, (b) $1.6\times 10^6\,\text{V}\,\text{m}^{-1}$, (c) $4.8\times 10^6\,\text{V}\,\text{m}^{-1}$．縦軸のゼロ点を，破線のようにずらしてある．[Miller et al. (1985) による．] 励起子のポテンシャルエネルギーと波動関数を，(d) 印加電場が無い場合と，(e) 面内方向に強い電場を印加した場合について描いた．

る．更に強い電場の下では，電子と正孔をそれぞれ独立な自由粒子として扱えるので，Franz-Keldysh効果に関して6.2.1項 (p.225～) で計算した状態密度を適用できる．図10.12(a)–(c) に，図7.3 (p.278) のデータ (電場は井戸層に垂直) と対比するための，量子井戸に平行に電場を印加した場合の光吸収特性を示した．電場がない場合に吸収端に見えていた励起子による吸収部分が，電場の下では消失している．

電場を井戸層に垂直な結晶成長方向に印加した場合，2つの効果が競合する．第1の効果としては，7.2.2項 (p.276～) で既に見たように，電場によって，電子と正孔それぞれの井戸による束縛状態のエネルギーが低下する．第2に，ここまで議論したように，場は励起子を構成する電子と正孔を引き離そうとする傾向があるので，相互の束縛エネルギーは低下して，光遷移の吸収エネルギーは上昇する．しかしこの場合，電子も正孔も量子井戸内に捕われているので，励起子が電離することはない．このような効果のために，図7.3 (p.278) のデータでは，図10.12のデータよりも，各量子井戸における励起子の構造が残り続けている．通常は，電子と正孔のエネルギー準位の変動が励起子のエネルギー準位の変動を支配しており，励起子のエネルギー変動がもとの束縛エネルギーを超えることはない．したがって7.2.2項の計算は定性的には正しいが，弱い電場における励起子の効果を考慮した補正が必要である．それと同時に電場が電子と正孔を分離させる傾向のために，両者の波動関数の重なり方は減じ，2つの状態の間のzの行列要素に比例する形で吸収が弱まる．場は井戸の対称性も崩すので，選択則も明瞭ではなくなる．

10.7.5 励起子，井戸幅のゆらぎ，フォノン

我々は第9章で，2次元電子気体における電子の挙動は，荷電不純物や界面粗さのような欠陥に強く影響されることを見た．励起子もこれと同様の摂動を受けることになる．通常は単一界面近傍でなく，量子井戸内の励起子が関心の対象となるので，井戸幅のゆらぎが特に重要となる．井戸幅のゆらぎは電子の準位にも正孔の準位にも影響を与え，励起子の束縛エネルギーもこの影響を受ける．ゆらぎの影響の程度は，励起子半径$a_{\rm eh}$と比較して，ゆらぎが見られる距離尺度によって決まる．$a_{\rm eh}$に比べて変化の速いゆらぎは，その効果が平均化されてしまうが，$a_{\rm eh}$よりも緩やかに変化するゆらぎがあると，場所によるエネルギー準位の分布が生じ，試料全体としての光吸収線は拡がりを持つようになる．したがって，結晶成長条件の最適化のために，励起子の吸収線の線幅の測定評価が広く利用されている．結晶成長の温度は，発生するゆらぎの程度に強く影響するパラメーターである．多くの試料は，成長過程で表面が滑らかになるように，結晶成長の中断を導入しながら作製されている．

温度が上がると励起子の吸収線幅は拡がり，光学フォノンによって容易に電離するようになる．この広がり方は，おおよそ光学フォノン数$[\exp(\hbar\omega_{\rm LO}/k_{\rm B}T) - 1]^{-1}$に比例する．

励起子は非線形光学において多くの効果を生じる．たとえば強い光は多くの励起子を発生し，伝導帯と価電子帯の端付近の状態が満たされる．実効的にバンドギャップのエネルギーは高まり，吸収率も屈折率も Kramers-Kronig の関係を通じて変わる．光学的な性質は，励起子がすべて崩壊してから本来の状態に戻る．これは比較的遅い過程であり，応答の速い光エレクトロニクスデバイスを実現するために，多くの他の非線形現象が研究対象となっている．これらの現象を述べてゆけば，容易にもう一冊の本が書けてしまうほどなので，この辺が議論を終わりにするのに相応しいところであろう．

∗ 参考文献の手引き

低次元系の光学的な特性をよく記述している本やレビュー論文が存在する．Chung (1995) による教科書は，光エレクトロニクスデバイスの物理を，基礎理論からレーザーや変調器まで広く扱っている．デバイスの実用的な側面や，通信システム全体を指向した見方を提示しているのは Gower (1993) である．

Bastard (1988) は，半導体の光学特性を，物理に重点を置いてエレガントに記述している．ヘテロ構造の光学的な応用に関しては Weisbuch and Vinter (1991) に優れた記述がなされており，量子井戸レーザーの解説は特に良い．Kelly (1995) も広範囲の応用を扱っている．

量子井戸の光学特性の理論的な側面についても，多くの解説がある．たとえば Haug and Koch (1993) のテキストや，Schmitt-Rink, Chemla and Miler (1989) によるレビューがある．本章における包絡関数の扱い方は，到底厳密なものとは言えないが，Burt (1995) には，この点から発生し得る諸問題を示してある．

Kane モデルの優れた解説として，モデルの提唱者自身によるものがある (Kane 1982)．私はこのレビューの記号を踏襲した．

最後に Willardson and Beer (1966−) によって，この分野に関連した多くの論文が出されていることにも言及しておく．

∗ 練習問題

10.1 付録の F.2.2 項 (p.445~) において，光学応答の Lorentz モデルが記述されているが，ω_0 のところに ϵ_2 のピークが与えられている．これに対応するエネルギー損失関数 $-\mathrm{Im}(1/\tilde{\epsilon}_r)$ を描いてみよ．ω_0 のところに主要な構造が現れるか？

10.2 Lorentz モデルが高い振動数においてプラズマのように振舞うことを検証し，$\epsilon_2(\omega)$ と $-\mathrm{Im}(1/\tilde{\epsilon}_r)$ に関する和則を確認せよ．

10.3 Kane モデルの範囲内で，バンド構造に対する歪みの効果を検証せよ．議論を簡単にする

ために，スピンを考慮しないモデル (10.26) を用いること．z 方向の単軸歪みによって $|Z\rangle$ 軌道間で E_v に $\frac{2}{3}S$ 項が，$|X\rangle$ と $|Y\rangle$ 両方との間で $-\frac{1}{3}S$ が加わるものと仮定せよ．価電子帯に何が起こるか？

10.4 Kane モデルが与える結果は，InSb の現実のバンド構造と違うが，これはスピン-軌道分裂がバンドギャップよりも大きいからである．付録 B のデータを用いて，この場合の Kane モデルの正確さを調べてみよ．

10.5 Luttinger モデルの式 (10.35) に基づいて，GaAs の軽い正孔と重い正孔の $\varepsilon(\mathbf{K})$ を描いてみよ．等エネルギー面全体が描ければ最も解りやすいが，その代わりに $\mathbf{K}$ を [100]，[110]，[111] 方向に取って，エネルギーを調べてみよ．その結果から判断して，球面対称近似はどの程度有効な近似となり得るか？

10.6 AlGaAs に挟まれた厚さ 5 nm の GaAs 量子井戸層における正孔を考える．軽い正孔と重い正孔の最低エネルギーと，それらの分裂を単純なモデルで推定してみよ．"軽い"バンドに正孔が入り始める前に，どのくらいの量の正孔が"重い"最低エネルギーバンドに入るか？

10.7 狭い光吸収線が，振動数 ω_1 から ω_2 にシフトしたものと仮定しよう．このような実例をひとつ挙げるなら，量子井戸におけるバンド間遷移に対する電場の印加などがこれにあたる (7.2.2項で計算した量子閉じ込め Stark 効果, p.276〜)．変化 $\Delta\epsilon_2(\omega)$ を描き，それに対応する $\Delta\epsilon_1(\omega)$ を計算せよ．$\epsilon_2(\omega)$ が小さい振動数のところでの $\epsilon_1(\omega)$ の変化を用いようとする場合が多い．このような条件は，吸収線のシフトにどのような要請をもたらすか？

10.8 幅 10 nm の GaAs 量子井戸におけるバンド間遷移に関して，以下に示すように"$\Delta n = 0$ 則"(10.4節) の正確さを推定せよ．電子に関しては，井戸の深さは約 0.30 eV，最低エネルギーは 34 meV である．無限に深い井戸で，井戸幅を 12.8 nm と置いた場合にも，同じエネルギー準位が得られる．同様に，正孔は深さ 0.18 eV の井戸の中にあり，最低のエネルギーは 5.9 meV となるが，このエネルギーは無限に深い井戸において幅 11.3 nm と置いた場合と同じである．無限に深い等価な井戸の波動関数を用いて，包絡関数の間の行列要素 (単純な積!) を計算せよ．

比較のために，同じ有効幅を用いて，電子の最低準位と正孔の 3 番目の準位の間の遷移に関しても計算せよ．

もし有限の井戸における波動関数を数値計算で求めることができるならば，それらを用いて行列要素を評価せよ．単純に井戸幅を調整した粗い近似の結果は，どの程度現実に近いか？

10.9 図 10.7 (p.418) に示したような，量子井戸内の束縛状態から井戸外に広がった連続準位への遷移の吸収スペクトルを推定せよ．議論を簡単にするために，初期状態は無限に深い井戸の場合のように正弦波の半分とし，終状態は摂動のない平面波と置く．この見積りと実験結果の主たる違いは，吸収端付近に生じる．何故この違いが生じるのか？ 見積り結果を全振動数にわたって積分し，f-和則を満たさないことを示して，この結果が近似にすぎないことを"証明"せよ．

10.10 束縛状態の 3 次元励起子のエネルギーは $\varepsilon_n = -\mathcal{R}_\mathrm{eh}/n^2$ で，原点における密度は $1/\pi a_\mathrm{eh}^3 n^3$ である．各吸収線が有限の幅を持つならば，n が大きいところはぼけて融合し，連続準位が始まるすぐ上における Sommerfeld 因子を含めた吸収強度と同じ値を与えることを示せ．励起子を考慮すると，このように光学特性は $\hbar\omega = E_\mathrm{g}$ において不連続性を持たなくなる．

10.11 第8章の練習問題 (8.17, p.347) で，GaAs に入射する $\hbar\omega = E_g + 0.05$ eV のエネルギーを持つ光の減衰長 α^{-1} を試算した．改めて Sommerfeld 因子を考慮して計算せよ．この結果によって図 8.4 (p.333) の尺度を説明できるか？

10.12 多量子井戸に入射する光の侵入距離に対する減衰係数 α を推定せよ．図 8.4 (p.333) のデータを取得した試料に合わせて，多量子井戸は交互に形成された GaAs 井戸層と $Al_{0.3}Ga_{0.7}As$ 障壁層から構成されており，どちらも 10 nm の厚さを持つものとせよ．入射光のエネルギーは吸収端から 0.05 eV 高いものとする．重い正孔が関与すると仮定し，付録 B のデータと $n_r \approx 3.5$ を用いること．

Sommerfeld 因子は，どの程度の影響を持つか？

10.13 3 次元系と見なすことのできる厚い GaAs 層が，ポンピングの下でバンドギャップのところで $f_n(\varepsilon_e) - f_p(\varepsilon_h) = 0.5$ となっているものとする．振動数に対する光学利得特性 $g(\omega)$ を描き，最大値を推定せよ．

半導体において高い光学利得を達成できることが，半導体レーザーが成功を収めている要因のひとつである．

10.14 量子井戸内の励起子に関しては，一般には相対運動と重心の運動を分離できないが，これが可能となる特別な場合も存在する．V_e と V_h がどちらも放物線井戸で同じ固有振動数を持ち，$V_e(z_e) = \frac{1}{2}m_e\omega_0^2 z_e$, $V_h(z_h) = \frac{1}{2}m_h\omega_0^2 z_h$ と表されるものとしよう．座標を $\mathbf{R}_{CM}$ と $\mathbf{R}$ に分離できることを示せ．残念ながら相対座標に関しては，両方の放物線ポテンシャルと相互作用を含む方程式を解かなければならない．相互作用が $1/R$ に比例するのではなく，R に関する放物線で表されるという近似を採用すると，問題が簡単になることを示せ．

この結果は，放物線ポテンシャルの中にある電子気体 (もしくは正孔気体) に適用すると，重心の運動が電子間相互作用に依存しなくなるので更に有用である．これは "Kohn の定理" として知られており，ドープした量子井戸や量子ドットや超格子の赤外応答を決めるために重要となる．

付録 A 物理定数表

電荷素量	e	1.602×10^{-19}	C
電子の質量	m_0	9.109×10^{-31}	kg
陽子の質量	m_p	1.673×10^{-27}	kg
真空中の光速	c	2.998×10^8	$\mathrm{ms^{-1}}$
Boltzmann定数	k_B	1.381×10^{-23}	$\mathrm{JK^{-1}}$
		0.0862	$\mathrm{meVK^{-1}}$
真空の誘電率	ϵ_0	8.854×10^{-12}	$\mathrm{Fm^{-1}}$
	$e/4\pi\epsilon_0$	1.440	V nm
真空の透磁率	μ_0	$4\pi \times 10^{-7}$	$\mathrm{Hm^{-1}}$
Planck定数	h	6.626×10^{-34}	J s
	$\hbar = h/2\pi$	1.055×10^{-34}	J s
Avogadro定数	N_A	6.022×10^{26}	$\mathrm{kmol^{-1}}$
Bohr半径	a_0	5.292×10^{-11}	m
Rydbergエネルギー	$\mathcal{R}$	2.180×10^{-18}	J
		13.61	eV
Bohr磁子	$\mu_\mathrm{B} = e\hbar/2m_0$	9.274×10^{-24}	$\mathrm{JT^{-1}}$
磁束量子	$\Phi_0 = h/e$	4.136×10^{-15}	Wb
微細構造定数	$\alpha = e^2/4\pi\epsilon_0\hbar c$	$(137.04)^{-1}$	
電子ボルト	eV	1.602×10^{-19}	J
	$1\ \mathrm{meV}/h$	241.8	GHz
	$1\ \mathrm{meV}/k_\mathrm{B}$	11.60	K

付録 B 重要な半導体材料の特性値

表で用いる記号の意味は，以下の通りである．

a	格子定数
ρ	質量密度
$\hbar\omega_{\mathrm{LO}}$	縦方向光学フォノンのエネルギー
$\hbar\omega_{\mathrm{TO}}$	横方向光学フォノンのエネルギー
E_g	最小バンドギャップ
$E_c^{(\min)}$	伝導帯の最小エネルギー点
E_g^Γ	Γ点における直接バンドギャップ (E_g と異なる場合)
Δ	価電子帯のスピン－軌道分裂エネルギー
χ	電子親和力
E_P	S-P混成エネルギー (p.281 参照)
m_{hh}	重い正孔の有効質量係数
m_{lh}	軽い正孔の有効質量係数
m_{so}	分裂バンドの正孔の有効質量係数
m_Γ	Γ谷における電子の有効質量係数
m_L	最低の X もしくは L谷における電子の縦方向有効質量係数
m_T	対応する横方向有効質量係数
ϵ_b	静誘電率
μ_n	電子の移動度 (ドープ量が少ない場合)
μ_p	正孔の移動度 (ドープ量が少ない場合)

特に断わり書きがないものは，室温での数値である．データは大部分を Madelung (1996) と Adachi (1985) から採り，Bastard (1988)，Sze (1981)，Milnes and Feucht (1972) によって補足した．

中には，与えられている数値範囲がかなり広い量もあり，適正に定義できない量もある．たとえば Bastard は GaAs の重い正孔の有効質量係数 m_{hh} を 0.45 から 0.57 としている．この数値の曖昧さは，複雑なバンドを，単一の有効質量で特徴づけられる2次関数で無理に近似しているために生じている．

	Si	Ge	GaAs	AlAs	InAs	単位
a	0.5431	0.5658	0.5653	0.5660	0.6058	nm
ρ	2.329	5.323	5.318	3.760	5.67	$\mathrm{Mg\,m^{-3}(g\,cm^{-3})}$
$\hbar\omega_{\mathrm{LO}}$	64	37	36	50	30	meV
$E_{\mathrm{g}}^{(300\mathrm{K})}$	1.12	0.66	1.42	2.15	0.35	eV
$E_{\mathrm{g}}^{(0\mathrm{K})}$	1.17	0.74	1.52	2.23	0.42	eV
$E_{\mathrm{c}}^{(\min)}$	X	L	Γ	X	Γ	
E_{g}^{Γ}	3.5	0.80	—	3.02	—	eV
Δ	0.044	0.29	0.34	0.28	0.38	eV
χ	4.01	4.13	4.07	3.51	4.92	eV
E_P		26.3	25.7	21.1	22.2	eV
m_{hh}	0.54	0.28	0.5	0.5	0.41	
m_{lh}	0.15	0.044	0.082	0.15	0.026	
m_{Γ}			0.067	0.150	0.022	
m_{L}	0.92	1.64	1.3	1.1		
m_{T}	0.19	0.082	0.23	0.19		
ϵ_{b}	11.9	16.2	13.2	10.1	15.1	
μ_{n}	0.15	0.39	0.92		3.3	$\mathrm{m^2V^{-1}s^{-1}}$
μ_{p}	0.045	0.19	0.04		0.05	$\mathrm{m^2V^{-1}s^{-1}}$

	GaP	InP	GaSb	AlSb	InSb	単位
a	0.5451	0.5869	0.6096	0.6136	0.6479	nm
ρ	4.138	4.81	5.61	4.26	5.77	$\mathrm{Mg\,m^{-3}(g\,cm^{-3})}$
$\hbar\omega_{\mathrm{LO}}$	51	43	29	42	24	meV
$E_{\mathrm{g}}^{(300\mathrm{K})}$	2.27	1.34	0.75	1.62	0.18	eV
$E_{\mathrm{g}}^{(0\mathrm{K})}$	2.35	1.42	0.81	1.69	0.23	eV
$E_{\mathrm{c}}^{(\min)}$	X	Γ	Γ	X	Γ	
E_{g}^{Γ}	2.78	—	—	2.30	—	eV
Δ	0.08	0.11	0.75	0.67	0.98	eV
χ	4.3	4.38	4.06	3.65	4.59	eV
E_P	22.2	20.4	22.4	18.7	23.1	eV
m_{hh}	0.67	0.6	0.28	0.4	0.4	
m_{lh}	0.17	0.12	0.050	0.11	0.02	
m_{Γ}		0.077	0.04		0.014	
m_{L}	4.8			1.0		
m_{T}	0.25			0.26		
ϵ_{b}	11.1	12.6	15.7	12.0	16.8	
μ_{n}	0.02	0.5	0.77	0.02	8	$\mathrm{m^2V^{-1}s^{-1}}$
μ_{p}	0.012	0.01	0.1	0.04	0.13	$\mathrm{m^2V^{-1}s^{-1}}$

付録 C 室温における GaAs−AlGaAs 混晶の性質

	GaAs	AlAs	補間式	適用範囲	単位
a	0.56533	0.56611	$0.56533 + 0.00078x$		nm
$\hbar\omega_{LO}$	36.2	50.1	(補間不可能)		meV
$\hbar\omega_{TO}$	33.3	44.9	(補間不可能)		meV
E_g^Γ	1.424	3.018	$1.424 + 1.247x$	($x < 0.45$)	eV
			$1.656 + 0.215x + 1.147x^2$	($x > 0.45$)	eV
E_g^X	1.900	2.168	$1.900 + 0.125x + 0.143x^2$		eV
E_g^L	1.708	2.350	$1.708 + 0.642x$		eV
ΔE_c^Γ	0	1.120	$0.773x$	($x < 0.45$)	eV
			$0.232 - 0.259x + 0.143x^2$	($x > 0.45$)	eV
ΔE_c^X	0.476	0.270	$0.476 - 0.349x + 0.143x^2$		eV
ΔE_c^L	0.284	0.452	$0.284 + 0.168x$		eV
ΔE_v	0	0.474	$0.474x$		eV
χ	4.07	3.5	$4.07 - 1.1x$	($x < 0.45$)	eV
			$3.65 - 0.14x$	($x > 0.45$)	eV
m_Γ	0.067	0.150	$0.067 + 0.083x$		
m_T^X	0.23	0.19			
m_L^X	1.3	1.1			
m_{lh}	0.082	0.153	$0.082 + 0.071x$		
m_{hh}	0.5	0.5			
m_{so}	0.15	0.24	$0.15 + 0.09x$		
$\epsilon_b(\omega = 0)$	13.18	10.06	$13.18 - 3.12x$		

伝導帯における Γ から X へのクロスオーバーが $x = 0.45$ で起こると仮定してある．伝導帯の段差 ΔE_c^Γ, ΔE_c^X, ΔE_c^L は，GaAs の伝導帯の底 (Γ_6) から測ったものである．

付録 D　Hermiteの微分方程式：調和振動子

　放物線ポテンシャルを持つ Schrödinger 方程式 (4.3節) は，$u(z)$ に関するHermite の微分方程式 (4.32) に帰着する．

$$u''(z) - 2zu'(z) + (2E-1)u(z) = 0 \tag{D.1}$$

ここでは z と E の上に付いていた横線を省略した．解を次のような冪級数の形で考える．

$$u(z) = \sum_{m=0}^{\infty} a_m z^m \tag{D.2}$$

これを式 (D.1) に代入して微分を実行すると，次のようになる．

$$\sum_{m=2}^{\infty} a_m m(m-1) z^{m-2} - 2z \sum_{m=1}^{\infty} a_m m z^{m-1} + (2E-1) \sum_{m=0}^{\infty} a_m z^m = 0 \tag{D.3}$$

各項で同じ z の冪が現れるように，最初の項の和をとるための添字 m をずらす．

$$\sum_{m=0}^{\infty} a_{m+2}(m+2)(m+1) z^m - 2 \sum_{m=1}^{\infty} a_m m z^m + (2E-1) \sum_{m=0}^{\infty} a_m z^m = 0 \tag{D.4}$$

上式が任意の z に関して成立しなければならないので，z の各次数の係数がゼロでなければならない．一般的な結果は，

$$(m+2)(m+1)a_{m+2} - 2m a_m + (2E-1)a_m = 0 \tag{D.5}$$

であり，

$$a_{m+2} = \frac{2m - 2E + 1}{(m+2)(m+1)} a_m \tag{D.6}$$

となる．この式は m が 2 だけ違う係数を関係づけるものであり，m が偶数の系列と m が奇数の系列ができることに注意されたい．

　係数が (D.6) で与えられる冪級数の挙動は，どのようなものだろう？ 比較のために $\exp(z^2)$ の展開を考えてみる．

$$\exp(z^2) = 1 + \frac{z^2}{1!} + \frac{(z^2)^2}{2!} + \cdots + \frac{(z^2)^m}{m!} + \frac{(z^2)^{m+1}}{(m+1)!} + \cdots \tag{D.7}$$

これは z の偶数冪だけの式であり，Hermite方程式の解として得た偶数冪項の系列と似ている．式 (D.6) と同様に，$\exp(z^2)$ を展開係数の漸化式によって再現すると，

$$c_{2m+2} = \frac{m!}{(m+1)!} c_{2m} = \frac{1}{m+1} c_{2m} \tag{D.8}$$

となる．c_{2m} は z^{2m} の係数である．比較を容易にするために，式 (D.6) を m を偶数にして書き直すと，

$$a_{2m+2} = \frac{4m - 2E + 1}{(2m+2)(2m+1)} a_{2m} \tag{D.9}$$

である．式 (D.8) も式 (D.9) も，m が大きくなると，漸化係数は $1/m$ に近づく．このことは，Hermite 方程式の級数解が，$\exp(z^2)$ と同様に発散することを意味している．そうすると式 (4.30) から Hermite 方程式を導く際に除いた因子 $\exp(-\frac{1}{2}z^2)$ による抑制を考慮しても，この級数解の発散の方が勝ってしまい，残念ながら得られる波動関数も発散する．したがってこの解は受け入れられない．この困難を回避するには，エネルギーを適当な値に選ぶならば，漸化式 (D.6) の分子がゼロになることに注目すればよい．これを満足するエネルギー値の条件式は次のようになる．

$$2m - 2E + 1 = 0, \quad E = m + \frac{1}{2} \quad (m = 0, 1, 2, \ldots) \tag{D.10}$$

このように E が設定された場合には，次数が m を超える項は全てゼロになるので，項数が有限の多項式が残り，発散は抑えられる．したがって規格化可能な波動関数を得るには，この無次元エネルギーの値として，式 (D.10) による離散的な一連の値だけが許容され，これが調和振動子のエネルギーの量子化となる．式 (D.10) は本文中の式 (4.33) と同じ結果を導くが，整数 m がゼロから始まるという些細な違いがある．本文中では n を 1 から始めるようにした．

付録 E　　Airy関数：三角井戸

Airy関数は，線形ポテンシャルを持つSchrödinger方程式の解として表れ，ヘテロ接合近傍に捕獲された2次元電子（第9章）や，電場中の電子（6.2節）を扱う上で重要である．これは次に示すStokesの微分方程式，もしくはAiryの微分方程式の解である．

$$\frac{d^2y}{dx^2} = xy \tag{E.1}$$

2階の微分方程式は，2つの線形独立な解を持ち得るが，通常はここで図E.1に示したような"Airy積分関数" $Ai(x)$ と $Bi(x)$ を採用する．これらは初等的な関数によって表現することができない．Airy関数は次数 $\frac{1}{3}$ の修正Bessel関数としても書かれ，Abramowitz and Stegun (1972) のような公式集において見出すことができる．ロシアの文献では，少し違った関数が用いられることもある．

$Ai(x)$ および $Bi(x)$ の挙動は，式(E.1)を一定なポテンシャル下の波動方程式 $d^2y/dx^2 = -k^2y$ と比較することによって推測できる．Stokesの微分方程式は $x<0$ では $k^2>0$ の波動方程式に似ており，解は $\cos kx$ のように振動する三角関数的な関数である．実効波数は $k=\sqrt{-x}$ となるので，x が負の方向に絶対値を増加させるほど振動頻度が高くなる．$Ai(x)$ も $Bi(x)$ もこのような挙動を示し，正弦波と余弦波のように位相が1/4ずれた振動をする．$x>0$ では実効的な k^2 が負になるので，指数関数的に増加もしくは減少する関数になる．基本解は $x\to+\infty$ において $Ai(x)\to 0$, $Bi(x)\to\infty$ と

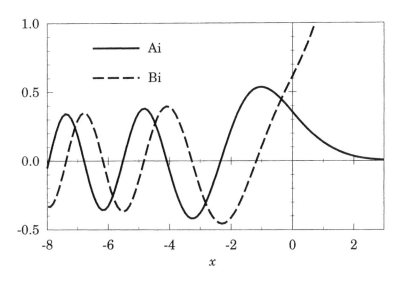

図E.1　2つのAiry(積分)関数 $Ai(x)$ と $Bi(x)$．

なるようにしてある．$|x|$ が大きいところの挙動は，関数の漸近展開によって与えられる．Ai(z) については，

$$\text{Ai}(z) \sim \pi^{-1/2} x^{-1/4} \exp\left(-\frac{2}{3} x^{3/2}\right) \tag{E.2}$$

$$\text{Ai}(-z) \sim \frac{1}{2}\pi^{-1/2} x^{-1/4} \cos\left(\frac{2}{3} x^{3/2} - \frac{1}{4}\pi\right) \tag{E.3}$$

となる．$x^{3/2}$ への依存性は単純な波動方程式から類推できる．

Airy関数は x が負の領域で振動し，ゼロになる点が三角井戸における束縛状態のエネルギーに対応する (4.4節)．これを求めるには数値計算が必要で，最初のほうのゼロ点位置は，

$$a_1 = -2.338, \quad a_2 = -4.088, \quad a_3 = -5.521, \quad a_4 = -6.787 \tag{E.4}$$

である (Abramowitz and Stegun (1972), table 10.13)．微分 Ai$'(z)$ のゼロ点が必要となる場合もある．初めの4つの値を示す．

$$a_1' = -1.019, \quad a_2' = -3.248, \quad a_3' = -4.820, \quad a_4' = -6.163 \tag{E.5}$$

Airy関数が単純な形の微分方程式を満たすことから，Airy関数を含むいろいろな積分を簡略化できる．束縛状態の規格化や，電場中での状態密度の計算などに現れるひとつの例は Ai$^2(x)$ の積分である．因子1を加えて部分積分を行うと，次のようになる．

$$\int \text{Ai}^2(x) dx = x\text{Ai}^2(x) - 2\int x\text{Ai}(x)\text{Ai}'(x) dx$$
$$= x\text{Ai}^2(x) - \left[\text{Ai}'(x)\right]^2 \tag{E.6}$$

最後の式変形には $x\text{Ai}(x) = \text{Ai}''(x)$ の関係を利用したが，これによって積分が単純な自乗計算になっている．

付録 F　Kramers-Kronigの関係式と応答関数

この付録ではKramers-Kronig(クラマース・クローニッヒ)の関係式を導出する．このために複素振動数平面を考えて，Cauchy(コーシー)の積分定理を用いなければならない．複素解析に馴染みのない読者はF.1節をとばして読んでも差し支えない．それから半導体の光応答に関してよく用いられる2つのモデルを導出する．

F.1　Kramers-Kronigの関係式の導出

10.1.1項 (p.394〜) で定義した複素導電率 $\tilde{\sigma}(\omega)$ は，応答関数として典型的なものある．我々はひとつの例としてこれを用いることにするが，任意の線形応答関数に対して同じ理論を適用できる．複素導電率は時間の関数として $\sigma(t)$ と表すこともでき，これらは次のように関係づけられる．

$$\tilde{\sigma}(\omega) = \int_{-\infty}^{\infty} \sigma(t) e^{i\omega t} dt \tag{F.1}$$

振動数の符号の取り方は量子力学における慣例に従った．この積分は通常のFourier変換のように $-\infty$ から ∞ まで実行される．しかし我々は10.1.1項において，"因果律"の要請から $t<0$ では $\sigma(t)=0$ でなければならないことを見たので，積分の下限を $t=0$ と置き換えてもよい．ここを出発点としてKramers-Kronigの関係式が導かれることになる．

通常，我々は ω を実数と考えるが，数学的にこれを複素平面へと拡張して考えてもよい．たとえば ω に小さな正の虚部を付け加え，過去における刺激のスイッチ・オンをシミュレートする場合がある． ω を実部と虚部に分けて $\omega = \omega_1 + i\omega_2$ と書くと，Fourier変換の式は次のようになる．

$$\tilde{\sigma}(\omega_1 + i\omega_2) = \int_0^{\infty} \sigma(t) e^{i(\omega_1 + i\omega_2)t} dt = \int_0^{\infty} \sigma(t) e^{i\omega_1 t} e^{-\omega_2 t} dt \tag{F.2}$$

$t \to \infty$ のときに $\sigma(t)$ が指数関数的に発散しない限り， $\omega_2 > 0$ において積分は収束する． $\sigma(t)$ が指数関数的に発散するのは系は不安定な場合であるが，ここではこのような状況は考慮の対象外とする．$\tilde{\sigma}(\omega)$ は上半面全体において解析的である (Laplace(ラプラス)変換の収束に関しても同様の議論が成立する)．このことは，必ずしも $\sigma(\omega)$ が実軸の"上"で解析的であることを意味しない．

次に我々は，この解析的な性質を利用して，上半面における積分路にCauchyの積分定理を適用する．この定理は，閉じた積分路上とその内部に被積分関数の特異点が無ければ，積分値はゼロになるというものである．図F.1に示した閉じた積分路に関

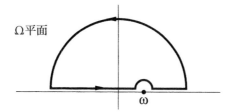

図F.1 Kramers-Kronigの関係式を証明するために用いる複素Ω平面内の積分路.

する次の積分を考えよう.

$$\oint \frac{\tilde{\sigma}(\Omega)}{\Omega - \omega} d\Omega \tag{F.3}$$

ω は実数とする. 積分路の概形は上半面における大きな半円経路を, 実軸のすぐ上の直線によって閉じた形であるが, 被積分関数の分母がゼロになる特異点 $\Omega = \omega$ を回避するように, この特異点の近傍部分だけは直線を半径 ε の小さな半円経路に置き換えてある. $\Omega \to \infty$ のときに $\tilde{\sigma}(\Omega)$ が $1/\Omega$ よりも速くゼロに近づくことを仮定すると, 大きな半円経路の寄与はこの極限でゼロになる. ここでは実軸上に σ の特異点がないものと仮定する. 但しこの仮定は常に正しいわけではない. たとえば金属中では $\epsilon_2(\omega)$ が原点において $\sigma_1(0)/\epsilon_0\omega$ のように発散し, このような場合には適当な減算を含む修正した分散関係が必要となる. この問題を無視するならば, 積分路の残りの2つの部分からの寄与もゼロになる. 積分路の直線部分からの寄与は,

$$\left[\int_{-\infty}^{\omega-\varepsilon} + \int_{\omega+\varepsilon}^{\infty} \right] \frac{\tilde{\sigma}(\Omega)}{\Omega - \omega} d\Omega \tag{F.4}$$

となる. これはそのまま $\varepsilon \to 0$ において, $\mathcal{P}$ と記される積分の "Cauchyの主値" (Cauchy principal part) の定義になっている.

$$\lim_{\varepsilon \to 0} \left[\int_{-\infty}^{\omega-\varepsilon} + \int_{\omega+\varepsilon}^{\infty} \right] \frac{\tilde{\sigma}(\Omega)}{\Omega - \omega} d\Omega = \mathcal{P} \int_{-\infty}^{\infty} \frac{\tilde{\sigma}(\Omega)}{\Omega - \omega} d\Omega \tag{F.5}$$

積分記号に横棒を加えた記号が用いられる場合も時々ある. 主値をとることによって, $\Omega = \omega$ において生じる積分値の特異性を回避できる.

小さい半円経路の方を考えてみよう. $\tilde{\sigma}(\Omega)$ は $\Omega = \omega$ において解析的なので, $\varepsilon \to 0$ の際に, これを積分の外に出すことができる. 残るのは単純な $d\Omega/(\Omega - \omega)$ の小さい半円上での積分である. $\Omega - \omega = \varepsilon e^{i\theta}$ と置くと, これは次のようになる.

$$\tilde{\sigma}(\omega) \int \frac{d\Omega}{\Omega - \omega} = \tilde{\sigma}(\omega) \int_\pi^0 \frac{i\varepsilon e^{i\theta} d\theta}{\varepsilon e^{i\theta}} = -i\pi\tilde{\sigma}(\omega) \tag{F.6}$$

従って，次式を得る．

$$0 = \oint \frac{\tilde{\sigma}(\Omega)}{\Omega - \omega} d\Omega = \mathcal{P} \int_{-\infty}^{\infty} \frac{\tilde{\sigma}(\Omega)}{\Omega - \omega} d\Omega - i\pi\tilde{\sigma}(\omega) \tag{F.7}$$

あるいは，次のように書き直せる．

$$\tilde{\sigma}(\omega) = \frac{1}{i\pi} \mathcal{P} \int_{-\infty}^{\infty} \frac{\tilde{\sigma}(\Omega)}{\Omega - \omega} d\Omega \tag{F.8}$$

これが $\tilde{\sigma}(\omega)$ の実部と虚部を関係づける積分方程式である．実部と虚部をあらわに示すと，一対の Kramers-Kronig の関係式が得られる．

$$\sigma_1(\omega) = \frac{1}{\pi} \mathcal{P} \int_{-\infty}^{\infty} \frac{\sigma_2(\Omega)}{\Omega - \omega} d\Omega \tag{F.9}$$

$$\sigma_2(\omega) = -\frac{1}{\pi} \mathcal{P} \int_{-\infty}^{\infty} \frac{\sigma_1(\Omega)}{\Omega - \omega} d\Omega \tag{F.10}$$

これらの関係式の物理的な応用例は，第10章で議論してある．

F.2 モデル応答関数

$\tilde{\sigma}(\omega)$ や $\tilde{\epsilon}_r(\omega)$ に対して用いられる簡単なモデルがいくつかあるが，最もよく使われるのは自由電子系に対する Drude モデルと，絶縁体に対する Lorentz モデルである．これらのモデルの応答関数を導出してみよう．

導電率 $\tilde{\sigma}$ は 10.1.1 項 (p.394~) において $\tilde{J} = \tilde{\sigma}\tilde{E}$ の関係を通じて定義されている．$\tilde{\sigma}(\omega)$ を求める普通の方法としては，定常的に振動する電場の下で，減衰を考慮して粒子や振動子の運動を解く方法があるが，ここでは非定常な時間依存の挙動を調べることにしよう．すなわち $t = 0$ において系に与えられた電場の衝撃 (impulse) $E_0\delta(t)$ に対する応答 $\sigma(t)$ を見てみる．この応答関数は，式 (10.3) において定義されている．

$$J(t) = \int_0^{\infty} \sigma(t') E_0 \delta(t - t') dt' = E_0 \sigma(t) \tag{F.11}$$

電場は各電子に対して力の衝撃 $-eE_0$ を与え，電子の速度は瞬時に $v = -eE_0/m$ に達する．電場衝撃の直後の電流密度は，電子の密度を n とすると $J = -nev = ne^2 E_0/m$ である．この挙動は電子系の環境に依存しないので任意の系に適用できるが，これから調べる平衡状態への緩和の方は，電子の散乱過程や，系が平衡を回復しようとする力の性質に依存する．

F.2.1 自由電子：Drude モデル

金属中の自由電子に対して，Drude モデルは時定数 τ (8.2節で論じた輸送寿命にあたる) による最も単純な指数関数型の時間減衰を仮定している．したがってこのモデル

の下では，

$$J(t) = E_0 \frac{ne^2}{m} e^{-t/\tau} \Theta(t) \tag{F.12}$$

である．Heavisideのステップ関数 $\Theta(t)$ によって，衝撃の後に応答が現れることが保証されている．式 (F.11) と比較すると，応答関数は $\sigma(t) = (ne^2/m)e^{-t/\tau}\Theta(t)$ である．この Fourier 変換は次のようになる．

$$\tilde{\sigma}(\omega) = \int_{-\infty}^{\infty} \sigma(t)e^{i\omega t}dt = \frac{ne^2}{m}\int_0^{\infty} e^{-t/\tau}e^{i\omega t}dt = \frac{ne^2\tau}{m}\frac{1}{1-i\omega\tau} \tag{F.13}$$

これは予想通り，上半面において解析的である．唯一の特異点は $\omega = -i/\tau$ における極である．導電率を実部と虚部に分けると，次のようになる．

$$\sigma_1(\omega) = \frac{ne^2\tau}{m}\frac{1}{1+(\omega\tau)^2}, \quad \sigma_2(\omega) = \frac{ne^2\tau}{m}\frac{\omega\tau}{1+(\omega\tau)^2} \tag{F.14}$$

振動数をゼロと置くと，$\tilde{\sigma}(0) = ne^2\tau/m$ という，よく知られている結果になることに注意されたい．

非常に高い振動数では $\tilde{\sigma} \sim ine^2/m\omega$, $\tilde{\epsilon}_r \sim 1 - ne^2/\epsilon_0 m\omega^2 \equiv 1 - \omega_p^2/\omega^2$ となる．ω_p はプラズマ振動数である．高い振動数におけるこのようなプラズマ的な挙動は，10.1.3 項 (p.397〜) において言及し，和則の導出に用いた性質である．この性質は短時間での

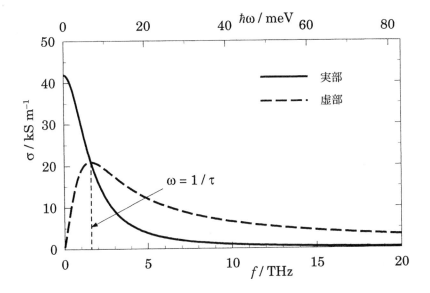

図F.2 Drudeモデルに基づく導電率の実部と虚部．電子密度 10^{24} m^{-3}, 緩和時間 $\tau = 0.1$ ps の GaAs を想定してある．

$\sigma(t)$, すなわち電場の衝撃が与えられた直後の何の緩和過程も働き始めない時の挙動によるので, 普遍的なものである.

高濃度にドープしたn-GaAsのおおよそのパラメーター値を用いたDrudeの式を図F.2に描いた. 導電率の実部は振動数に対して単調に減少するが, 虚部はまず増加して $\omega = 1/\tau$ においてなだらかなピークに達し, そこからゆっくり減少してゆく. これは単純な金属や, 高濃度にドープした半導体のような, 自由電子を持つ系の光学応答を表すのに適したモデルである.

$\tau \to \infty$ の極限では再び $\tilde{\sigma}(\omega) = ine^2/m\omega$, $\tilde{\epsilon}_r(\omega) = 1 - \omega_p^2/\omega^2$ となる. この場合, 電子は電場から得たエネルギーを散逸するような抵抗力をもはや受けないので, 完全に自由な電子系, もしくは衝突のないプラズマの記述となる (9.4.1項, p.372〜).

F.2.2 束縛された電子: Lorentzモデル

絶縁体の中の電子は原子に強く束縛されているので, 電場に対する応答として, 金属中の電子のように流れることはなく, 共鳴振動数 ω_f で "揺れる". これがLorentzモデルの本質的な性質である. 時間の関数としての導電率は,

$$\sigma(t) \approx \frac{ne^2}{m} \cos \omega_f t \, e^{-t/\tau} \Theta(t) \tag{F.15}$$

と与えられ, そのFourier変換は,

$$\tilde{\sigma}(\omega) \approx \frac{ne^2 \tau}{m} \frac{1}{2} \left[\frac{1}{1 - i(\omega - \omega_f)\tau} + \frac{1}{1 - i(\omega + \omega_f)\tau} \right] \tag{F.16}$$

である. このモデルは誘電率の形で表される方が多い. 式を簡単に書くために $\omega_p^2 = ne^2/\epsilon_0 m$ と置き, Lorentz型ピークの半波高全幅値を $\gamma = 2/\tau$ と書く.

$$\tilde{\epsilon}_r(\omega) \approx 1 - \frac{\omega_p^2}{2\omega} \left[\frac{1}{(\omega - \omega_f) + \frac{1}{2}i\gamma} + \frac{1}{(\omega + \omega_f) + \frac{1}{2}i\gamma} \right] \tag{F.17}$$

$$\approx 1 - \frac{\omega_p^2}{(\omega^2 - \omega_0^2) + i\gamma\omega} \tag{F.18}$$

最後の式は, 減衰のある系の自由振動が $\omega_f^2 = \omega_0^2 - \frac{1}{4}\gamma^2$ のように決まることに依る.

$\tilde{\epsilon}_r$ の実部と虚部を図F.3に描いた. GaAsの光応答を想定して $\hbar\omega_0 = 4$ eV, $\hbar\gamma = 1$ eV, $\hbar\omega_p = 19$ eVとしてある. 虚部は $\omega = \omega_0$ においてLorentz型ピークを持つが, これは外力の下での減衰のある振動子の応答として典型的な挙動である. このピーク付近で ϵ_1 が振動数の増加に対して減少する "異常分散" が見られ, ϵ_1 が負になる振動数帯域も現れる.

単一の振動子のモデルは単純すぎて, 現実の物質の光学的性質にそのまま適用することはできない. 通常, 複数の共鳴振動数に, それぞれ異なる重み f_i をかけた形の次

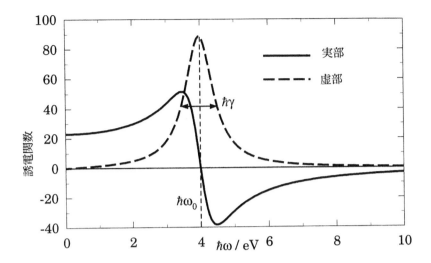

図F.3 単一振動子の Lorentz モデルによる誘電関数の実部と虚部. 共鳴振動数 $\hbar\omega_0 = 4$ eV, 減衰幅 $\hbar\gamma = 1$ eV, プラズマ振動数 $\hbar\omega_\mathrm{p} = 19$ eV と置いた.

のようなモデルを考える.

$$\tilde{\epsilon}_\mathrm{r}(\omega) = 1 - \omega_\mathrm{p}^2 \sum_j \frac{f_j}{(\omega^2 - \omega_j^2) + i\gamma_j \omega} \tag{F.19}$$

上式は実質的に式 (10.18) と同じものである.このことを保証するには,高い振動数の極限の結果 $\tilde{\epsilon}_\mathrm{r} \sim 1 - \omega_\mathrm{p}^2/\omega^2$ を保持するために $\sum_j f_j = 1$ という条件が必要となることに注意されたい.重み f_j は 8.7 節で導入した振動子強度そのものであり,この条件は 10.1.3 項 (p.397~) で与えた f-和則である.

Lorentz モデルの応用例として,半導体における静誘電率 $\epsilon_1(\omega = 0)$ を考える.共鳴振動数 ω_0 の単一振動子による Lorentz モデルでは,式 (F.18) により,

$$\epsilon_1(0) = 1 + \frac{\omega_\mathrm{p}^2}{\omega_0^2} \tag{F.20}$$

である.半導体はバンドギャップのエネルギーを超えるところで強い光吸収を生じるので,$\hbar\omega_0 \approx \bar{E}_\mathrm{g}$ と置く.$\bar{E}_\mathrm{g}$ は光学的バンドギャップ $E_\mathrm{opt}(\mathbf{K}) = \varepsilon_\mathrm{c}(\mathbf{K}) - \varepsilon_\mathrm{v}(\mathbf{K})$ の Brillouin ゾーン全域にわたる "平均" であって,ゾーン内の限られた点で生じる最小値ではない.$\omega_\mathrm{p}^2 = ne^2/\epsilon_0 m$ なので,電子密度 n の値が必要である.ここで扱うエネルギー領域では 4 つの価電子だけが応答に寄与するので $n = 4n_\mathrm{atoms}$ である.他の電子はもっと強く原子に束縛されており,これらを動かすには更に高いエネルギー (X 線) が必要である.通常の半導体の格子定数は 0.5 nm ほどで,立方体の単位胞内に 8 個の原子が含まれるので $n_\mathrm{atoms} \approx 64 \times 10^{27}$ m^{-3} である.我々はバンドの極小点だけで

なく Brillouin ゾーン全体を扱うので，有効質量ではなく，自由電子の質量を使わなければならない．これらの値を図 F.3 でも採用してある．数値を代入して得られる静誘電率の式は，

$$\epsilon_1(0) \approx 1 + \left(\frac{19 \text{ eV}}{\bar{E}_g}\right)^2 \tag{F.21}$$

となる．大雑把には $\bar{E}_g \approx 4$ eV なので，$\epsilon_1(0) \approx 23$ である．この値は少々大きすぎるが，上記のような粗雑な見積りの結果としては悪くない数値である．おそらく数値そのものよりも，$\epsilon_1 \propto \bar{E}_g^{-2}$ という傾向に着目することが重要である．一般にバンドギャップが狭いほど，誘電率は高い．

原著正誤表 (p.457 参照) の記述に基づく補遺

式 (F.15) は Lorentz モデルに関する正しい式ではない．遅延 (位相ずれ) を無視しているからである．正しい Lorentz モデルの議論をするなら，減衰振動系を記述する 2 階微分方程式から話を始めなければならない．但し式 (F.18) は Lorentz モデルに関して正確に成立する．

付録 G 場の勾配・発散・回転（訳者補遺）

ナブラ演算子

ナブラ (nabla) 演算子 ∇ は，次のように定義される．

$$\nabla \equiv \mathbf{e}_x \frac{\partial}{\partial x} + \mathbf{e}_y \frac{\partial}{\partial y} + \mathbf{e}_z \frac{\partial}{\partial z} \tag{G.1}$$

$\mathbf{e}_x$, $\mathbf{e}_y$, $\mathbf{e}_z$ は，それぞれ x, y, z 方向の単位ベクトルを表す．

勾配

スカラー場 Φ の勾配 (gradient) は，次のように定義されるベクトル場である．

$$\operatorname{grad} \Phi \equiv \nabla \Phi = \frac{\partial \Phi}{\partial x}\mathbf{e}_x + \frac{\partial \Phi}{\partial y}\mathbf{e}_y + \frac{\partial \Phi}{\partial z}\mathbf{e}_z \tag{G.2}$$

発散

ベクトル場 $\mathbf{A} = (A_x, A_y, A_z)$ の発散 (divergence) は，次のように定義されるスカラー場である．

$$\operatorname{div} \mathbf{A} \equiv \nabla \cdot \mathbf{A} = \frac{\partial A_x}{\partial x} + \frac{\partial A_y}{\partial y} + \frac{\partial A_z}{\partial z} \tag{G.3}$$

回転

ベクトル場 $\mathbf{A}$ の回転 (curl もしくは rotation) は，次のように定義されるベクトル場である．

$$\begin{aligned}
\operatorname{curl} \mathbf{A} &\equiv \nabla \times \mathbf{A} \\
&= \begin{vmatrix} \mathbf{e}_x & \mathbf{e}_y & \mathbf{e}_z \\ \frac{\partial}{\partial x} & \frac{\partial}{\partial y} & \frac{\partial}{\partial z} \\ A_x & A_y & A_z \end{vmatrix} \\
&= \left(\frac{\partial A_z}{\partial y} - \frac{\partial A_y}{\partial z}\right)\mathbf{e}_x + \left(\frac{\partial A_x}{\partial z} - \frac{\partial A_z}{\partial x}\right)\mathbf{e}_y + \left(\frac{\partial A_y}{\partial x} - \frac{\partial A_x}{\partial y}\right)\mathbf{e}_z
\end{aligned} \tag{G.4}$$

付録 H 直交曲線座標とラプラシアン（訳者補遺）

直交曲線座標とラプラシアン

通常の Descartes 座標 (x,y,z) と，ある直交曲線座標 (u_1, u_2, u_3) の関係が，

$$x = x(u_1, u_2, u_3), \quad y = y(u_1, u_2, u_3), \quad z = z(u_1, u_2, u_3) \tag{H.1}$$

という形で与えられているものとする．この曲線座標系の尺度係数 (scale factor) h_i は，次のように定義される．

$$h_i = \left|\frac{\partial \mathbf{R}}{\partial u_i}\right|, \quad i = 1, 2, 3, \qquad \mathbf{R} = x\mathbf{e}_x + y\mathbf{e}_y + z\mathbf{e}_z \tag{H.2}$$

この直交曲線座標におけるラプラシアン (Laplacian : $\nabla^2 = \frac{\partial^2}{\partial x^2} + \frac{\partial^2}{\partial y^2} + \frac{\partial^2}{\partial z^2}$) の演算は，次のようになる．

$$\nabla^2 \Phi = \frac{1}{h_1 h_2 h_3}\left[\frac{\partial}{\partial u_1}\left(\frac{h_2 h_3}{h_1}\frac{\partial \Phi}{\partial u_1}\right) + \frac{\partial}{\partial u_2}\left(\frac{h_3 h_1}{h_2}\frac{\partial \Phi}{\partial u_2}\right) + \frac{\partial}{\partial u_3}\left(\frac{h_1 h_2}{h_3}\frac{\partial \Phi}{\partial u_3}\right)\right] \tag{H.3}$$

円筒座標 (2 次元極座標)

円筒座標 $(u_1, u_2, u_3) = (r, \theta, z)$ では次のようになる．

$$x = r\cos\theta,\ y = r\sin\theta,\ z = z \quad (r \geq 0) \tag{H.4}$$

$$h_1 = 1,\ h_2 = r,\ h_3 = 1 \tag{H.5}$$

$$\nabla^2 \Phi = \frac{\partial^2 \Phi}{\partial r^2} + \frac{1}{r}\frac{\partial \Phi}{\partial r} + \frac{1}{r^2}\frac{\partial^2 \Phi}{\partial \theta^2} + \frac{\partial^2 \Phi}{\partial z^2} \tag{H.6}$$

z を省いて xy 面だけを考えると (r, θ) は 2 次元極座標である．

3 次元極座標

3 次元極座標 $(u_1, u_2, u_3) = (R, \vartheta, \varphi)$ では，以下のようになる．

$$x = R\sin\vartheta\cos\varphi,\ y = R\sin\vartheta\sin\varphi,\ z = R\cos\vartheta \quad (R \geq 0,\ 0 \leq \vartheta \leq \pi) \tag{H.7}$$

$$h_1 = 1,\ h_2 = R,\ h_3 = R\sin\vartheta \tag{H.8}$$

$$\nabla^2 \Phi = \frac{1}{R^2}\frac{\partial}{\partial R}\left(R^2 \frac{\partial \Phi}{\partial R}\right) + \frac{1}{R^2 \sin\vartheta}\frac{\partial}{\partial \vartheta}\left(\sin\vartheta \frac{\partial \Phi}{\partial \vartheta}\right) + \frac{1}{R^2 \sin^2 \vartheta}\frac{\partial^2 \Phi}{\partial \varphi^2} \tag{H.9}$$

付録 I　ギリシャ文字（訳者補遺）

α	A	アルファ (alpha)	ν	N	ニュー (nu)
β	B	ベータ (beta)	ξ	Ξ	クサイ (xi)
γ	Γ	ガンマ (gamma)	o	O	オミクロン (omicron)
δ	Δ	デルタ (delta)	$\pi\,(\varpi)$	Π	パイ (pi)
$\epsilon\,(\varepsilon)$	E	エプシロン (epsilon)	$\rho\,(\varrho)$	P	ロー (rho)
ζ	Z	ゼータ (zeta)	$\sigma\,(\varsigma)$	Σ	シグマ (sigma)
η	H	イータ (eta)	τ	T	タウ (tau)
$\theta\,(\vartheta)$	Θ	シータ (theta)	υ	Υ	ウプシロン (upsilon)
ι	I	イオタ (iota)	$\phi\,(\varphi)$	Φ	ファイ (phi)
κ	K	カッパ (kappa)	χ	X	カイ (chi)
λ	Λ	ラムダ (lambda)	ψ	Ψ	プサイ (psi)
μ	M	ミュー (mu)	ω	Ω	オメガ (omega)

参考文献

低次元系に関する一般的な文献

[1] Bastard, G. (1988) *Wave mechanics applied to semiconductor heterostructures.* New York: Halsted; Les Ulis: Les Editions de Physique.

[2] Kelly, M. J. (1995) *Low-dimensional semiconductors: materials, physics, technology, devices.* Oxford: Oxford University Press.

[3] Weisbuch, C. and Vinter, B. (1991) *Quantum semiconductor structures.* Boston: Academic Press.

[4] Willardson, R. K. and Beer, A. C., eds. (1966 -) Semiconductors and semimetals. New York: Academic Press. 特に本書に関係があるのは Vol. 24 (1987).

[5] 論文誌 Surface Science は，この分野のいくつかの学会の議事録を出版している．特に 1995年に Nottingham(英国) で最近開催された *Electronic properties of two-dimensional systems* は有用である．

数学と計算方法

[6] Abramowitz, M. and Stegun, I. A., eds. (1972) *Handbook of mathematical functions.* New York: Dover.

[7] Gradshteyn, I. S. and Ryzhik, I. M. (1993) *Table of integrals, series, and products.* 5th ed. New York: Academic Press.

[8] Mathews, J. and Walker, R. L. (1970) *Mathematical methods of physics.* 2nd ed. Menlo Park, CA: Benjamin.

[9] Tan, I.-H., Snider, G. L. and Hu, E. L. (1990) A self-consistent solution of the Schrödinger-Poisson equations using a nonuniform mesh. *Journal of Applied Physics* **68**: 4071: http://www.nd.edu/~gsnider も参照.

半導体のデータ集

[10] Adachi, S. (1985) GaAs, AlAs, and $Al_xGa_{1-x}As$: material parameters for use in research and device applications. *Journal of Applied Physics* **58**: R1-29.

[11] Blakemore, J. S., ed. (1987) *Gallium arsenide: key papers in physics.* New York: American Institute of Physics.

[12] Madelung, O., ed. (1996) *Semiconductor-basic data.* 2nd ed. Berlin: Springer-Verlag.

[13] Moss, T. S., ed. (1993-4) *Handbook on semiconductors.* 2nd ed. 4 vols. Amsterdam: North-Holland.

その他の参考文献

[14] Anderson, P. W. (1963) *Concepts in solids.* Reading, MA: Benjamin-Cummings.
[15] Ando, T., Fowler, A. B. and Stern, F. (1982) Electronic properties of two-dimensional systems. *Reviews of Modern Physics* **54**: 437-672.
[16] Ashcroft, N. W. and Mermin, N. D. (1976) *Solid state physics.* New York: Holt, Rinehart & Winston. [アシュクロフト・マーミン，松原武生・町田一成訳『固体物理の基礎』上Ⅰ／上Ⅱ／下Ⅰ／下Ⅱ，吉岡書店，1981年／1982年]
[17] Bastard, G., Brum, J. A. and Ferreira, R. (1991) Electronic states in semiconductor nanostructures. In *Solid state physics,* ed. Ehrenreich, H., and Turnbull, D, vol. 44, 229-415. San Diego: Academic Press.
[18] Bastard, G., Mendez, E. E., Chang, L. L. and Esaki, L. (1982) Exciton binding energy in quantum wells. *Physical Review B* **26**: 1974-9.
[19] Beenakker, C. W. J. and van Houten, H. (1991) Quantum transport in semiconductor nanostructures. In *Solid state physics,* ed. Ehrenreich, H., and Turnbull, D. vol. 44, 1-228. San Diego: Academic Press.
[20] Berggren, K.-F., Thornton, T. J., Newson, D. J. and Pepper, M. (1986) Magnetic depopulation of 1D subbands in a narrow 2D electron gas in a GaAs-AlGaAs heterojunction. *Physical Review Letters* **57**: 1769-72.
[21] Bransden, B. H. and Joachain, C. J. (1989) *Introduction to quantum mechanics.* Harlow: Longman; New York: Wiley.
[22] Brown, E. R. (1994) High-speed resonant tunneling diodes. In *Heterostructures and quantum devices,* ed. Einspruch, N. G., and Frensley, W. R., VLSI electronics: microstructure science, vol.24, 305-50. San Diego: Academic Press.
[23] Bube, R. H. (1992) *Electrons in solids: an introductory survey.* 3rd ed. Boston: Academic Press.
[24] Burt, M. G. (1994) On the validity and range of applicability of the particle in a box model. *Applied Physics Letters* **65**: 717-19.
[25] Burt, M. G. (1995) Breakdown of the atomic dipole approximation for the quantum well interband dipole matrix element. *Semiconductor Science and Technology* **10**: 412-15. この文献の中で挙げてある，同じ著者によるこれ以前の文献も参照されたい．
[26] Büttiker, M. (1988) Symmetry of electrical conduction. *IBM Journal of Research and Development* **32**: 317-34.
[27] Chang, Y.-C. and Schulman, J. N. (1985) Interband optical transitions in GaAs-Ga$_{1-x}$Al$_x$As and InSb-GaSb superlattices. *Physical Review B* **31**: 2069-79.
[28] Chuang, S. L. (1995) *Physics of optoelectronic devices.* New York: Wiley.
[29] Crommie, M. F., Lutz, C. P. and Eigler, D. M. (1993) Confinement of electrons to quantum corrals on a metal surface. *Science* **262**: 218-20.
[30] Datta, S. (1989) *Quantum phenomena.* Modular series on solid state devices, ed. Pierret, R. F., and Neudeck, F. W., vol.8. Reading, MA: Addison-Wesley.
[31] Datta, S. (1995) *Electronic transport in mesoscopic systems.* Cambridge: Cambridge University Press.
[32] Davies, J. H. and Long, A. R., eds. (1992) *Physics of nanostructures: proceedings of the thirty-eighth Scottish universities summer school in physics.* Bristol: IoP Publishing.
[33] Einspruch, N. G. and Frensley, W. R., eds. (1994) *Heterostructures and quantum devices. VLSI electronics: microstructure science,* vol.24. San Diego: Academic Press.
[34] Ford, C. J. B., Simpson, P. J., Zailer, I., Franklin, J. D. F., Barnes, C. H. W., Frost, J. E. F., Ritchie, D. A. and Pepper, M. (1994) The Aharonov-Bohm effect in the fractional quantum Hall regime. *Journal of Physics: Condensed Matter* **6**: L725-30.

[35] Ford, C. J. B., Thornton, T. J., Newbury, R., Pepper, M., Ahmed, H., Foxon, C. T., Harris, J. J. and Roberts, C. (1988) The Aharonov-Bohm effect in electrostatically defined heterojunction rings. *Journal of Physics C* **21**: L325.
[36] Foxman, E. B., McEuen, P. L., Meirav, U., Wingreen, N. S., Meir, Y., Belk, P. A., Belk, N. R., Kastner, M. A. and Wind, S. J. (1993) Effects of quantum levels on transport through a Coulomb island. *Physical Review B* **47**: 10020-3.
[37] Frensley, W. R. (1994) Heterostructure and quantum well physics. In *Heterostructures and quantum devices*, ed. Einspruch, N. G. and Frensley, W. R., VLSI electronics: microstructure science, vol.24, 1-24. San Diego: Academic Press.
[38] Gasiorowicz, S. (1974) *Quantum Physics*. New York: Wiley.［ガシオロウィッツ，林武美・北門新作訳『ガシオロウィッツ量子力学』I／II，丸善，1998年］
[39] Geerligs, L. J. (1992) Coulomb blockade. In *Physics of nanostructures: proceedings of the thirty-eight Scottish universities summer school in physics*, ed. Davies, J. H., and Long, A. R., 171-204. Bristol: IoP Publishing.
[40] Gowar, J. (1993) *Optical communication systems*. 2nd. ed. Englewood Cliffs, N. J. : Prentice Hall.
[41] Greene, R. L., Bajaj, K. K. and Phelps, D. E. (1984) Energy levels of Wannier excitons in GaAs-Ga$_{1-x}$Al$_x$As quantum-well structures. *Physical Review B* **29**: 1807-12.
[42] Haug, H. and Koch, S. W. (1993) *Quantum theory of the optical and electronic properties of semiconductors*. Singapore: World Scientific.
[43] Hofstadter, D. R. (1976) Energy levels and wave functions of Bloch electrons in rational and irrational magnetic fields. *Physical Review B* **14**: 2239-49.
[44] Jaros, M. (1989) *Physics and applications of semiconductor microstructures*. Oxford: Oxford University Press (Clarendon Press).
[45] Kane, E. O. (1982) Energy band theory. In vol.1 of *Handbook on semiconductors*, ed. Moss, T. S., 193-217. Amsterdam: North-Holland.
[46] Kelly, M. J. and Weisbuch, C., eds. (1986) *The physics and fabrication of microstructures and microdevices: proceedings of the Winter School, Les Houches*. Berlin: Springer-Verlag.
[47] Kittel, C. (1995) *Introduction to solid state physics*. 7th ed. New York: Wiley. ［キッテル，山下次郎他訳『第7版 キッテル固体物理学入門』上／下，丸善，1998年］
[48] Landau, L. D., Lifshitz, E. M. and Pitaevskii, L. P. (1977) *Quantum mechanics*. 3rd ed. Vol.3 of *Course of theoretical physics*. Oxford: Pergamon Press.［ランダウ・リフシッツ，佐々木健・好村滋洋訳『量子力学 非相対論的理論1』東京図書，1983年．好村滋洋・井上健男訳『量子力学 非相対論的理論2』東京図書，1983年］
[49] Levine, B. F., Bethea, C. G., Choi, K. K, Walker, J. and Malik, R. J. (1988) Bound-to extended state absorption GaAs superlattice transport infrared detectors. *Journal of Applied Physics* **64**: 1591-3.
[50] Mahan, G. D. (1990) *Many particle physics*. 2nd ed. New York: Plenum.
[51] Marzin, J.-Y., Charasee, M. N. and Sermage, B. (1985) Optical investigation of a new type of valence-band configuration in In$_x$Ga$_{1-x}$As-GaAs strained superlattices. *Physical Review B* **31**: 8298-301.
[52] Merzbacher, E. (1970) *Quantum mechanics*. 2nd ed. New York: Wiley.
[53] Miller, D. A. B., Chemla, D. S., Damen, T. C., Gossard, A. C., Wiegmann, W., Wood, T. H. and Burrus, C. A. (1985) Electric field dependence of optical absorption near the band gap of quantum-well structures. *Physical Review B* **32**: 1043-60.
[54] Miller, R. C., Gossard, A. C., Kleinman, D. A. and Munteanu, O. (1984) Parabolic quantum wells with the GaAs-Al$_x$Ga$_{1-x}$As system. *Physical Review B* **29**: 1043-60.
[55] Milnes, A. G. and Feucht, D. L. (1972) *Heterojunction and metal-semiconductor junctions*. New York: Academic Press.

[56] Myers, H. P. (1990) *Introductory solid state physics*. London: Taylor and Francis.
[57] Nixon, J. A., Davies, J. H. and Baranger, H. U. (1991) Breakdown of quantized conductance in point contacts calculated using realistic potentials. *Physical Review B* **43**: 12638-41.
[58] O'Reilly, E. P. (1989) Valence band engineering in strained-layer structures. *Semiconductor Science and Technology* **4**: 121-37.
[59] Pfeiffer, L., West, K. W., Störmer, H. L. and Baldwin, K. W. (1989) Electron mobilities exceeding 10^7 cm^2/Vs in modulation-doped GaAs. *Applied Physics Letters* **55**: 1888-90.
[60] Prange, R. E. and Girvin, S. M., eds. (1990) *The quantum Hall effect*. 2nd ed. New York: Springer-Verlag.
[61] Reif, F. (1965) *Fundamentals of statistical and thermal physics*. New York: McGraw-Hill. [ライフ, 中山寿夫・小林祐次訳『統計熱物理学の基礎』上／中／下, 吉岡書店, 1977年／1978年]
[62] Rickayzen, G. (1980) *Green's functions and condensed matter*. London: Academic Press.
[63] Ridley, B. K. (1993) *Quantum process in semiconductors*. 3rd ed. Oxford: Oxford University Press.
[64] Rieger, M. M. and Vogl, P. (1993) Electronic-band parameters in strained $Si_{1-x}Ge_x$ alloys on $Si_{1-y}Ge_y$ substrates. *Physical Review B* **48**: 14276-87.
[65] Schmitt-Rink, S., Chemla, D. S. and Miller, D. A. B. (1989) Linear and nonlinear optical properties of semiconductor quantum wells. *Advances in Physics* **38**: 89-188.
[66] Seeger, K. (1991) *Semiconductor physics: an introduction*. 5th ed. Berlin: Springer-Verlag.
[67] Stanley, C. R., Holland, M. C., Kean, A. H., Stanaway, M. B., Grimes, R. T. and Chamberlain, J. N. (1991) Electrical characterization of molecular beam epitaxial GaAs with peak electron mobilities up to $\approx 4 \times 10^5$ cm^{2}V^{-1}s^{-1}. *Applied Physics Letters* **58**: 478-80.
[68] Stern, F. (1983) Doping consideration for heterojunctions. *Applied Physics Letters* **43**: 974-6.
[69] Stömer, H. L., Gossard, A. C. and Wiegmann, W. (1982) Observation of intersubband scattering in a 2-dimensional electron system. *Solid State Communications* **41**: 707-9.
[70] Stradling, R. A. and Klipstein, P. C., eds. (1990) *Growth and characterization of semiconductors*. Bristol: Adam Hilger:
[71] Sze, S. M. (1981) *Physics of semiconductor devices*. New York: Wiley. [柳井久義・小田川嘉一郎・生駒俊明訳『半導体デバイスの物理』1／2, コロナ社, 1974年／1975年]
[72] West, L. C. and Eglash, S. J. (1985) First observation of an extremely large-dipole infrared transition within the conduction band of GaAs quantum well. *Applied Physics Letters* **46**: 1156-8.
[73] Willett, R., Eisenstein, J. P., Stömer, H. L., Tsui, D. C., Gossard, A. C. and English, J. H. (1987) Observation of an even-denominator quantum number in the fractional quantum Hall effect. *Physical Review Letters* **59**: 1776-9.
[74] Wolfe, C. M., Holonyak, N. and Stillman, G. (1989) *Physical properties of semiconductors*. Englewood Cliffs, N. J.: Prentice Hall.
[75] Yu, E. T., McCaldin, J. O. and McGill, T. C. (1992) Band offsets in semiconductor heterojunctions. In *Solid state physics*, ed. Ehrenreich, H., and Turnbull, D. vol. 46, 1-146. San Diego: Academic Press.
[76] Yu, P. Y. and Cardona, M. (1996) *Fundamentals of semiconductors*. Berlin: Springer-Verlag.

訳者あとがき

　デバイス応用を念頭に置いた従来の半導体関係の教科書では，前置きとして半導体電子物性の概説があって，それから p-n 接合の解説が始まるのが通例であろう．p-n 接合が半導体デバイスの基本要素として重要であることは疑いようがなく，歴史的な経緯から見て最初に取り上げるべきデバイスの実例であるという見方に疑いを挟むことは難しい．しかしこれは教育的な配慮という観点から見て適切な措置なのだろうか．

　理工系の学生は教養課程において，解析力学や初等量子力学を通じて，物理系が Hamilton 関数のような形で数式的に明確に定義され，それを力学の基礎方程式 (運動方程式や波動方程式) に適用することによって系の挙動が解明できるというエレガントな世界観に慣れ親しむ．しかし半導体デバイス物理を学ぶときに，最初にお目にかかる p-n 接合の解説は，このような物理の基礎理論の感覚とは異質のものである．静的な電位分布を Poisson 方程式で求めるところまでは，さほどに違和感はないにしても，整流作用の説明になると一挙に粗雑な現象論の世界に突入してしまう．もちろん不均一な非平衡系を正攻法で容易に扱えるものではないが，記述の煩雑さを避けるためとはいえ，現実の系に対する近似として成立するための諸条件とその理由を明示していない自己撞着的なモデルを唐突に提示しても，初学者が得心して受け入れられるものにはならないだろう．学生に対する半導体デバイスの手ほどきにおいて，p-n 接合を入り口に据える従来のやり方では，理論的に粗雑な側面を真先に印象づけることになり，基礎理論のセンスのある学生をこの分野から遠ざけることになるのではないかと思う．もっとも現状では電子デバイスの専門家でも，正統的な基礎物理に疎く，しかもそのことを一向に気に病んでいない人は多い．技術的な大枠が決められている中で，Moore の法則のような指針の下で微細化と集積化の競争に明け暮れているだけならば，基礎理論を気にするほうが野暮だとさえ言えるかもしれない．しかし近年ナノテクノロジーという新しい学際的な術語が現れて，世間で広汎な関心を集めていることからも覗えるように，歴史的な流れの中で"巨視的"な半導体デバイス，すなわち Shockley 的な流儀とその亜流が通用してきたような接合と表面と Boltzmann 分布に従うキャリヤだけに頼る従来型の半導体デバイスの進展は，そろそろ最終局面にさしかかりはじめ，本格的に新たな地平を見据えるべき時局が到来しつつあると言えなくもないのではないかと思う．

訳者あとがき

本書は，原著者が Glasgow 大学で行っている半導体ナノエレクトロニクスの講義内容をまとめた教科書である．その特徴としては，

(a) 初等量子力学に基づいて理論的に素直に扱える範囲内で，現代的な半導体デバイス物理の基礎的な諸相をうまくまとめて論じてある．

(b) 見やすい図面や演習問題も豊富に用意されており，学生が基本的な考え方を身につけられるように，教育的な配慮が行き届いている．

ということが言えると思う．私が学生の頃には存在しなかった，このような新しいタイプの優れた教科書（論文でも上級専門書でもない，教養課程の学生が読めるテキスト）を見ると，半導体の世界もある部分では随分と様変わりをしていることに，いささか隔世の感さえ覚える．場の理論のような上級理論の技法は出てこないので，量子力学の初歩を習った学生ならば確実に独習できる内容だが，それでも本書にひと通り目を通したならば，読者は初等量子力学の応用方法に関して最低限の素養が備わったものと思ってよいだろう．一度本書のような本を時間をかけて読んでおけば，電子デバイスの新たな諸問題を考える際に，一足飛びに粗雑な現象論に飛びつく前に，自分なりに量子力学の基礎に戻って正しい描像を考察する力が備わると思う．そういう潜在的な実力は，すぐに陽の目を見ることはなくとも，これから訪れるであろう本格的なナノテクノロジーの時代に，徐々に役立つ機会が増えてくるのではなかろうか．

私の翻訳の仕事は，形の上では余暇を利用した私的な余技である．しかし訳稿を正規の出版物として世に送り出すことは，一個人の余技としては著しく負担の大きい仕事であり，周囲の人々の直接・間接の協力や理解に支えられている面もある．シュプリンガー・フェアラーク東京株式会社には，学生数の減少と理科離れの風潮のために理工書の出版が著しく困難なこの時代に，何件もこの種の訳書の出版を引き受けていただいており本当に感謝している．日頃世話になっている(株)日立ハイテクノロジーズの方々や，私の翻訳の仕事を「日立グループの人材の多彩さ，社員個人の社会貢献活動を示す好事例」と評価してくれた日立製作所(ブランド戦略室)にも，この場を通じて感謝の意を表する．

2004 年 3 月

樺 沢 宇 紀

追記　http://www.elec.gla.ac.uk/~jdavies/ldsbook/ から本書の原著者 J. H. Davies による原書の正誤表を入手することができる．本書の翻訳では，この正誤表 (2003 年 5 月 6 日付) の内容を踏まえ，さらに訳者が翻訳中に新たに見出した原書の誤りやタイプミスに関しても，原著者に電子メールを通じて訂正内容を確認した上で，正しい記述に改めた．

索引

＜あ＞
RHEED(反射高速電子線回折), 89
Einsteinの関係式, 3
アクセプター, 38
圧縮性, 244
圧電効果, 64
Aharonov-Bohm効果, 249
$Al_xGa_{1-x}As$
　　—のバンドギャップ, 94
AlAs
　　X最小点 (X谷), 71
　　バンド構造, 68
Anderson局在, 259
Andersonの規則, 91

＜い＞
イオン化不純物散乱, 99
位相速度, 4
I型接続, 92
移動度, 56
イムレフ, 39

＜う＞
Wigner結晶, 264
Wigner-Seitz胞, 61
Vegardの法則, 86
ウムクラップ散乱, 327
埋め込みダブルヘテロ構造, 115
運動学的運動量, 223
運動の定数, 21, 270
運動量演算子, 14

＜え＞
Airy (エアリ) の微分方程式, 140, 439
永年方程式, 269
S行列, 166
S線, 66
X最小点 (X谷), 71
X点, 65
エッジ状態, 252
エッチング, 112
エネルギー演算子, 14
エネルギー散逸, 216

f-和則, 338, 347, 397
　　$\epsilon_2(\omega)$ に関する—, 398
MOCVD, 90
MBE, 88, 125
L最小点 (L谷), 73
L点, 65
Hermite演算子, 17
Hermite行列, 270
Hermiteの微分方程式, 138, 437
演算子, 14
遠心ポテンシャル, 148, 152, 254
円筒井戸, 148
エンハンスモード, 355

＜お＞
扇ダイヤグラム, 244, 254
重い正孔, 70
音響分枝 (フォノンの), 79

＜か＞
Gauss波束, 18
化学ポテンシャル, 34
拡張ゾーン形式, 49
隔離ドーピング, 99
重なり積分, 297
仮想結晶近似, 85
仮像結晶電界効果トランジスタ, 106
仮想遷移, 342
価電子帯
　　半導体の—, 68
GaAs
　　Γ最小点 (Γ谷), 71
　　結晶構造, 62
　　バンド構造, 68
軽い正孔, 70
還元ゾーン形式, 49
Gunn効果, 73
換算質量 (イオン対の), 326
間接ギャップ, 71, 75
完全系, 22
完全性, 23
完全正規直交系, 23
Γ_7バンド, 70

Γ_8 バンド, 70
Γ 最小点 (Γ 谷), 71
Γ 点, 65

<き>
期待値, 16
擬 2 次元系, 142
擬 Fermi 準位, 39
逆格子, 59
逆格子ベクトル
  1 次元系の—, 47
  2 次元系の—, 59
ギャップ破綻接続, 93
球状井戸, 152
共鳴トンネル, 97, 182
共鳴トンネルダイオード, 188
行列形式 (量子力学の), 268
行列要素, 269
局在状態, 259
局所状態密度, 31
極性結合, 325

<く>
Coulomb ブロッケイド, 189
Coulomb ポテンシャル
  2 次元—, 151
  3 次元—, 152
矩形井戸
  無限に深い—, 4, 129
  有限の深さの—, 130
矩形障壁, 168
屈折率, 114
Knudsen セル, 88
Kramers-Kronig の関係式, 394, 441
Kronig-Penney モデル, 192
Kronecker の δ (デルタ), 22
群速度, 4

<け>
k 空間, 24, 59
形状因子, 379
  フォノン散乱の—, 386
  不純物散乱の—, 380
K-セル, 88
K 点, 65
$\mathbf{k} \cdot \mathbf{p}$ 法, 280
Kane モデル, 399
  スピンを考慮した—, 403
  スピンを無視した—, 400
ゲージ不変性, 248
ゲージ変換, 222
結合軌道, 298
結晶運動量, 48

結晶点群, 64
ケット, 270
Ge (ゲルマニウム)
  L 最小点 (L 谷), 73
  バンド構造, 68
減衰長 (光の), 347

<こ>
光学的バンドギャップ, 116
光学分枝 (フォノンの), 79
光学利得, 419
交換子, 21
合金散乱, 85
構造因子, 83
Cauchy の主値, 342, 442
Cauchy の積分定理, 441
Kohn の定理, 432
固定境界条件, 24
古典的折り返し点, 282
固有値と固有ベクトル, 15, 269
コンダクタンス行列, 206
コンダクタンスの量子化, 202
コンタクト抵抗, 212

<さ>
サイクロトロン振動数, 235
サイクロトロン半径, 235
サブバンド, 144
三角井戸, 140, 363
III 型接続, 93
3 導線系, 207
散乱断面, 318

<し>
g 因子, 239
時間反転対称性, 172
磁気貫通, 56
磁気阻害, 254
磁気長, 236
磁気的量子極限, 242
Σ 方向, 65
自己エネルギー, 341
仕事関数, 91
持続性光伝導, 360
実空間遷移, 147
実導電率 (σ_1), 329, 330, 332, 393, 396
自発放射, 323
周期境界条件, 24
終状態効果, 136
自由粒子, 3
縮退
  エネルギー準位の—, 22
  Fermi 粒子系の—, 36

Stark 階段, 230
Stark 局在, 230
Shubnikov-de Haas 効果, 244
Schrödinger 方程式
　　時間に依存しない—, 2
　　時間に依存する—, 2
　　電磁場中の粒子の—, 223
準束縛状態, 96
準弾性近似, 324
状態密度, 23, 29
　　1次元自由電子系の—, 27, 29
　　2次元自由電子系の—, 29, 46
　　3次元自由電子系の—, 28, 29
　　擬1次元系の—, 154
　　擬2次元系の—, 144
　　熱力学的—, 373
状態密度有効質量, 72
衝突広がり, 313
Schottky 障壁, 287
Si (シリコン)
　　—の結晶構造, 62
　　X 最小点 (X 谷), 71
　　バンド構造, 68
Si – Ge ヘテロ構造, 108
真空準位, 91
振動子強度, 338

<す>
垂直遷移, 74
スカラーポテンシャル, 221
スキップ軌道, 253
スピン-軌道分裂, 70
スプリットゲート, 113
スペクトル関数, 31
Slater 行列式, 367
ずれ接続, 93

<せ>
正規直交系, 22
正孔, 34
　　—の電荷と質量, 55
正準運動量, 223
整数量子 Hall 効果, 245
正方晶, 106
摂動論
　　時間に依存しない—, 271
　　時間に依存する—(黄金律), 313, 314
　　縮退系の—, 292
ゼロ点エネルギー, 6, 19
閃亜鉛鉱構造 (結晶の), 62
遷移行列, 167
遷移積分, 297
全散乱頻度, 315

選択則, 6

<そ>
双極子行列要素, 276, 340
束縛エネルギー
　　矩形井戸の—, 134
　　δ 関数井戸の—, 136
　　2次元 Coulomb ポテンシャルの—, 151
Sommerfeld 因子, 423

<た>
対角化, 270
対称ゲージ, 222
体心立方格子, 61
対数微分, 132
ダイヤモンド構造 (結晶の), 61
多チャネル系, 199
縦方向モード (フォノンの), 75
多導線系, 204
谷間遷移, 214
WKB 理論, 282
W 点, 66
多量子井戸, 97
単一粒子寿命, 241, 315
単位胞, 27, 47, 61
段差 (エネルギーバンドの), 93
単純立方格子, 61
断熱近似, 201

<ち>
チャネル (導線内の), 199
超格子, 97, 192
　　—の T 行列, 192
調和振動子, 136
直接ギャップ, 71, 75
直交関係 (波動関数の), 22, 268

<つ>
Tsu-Esaki の式, 178, 181
Zener 破壊, 56
強く束縛された電子のモデル, 298

<て>
DX センター, 357
t 行列, 200
T 行列, 166
　　共鳴トンネル構造の—, 183
　　矩形障壁の—, 169
　　δ 関数障壁の—, 171
　　ポテンシャル段差の—, 168
抵抗率テンソル, 232
定常状態, 3, 12
Debye-Hückel 遮蔽, 374

索引

デプレションモード, 355
δ関数, 29
δ関数井戸, 136, 159
δ関数障壁, 170
δドーピング, 160, 378
Δ方向, 65
電圧探針, 204
電荷密度, 11
電気双極子近似, 331
電子気体, 40
電子親和力, 91
電子線リソグラフィー, 111
伝導帯, 6
  半導体の―, 71
電流探針, 204
電流密度, 12

＜と＞
透過振幅, 164
統計分布の逆転, 338
導電率テンソル, 232
de Broglieの関係式, 3
Thomas-Fermi遮蔽
  2次元電子気体の―, 377
  3次元電子気体の―, 373
Thomas-Reiche-Kuhn の f-和則, 338
ドナー, 38
de Haas-van Alphen効果, 246
Drudeモデル, 56, 232
トンネルコンダクタンス, 179
  3次元系の―, 181
トンネル障壁, 95
トンネル積分, 297
トンネル電流
  1次元の―, 177
  2次元の―, 181
  3次元の―, 180

＜に＞
II型接続, 93
2原子分子, 295
二重障壁
  1次元―, 183
2探針抵抗, 211
2導線系, 199

＜ね＞
熱力学的状態密度, 373

＜は＞
Bursteinシフト, 346
Hartree近似, 367
Hartree-Fock近似, 368

Peierls歪み, 58
Pauliの排他律, 32
波束, 18
波束の運動, 19
Hubbardの U, 43, 361
Hamilton演算子, 14
反結合軌道, 298
反磁性電流, 223
反射高速電子線回折 (RHEED), 89
反射振幅, 164
反転散乱, 327
反転層, 215
半導体方程式, 39
バンドエンジニアリング, 91
バンド間行列要素 P, 281
バンド接続
  III-V族半導体ヘテロ接合の―, 109
  Si-Ge系ヘテロ接合の―, 126
バンドダイヤグラム (p-nヘテロ接合の), 101
反復ゾーン形式, 49

＜ひ＞
非圧縮性, 244
p-nヘテロ接合, 101
光吸収, 328
  バンド間の―, 333
  量子井戸の―, 336
光結合状態密度, 335
微細構造定数, 257
歪み層, 104
非直行積分, 299
Houston関数, 248
表面状態, 73
拡がり接続, 92

＜ふ＞
Feynman-Hellmanの定理, 365
Fowler-Nordheimトンネリング, 279
Fang-Howard波動関数, 291
Fermiエネルギー, 40
Fermi準位, 33
Fermi速度, 40
Fermi-Dirac分布, 33
Fermiの黄金律
  振動ポテンシャルに対する―, 322
  静的ポテンシャルに対する―, 313, 314
Fermi波数, 40
Fermi面, 40
Fermi粒子, 32
フォトルミネッセンス, 9
フォノン
  1次元系の―, 76
  2原子連鎖結晶の―, 79

LO —, 80, 81
TO —, 81
フォノン散乱, 322, 386
　　縦方向音響 (LA) フォノンによる—, 322
　　縦方向光学 (LO) フォノンによる—, 325
不確定性原理, 19
複合Fermi粒子, 263
複素屈折率, 329
複素導電率, 329
複素バンド構造, 195
複素誘電関数, 329
複素誘電率, 114
不純物散乱, 314, 378
負性微分抵抗, 147, 191
部分波, 186
ブラ, 270
Breit-Wignerの公式, 185
Bragg反射, 51
Franz-Keldysh効果, 227
Brillouin ゾーン
　　1次元系の—, 49
　　2次元系の—, 60
　　半導体の—, 65
　　表面—, 215
Bloch関数, 48
Bloch振動, 55
Blochの定理, 48
Bloch波数, 48
分極率 (量子井戸の), 271
分散, 20
分散関係, 3
分子線エピタキシー法 (MBE), 88, 125
分数量子Hall効果, 262
分布帰還型 (DFB), 116
分布Bragg反射器 (DBR), 116
分離閉じ込めヘテロ構造 (SCH), 115
　　屈折率傾斜型— (GRINSCH), 115

＜へ＞
ベクトルポテンシャル, 221
Besselの微分方程式, 148
ヘテロ構造, 6
　　—の作製, 87
　　ドープした—, 99
変形ポテンシャル, 322
変調ドーピング, 100
変調ドープ電界効果トランジスタ, 103
変分法, 289

＜ほ＞
Bose-Einstein分布, 41
　　フォノンの—, 323
Bose粒子, 41

放物線井戸, 136
　　2次元—, 150
包絡関数, 118
Bohr磁子, 239
Bohr半径, 121, 151, 152
Hall係数, 233
ほとんど自由な電子のモデル, 300
Hofstadter蝶, 256
Boltzmann分布, 34
Born近似, 315

＜ま＞
Matthews-Blakeslee臨界膜厚, 106
Matthiessenの規則, 384

＜み＞
ミニギャップ, 195
ミニバンド, 97, 195
Miller指数, 63

＜む＞
棟 (むね) 型導波路, 115

＜め＞
メソスコピック領域, 310
メタモルフィック構造, 106
メタモルフィック層, 110
面心立方格子, 61

＜も＞
モード (導線内の), 199
MOSFET, 86

＜ゆ＞
有機金属気相反応堆積法 (MOCVD), 90
有効質量, 7, 54
　　光学的—, 9
　　縦方向／横方向の—, 72, 215
　　負の—, 54
有効質量理論, 116
　　ヘテロ構造の—, 122
有効状態密度, 37
有効ハミルトニアン, 120
U点, 66
誘電関数
　　2次元電子気体の—, 376
　　3次元電子気体の—, 372
誘導放射, 323
歪んだ球面, 70
輸送寿命, 241, 316, 345

＜よ＞
余弦近似 (バンドの), 53

横方向モード (フォノンの), 75
4 探針抵抗, 211

<ら>
Lyddane-Sachs-Tellerの関係, 327
Luttingerモデル (価電子帯の), 407
ラプラシアン (Laplace演算子), 2, 449
Λ方向, 65
Landauer-Büttiker公式, 206
Landauゲージ, 222
Landau準位, 240

<り>
理想導線, 199
リフトオフ, 111
Rydbergエネルギー, 121, 151, 152
量子井戸, 4, 95
　　　—におけるサブバンド間遷移, 416
　　　—におけるバンド間遷移, 410
　　　電場中の—, 276
量子移動度, 244
量子円陣, 150
量子カスケードレーザー, 231, 420
量子コンダクタンス, 179
量子細線, 112
量子寿命, 241, 315
量子数, 5
量子閉じ込めStark効果, 277, 428
量子ドット, 113, 189
　　　—と磁場, 254
量子ポイントコンタクト, 201
量子Hall効果, 257
　　　整数—, 245, 257
　　　分数—, 262
Lindhard関数, 375

<れ>
励起子, 420
　　　—の電場電離, 428
　　　2次元系の—, 424
　　　3次元系の—, 421
　　　量子井戸内の—, 425
レジスト, 111
連続の方程式, 11

<ろ>
Lorentzモデル, 371, 445
Lorentz型ピーク, 184

【著者】
J.H. デイヴィス（John H. Davies）
Glasgow University

【訳者】
樺沢 宇紀（かばさわ　うき）
1990 年　大阪大学大学院基礎工学研究科物理系専攻前期課程修了
　〃　　（株）日立製作所　中央研究所　研究員
1996 年　（株）日立製作所　電子デバイス製造システム推進本部　技師
1999 年　（株）日立製作所　計測器グループ　技師
2001 年　（株）日立ハイテクノロジーズ　技師

著書
Studies of High-Temperature Superconductors, Vol.1（共著, Nova Science, 1989 年）
Studies of High-Temperature Superconductors, Vol.6（共著, Nova Science, 1990 年）

訳書
『多体系の量子論』（シュプリンガー・ジャパン，1999）
『現代量子論の基礎』（丸善プラネット，2000）
『メソスコピック物理入門』（吉岡書店，2000）
『量子場の物理』（シュプリンガー・ジャパン，2002）
『ニュートリノは何処へ？』（シュプリンガー・ジャパン，2002）
『低次元半導体の物理』（シュプリンガー・ジャパン，2004）
『素粒子標準模型入門』（シュプリンガー・ジャパン，2005）
『半導体デバイスの基礎（上／中／下）』（シュプリンガー・ジャパン，2008）
『現代量子論の基礎（新装版）』（丸善プラネット，2008）
『現代量子力学入門』（丸善プラネット，2009）

低次元半導体の物理

平成 24 年 2 月 20 日　発　　　行
令和 5 年 3 月 30 日　第 5 刷発行

訳　者　樺　沢　宇　紀

編　集　シュプリンガー・ジャパン株式会社

発行者　池　田　和　博

発行所　丸善出版株式会社
〒101-0051　東京都千代田区神田神保町二丁目17番
編集：電話（03）3512-3266／FAX（03）3512-3272
営業：電話（03）3512-3256／FAX（03）3512-3270
https://www.maruzen-publishing.co.jp

© Maruzen Publishing Co., Ltd., 2012

印刷・製本／大日本印刷株式会社

ISBN 978-4-621-06626-3　C3042　　　　　Printed in Japan

JCOPY 〈(一社)出版者著作権管理機構 委託出版物〉
本書の無断複写は著作権法上での例外を除き禁じられています。複写される場合は，そのつど事前に，(一社)出版者著作権管理機構（電話 03-5244-5088, FAX 03-5244-5089, e-mail：info@jcopy.or.jp）の許諾を得てください。

本書は，2004年6月にシュプリンガー・ジャパン株式会社より出版された同名書籍を再出版したものです。